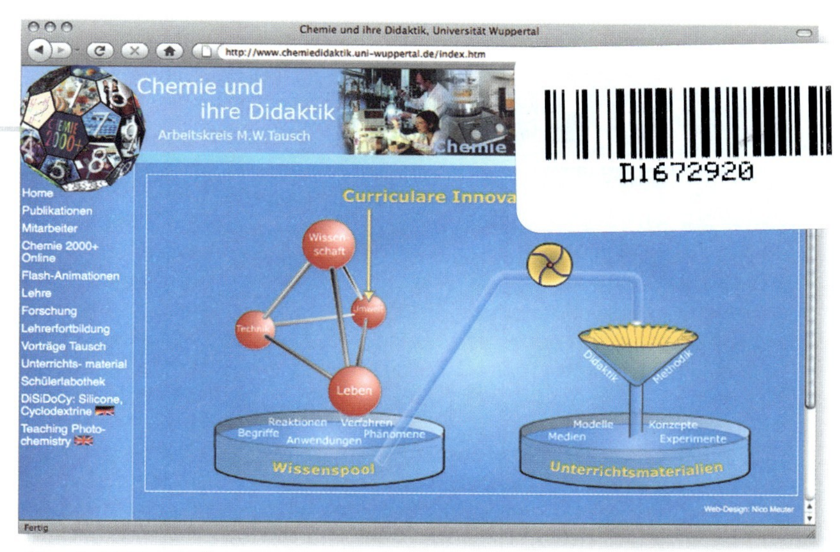


***Chemie 2000+ Online*** ist das Internet-Portal zu diesem Buch. Es enthält zusätzliche **interaktive Materialien** zu einzelnen Buchseiten sowie weitere Lehr- und Lernmodule für den Unterricht.

## Kompetenztraining

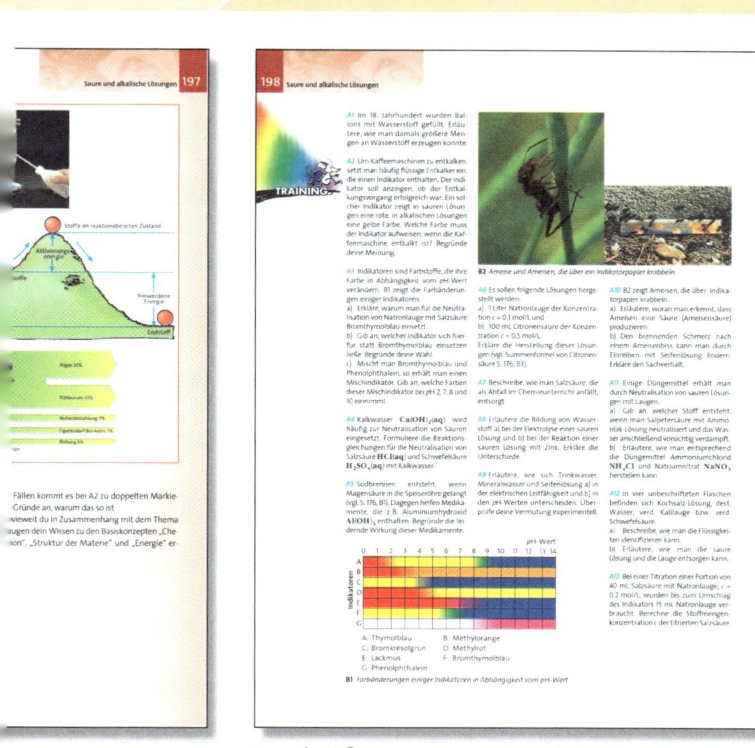


Regelmäßiges **Kompetenztraining** ergänzt die Aufgaben und fördert ebenso wie diese den Umgang mit **Kompetenzoperatoren**.

## Grundwissen

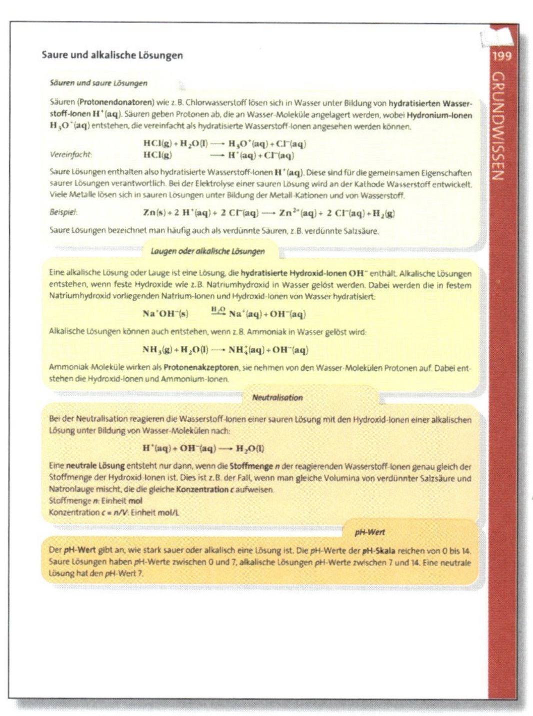

Saure und alkalische Lösungen

199 GRUNDWISSEN

*Säuren und saure Lösungen*

Säuren (**Protonendonatoren**) wie z.B. Chlorwasserstoff lösen sich in Wasser unter Bildung von **hydratisierten Wasserstoff-Ionen** $H^+(aq)$. Säuren geben Protonen ab, die an Wasser-Moleküle angelagert werden, wobei **Hydronium-Ionen** $H_3O^+(aq)$ entstehen, die vereinfacht als hydratisierte Wasserstoff-Ionen angesehen werden können.

$$HCl(g) + H_2O(l) \longrightarrow H_3O^+(aq) + Cl^-(aq)$$

*Vereinfacht:* $$HCl(g) \longrightarrow H^+(aq) + Cl^-(aq)$$

Saure Lösungen enthalten also hydratisierte Wasserstoff-Ionen $H^+(aq)$. Diese sind für die gemeinsamen Eigenschaften saurer Lösungen verantwortlich. Bei der Elektrolyse einer sauren Lösung wird an der Kathode Wasserstoff entwickelt. Viele Metalle lösen sich in sauren Lösungen unter Bildung der Metall-Kationen und von Wasserstoff.

*Beispiel:* $$Zn(s) + 2\,H^+(aq) + 2\,Cl^-(aq) \longrightarrow Zn^{2+}(aq) + 2\,Cl^-(aq) + H_2(g)$$

Saure Lösungen bezeichnet man häufig auch als verdünnte Säuren, z.B. verdünnte Salzsäure.

*Laugen oder alkalische Lösungen*

Eine alkalische Lösung oder Lauge ist eine Lösung, die **hydratisierte Hydroxid-Ionen** $OH^-$ enthält. Alkalische Lösungen entstehen, wenn feste Hydroxide wie z.B. Natriumhydroxid in Wasser gelöst werden. Dabei werden die in festem Natriumhydroxid vorliegenden Natrium-Ionen und Hydroxid-Ionen von Wasser hydratisiert:

$$Na^+OH^-(s) \xrightarrow{H_2O} Na^+(aq) + OH^-(aq)$$

Alkalische Lösungen können auch entstehen, wenn z.B. Ammoniak in Wasser gelöst wird:

$$NH_3(g) + H_2O(l) \longrightarrow NH_4^+(aq) + OH^-(aq)$$

Ammoniak-Moleküle wirken als **Protonenakzeptoren**, sie nehmen von den Wasser-Molekülen Protonen auf. Dabei entstehen die Hydroxid-Ionen und Ammonium-Ionen.

*Neutralisation*

Bei der Neutralisation reagieren die Wasserstoff-Ionen einer sauren Lösung mit den Hydroxid-Ionen einer alkalischen Lösung unter Bildung von Wasser-Molekülen nach:

$$H^+(aq) + OH^-(aq) \longrightarrow H_2O(l)$$

Eine **neutrale Lösung** entsteht nur dann, wenn die **Stoffmenge** $n$ der reagierenden Wasserstoff-Ionen genau gleich der Stoffmenge der Hydroxid-Ionen ist. Dies ist z.B. der Fall, wenn man gleiche Volumina von verdünnter Salzsäure und Natronlauge mischt, die die gleiche **Konzentration** $c$ aufweisen.
Stoffmenge $n$: Einheit **mol**
Konzentration $c = n/V$: Einheit **mol/L**

*pH-Wert*

Der ***p*H-Wert** gibt an, wie stark sauer oder alkalisch eine Lösung ist. Die *p*H-Werte der ***p*H-Skala** reichen von 0 bis 14. Saure Lösungen haben *p*H-Werte zwischen 0 und 7, alkalische Lösungen *p*H-Werte zwischen 7 und 14. Eine neutrale Lösung hat den *p*H-Wert 7.

Ein abschließendes **Grundwissen** fasst nach jedem Kapitel die Inhalte strukturiert nach den **Basiskonzepten** zusammen. Im Anhang ergänzt eine Chemikalienliste das **Sicherheitskonzept** beim Experimentieren. Ein Glossar ermöglicht schnellen Zugang zu den Definitionen der wichtigsten Fachbegriffe.

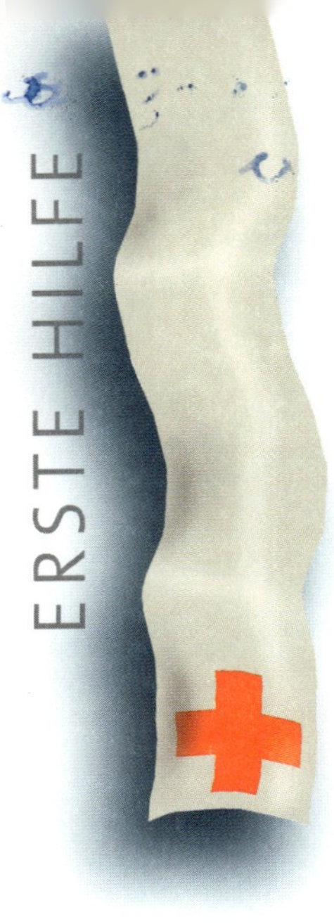


**Die Hinweise sind für Lehrerinnen und Lehrer gedacht, die als Ersthelfer ausgebildet sind. Sie ersetzen keinen Erste-Hilfe-Kurs.**

**Grundsätze**
- Verunglückte aus der Gefahrenzone bringen.
- Verunglückte wegen Schockgefahr nicht alleine zum Arzt gehen lassen.
- Bei Bedarf über Rettungsleitstelle ärztliche Hilfe anfordern.
- Inkorporierte oder kontaktierte Gefahrstoffe sind dem Arzt zur Kenntnis zu bringen, z. B. ist das Etikett mit Sicherheitsratschlägen vorzulegen.

**Verätzungen und Verletzungen am Auge**
- Das verätzte Auge ausgiebig (mindestens 10 min bis 15 min) unter Schutz des unverletzten Auges spülen (kein scharfer Wasserstrahl). Handbrause oder ein anderes geeignetes Hilfsmittel (Augenwaschflasche) benutzen.
- Augenlider weit spreizen, das Auge nach allen Seiten bewegen lassen.
- Ins Auge eingedrungene Fremdkörper nicht entfernen.
- Bei Prellungen und Verletzungen einen trockenen keimfreien Verband anlegen.
- Verätzten oder Verletzten in augenärztliche Behandlung bringen.

**Verätzungen am Körper**
- Duchtränkte oder benetzte Kleidung und Unterkleidung sofort entfernen.
- Verätzte Körperstellen sofort mindestens 10 min bis 15 min mit viel Wasser spülen.
- Die verätzten Körperstellen keimfrei verbinden, keine Watte verwenden. Keine Öle, Salben oder Puder auf die verätzte Stelle auftragen.
- Über Rettungsleitstelle ärztliche Hilfe anfordern.

**Wunden**
- Verletzten hinsetzen oder hinlegen.
- Wunde nicht berühren und nicht auswaschen.
- Wunde mit keimfreiem Verbandmaterial aus unbeschädigter Verpackung verbinden.
- Bei starker Blutung betroffene Gliedmaßen hochlagern, bei fortbestehender Blutung Druckverband anlegen. Dabei Einmalhandschuhe verwenden.
- Wird der Verband stark durchblutet, zuführende Schlagader abdrücken. Nur im äußersten Fall die Schlagader abbinden. Dafür zusammengedrehtes Dreiecktuch, breiten Gummischlauch, Krawatte o. Ä. (keine Schnur oder Draht) verwenden. Zeitpunkt der Abbindung festhalten und schriftlich für den Arzt mitgeben.
- Über Rettungsleitstelle ärztliche Hilfe anfordern.

**Vergiftungen nach Verschlucken**
- Nach Verschlucken giftiger Stoffe möglichst mehrmals reichlich Wasser trinken lassen. Erbrechen anregen.
- Kein Erbrechen bei Lösemitteln, Säuren und Laugen auslösen.
- Nach innerer Verätzung durch Verschlucken von Säuren und Laugen viel Wasser in kleinen Schlucken (auf keinen Fall Milch) trinken lassen.
- Bewusstlosen nichts einflößen oder eingeben.
- Verletzten ruhig lagern, mit Decke vor Wärmeverlust schützen.
- Über Rettungsleitstelle ärztliche Hilfe holen. Giftstoff und Art der Aufnahme mitteilen. Evtl. Informationen telefonisch bei der Giftzentrale einholen.

**Vergiftungen nach Einatmen oder Aufnahme durch die Haut**
- Verletzten unter Selbstschutz an die frische Luft bringen.
- Mit Gefahrstoffen durchtränkte Kleidungsstücke entfernen.
- Benetzte Hautstellen sorgfältig reinigen (heißes Wasser und heftiges Reiben sind zu vermeiden).
- Verletzten ruhig lagern, mit Decke vor Wärmeverlust schützen.
- Bewusstlosen nichts einflößen.
- Bei Atemstillstand sofort mit der Atemspende beginnen. Wiederbelebung so lange durchführen, bis der Arzt eintrifft.
- Bei Herzstillstand äußere Herzmassage durch darin besonders ausgebildete Helfer.
- Über Rettungsleitstelle ärztliche Hilfe anfordern. Giftstoff und Art der Aufnahme mitteilen. Evtl. Informationen telefonisch bei der Giftzentrale einholen.

**Verbrennungen, Verbrühungen**
- Brennende Kleider sofort mit Wasser oder durch Umwickeln mit Löschdecke löschen, notfalls Feuerlöscher verwenden.
- Kleidung im Bereich der Verbrennung entfernen, sofern sie nicht festklebt. Bei Verbrühungen müssen alle Kleider rasch entfernt werden, da sonst durch heiße Kleidung weitere Schädigungen verursacht werden.
- Bei Verbrennungen der Gliedmaßen mit kaltem Wasser spülen, bis der Schmerz nachlässt.
- Verbrannte und verbrühte Körperteile sofort steril abdecken. Keine Salben, Öle oder Puder auf die Wunde auftragen.
- Verunglückten durch Bedecken mit einer Wolldecke vor Wärmeverlust schützen.
- Ärztliche Hilfe anfordern.

Tausch · von Wachtendonk

SEKUNDARSTUFE I

C.C.BUCHNER

# CHEMIE 2000+

**SEKUNDARSTUFE I**

Herausgegeben von PROF. DR. MICHAEL TAUSCH
und DR. MAGDALENE VON WACHTENDONK

Bearbeitet von DR. CLAUDIA BOHRMANN-LINDE, DR. ANKE DOMROSE,
DR. SIMONE KREES, PATRICK KROLLMANN, LUDGER REMUS, PROF. DR. MICHAEL TAUSCH,
DR. BARBARA TILLMANNS, DR. MAGDALENE VON WACHTENDONK und
DR. JUDITH WAMBACH-LAICHER



Redaktion: VERENA SCHRÖTER
Gestaltung: Artbox Grafik & Satz GmbH, Bremen
Druck und Bindearbeiten: Stürtz GmbH, Würzburg

Dieses Werk folgt der reformierten Rechtschreibung und Zeichensetzung.

Auflage: 2 4 3 2 1 2014 13 12 11
Die letzte Zahl bedeutet das Jahr des Druckes.
Alle Drucke dieser Auflage sind, weil untereinander unverändert, nebeneinander benutzbar.



www.ccbuchner.de

ISBN 978-3-7661-**3365**-6

# VORWORT

Der vorliegende Gesamtband der Schulbuchreihe *Chemie 2000+* wurde für den Chemieunterricht der Jahrgangsstufen 7 bis 9 konzipiert.
In ihm sind alle für den Anfangsunterricht relevanten Inhalte in Übereinstimmung mit dem Kernlehrplan in **Inhaltsfeldern** zusammengefasst und mithilfe der Basiskonzepte aufbauend strukturiert.
Die Reihe *Chemie 2000+* ermöglicht in besonderem Maße ein **kontextorientiertes Lernen**, denn die Inhalte werden in geeigneten Zusammenhängen erworben. Gleichzeitig fördert dieses Werk den Erwerb von konzeptbezogenen und prozessbezogenen **Kompetenzen** in den Bereichen Fachwissen, Erkenntnisgewinnung, Kommunikation und Bewertung.

Die grundlegenden Lerneinheiten sind nach dem Doppelseitenprinzip in Arbeits- und Leseseite klar gegliedert. Mithilfe dieser Doppelseiten kann die zentrale **Methode der naturwissenschaftlichen Erkenntnisgewinnung** unterrichtet und vermittelt werden. Dabei werden Vorkenntnisse der Schülerinnen und Schüler aus ihren Alltagserfahrungen aktiviert und neue Fragen eingeleitet, zu deren Klärung **Experimente** und Recherchen durchgeführt, Lösungswege erarbeitet, neue Begriffe und Konzepte eingeführt und in größeren Zusammenhängen angewendet und bewertet werden.

Auf den **Methodenseiten M+** werden alternative Methoden genutzt, um Schülerinnen und Schülern den Erwerb von Kompetenzen zu erleichtern. Diese Methoden reichen von Arbeitstechniken wie Concept Maps erstellen, Interaktionsboxen einsetzen sowie Informationen erfassen und beurteilen über Stationenlernen bis hin zu Diskutieren auf Positionslinien und in der Fishbowl.

**Fakultative Inhalte**, die ergänzend zu den obligatorischen behandelt werden können, sind auf den Seiten mit extra gekennzeichnet.

Die **Bilder** in diesem Buch sind nicht schmückendes Beiwerk, sondern regen durch die Aufgaben in den Legenden dazu an, die Informationen sach- und fachbezogen zu erschließen oder durch Recherchen zu ergänzen. Von herausragender Bedeutung für den Kompetenzerwerb sind die **Aufgaben zur Auswertung** von Versuchen auf den Arbeitsseiten und die **Aufgaben zum Anwenden und Vertiefen** des Gelernten auf den Leseseiten.
Jeder größere Lernabschnitt wird mit einer **Training**-Seite und einer **Grundwissen**-Seite abgerundet.

Weitere Materialien zu diesem Lehrwerk, darunter Arbeitsblätter, Bildmaterial, Modelle in Animationen, Videos, Gefährdungsbeurteilungen zu den Versuchen und Links zu weiteren Informationen werden über den Lehrerband, CD-ROM und das Internet-Portal *Chemie 2000+ Online* zur Verfügung gestellt und laufend ergänzt.

www.chemiedidaktik.uni-wuppertal.de

Wuppertal, Köln, Düsseldorf, Krefeld im Sommer 2010
Die Autoren

# INHALTSVERZEICHNIS

## 1


14 **Speisen und Getränke – Stoffe und Stoffveränderungen**
16 Von der Küche ins Labor – wir untersuchen Lebensmittel und andere Stoffe
17 Stoffe und Stoffeigenschaften
18 Es friert und brodelt ...
19 Aggregatzustände
20 Cola und Cola light – mal schwerer, mal leichter!
21 Dichte und Dichtebestimmung
22 Klein, kleiner, unsichtbar ...
23 Teilchenmodell
24 M+ Versuchsprotokoll
25 M+ Stoffeigenschaften in der Übersicht
26 extra Farben, die man essen kann
27 extra Chromatographie
28 Speisesalz – aus dem Wasser und der Erde auf den Tisch
29 Verschiedene Trennmethoden
30 extra Öle und Farben aus Früchten und Süßwaren
31 extra Extraktion und Adsorption
32 Gut gemischt – Mayo, Ketchup und Co.
33 Homogene und heterogene Stoffgemische
34 M+ Zuordnen, Begründen – Gemische im Teilchenmodell
35 M+extra Systematisch arbeiten
36 Vom Zucker zum Karamell
37 Aus Edukten werden Produkte
38 Training
39 Grundwissen

## 2


40 **Brände und Brandbekämpfung – Stoff- und Energieumsätze bei chemischen Reaktionen**
42 Neue Stoffe – sonst nichts?
43 Energieverlauf chemischer Reaktionen
44 Feuer und Flamme
45 LAVOISIERS zündende Idee
46 Luft enthält Sauerstoff – wie viel?
47 Der Sauerstoff für Oxidationen – ein Hauptbestandteil der Luft
48 extra Ein Vorgang, viele Variationen
49 extra Schnelle und langsame Oxidationen
50 Verbrannt ist nicht vernichtet
51 Synthese und Analyse
52 DALTONS Idee
53 Atome und Atommassen
54 Das ABC des Feuerlöschens
55 Brandbekämpfung heißt Oxidation verhindern
56 M+extra Lernstraße
57 M+extra Chemie der Kerzenflamme
58 Training
59 Grundwissen

## 3


60 **Nachhaltiger Umgang mit Ressourcen – Luft und Wasser**
62 Wenn die Luft zum Schneiden ist
63 Schadstoffe in der Luft
64 *extra* London, Los Angeles, Peking, ...
65 *extra* Wintersmog und Sommersmog
66 *extra* 3 mm Ozon – der Filter für´s Leben
67 *extra* Das Ozon und die UV-Strahlung
68 **M+** Mindmap – Treibhauseffekt, Klimawandel
69 **M+** Mindmap – Treibhauseffekt, Klimawandel
70 Oxide bekennen Farbe
71 Saure und alkalische Lösungen
72 Ohne Wasser läuft nichts
73 Wasser – Lösemittel, Transportmedium, Rohstoff
74 Wasser – trübe Brühe oder kristallklar
75 Trinkwasseraufbereitung und Abwasserreinigung
76 Wasser – ein Element?
77 Analyse und Synthese von Wasser
78 Das Fliegengewicht unter den Gasen
79 Wasserstoff
80 **M+** Arbeiten mit Bildern und Texten – Katalysatoren
81 **M+***extra* Auswerten, Präsentieren, Diskutieren
82 Training
83 Grundwissen

## 4


84 **Aus Rohstoffen werden Gebrauchsgegenstände – Metalle und Metallgewinnung**
86 Erst rot, dann grün und blau – Kupfer und seine Verbindungen
87 Kupferherstellung durch Reduktion
88 Vorsicht! Heiß und grell
89 Starke und schwache Reduktionsmittel
90 **M+** Partnerpuzzle
91 **M+** Historische Experimente
92 Scharfe Messer, starke Träger
93 Eisen und Stahl
94 Schrott – Abfall oder Rohstoff?
95 Recycling von Metallen
96 **M+** Planarbeit – Aluminium
97 **M+** Planarbeit – Zink, Titan
98 **M+***extra* Strukturieren
99 **M+***extra* Lernspiele
100 Training
101 Grundwissen


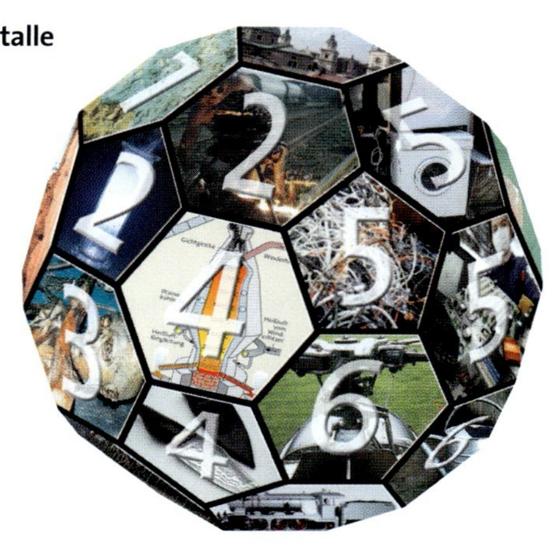

## 5

102 **Böden und Gesteine, Vielfalt und Ordnung – Elementfamilien, Atombau und Periodensystem der Elemente**
104 Aus tiefen Quellen und im Einkaufskorb
105 Natrium und Natriumverbindungen
106 Natrium, Lithium, Kalium – Verwandte und ihre Verbindungen
107 Die Elementfamilie der Alkalimetalle
108 In Marmor, Stein und Knochen
109 Calcium und die Erdalkalimetalle
110 M+extra Experimente für Zuhause
111 M+ Forschung mit System
112 In Streusalz, Kochsalz und Badewasser
113 Chlor und Chlorverbindungen
114 M+ Stationenlernen Halogene
115 M+ Stationenlernen Halogene
116 extra Elementfamilie der Edelgase
117 extra AVOGADRO und die Gase
118 Eine geniale Ordnung
119 Das Periodensystem der Elemente
120 Es blitzt und strahlt
121 Die Ladungsträger
122 Ein Schuss ins Nichts
123 Das Kern-Hülle-Modell
124 Atomkerne verraten das Alter
125 Element und Isotop
126 Nahe und ferne Elektronen
127 Das Schalenmodell der Elektronenhülle
128 Training
129 Grundwissen

## 6

130 **Die Welt der Mineralien und Metalle – Ionenverbindungen und Elektronenübertragungen**
132 Salzlösungen unter Strom
133 Ionen und Elektrolyse
134 Vom Atom zum Ion und zum Salzkristall
135 Ionenbildung und Ionengitter
136 Kristalle im Salzbergwerk
137 Ionen bilden Kristalle
138 Chemie International
139 Formeln und Reaktionsgleichungen
140 Von Namen und Reaktionsschemata ...
141 ... zu Formeln und Reaktionsgleichungen
142 M+extra Animationen helfen verstehen
143 M+ Plakate – Informationen bündeln und darstellen
144 Metallüberzüge – nützlich und schön
145 Erzwungene Metallabscheidungen


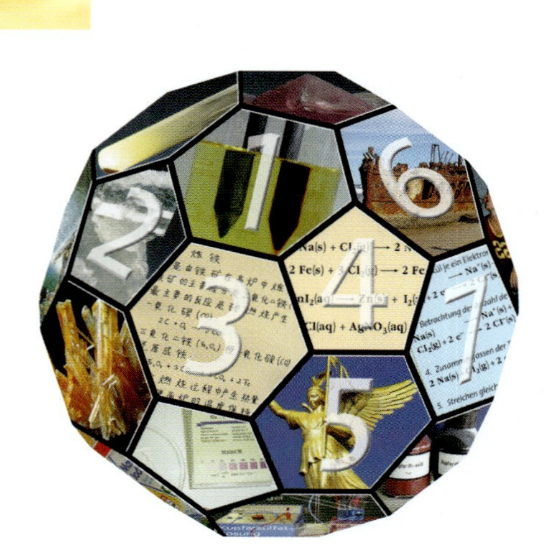

146 Dem Rost auf der Spur
147 Das Rosten als Elektronenübertragung
148 M+ Aufstellen von Redoxgleichungen
149 M+ Aufstellen von Redoxgleichungen
150 M+ Ein Referat halten
151 M+ Ein Referat halten
152 Training
153 Grundwissen

## 7

154 **Wasser – mehr als ein einfaches Lösemittel – Unpolare und polare Elektronenpaarbindung**
156 Wasser löst Salze – mit Folgen
157 Wasser-Moleküle überwinden die Ionenbindung
158 Was Atome miteinander verbindet
159 Die Elektronenpaarbindung
160 Kräftemessen zwischen den Atomen
161 Polare Elektronenpaarbindung und Elektronegativität
162 Ein Modell-Baukasten für Moleküle
163 Elektronenpaar-Abstoßungs-Modell und räumlicher Bau von Molekülen
164 „Das Prinzip aller Dinge ist das Wasser ..."
165 Wasser-Moleküle sind gewinkelt
166 Gewöhnliches Wasser, ein ungewöhnlicher Stoff
167 Die Wasserstoffbrückenbindung
168 Wasser und Alkohol – Gegenspieler oder Verwandte?
169 Ethanol: Molekülstruktur und Eigenschaften
170 Wasser als Reaktionspartner
171 Reaktionen von Wasser mit anderen Stoffen
172 Training
173 Grundwissen

# 8


174 **Reinigungsmittel, Säuren und Laugen im Alltag – Saure und alkalische Lösungen**
176 Säuren in Alltag und Beruf
177 Ionen in sauren Lösungen
178 Laugen in Alltag und Beruf
179 Ionen in alkalischen Lösungen
180 Säure oder Lauge? Die Menge macht's
181 Die Stoffmenge *n* und das Mol
182 „*p*H-neutral" – nur ein Werbeslogan?
183 Die *p*H-Skala
184 M+*extra* Interaktionsbox einsetzen
185 M+*extra* Interaktionsbox einsetzen
186 Wie viel Säure ist da drin?
187 Titration und stöchiometrisches Rechnen
188 M+ Stationenlernen Säuren und Laugen, Station 1 bis 5
189 M+ Stationenlernen Säuren und Laugen, Station 1 bis 5
190 M+ Stationenlernen Säuren und Laugen, Station 6 bis 11
191 M+ Stationenlernen Säuren und Laugen, Station 6 bis 11
192 M+ Stationenlernen Säuren und Laugen, Station 12 bis 15
193 M+ Stationenlernen Säuren und Laugen, Station 12 bis 15
194 M+ Concept Maps – Saure Lösungen und Säuren
195 M+ Concept Maps – Saure Lösungen und Säuren
196 M+ Basiskonzepte in der Chemie
197 M+ Basiskonzepte in der Chemie
198 Training
199 Grundwissen

# 9


200 **Zukunftssichere Energieversorgung – Energie aus chemischen Reaktionen**
202 Strom ohne Steckdose
203 Einfache Batterien
204 *extra* Moderne Batterien und Akkus
205 *extra* Moderne Batterien und Akkus
206 No Emission-Auto?
207 Brennstoffzellen
208 *extra* Strom aus Licht – Photovoltaik
209 *extra* Strom aus Licht – Photovoltaik
210 Das schwarze Gold
211 Alkane aus dem Erdöl
212 *extra* Benzin und Diesel – Kraftstoffe aus fossilen Brennstoffen
213 *extra* Benzin und Diesel – Kraftstoffe aus fossilen Brennstoffen
214 Bioethanol, Biodiesel – sinnvolle Alternativen?
215 Nachwachsende Rohstoffe
216 M+ Positionslinie, Fishbowl – Energie- und Ökobilanzen
217 M+ Positionslinie, Fishbowl – Energie- und Ökobilanzen
218 Training
219 Grundwissen

# 10


220 **Der Natur abgeschaut – Organische Chemie**
222 Von Stärke über Traubenzucker zum Alkohol
223 Typische Eigenschaften organischer Verbindungen
224 Fremde und Verwandte unter organischen Verbindungen
225 Molekülgerüste und funktionelle Gruppen
226 M+extra Informationen erfassen und beurteilen
227 M+extra Informationen erfassen und beurteilen
228 Künstlich wie natürlich
229 Synthese von Estern
230 extra Fette und Öle – natürliche Ester
231 extra Fette und Öle – natürliche Ester
232 extra Glycerin im Fokus
234 extra Fettsäuren im Fokus
234 extra Verseifung und Seifen
235 extra Verseifung und Seifen
236 extra Moleküle im Test
237 extra Alkene, Aldehyde und Ketone
238 Aus klein mach groß – von der Natur abgeschaut
239 Kunststoffe aus Erdöl und Erdgas
240 Moderne Kunststoffe – nicht nur aus Erdöl
241 Silicone – moderne Kunststoffe aus Sand und Erdgas
242 Moderne Kunststoffe – ganz ohne Erdöl und Erdgas?
243 Kunststoffe aus nachwachsenden Rohstoffen
244 Chemische Reaktionen – geht es nicht etwas schneller?
245 Katalysatoren als Reaktionsbeschleuniger
246 Training
247 Grundwissen

Anhang:


248 Grundwissen – Modelle
250 Kleines Chemie-Lexikon
255 Chemikalienliste zu den Versuchen
258 R-Sätze, S-Sätze, Entsorgungsempfehlungen
260 GHS; Chemikalienliste nach dem neuen GHS-System; Bildquellen; Stichwortverzeichnis; Tabellen; Laborgeräte; Periodensystem

## Chemie ist überall ...

EIN NEUES FACH **CHEMIE**

*... wenn Samen keimen und Pflanzen wachsen,*

Unsere Welt besteht aus Stoffen. Wir auch.
Vorgänge in der Natur sind ebenso „chemisch" wie Vorgänge in der Technik.
Wir können uns die Chemie zunutze machen. Dafür müssen wir von der Natur lernen.
Die Naturwissenschaft Chemie sucht Antworten auf folgende Fragen:

Welche Eigenschaften haben Stoffe und wie verändern sie sich?
Wie sind Stoffe zusammengesetzt und aufgebaut?
Wie bestimmt das ihre Eigenschaften?
Wie reagieren Stoffe miteinander?
Wie kann man Stoffe mit gewünschten Eigenschaften herstellen?
Wie führt man verwendete Stoffe in die natürlichen Kreisläufe zurück?

*... wenn Früchte reifen und Reste verwesen,*

*... wenn wir mit Bahn, Auto oder Flugzeug verreisen,*

*... wenn in der Technik Materialien produziert werden, die uns das Vergnügen bei Sport und Spiel ermöglichen,*

*... wenn sich Tropfsteinhöhlen bilden,*

*... wenn wir in der Küche Speisen zubereiten,*

*... wenn Kristalle in vollendeter Schönheit entstehen.*

Stoffe, von denen eine besondere Gefährdung ausgehen kann, sind nach der **Gefahrstoffverordnung** gekennzeichnet. Die **Gefahrensymbole** und **Kennbuchstaben** bedeuten:

**T+** Sehr giftig
**T** Giftig (t = toxic)
Erhebliche Gesundheitsgefährdung, für **T+** keine Schülerübungen zulässig!

**Xn** Gesundheitsschädlich
(n = noxious)
beim Einatmen, Verschlucken und bei Berührung mit der Haut.

**Xi** Reizend (i = irritating)
auf Haut, Augen und Atmungsorgane.

**F+** Hochentzündlich
(f = flammable)
**F** Leicht entzündlich
Kann sich von selbst entzünden oder mit Wasser entzündliche Gase bilden.

**E** Explosionsgefährlich
(e = explosive)
Kann explodieren, keine Schülerübungen zulässig!

**C** Ätzend (c = corrosive)
Zerstört lebendes Gewebe wie z.B. Haut oder Auge.

**O** Brandfördernd (o = oxidizing)
Kann Brände fördern oder verursachen, Feuer- und Explosionsgefahr bei Mischung mit brennbaren Stoffen.

**N** Umweltgefährlich
(n = nature)
Giftig für Pflanzen und Tiere in aquatischen und nicht aquatischen Lebensräumen, gefährlich für die Ozonschicht.

## Gefahr erkannt – Gefahr gebannt

Alle Gefahrstoffe sind auf den Seiten im Buch mit * gekennzeichnet.
Auf S. 255 bis 257 sind diese Stoffe aufgeführt. Du findest dort auch genauere Angaben zu den Gefahren (**R-Sätze**) und zu den entsprechenden Sicherheitsmaßnahmen (**S-Sätze**).
Seit dem Jahr 2010 gilt das neue international gültige System zur Bezeichnung von Gefahrstoffen **GHS** (vgl. S. 260f). Bis zum Jahr 2015 müssen die bisher gültigen Gefahrensymbole, S-Sätze und R-Sätze durch die neuen Piktogramme (vgl. B1), H-Sätze und P-Sätze bei Chemikalien ersetzt sein.

**B1** *Die neuen international gültigen Piktogramme zur Kennzeichnung von Gefahrstoffen*

Die Sicherheitseinrichtungen in den Chemieräumen erklärt euch eure Chemielehrerin oder euer Chemielehrer ausführlich.

Beim Experimentieren gelten folgende **Verhaltensregeln**:

- Lies die Versuchsvorschriften immer sorgfältig durch und befolge sie genau!
- Binde lange Haare zusammen!
- Geschmacksproben darfst du nie durchführen!
- Auch Geruchsproben darfst du nur nach ausdrücklicher Aufforderung und durch vorsichtiges Zufächeln durchführen!
- Trage immer eine **Schutzbrille**!
- Arbeite umsichtig und rücksichtsvoll!
- Im Chemieraum darfst du **nie** essen und trinken!

## Sicher arbeiten und entsorgen

### Wichtige Regeln für das Experimentieren:

- Setze stets nur kleine Stoffportionen ein!
- Entnimm die Stoffe mit einem sauberen Spatel dem Behälter!
- Schütte nie Chemikalienreste in die Originalflasche zurück!
- Benutze zum Pipettieren immer eine Pipettierhilfe!
- Du darfst Reagenzgläser höchstens zur Hälfte füllen!
- Richte die Öffnung eines Reagenzglases nie auf Personen!
- Schaue nie von oben in eine Reagenzglasöffnung!
- Wenn du Flüssigkeiten zum Sieden erhitzt, gib immer Siedesteine hinzu. Damit verhinderst du unkontrolliertes Herausspritzen der heißen Flüssigkeit!
- Baue Apparaturen standfest auf!
- Das Verbinden von Glasteilen musst du stets vorsichtig durchführen!
- Du darfst Versuche erst beginnen, wenn es die Lehrerin oder der Lehrer ausdrücklich erlaubt hat!

**B2** *Salzsäure und Kupfersulfat aus der Chemiesammlung*

### Bedienung eines Gasbrenners

Ein Gasbrenner (B3) steht auf einem Brennerfuß, in dem sich die Gaszufuhr mit einer Gasregulierschraube befindet. Das Gas strömt über eine Düse in das Brennerrohr, gelangt an das obere Ende des Rohrs und kann dort entzündet werden.

*Bedienungsschritte für einen Gasbrenner (Teclu-Brenner):*

1. Schließe zuerst die Luftzufuhr und die Gasregulierschraube.
2. Öffne die Gaszufuhr am Experimentiertisch und anschließend die Gasregulierschraube am Brenner.
3. Entzünde sofort die Flamme und reguliere die Flammenhöhe.
4. Benötigst du eine sehr heiße Flamme, öffne die Luftzufuhr. So gelangt ein Gas-Luft-Gemisch zur Verbrennung.
5. Wird der Gasbrenner kurzfristig nicht benötigt, schließt man zuerst die Luftzufuhr, dann die Gaszufuhr mit der Gasregulierschraube. Es brennt dann nur noch eine kleine Sparflamme.
6. Soll der Brenner abgestellt werden, schließt man zusätzlich den Gashahn am Experimentiertisch.

*Sicherheitshinweis*: Bei zu geringer Gaszufuhr oder zu kräftiger Luftzufuhr kann die Flamme in das Verbrennungsrohr zurückschlagen. In diesem Fall schließt man sofort die Gaszufuhr am Experimentiertisch und lässt den Brenner abkühlen.

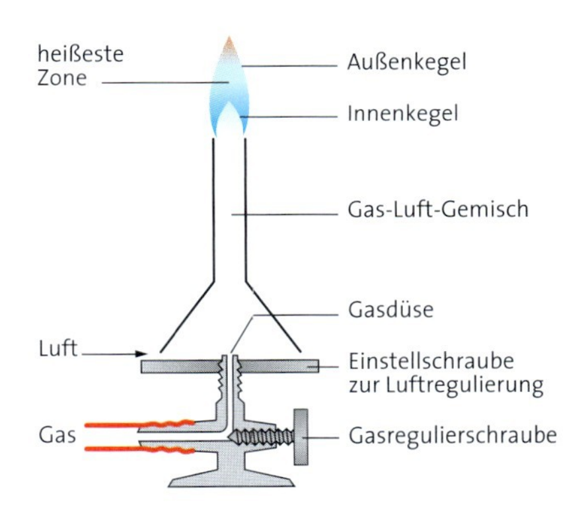


**B3** *Teclu-Brenner*

### Wohin mit den Resten?

Nach Beendigung eines Versuchs dürfen die entstandenen Stoffe nicht achtlos in den Ausguss oder Abfalleimer gegeben werden. Die Reste bei chemischen Versuchen werden gesammelt und ordnungsgemäß entsorgt, d.h., für bestimmte Stoffe stehen in der Entsorgungsstation der Schule entsprechende Sammelgefäße bereit (B4). Die Anweisungen eurer Lehrerin oder eures Lehrers sind zu beachten.

Häufig ist es sinnvoll, die Reste nach Schülerversuchen zunächst zu sammeln und sie erst anschließend in das vorgesehene Entsorgungsgefäß zu füllen.

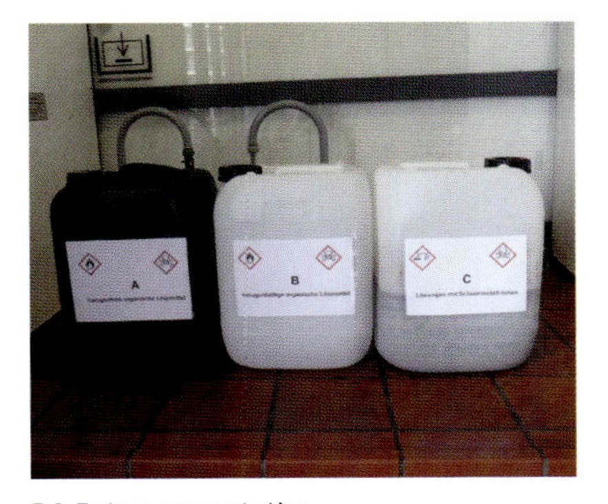

**B4** *Entsorgungsstation*

**A1** Nenne Stoffe aus dem Haushalt, die entsorgt werden müssen.

**A2** Erkundige dich, welche Entsorgungsmöglichkeiten es in eurer Schule gibt.

# Speisen und Getränke –

„Was haben denn Speisen und Getränke mit Chemie zu tun?“, wirst du vielleicht fragen, wenn du diese Überschrift in deinem Chemiebuch liest. „Ziemlich viel“ ist die Antwort, die du dir nach diesem ersten Kapitel geben wirst, denn Chemie steckt auch in unserer Ernährung.

In der Chemie untersucht man Stoffe, ihre Eigenschaften und Veränderungen. Speisen und Getränke bestehen aus Stoffen, deren Eigenschaften Geschmack, Geruch und Aussehen für uns besonders wichtig sind – Eigenschaften, die wir mit unseren Sinnen wahrnehmen können.
Im Chemieunterricht lernst du nun weitere, insbesondere auch messbare Eigenschaften von Stoffen kennen.

Sowohl Speisen als auch Getränke sind meistens Gemische unterschiedlicher Bestandteile. Wir werden ihre Zusammensetzungen untersuchen und dabei auch einzelne Bestandteile voneinander trennen. Dabei lernen wir verschiedene Methoden und typische Arbeitsweisen der Naturwissenschaft Chemie kennen und wenden sie auch an.

Wir werden folgendermaßen vorgehen:

1. Verschiedene weiße Lebensmittel – Wie können wir Stoffe unterscheiden, die auf den ersten Blick gleich aussehen?
2. Wasser, unser wichtigstes Lebensmittel zum Trinken, Kühlen und Garen – Wir untersuchen die Zustandsänderungen.
3. Cola und Cola light – Worin unterscheiden sie sich?
4. Wie sind Stoffe aufgebaut? – Wir lernen ein einfaches Teilchenmodell kennen, mit dem wir einige Eigenschaften der Stoffe erklären können.
5. Viele Lebensmittel sind farbig – Wir untersuchen, wie man Farbgemische trennen kann.
6. Salzgärten am Mittelmeer – Wir erfahren, wie man Kochsalz und Trinkwasser aus Meerwasser gewinnt.
7. Extraktion von Öl – Wir lernen Laborgeräte und Verfahren kennen, mit denen man Lebensmittel untersucht und herstellt.
8. Mayonnaise zusammenrühren – Wir mischen verschiedene Lebensmittel, um Speisen herzustellen.
9. Waffeln backen – Wir verändern Lebensmittel durch Backen, Kochen, Braten ... – um Speisen zuzubereiten.

# Von der Küche ins Labor – wir untersuchen Lebensmittel und andere Stoffe

Viele Stoffe im Haushalt lassen sich sehr leicht voneinander unterscheiden, allein in der Küche finden sich zahlreiche Lebensmittel, die sich anhand ihres Aussehens problemlos identifizieren lassen. Essig und Öl erkennt man schnell, bei Kochsalz, Mehl, Zucker, Backpulver und Citronensäure wird es schon schwieriger. Wie kann man auch diese auseinanderhalten?

**B1** *Öl und Essig*

**B2** *Weiße Stoffe – gleiche Stoffe?*

**B3** *Kristalle sind unterschiedlich groß.*
**A:** *Worin unterscheiden sich Kandiszucker, Kristallzucker und Puderzucker? Vergleiche mit den im Bild gezeigten Kristallen.*

### Versuche

***V1*** Untersuche und vergleiche das Aussehen von Essig, Öl und Alkohol* (Spiritus).

***V2*** Untersuche und vergleiche das Aussehen von Kochsalz, Mehl, Zucker, Backpulver und Citronensäure. Du kannst auch eine Lupe oder ein Mikroskop verwenden.

***V3*** Untersuche das Aussehen von Kandiszucker, Kristallzucker und Puderzucker.

***V4*** Gib etwas Kandiszucker oder Kristallzucker in einen Mörser (eine Reibschale) und zerreibe den Stoff mithilfe eines Pistills.

***V5*** Überprüfe den Geruch der Stoffe aus V1 und V2.

***V6*** Gib jeweils 2–3 mL Essig, Öl und Alkohol* in je ein Reagenzglas, füge in alle Gläser etwas Wasser hinzu und schüttle kräftig. Beobachte und vergleiche die Inhalte der Reagenzgläser.

***V7*** Gib jeweils eine kleine Spatelspitze Kochsalz, Mehl, Zucker, Backpulver und Citronensäure in je ein Reagenzglas, füge in alle Gläser etwas Wasser hinzu und schüttle kräftig. Beobachte und vergleiche die Inhalte der Reagenzgläser.

***V8*** **Schutzbrille!** Fülle ein Becherglas etwa 2 cm hoch mit Wasser und gib portionsweise unter Rühren mit einem Glasstab so lange Zucker hinzu, bis sich ein Bodenkörper bildet. Erwärme anschließend den Inhalt des Becherglases unter Rühren auf ungefähr 60 °C. Führe den gleichen Versuch mit Kochsalz anstelle von Zucker durch. Vergleiche die Ergebnisse.

***V9*** **Schutzbrille!** Gib eine kleine Spatelspitze Fluoreszein-Natriumsalz in ein Reagenzglas, das etwa 2 cm hoch mit Wasser gefüllt ist, und schüttle kräftig. Gib nun etwas Alkohol* hinzu, bis das Reagenzglas ungefähr 3 cm hoch mit Flüssigkeit gefüllt ist, und schüttle erneut. Vergleiche die Beobachtungen. Verdünne jetzt die Lösung mit Wasser und beobachte weiter.

***V10*** **Schutzbrille!** Löse 50 g Alaun (Kaliumaluminiumsulfat) in 250 mL Wasser und erwärme auf maximal 50 °C. Lass die Lösung abkühlen und filtriere vom entstandenen Bodensatz ab. Nach einigen Tagen haben sich kleine Kristalle gebildet. Filtriere die Flüssigkeit erneut und wähle einige größere Kristalle aus. Befestige sie an einem Faden und hänge sie so in die filtrierte Lösung, dass sie vollständig mit Flüssigkeit bedeckt sind. Beobachte sie über mehrere Tage und entferne dabei kleinere Kristalle vom Boden des Becherglases.

### Auswertung

a) Protokolliere (vgl. S. 24) deine Beobachtungen zu V1 bis V9.

b) Erkläre die Beobachtungen zu V7 mithilfe der Tabelle B5.

c) Liste auf, welche Eigenschaften du zur Unterscheidung der Stoffe genutzt hast. Erläutere an den untersuchten Stoffen, warum sie sich nicht bereits mithilfe einer einzigen Eigenschaft unterscheiden lassen.

d) Der Begriff „Stoff“ wird im Alltag oft anders verwendet als in der Chemie. Erläutere dies am Beispiel *Brausepulver* (ein Alltagsstoff) und *Zucker* (Haushaltszucker, in der Chemie mit „Saccharose“ bezeichnet). (*Hinweis*: Vgl. auch S. 25, B2.)

## Stoffe und Stoffeigenschaften

Viele Lebensmittel lassen sich mithilfe von **Geschmack** und **Geruch** unterscheiden. Geschmacksproben sind im Chemieunterricht verboten, da der **Stoff**, der untersucht wird, gesundheitsschädigend oder verunreinigt sein kann. Auch im Alltag kostet man nur Stoffe, von denen man genau weiß, dass sie genießbar sind. Essig und Öl lassen sich leicht am Geruch erkennen. Mit Geruchsproben muss man im Chemieunterricht ebenfalls vorsichtig sein, da einige Stoffe die Atemwege reizen oder durch Einatmen die Gesundheit schädigen können. Nur wenn die Lehrerin oder der Lehrer es ausdrücklich zulassen, darf man sie durchführen.
Einige Stoffe lassen sich anhand ihres **Aussehens** identifizieren. Die **Zustandsform** eines Stoffes bei Raumtemperatur, die **Beschaffenheit der Oberfläche** von Feststoffen oder die **Kristallform**, die z. B. mithilfe einer Lupe oder eines Mikroskops festgestellt werden kann, sind charakteristische Stoffeigenschaften.

**Charakteristische Stoffeigenschaften** dienen der eindeutigen Identifizierung von Stoffen und haben daher eine große Bedeutung für die Chemie.

Das Aussehen der Stoffe kann aber auch trügen: Puderzucker sieht anders aus als Kristall- bzw. Haushaltszucker, beides ist aber der gleiche Stoff „Saccharose". Saccharose ist die chemische Bezeichnung für Haushaltszucker. Die **Farbe** eines Stoffes ist zwar ein wichtiges Erkennungsmerkmal, sie genügt aber meist nicht, um ihn eindeutig zu bestimmen. So erscheint uns eine Bleistiftmine silbrig glänzend, die Reste beim Anspitzen aber eher schwarz.
Eine weitere charakteristische Stoffeigenschaft ist die **Löslichkeit**. Es gibt Feststoffe und Flüssigkeiten, die sich in Wasser kaum lösen, wie Mehl und Öl, und solche, wie Zucker und Essigsäure, die eine gute Löslichkeit besitzen. Stoffe, die sich nicht oder kaum in Wasser lösen, erkennt man daran, dass sie die Lösung trüben und sich mit der Zeit absetzen. Aber auch Stoffe, die sich gut in Wasser lösen, sind oft nicht unbegrenzt löslich. Gibt man zu viel Feststoff hinzu, bildet sich ein **Bodenkörper**. Die Flüssigkeit über dem Bodenkörper bezeichnet man als **gesättigte Lösung**.

Mit der **Löslichkeit** wird die Masse eines Stoffes in Gramm angegeben, die sich bei 20 °C und normalem Luftdruck in 100 g Lösemittel löst (B5).

Die Löslichkeit zahlreicher Stoffe steigt mit zunehmender Temperatur (B6). Lässt man eine heiße, gesättigte Lösung einige Tage offen stehen, verdunstet ein Teil des Lösemittels. Im verbleibenden Lösemittel kann nicht mehr so viel des Stoffes gelöst werden und der Stoff scheidet sich ab. So lassen sich **Kristalle** züchten, in denen der Stoff in Form regelmäßiger geometrischer Körper erscheint. Große Kristalle sind mit freiem Auge erkennbar (B3), kleine nur unter dem Mikroskop.

### *Aufgaben*

*A1* Fasse zusammen, mit welchen Eigenschaften sich Stoffe identifizieren lassen.
*A2* Beschreibe die Stoffeigenschaften von Kochsalz und Zucker. Mithilfe welcher Stoffeigenschaften lassen sich diese beiden Stoffe unterscheiden?
*A3* Erkläre anhand von Beispielen, warum Geschmacks- und Geruchsproben nicht ungefährlich sind.
*A4* Nenne mindestens fünf Lebensmittel, die sich mithilfe des Geruchs erkennen und unterscheiden lassen.
*A5* Warum sollte man Waschpulver oder Gips nicht in einem Marmeladenglas aufbewahren? Nenne andere Beispiele, die Gefahren in sich bergen, und formuliere eine allgemeine Regel.

**B4** *Löslichkeit von Zucker und Mehl sowie von Essig und Öl in Wasser. A: Beschreibe jeweils das Löseverhalten.*

| Stoff | Löslichkeit in g/100 g Wasser |
|---|---|
| Alaun | 6,01 |
| Gips | 0,20 |
| Kaliumnitrat | 31,66 |
| Kalkstein | 0,0015 |
| Kochsalz | 35,88 |
| Löschkalk | 0,12 |
| Rohrzucker | 203,9 |
| Sauerstoff | 0,0043 |
| Soda | 21,66 |
| Stickstoff | 0,0019 |

**B5** *Löslichkeit verschiedener Stoffe bei 20 °C. A: Ordne die Stoffe nach ihrer Löslichkeit. Beginne mit dem Stoff, der die höchste Löslichkeit in Wasser besitzt.*

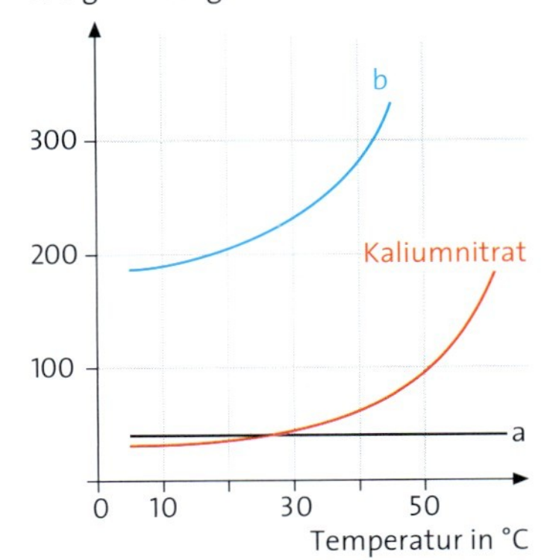


**B6** *Löslichkeitsdiagramm. A: Ordne die Stoffe aus V8 den Kurven a und b zu und begründe die Zuordnung.*

### Fachbegriffe

Geschmack, Geruch, Stoff, Aussehen, Zustandsform, Oberflächenbeschaffenheit, Kristall, Stoffeigenschaft, Farbe, Löslichkeit, Bodenkörper, gesättigte Lösung, Kristallform

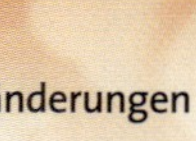


# Es friert und brodelt ...

**B1** *Wasser und Eis*

Wasser ist fast überall und fast überall lebensnotwendig. Wie wir bereits herausgefunden haben, ist es auch ein hervorragendes Lösemittel für eine Vielzahl von Stoffen. Wasser begegnet uns aber nicht nur als *Flüssigkeit*. Geben wir es in den Gefrierschrank, so erhalten wir einen *Feststoff*: Eis (B1). Stellen wir es im Topf auf eine heiße Herdplatte, brodelt und dampft es, es entsteht ein Gas: *Wasserdampf* (B2).

## Versuche

***V1*** **Schutzbrille!** Fülle etwa 100 mL Wasser in ein großes Reagenzglas mit Seitenröhrchen. Um einen Siedeverzug (Herausspritzen des heißen Wassers) zu vermeiden, gib 2 bis 3 Siedesteine hinzu. Befestige ein geeignetes Thermometer so, dass es in die Flüssigkeit eintaucht, aber nicht den Glasrand berührt (B3). Erhitze nun das Wasser und notiere jede Minute die Wassertemperatur, bis sich die Temperatur über 5 Minuten nicht mehr ändert.

***V2*** **Schutzbrille!** Fülle ein Reagenzglas 4 cm hoch mit Stearinsäure oder Cetylalkohol. Den vollständigen Versuchsaufbau zeigt B3. In einem Wasserbad mit Siedesteinchen, das zu Beginn des Versuchs eine Temperatur von ungefähr 50 °C hat, wird die Stearinsäure (Cetylalkohol) erwärmt. Notiere alle 20 Sekunden die Temperatur der Stearinsäure (Cetylalkohol), bis der Stoff vollständig geschmolzen ist. Entferne das Wasserbad und notiere beim anschließenden Abkühlen ebenfalls alle 20 Sekunden die Temperatur, bis die Stearinsäure (Cetylalkohol) vollständig erstarrt ist. Achte darauf, dass die Temperatur stets in der Stearinsäure (Cetylalkohol) gemessen wird und nicht am Glasrand.

***LV3*** **Schutzbrille!** Einige Iod*-Kristalle werden auf den Boden eines Becherglases gegeben, welches mit einem Uhrglas abgedeckt wird. Auf das Uhrglas legt man einen Eiswürfel. Anschließend wird der Boden des Becherglases vorsichtig erwärmt.

***V4*** **Schutzbrille!** Wiederhole V1 mit Salzwasser und vergleiche die Beobachtungen.

**B2** *Wasser und Wasserdampf*

## Auswertung

a) Fertige zu allen Versuchen ein Protokoll an.

b) Stelle die Messwerte aus V1 in einem Diagramm dar. Trage auf der y-Achse die Temperatur ein, wobei 10 °C jeweils 1 cm entsprechen, auf der x-Achse die Zeit mit 1 Minute pro 1 cm. Beschreibe den Kurvenverlauf und finde eine Erklärung für diesen.

c) Erstelle mithilfe deiner Werte aus V2 eine Schmelz- und eine Erstarrungskurve für Stearinsäure oder Cetylalkohol. Wähle auf der x-Achse für die Zeit pro 20 Sekunden 1 cm. Beschreibe jeweils den Verlauf der Schmelzkurve und der Erstarrungskurve, vergleiche sie miteinander und finde eine Erklärung für den Verlauf.

d) Vergleiche die Ergebnisse von V1 und V4.

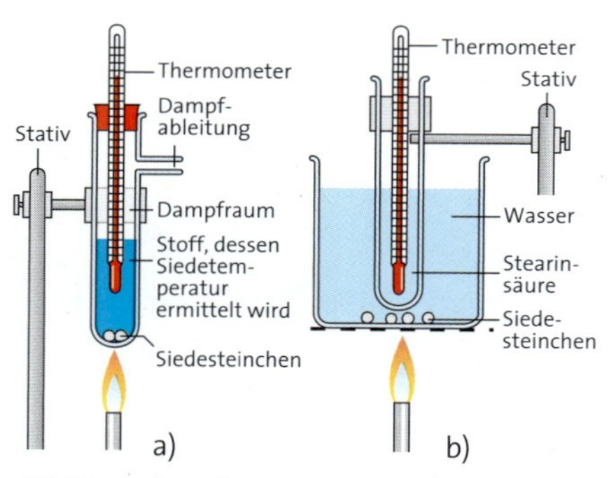


**B3** *Versuchsaufbauten zu V1 und V2*

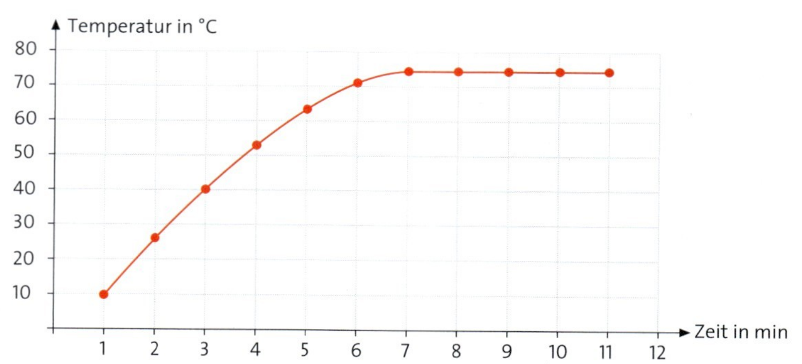


**B4** *Siedekurve von Ethanol.* ***A:*** *Vergleiche die Kurve mit deinem Ergebnis aus V1.*

## Aggregatzustände

Wasser ist unser wichtigstes Lebensmittel und wir nutzen es regelmäßig in seinen verschiedenen Zustandsformen: als **Feststoff** (Eis), als **Flüssigkeit** (Wasser) oder als **Gas** (Wasserdampf). Diese Zustandsformen eines Stoffes sind seine **Aggregatzustände**. In welchem Aggregatzustand sich ein Stoff befindet, hängt von seiner Temperatur ab. Das feste Wasser (Eis) schmilzt bei normalem Luftdruck bei 0 °C und das flüssige siedet bei 100 °C. Solche Übergangstemperaturen sind für den jeweiligen Stoff spezifisch, d. h., auch die **Schmelztemperatur** und die **Siedetemperatur** eines Stoffes gehören, mit Angabe des Luftdrucks, zu den charakteristischen Stoffeigenschaften. Mithilfe dieser Größen kann man einen Stoff eindeutig identifizieren.

Die Schmelztemperatur kennzeichnet dabei den Übergang vom festen in den flüssigen Zustand. Ihr Wert ist für einen bestimmten Stoff gleich dem der **Erstarrungstemperatur**. Die **Siedetemperatur** kennzeichnet den Übergang vom flüssigen in den gasförmigen Zustand. Ihr Wert entspricht dem der **Kondensationstemperatur**.

Es ist möglich, dass die gemessenen Werte nicht den Literaturwerten entsprechen. Dafür kann es mehrere Gründe geben. Ein anderer Luftdruck kann herrschen, der Stoff kann verunreinigt oder mit einem anderen gemischt sein.

Will man zu einem Stoff auch den Aggregatzustand angeben, fügt man in Klammern (s), (l) oder (g) hinzu. Diese Abkürzungen leiten sich von den Begriffen in englischer Sprache ab: s von solid (fest), l von liquid (flüssig) und g von gaseous (gasförmig). Wasser (s) ist danach Eis, Wasser (l) flüssiges Wasser und Wasser (g) Wasserdampf.

Erwärmt man Iod-Kristalle, dann geht Iod direkt in den Gaszustand über, bei Abkühlung der Ioddämpfe bildet sich ein Feststoff ohne Übergang durch einen flüssigen Zustand. Solche Stoffe besitzen eine **Sublimationstemperatur** und entsprechend eine **Resublimationstemperatur**. Für die Übergänge zwischen den Aggregatzuständen gibt es ebenfalls Fachausdrücke, die in der Abbildung eingetragen sind:

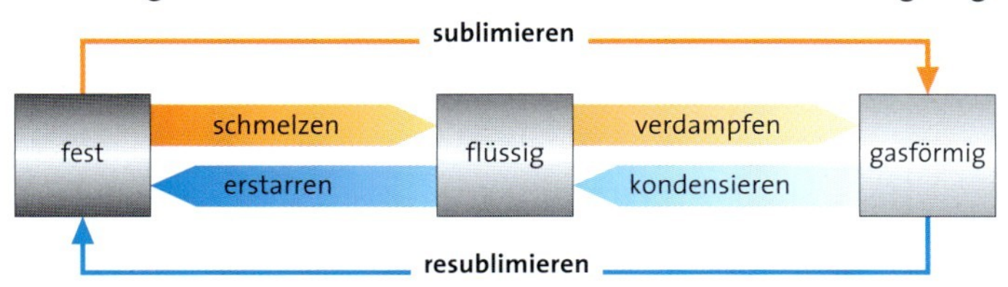


Wasser kann auch ohne zu sieden in den gasförmigen Aggregatzustand übergehen. Lässt du beispielsweise ein Glas mit Wasser für einige Zeit stehen, dann wird das Wasser im Glas immer weniger: Das Wasser **verdunstet**.

### *Aufgaben*

***A1*** Erläutere, warum Wasser unser wichtigstes Lebensmittel ist.

***A2*** Nenne verschiedene Beispiele aus dem Alltag, bei denen die Änderung des Aggregatzustandes eine Rolle spielt.

***A3*** Woran kann es liegen, dass Wasser unterhalb oder oberhalb von 100 °C siedet?

***A4*** Warum verwendet man in der Küche oft Schnellkochtöpfe?

***A5*** Warum kann man Wäsche auch im Winter draußen auf der Leine trocknen?

***A6*** Gib die Aggregatzustände von Aluminium und Kupfer bei 800 °C und die von Sauerstoff und Wasserstoff bei –230 °C an.

***A7*** Es gibt Thermometer, die mit Alkohol und Thermometer, die mit giftigem Quecksilber gefüllt sind. Welche Thermometer eignen sich für den Einsatz in sehr kalten Regionen, z. B. bei –50 °C?

**B5** *Wasser ist „überall". **A:** Welche Aggregatzustände des Wassers entdeckst du in diesem Bild?*

| Stoff | Schmelztemperatur | Siedetemperatur |
|---|---|---|
| Aluminium | 660 | 2450 |
| Alkohol | –114 | 78 |
| Eisen | 1540 | 3000 |
| Gold | 1063 | 2677 |
| Kochsalz | 801 | 1465 |
| Kupfer | 1083 | 2600 |
| Quecksilber | –39 | 357 |
| Sauerstoff | –219 | –183 |
| Stearinsäure | 71 | 370 |
| Wasser | 0 | 100 |
| Wasserstoff | –259 | –253 |

**B6** *Schmelz- und Siedetemperaturen in °C bei normalem Luftdruck. **A:** Welche Stoffe sind bei Raumtemperatur fest, welche flüssig und welche gasförmig?*

**B7** *„Waschtag". **A:** Wieso trocknet die Wäsche? Benutze die Fachausdrücke.*

### Fachbegriffe

Feststoff, Flüssigkeit, Gas, Aggregatzustände, Schmelztemperatur, Siedetemperatur, Erstarrungstemperatur, Kondensationstemperatur, Sublimationstemperatur, Resublimationstemperatur

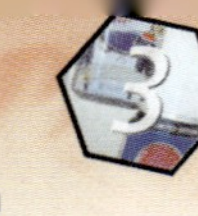

**B1** *Cola und Cola light in Wasser*

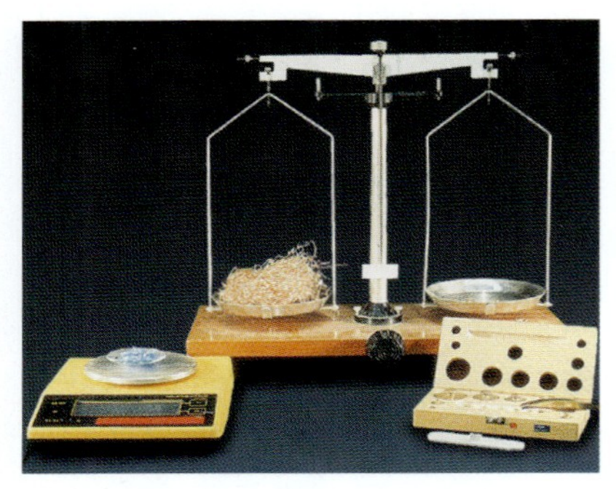

**B2** *Waagen und Wägesätze*

**B3** *Heißluftballone fliegen ohne Motor.*
**A:** *Kannst du das erklären?* **A:** *Welche Möglichkeiten gibt es noch?*

## Cola und Cola light – mal schwerer, mal leichter!

Cola oder Cola light? Beides ist braun, sprudelt und schmeckt süß. Also – wo bitte ist der Unterschied?

### *Versuche*

***V1*** Untersuche die Aufschrift mit den Inhaltsstoffen auf einer Flasche (Dose) mit Cola und auf einer Flasche (Dose) mit Cola light. Notiere jeweils die Inhaltsstoffe.

***V2*** Gib eine Flasche (Dose) mit Cola und eine mit Cola light in einen Eimer mit Wasser.

***V3*** Bestimme die Masse eines leeren Messzylinders mit einer Waage und notiere den Wert. Fülle nun genau 100 mL abgestandene Cola light in den Zylinder, wiege erneut und notiere das Ergebnis. Wiederhole den Versuch mit 100 mL abgestandener Cola.

***V4*** Bestimme und notiere die Masse eines leeren Messzylinders. Fülle nun genau 100 mL Wasser in den Zylinder, wiege und notiere den Wert erneut. Wiederhole den Versuch mit einer Zuckerlösung (ca. 12 g Zucker in 100 mL Wasser) oder Himbeersaft.

***V5*** Vergleiche gleich große Würfel verschiedener Stoffe und sortiere sie nach steigender Masse. Versuche zunächst ohne, dann mithilfe einer Balkenwaage die Reihenfolge zu bestimmen.

***V6*** Bestimme die Masse von zwei gleich großen Schraubenmuttern mit einer Waage und notiere das Ergebnis. Fülle einen 50-mL-Messzylinder aus Kunststoff mit 20 mL Wasser. Achte genau auf die Skala. Gib die Schraubenmuttern vorsichtig in den Messzylinder und lies das neue Volumen ab. Notiere den Wert und errechne das Volumen der Schraubenmuttern. Wiederhole den Versuch mit 4, 6 und 8 Schraubenmuttern.

### *Auswertung*

a) Unterstreiche in deinen Listen (V1) die Inhaltsstoffe, die bei Cola und Cola light unterschiedlich sind.

b) Protokolliere deine Beobachtungen zu V2.

c) Ermittle die Masse von 100 mL Cola und die Masse von 100 mL Cola light (V3). Was fällt dir auf? Warum sollten Cola und Cola light möglichst abgestanden sein?

d) Berechne die Masse von 100 mL Wasser und die von 100 ml Zuckerlösung oder Himbeersaft (V4).

e) Vergleiche deine Ergebnisse aus V3 und V4.

f) Berechne jeweils den Quotienten aus der Masse in g und dem Volumen in $cm^3$ für Wasser, Zuckerlösung oder Himbeersaft, Cola und Cola light ($1 mL = 1 cm^3$).

g) Berechne jeweils den Quotienten aus der Masse in g und dem Volumen in $cm^3$ für die in V5 untersuchten Stoffe.

h) Erstelle zu V6 eine Tabelle, in die du die Anzahl der Schraubenmuttern, ihre Masse und das jeweilige Volumen einträgst ($1 mL = 1 cm^3$). Trage die Wertepaare in ein Koordinatensystem (x-Achse: Masse in g, y-Achse: Volumen in $cm^3$) ein. Berechne für alle Wertepaare aus der Tabelle den Quotienten aus der jeweiligen Masse und dem entsprechenden Volumen.

## Dichte und Dichtebestimmung

Warum geht in V2 eine der Dosen mit Colagetränk in Wasser unter, während die andere schwimmt, obwohl das Volumen des Getränks in beiden Fällen gleich groß ist? Was steckt dahinter? Und warum können Darsteller in Filmen riesige Steine oder Eisenkugeln (B4) mühelos hochheben? Klar, den „Trick" kennt man: Pappmaschee oder Styropor wird entsprechend geformt und angemalt. Dahinter steckt aber mehr als ein einfacher Trick: Gegenstände, die gleich groß sind, können unterschiedliche Massen (B4) haben! Auch Cola und Cola light haben, bei gleichem Volumen, unterschiedliche Massen.
Um diesen Sachverhalt näher zu untersuchen, benötigt man Messmethoden zur Bestimmung von **Volumen** und **Masse** von Stoffportionen. Das Volumen von Flüssigkeiten bestimmt man mit einem Messzylinder. Die Kantenlängen von Festkörpern lassen sich oft ausmessen und das Volumen ist zu berechnen, z. B. bei Würfeln, Quadern, Kugeln und Zylindern. Unregelmäßig geformte Festkörper versenkt man in geeigneten Flüssigkeiten und ermittelt das Volumen der verdrängten Flüssigkeit. Die Masse einer Stoffportion bestimmt man mithilfe einer Waage. Hier eignen sich neben digitalen Waagen auch Balkenwaagen mit Wägesätzen (B2). Vergleicht man verschiedene Flüssigkeiten und Festkörper mit gleichen Volumina, stellt man fest, dass die Masse vom Stoff abhängig ist. So ist 1 cm³ Blei „schwerer" als 1 cm³ Aluminium und 1 cm³ Cola „schwerer" als 1 cm³ Cola light.

Der Quotient von Masse und Volumen wird als **Dichte** bezeichnet. Er ist für jeden Stoff charakteristisch.

$$\text{Dichte} = \frac{\text{Masse}}{\text{Volumen}} \qquad \text{als Größengleichung } \varrho = \frac{m}{V}$$

Um diese Eigenschaft von Stoffen besser vergleichen zu können, wird die Masse in der Einheit Gramm g und das Volumen in der Einheit Kubikzentimeter cm³ angegeben. Daraus ergibt sich für die Dichte die Einheit g/cm³.
Dichten verschiedener Stoffe sind in Tabellenwerken (B5) zusammengefasst. Über diese Werte kann man auch das Volumen einer Stoffportion bei bekannter Masse bzw. die Masse bei bekanntem Volumen berechnen. Dazu muss man die oben angegebene Gleichung umformen:

$$\text{Volumen} = \frac{\text{Masse}}{\text{Dichte}} \quad \text{oder} \quad \text{Masse} = \text{Dichte} \cdot \text{Volumen}$$

### *Aufgaben*

***A1*** Benenne den Inhaltsstoff, der für die unterschiedlichen Dichten von Cola und Cola light ursächlich ist.
***A2*** Wie verändert sich die Dichte von Himbeersaft, wenn du ihn verdünnst?
***A3*** Wie kann ein Mensch im toten Meer tauchen?
***A4*** Begründe, warum bei der Volumenbestimmung über Flüssigkeitsverdrängung die Dichte der Flüssigkeit kleiner sein muss als die des Festkörpers.
***A5*** Welche Masse hat ein Würfel mit der Kantenlänge 3 cm, a) wenn er aus Blei und b) wenn er aus Aluminium besteht?
***A6*** Berechne die Volumina von 100 g Kupfer, 100 g Alkohol und 100 g Sauerstoff (B5).
***A7*** Im Märchen „Hans im Glück" bekommt Hans einen Klumpen Gold ($V$ = 2 000 cm³) geschenkt. Welche Masse hat dieser Klumpen (vgl. Tab. im Anhang)?
***A8*** Wie kannst du überprüfen, ob ein Schmuckstück aus Messing oder aus Gold ist?
***A9*** Warum werden Ballons häufig mit Helium gefüllt? Welche anderen Gase würden den gleichen Effekt verursachen?
***A10*** Eiswürfel schwimmen auf dem Wasser. Was schließt du daraus?

**B4** *Muskelprotz? A: Aus welchem Material könnten die Kugeln sein, damit der Muskelprotz der Schwächling ist?*

| Stoff | Aggregatzustand | Dichte (g/cm³) |
|---|---|---|
| Stickstoff | gasförmig | 0,00116 |
| Sauerstoff | | 0,00133 |
| Alkohol | flüssig | 0,79 |
| Wasser | | 1,0 |
| Quecksilber | | 13,55 |
| Schwefel | fest | 2,07 |
| Aluminium | | 2,70 |
| Zink | | 6,92 |
| Eisen | | 7,86 |
| Kupfer | | 8,93 |
| Blei | | 11,34 |

**B5** *Dichteangaben. A: Welcher Stoff geht in Quecksilber unter?*

**B6** *Leichter als Wasser? A: Finde eine Erklärung für dieses Phänomen.*

### Fachbegriffe
Volumen, Masse, Dichte

# Klein, kleiner, unsichtbar ...

Häufig werden Stoffe zerkleinert, bevor sie für einen bestimmten Zweck eingesetzt werden: Pfeffer gibt es in ganzen Körnern, grob oder fein gemahlen. Zucker hast du schon als Kandis, als Kristallzucker und als Puderzucker kennengelernt. Die kleinen Körner von Pfeffer und Puderzucker sind mit dem Auge oder durch ein Mikroskop noch zu erkennen. Löst du den Zucker aber in Wasser, wird er „unsichtbar" – er ist aber weiter vorhanden, denn das Wasser schmeckt süß.

**B1** *Geräte aus und in der Küche.* **A:** *Beschreibe die Funktion der Küchengeräte.*

## *Versuche*

***V1*** Für diesen Versuch brauchst du Messzylinder, mit denen man das Volumen genau bestimmen kann. Fülle je 50 mL Alkohol* (Ethanol) und 50 mL Wasser in je einen 100-mL-Messzylinder. Miss genau ab! Gieße nun die beiden Flüssigkeiten zusammen, lies das Volumen ab und notiere es.

***V2*** Fülle einen 100-mL-Messzylinder bis zur 50-mL-Marke mit Erbsen und einen zweiten mit Senfkörnern (B2). Mische anschließend Erbsen und Senfkörner und notiere das Gesamtvolumen.

***V3*** Fülle 50 mL Wasser in einen Messzylinder. Gib genau 6 g Zucker in einen zweiten trockenen Messzylinder und notiere das Volumen. Fülle Wasser und Zucker in ein Becherglas und rühre so lange, bis der Zucker sich vollständig im Wasser gelöst hat. Gieße nun die Zuckerlösung in einen der Messzylinder und notiere das Gesamtvolumen.

***V4*** In einer Ecke des Chemieraumes wird etwas Parfum zerstäubt. Messt für unterschiedliche Stellen des Chemieraumes die Zeit (Stoppuhr), die es dauert, bis ihr nach der Zerstäubung den Parfumgeruch wahrnehmen könnt. Notiert die Entfernungen mit den zugehörigen Zeiten.

***V5*** Gieße vorsichtig in ein Becherglas kaltes und in ein anderes heißes Wasser. Gib je einen Tropfen Tinte oder einen Kristall Kaliumpermanganat* hinzu und beobachte eine Zeit lang.

***V6*** Du benötigst drei etwa gleich große Stücke Kandiszucker. Ein Kandis bleibt ganz, zerstoße den zweiten leicht und mörsere den dritten sehr fein. Gib jetzt alle drei Zuckerportionen in je ein Becherglas mit Wasser. Rühre um und beobachte die Lösegeschwindigkeit.

**B2** *Gleiche Volumina von Erbsen und Senfkörnern ergeben gemischt nicht ein doppelt so großes Gesamtvolumen.* **A:** *Finde eine Erklärung für dieses kleinere Gesamtvolumen.*

## *Auswertung*

a) Erstelle ein Protokoll zu V1. Stelle vor dem Versuch eine Vermutung (Hypothese) auf und überprüfe diese dann anhand deiner Beobachtungen.

b) Wie ist das Ergebnis von V2 zu erklären? Kannst du mithilfe dieses Versuchs auch die Beobachtung zu V1 erklären?

c) Vergleiche die Einzelvolumina und das resultierende Volumen bei V3. Erkläre das Ergebnis.

d) Gib die Dichten von Wasser, Zucker und Zuckerwasser aus V3 an. Erkläre die unterschiedlichen Dichten.

e) Was fällt euch beim Vergleich der notierten Entfernung-Zeit-Paare (V4) auf? Vergleicht mit dem Versuch aus B3.

f) Notiere deine Beobachtungen zu V5 und V6. Wovon hängt die Lösegeschwindigkeit ab?

**B3** *Diffusion von Brom (sehr giftig!).* **A:** *Gibt man in einen Standzylinder etwas Brom, verteilt sich der Bromdampf in dem ganzen Zylinder. Bromdampf hat eine größere Dichte als Luft. Erkläre den Versuch mithilfe des Teilchenmodells.*

## Teilchenmodell

„Verschwinden" Zucker und Salz beim Lösen in Wasser? Warum trocknet nasse Wäsche auf der Wäscheleine? Wie kommt der Duft des Parfums in die andere Ecke des Chemieraumes? Warum kann ich etwas riechen, aber nicht sehen?
Diese Fragen können wir anhand unserer Beobachtungen allein nicht erklären. Daher nehmen wir uns eine Vorstellung vom Aufbau der Stoffe zu Hilfe. Bei dieser geht man davon aus, dass alle Stoffe aus kleinsten kugelförmigen Teilchen aufgebaut sind. Diese sind weder mit dem bloßen Auge noch mit einer Lupe oder einem Mikroskop zu sehen.

Kleinstteilchen eines Stoffes sind untereinander gleich, Teilchen verschiedener Stoffe sind verschieden. Mit diesem **Teilchenmodell** versucht man, die Eigenschaften von Stoffen zu erklären.

Wir stellen fest, dass beim Mischen von Alkohol und Wasser ein geringeres Gesamtvolumen als die Summe der beiden Einzelvolumina gemessen wird (V1). Mit der Teilchenvorstellung wird dies verständlich: Man stellt sich vor, dass die Alkohol-Teilchen größer als die Wasser-Teilchen sind. Zwischen den Alkohol-Teilchen sind daher „Lücken", in die einige Wasser-Teilchen hineinpassen. Das Beispiel mit Erbsen und Senfkörnern (B2, V2) verdeutlicht diese Erklärung.
Dieses Teilchenmodell ist so gut, dass weitere Beobachtungen damit gedeutet werden können. Aggregatzustände werden ebenfalls erklärbar: Bei festen Stoffen sind die kleinsten Teilchen regelmäßig in geringen Abständen zueinander angeordnet. Will man solche Festkörper zerteilen, muss man Kraft aufwenden, um die Anziehungskräfte zwischen den Teilchen zu überwinden. Erwärmt man einen Feststoff, geraten die kleinsten Teilchen in immer stärkere Schwingungen, bis bei einer bestimmten Temperatur der Teilchenverband getrennt wird. Der Stoff wird flüssig (B4). Bei weiterem Erwärmen nimmt die Geschwindigkeit der Teilchen zu. Sie werden zunächst noch durch den äußeren Druck, meist den Luftdruck, in der Flüssigkeit gehalten. Erst bei höheren Teilchengeschwindigkeiten kann dieser äußere Druck überwunden werden, und die Teilchen verlassen die Flüssigkeit. Bei Gasen sind die Abstände zwischen den Teilchen wesentlich größer als bei Feststoffen und Flüssigkeiten (B4).
Im Jahr 1827 beobachtete Robert Brown mit einem Mikroskop, dass winzige Pflanzensporen auf einem Wassertropfen zittrige Bewegungen ausführen. Diese Eigenbewegung von Teilchen wurde nach ihm als **Brown'sche Bewegung** (V5 und B5) benannt. In V4 und V5 kann man beobachten, wie sich die Teilchen bei Gasen und in Flüssigkeiten durch Eigenbewegung vermischen. Diesen Vorgang der selbstständigen Vermischung nennt man **Diffusion**. Damit lässt sich auch der Lösevorgang eines Feststoffes in einer Flüssigkeit leicht erklären. V6 zeigt, wie eine feinere Verteilung des Feststoffes und ein zusätzliches Rühren den Vorgang beschleunigen.

### Aufgaben

**A1** Erläutere mithilfe des Teilchenmodells, a) warum Zucker und Salz beim Lösen in Wasser „verschwinden", b) warum nasse Wäsche auf der Wäscheleine trocknet und c) wie der Parfumduft an das andere Raumende gelangt.
**A2** Erkläre, warum du etwas riechen, aber nicht sehen kannst.
**A3** Erläutere mithilfe des Teilchenmodells, warum sich Flüssigkeiten und Gase der Form eines Gefäßes anpassen, Festkörper jedoch nicht.
**A4** Erkläre, warum Wasser brodelt, wenn man es ausreichend erhitzt.
**A5** Gib eine Erklärung dafür, warum die Siedetemperatur vom Druck abhängig ist.

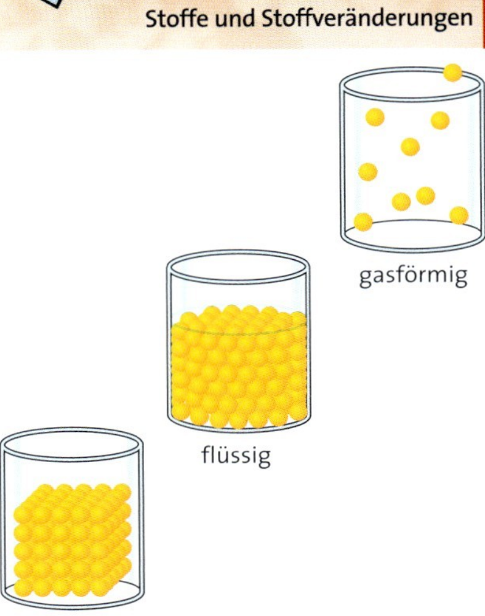

**B4** *Aggregatzustände im Teilchenmodell*

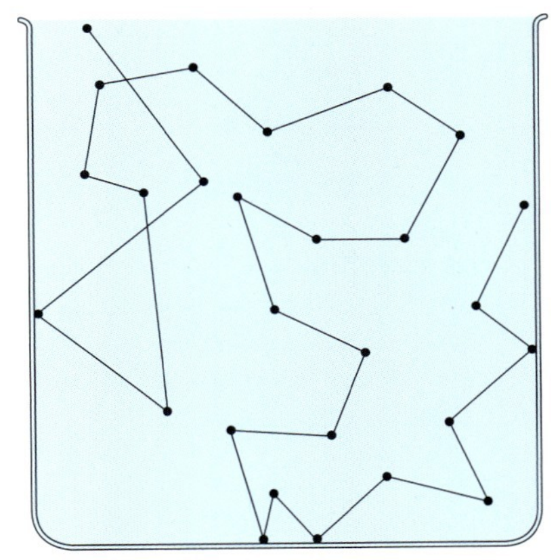
**B5** *Ein möglicher Weg, den ein Teilchen in einer bestimmten Zeit zurücklegt.*

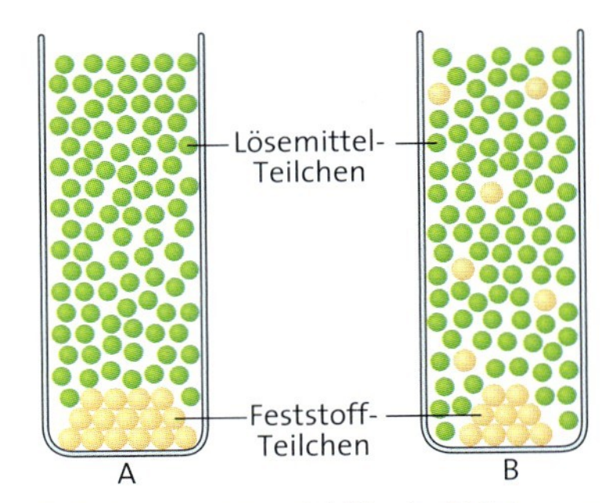

**B6** *Lösevorgang mithilfe des Teilchenmodells.* **A:** *Erkläre die Beobachtungen zu V3 mithilfe dieser Abbildung.*

### Fachbegriffe

Teilchenmodell, Brown'sche Bewegung, Diffusion

# M+ Versuchsprotokoll

In einem Versuchsprotokoll skizzieren wir den Versuchsaufbau und nennen die verwendeten Geräte und Chemikalien. Wir beschreiben die Durchführung und die Beobachtungen und formulieren die Erklärungen dazu.

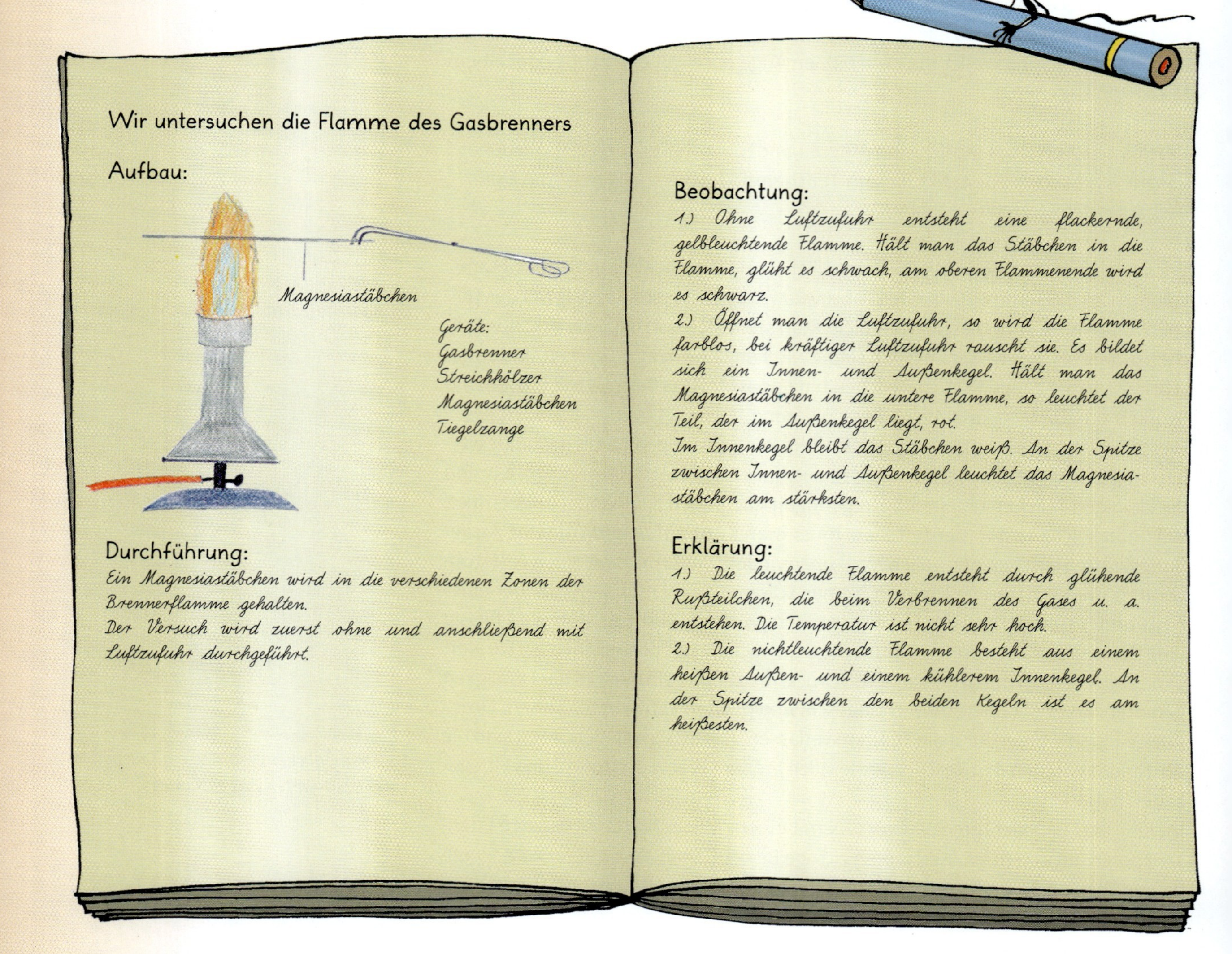

Wir untersuchen die Flamme des Gasbrenners

Aufbau:



Geräte:
Gasbrenner
Streichhölzer
Magnesiastäbchen
Tiegelzange

Durchführung:

Ein Magnesiastäbchen wird in die verschiedenen Zonen der Brennerflamme gehalten.
Der Versuch wird zuerst ohne und anschließend mit Luftzufuhr durchgeführt.

Beobachtung:

1.) Ohne Luftzufuhr entsteht eine flackernde, gelbleuchtende Flamme. Hält man das Stäbchen in die Flamme, glüht es schwach, am oberen Flammenende wird es schwarz.
2.) Öffnet man die Luftzufuhr, so wird die Flamme farblos, bei kräftiger Luftzufuhr rauscht sie. Es bildet sich ein Innen- und Außenkegel. Hält man das Magnesiastäbchen in die untere Flamme, so leuchtet der Teil, der im Außenkegel liegt, rot.
Im Innenkegel bleibt das Stäbchen weiß. An der Spitze zwischen Innen- und Außenkegel leuchtet das Magnesiastäbchen am stärksten.

Erklärung:

1.) Die leuchtende Flamme entsteht durch glühende Rußteilchen, die beim Verbrennen des Gases u. a. entstehen. Die Temperatur ist nicht sehr hoch.
2.) Die nichtleuchtende Flamme besteht aus einem heißen Außen- und einem kühlerem Innenkegel. An der Spitze zwischen den beiden Kegeln ist es am heißesten.

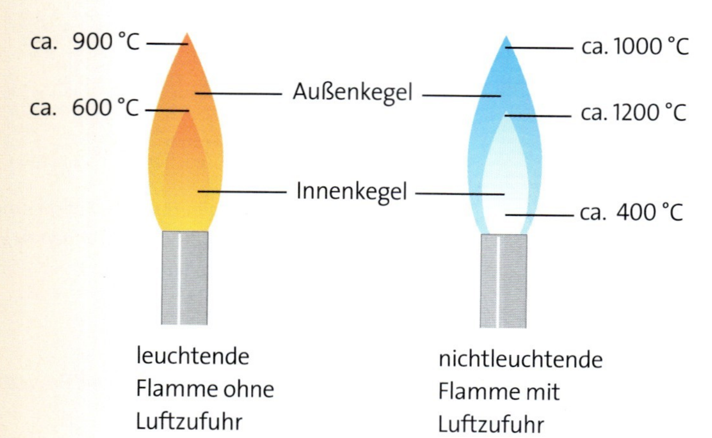


Untersucht man die Brennerflamme mit einem Temperaturmessgerät, so erhält man die in den Skizzen angegebenen Temperaturen.

Für glühende Festkörper gilt:

| | | |
|---|---|---|
| Rotglut | ab ca. | 600 °C |
| Gelbglut | ab ca. | 1000 °C |
| Weißglut | ab ca. | 1200 °C |

# M+ Stoffeigenschaften in der Übersicht



## Das hat Methode ...

**Ein Glossar ...**
... ist eine Liste von Wörtern mit ihren Erklärungen. Du hast auf den vorangegangenen Seiten viele neue Fachbegriffe kennengelernt. Reserviere zwei bis drei Seiten in deinem Chemieheft für diese Fachbegriffe und fertige ein Glossar an. Du kannst so jederzeit überprüfen, ob du alle Fachbegriffe beherrschst, und auch nachschlagen, wenn dir ein Begriff entfallen ist. *Beispiel:*

> **Stoffeigenschaften (charakteristische):** dienen der eindeutigen Identifizierung von Stoffen.
> **Löslichkeit:** ist die Masse einer Stoffportion in Gramm, die sich bei 20 °C und normalem Luftdruck in 100 g Lösemittel löst.
> **Dichte:** ...

**B1** *Erstelle dein eigenes Glossar.*

**Ein Karteikasten ...**
... besteht aus kleinen Karteikarten, die du in einem Kästchen sammelst. Auf jeder Karteikarte steht ein Fachbegriff und seine Erläuterung. Der Karteikasten hat den Vorteil, dass du die Begriffe jederzeit ergänzen, neu sortieren und zusammenstellen kannst.

**Ein Steckbrief ...**
... ist eine Zusammenfassung der Stoffeigenschaften, die wir kennen und überprüfen müssen, um einen Stoff eindeutig identifizieren zu können.

**Zucker**
**Farbe:** weiß
**Geruch:** nein
**Löslichkeit in Wasser:** gut
**Aussehen unter der Lupe:** Kristalle
**Schmelztemperatur:** 186 °C
**Dichte:** 1,58 g/cm$^3$

**B2** *Steckbrief von Zucker.* **A:** *Ergänze den Steckbrief in deinem Heft um weitere Stoffeigenschaften.*

## Weitere Stoffeigenschaften

- **Elektrische Leitfähigkeit**

Sie gehört auch zu den charakteristischen Stoffeigenschaften und lässt sich mit folgender Anordnung sehr leicht ermitteln.

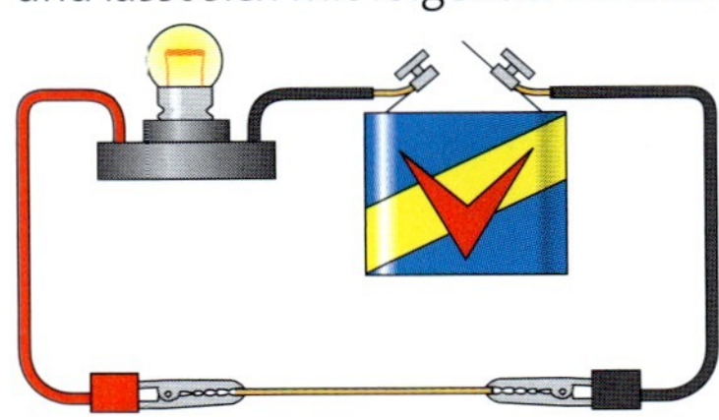

**B3** *Anordnung zur Untersuchung der elektrischen Leitfähigkeit*

- **Verformbarkeit und Härteskala**

Einen Radiergummi kannst du verbiegen, nach dem Loslassen nimmt er seine ursprüngliche Form wieder ein. Solche Stoffe nennt man *elastisch*. Knetmasse lässt sich ebenfalls verformen, verbleibt dann aber in der neuen Form. Sie ist *plastisch*. Bei Gesteinen, Mineralien und Edelsteinen spielt die *Härte* eine wichtige Rolle (B4). Diamant ist am härtesten, Talk am weichsten.

| MOHS-Härte | Mineral |
|---|---|
| 1 | Talk |
| 2 | Gips |
| 3 | Calcit |
| 4 | Flußspat |
| 5 | Apatit |

| MOHS-Härte | Mineral |
|---|---|
| 6 | Feldspat |
| 7 | Quarz |
| 8 | Topas |
| 9 | Korund |
| 10 | Diamant |

**B4** *MOHS-Härte von einigen Stoffen. Stoffe der Härte 1 und 2 kann man mit dem Fingernagel ritzen, die bis Härte 5 mit einem scharfen Taschenmesser.*

- **Wärmeleitfähigkeit und magnetisches Verhalten**

**A:** Nenne je zwei Stoffe, die a) unterschiedlich wärmeleitfähig und b) unterschiedlich magnetisch sind.

STECKBRIEF

| | Kochsalz | ? |
|---|---|---|
| Farbe | weiß | silbergrau |
| Aggregatzustand bei 20 °C | fest | fest |
| Dichte bei 20 °C in $\frac{g}{cm^3}$ | 2,2 | 7,8 |
| elektrische Leitfähigkeit | – | gut |
| magnetisches Verhalten | wird nicht angezogen | wird angezogen |
| Löslichkeit in Wasser | gut | – |
| Löslichkeit in Waschbenzin | – | – |

**B5** *Steckbrief von Kochsalz und ?.* **A:** *Welcher Stoff ist im rechten Steckbrief gemeint?* **A:** *Erstelle den Steckbrief von Wasser.*

**B1** *Eine bunte Mischung Obst*

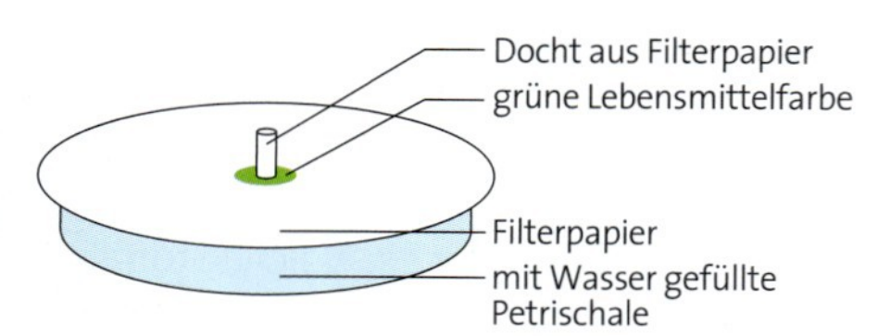


**B2** *Versuchsaufbau zu V1*

**B3** *Versuchsaufbau zu V3*

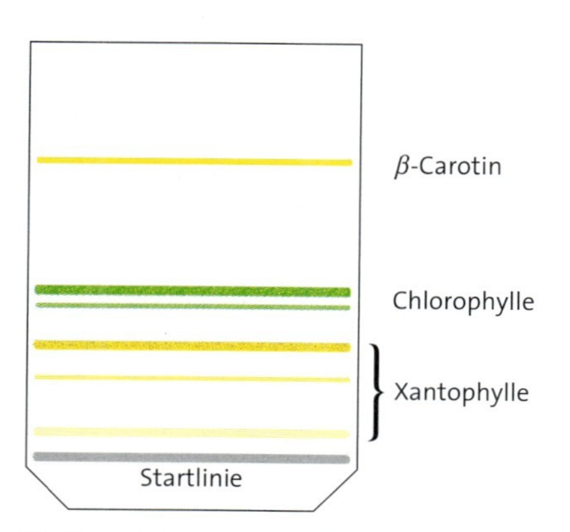


**B4** *Chromatogramm von Blattgrün.*
**A:** *Kann es sich bei den drei unteren gelben Linien um den gleichen Farbstoff handeln?*

## *extra* Farben, die man essen kann

Eine Obstschale wirkt deshalb so attraktiv, eine Tüte Schokolinsen daher so verführerisch, weil uns die bunten Farben regelrecht anlachen und Appetit machen. Handelt es sich dabei um reine Farben? Was vermutest du?

### *Versuche*

*Hinweis: Es bietet sich an, die Versuche 1 bis 3 arbeitsteilig in verschiedenen Kleingruppen durchführen zu lassen.*

***V1*** Zeichne in die Mitte eines Filterpapiers mit grüner Lebensmittelfarbe einen Fleck von ca. 1 cm Durchmesser. Bohre nach dem Trocknen ein kleines Loch in die Mitte des Flecks, durch das du einen 1 cm langen Docht aus zusammengerolltem Filterpapier führst (B2). Gib das Filterpapier so auf eine mit Wasser gefüllte Petrischale, dass der Docht ins Wasser taucht. Untersuche auf diese Weise auch rote, gelbe und blaue Lebensmittelfarbe.

***V2*** Zeichne mit einem schwarzen Filzstift eine Kreisfläche von ca. 5 mm Durchmesser in die Mitte eines Filterpapiers. Lege das Filterpapier auf ein Uhrglas und gib mit einer Pipette 1 Tropfen Wasser auf den Farbfleck. Wenn das Wasser ganz aufgesogen ist, tropfe den nächsten Wassertropfen auf den Farbfleck, usw. Führe den Versuch auch mit anderen Farben und mit dem Saft von zerstampften Himbeeren oder von Rotkohl durch.

***V3*** Zerstampfe in einem Mörser Salatblätter (oder Kresse, Spinat, etc.) mit etwas Sand und Brennspiritus*. Wie sieht die Lösung aus? Trage mit einer Pipette eine deutlich gefärbte Startlinie auf einen Filterpapierstreifen auf. Gib das Filterpapier in ein Marmeladenglas, das 1 cm hoch mit Brennspiritus gefüllt ist. Verschließe das Glas und beobachte den Papierstreifen genau.
Nimm den Papierstreifen aus dem Glas, kurz bevor die Flüssigkeit an den oberen Rand des Filterpapiers gezogen ist.

### *Auswertung*

a) Halte deine Beobachtungen zu den Versuchen 1 bis 3 schriftlich fest.
b) Teile die in den Versuchen 1 und 3 getesteten Farben aufgrund der erhaltenen Farbmuster in zwei Gruppen ein.
c) Ordne die Farbstoffe auf dem Chromatogramm bei V3 nach ihrer Haftfähigkeit auf dem Papier.
d) Stelle Gemeinsamkeiten und Unterschiede der Durchführungen und Ergebnisse der Versuche 1 bis 3 zusammen.

## *extra* Chromatographie

Aus einigen Startflecken der verschiedenen in V1 und V2 aufgetragenen Farben entwickeln sich Ringe in Farben, die vorher nicht erkennbar waren. Folglich sind die untersuchten Farben keine Reinstoffe, sondern **Stoffgemische**. Auch in V3 liegt ein Gemisch vor, obwohl die Farbstofflösung zunächst wie ein **Reinstoff** aussieht.
In den Versuchen breitet sich die Flüssigkeit, das **Laufmittel**, auf dem Papier aus und zieht die verschiedenen Farbstoffe unterschiedlich weit mit sich. Farbstoffe, die sich gut in dem Laufmittel lösen, werden weiter mitgezogen als solche, die sich nicht so gut in dem Laufmittel lösen.
Auch die Haftfähigkeit eines jeden Farbstoffs auf dem Papier spielt eine wichtige Rolle. Je besser ein Farbstoff auf dem Papier haftet, desto weniger weit wird er vom Startfleck aus weggetragen.
Die jeweiligen Wechselwirkungen mit dem Laufmittel und dem Papier haben also einen Einfluss darauf, wie weit die einzelnen Farbstoffe auf dem Papier „wandern“.

Dieses Trennverfahren, mit dem das Farbstoffgemisch aufgetrennt wird, heißt **Chromatographie**[1]. Bei der Chromatographie erhält man ein **Chromatogramm** (B4). Es zeigt, wie viele Bestandteile das Stoffgemisch enthält.

### *Aufgaben*

***A1*** Überlege, welchen Einfluss die Zeit, in der ein Chromatogramm wie in V3 entwickelt wird, auf das Aussehen und die Qualität eines Chromatogramms hat.

***A2*** Ein Schüler möchte herausfinden, welche Farbstoffe in einem Schwarzstift mit der Aufschrift „permanent“ enthalten sind. Er geht nach V2 vor und stellt fest, dass sich der Farbfleck nicht verändert. Wie kann man ihm helfen?

**Ein Märchen**

Einstmals suchte ein König für seine Tochter den stärksten Mann seines Reiches. Aber als alle Kandidaten versammelt waren, wusste er nicht, wie er den Stärksten unter ihnen finden sollte. Da hatte sein Berater Chromos eine Idee: Er ging zu dem reißendsten Fluss im ganzen Land und steckte in regelmäßigen Abständen Pfähle in das Wasser. Nun mussten alle Männer in das Wasser steigen und versuchen, sich möglichst lange im Wasser zu halten, wobei sie sich an den Pfählen festklammern durften. Der als Letzter am Ziel eintraf, sollte der glückliche Bräutigam werden.

***A3*** Was hat das Märchen mit der Chromatographie zu tun? Stelle auch die Unterschiede zwischen dem Märchen und der Chromatographie heraus.

***A4*** Erläutere, was in den beiden Einzelbildern von B7 dargestellt ist.

[1] von *chromos* (griech.) = Farbe und *graphein* (griech.) = schreiben

**B5** *Betrügern auf der Spur. A: Wie kann man herausfinden, ob der Scheck nachträglich verändert wurde?*

**B6** *Herbstlaub. A: Stelle Vermutungen an, warum sich die Blätter im Herbst gelb, orange und rot färben. Wie könnte man testen, ob die sichtbare rote Blattfarbe erst im Herbst gebildet wird?*

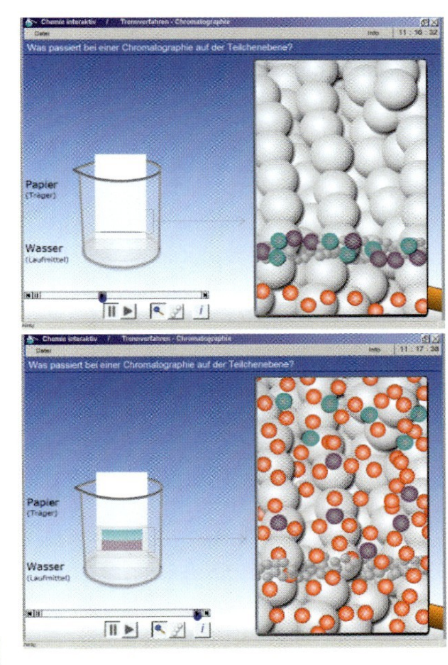


**B7** *Bei der Chromatographie werden die Farbstoff-Teilchen der aufgetragenen Farblinie von den Wasser-Teilchen unterschiedlich weit mitgetragen. A: Betrachte die Animation unter Chemie 2000+ Online und schreibe einen kurzen Text, der die Vorgänge auf der Teilchenebene erklärt.*

### Fachbegriffe

Stoffgemisch, Reinstoff, Laufmittel, Chromatographie, Chromatogramm

**B1** *Meerwasser.* ***A:*** *Wie bekommt man das Salz aus dem Wasser?*

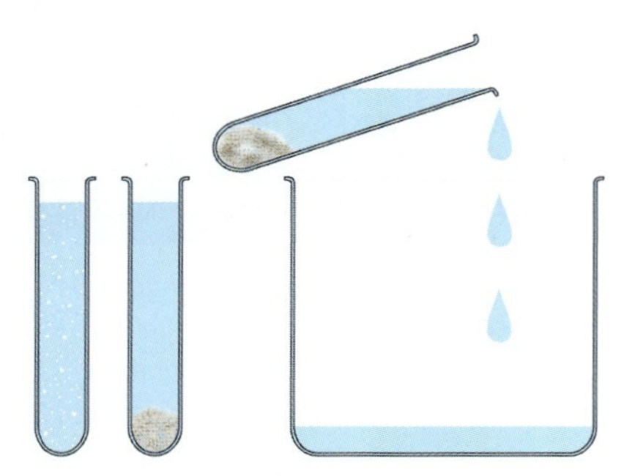

**B2** *Dekantieren einer Suspension.* ***A:*** *Welche Rolle spielt die Dichte des Feststoffs bei der Überlegung, ob eine Suspension durch Dekantieren in ihre Komponenten getrennt werden kann?*

**B3** *Eindampfen einer Flüssigkeit*

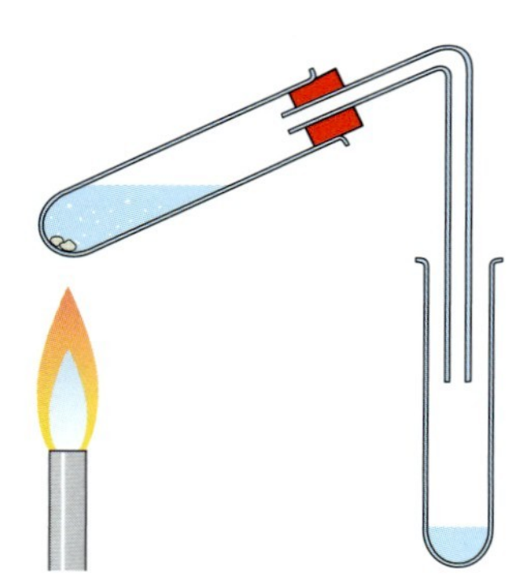

**B4** *Einfache Destillation*

# Speisesalz – aus dem Wasser und der Erde auf den Tisch

Beim Schwimmen im Meer schmecken wir das Salzwasser, das nach dem Bad eine dünne Salzschicht auf unserer Haut hinterlässt. Wie kommt das Salz aus dem Meerwasser oder aber aus den Steinsalz-Bergwerken in die Verpackung und so in unsere Küche?

## Versuche

***V1*** a) Mische in einem Becherglas einen Löffel Sand mit einem Löffel Salz und rühre gut um.

b) Gib zu dem Gemenge 150 mL Wasser, verrühre und lasse die Suspension stehen.

c) Dekantiere ca. 30 mL von der Lösung, die in b) nach dem Stehenlassen entstanden ist, in ein Becherglas (B2).

d) Filtriere den Rest der Lösung aus b) in ein anderes Becherglas. Vergleiche das Aussehen dieser Lösung mit dem der Lösung aus Versuchsteil c).

***V2*** a) Fülle eine Abdampfschale ca. 1 cm hoch mit der in V1d) erhaltenen Salzlösung und gib einen Siedestein dazu. Stelle die Abdampfschale auf einen Dreifuß und erhitze. Halte mit einer Klammer eine Glasscheibe schräg über die Schale (B3).

b) Fülle ein Reagenzglas zur Hälfte mit der Salzlösung aus V1d) und gib einen Siedestein hinzu. Verschließe das Reagenzglas mit einem durchbohrten Gummistopfen mit Glasrohr. Das Glasrohr darf nicht in die Lösung tauchen. Erhitze die Lösung vorsichtig mit einem Brenner und fange die verdampfende Flüssigkeit wie in B4 gezeigt auf.

***V3*** Gib das restliche Salzwasser aus V1d) in ein Becherglas und füge einen Siedestein hinzu. Stelle das Becherglas auf einen Dreifuß und erhitze. Miss mit einem Thermometer alle 30 Sekunden die Temperatur und notiere die gemessenen Temperaturwerte.

## Auswertung

a) Erstelle für die Gemische a) bis d) von V1 eine Tabelle mit den Spalten: Bestandteile des Gemischs – Name des Gemischs – Aussehen des Gemischs.

b) Beschreibe, wo sich am Ende von V2a) und b) welche Stoffe befinden. Vergleiche die beiden Vorgehensweisen miteinander.

c) Liste die Trennverfahren auf, die in V1 und V2 angewendet werden. Notiere zu jedem Trennverfahren, ob Feststoffe, Flüssigkeiten oder Gase voneinander getrennt werden.

d) Erstelle ein Diagramm zu V3 (x-Achse: Zeit, y-Achse: Temperatur) und zeichne eine Siedekurve. Beschreibe die Siedekurve des Stoffgemischs „Salzwasser“ und nenne den Unterschied zur Siedekurve des Reinstoffs „Wasser“ (vgl. S. 18, 19).

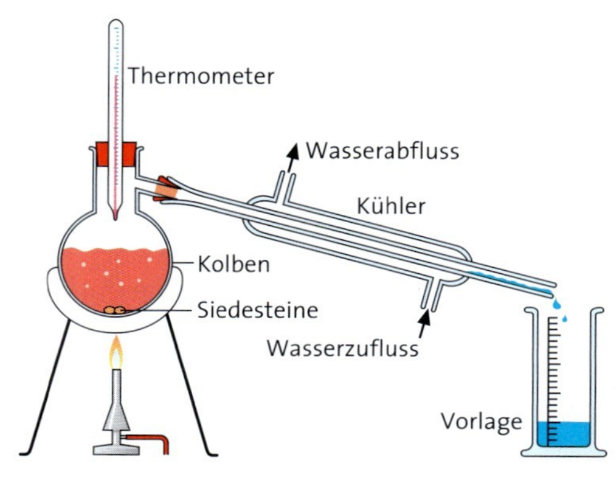


**B5** *Destillationsapparatur.* ***A:*** *Beschreibe den Weg des Wassers bei der Destillation von Rotwein.*

## Verschiedene Trennmethoden

Was bei uns sehr preisgünstig zur Essenszubereitung in jedem Supermarkt zu haben ist, wurde früher als weißes Gold bezeichnet und der Streit um dieses „Gut" konnte sogar Kriege auslösen: das (Koch)Salz.
Durch einfache Methoden wie das Verdampfen kann heute jeder Salz aus Meerwasser gewinnen (V2). Beim Meerwasser handelt es sich um ein Stoffgemisch, das außer (Koch)Salz viele andere gelöste und auch ungelöste Bestandteile enthält. Eventuell vorhandenen Sand kann man aus diesem Gemisch durch Absetzen, also **Sedimentieren**, und anschließendes Abgießen, **Dekantieren**, abtrennen, weil sich der Sand nach einiger Zeit wegen seiner größeren Dichte am Boden absetzt. Besser gelingt die Trennung einer Sand-Salzwasser-Suspension allerdings durch **Filtrieren**. Die Poren des Filterpapiers wirken dabei wie ein engmaschiges Sieb, durch das nur die Flüssigkeit, das **Filtrat**, hindurchgelangt. Lässt man das Filtrat verdunsten oder dampft man es ein, **kristallisiert** das reine Salz aus.
Trinkwasser (Süßwasser) ist besonders in südlichen Gegenden im Sommer ein knappes Gut. Einige Hotels auf Urlaubsinseln haben eigene Meerwasserentsalzungsanlagen, um nicht auf die teuren Lastschiffe mit Wassertanks angewiesen zu sein. Im Labor gewinnen wir das reine Wasser aus Salzwasser, indem wir es zunächst verdampfen, danach an einer kalten Fläche kondensieren lassen (V2a) und schließlich auffangen. Dieses Prinzip bezeichnet man als **Destillation**.

**B6** *Gewinnung von Salz aus Meerwasser.*
*A: Warum führt man dieses Verfahren nicht an der Nordsee durch?*

Die Destillation ist eine Trennmethode, bei der ein Stoff aus einem flüssigen Gemisch erst verdampft und anschließend kondensiert wird.

Dazu sind verschiedene Versuchsaufbauten geeignet (vgl. B3 bis B5). Eine leicht zu handhabende Möglichkeit, kleinere Mengen Süßwasser mit einfachen Mitteln zu gewinnen, stellen Kegel aus Kunststoff dar (B7). Darin kann durch Sonneneinstrahlung Wasser aus der Umgebung oder von einer Wasseroberfläche verdampfen und an der inneren Kunststoffwand kondensieren. In Rinnen am unteren Innenrand des Kegels fängt man das **Destillat** (das gewünschte Wasser) dann auf.

**B7** *Ein Watercone® für die Trinkwassergewinnung in Entwicklungsländern. Sie funktionieren sogar auf Gewässern schwimmend. A: Beschreibe, wie man mit einem Watercone® salzfreies Wasser gewinnt.*
*A: Skizziere seinen Durchschnitt und markiere, wo das Wasser verdampft und kondensiert.*

### *Aufgaben*

*A1* Nenne jeweils das Ziel, mit dem Meerwasser nach den in B6 und B7 gezeigten Methoden behandelt wird.

*A2* In manchen Bergwerken wird Steinsalz abgebaut. Dabei handelt es sich um ein festes Gemenge aus Stein und Salz. Beschreibe, wie du aus dem Steinsalz das Salz abtrennen kannst. Verwende dabei die folgenden Begriffe: Stoffgemisch – Wasser – löslich – unlöslich – sedimentieren – dekantieren – eindampfen.

*A3* Ein Trennverfahren beruht darauf, dass sich die Bestandteile eines Stoffgemischs in mindestens einer Stoffeigenschaft unterscheiden. Erkläre, aufgrund welcher Stoffeigenschaften die folgenden Trennverfahren wirksam sind: Sedimentieren, Filtrieren, Eindampfen, Destillieren, Kristallisieren.

### Fachbegriffe

sedimentieren, dekantieren, filtrieren, Filtrat, kristallisieren, destillieren, Destillat

## *extra* Öle und Farben aus Früchten und Süßwaren

Auf den Flaschen mit hochwertigem Olivenöl findet man als Qualitätsmerkmal die Aufschrift „kaltgepresst“ neben einer Abbildung von Oliven. Wie bekommt man das Öl aus den Oliven in die Flasche?

**B1** *Oliven und Olivenöl*

### Versuche

***V1*** Gib 15 Erdnüsse zwischen zwei Lagen Papierhandtücher und zerdrücke sie mit einem Nudelholz. Nimm einige Bruchstücke und reibe sie mit den Fingern. Beobachtung am Papier und an den Fingern?

***V2*** Fülle in je ein kleines Becherglas zerkleinerte Erdnussstücke, Kokosraspel bzw. zerkleinerte Sonnenblumenkerne. Übergieße die Feststoffe mit Brennspiritus*, schwenke sie einige Minuten gut und entferne die Stücke dann mit einem Spatel. Zerreibe die Raspel und Kerne zwischen den Fingerspitzen.
Lasse die Bechergläser bis zur nächsten Woche stehen und überprüfe dann die Reste in den Bechergläsern auf Aussehen und Geruch.

***V3*** Gib in ein Rggl. ca. 2 cm hoch Möhrenraspel, überschichte sie bis auf ca. 7 cm Höhe mit Benzin* und verschließe das Rggl. Schüttle 1 min lang, wobei du zwischendurch den Stopfen zwecks Lüftung einige Male lockerst.

***V4*** Verteile die Lösung aus V3 durch Dekantieren auf zwei Rggl. Gieße in das erste vorsichtig einige mL Wasser, in das zweite einige mL eines möglichst farblosen Speiseöls und beobachte die Färbungen. Schüttle beide Rggl. und beobachte die Färbungen erneut.

***V5*** a) Lege einen Rundfilter in einen Trichter, befeuchte das Papier leicht und befülle es mit einem Spatellöffel Aktivkohle. Gieße dann einen Teil einer wässrigen Lösung mit Himbeer-Farbstoff auf die Aktivkohle und fange das Filtrat in einem Becherglas auf. Überprüfe die Ausgangslösung und das Filtrat auf Aussehen und Geruch. b) Verfahre wie in a) mit einer Lösung des Farbstoffs von Schokolinsen. Zur Herstellung dieser Lösung schwenkst du 5 Schokolinsen für 15 Sekunden in Wasser und dekantierst die Lösung dann ab.

***V6*** Löse braunen Kandiszucker in Wasser auf. Filtriere einen Teil der Lösung durch ein normales Filterpapier, den anderen durch einen Aktivkohlefilter. Gieße die Filtrate jeweils auf ein Uhrglas und lasse das Wasser verdunsten. Betrachte und vergleiche die Kristalle.

**B2** *Reagenzgläser aus V4.* **A:** *Erkläre das Aussehen der Flüssigkeiten und die beobachtbaren Phasen in den Reagenzgläsern. Ordne zu, in welcher der Phasen sich das Wasser, das Benzin, das Öl und der Möhren-Farbstoff befinden.*

### Auswertung

a) Notiere zu allen Versuchen die Beobachtungen.

b) Gibt man einen Tropfen Öl oder Fett auf ein Stück Filterpapier, kann man beobachten, dass der Fleck im Gegensatz zu einem Wasserfleck nicht verschwindet (**Fettfleckprobe**). Erkläre diesen Sachverhalt und stelle einen Zusammenhang zu V1 her.

c) Was kannst du jetzt über die Löslichkeit von Erdnussöl aussagen?

d) Woraus bestehen die Reste, die bei V2 nach einer Woche in den Bechergläsern vorhanden sind?

e) Welche Informationen liefern V3 und V4 bezüglich der Löslichkeit des Möhren-Farbstoffs in Wasser und Benzin und der Löslichkeit von Benzin, Öl und Wasser untereinander?

f) Stelle Vermutungen über den Verbleib der Farbstoff- und Geruchsstoff-Teilchen in V5 auf.

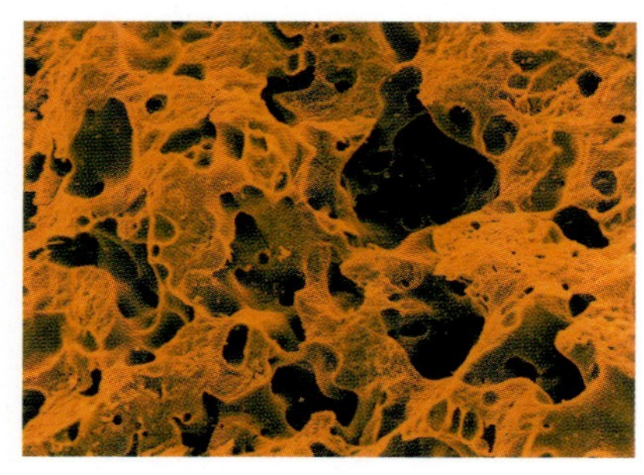

**B3** *Die Oberfläche von Aktivkohle unter dem Mikroskop*

## extra Extraktion und Adsorption

Öl aus Nüssen oder anderen Kernen kann man durch einfaches Pressen gewinnen. Mit dieser Methode entfernen wir allerdings nur einen Teil des in den Kernen vorhandenen Öls - das spüren wir beim Reiben der zerkleinerten Kerne zwischen den Fingern (V1). Einen weitaus größeren Anteil an Fett erhalten wir dann, wenn wir ein geeignetes Lösemittel für das Fett verwenden, die zerriebenen Kerne darin schütteln und das Lösemittel anschließend verdampfen lassen (V2). Solch einen Vorgang nennt man **Extraktion**[1].

Bei der Extraktion werden ein oder mehrere Stoffe aus einem Stoffgemisch herausgelöst.

Öle und Fette, die mit einem **Extraktionsmittel** gewonnen wurden, sind preisgünstiger als kaltgepresste.
Nicht alle Flüssigkeiten sind geeignete Extraktionsmittel. Man kann den orangefarbenen Farbstoff aus den Möhren mit Benzin **extrahieren**. Er löst sich auch in Öl, nicht aber in Wasser (V4). Viele Farbstoffe oder auch Wirkstoffe für Medikamente werden aus Pflanzen mit Alkohol extrahiert. Trinken wir Tee oder Kaffee, so nehmen wir ein **Extrakt** der wasserlöslichen Bestandteile der Teeblätter oder Kaffeebohnen zu uns (B5).
Der braune Kandiszucker, mit dem sich manche ihr Getränk versüßen, ist keineswegs gesünder als weißer Haushaltszucker, er enthält nur noch die natürlichen Farbstoffe. Diese kann man entfernen, wenn man aufgelösten Kandiszucker durch einen Filter gießt, der mit Aktivkohle gefüllt ist (V6). Mit dem Mikroskop sieht man, dass die Aktivkohlekörner sehr porös sind. Die einzelnen Poren sind ähnlich wie bei einem Schwamm miteinander verbunden (B3). Je mehr Poren ein Korn hat, desto größer ist seine Oberfläche. Eine Portion Aktivkohle, die zwei Fingerhüte füllt, hat eine Oberfläche, die ungefähr der Größe eines Fußballfeldes entspricht. An dieser porösen Oberfläche können die Teilchen verschiedenster Farb-, Geruchs- und Giftstoffe aus einem Stoffgemisch **adsorbiert**[2] werden (V5), sie bleiben dort angelagert. Aktivkohle wird aus Holz, Torf, Stein- oder Braunkohle gewonnen, vorbehandelt und durch Erhitzen mit Wasserdampf oder Kohlenstoffdioxid aktiviert. Für einige Anwendungsbereiche, z. B. in Atemschutzmasken, wird die Aktivkohle zudem mit Chemikalien imprägniert, die die **Adsorption** von ganz bestimmten Stoffen erleichtern sollen.

### Aufgaben

**A1** Begründe, ob die Ausbeute an Öl größer wird, wenn man das Extraktionsmittel erhitzt. Warum sind „kaltgepresste" Öle teurer?

**A2** Könnte man das Öl aus Sonnenblumenkernen auch mit Wasser extrahieren? Nenne eine Beobachtung aus dem Alltag, die deine Antwort unterstützt.

**A3** Überlege, wie man einen Versuch durchführen müsste, mit dem man herausfinden kann, wie viel Gramm Fett in 5 g Sonnenblumenkernen enthalten ist.

**A4** Informiere dich im Internet, wie man Zucker aus Zuckerrüben gewinnt und erstelle ein Poster zu den einzelnen Schritten der Herstellung.

**A5** Erkläre, warum die Begriffe Extraktion und Adsorption bei den Versuchen zur Chromatographie wichtig sind. Welche Stoffe werden bei der Chromatographie von Blattgrün extrahiert (vgl. B4, S. 26)?

**A6** Erkläre, warum und wozu Aktivkohle in Atemschutzmasken, Dunstabzugshauben, Klimaanlagen, Schuheinlegesohlen und bei der Trinkwasseraufbereitung verwendet wird.

[1] von *extrahere* extrahere (lat.) = herausziehen
[2] von *adsorbere* (lat.) = ansaugen

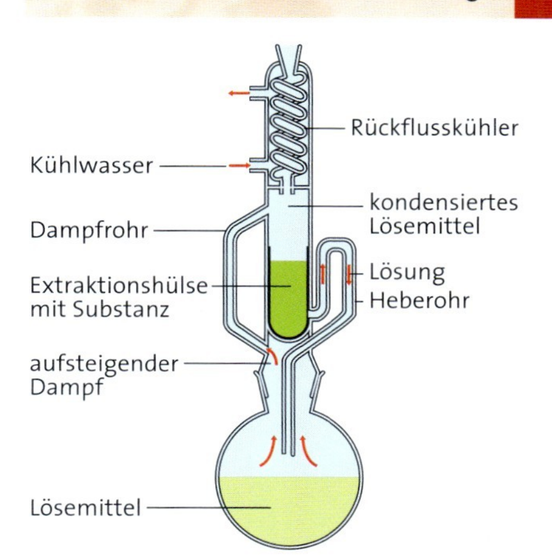


**B4** SOXHLET-*Apparatur.* **A:** *Beschreibe den Aufbau der Apparatur und erkläre, wo das Lösemittel in welchem Aggregatzustand vorliegt.*

**B5** *Kaffeemaschine.* **A:** *Erkläre den Vorgang der Extraktion beim Kaffeebrühen. Welche Stoffe werden aus dem Kaffeepulver herausgelöst?*

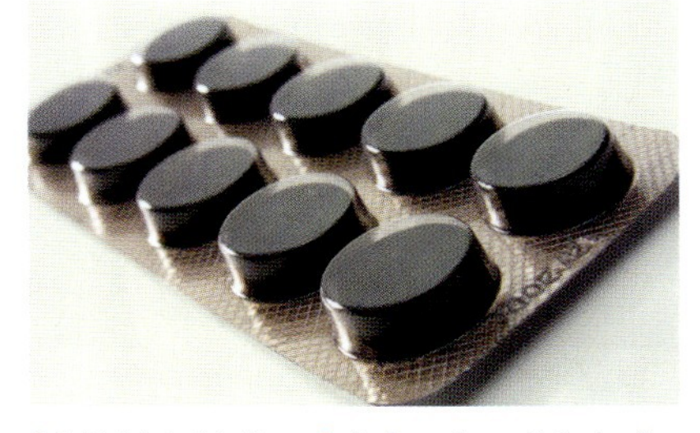

**B6** *Kohletabletten.* **A:** *Informiere dich darüber, wie Kohletabletten wirken.*

### Fachbegriffe

Extraktion, Extraktionsmittel, extrahieren, Extrakt, adsorbieren, Adsorption

## Gut gemischt – Mayo, Ketchup und Co.

Hast du schon einmal die Aufschriften auf einer Orangensaft- oder Apfelsaftflasche gelesen? Je nachdem ob dort Direktsaft, Fruchtsaftgetränk oder Nektar steht, können die Inhalte ganz schön unterschiedlich sein. Auch gibt es meist eine Liste mit weiteren Inhaltsstoffen, denn bei Obstsäften und anderen Lebensmitteln wie Mayonnaise und Ketchup handelt es sich um Stoffgemische.

**B1** *Alles Apfelsaft!* ***A:*** *Gleiche Marke – anderer Preis. Worin liegt der Unterschied?*

**B2** *Apfelsaft – klar oder trüb?* ***A:*** *Bei welchem Apfelsaft handelt es sich um eine Lösung?*

**B3** *Tomatenketchup.* ***A:*** *Vergleiche die Aufschrift auf einer Ketchupflasche mit dem Rezept für Tomatenketchup (V5).* ***A:*** *Wie können 126 g Tomaten in 100 g Ketchup sein?*

### *Versuche für zu Hause (Keine Geschmacksproben im Labor!)*

***V1*** Untersuche die Saftflaschen und Getränkekartons zu Hause. Welche Begriffe (Direktsaft, Fruchtnektar...) liest du? Wie viel Prozent reiner Fruchtsaft sind jeweils enthalten? Welche Inhaltsstoffe sind zusätzlich angegeben? Kannst du den Preis der Getränke ermitteln?

***V2*** Untersuche eine Getränkeflasche oder einen Getränkekarton mit der Aufschrift „Ohne Zuckerzusatz" auf seine Inhaltsstoffe. Was fällt dir auf?

***V3*** Presse eine Orange aus und miss das Volumen des frischgepressten Saftes.

***V4*** Verdünne den Saft einer ausgepressten Orange mit der gleichen Menge Wasser. Probiere eine kleine Menge. Was fällt dir auf? Gib nun so viel Zucker und Citronensäure hinzu, bis der verdünnte Orangensaft wieder lecker schmeckt.

***V5*** Dein eigenes Tomatenketchup: Ritze die Schale von 500 g Tomaten so mit einem kleinen Messerchen ein, dass die Haut geviertelt ist. Halte die Tomaten mit einem Löffel kurz in heißes Wasser (das nennt man blanchieren), wodurch sich die Haut leicht ablöst. Nach dem Ablösen schneide die Tomaten klein und püriere sie sorgfältig. Erhitze das Püree unter ständigem Rühren für etwa 10 Minuten. Dann vermische 2-3 Esslöffel Essig mit einem Esslöffel Zucker, einem Teelöffel gekörnter Brühe, etwas Salz und Pfeffer und gib das Gemisch zum Tomatenpüree. Weitere Gewürze (Curry, Knoblauch, ...) und auch Zucker können je nach Geschmack hinzugefügt werden. Koche das Püree etwa eine Stunde bei niedriger Temperatur und lasse es dann abkühlen. Verwahre das Ketchup im Kühlschrank und verbrauche es innerhalb von wenigen Tagen.

### *Auswertung*

a) Notiere zu den gefundenen Begriffen bei V1 den prozentualen Anteil an Fruchtsaft.

b) Was bedeutet die Aufschrift „50 % Fruchtgehalt"? Woraus bestehen die anderen 50% des Inhalts?

c) Vergleiche den Zuckergehalt von 1 Liter Saft mit 100 % Fruchtgehalt und 1 Liter Saft mit 50 % Fruchtgehalt. Was fällt dir auf?

d) Vergleiche die Preise von 1 Liter Saft mit 100 % Fruchtgehalt und 1 Liter Saft mit 50 % Fruchtgehalt. Ist der Saft mit 100 % Fruchtgehalt doppelt so teuer?

e) Was bedeutet die Aufschrift „Direktsaft" bzw. „aus Apfelsaftkonzentrat"?

f) Wie viele Orangen muss man auspressen, um 1 L Orangensaft zu erhalten?

g) Welche Inhaltsstoffe befinden sich in Ketchup?

h) Erstelle dein ganz persönliches Ketchup-Rezept.

## Homogene und heterogene Stoffgemische

Die meisten Stoffe, die wir in unserem Alltag finden, sind keine Reinstoffe, sondern **Stoffgemische**. Bei manchen, wie z. B. beim Müsli (B4), erkennen wir dies auf den ersten Blick, bei anderen erst bei genauerem Hinsehen. Betrachtet man einen Tropfen Milch unter einem Mikroskop, erkennt man kleine Öltröpfchen, die in Wasser schwimmen (B5). Bei Orangensaft oder naturtrübem Apfelsaft setzen sich die festen Bestandteile am Boden ab, sodass man die Flaschen oder Tüten vor dem Öffnen besser schüttelt. Bei klarem Apfelsaft wird die Sache schwieriger. Hier kann man selbst unter dem Mikroskop nicht erkennen, dass es sich um ein Stoffgemisch handelt. Unser Geschmack und häufig auch das Etikett verraten aber, dass Wasser, Zucker, Säuren und andere Geschmacksstoffe im Apfelsaft enthalten sind.
Gemische wie Müsli, Milch und naturtrüber Apfelsaft, deren Bestandteile man mit dem Auge oder einem Mikroskop unterscheiden kann, nennt man **heterogen** (uneinheitlich). Gemische wie klarer Apfelsaft, Essig und Mineralwasser, deren Bestandteile man auch unter dem besten Mikroskop nicht erkennen und unterscheiden kann, heißen **homogen** (einheitlich). Homogene Flüssigkeits- und Gasgemische sind durchsichtig und klar, heterogene undurchsichtig und trüb. Homogene und heterogene Stoffgemische haben, abhängig von ihrer Zusammensetzung, unterschiedliche Bezeichnungen:

| Heterogene Gemische | | Homogene Gemische | |
|---|---|---|---|
| Emulsion | Flüssigkeit in Flüssigkeit | Lösung | Feststoff in Flüssigkeit |
| Suspension | Feststoff in Flüssigkeit | | Flüssigkeit in Flüssigkeit |
| Gemenge | Feststoff in Feststoff | | Gas in Flüssigkeit |
| Rauch | Feststoff in Gas | Legierung | Feststoff in Feststoff |
| Nebel | Flüssigkeit in Gas | Gasgemisch | Gas in Gas |

Diese Bezeichnungen sind nicht nur auf Lebensmittel beschränkt. Granit ist z. B. ein **Gemenge** aus Glimmer, Quarz und Feldspat, Wasserfarbe eine **Suspension** aus Wasser und Farbstoff, Milch eine **Emulsion** aus Wasser und Fetttröpfchen (B5), Tinte eine **Lösung** aus Wasser und Farbstoff. Bei vielen Stoffgemischen muss man zur näheren Beschreibung auch die Anteile, in denen die einzelnen Bestandteile enthalten sind, angeben: Apfelsaft ist nicht immer gleich Apfelsaft und Orangensaft nicht immer gleich Orangensaft! Nur bei der Aufschrift „Direktsaft" oder „Fruchtgehalt 100 %" können wir davon ausgehen, dass der Saft nicht verdünnt wurde und aus den ursprünglichen, fruchteigenen Anteilen an Wasser, Zucker, Säure und Geschmacksstoffen besteht. Die Bezeichnungen „Fruchtsaftgetränk" und „Nektar" weisen darauf hin, dass der Saft zusätzlich mit Wasser versetzt wurde. Meist wird in diesen Fällen auch Zucker zugesetzt, um den Geschmack wieder zu verbessern. Die Bezeichnung „Ohne Zuckerzusatz" bedeutet nicht, dass kein Zucker im Saft enthalten ist, sondern nur, dass kein zusätzlicher Zucker hinzugefügt wurde.

### *Aufgaben*

*A1* Nenne weitere Stoffgemische aus deinem Alltag und gib ihnen die korrekten Bezeichnungen.
*A2* Warum handelt es sich bei Wasserfarbe um eine Suspension, bei Tinte aber um eine Lösung?
*A3* Wie groß ist der Fruchtsaftgehalt von Orangensprudel und Apfelschorle?
*A4* Was sagt die Reihenfolge der Inhaltsstoffe auf einem Etikett über die Zusammensetzung des Inhalts aus?
*A5* Finde heraus, wie viel Gramm Zucker in einem Liter a) Apfelsaft, b) Cola und c) Tomatenketchup enthalten sind.

**B4** *Gemenge: Gummibärchen und Müsli.*
*A: Nenne weitere Gemenge, die du aus deinem Alltag kennst.*

**B5** *Milch unter dem Mikroskop. A: Warum handelt es sich bei Milch um ein heterogenes Stoffgemisch? A: Auf Milchverpackungen steht meist der Hinweis „homogenisiert". Was könnte damit gemeint sein?*

**B6** *Mayonnaise selbst gemacht. Eigelb wirkt dabei als Emulgator, der verhindert, dass sich Öl und Wasser wieder trennen.*
*A: Untersuche, auf welchen Lebensmittelverpackungen der Begriff „Emulgator" vorkommt.*

### Fachbegriffe

heterogenes und homogenes Stoffgemisch, Gemenge, Emulsion, Suspension

M+ Zuordnen, Begründen

## Gemische im Teilchenmodell

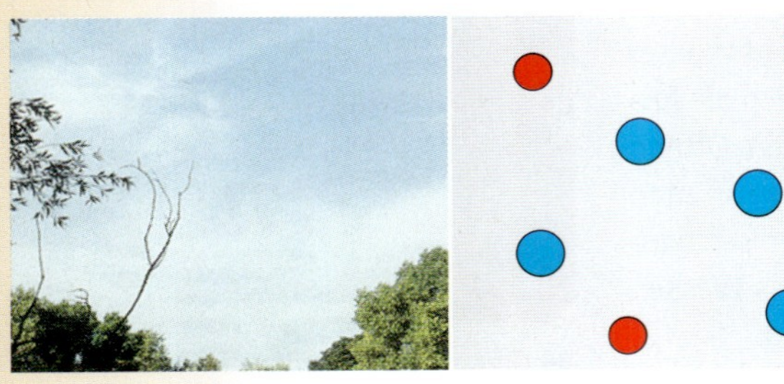

**B1** *Luft: Gasgemisch, homogen*

**B2** *Rauch: heterogen*

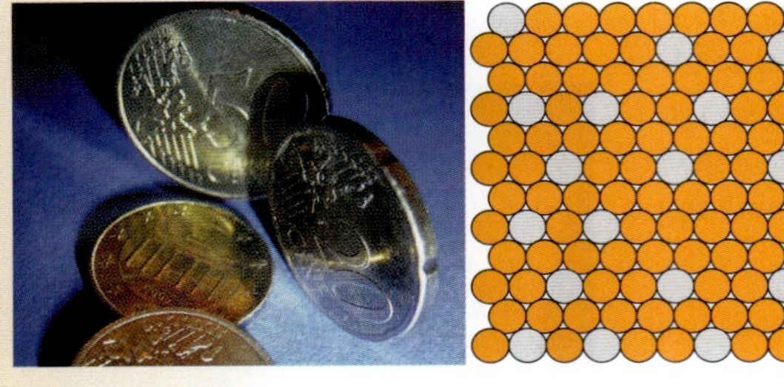

**B3** *Messing: Legierung, homogen*

**B4** *Milch: Emulsion, heterogen*

**B5** *Gemenge, heterogen*

**B6** *Lösung, homogen*

**B7** *Suspension, heterogen*

**B8** *Nebel, heterogen*

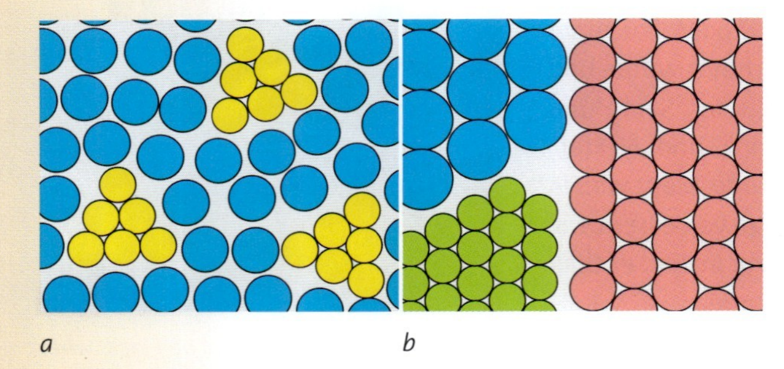

*a* *b*

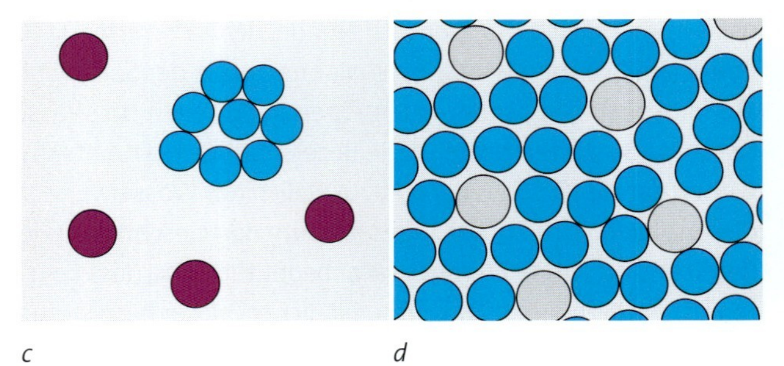

*c* *d*

*A1* Wiederhole anhand von B1 bis B4, wie man den Aufbau fester, flüssiger und gasförmiger Stoffe aus kleinsten Teilchen darstellt.

*A2* Gib die Aggregatzustände der einzelnen Komponenten in den Gemischen aus B1 bis B8 an. Beschreibe anhand von B1 bis B4, wie man die unterschiedlichen Gemischarten im Teilchenmodell darstellen kann.

*A3* Ordne die Darstellungen a bis d von Gemischen im Teilchenmodell den Fotos von Gemischen in B5 bis B8 begründet zu.

*A4* Überlege, wie man Schaum im Teilchenmodell darstellen könnte, und fertige eine Zeichnung an.

*A5* Kopiere diese Seite und schneide die einzelnen Bildquadrate aus. Du hast nun acht Bildpaare für ein Memory-Spiel zur Verfügung. Suche dir Partner und spielt Memory, indem ihr jeweils einem Gemisch (Foto) die passende Darstellung im Teilchenmodell zuordnet.

## Was sprudelt?

Brausepulver prickelt auf der Zunge und sprudelt im Wasserglas. Wieso? Wodurch kommt es zum Prickeln und Sprudeln? Die „Lösung" findest du, wenn du **systematisch** bei der Beantwortung folgender Fragen vorgehst.

1. Woraus besteht Brausepulver?
2. „Wann" oder wodurch wird das Sprudeln ausgelöst?
3. Welcher Stoff oder welche Stoffe sind für das Sprudeln verantwortlich?

***V1*** Schütte den Inhalt eines Brausepulver-Päckchens auf ein weißes Blatt Papier.

***A:*** a) Wie viele unterschiedliche Bestandteile kannst du erkennen?

b) Kannst du die unterschiedlichen Bestandteile durch Auslesen oder Sieben voneinander trennen?

***V2*** Gib den Inhalt eines Brausepulver-Päckchens in ein Glas mit Wasser.

***A:*** Beschreibe genau, was du beobachtest.

Brausepulver besteht im Wesentlichen aus drei Bestandteilen: aus Zucker, Citronensäure und Natriumhydrogencarbonat, auch als Natron bezeichnet. Außerdem enthält das Pulver Farb- und Aromastoffe. Genügen die erstgenannten drei Stoffe, damit das Brausepulver die gewünschte Sprudelwirkung hervorruft? Überprüfe mit folgendem Experiment:

***V3*** Mische etwas Zucker, Citronensäure und Natriumhydrogencarbonat. Wenn du deine Brause zu Hause herstellen und probieren möchtest, kannst du die letzten beiden Stoffe auch in einer Drogerie oder Apotheke kaufen. Gib nun etwas Wasser auf das Gemisch und urteile, ob deine selbstgemachte Brause auch sprudelt.

**B1** *Brausepulver und Brause*

Nun bist du schon ein Stückchen weiter: Die drei Stoffe reichen tatsächlich aus, um ein Sprudeln hervorzurufen. Genügt vielleicht auch einer dieser Stoffe allein oder die Kombination zweier Stoffe? Plane zur Beantwortung dieser Frage geeignete Experimente und führe sie durch. Die folgende begonnene Tabelle kannst du in dein Heft übernehmen und als Hilfe ausfüllen. Wie du schon herausgefunden hast, benötigst du auf jeden Fall auch Wasser.

| **Wasser + ...** | Zucker | Citronensäure | Natriumhydrogencarbonat | Zucker + Citronensäure | Zucker + ? | ? + ? |
|---|---|---|---|---|---|---|
| **Beobachtung** | ? | ? | ? | ? | ? | ? |

a) Formuliere das Ergebnis, das die ausgefüllte Tabelle wiedergibt, und beantworte die gestellte Frage ausführlich.

b) Sprudelt die Brause auch, wenn man statt der Citronensäure eine andere Säure, z.B. Weinsäure, verwendet?

c) Was macht aus dem Brausepulver die Brause? In den bisherigen Versuchen hast du den entscheidenden Stoff immer ganz selbstverständlich eingesetzt. Um welchen Stoff handelt es sich?

### Welches Gas entsteht bei der Brause?

Aus dem Biologieunterricht kennst du sicherlich schon den Nachweis für Kohlenstoffdioxid. Die Luft, die du ausatmest, enthält dieses Gas. Leitest du deine ausgeatmete Luft in ein Gefäß mit Kalkwasser, so trübt sich das Kalkwasser. Die Trübung weist auf das Vorhandensein von Kohlenstoffdioxid hin.

***V4*** Gib 1-2 cm hoch Brausepulver in ein Reagenzglas und füge etwas Wasser hinzu. Leite das entstehende Gas in ein Gefäß mit Kalkwasser* (**Schutzbrille!**). Auskunft über die Art, wie du den Versuch aufbauen kannst, gibt dir B2.

***A:*** Erkläre ausführlich, welches Gas in der Brause „sprudelt"!

**B2** *Kohlenstoffdioxidnachweis bei Sprudel*

B1 *Waffeln werden gebacken. A: Welche stofflichen Veränderungen kannst du feststellen?*

B2 *Die sieben Bilder zeigen Vorgänge, bei denen Stoffe verändert werden.*
*A: Beschreibe die Eigenschaftsänderungen der beteiligten Stoffe.*

## Vom Zucker zum Karamell

Beim Rühren eines Kuchens werden die Zutaten gemischt, ihre Eigenschaften bleiben erhalten. Wenn man den Teig in den Ofen schiebt und backt, entstehen neue Stoffe mit neuen Eigenschaften. Woran kann man das erkennen?

### Versuche

***V1*** **Schutzbrille!** Gib in ein Rggl. etwa 1 cm hoch Zucker und erhitze ihn ganz langsam mit der Brennerflamme. Beende den Versuch, sobald Dämpfe aus dem Rggl. steigen. Führe eine vorsichtige Geruchsprobe durch.
Notiere deine Beobachtungen.

***V2*** **Schutzbrille!** Gib in ein Rggl., das du schräg an einem Stativ befestigt hast, eine Spatelspitze des Backtreibmittels Hirschhornsalz.

a) Erhitze das Salz zunächst langsam und führe vorsichtig eine Geruchsprobe an der Öffnung des Glases durch. Erhitze danach stärker.

b) Halte in das Rggl. ein Stück angefeuchtetes Indikatorpapier.

c) Entzünde einen Holzstab und führe die Flamme in das Rggl.

Notiere alle Beobachtungen.

***V3*** **Schutzbrille!** Zerreibe 4 g Schwefel* und 7 g Eisenpulver in einer Reibschale. Fülle etwa die Hälfte in ein schwer schmelzbares Rggl., das du schräg am Stativ befestigt hast. Verschließe das Rggl. mit einem Luftballon. Schiebe unter das Rggl. eine Schale mit Sand als Auffanggefäß. Erhitze das Gemisch mit der nichtleuchtenden Brennerflamme bis zum Aufglühen und entferne dann den Brenner. (*Vorsicht!* Das Rggl. kann zerspringen.) Notiere deine Bobachtungen.

***LV4*** **Abzug!** In einem großen, schwer schmelzbarem Rggl., das schräg am Stativ eingespannt ist, wird heißer Schwefeldampf* erzeugt. Dann wird ein dünnes Kupferblech eingeführt (B3).
Betrachte das Blech nach dem Versuch. Notiere alle Beobachtungen.

### Auswertung

a) Vergleiche die Eigenschaften der Stoffe vor und nach den Versuchen von V1 bis LV4.

b) Handelt es sich bei den Stoffen nach den Versuchen um dieselben Stoffe wie zuvor? Begründe deine Antwort.

c) Welche Stoffe sind deiner Meinung nach beim Erhitzen von Hirschhornsalz in V2 entstanden?

## Aus Edukten werden Produkte

Wasserdampf, der beim Sieden von Wasser entsteht, kondensiert wieder zu Wasser. Taut eine Schneeflocke, wird sie zu flüssigem Wasser. Wasserdampf, flüssiges Wasser oder Eis sind nur verschiedene Aggregatzustände ein und desselben Stoffes. Beim Backen eines Kuchens oder beim Grillen von Würstchen entstehen aber neue Stoffe mit neuen Eigenschaften.
Neue Stoffe werden auch gebildet, wenn man Zucker wie in V1 erhitzt. Es entsteht Karamell, den man gut am Geruch und an seiner braunen Farbe erkennen kann. Es ist aus dem Ausgangsstoff, dem **Edukt** Zucker, ein neues **Produkt** (Endstoff) entstanden. Das Produkt besitzt andere Eigenschaften als das Edukt.

Vorgänge, bei denen aus Stoffen neue Stoffe mit anderen Eigenschaften entstehen, nennt man **chemische Reaktionen**.

Auch beim Rosten einer Autokarosserie oder beim Verglühen von Holzkohle werden neue Stoffe mit neuen Eigenschaften gebildet. Auch beim Erhitzen eines Gemisches aus Eisen und Schwefel findet eine chemische Reaktion statt (V3). Das Gemisch glüht selbstständig weiter und nach dem Abkühlen ist weder Eisen noch Schwefel zu erkennen. Der neu entstandene Stoff heißt Eisensulfid.
Im Gegensatz zu Änderungen von Aggregatzuständen, bei denen sich die Eigenschaften der Stoffe nur vorübergehend in Abhängigkeit von der Temperatur ändern, sind Eigenschaftsänderungen bei chemischen Reaktionen bleibend.
Eine chemische Reaktion kann man verkürzt durch ein **Reaktionsschema** beschreiben: Man nennt die Edukte und Produkte einer chemischen Reaktion und verbindet sie durch einen **Reaktionspfeil** ($\longrightarrow$).
Für die Reaktion von V3 lautet das Reaktionsschema:

Eisen (s) + Schwefel (s) $\longrightarrow$ Eisensulfid (s)

Man liest: *„Festes Eisen und fester Schwefel reagieren zu festem Eisensulfid“*.
Den Aggregatzustand der beteiligten Stoffe kennzeichnet man mit (s) für Feststoff (engl. *solid*), (l) für Flüssigkeit (engl. *liquid*) oder (g) für Gas (vgl. S. 19).

Das Herstellen eines neuen Stoffes wie z. B. von Eisensulfid bezeichnet man auch als **Synthese**[1].

Die Anzahl der Edukte und Produkte kann bei den verschiedenen chemischen Reaktionen unterschiedlich sein. Bei der Synthese von Eisensulfid reagieren zwei Edukte zu einem Produkt. Hirschhornsalz zersetzt sich dagegen als Edukt von V2 in drei Produkte: in Ammoniakgas, flüssiges Wasser und Kohlenstoffdioxidgas.

### Aufgaben

**A1** Formuliere für die Reaktion von V2 das Reaktionsschema.
**A2** Bei welchen Vorgängen handelt es sich um chemische Reaktionen: Verbrennen von Holz, Gären von Traubensaft zu Wein, Lösen von Zucker in Wasser, Sauerwerden von Milch, Schmelzen von Butter, Eierkochen, Aufbrühen von Tee? Begründe deine Antworten.
**A3** Überlege dir ein Experiment, mit dem man beweisen kann, dass Rost und Eisen zwei unterschiedliche Stoffe sind.

[1] von *synthesis* (griech.) = Verknüpfung

**B3** *Kupfer reagiert mit Schwefel (LV4).* **A:** *Formuliere das Reaktionsschema.*

| Eigenschaften | Kupfer | Schwefel | Kupfersulfid |
|---|---|---|---|
| Farbe | rötlich | gelb | schwarz |
| Schmelztemperatur | 1083 °C | 119 °C | 1130 °C |
| Dichte | 8,9 g/cm³ | 2 g/cm³ | 4,6 g/cm³ |
| elektrische Leitfähigkeit | gut | schlecht | schlecht |

**B4** *Eigenschaften der Stoffe von LV4 (Synthese von Kupfersulfid).* **A:** *Wie könnte man Edukt-Reste von dem Produkt trennen?*

**B5** *Von der Blüte zur Frucht.* **A:** *Begründe, inwiefern auch hier chemische Reaktionen eine Rolle spielen.*

### Fachbegriffe

chemische Reaktion, Edukt (Ausgangsstoff), Produkt (Endstoff), Reaktionsschema, Reaktionspfeil, Synthese

*A1* Liste alle Stoffeigenschaften auf, die in diesem Kapitel behandelt wurden. Unterstreiche dann in deiner Liste alle messbaren Stoffeigenschaften.

*A2* Eine Farbe – ein Stoff? Schlage vor, wie man überprüfen kann, ob es sich jeweils um den gleichen Stoff handelt.

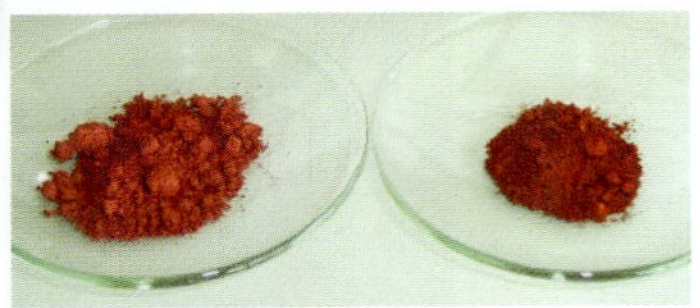

*A3* Warum sollte man Möhren stets mit einer kleinen Menge Öl oder Fett zu sich nehmen (vgl. B2, S. 30)?

**V1** Plane ein Experiment, mit dem du sicher entscheiden kannst, ob die kupferfarbenen 1-, 2- und 5-Centstücke auch tatsächlich aus Kupfer bestehen. Führe es nach Rücksprache mit deiner Lehrerin oder deinem Lehrer durch.

**V2** Fülle ein Glas zur Hälfte mit Wasser und löse darin so viel Salz wie möglich durch Umrühren. Überschichte jetzt diese Salzlösung mit Leitungswasser, indem du das Wasser vorsichtig über einen Löffel hineinlaufen lässt. Lege dann vorsichtig von oben eine ca. 0,5 cm dicke Kartoffelscheibe in die Flüssigkeit. Wo bleibt sie „hängen"? Beschreibe und erkläre den Versuch.

*A4* Ein Kleinwagen mit mittlerem Benzinverbrauch stößt pro gefahrenen Kilometer ca. 170 g Kohlenstoffdioxid aus. Wie viel Litern dieses Gases entspricht dies? Errechne auch, wie viel Kohlenstoffdioxid pro Monat produziert wird, wenn du mit dem Auto zur Schule gebracht würdest. (*Hinweis*: Die Dichte von Kohlenstoffdioxid ist 1,98 g/L.)

*A5* Erläutere, warum es möglich ist, dass Heißluftballons fliegen. Wie können sie an Höhe gewinnen oder landen?

**V3** Löse eine Multivitamintablette unter einem Trichter so auf, dass du das entstehende Gas mit dem Wasser gefüllten Messzylinder auffangen kannst. Gib eine weitere Tablette in die Lösung und fange erneut das entstehende Gas auf. Vergleiche beide aufgefangenen Gasvolumina und erkläre die Messwerte.

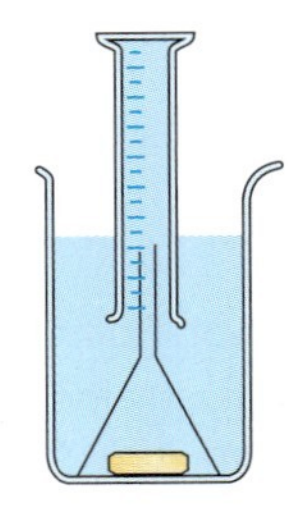

*A6* Beim Einkaufen entdeckst du mit deinem Bruder destilliertes Wasser im Regal. Dein Bruder meint, dass ihr das anstelle von Mineralwasser kaufen solltet, weil es ja besonders sauberes Wasser ist. Was entgegnest du? Verwende auch den Begriff Diffusion und das Teilchenmodell bei deiner Antwort.

*A7* Was kannst du aus den Bildern über eine Stoffeigenschaft beider Metalle schließen?

*A8* Welche Auswirkungen hätte es, wenn diese Vorstellung wahr wäre?

*A9* Koffein ist ein weißer Stoff, der in Kaffee und Tee enthalten ist. Erhitzt man eine Portion Teeblätter über 185 °C in einem Erlenmeyerkolben, der mit einem gekühlten Uhrglas abgedeckt ist, so kann man nach einiger Zeit feststellen, dass an der Unterseite des Uhrglases weiße Körnchen zu sehen sind. Erkläre dies.

*A10* Warum „wachsen" Gummibärchen, wenn sie längere Zeit in Wasser liegen? Können sie auch wieder schrumpfen?

*A11* Aus Wein kann man Branntwein herstellen, der dann einen deutlich höheren Alkoholgehalt hat. Beschreibe, wie und warum das möglich ist.

*A12* Wie kann man erklären, dass der Aluminium-Schaum auf dem Wasser schwimmt? Stelle den Aufbau im Teilchenmodell dar.

*A13* Welche Verfahren sind geeignet, um die Gemische a) Wasser und Zucker, b) Benzin und Wasser, c) Eisenspäne und Aluminiumspäne, d) blaue und rote Tinte und e) Sägemehl und Sand in ihre Bestandteile aufzutrennen? Begründe deine Antwort.

## Stoff und Stoffveränderungen

### *Stoffeigenschaften*

**Reinstoffe** bestehen aus einem einzigen Stoff. Zur eindeutigen Bestimmung eines Reinstoffes ist die Kenntnis mehrerer Stoffeigenschaften notwendig. Zu diesen Stoffeigenschaften gehören:

- das Aussehen (Farbe, Glanz, Kristallform ...)
- die Löslichkeit
- die Schmelztemperatur
- die Härte
- die elektrische Leitfähigkeit
- das Verhalten bei Erwärmung
- der Geruch
- die Dichte
- die Siedetemperatur
- die Brennbarkeit
- die Wärmeleitfähigkeit
- die Magnetisierbarkeit

### *Aggregatzustände*

Stoffe können in verschiedenen Aggregatzuständen vorliegen, d. h. sie können **fest**, **flüssig** oder **gasförmig** sein.
Die Temperaturen, bei denen ein Stoff von einem Aggregatzustand in einen anderen übergeht, die **Übergangstemperaturen**, sind messbar. Es sind die **Schmelz-** bzw. **Erstarrungstemperatur**, die **Siede-** bzw. **Kondensationstemperatur** und die **Sublimations-** bzw. **Resublimationstemperatur**.
Bei den Übergangstemperaturen können die Stoffe in beiden Aggregatzuständen gleichzeitig vorliegen.

### *Teilchenmodell*

Mithilfe des Teilchenmodells versucht man Beobachtungen zu erklären.
Man geht dabei davon aus, dass alle Stoffe aus kleinsten kugelförmigen Teilchen aufgebaut sind. Teilchen eines Stoffes sind untereinander gleich, Teilchen verschiedener Stoffe untereinander verschieden.
Aggregatzustände, Lösungsvorgänge und die Diffusion lassen sich mithilfe des Teilchenmodells erklären und verstehen.

### *Mischen und Trennen*

**Reinstoffe** können untereinander gemischt werden. Hierbei entstehen **homogene** oder **heterogene** Stoffgemische. Zu den homogenen Stoffgemischen gehören Lösungen, Legierungen und Gasgemische, zu den heterogenen Stoffgemischen gehören Gemenge, Suspensionen und Emulsionen. Auch Rauch und Nebel zählen zu den heterogenen Stoffgemischen.
Stoffgemische können aufgrund unterschiedlicher Stoffeigenschaften der Reinstoffe getrennt werden. Zu den Trennverfahren gehören: Sieben, Filtrieren, Extrahieren, Destillieren und Chromatographieren.

# Brände und Brandbekämpfung –

Ein Lagerfeuer, ein flackerndes Feuer im Kamin und die Kerzenflamme spenden Wärme und Licht.
Feuer entsteht durch Verbrennen von Stoffen. Dabei gibt es entweder Flammen, wenn gasförmige Stoffe verbrennen, oder Glut, wenn feste Stoffe verbrennen. Als Brennstoffe nutzen wir meist Kohle, Holz, Heizöl oder Gas.
Es können aber auch ganz andere Stoffe verbrannt werden! Wir wollen den Vorgang der Verbrennung und die dabei entstehenden Produkte genauer untersuchen.

Wir nutzen Verbrennungen, um Wärme und Licht zu erzeugen. Brände können aber sehr gefährlich werden, wenn die Verbrennungen außer Kontrolle geraten wie bei Waldbränden.

Wir werden nun feststellen, dass Kenntnisse in Chemie uns helfen, unerwünschte Brände zu vermeiden und Feuer richtig zu löschen.

# Stoff- und Energieumsätze bei chemischen Reaktionen

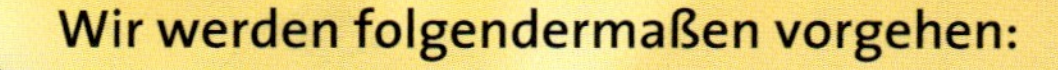

Wir werden folgendermaßen vorgehen:

1. Chemische Reaktionen sind immer von Energieumwandlungen begleitet – Wir erfahren, welche Energieformen dabei eine Rolle spielen.
2. Beim Verbrennen oder Verglühen von Stoffen laufen chemische Reaktionen ab – Wir erschließen in Versuchen, welche Stoffe daran beteiligt sind und welche Produkte dabei gebildet werden.
3. Die Luft liefert den Sauerstoff für Verbrennungen – Wir untersuchen, wie viel Sauerstoff in der Luft enthalten ist.
4. Das Rosten eines Fahrrads und der Feuerschweif bei einem Raketenstart – Wir entdecken Gemeinsamkeiten und Unterschiede zwischen diesen Abläufen.
5. Eine Reaktion verläuft nicht wie die andere – Wir lernen zwei grundlegende und gegensätzliche Reaktionstypen kennen.
6. Was geschieht mit den kleinsten Teilchen der Stoffe bei einer Verbrennung? – Wir entwickeln ein Modell, das die experimentellen Fakten erklärt.
7. Wie kann man Brände löschen? – Wir erfahren, welche Brände man wie am besten löschen kann und beherrschen bald das ABC des Feuerlöschers.
8. Was brennt in der Kerzenflamme? – Wir gehen dieser Frage in Experimenten nach und finden so die Antwort.

# Neue Stoffe – sonst nichts?

Für viele sind chemische Reaktionen besonders spannend, wenn es richtig knallt und blitzt. In solchen Fällen wird manchmal viel Energie freigesetzt. Nenne Beispiele für solche Reaktionen.

**B1** *Grüne Pflanzen synthetisieren aus Wasser und Kohlenstoffdioxid für uns wichtige Nährstoffe.* ***A:*** *Was benötigen sie dazu?*
***A:*** *Nenne einige von Pflanzen synthetisierte Nährstoffe.*

### *Versuche*

***LV1*** **Abzug!** Man mischt in einer Porzellanschale 5 g Zink*- und 2,5 g Schwefelpulver*. Die Mischung wird in eine Magnesiarinne gegeben, die man auf ein Tondreieck legt (B2). Man erhitzt das Gemisch anschließend vorsichtig mit dem Brenner an einem Ende der Magnesiarinne, bis die Reaktion einsetzt. Beobachte den Ablauf genau, aber: Achtung, nicht in die helle Flamme schauen, sobald die Reaktion startet!

***V2*** Erhitze in einem schwer schmelzbaren Rggl. etwas blaues Kupfervitriol*. Beobachte die Farbänderung des Feststoffs. Berühre die Flüssigkeit, die an der Wand im oberen Teil des Rggl. kondensiert, mit einem Stück Watesmo-Papier. Das feste Produkt wird für V3 aufbewahrt.

***V3*** Versetze in einer Porzellanschale etwas weißes Kupfersulfat* oder das feste Produkt aus V2 mit etwas Wasser. Tauche ein Thermometer in die Mischung und beobachte es.

***V4*** Gib in ein Rggl. 15 mL der Lösung 1 und in ein zweites Rggl. 15 mL der Lösung 2. Vereinige die beiden Lösungen **im Dunkeln** in einem Becherglas und beobachte.
**Lösung 1** besteht aus 2 g Natriumcarbonat* und 0,1 g Luminol in 250 mL Wasser; dann 12 g Natriumhydrogencarbonat*, 0,25 g Ammoniumcarbonat* und 0,2 g Kupfervitriol* hinzufügen und mit Wasser auf 500 mL auffüllen.
**Lösung 2** besteht aus 4 mL Wasserstoffperoxid-Lösung*, $w = 30\%$, in 500 mL Wasser.

***V5*** Tauche ein Stück weißen Karton in die Lösung 3, lasse gut abtropfen und bedecke den Karton mit Alufolie, in die du ein Muster geschnitten hast. Belichte ca. 5 Minuten auf dem Tageslichtprojektor. Tauche den Karton dann in eine Petrischale mit verdünnter Salzsäure*. Beobachtung?
**Lösung 3** besteht aus 2 g rotem Blutlaugensalz und 2,5 g Ammoniumeisen(III)-citrat in 50 mL Wasser.

**B2** *Die Mischung aus Zink- und Schwefelpulver wurde rechts gezündet (LV1).*
***A:*** *Warum genügt es, die Mischung nur an einem Ende der Magnesiarinne zu entzünden?*

### *Auswertung*

a) Formuliere für LV1 bis V3 die Reaktionsschemata.
b) Beschreibe, in welcher Form bei LV1 bis V5 Energie beteiligt ist.
c) Welche Verbindung ist energiereicher: blaues Kupfervitriol oder weißes Kupfersulfat? Begründe deine Aussage.
d) Sind jeweils die Edukte oder die Produkte von V4 und V5 energiereicher? Begründe deine Vermutungen.

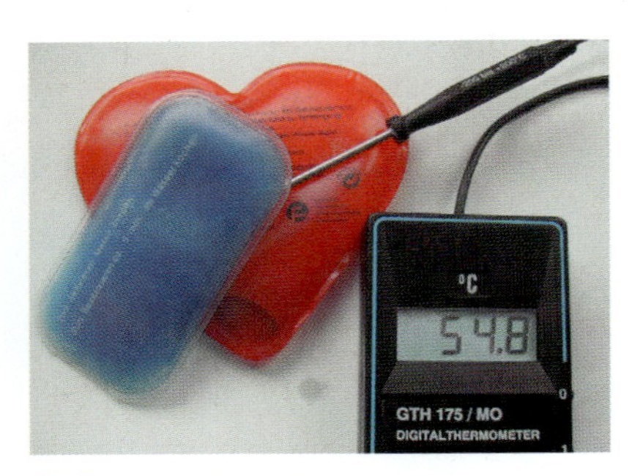


**B3** *Taschenwärme für den Winter.*
***A:*** *Entwickle aufgrund der Befunde von V2 und V3 einen funktionierenden Taschenwärmer.*

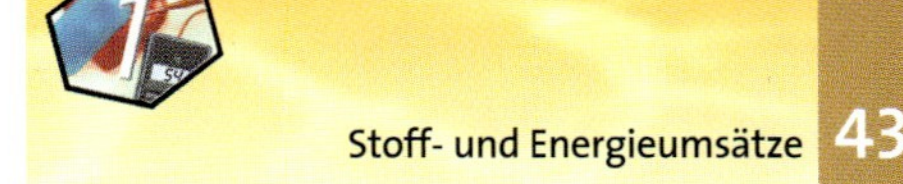

## Energieverlauf chemischer Reaktionen

Bei jeder chemischen Reaktion finden neben stofflichen auch immer energetische Veränderungen statt. Die Energie kann dabei in verschiedenen Formen beteiligt sein. So wird z.B. bei V3 Energie in Form von **Wärme** freigesetzt, während man bei V2 Wärmeenergie aufbringen muss. Bei V4 und V5 ist Energie in Form von **Licht** beteiligt. In Batterien und Akkus laufen chemische Reaktionen ab, die man als **elektrische Energie** nutzen kann.

Wenn bei einer chemischen Reaktion Energie abgegeben wird, dann geschieht dies, weil *energiereiche Edukte* in *energieärmere Produkte* übergehen (B4). Die Edukte haben gegenüber den Produkten einen Energieüberschuss, der bei der Reaktion an die Umgebung abgegeben wird.

Wird bei einer chemischen Reaktion Energie in Form von Wärme abgegeben, so nennt man die Reaktion **exotherm**. Wenn dagegen für den Ablauf einer Reaktion Energie in Form von Wärme zugeführt werden muss, ist die Reaktion **endotherm**.

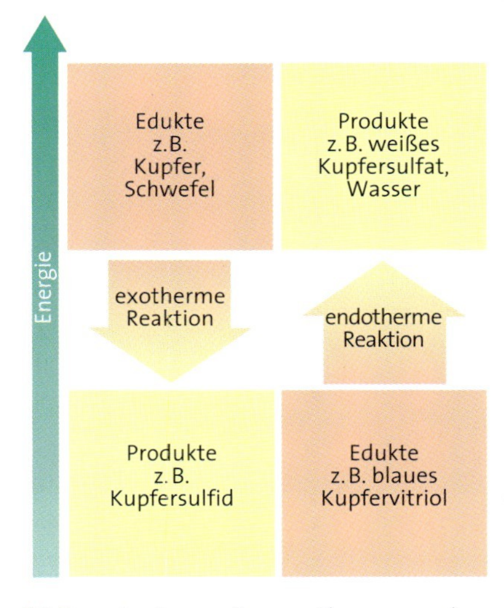


**B4** *Energieschema einer exothermen und einer endothermen Reaktion*

Man kann den Energieumsatz auch im Reaktionsschema, z.B. bei der Synthese von Eisensulfid, mit angeben:

Eisen (s) + Schwefel (s) ⟶ Eisensulfid (s); exotherm

Einige exotherme Reaktionen verlaufen beim Vereinigen der Edukte von allein und spontan (V3). Bei anderen muss anfänglich erst etwas Energie zugeführt werden, um sie in Gang zu bringen (z.B. bei der Reaktion von Zink und Schwefel zu Zinksulfid, LV1). Hier muss zunächst ein energetisches Hindernis überwunden werden, das wir uns modellhaft als einen Energieberg vorstellen können, der erst überwunden werden muss, damit die exotherme Reaktion dann weiter ablaufen kann. Man nennt die Wärme, die diesen Energieberg überwinden hilft, **Aktivierungsenergie** (B5).

### *Aufgaben*

*A1* Nenne Stoffe, die man als Energieträger bezeichnen kann.

*A2* Die Synthesen von Kupfersulfid und Zinksulfid sind exotherme Reaktionen. Bei der Synthese von Zinksulfid wird mehr Energie frei als bei der von Kupfersulfid. Wie könnte man das in einem Energieschema ähnlich B4 darstellen?

**Ein „Trick“:**
Wer schafft es, alle Streichhölzer, die auf dem Tisch liegen, anzuzünden? Du darfst aber nur ein Streichholz an der Schachtel entzünden.

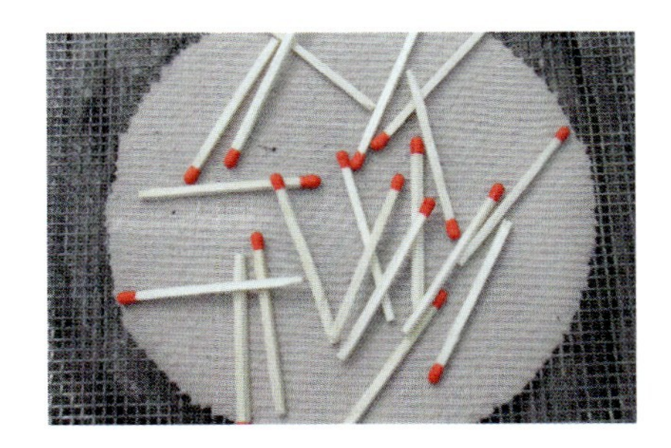

**Eine Lösung:**

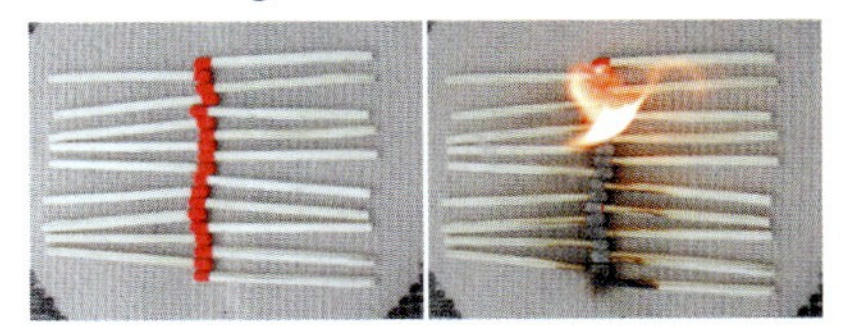

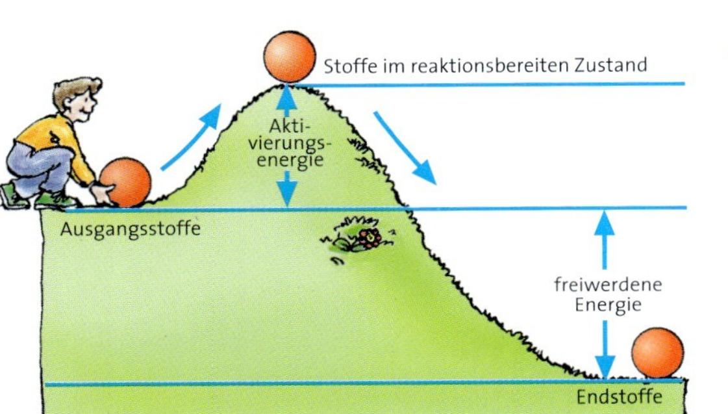


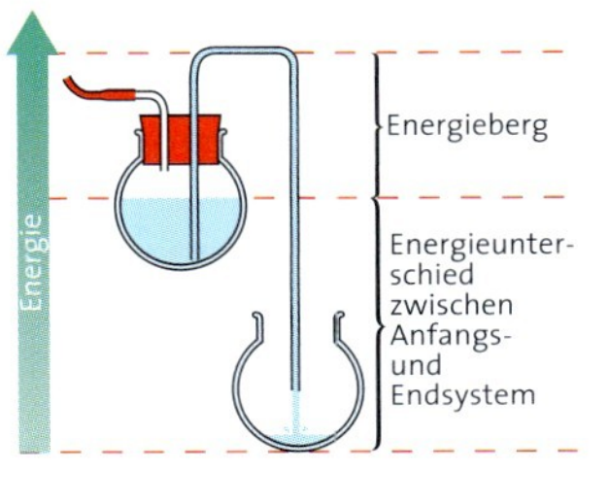


**B5** *Verschiedene Modellvorstellungen zum Ablauf einer exothermen Reaktion, für die Aktivierungsenergie benötigt wird.* ***A:*** *Vergleiche die zwei Modellvorstellungen. Wie wird die „Aktivierungsenergie“ aufgebracht?*

**Fachbegriffe**
exotherm, endotherm, Aktivierungsenergie

# Feuer und Flamme

Zähle einige Beispiele für Stoffe auf, die Feuer, Flammen und Funken verursachen können.
Wie erklärst du dir die Veränderungen dieser Stoffe bei Feuererscheinungen? Und was passiert, wenn man 5 g Eisenwolle verbrennt?

**B1** *Lagerfeuer.* ***A:*** *Beschreibe „das Leben" des Lagerfeuers vom Zünden bis zum Erlöschen.*

## Versuche

***V1*** Halte der Reihe nach mit einer Tiegelzange einen Eisenwollebausch, ein Stück Kupferblech, einen Platindraht und ein Stück Kohle in die heiße Brennerflamme. Beobachte und beschreibe auch, was nach dem Entfernen der Brennerflamme geschieht. Die **Lehrperson** verfährt analog mit einem Magnesiumband und einem Stück Schwefelstange (**Abzug!**) und lässt beobachten.

***V2*** Halte der Reihe nach in einem Verbrennungslöffel jeweils einige Tropfen Alkohol*, Benzin* und Speiseöl in die Brennerflamme und verfahre wie in V1.

***LV3*** Man erhitzt ein Eisenwolleknäuel, das an einer Balkenwaage im Gleichgewicht mit einem zweiten befestigt ist (B4).

***LV4*** Ein Eisenwollebausch wird in einem schwer schmelzbaren Rggl. in der Brennerflamme stark erhitzt.

***LV5*** Ein dickwandiges Rggl. wird mit einem Eisenwollebausch (Kupferdrahtnetz) beschickt und über einen Siliconstopfen mit Glashahn mit der Wasserstrahlpumpe evakuiert. Dann wird stark erhitzt und genau beobachtet. Über das sehr heiße Metall wird Luft eingelassen und weiter beobachtet.

***LV6*** In ein Rggl. werden die Kopfenden von 3 bis 4 (nicht mehr!) abgebrochenen Streichhölzern eingeschmolzen. Es wird abgewogen. Durch Erhitzen in der Brennerflamme werden die Streichhölzer gezündet. Nach dem Erlöschen und Abkühlen wird erneut gewogen.

**B2** *Porzellanschalen mit verschiedenen brennenden Flüssigkeiten.* ***A:*** *Was passiert mit den Stoffen?*

## Auswertung

a) Trage die Beobachtungen aus V1 und V2 in eine Tabelle ein, die folgende Spalten enthält:

| Stoff | Verhalten in der Flamme | Verhalten nach Entfernen der Flamme | Weitere Beobachtungen |
|---|---|---|---|
| | | | |

b) Worauf deutet die Massenänderung beim Verglühen der Eisenwolle bei LV3 (B4) hin?

c) Deute die Beobachtungen zu LV4 und LV5 und nenne die Voraussetzungen, unter denen Eisenwolle verglüht.

d) Im Gegensatz zu LV3 verändert sich bei LV6 die Masse nicht. Suche nach einer Erklärung, die auch mit den Beobachtungen der anderen Versuche vereinbar ist.

**B3** *Kerze sofort nach dem Anzünden und ca. 1 min später.* ***A:*** *Wie ist das Erlöschen der Kerze zu erklären?*

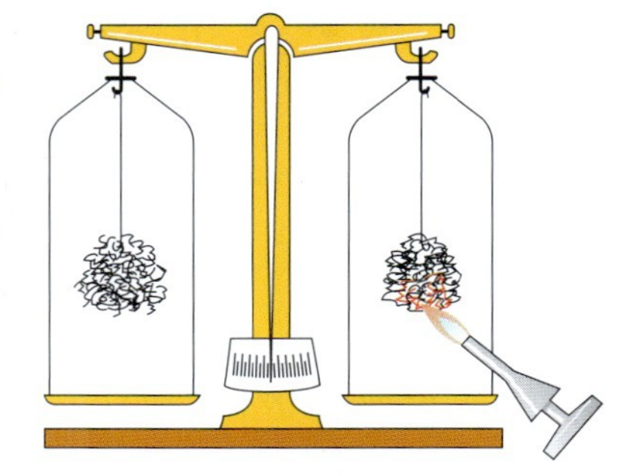

**B4** *Überprüfung der Masse beim Verglühen der Eisenwolle (LV3).* ***A:*** *Fertige eine Skizze an, die den Versuch vor dem Beginn und nach der Beendigung zeigt.*

## LAVOISIERS zündende Idee

Verschiedene Stoffe verhalten sich auch ganz unterschiedlich, wenn man sie in der Flamme des Gasbrenners erhitzt. Manche glühen nur in der Flamme, andere brennen auch außerhalb der Flamme weiter (V1, V2). Nach dem Abkühlen sieht Platin unverändert aus, beim Kupferblech hat sich eine schwarze Schicht gebildet und von Alkohol ist nichts mehr übrig geblieben. Auch von einem großen Holzstoß bleibt nur etwas Asche zurück, wenn er verbrannt ist (B1).
Umso erstaunlicher ist es, dass die Masse von Eisenwolle beim Verglühen zunimmt (LV3, B4). Es muss etwas zum Eisen hinzugekommen sein. Diese „Etwas" kann nur aus der Luft stammen, denn Eisenwolle verglüht nur, wenn auch Luft vorhanden ist (LV4, LV5). Auch eine brennende Kerze geht in einem begrenzten Luftvolumen aus, bevor sie niedergebrannt ist (B3). Wiegt man aber vor und nach einer Verbrennung alle an ihr beteiligten Stoffe zusammen ab, dann ist keine Änderung dieser Gesamtmasse festzustellen (LV6).
ANTOINE LAURENT LAVOISIER (B5) untersuchte in den Jahren von 1772 bis 1789 die Verbrennungsvorgänge sehr genau. Als wichtigstes Messinstrument diente ihm dabei die Waage, mit der er die Massen der Stoffe bei chemischen Reaktionen bestimmte. In einer Vielzahl von Versuchen entwickelte er eine Erklärung des Verbrennungsvorgangs.

**B5** *ANTOINE LAURENT LAVOISIER (1743 bis 1794) gilt als der Vater der modernen Chemie. Er war der Erste, der bei seinen Versuchen streng auf die Massen der Stoffe achtete, die an Reaktionen beteiligt sind.*

LAVOISIERS **Sauerstofftheorie** der Verbrennung
Die Verbrennung (und das Verglühen) ist eine chemische Reaktion, bei der sich ein Stoff mit einem Bestandteil der Luft verbindet.
Dieser Bestandteil ist das Gas **Sauerstoff**.

Man bezeichnet eine Verbrennung daher als **Oxidation**. Dabei bilden sich neue Stoffe, die **Oxide**[1] genannt werden. In der Regel verläuft eine Oxidation exotherm. Die Reaktionsschemata zweier solcher Oxidationen lauten:

Magnesium (s) + Sauerstoff (g) ⟶ Magnesiumoxid (s); exotherm

Kohlenstoff (s) + Sauerstoff (g) ⟶ Kohlenstoffdioxid (g); exotherm

In vielen Experimenten beobachtete LAVOISIER das gleiche wie bei der Verbrennung in LV6: Bei Reaktionen, die in geschlossenen Gefäßen ablaufen, kann mit der Waage keine Änderung der Gesamtmasse nachgewiesen werden. Es gilt folgender

**Satz von der Erhaltung der Masse**
Bei einer chemischen Reaktion verändert sich die Gesamtmasse der Reaktionsteilnehmer nicht.

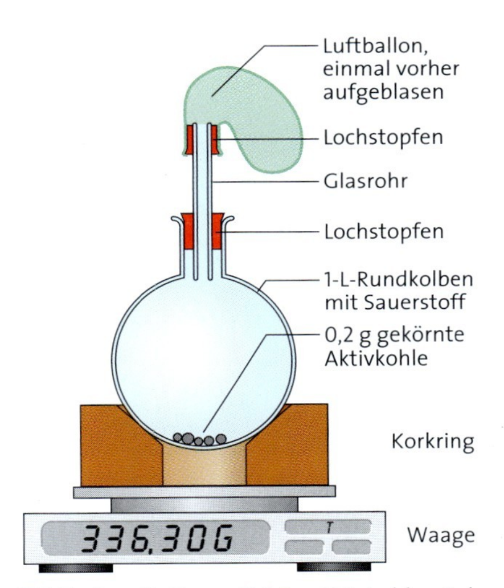

**B6** *Ein Rundkolben mit 0,2 g Aktivkohle wird mit Sauerstoff gefüllt und mit einem Luftballon verschlossen. Der gewogene Kolben wird erhitzt bis alle Kohlestückchen glühen und so lange geschwenkt, bis sie verglüht sind. Nach dem Abkühlen wird der Kolben erneut gewogen.* **A:** *Welche Beobachtungen erwartest du?*

### Aufgaben

**A1** Formuliere das Reaktionsschema für das Verglühen von Eisen und das für die Verbrennung von Schwefel.
**A2** Warum werden viele Stoffe (z.B. Holz, Kohle, Benzin) beim Verbrennen leichter?
**A3** Erkläre, warum ein Kupferblech beim Verglühen an der Luft schwerer wird.

### Projekt

Erkundige dich nach der Phlogistontheorie, mit der man zur Zeit LAVOISIERS den Verbrennungsvorgang erklärte und schreibe einen Brief, in dem du als Assistent/in von Herrn LAVOISIER versuchst, die Vertreter der Phlogistontheorie von der Sauerstofftheorie der Verbrennung zu überzeugen.

### Fachbegriffe

Sauerstoff, Sauerstofftheorie der Verbrennung, Oxidation, Oxid, Satz von der Erhaltung der Masse

[1] von *oxygenium* (griech.) = Säureerzeuger. *LAVOISIER* verwendete diese Bezeichnung, weil er irrtümlich annahm, Sauerstoff sei in jeder Säure enthalten.

# Luft enthält Sauerstoff – wie viel?

Man spricht manchmal von *reiner, dünner, verbrauchter, dicker* oder gar *vergifteter* Luft. Was bedeuten diese Bezeichnungen? Sagen sie etwas über den Gehalt von Sauerstoff in der jeweiligen „Luftsorte" aus?
Wie kann man den Gehalt von Sauerstoff in Luft ermitteln?

**B1** *Luft ist nicht gleich Luft.* ***A:*** *Wo ist „mehr" Sauerstoff in der Luft?*

### Versuche

***V1*** Baue die Apparatur aus B2 zusammen und beschicke das Glasrohr mit Eisenwolle. Drücke über die stark erhitzte Eisenwolle 100 mL Luft so lange hin und her, bis sich das Gasvolumen nicht mehr ändert. Lass die Apparatur auf Zimmertemperatur abkühlen und ermittle das Restvolumen des Gases. Drücke das Restgas in einen Zylinder und halte einen brennenden Holzspan hinein. Was beobachtest du?

***LV2*** ***(Historischer Versuch)*** **Der in B3 dargestellte historische Versuch darf im Schullabor nicht durchgeführt werden, weil der dabei benötigte weiße Phosphor sehr giftig ist und an der Luft Selbstentzündung eintreten kann!**
Beobachtungen: Wenn das Stückchen Phosphor im Tiegel auf dem Schwimmer unter der Glasglocke mit einem glühenden Kupferdrahtstückchen gezündet und der Raum unter der Glasglocke sofort mit dem kleinen Stopfen verschlossen wurde, verbrennt der Phosphor und es bildet sich ein weißer Rauch, der sich im Sperrwasser löst. Wenn von außen in dem Maße Wasser in die Wanne nachgefüllt wird, wie es unter der Glocke hochsteigt, erreicht es nach Beendigung der Verbrennung und Abkühlung auf Zimmertemperatur die Marke 4. Das Restgas unter der Glocke bringt einen brennenden Holzspan zum Erlöschen.

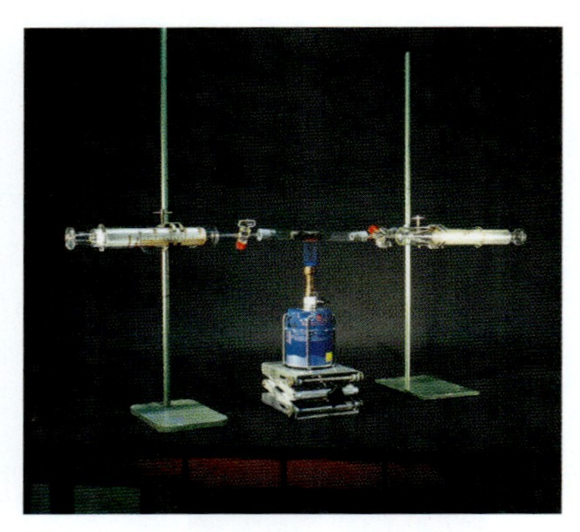

**B2** *Oxidation von Eisen in begrenztem Luftvolumen (V1)*

### Auswertung

a) Notiere deine Beobachtungen zu V1 und LV2.
b) Welche Reaktionen finden statt? Formuliere die Reaktionsschemata der Oxidationen in V1 und LV2.
c) Wo bleiben die gebildeten Oxide in den beiden Versuchen?
d) Warum darf bei beiden Versuchen das Restvolumen erst nach Abkühlen auf Zimmertemperatur bestimmt werden?
e) Vergleiche das in den Versuchen erhaltene Restvolumen mit den Angaben aus B6 und begründe gegebenenfalls die Abweichungen.
f) Was wäre zu erwarten, wenn V1 mit „verbrauchter" Luft aus einem Raum mit sehr vielen Leuten statt mit frischer Luft durchgeführt würde? Erläutere deine Vermutung ausführlich.
g) Warum ist es möglich, Sauerstoff und Stickstoff durch Destillation verflüssigter Luft voneinander zu trennen (vgl. B4 und B5)?

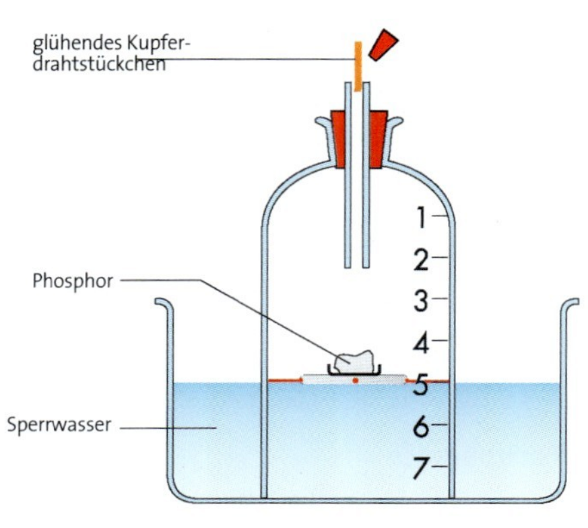


**B3** *Vorrichtung zur Verbrennung von Phosphor in begrenztem Luftvolumen (LV2)*

**STECKBRIEF**

**Sauerstoff**
- geruchloses, geschmackloses, farbloses Gas, schwerer als Luft; Dichte bei 20 °C: $\varrho = 1{,}33$ g/L;
- Siedetemperatur $\vartheta_b = -183$ °C;
- Schmelztemperatur $\vartheta_m = -219$ °C;
- brennt nicht, unterhält die Verbrennung, reagiert mit fast allen Stoffen und bildet Oxide;
- Nachweis: Glimmspanprobe

**B4** *Sauerstoff-Steckbrief*

**STECKBRIEF**

**Stickstoff**
- geruchloses, geschmackloses, farbloses Gas, leichter als Luft; Dichte bei 20 °C: $\varrho = 1{,}25$ g/L;
- Siedetemperatur $\vartheta_b = -196$ °C;
- Schmelztemperatur $\vartheta_m = -218$ °C;
- brennt nicht, unterhält die Verbrennung nicht, ist sehr reaktionsträge;
- Nachweis: brennender Glimmspan erlischt

**B5** *Stickstoff-Steckbrief*

## Der Sauerstoff für Oxidationen – ein Hauptbestandteil der Luft

Durch Atmen, Rauchen und andere Oxidationen (z.B. durch brennende Kerzen) nimmt der Sauerstoffgehalt der Luft in einem Raum ziemlich schnell ab. Wir empfinden die Luft dann als stickig und verbraucht.
Um den Anteil des Sauerstoffs in der Raumluft zu bestimmen, oxidiert man einen Stoff in einem begrenzten Luftvolumen. Die Stoffportion, z.B. Eisen (V1) oder Phosphor (LV2), muss im Überschuss vorliegen. Wenn der Sauerstoff aus der Apparatur verbraucht ist, kommt die Oxidation zum Erliegen. Die Experimente ergeben, dass **Sauerstoff** rund ein Fünftel der Luft ausmacht. Die Luft ist also ein Gemisch aus verschiedenen Gasen. Durch weitere Versuche wurden auch die anderen Gase aus der Luft bestimmt. Fast vier Fünftel der Luft bestehen aus **Stickstoff**, einem Gas, das dem Sauerstoff physikalisch recht ähnlich ist, aber ein ganz anderes chemisches Verhalten zeigt (B4, B5). Es folgt das Edelgas **Argon** (griech. *argos* = das Untätige, Träge) mit fast einem Volumenprozent und mit größerem Abstand das Gas **Kohlenstoffdioxid** (B6).

In der Technik trennt man diese Gase durch Destillation verflüssigter Luft. Doch wie erreicht man eine Temperatur von −196 °C, bei der die Gase der Luft flüssig sind? CARL VON LINDE entwickelte im Jahr 1876 das nach ihm benannte Verfahren zur **Luftverflüssigung** (B7).
Hierbei drückt eine Pumpe (1) die Luft im Behälter A zusammen, verdichtet sie. Bei diesem Vorgang erwärmt sich die Luft. Diese Wärme wird durch einen Kühler (2) abgeführt und Kühlwasser übernimmt die Wärme. Die verdichtete, abgekühlte Luft wird ein weiteres Mal mit kalter Luft gekühlt, die aus dem Behälter B zurückkommt (3). Beim Ausströmen durch das Ventil (4) in den Behälter B dehnt sich die Luft aus, sie wird entspannt. Dabei kühlt sie sich erneut stark ab. Die Vorgänge (1) bis (4) werden im Kreisprozess wiederholt, bis sich im Behälter B die Temperatur einstellt, bei der Luft zur Flüssigkeit kondensiert. Die Kondensationswärme wird durch das Kühlwasser abgeführt.

### *Aufgaben*

***A1*** Erläutere den wichtigsten Unterschied zwischen den beiden Hauptbestandteilen der Luft.
***A2*** Ein Behälter mit flüssiger Luft wurde einige Zeit offen stehen gelassen. Danach wurde die sehr kalte Flüssigkeit auf glühende Kohle gegossen. Die Kohle brannte lichterloh. Erkläre diesen Sachverhalt.
***A3*** Berechne, wie viele Liter Sauerstoff und wie viele Liter Stickstoff sich in deinem Chemie-Raum befinden.
***A4*** ***Projekt*** Erkundigt euch in Gruppen nach der Zusammensetzung der Atmosphäre auf anderen Planeten aus unserem Sonnensystem und gestaltet gemeinsam ein Plakat.

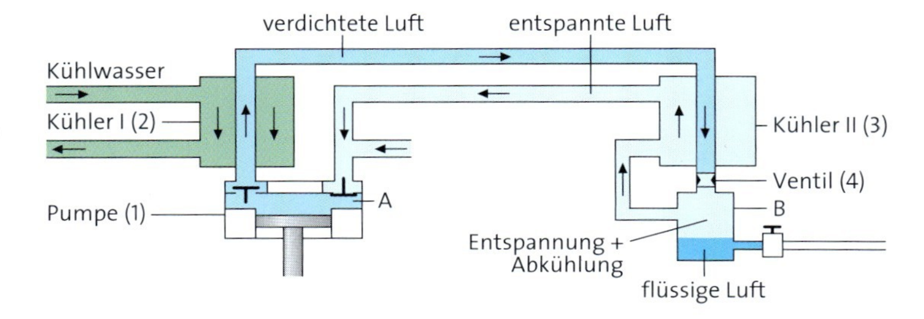


**B7** *Luftverflüssigung nach dem LINDE-Verfahren. A: Erläutere die einzelnen Schritte.*

| Bestandteil | Volumenanteil |
|---|---|
| Stickstoff | 78,08 % |
| Sauerstoff | 20,95 % |
| Argon | 0,93 % |
| Kohlenstoffdioxid | 0,034 % |
| Neon | 0,0018 % |
| Helium | 0,0005 % |
| Methan | 0,00016 % |
| Krypton | 0,00011 % |
| Wasserstoff | 0,00005 % |
| Distickstoffmonooxid | 0,00003 % |
| Kohlenstoffmonooxid | 0,00002 % |
| Xenon | 0,000009 % |

**B6** *Zusammensetzung von reiner Luft in Meereshöhe. Der Volumenanteil eines Stoffes ist der Quotient aus dem Volumen dieses Stoffes und dem Gesamtvolumen. A: Welche Zusammensetzung hättest du vermutet? Erläutere warum. A: Zeichne ein Kreisdiagramm mit den Hauptbestandteilen der Luft. A: Erkundige dich nach Verwendungsmöglichkeiten von Argon, Neon und Helium.*

### Fachbegriffe

Stickstoff, Argon, Edelgase, Kohlenstoffdioxid, Luftverflüssigung, LINDE-Verfahren

**B1** *Oxidation in den Triebwerken einer startenden Rakete und an einer Autokarosserie.* **A:** *Welche Reaktionen finden statt?*

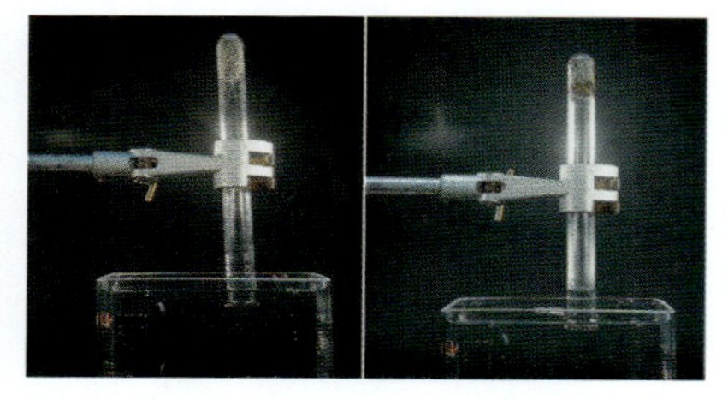

**B2** *Angefeuchtete Eisenwolle überzieht sich innerhalb einiger Tage mit einer Rostschicht.* **A:** *Erkläre den Wasseranstieg im Reagenzglas.*

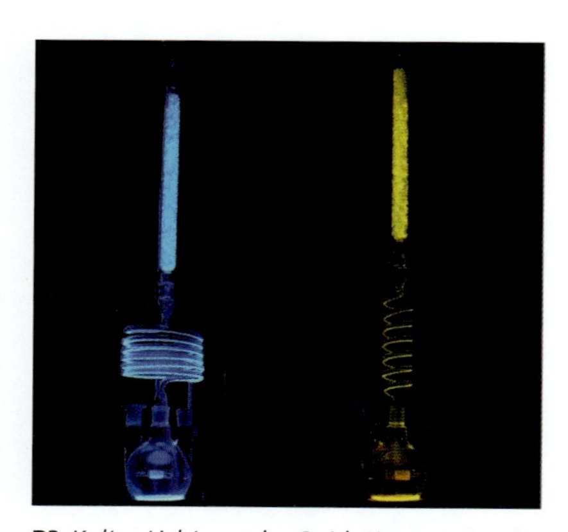

**B3** *Kaltes Licht aus der Oxidation von Luminol (Chemilumineszenz).* **A:** *Erläutere Unterschiede und Gemeinsamkeiten mit den Reaktionen in B1 und B2.*

## *extra* Ein Vorgang, viele Variationen

Das Rosten eines Fahrrads ist ebenso eine Oxidation wie die Detonation eines Silvester-Knallkörpers. Worin bestehen die Unterschiede dieser Oxidationen?

### *Versuche*

***V1*** **Schutzbrille!** *Glimmspanprobe:* Führe in einen mit Sauerstoff gefüllten Standzylinder einen glimmenden Holzspan ein.

***LV2*** Man bereitet vier mit Sauerstoff gefüllte und abgedeckte Standzylinder, auf deren Boden sich jeweils etwas Sand befindet, sowie eine Tiegelzange und einen Verbrennungslöffel für die Verbrennung der folgenden Stoffe vor: a) Eisenwolle, b) Magnesiumband*, c) Kohle und d) Schwefel*. Man entzündet die Stoffe nacheinander jeweils in der Brennerflamme und hält sie brennend in den Sauerstoff.

***V3*** **Schutzscheibe!** Fülle in ein rechtwinklig gebogenes Glasrohr etwas feines Eisenpulver. Verlängere das Rohr mit einem ca. 30 cm langen Gummischlauch und blase das Eisenpulver in die Brennerflamme. Vergleiche die Beobachtungen mit dem Verhalten von Eisenwolle und Eisenblech in der Brennerflamme.

***LV4*** **Schutzscheibe!** 2 mL Leichtbenzin* (Petrolether*) werden in einer Porzellanschale verbrannt.

***LV5*** **Schutzscheibe!** Man gibt einige Tropfen Leichtbenzin* (Petrolether*) in eine Metalldose, in der sich einige Korkstücke befinden (B4). Der Deckel wird angebracht und durch Schwenken der Dose wird ein Benzindampf-Luft-Gemisch erzeugt. Dann wird die Dose wie in B4 auf dem Tisch fixiert. Es wird mit einem langen, brennenden Holzspan gezündet.

### *Auswertung*

a) Werte deine Beobachtungen aus V1 und LV2 hinsichtlich der Verbrennung in Luft und in Sauerstoff aus. Vergleiche mit deinen Beobachtungen aus V1, S. 44.

b) Welche Reaktionen finden in LV2 statt? Notiere die Reaktionsschemata.

c) Vergleiche deine Beobachtungen aus V3, LV4 und LV5. Wovon hängt die Heftigkeit einer Oxidation ab?

d) Welcher Unterschied besteht zwischen dem Licht bei den Oxidationen in B3 und dem Licht der Flamme eines brennenden Stoffes?

e) Entwickle Kriterien zur Einteilung von Oxidationsreaktionen, nenne Beispiele und ordne sie zu.

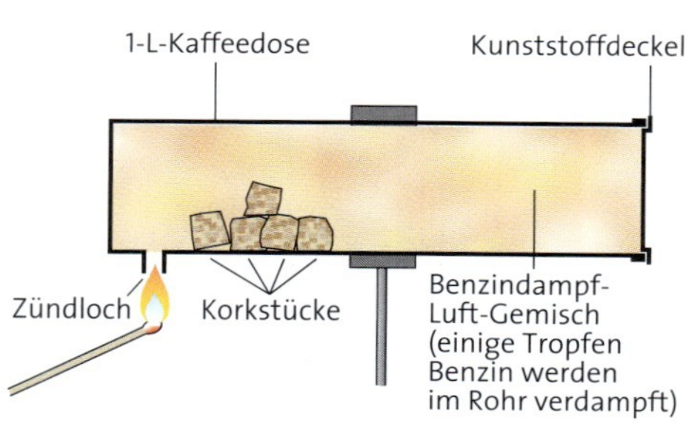


**B4** *Vorrichtung zur Herstellung und Zündung eines Benzindampf-Luft-Gemisches (LV5)*

## *extra* Schnelle und langsame Oxidationen

Es kann Jahre dauern, bis ein Eisenteil eines Fahrrads an der Luft rostet. Eisenpulver in der Brennerflamme liefert dagegen sekundenlang ein richtiges Feuerwerk (V3). Während die Verbrennung eine **schnelle Oxidation** ist, handelt es sich beim Rosten eines Stücks Eisen um eine **langsame Oxidation**.
Ein und derselbe Stoff wie z. B. Magnesium, Schwefel oder Kohlenstoff verbrennt in reinem Sauerstoff viel heftiger als an der Luft. Aus den Versuchsergebnissen V1 bis LV5 kann man folgern:

Eine Verbrennung verläuft umso heftiger, je feiner der brennbare Stoff zerteilt ist und je höher der Anteil des Sauerstoffs in der Luft ist, in der die Verbrennung erfolgt.

Diese Tatsachen können wir mit dem Teilchenmodell erklären. Die kleinsten Teilchen, aus denen ein Feststoff besteht, und die Teilchen des Sauerstoffs müssen zusammenstoßen, damit es zur Reaktion kommt. Je mehr Sauerstoff-Teilchen die Luft enthält und je mehr Teilchen des brennbaren Stoffes sich an der Oberfläche des Feststoffes befinden, desto schneller verläuft die Reaktion, weil mehr Teilchen gleichzeitig zusammenstoßen können. Besteht die Feststoff-Portion, die verbrannt wird, aus vielen kleinen Stücken, so liegen wesentlich mehr Teilchen an der Oberfläche, als wenn die gleiche Feststoff-Portion in einem Stück vorläge (B6).
Das Licht einer brennenden Kerze oder Fackel stammt aus der heißen Flamme des brennenden Stoffes (vgl. S. 56). Es gibt aber auch Oxidationen (B3), bei denen kaltes Licht ausgestrahlt wird (**Chemilumineszenz**). Langsame Oxidationen dieser Art gibt es sogar bei einigen Lebewesen, z. B. bei den Glühwürmchen und bei den Leuchtbakterien.

### Aufgaben

**A1** Verbrennungen, schnelle Oxidationen, findet man bei zahlreichen Anwendungen, z. B. bei vielen Heizungen und Motoren. Erläutere dies und nenne weitere Beispiele!
**A2** Was hat der Genuss eines Brötchens mit langsamer Oxidation zu tun?
**A3** Wie geht man beim Entzünden eines Lagerfeuers vor? Erkläre die einzelnen Schritte.
**A4** Was löst sich schneller in heißem Wasser, ein Stück Kandiszucker oder die gleiche Menge Kristallzucker? Erkläre deine Vermutung und schlage ein Experiment zu ihrer Überprüfung vor. Nenne Gemeinsamkeiten und Unterschiede zur Verbrennung von Eisen in Form von kompakten Stücken, Wolle oder Pulver.

**B7** *Schweißgerät im Einsatz.*
**A:** *Wie entstehen die Funken?*

**B5** *Im menschlichen und tierischen Körper hält die langsame Oxidation von Fetten und Kohlenhydraten aus der Nahrung die Körpertemperatur aufrecht und stellt die Energie für alle unsere Aktivitäten zur Verfügung. Die Atmung ist eine langsame Oxidation.* **A:** *In reinem Sauerstoff könnten wir nicht leben. Kannst du dir denken, warum?*

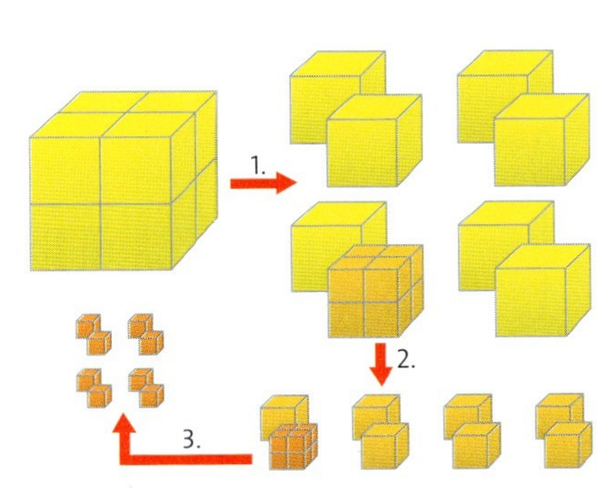


**B6** *Zerteilung vergrößert die Oberfläche.*
**A:** *Wievielmal vergrößert sich die Oberfläche bei dieser Zerteilung in drei Schritten? Und wie verhält sich das Volumen?*

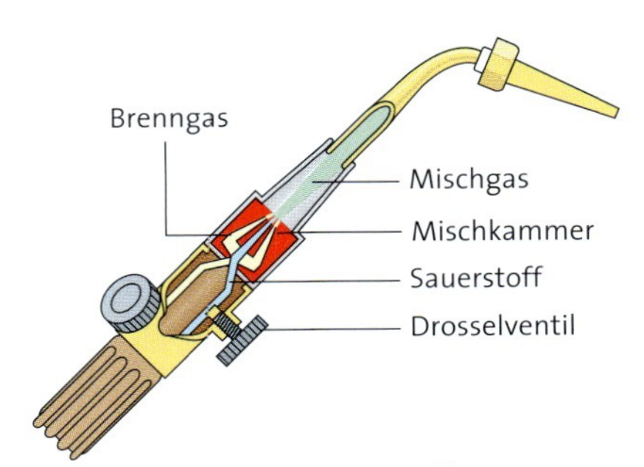


**B8** *Schnitt durch einen Schweißbrenner.*
**A:** *Warum verbrennt man das Brenngas in einem Gemisch mit Sauerstoff?*

### Fachbegriffe

schnelle Oxidation, langsame Oxidation, Chemilumineszenz

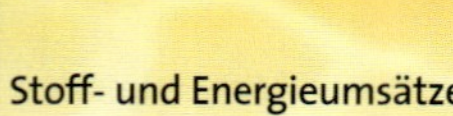

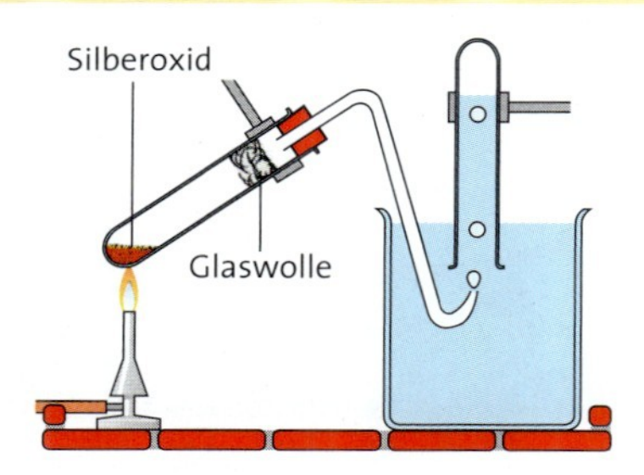


**B1** *Vorrichtung zur Zerlegung eines Oxides und Auffangen des Gases (LV1).* ***A:*** *Woran erkennt man, dass eine Reaktion stattfindet?* ***A:*** *Verläuft diese Reaktion exotherm oder endotherm?*

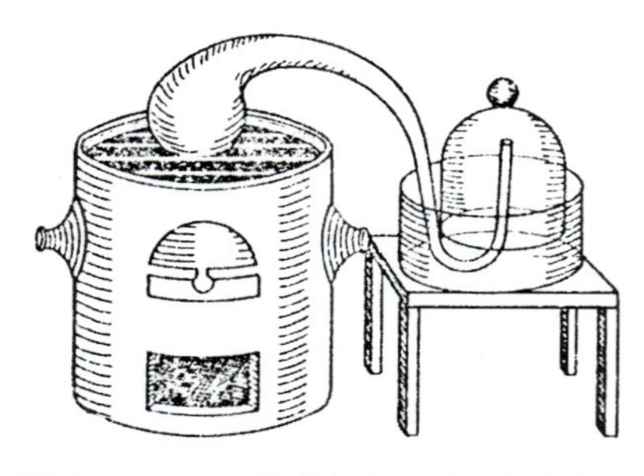

**B2** *Lavoisier synthetisierte und zerlegte in solch einer Apparatur im Jahr 1775 rotes Quecksilberoxid.* ***A:*** *Welche Beobachtungen hat er machen können?*

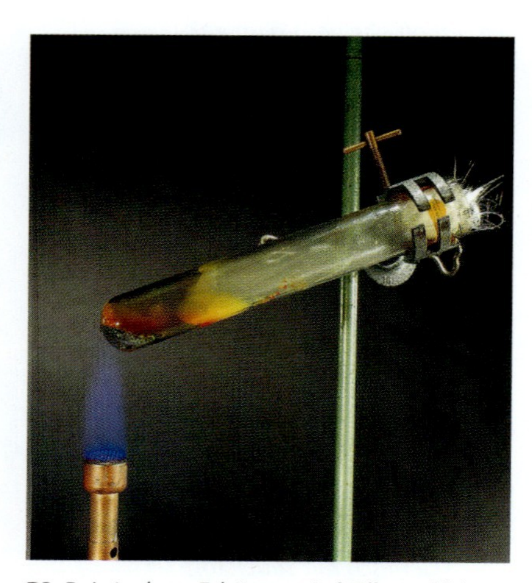

**B3** *Bei starkem Erhitzen wird Silbersulfid in Silber und Schwefel zerlegt. Erhitzt man Silber und Schwefel bei mäßiger Temperatur, so bildet sich Silbersulfid.* ***A:*** *Notiere die Reaktionsschemata.* ***A:*** *Welche dieser beiden Reaktionen ist eine Synthese, welche eine Analyse?*

# Verbrannt ist nicht vernichtet

Eisenwolle verbrennt an der Luft zu Eisenoxid, ein Magnesiumband reagiert bei der schnellen Oxidation zu Magnesiumoxid. Was ist aus Eisen und aus Magnesium geworden? Findet man im Eisenoxid noch Eisen?

### *Versuche*

***LV1*** In ein schwer schmelzbares Rggl. gibt man drei Spatelspitzen Silberoxid und baut die Vorrichtung aus B1 auf. Das Rggl. wird mit dem Gasbrenner stark erhitzt. Nach Verdrängung der Luft fängt man das entweichende Gas in einem Rggl. auf und führt anschließend damit die Glimmspanprobe durch. Nach Beendigung der Gasentwicklung und Abkühlen der Apparatur wird die feste Masse aus dem Rggl. mit einem Hammer flachgeklopft und beobachtet.

***LV2*** Man gibt eine Spatelspitze Iodoxid* (genauer: Diiodpentaoxid*) in ein Rggl. und verschließt es locker mit einem Glaswollestopfen. Das Rggl. wird vorsichtig erhitzt. Beobachtung? Nach Abkühlen wird der Glaswollestopfen entfernt und ein glimmender Holzspan in das Rggl. gehalten.

***V3*** Gib in einen Standzylinder, in dem sich ca. 50 mL Wasserstoffperoxid-Lösung*, $w = 3\,\%$, befinden, eine Spatelspitze Braunstein* (Mangan(IV)-oxid). Beobachtung? Tauche in den Gasraum des Zylinders langsam einen glimmenden Holzspan ein. Beobachte genau, filtriere nach Abklingen der Reaktion den Inhalt des Zylinders und lass sowohl das Filtrat als auch den Rückstand bis zur nächsten Chemiestunde stehen. Beobachte dann beides erneut.

### *Auswertung*

a) Notiere deine Beobachtungen zu LV1 und LV2. Welche Produkte sind entstanden? Begründe deine Antwort und formuliere jeweils das Reaktionsschema.

b) Notiere deine Beobachtungen zu V3. Welches Produkt wird nachgewiesen? Das zweite Reaktionsprodukt ist Wasser (Braunstein wird nicht chemisch umgesetzt). Formuliere das Reaktionsschema.

c) Untersuche, ob es sich bei den in LV1, LV2 und V3 ablaufenden Reaktionen um Synthesen oder Analysen handelt.

d) Vergleiche das chemische Zerlegen eines Stoffes anhand der Reaktionen von dieser Seite mit dem mechanischen Zerlegen eines Gegenstandes, z. B. eines Fahrrads. Sind die Produkte der Zerlegung im Ausgangsstoff (bzw. im Ausgangsgegenstand) erkennbar? Erläutere deine Antwort ausführlich.

## Synthese und Analyse

Viele Metalloxide entstehen bei der Verbrennung der Metalle an der Luft. Dabei handelt es sich um **Synthesen** von Metalloxiden (vgl. S. 45). Mit Stofftrennungsverfahren wie bei Stoffgemischen kann man Metalle nicht mehr aus Metalloxiden zurückgewinnen. Beim kräftigen Erhitzen einiger Metalloxide aber erhält man das entsprechende Metall und Sauerstoff zurück. Es findet wieder eine chemische Reaktion statt. Das Reaktionsschema für die Zerlegung von Silberoxid (LV1) lautet:

Silberoxid (s) ⟶ Silber(s) + Sauerstoff (g); endotherm

Iodoxid verschwindet beim Erhitzen (LV2). Gleichzeitig bildet sich violettes, gasförmiges Iod, das sich an den kälteren Stellen des Reagenzglases als schwarzviolette, glänzende Kristalle niederschlägt. Der ebenfalls entstandene Sauerstoff wird mit der Glimmspanprobe nachgewiesen. Auch hier konnte ein Reinstoff (Iodoxid) durch eine chemische Reaktion in andere Reinstoffe (Iod, Sauerstoff) zerlegt werden.

Eine Reaktion mit Stoffzerlegungen dieser Art wird als **Analyse**[1] bezeichnet.

Auch Wasserstoffperoxid lässt sich in einfachere Stoffe zerlegen, in Sauerstoff und Wasser (V3). Braunstein beschleunigt diese Reaktion, ohne selbst verbraucht zu werden.[2]

Sehr viele Reinstoffe können durch geeignete Methoden in weitere Stoffe zerlegt werden. Andere Reinstoffe wie Iod, Silber, Quecksilber, Eisen, Kupfer, Sauerstoff, Stickstoff, Schwefel, Phosphor und Kohlenstoff sind nicht weiter zerlegbar.

Reinstoffe, die durch eine chemische Reaktion in andere Stoffe zerlegt werden können, sind **chemische Verbindungen**.
Reinstoffe, die durch chemische Reaktionen nicht in andere Stoffe zerlegt werden können, sind **chemische Elemente**.

### *Aufgaben*

**A1** Teile die in den bisherigen Versuchen vorkommenden Stoffe in chemische Elemente und chemische Verbindungen ein.
**A2** Nenne eine Verbindung und mehrere Elemente, die in der Luft enthalten sind.
**A3** Ist Wasserstoffperoxid ein homogenes Gemisch aus Wasser und Sauerstoff oder eine Verbindung dieser beiden Stoffe?
**A4** Warum ist die Aussage „Silberoxid besteht aus Silber und Sauerstoff" sehr irreführend? Wie kann man eine entsprechende Aussage besser formulieren?

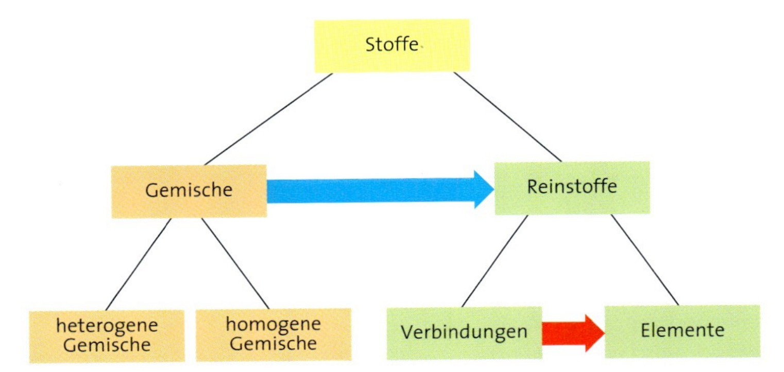


**B6** *Schema zur Einteilung der „Stoffe" aus unserer Umwelt.* **A:** *Erläutere die Bedeutung der dicken, waagerechten Pfeile.* **A:** *Nenne zu jedem Begriff ein Beispiel.*

**B4** *ROBERT BOYLE (1627 bis 1691) trug entscheidend zu der Entwicklung des Elementbegriffs in der Chemie bei.*

| **Elemente**<br>112 bekannte | **Buchstaben**<br>26 im Alphabet |
|---|---|
| **Verbindungen**<br>über 13 000 000 bekannte | **Wörter**<br>ca. 125 000 in der deutschen Sprache |
| **Gemische**<br>homogene und heterogene | **Sätze**<br>Erzählungen, Romane etc. |

**B5** *Ähnlich wie Buchstaben zu Wörtern und diese weiter zu Sätzen zusammengesetzt werden können, verbinden sich Elemente zu Verbindungen; diese wiederum können Gemische aller Art bilden.* **A:** *Nenne Verbindungen des Elements Sauerstoff. In welchen Gemischen sind sie enthalten?*

### Fachbegriffe

Synthese, Analyse, chemisches Element, chemische Verbindung

[1] von *analysis* (griech.) = Auflösung
[2] Über derartige Stoffe, Katalysatoren genannt, erfährst du mehr auf S. 80.

**B1** *John Dalton (1766 bis 1844). Er war eines von sechs Kindern einer armen englischen Weberfamilie. Sein Lehrbuch war bahnbrechend für die Chemie.*

**B2** *Dalton gab jedem chemischen Element ein bestimmtes Symbol. Mittlerweile haben sich andere Symbole durchgesetzt.* ***A:*** *Ordne den Elementen jeweils das heute gebrauchte Symbol zu.*

| Elementname | lat. Name | Symbol |
|---|---|---|
| Wasserstoff | **H**ydrogenium | **H** |
| Kohlenstoff | **C**arbonium | **C** |
| Stickstoff | **N**itrogenium | **N** |
| Sauerstoff | **O**xygenium | **O** |
| Magnesium | **Mag**nesium | **Mg** |
| Aluminium | **Al**uminium | **Al** |
| Schwefel | **S**ulfur | **S** |
| Eisen | **Fe**rrum | **Fe** |
| Kupfer | **Cu**prum | **Cu** |
| Silber | **A**r**g**entum | **Ag** |
| Gold | **Au**rum | **Au** |
| Blei | **P**lum**b**um | **Pb** |

**B3** *Heute verwendet man* ***Atomsymbole*** *aus ein oder zwei Buchstaben, die sich von den lateinischen Namen der Elemente ableiten.* ***A:*** *Welchen Vorteil haben diese Atomsymbole gegenüber den Symbolen von Dalton?*

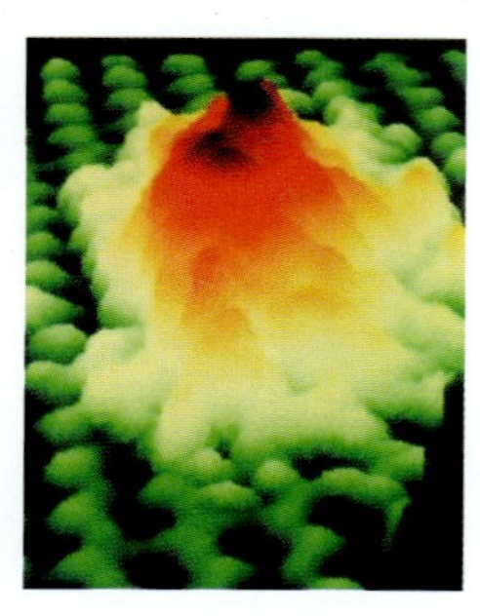

**B4** *Gold-Atome auf Graphit (grün), sichtbar gemacht durch ein Rastertunnelmikroskop*

# Daltons Idee

Warum kann man aus einer Verbindung durch eine chemische Reaktion die Elemente wieder gewinnen? Wieso ändert sich die Gesamtmasse der bei einer Reaktion beteiligten Stoffe nicht?

Zur Erklärung solcher Beobachtungen entwickelte John Dalton zu Beginn des 19. Jahrhunderts ein Atommodell für den Aufbau der Stoffe. Er griff die Atomvorstellung des griechischen Philosophen Demokrit (um 400 v. Chr.) auf, nach der die Stoffe aus kleinsten Teilchen, den **Atomen**[1], aufgebaut sind, und erweiterte sie.
Die Aussagen von Dalton kann man folgendermaßen formulieren:

**Atommodell von Dalton (1808)**

1. Die chemischen Elemente sind aus kleinsten Teilchen, den Atomen aufgebaut, die bei chemischen Reaktionen ungeteilt bleiben.
2. Die Atome eines Elementes haben alle die gleiche Masse und die gleiche Größe.
3. Bei chemischen Reaktionen werden die miteinander verbundenen Atome eines Stoffes getrennt und in einer neuen Kombination wieder zusammengefügt.

***Aufgaben***

***A1*** Vergleiche die Aussagen des Atommodells nach Dalton mit denen des bisher verwendeten Teilchenmodells. Gib an, welche Aussagen von Dalton eine Erweiterung und Präzisierung des Teilchenmodells sind.

***A2*** Versuche anhand des Atommodells und der Darstellung in B5, die Massenerhaltung bei der Synthese von Kupfersulfid zu erklären.

***A3*** Erstelle eine Darstellung nach dem Atommodell von Dalton zur Analyse von Kupfersulfid.

***A4*** Schwefel ist gelb. Ist ein Schwefel-Atom auch gelb? Quecksilber ist bei Zimmertemperatur flüssig. Ist ein Quecksilber-Atom auch flüssig?

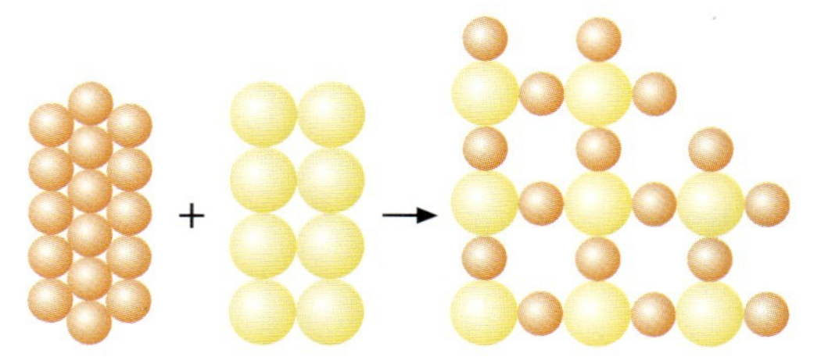

**B5** *Die chemische Reaktion der Elemente Kupfer und Schwefel zur Verbindung Kupfersulfid nach dem Atommodell von Dalton.* ***A:*** *Worin liegt der Unterschied zum Teilchenmodell?*
***A:*** *Was befindet sich zwischen den Atomen?*

[1] von *atmos* (griech.) = unteilbar

## Atome und Atommassen

Warum kann man aus Silbersulfid, in dem doch kein Silber „zu finden“ ist, durch eine chemische Reaktion Silber gewinnen? Das **Atommodell von Dalton** hilft bei der Erklärung! Reagieren Silber und Schwefel miteinander, werden die Silber-Atome und die Schwefel-Atome getrennt und in einer neuen Kombination wieder zusammengeführt (vgl. B5). Die Atome verschwinden dabei nicht, vielmehr besteht die „neue“ Verbindung Silbersulfid sowohl aus Silber-Atomen als auch aus Schwefel-Atomen.
Erhitzt man Silbersulfid stark, erhält man aus Silbersulfid in einer chemischen Reaktion wieder Silber und Schwefel. Die im Silbersulfid miteinander verbundenen Silber- und Schwefel-Atome werden dabei getrennt und so zusammengeführt, dass wieder die Stoffe Silber und Schwefel entstehen.
Da man chemische Reaktionen durch solche Umgruppierungen der Atome erklären kann, wird auch der Satz von der Erhaltung der Masse verständlich. Da kein Atom verloren geht und keine neuen Atome geschaffen werden, muss die Gesamtmasse der Produkte gleich der Gesamtmasse der Edukte sein.

Schon Dalton bemerkte, dass die Atome außerordentlich klein seien, und er bezweifelte, dass es jemals gelingen könnte, Atome „zu sehen“. Seit Anfang der achtziger Jahre des zwanzigsten Jahrhunderts ist es aber möglich, Atomverbände und sogar einzelne Atome sichtbar zu machen (B4, B6).
Einzelne Atome haben andere Eigenschaften als die Stoffe, die aus ihnen aufgebaut sind. Erst das Zusammenwirken einer großen Anzahl dieser Atome ergibt die Eigenschaften, die wir an Stoffen beobachten, wie Farbe, Glanz, Aggregatzustand, Dichte und Siedetemperatur.

Welche Masse hat nun solch ein Atom? Mit einer Waage ist die Masse eines Atoms nicht zu messen, denn dazu ist sie zu klein. Die Masse eines Wasserstoff-Atoms (1 H) beträgt

$m$ (1 H) = 0,000 000 000 000 000 000 000 001 66 g !

Wie diese Ziffer zeigt, ist die Masseneinheit Gramm zur Angabe von Atommassen ungeeignet. Um die Atommassen der verschiedenen Atome vergleichen zu können, legte man die Masse eines Wasserstoff-Atoms mit 1 u (**u : Atommasseneinheit** von *unit* (engl.) = Einheit) fest:

$m$ (1 H) = 1 u.

Nun versuchte man zu bestimmen, wievielmal schwerer die Atome der anderen Elemente sind. Mithilfe eines sogenannten Massenspektrometers gelingt das recht gut. So ist z. B. ein Kohlenstoff-Atom 12-mal so schwer wie ein Wasserstoff-Atom, ein Schwefel-Atom ist 32-mal so schwer (B7), also $m$ (1 C) = 12 u; $m$ (1 S) = 32 u (B8).

Eisen und Schwefel

Eisensulfid

**B9** *Modell eines Gemisches aus Eisen und Schwefel und der Verbindung Eisensulfid.* **A:** *Nenne und erläutere die Unterschiede.* **A:** *Wie kann man sich die Reaktion von Eisen mit Schwefel nach dem Atommodell vorstellen? Erstelle eine Bildsequenz!*

**B6** *Ein Verband von Atomen des Metalls Germanium.* **A:** *Suche im Internet nach wissenschaftlichen Darstellungen bzw. Fotos von Atomen.*

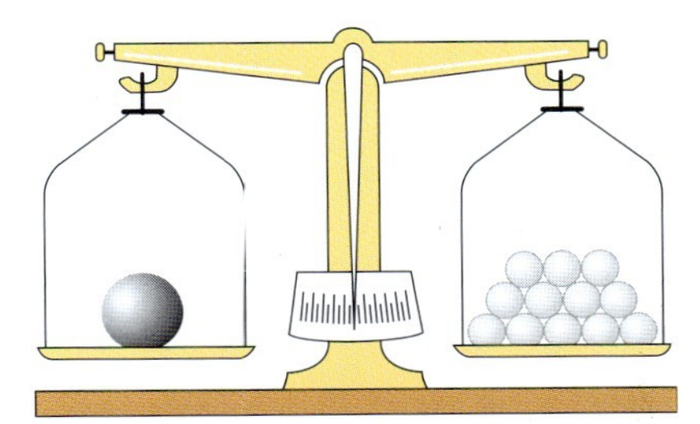

**B7** *Ein Kohlenstoff-Atom ist so schwer wie 12 Wasserstoff-Atome.* **A:** *Wie viel Gramm wiegt ein Kohlenstoff-Atom?*

| Elemente | Symbol | Atommasse in u gerundet |
|---|---|---|
| Wasserstoff | H | 1 |
| Kohlenstoff | C | 12 |
| Stickstoff | N | 14 |
| Sauerstoff | O | 16 |
| Magnesium | Mg | 24 |
| Aluminium | Al | 27 |
| Schwefel | S | 32 |
| Chlor | Cl | 35,5 |

**B8** *Atommassen einiger Elemente. Die genauen Werte sind im Buchdeckel angegeben.* **A:** *Wie viel Gramm wiegt ein Gold-Atom?* **A:** *Wie viele Gold-Atome sind in 1,6351 g Gold enthalten?*

**Fachbegriffe**

Atome, Atomsymbole, Atommasseneinheit

## Das ABC des Feuerlöschens

Eine heruntergebrannte Kerze auf dem Adventskranz, eine auf dem Herd vergessene Bratpfanne oder ein achtlos weggeworfenes Streichholz sind häufige Ursachen für das Entfachen eines Feuers. Wie kann das Feuer gelöscht werden?

**B1** *Im Labor ist ein Feuer ausgebrochen.* **A:** *Wie könnte das passiert sein? Schreibe einen kurzen Bericht.*

**B2** *Ein Waldbrand.* **A:** *Bei welchen Wetterverhältnissen ist er besonders schwer zu bekämpfen? Begründe deine Aussage.*

**B3** *Ein Feuerlöscher für Haushalt oder Labor.* **A:** *Informiere dich, für welche Brände die Feuerlöscher im Chemieraum (in der Schule) geeignet sind.*

### Versuche

**V1** Gib in eine flache Porzellanschale 10 Tropfen Alkohol* und entzünde die Flüssigkeit. Lösche das Feuer, indem du ein Uhrglas auf die Porzellanschale legst. Wiederhole den Versuch, verwende aber dieses Mal den Brennstoff, nachdem er zuvor im Gefrierschrank gelagert wurde. Vergleiche die Entflammbarkeit bei beiden Versuchen.

**V2** Stelle in ein großes, hohes Becherglas zwei unterschiedlich große Kerzen, die du anzündest. Lass von deinem Lehrer bzw. von der Lehrerin einen großen Erlenmeyerkolben mit Kohlenstoffdioxidgas füllen. Gieße dann daraus das Gas langsam in das Becherglas.

**LV3** Etwas Salatöl oder Kerzenwachs wird in einen Porzellantiegel gegeben und so lange mit einem Gasbrenner erhitzt, bis sich das Öl bzw. das Wachs entzündet. Aus sicherer Entfernung wird dann aus einer Spritzflasche etwas Wasser in das Feuer gegeben.

**V4** Mische in einer Kunststoff-Spritzflasche etwa 20 mL Spülmittel, 15 g Natron (Natriumhydrogencarbonat*) und 200 mL Wasser. Wiege in ein Becherglas 10 g Citronensäure* ab. Gib in eine flache Porzellanschale 10 Tropfen Alkohol* und entzünde ihn. Fülle nun die Citronensäure rasch in die Spritzflasche, verschließe mit dem Spritzaufsatz der Flasche und schüttle kurz. Versuche, mit dem entstehenden Schaum das Feuer zu löschen.

### Auswertung

a) Begründe mit dem Teilchenmodell, weshalb in V1 der kalte Brennstoff schlechter zu entzünden ist als der warme.

b) Deute die Beobachtungen zu V2.

c) Begründe, weshalb es falsch ist, Fettbrände mit Wasser zu löschen. Bedenke, dass brennendes Fett über 200 °C heiß sein kann. Wie kann man einen Fettbrand richtig löschen?

### INFO

Kennbuchstaben auf einem Feuerlöscher verweisen auf die **Brennstoffe**, deren Brände mit diesem Löscher bekämpft werden können.

**Holz, Papier, Kohle, Stroh, Textilien, Autoreifen**

**Benzin, Teer, Alkohol, Lack**

**Erdgas, Stadtgas, Campinggas (Propan, Butan)**

**Metalle: Aluminium, Magnesium, Natrium**

**Fette: Speiseöl, Frittierfett**

**A:** Eignet sich der Feuerlöscher aus B3, um den Brand bei einer Grillparty zu löschen? Begründe deine Antwort.

## Brandbekämpfung heißt Oxidation verhindern

Ein Brand entsteht nur, wenn drei Bedingungen erfüllt sind: Ein *Brennstoff* (1) muss in Gegenwart von *Sauerstoff* (2) auf eine bestimmte *Temperatur* (3) erhitzt worden sein. Wenn Feuer ausbricht, reagiert der Sauerstoff aus der Luft mit dem Brennstoff. Es findet eine Oxidationsreaktion statt.

Brennstoffe und Sauerstoff kommen in unserer Umwelt fast überall vor. In Gegenwart einer Flamme oder eines Funkens lässt sich dieses Gemisch häufig schnell entzünden. Dabei spielt die Temperatur des Brennstoffs eine große Rolle. In V1 ist der kalte Brennstoff schlechter entflammbar als der warme. Die Temperatur, bei der man einen Brennstoff in Anwesenheit von Sauerstoff gerade eben in Brand setzen kann, heißt **Flammtemperatur**. Sie lässt sich wie in B4 beschrieben experimentell bestimmen.

Es kann aber auch vorkommen, dass sich ein Brennstoff spontan ohne offenes Feuer oder Funken „von selbst" entzündet, wenn er über seine **Zündtemperatur** erhitzt wird. In B5 sind die Zündtemperaturen einiger Brennstoffe aufgeführt.

Bei einem Brand findet eine heftige, stark exotherme Oxidationsreaktion statt.

Um einen Brand zu löschen, muss man diese Reaktion unterbrechen. Hierzu gibt es prinzipiell drei Möglichkeiten (B6):

1. Entfernen des Brennstoffes, d.h. ein Edukt der Oxidationsreaktion wird weggenommen.
2. Entzug des Sauerstoffs, d.h. der Reaktionspartner für den Brennstoff wird entfernt.
3. Kühlung des Reaktionsgemisches unter die Flammtemperatur.

Für das Löschen eines Brandes ist die richtige Wahl des Löschmittels entscheidend. **Wasser** ist das am häufigsten eingesetzte **Löschmittel**. Es kühlt den Brand unter die Flammtemperatur des Brennstoffs. LV3 zeigt, dass man aber nicht jeden Brand mit Wasser löschen kann: Das Wasser sinkt aufgrund seiner höheren Dichte unter das brennende Fett und wird gleichzeitig über seinen Siedepunkt erhitzt. Dabei reißt das verdampfende Wasser das brennende Fett in die Luft, wo es dann noch besser mit Sauerstoff versorgt werden kann. Auch Metallbrände lassen sich nicht mit Wasser löschen, weil dabei explosive Gemische entstehen können.

Ein häufig eingesetztes **Löschmittel** ist **Kohlenstoffdioxid**. Dieses Gas „erstickt" die Flamme, weil es die Verbrennung nicht unterstützt. Außerdem legt es sich wegen seiner größeren Dichte auf den Brandherd und verhindert dadurch den Sauerstoffzutritt (V2). Viele Feuerlöscher enthalten daher Kohlenstoffdioxid oder ein Pulver, das in der Brandhitze Kohlenstoffdioxid freisetzt. Auch in einem Schaumlöscher (V4) wird Kohlenstoffdioxid z.B. durch die Reaktion von Natron mit Säure erzeugt. Der Schaumlöscher entfaltet daher durch Kohlenstoffdioxid und Wasser eine doppelte Löschwirkung.

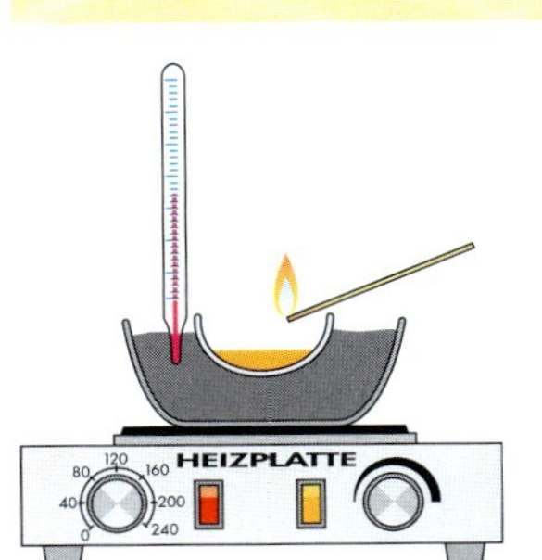


**B4** *Experimentelle Bestimmung der Flammtemperatur eines Brennstoffs. In einem Tiegel, der in einem Sandbad steht (grau), wird ein Brennstoff (gelb) langsam erwärmt. Die Temperatur, die man am Thermometer abliest, wenn sich das Brennstoff-Sauerstoff-Gemisch in Gegenwart der Flamme entzündet, ist die Flammtemperatur des Brennstoffs.* **A:** *Wo können Brände durch Überschreiten der Flammtemperatur entstehen?*

| Brennstoff | Zündtemperatur |
|---|---|
| Benzin | ca. 500 °C |
| Heizöl | ca. 230 °C |
| Wachs | ca. 400 °C |
| Stadtgas | 560 °C |
| Papier | 185 °C bis 360 °C |
| Holzkohle | 350 °C |

**B5** *Zündtemperatur einiger Stoffe.*
**A:** *Warum ist die Flammtemperatur eines Brennstoffs immer niedriger als seine Zündtemperatur?*

**B6** *Maßnahmen zur Brandbekämpfung*

### Aufgaben

**A1** Im Labor findet man Löschsand. Bei welchen Bränden würdest du ihn einsetzen? Begründe die Löschwirkung.

**A2** Sogenannte ABC-Löscher enthalten Löschpulver. Gegen welche Brände können sie einsetzt werden? Begründe die Löschwirkung.

### Fachbegriffe

Flammtemperatur, Zündtemperatur, Löschmittel

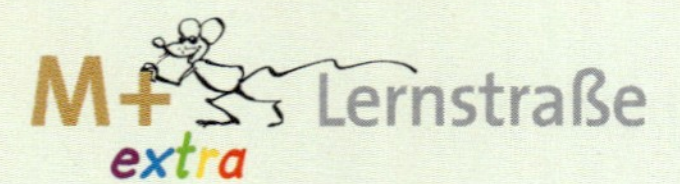


## Kerzenflamme – geht jetzt ein Licht auf?

Warum brennt eine Kerze? Welche Aufgabe hat der Docht? Kann die Kerze auch ohne Docht brennen? Warum verbrennt der Docht nicht in der Flamme?

Diese Fragen kannst du vielleicht beantworten, wenn du die sechs Stationen der Lernstraße durcharbeitest. Schreibe danach einer Freundin oder einem Freund einen Brief, der die Fragen beantwortet und erklärt, was in der Kerzenflamme passiert.

**Station 1**

Entzünde eine Kerze und zeichne die Kerzenflamme mit dem Docht.
Beobachte das flüssige Wachs um den Docht. Beschreibe die Bewegungen im Wachs.

**Station 2**

Nimm aus einem Teelicht den Docht heraus (siehe Bild).
Stelle den Docht in die Hülse und entzünde ihn.
Versuche, das Wachs ohne Docht zu entzünden. Notiere deine Beobachtungen.

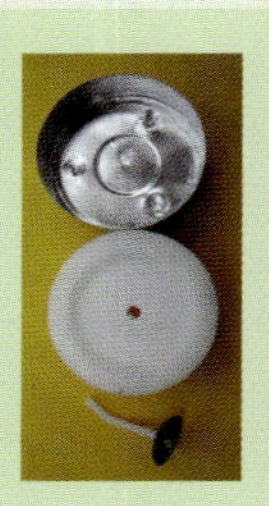

**Station 3**

Entzünde eine Kerze und halte mit einer Tiegelzange ein Glasrohr (ca. 3 cm lang) über den Docht in den dunklen Bereich der Kerzenflamme. Versuche, die aus dem Rohr austretenden weißen Dämpfe zu entzünden. Beobachte und gib an, um welchen Stoff es sich bei dem Dampf handelt.

**Station 4**

Puste eine brennende Kerze aus und nähere ein brennendes Streichholz von oben oder von der Seite dem aufsteigenden Dampf.
Vergleiche deine Beobachtungen mit denen bei Station 3.

**Station 5**

Entzünde eine Kerze und halte ein Glasrohr in den leuchtenden oberen Bereich der Kerzenflamme. Versuche, den austretenden schwarzen Rauch zu entzünden.
Um welchen Stoff handelt es sich bei dem Rauch?

**Station 6**

Brenne ein Streichholz vollständig ab. Halte das verkohlte Streichholz in verschiedene Bereiche der Kerzenflamme. Was beobachtest du?
Streue etwas zerriebene Holzkohle in die Flamme und beobachte weiter.

### Vorgänge in der Kerzenflamme

Nachdem man eine Kerze z.B. mit einem Streichholz entzündet hat, finden in der Flamme zahlreiche Vorgänge statt. Zunächst muss das feste Wachs (oder Paraffin) geschmolzen werden. Das flüssige Wachs steigt dann am Docht nach oben und verdampft durch die Hitze des brennenden Streichholzes. Erst wenn das Wachs gasförmig geworden ist, kann es brennen. Die Stationen 3 und 4 der Lernstraße zeigen, dass der Wachsdampf leicht entzündet werden kann, er ist der eigentliche Brennstoff der Kerze. Im dunklen Kern der Flamme (vergleiche deine Zeichnung zu Station 1) wird das flüssige Wachs bei etwa 800 °C in brennbare Gase und Kohlenstoff zerlegt. Den Kohlenstoff kann man wie in Station 5 mit einem Glasrohr aus der Flamme ableiten. Man kann ihn bei einer rußenden Flamme auch sehen. Station 6 zeigt, dass der Kohlenstoff auch für das Leuchten der Flamme verantwortlich ist, weil eingestreutes Holzkohlepulver in der Flamme ebenfalls aufleuchtet.

Durch die Hitze der Flamme steigt die Luft über der Flamme in die Höhe und zieht frische Luft von unten nach sich. Daher bekommt die Flamme unten am meisten Sauerstoff, der so für eine gute Verbrennung der Wachsgase sorgt. Dieser Bereich ist an der blauen Farbe am unteren Saum der Flamme erkennbar. Die Flamme erreicht hier eine Temperatur von ca. 1400 °C.

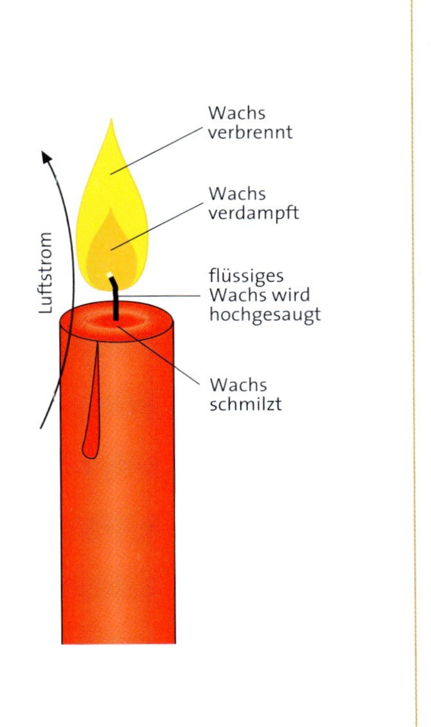


### Eine böse Überraschung zum 50. Geburtstag

Am Wochenende hatte Peters Vater Geburtstag. Er wurde 50 Jahre und wollte den Geburtstag mit vielen Freunden feiern. Auf den Wohnzimmertisch hatte Peters Mutter ein Tablett gestellt, auf dem sie aus 50 Kerzen die Zahl „50“ gebildet hatte. Es sah schön aus, als die Kerzen brannten, und Peters Vater freute sich sehr. Die Stimmung war fröhlich und alle waren gut gelaunt. Das änderte sich aber schlagartig, als Peters kleine Schwester plötzlich „Feuer, Feuer“ rief. Sie zeigte auf das Tablett mit den Kerzen, die unbemerkt ihre einzelnen kleinen Flammen zu einem großen Feuer vereinigt hatten. Eine riesige Flamme hatte sich über den 50 Kerzen gebildet. Spontan lief ein Gast in die Küche, um Wasser zum Löschen zu holen. Gerade noch rechtzeitig konnte Peter ihn daran hindern, das Wasser auf die Kerzen zu schütten. In der Zwischenzeit hatte Peters Vater eine Decke geholt und konnte damit den Brand noch rechtzeitig löschen. Von diesem Schrecken mussten sich alle erst einmal erholen.

Wie konnte es geschehen, dass die 50 kleinen Kerzen zu so einem großen Brand führten? B1 zeigt, was passiert wäre, wenn man den Kerzenbrand mit Wasser „gelöscht“ hätte.

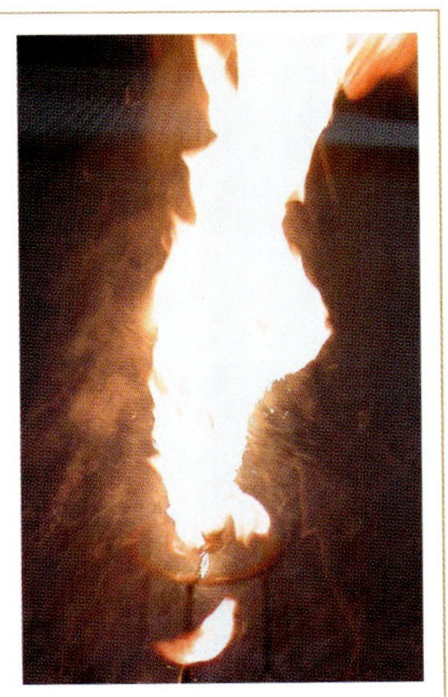

**B1** *Brennendes Kerzenwachs wurde mit Wasser „gelöscht“.*
**A:** *Warum darf man hier nicht mit Wasser „löschen“?*

**A1** Nenne 5 Elemente, 5 Verbindungen, 5 heterogene Gemische und 5 homogene Gemische, denen du in der Schule begegnest.

**A2** Wie kann man Kohle am Grill leichter zum Glühen bringen? Erläutere und begründe.

**A3** LAVOISIER formulierte in einer seiner Schriften: „... denn nichts wird neu erschaffen, weder in den künstlichen Operationen noch in den natürlichen". Vergleiche diese Formulierung mit dem Satz von der Erhaltung der Masse.

**A4** Du hast bisher zwei Modelle kennengelernt, mit deren Hilfe wir den Aufbau der Stoffe beschreiben können: Das Teilchenmodell und das Atommodell von DALTON. Beschreibe beide Modelle, nenne Gemeinsamkeiten und Unterschiede. Warum ist es notwendig, zusätzlich zum Teilchenmodell ein Atommodell zu betrachten?

**A5** Maria sagt: Bei der Verbrennung von Eisen nimmt die Masse zu. Karl meint: Eine Verbrennung ist eine Reaktion, bei der die Masse gleich bleibt. Also ändert sich das Gewicht nicht. Ute entgegnet: Bei einer Verbrennung entsteht immer Asche, die sehr leicht ist. Also nimmt auch bei der Verbrennung von Eisen die Masse ab.
Was meinst du zu diesen Aussagen? Begründe deine Antwort!

**A6** Nenne 5 Stoffe, die beim Verbrennen an der Luft leichter und 5, die schwerer werden, und erkläre deine Auswahl.

**A7** Schreibe einen Zeitungsbericht aus dem Jahr 1876, in dem das Verfahren zur Luftverflüssigung von LINDE vorgestellt wird.

**A8** Moderne Heizungen in Häusern saugen die Außenluft an, komprimieren sie und geben sie gekühlt wieder an die Umgebung ab. Die Energie in der Luft nutzen sie, um einen Wasserkreislauf in der Fußbodenheizung zu erwärmen.
Worin bestehen die Vorteile gegenüber Öl- und Gasheizungen? Nenne Gemeinsamkeiten und Unterschiede zur Luftverflüssigung nach LINDE.

**80-Karat-Diamant bringt 16 Millionen Dollar**

Er ist lupenrein, hochfein geschliffen und leuchtet weiß: In Genf hat ein Diamant mit 80,37 Karat den Besitzer gewechselt. Für elf Millionen Euro konnte der Besitzer eines Modelabels den Stein ersteigern.

*Welt online 14.11.2007, 21:50 Uhr*

**A9** Wie viel Gramm wiegt der Diamant? Aus wie vielen Kohlenstoff-Atomen besteht er?

**A10** Magnesium verbrennt an der Luft mit sehr heller Flamme, der neu entstandene Feststoff ist schwerer als das Magnesiumstück vorher. Erkläre diese Beobachtungen! Welche Stoffe sind an der Reaktion beteiligt? Notiere das Reaktionsschema. Erkläre die Massezunahme auch mithilfe des Atommodells von DALTON.

**A11** Beim Sporttreiben und beim Verwenden von Batterien oder Akkus laufen chemische Reaktionen ab. Woran kann man das erkennen?

**A12** In der Schule ertönt der Feueralarm. Die Klasse verlässt zügig den Klassenraum. Hierbei sollen die Fenster und die Klassenzimmertür verschlossen werden. Begründe diese Maßnahmen.

**A13** Dir stehen folgende Materialien zur Verfügung:
Ein Lineal, ein kleiner Holzklotz, ein Schuhkarton und ein dicker Bleistift. Konstruiere aus diesen Materialien ein Modell, mit dem man die Abläufe einer endothermen und einer exothermen Reaktion veranschaulichen kann. Erkläre deinen Mitschülern deine Überlegungen. Verwende dabei auch den Begriff „Aktivierungsenergie".

**A14** In vielen Kaufhäusern oder Tiefgaragen findet man als Brandschutz Sprinkleranlagen (von *sprinkle* (engl.) = sprühen). Diese bestehen aus Wasserleitungen, die an der Decke der Räume angebracht sind. Die Leitungen enden an den Sprinklerdüsen (vgl. 1. Bild, links), die durch Glasröhrchen geschlossen sind, in denen sich eine Flüssigkeit (rot) befindet. Die Bilder zeigen, was in der Sprinklerdüse passiert, wenn ein Brand ausbricht. Erläutere die Funktionsweise einer Sprinkleranlage.

## Chemische Reaktionen, Brände und Brandbekämpfung

### *Chemische Reaktionen*

Bei chemischen Reaktionen entstehen aus den **Edukten** (Ausgangsstoffen) neue Stoffe. Diese als **Produkte** (Endstoffe) bezeichneten Stoffe besitzen neue, bleibende Eigenschaften, die sich von denen der Edukte unterscheiden.
Den Ablauf einer chemischen Reaktion fasst man kurz in einem **Reaktionsschema** zusammen. So reagiert z.B. Kupfer mit Schwefel zum Produkt Kupfersulfid. Man schreibt:
Kupfer (s) + Schwefel (s) ⟶ Kupfersulfid (s)
Man liest: „*Festes Kupfer und fester Schwefel reagieren zu festem Kupfersulfid.*"
Das Herstellen eines Produkts aus Edukten bezeichnet man als **Synthese**.
Das Zerlegen eines Reinstoffs in mehrere Produkte bezeichnet man als **Analyse**.
Die Analyse ist also die Umkehrung der Synthese.
Bei chemischen Reaktionen bleibt die Gesamtmasse der Reaktionsteilnehmer unverändert. Die Masse der entstandenen Produkte entspricht der Masse an verbrauchten Edukten (**Massenerhaltungssatz**).

### *Energieverlauf chemischer Reaktionen*

Chemische Reaktionen zeichnen sich nicht nur durch stoffliche Veränderungen aus, sondern auch durch Energieumsätze. Energie kann z. B. in Form von Wärme, Licht oder elektrischer Energie an einer Reaktion beteiligt sein.
Bei **exothermen** Reaktionen wird Energie in Form von Wärme freigesetzt und nutzbar.
Bei **endothermen** Reaktionen muss ständig Wärme zugeführt werden, um den Ablauf der Reaktion zu ermöglichen.
Die Begriffe *exotherm* oder *endotherm* schreibt man hinter das Reaktionsschema.
Die meisten chemischen Reaktionen laufen nicht von selbst ab. Auch bei exothermen Reaktionen muss man zunächst einen Energiebetrag, die sogenannte Aktivierungsenergie, aufwenden, um die Reaktion zu starten.

### *Oxidationsreaktionen*

Reaktionen, bei denen Sauerstoff als Edukt beteiligt ist, nennt man **Oxidationsreaktionen**. Die Reaktionsprodukte nennt man **Oxide**. Sauerstoff ist sehr reaktionsfreudig, sodass Oxidationsreaktionen meistens exotherm ablaufen.
Sauerstoff ist in der Luft zu etwa 21% enthalten. Wird ein brennbarer Stoff entzündet, dann reagiert er mit dem Sauerstoff der Luft.
Brände sind daher immer schnell ablaufende Oxidationsreaktionen. Um sie zu löschen, muss man den Luftsauerstoff z. B. durch Schaum oder Löschsand vom **Brennstoff** trennen. Auch beim langsamen Rosten von Eisen ist der Sauerstoff der Luft beteiligt. Ob eine Oxidation schnell oder langsam abläuft, hängt u. a. vom **Zerteilungsgrad** des zu oxidierenden Stoffes ab.

### *Element und Verbindung*

Die meisten Reinstoffe lassen sich durch **Analyse** in andere Stoffe zerlegen. So kann man z. B. Silberoxid durch Erhitzen in die Reinstoffe Silber und Sauerstoff zerlegen.
Reinstoffe, die sich in andere Stoffe zerlegen lassen, bezeichnet man als chemische **Verbindungen**.
Die Reinstoffe Silber und Sauerstoff lassen sich hingegen nicht weiter zerlegen. Solche Reinstoffe, die sich nicht weiter zerlegen lassen, bezeichnet man als chemische **Elemente**.
Zurzeit kennt man etwas mehr als 100 verschiedene Elemente, aus denen man eine Vielzahl von Verbindungen synthetisieren kann. Bei der Synthese eines neuen Stoffes ordnen sich die **Atome** der Edukte um und bilden eine neue Verbindung. Bei der Analyse der Verbindung werden die Atome wieder voneinander getrennt.

# Nachhaltiger Umgang mit Ressourcen –

Ohne Luft zum Atmen und ohne Wasser zum Trinken können wir, die Tiere und auch die Pflanzen nicht leben. Wir müssen deshalb dafür sorgen, dass Luft und Wasser als Lebensgrundlage erhalten bleiben.

Der Sauerstoff der Luft wird bei der Verbrennung gebraucht. Die dabei entstehenden Stoffe können die Luft verschmutzen und zur Erwärmung des Klimas führen.

Wasser ist ein hervorragendes Lösemittel und Transportmedium. Wir nutzen es daher auch zum Waschen, in der Industrie, beim Sport und in der Freizeit.

Nachhaltig mit den Ressourcen Luft und Wasser umgehen heißt, sie zwar für uns zu nutzen, aber so, dass die Bedürfnisse der folgenden Generationen nicht beeinträchtigt werden.

Wir erschließen Möglichkeiten eines nachhaltigen Umgangs mit Luft und Wasser, indem wir wichtige Zusammenhänge erkunden und folgendermaßen vorgehen:

1. **Manchmal ist die Luft „dick" und schwer zum Atmen, besonders dann, wenn große Mengen an Stoffen schnell verbrennen – Wir lernen einige Schadstoffe in der Luft kennen.**

2. **Smog kann im Winter und im Sommer auftreten – Wir erfahren, was Wintersmog und was Sommersmog ist und wie wir uns bei Smogwarnung verhalten sollen.**

3. **Für das Gas Ozon gilt „oben gut, unten schlecht" – Wir lernen, was damit gemeint ist und woran das liegt.**

4. **Was ist der Treibhauseffekt und wie kommt er zustande? – Wir klären diese Frage in Experimenten und erfahren Genaueres über Treibhausgase und Klimawandel.**

5. **Bei der Verbrennung entstehen Oxide – Wir lernen verschiedene Oxide kennen und stellen fest, dass ihre wässrigen Lösungen interessante Gemeinsamkeiten haben.**

6. **Wasser ist auf unserem „blauen" Planeten überall vorhanden – Wir erfahren Einzelheiten über die Bedeutung dieser Ressource für Natur und Technik.**

7. **Der Großteil des Wassers der Erde ist weder zum Trinken noch für die Industrie geeignet – Wir lernen, wie man Trinkwasser aufbereitet und Abwasser reinigt.**

8. **Ist Wasser ein Element oder eine Verbindung? – Fakten aus Versuchen und unsere bereits erworbenen chemischen Kenntnisse helfen uns, diese Frage zu beantworten.**

9. **Wasserstoff ist in der Luft nur zu 0,00005 Vol.% enthalten, aber aus Wasser in riesigen Mengen erhältlich – Wir lernen dieses wichtige Gas mit außergewöhnlichen Eigenschaften näher kennen.**

10. **Ist Wasserstoff als Energieträger und Treibstoff für Autos tauglich? – Wir erfahren, welche Voraussetzungen dafür erfüllt werden müssen.**

## Wenn die Luft zum Schneiden ist

B1 *Silvesterfeuerwerk: Kurz nach dem Jahreswechsel ist die Staubmenge in der Luft mehr als 100-mal größer als im Jahresdurchschnitt.*

Mit Freunden feiern, Bleigießen und ein Feuerwerk um Mitternacht – so begrüßen wir das neue Jahr. Danach ist die Luft „zum Schneiden". Was beschreibt man mit diesem Ausdruck? In welchen Situationen sprechen wir von Luft, die man sprichwörtlich „schneiden" kann?

### Versuche

***V1*** Befestige auf der Öffnung eines Bechers einen Klebestreifen so, dass die klebende Seite nach oben zeigt. Stelle mehrere solcher Becher an verschiedenen Orten auf. Untersuche die Klebestreifen nach einer bestimmten Zeit auf unterschiedliche Staubmengen und Staubkorngrößen. Nimm auch eine Lupe zu Hilfe.

***V2*** Reibe einen aufgeblasenen Ballon mit einem Wolllappen und halte den Ballon in die Nähe einer kurz zuvor ausgeblasenen Kerze. Beobachte den Kerzenrauch.

***LV3*** **Abzug!** Eine Portion Schwefel wird in der Brennerflamme entzündet. Die Verbrennungsprodukte werden wie in B3 angedeutet durch Fuchsin-Lösung (0,01 g Fuchsin in 100 mL Wasser) gesogen. Der Versuch wird a) mit verschiedenen Erdölfraktionen (z. B. Benzin* und Diesel), b) mit Braunkohle und c) mit Butangas* (Feuerzeug) wiederholt. Vor jedem Versuch muss die Fuchsin[2]-Lösung erneuert werden.

***LV4*** Mithilfe eines Transformators (500 Windungen und 23 000 Windungen) wird die Netzspannung von 230 V auf ca. 10 000 V angehoben (B4). Zwischen den Hörnerelektroden wird in einem Glaskolben ca. 15 s lang ein Dauerblitz erzeugt. Nach dem Ausschalten des Transformators wird die Luft im Kolben mit Indikatorpapier und mit Schnellteststreifen oder mit SALTZMANN-Lösung auf Stickstoffdioxid* untersucht.

B2 *Natürliche und anthropogene[1] Quellen für Luftschadstoffe.* **A:** *Welche Gase treten bei Vulkanausbrüchen und bei Geysiren aus?*

### Auswertung

a) Protokolliere deine Versuchsergebnisse zu V1. Notiere die Messbedingungen möglichst genau (z. B. Ort der Messung, Zeitraum, Verkehrslage).

b) Durch Reiben mit dem Wolllappen wurde der Ballon in V2 elektrisch aufgeladen. Erkläre, inwiefern V2 eine Möglichkeit zeigt, Abgase aus Kraftwerken zu entstauben. Nenne Erscheinungen, bei denen sich elektrostatische Aufladung ähnlich auswirkt.

c) Welche weiteren Produkte können bei den Verbrennungen aus LV3 direkt beobachtet werden?

d) Bei der Verbrennung fossiler Brennstoffe entstehen hauptsächlich Kohlenstoffdioxid und Wasser. Wie könnte man bei LV3 Kohlenstoffdioxid nachweisen (*Hinweis*: vgl. S. 35)? Ändere dazu die Versuchsvorschrift ab und führe den Versuch dann durch.

e) Informiere dich über die Gefahren für unsere Gesundheit, die von Schwefeldioxid und von Stickstoffoxiden ausgehen.

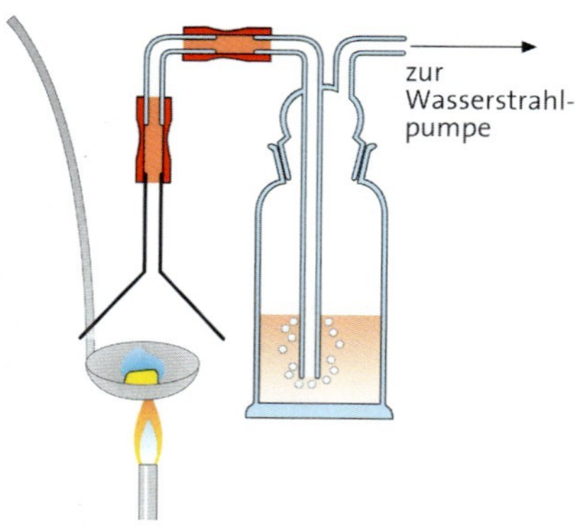


B3 *Skizze zu LV3.* **A:** *Welcher Schadstoff wird durch die Verfärbung der Lösung nachgewiesen?*

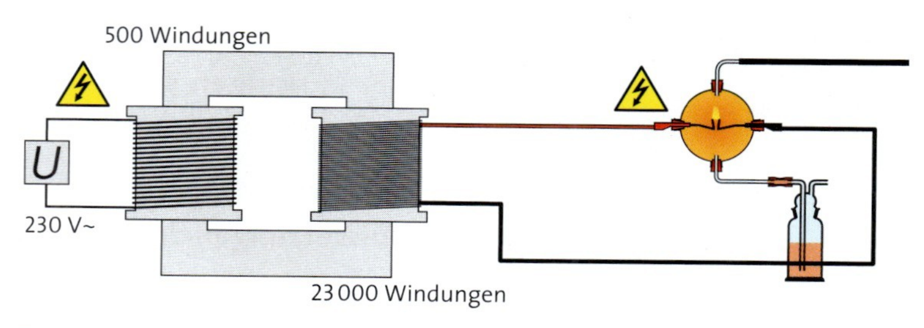


B4 *Hochspannungstransformator und Versuchsvorrichtung zu LV4*

[1] von *anthropos* (griech.) = Mensch und von *genea* (griech.) = Abstammung;
[2] ohne Verunreinigungen mit Parafuchsin

## Schadstoffe in der Luft

Die Luft ist kurz nach dem Abbrennen von Feuerwerk voller Rauch und somit „schlecht zum Atmen". Über die Luftqualität beschweren wir uns aber auch dann, wenn ein Raum ungelüftet oder voller Zigarettenrauch ist.
Auch **Feinstaub**, bei dem die Staubpartikel kleiner als 10 µm und damit unsichtbar sind, ist schädlich für die Gesundheit. Der Staubgehalt der Luft wird an Messstationen vor allem an stark befahrenen Straßen gemessen. Überschreiten die Werte zu oft einen festgelegten Grenzwert, so muss die Stadt Maßnahmen ergreifen und z.B. den Verkehr auf dieser Strecke begrenzen. Seit 2008 haben große Städte sogenannte Umweltzonen eingerichtet, in denen nur Fahrzeuge mit einer Feinstaubplakette (B5) fahren dürfen. Diese Plaketten werden an Fahrzeuge mit **Abgaskatalysator** (vgl. S. 80) und Dieselfahrzeuge mit eingebautem **Rußpartikelfilter** ausgegeben. Auch bei industriellen Prozessen, z.B. bei der Stromgewinnung in Kohlekraftwerken, fallen große Staubmengen an. Der Staub wird allerdings zum größten Teil durch **Elektrofilter** aus den Rauchgasen entfernt (V2).
Neben Feinstaub belästigen uns auch andere Schadstoffe, die in die Luft abgegeben werden. Solche freigesetzten Schadstoffe bezeichnet man als **Emissionen**[3]. Die dann auf den Menschen, die Tiere und die Umwelt einwirkenden Schadstoffe nennt man **Immissionen**[4].
In den siebziger und achtziger Jahren des 20. Jahrhunderts wurden Industrie und Verkehr als Hauptverursacher für die hohen Werte an schädlichem **Schwefeldioxid**, **Stickstoffoxiden** und **Ozon** (vgl. S. 66) verantwortlich gemacht. Trotz Zunahme des Verkehrs und der Stromerzeugung gehen seit dem Jahr 1975 die Emissionen an Luftschadstoffen in Deutschland und Westeuropa zurück (B7).
Die deutliche Abnahme der Emissionen in der Industrie ist darauf zurückzuführen, dass Schwefeldioxid und Stickstoffoxide aus den Rauchgasen durch chemische Umwandlungen entfernt werden, durch **Entschwefelung** und **Entstickung**. Aus Schwefeldioxid kann Gips gewonnen und als Baumaterial verwendet werden. Stickstoffoxide werden zu elementarem Stickstoff umgewandelt.
Die Menge an Schadstoffen in den Abgasen von Fahrzeugen wird durch schwefelarme Kraftstoffe und den **Autoabgaskatalysator** reduziert. In den Autoabgasen ist auch das farblose, geruchlose und giftige Gas **Kohlenstoffmonooxid** enthalten, dessen Menge bei der zweijährlichen Abgasuntersuchung (AU) für Fahrzeuge kontrolliert wird. Da Kohlenstoffmonooxid schon bei einem Anteil von 0,1% in der Atemluft tödlich wirkt, muss ein sehr niedriger Grenzwert eingehalten werden.
Für alle Luftschadstoffe konnte eine Abnahme erreicht und nachgewiesen werden (B7). Es darf aber nicht vergessen werden, dass es neben den **anthropogenen** (vgl. Fußnote, S. 62) auch **natürliche Quellen** für Luftschadstoffe gibt. So werden z.B. durch Vulkanausbrüche und Geysire große Mengen an Schwefeldioxid, Chlorwasserstoff und anderen Gasen in die Atmosphäre freigesetzt.
Wenn es bei Gewittern blitzt, bilden sich **Stickstoffoxide** wie in der Versuchsanordnung aus LV4. Allerdings ist die Menge an Stickstoffoxiden aus anthropogenen Quellen v.a. aus Autoabgasen doppelt so groß wie die aus natürlichen Quellen.

### *Aufgaben*

***A1*** Warum werden manchmal auch in Regionen mit geringem Verkehrsaufkommen erhöhte Werte für Luftschadstoffe gemessen?

***A2*** Auf *Chemie 2000+ Online* findest du viele interessante Links, z.B. zum Umweltbundesamt. Informiere dich über die aktuellen Messwerte der Luftschadstoffe deiner Stadt bzw. einer größeren Stadt deiner Region.

**B5** *Vor allem Dieselfahrzeuge stoßen große Mengen an Feinstaub aus, deshalb gibt es Umweltzonen mit Fahrbeschränkungen.* **A:** *In welchen Städten sind solche Zonen zu finden?*

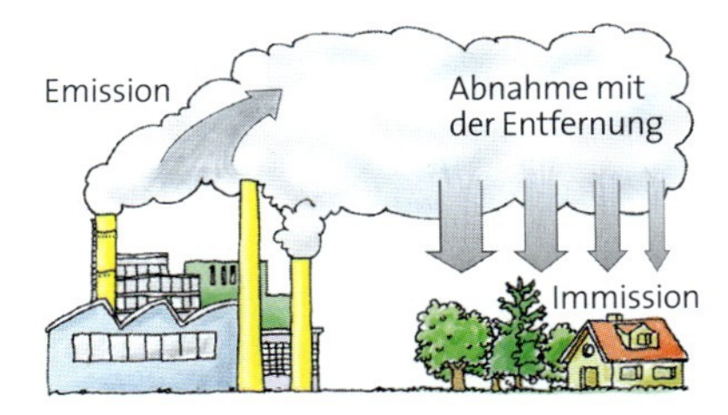


**B6** *Zusammenhang zwischen Emissionen und Immissionen.* **A:** *Erläutere diesen Zusammenhang.*

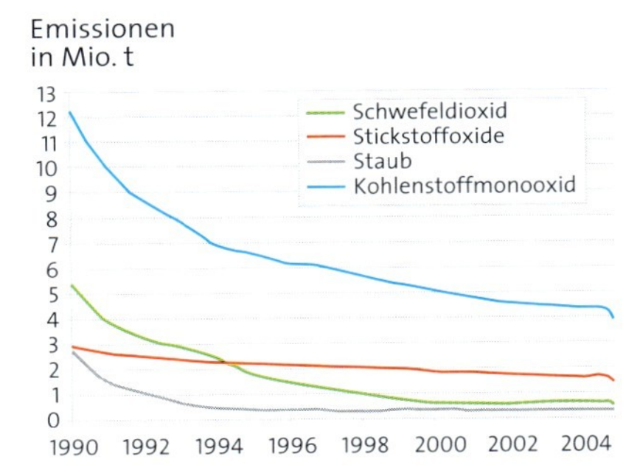


**B7** *Entwicklung der Emissionen von 1990 bis 2005 in Deutschland.* **A:** *Warum sind in dem Diagramm die Daten erst ab 1990 dargestellt? Kannst du einige Entwicklungen der Emissionen erklären?*

---
[3] von *emissio* (lat.) = Aussendung;
[4] von *immittere* (lat.) = hineinsenken

### Fachbegriffe

anthropogene Schadstoffe, Emissionen, Immissionen, Feinstaub, Stickstoffoxide, Kohlenstoffmonooxid, Abgaskatalysator (für Autoabgase), Rußpartikelfilter, Elektrofilter, Entschwefelung und Entstickung (von Rauchgasen)

B1 *Das Olympia-Stadion in Peking, im Volksmund „Vogelnest" genannt, ist vor lauter Dunst kaum zu sehen.*

B2 *Blick auf Mexico-City.* **A:** *Erkundige dich über die geografische Lage der Stadt. Warum verstärkt diese Lage die Stabilität einer Inversionswetterlage?*

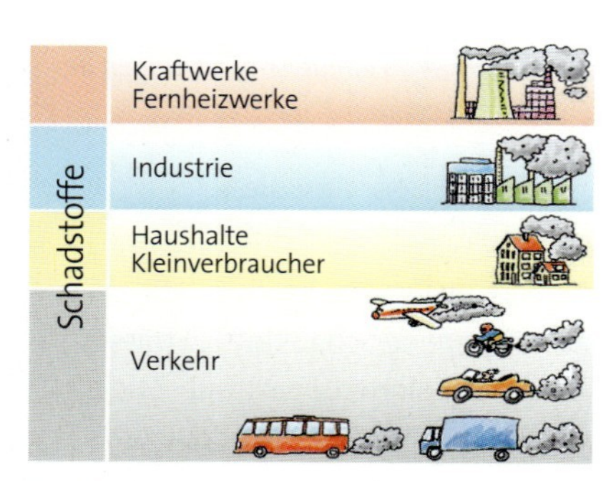


B3 *Die wichtigsten Verursacher von Luftschadstoffen und ihre relativen Anteile an der Gesamtschadstoffmenge.* **A:** *Nenne die dir bisher bekannten Schadstoffe in der Luft.*

## *extra* London, Los Angeles, Peking, ...

„Dabei sein ist alles!", so lautet das Motto für Olympia. Chinas Hauptstadt Peking liegt fast täglich unter einer Dunstglocke (B1). Warum können Sportler unter solchen Bedingungen nicht ihre besten Leistungen bringen?

### *Versuche*

***MV1*** *Modellversuch zur Inversionswetterlage*
Stecke ein 2 – 3 cm langes Stück eines Räucherstäbchens in etwas Knetmasse und entzünde es. Stülpe dann ein langes Glasrohr darüber. Beobachte den Rauch.
Nimm das Räucherstäbchen aus dem Glasrohr und befreie das Rohr vom Rauch. Kühle nun den unteren Teil des Glasrohres mit Eis. Fülle dazu einen Plastikbeutel mit klein gestoßenen Eisstücken.
Stülpe das Glasrohr dann wieder über das Räucherstäbchen. Beobachte die Ausbreitung des Rauches.

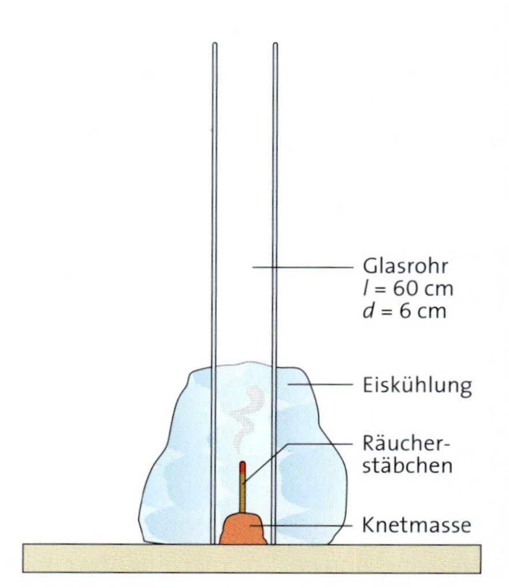


B4 *Skizze zu MV1*

***V2*** *Ozonnachweis beim Fotokopierer*
Sauge mit einem Kolbenprober 100 mL Luft aus der Nähe der Lampe eines viel benutzten Fotokopierers ein. Baue eine geeignete Vorrichtung und drücke die Gasprobe mehrmals durch eine Waschflasche, in der sich ein Gemisch aus 40 mL Kaliumiodid-Lösung, $w = 10\,\%$, 10 mL Schwefelsäure*, $c = 0{,}1$ mol/L, und einigen Tropfen Stärke-Lösung befindet. Beobachte die Farbe. Führe diese Probe auch mit normaler Luft durch.

***V3*** *Ozonnachweis in Luftproben*
Sammelt an einem heißen Sommertag Luftproben an verschiedenen Stellen in der Stadt. Hierzu könnt ihr große Plastikbeutel verwenden. Übernehmt die Luft aus den Plastikbeuteln in Kolbenprober und führt Ozonnachweise wie in V2 durch.

### *Auswertung*

a) Beschreibe, wie sich der Rauch im Glasrohr bei MV1 vor und nach dem Kühlen des unteren Teils verhält.
b) Erkläre den Zusammenhang zwischen der Beobachtung bei MV1 und B2.
c) Mit dem in V2 beschriebenen Nachweis wird Ozon durch eine Blaufärbung nachgewiesen. Um die verschiedenen Proben miteinander vergleichen zu können, müssen gleiche Versuchsbedingungen herrschen. Worauf musst du achten?
d) Welche Luftproben aus V3 zeigen den höchsten Ozongehalt?
e) Womit müsste die Waschflasche aus V2 befüllt werden, um Schwefeldioxid in der Luft nachzuweisen? (*Hinweis*: Vgl. LV3, S. 62.) Erläutere und nenne die zu erwartenden Beobachtungen.

# extra Wintersmog und Sommersmog

In Peking und anderen Metropolen ist die Sicht an vielen Tagen stark eingeschränkt. Dann ist der Nebel sehr dicht und der Gehalt an Luftschadstoffen so hoch, dass die Gesundheit gefährdet ist. Dieses Phänomen wird als **Smog**[1] bezeichnet.
Bei einer Smogkatastrophe in London kamen im Dezember 1952 in 14 Tagen 4 000 Menschen zu Tode. Zu dieser Katastrophe konnte es aufgrund einer besonderen Wetterlage kommen. Normalerweise ist die Luft in Bodennähe am wärmsten und kühlt nach oben hin ab (vgl. S. 66, B3). Die warme Luft steigt nach oben und wird durch den Wind verteilt.
Im Winter kann sich diese Situation umkehren: Über kalter Luft in Bodennähe befindet sich dann eine Warmluftschicht. Dieser Zustand wird als **Inversionswetterlage** bezeichnet (B5). Da die kältere, dichtere Luft nicht nach oben steigen kann, kann es auch nicht zu einem Austausch der Luftmassen kommen (MV1). Die kalte, mit Abgasen beladene Luft bleibt in Bodennähe. In dieser kalten Luftschicht bildet sich häufig Nebel, in dem sich die Luftschadstoffe Schwefeldioxid und Stickstoffoxide lösen. Der Nebel besteht dann aus einer sauren Lösung und schädigt unsere Atemwege, aber auch Bauwerke und den Boden. Mit jedem Tag, an dem die Inversionswetterlage stabil bleibt, nimmt der Gehalt an Schadstoffen in der Luft zu, vor allem bei hohem Verkehrsaufkommen. Diesen Smog nennt man **Wintersmog**, **sauren Smog** oder **London-Smog**.
Wintersmog kann auch in Deutschland bei Inversionswetterlage auftreten, vor allem in industriellen Ballungsgebieten. Um einer Katastrophe wie in London 1952 vorzubeugen, sieht eine **Smogverordnung** je nach Ausmaß des Smogs verschiedene Maßnahmen vor. Sie reichen vom Appell, das Auto stehen zu lassen, über Fahrverbote (B6) bis hin zu befristeten Stilllegungen von Industrieanlagen.
In Riesenmetropolen wie Los Angeles, Mexico-City (B2) und Peking (B1) plagt die Menschen vor allem an heißen Sommertagen der **Sommersmog**, **Photosmog** oder **Ozonsmog**. Bei dieser Smogart entstehen in der mit Autoabgasen verunreinigten Luft durch Lichteinwirkung der Sonne giftige Stoffe wie das Gas **Ozon**. Ozon ist eine besonders aggressive Form des Elements Sauerstoff. Es führt zu Augenreizungen, Kopfschmerzen, Atembeschwerden und schädigt auch Pflanzen. Bei einem Ozongehalt in der Luft von mehr als 180 $\mu g/m^3$ wird die Bevölkerung informiert (B7). Im Jahrhundertsommer 2003 wurde der Warnwert für Ozon im sonnigen Südwesten Deutschlands an bis zu 150 Tagen überschritten.

| Ozonwerte in $\mu g/m^3$ Luft | Grenzwerte | Folgen bei längerer Einwirkung (ca. 6 Stunden) |
|---|---|---|
| 40 | Geruchsschwelle | |
| 100 | | Ozon-Begleitstoffe führen zu Augenreizungen und Kopfschmerzen.* |
| 120 | | Reizungen der Atemwege, eingeschränkte Leistungsfähigkeit* |
| 160 | | Atemwegsentzündungen bei körperlicher Anstrengung |
| 180 | Information der Bevölkerung | |
| 200 | | Atemwegsbeschwerden |
| 240 | Fahrverbot für Autos ohne Katalysator | Verschlechterung der Lungenfunktion, Asthmatiker bekommen häufiger Anfälle. |
| 300 | | |
| 360 | Warnung der Bevölkerung | |
| ab 400 | | eingeschränkte Leistungsfähigkeit, bleibende organische Veränderungen der Atemwege |

* bei empfindlichen Personen; Risikogruppen: Kinder, Alte, Allergiker, Asthmatiker, Sportler, Bauarbeiter

**B7** *Sommersmog-Abstufungen.* **A:** *Wann steigt der Ozongehalt in der Luft stark an? Erläutere deine Antwort ausführlich.*

**B5** *Inversionswetterlage.* **A:** *Warum kann die Kaltluft nicht aufsteigen?*

**B6** *Smogalarm der Stufe III über dem Ruhrgebiet am 18. 1. 1985 (vgl. A3, A4)*

## Aufgaben

**A1** Erläutere, wie es zur Bildung von Nebel kommt.

**A2** Nenne die wichtigsten Schadstoffe a) im Wintersmog und b) im Sommersmog. Wie bilden sie sich jeweils?

**A3** Erläutere, ob und wie sich Smog verhindern lässt.

**A4** Welche technischen Neuerungen haben dazu geführt, dass man in den letzten Jahren keinen Smogalarm der Stufe III wie in B6 mehr ausrufen musste? (*Hinweis*: Vgl. S. 63.)

**A5** Warum solltest du bei erhöhten Ozonwerten keinen Sport machen?

[1] von *smoke* (engl.) = Rauch und von *fog* (engl.) = Nebel, Dunst

## Fachbegriffe

Smog, Inversionswetterlage, Wintersmog (saurer Smog), Sommersmog (Photosmog, Ozonsmog), Smogverordnung, Ozon

# extra 3 mm Ozon – der Filter für's Leben

Beim Skilaufen im Hochgebirge müssen wir noch mehr als beim Baden am Meer unsere Haut vor Sonnenstrahlen schützen. Weißt du warum? Erläutere deine Antwort. Und welche Sonnencreme verwendest du? Weißt du, was LSF 20 auf der Verpackung bedeutet?

## Versuche

***LV1*** *Erzeugung von Ozon und UV-Absorption*
Eine Sauerstoffatmosphäre wird mithilfe einer strahlungsintensiven UV-Lampe ca. 3 min lang bestrahlt. Das Gasgemisch aus der Apparatur wird in Pulsen über einen Fluoreszenzschirm (F254) geleitet, der mit einer Hand-UV-Lampe angestrahlt wird. Was kann man auf dem Schirm beobachten? Als Blindproben werden auch Luft und unbestrahlter Sauerstoff über den Schirm geleitet.

***LV2*** Man erzeugt erneut durch Bestrahlung einer Sauerstoffatmosphäre Ozon und leitet dieses auf einen sehr prall aufgeblasenen Luftballon. Beobachte die Stelle auf dem Ballon genau, auf die das Ozon geleitet wird.

***V3*** Bringe auf ein Stück dünne Frischhaltefolie eine kleine Menge Sonnencreme sehr dünn auf (verreiben und mit einem Taschentuch abwischen) und halte die Folie zwischen die UV-Handlampe und den Fluoreszenzschirm (B2). Teste die Folie auch ohne Behandlung mit der Sonnencreme. Teste dann auch andere Cremes ohne Lichtschutzfaktor und Cremes mit verschiedenen Lichtschutzfaktoren.

## Auswertung

a) Woran erkennst du bei LV1, dass sich ein UV-absorbierendes Gas gebildet hat?
b) Wenn man bei LV1 Luft anstatt Sauerstoff bestrahlt, bildet sich weniger Ozon, bei der Bestrahlung von Stickstoff entsteht gar kein Ozon. Was folgt daraus?
c) Wie kannst du mit Teilen der Apparatur aus LV1 (B2) und anderen Geräten überprüfen, ob auch andere Bestandteile der Luft als Sauerstoff UV-Licht absorbieren können?
d) Mit welchem Versuch zeigt man die Wirkung von Ozon in der Troposphäre, welcher Versuch weist die Wirkung von Ozon in der Stratosphäre nach? Erläutere deine Vermutung ausführlich.
e) Unter welchen Bedingungen bildet sich Ozon?
f) Plane einen Versuch, in dem die Wirkung von UV-Licht auf eine Kresse-Kultur untersucht werden kann.

### INFO

„Wir leben am Grunde eines Ozeans aus Luft" stellte im Jahr 1640 der italienische Physiker EVANGELISTA TORRICELLI fest. Dieser Ozean aus Luft ist unsere Atmosphäre. Sie ist zwar wesentlich tiefer als das Weltmeer an seiner tiefsten Stelle, aus dem Weltall betrachtet erscheint sie aber nur als eine hauchdünne, bläuliche Schicht (B1). Rund 75 % der Luftmasse sind in einer nur ca. 10 km dicken Schicht über dem Boden enthalten. In dieser Schicht, der Troposphäre, spielt sich das ganze Wettergeschehen ab. Das gesamte Ozon, vom Erdboden bis in die obere Stratosphäre, ergäbe in reiner Form bei normalem Luftdruck eine nur 3 mm dünne Schicht. Ungefähr 90 % des Ozons befinden sich in Höhen zwischen 15 und 35 km. In dieser sog. *Ozonsphäre* wird Ozon ständig aus Sauerstoff aufgebaut und wieder zu Sauerstoff abgebaut. Dabei wird fast die gesamte energiereiche, ultraviolette Strahlung (UV-Licht) der Sonne absorbiert und in Wärme umgewandelt. Das Ozon wirkt also wie ein Filter für das UV-Licht.

**B1** *Weltall-Foto mit Nordafrika, der Gibraltar-Straße und Südspanien.* **A:** *Woran erkennt man, dass die Lufthülle der Erde sehr dünn ist?*

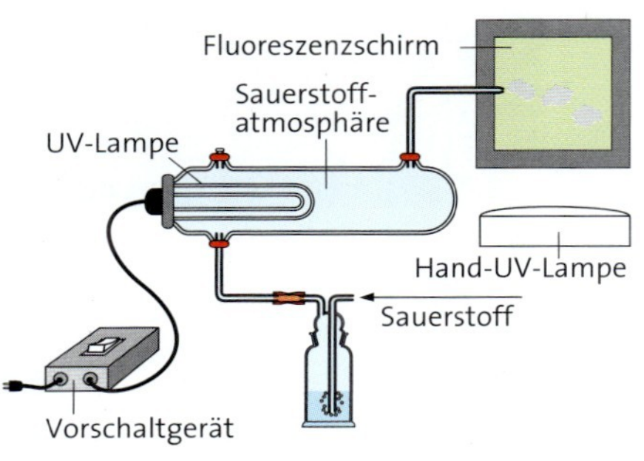


**B2** *Versuchsvorrichtung zu LV1.* **A:** *Schaue dir die Filme[1] zu den Versuchen an, die du in Chemie 2000+ Online findest.*

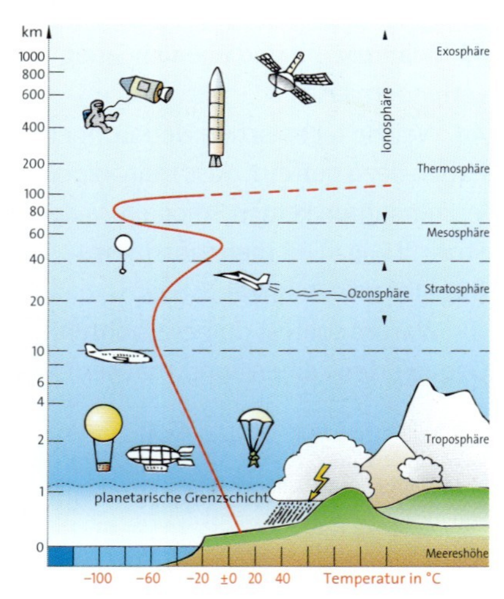


**B3** *Schichtung der Atmosphäre.* **A:** *Ermittle mithilfe der Temperaturkurve die Temperatur in 10 km Höhe.*

[1] Videos zu LV1 und LV2 unter *Chemie 2000+ Online*

## *extra* Das Ozon und die UV-Strahlung

Die Atmosphäre ist eine Schutzhülle für die Erde, da sie uns und die Umwelt vor zu intensiver Sonnenstrahlung schützt. Je tiefer wir uns im „Ozean aus Luft" (INFO) befinden, umso stärker ist die Filterwirkung. Das Licht ist also auf den Bergen intensiver als auf Meereshöhe. Doch sowohl auf den schneebedeckten Bergen als auch am Meer wird die Wirkung des Sonnenlichts zusätzlich verstärkt, da das Licht auf dem weißen Schnee bzw. auf der spiegelnden Wasseroberfläche reflektiert wird.

Vor allem die UV-Anteile im Sonnenlicht schädigen unsere Haut.

Die energiereichere „harte" UV-B-Strahlung dringt zwar nicht so tief in die Haut ein wie die energieärmere UV-A-Strahlung (B4), sie wirkt aber umso stärker auf die oberen Hautschichten ein. Die Haut reagiert kurzfristig mit Sonnenbrand, längerfristige Folgen können schnellere Hautalterung oder sogar Hautkrebs sein. Jeder Hauttyp hat eine bestimmte Eigenschutzzeit. Will man länger in der Sonne bleiben, sollte man diese „Schutzzeit" durch Auftragen von Sonnencremes verlängern. Sonnencremes enthalten Stoffe, die das UV-Licht absorbieren (V3).

Der **Lichtschutzfaktor (LSF)** zeigt an, um welchen Faktor der Eigenschutz verlängert wird.

Unter den Gasen in unserer Atmosphäre ist Ozon der wirksamste Filter für die gefährliche UV-Strahlung (LV1). Die Ozonschicht in 15 bis 35 km Höhe schwächt die UV-B-Strahlung um etwa 80% ab. Wenn der Ozongehalt in der Atmosphäre abnimmt, sind sowohl wir Menschen als auch die Tiere und die Pflanzen gefährdet. Bei uns und den Tieren würden die Augen- und Hautkrebserkrankungen deutlich zunehmen. Bei den Pflanzen bewirkt die UV-Strahlung die Schädigung der Blattfarbstoffe, insbesondere der Chlorophylle.
Leider wird schon seit dem Jahr 1970 eine Ozon-Abnahme in der Stratosphäre beobachtet. Aufgrund von Luftbewegungen und den tiefen Temperaturen kommt es vor allem über dem Südpol zum **Ozonloch** (B5).
In den Jahren zwischen 1950 und 1990 wurden in großen Mengen **Fluorchlorkohlenwasserstoffe FCKW** hergestellt. Sie wurden als Treibgase in Sprays, als Kälteflüssigkeiten für Kühlschränke und Schaummittel von Kunststoffen verwendet. FCKW eignen sich für die Anwendungen besonders gut, da sie ungiftig, unbrennbar und sehr reaktionsträge sind. Doch gerade wegen ihrer Reaktionsträgheit werden sie in der Troposphäre nicht abgebaut und gelangen erst mehrere Jahre nach ihrer Freisetzung in die Stratosphäre. Dort führt die energiereiche UV-Strahlung zu chemischen Reaktionen, die den Abbau von Ozon bewirken.
In Deutschland und vielen anderen Industrienationen werden seit 1995 keine FCKW mehr hergestellt. Die Abbildungen in B6 deuten an, welche Auswirkungen das Verbot der Herstellung und Verwendung der FCKW auf die Entwicklung des Ozonlochs bis ins Jahr 2015 hat. Dennoch wird der Abbau des Ozons im polaren Frühling nach Einschätzung der Wissenschaftler erst nach ca. 2050 allmählich zurückgehen.

### *Aufgaben*

***A1*** Warum gilt aus unserer Sicht für Ozon „oben gut, unten schlecht"? Erläutere diesen Ausdruck ausführlich.
***A2*** Schätze mithilfe eines Atlas die Größe des Ozonlochs über der Antarktis (B5) ab.
***A3*** Warum heißt es in der Überschrift „3 mm Ozon", obwohl doch angegeben ist, dass die Ozonschicht zwischen 15 und 35 km Höhe liegt?

[2] 1 DU (Dobson-unit) entspricht einer Ozonschichtdicke von 0,01 mm gemessen bei 0 °C.

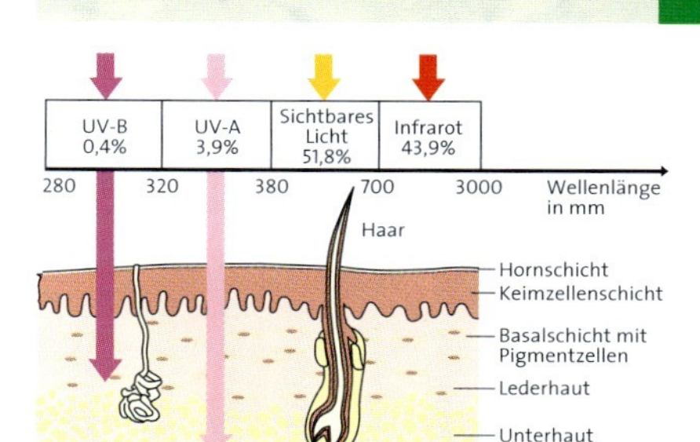


**B4** *Strahlungsanteile im Sonnenlicht in Meereshöhe und Eindringtiefen von UV-Strahlung in die Haut*

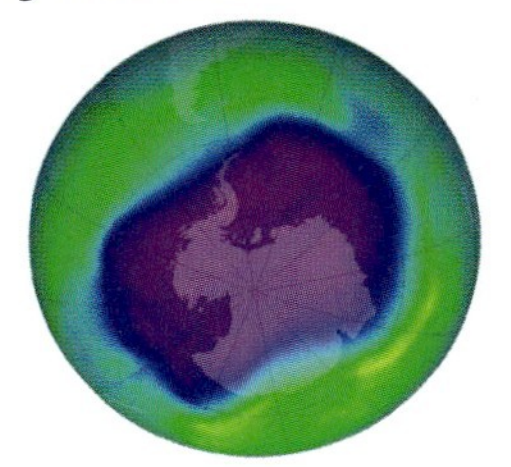

Total Ozone (Dobson Units)
110 220 330 440 550

**B5** *Das bisher größte Ozonloch wurde am 24. September 2006 registriert.* ***A:*** *Um wie viel Prozent lag der Ozonwert niedriger als der Normalwert von 300 DU[2]?*

Prognose für 2015 unter der Annahme, dass die Herstellung von FCKW nicht eingeschränkt wurde ...

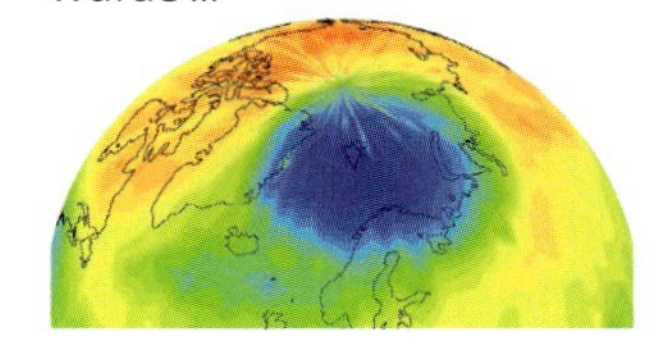

Prognose für 2015 unter Berücksichtigung der Tatsache, dass die Produktion der FCKW Mitte der 1990er Jahre eingestellt wurde ...

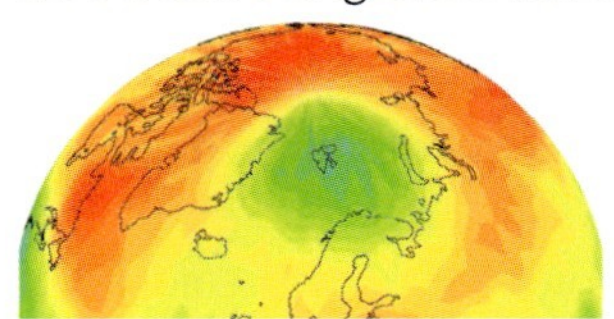

DU: 550, 510, 470, 420, 380, 340, 300, 260, 210, 170

**B6** *Voraussagen zur Entwicklung der Ozonschicht über der Nordhalbkugel unter verschiedenen Annahmen*

### Fachbegriffe

UV-Strahlung, Troposphäre, Stratosphäre, Ozonloch, Lichtschutzfaktor, FCKW

# M+ Mindmap – Treibhauseffekt, Klimawandel

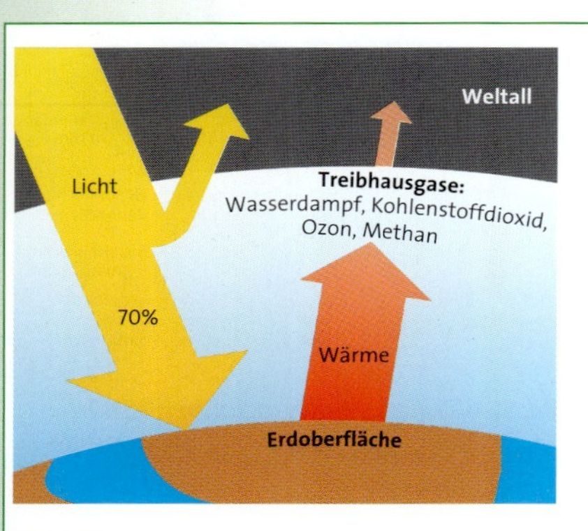


**B1** *Unsere Atmosphäre als Treibhaus.*
*A: Erläutere, warum menschliches Leben auf der Erde ohne den Treibhauseffekt nicht möglich wäre.*

## INFO

## Der Treibhauseffekt

Auf der Erde herrschen günstige Bedingungen für eine vielfältige Pflanzen- und Tierwelt. Besonders die Zusammensetzung der Luft (vgl. S. 47), die Anwesenheit von Wasser und die durchschnittliche Temperatur auf der Erde von +15 °C ermöglichen dieses Leben. Die Sonne ist dabei die Energiequelle. Doch das Sonnenlicht gelangt nicht vollständig bis zur Erdoberfläche. Ungefähr 30 % der Sonnenstrahlung werden direkt reflektiert (B1). Etwa 70 % werden von der Erdoberfläche absorbiert und in **Wärmestrahlung** umgewandelt. Diese Wärme entweicht nur zu einem sehr geringen Teil ins Weltall. Der größte Teil wird wie in einem Treibhaus festgehalten, weil einige Gase diese Wärmestrahlung absorbieren (**Treibhauseffekt**). Ohne Treibhauseffekt wäre es in Bodennähe viel kälter (–18 °C) als es tatsächlich ist (+15 °C). Von den 33 °C, die den Treibhauseffekt ausmachen, werden 20,6 °C durch den Wasserdampf in der Atmosphäre verursacht und nur 7,2 °C durch das Kohlenstoffdioxid. Weitere Treibhausgase sind Ozon (+2,4 °C), Distickstoffmonooxid (+ 1,4 °C) und Methan (ca. +1 °C).

Der natürliche Treibhauseffekt ist grundsätzlich lebensnotwendig. Seit dem Jahr 1960 wird allerdings ein übermäßiger Anstieg der Temperatur in der Atmosphäre beobachtet.

Es wird vermutet, dass dieser übermäßige Temperaturanstieg in den letzten Jahrzehnten auf einen Anstieg des Kohlenstoffdioxidgehalts zurückzuführen ist. Diese Vermutung wird sowohl durch Messergebnisse in der Natur (vgl. *Chemie 2000+ Online*), als auch durch Modellversuche (vgl. MV1) unterstützt.

Eine wichtige Ursache der starken Zunahme des Kohlenstoffdioxidgehalts in der Atmosphäre ist auf die Verbrennung der **fossilen[1] Brennstoffe Erdgas, Erdöl und Kohle** zurückzuführen, bei der Kohlenstoffdioxid und Wasser entstehen. Die flüssigen, fossilen Brennstoffe werden als Treibstoffe für Fahrzeuge und Flugzeuge verwendet. In Kohlekraftwerken gewinnt man elektrischen Strom aus der Energie, die bei der Verbrennung von Kohle freigesetzt wird.

Der gestiegene Bedarf an Treibstoffen und an elektrischer Energie führt also zu einem Anstieg des Treibhausgases Kohlenstoffdioxid in der Luft. Die damit verbundene verstärkte **Erderwärmung** ist somit vor allem von uns Menschen verursacht.

*A1* Erstelle eine Mindmap zu diesem Infotext (vgl. dazu S. 69).
*A2* Plane einen Versuch, mit dem du Kohlenstoffdioxid als Produkt der Verbrennung von Kohle nachweisen kannst (vgl. S. 35).

***MV1*** *Modellversuch zum Treibhauseffekt*
Baue die Vorrichtung aus B2 auf. Sie besteht aus einer leistungsstarken Lampe (z. B. einem 200-Watt-Strahler), einer Glaswanne, in der sich ca. 1 cm hoch Wasser befindet, einer zweiten, größeren Glaswanne, deren Boden mit schwarzer Pappe ausgelegt ist und einem Temperaturfühler bzw. Thermometer im Gasraum der unteren Wanne.
Lies nach Einschalten der Lampe alle 20 s die Temperatur ab und notiere sie. Beende den Versuch, wenn sich die Temperatur bei mehreren Messungen nicht mehr verändert. Fülle nun die untere Glaswanne mit Kohlenstoffdioxid (vgl. dazu Auswertung a) und nimm dann eine zweite Messreihe auf. Stelle die Daten aus beiden Messreihen in einem Diagramm grafisch dar (x-Achse: Zeit, y-Achse: Temperatur).

### Auswertung

a) Wie kannst du überprüfen, ob die untere Wanne mit Kohlenstoffdioxid gefüllt ist? Bespricht deine Ideen mit der Lehrerin oder dem Lehrer und führe die Probe danach durch.

b) Das Wasser in der Wanne nimmt Wärme auf, die in der Strahlung der Lampe enthalten ist. Die Luft im Becken wird also nicht durch die Wärme erhitzt, die direkt von der Lampe ausgeht. Gibt es auch in der Atmosphäre Wasser, das ähnlich wie das Wasser in der Wanne wirkt? Erläutere deine Antwort.

c) In diesem Versuch wird der atmosphärische Treibhauseffekt im Modell gezeigt. Erläutere anhand der Versuchsergebnisse, warum Kohlenstoffdioxid ein Treibhausgas ist.

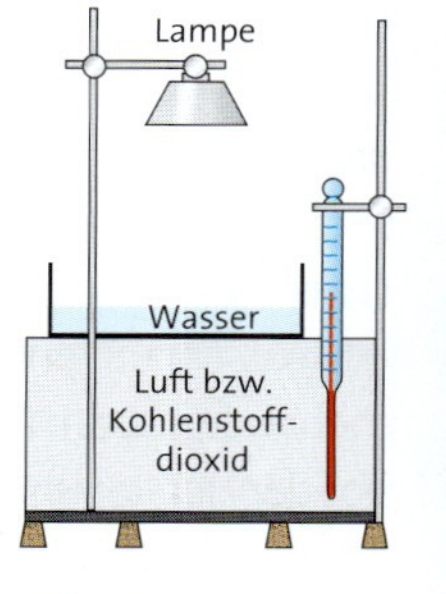


**B2** *Skizze zur Vorrichtung in MV1.*
*A: Ordne die Geräte des Aufbaus der Wirklichkeit zu: Sonne, Wolken, bodennahe Luft, Erde.*

[1] von *fossa* (lat.) = Graben. Die fossilen Brennstoffe, die man ausgraben kann, sind wie die Fossilien aus abgestorbenen Lebewesen entstanden.

***INFO***

## Klimawandel – Menschen verändern das Klima

Die Erhöhung der durchschnittlichen Jahrestemperatur um etwa 1 °C in den letzten 50 Jahren hat bisher noch keine dramatischen Folgen nach sich gezogen. Doch eine weitere Erwärmung könnte für die Erdbevölkerung verheerende Folgen haben: Schmelzen des Polareises, Erhöhung des Meeresspiegels, Überschwemmung von Küstenregionen, Verschiebung von Klimazonen, Ausdehnung von Wüsten. Neben der Verbrennung fossiler Brennstoffe führen auch das Abholzen der Wälder und die Brandrodung riesiger Waldflächen zu einem Anstieg des Kohlenstoffdioxidgehalts in der Luft.

Um die Erderwärmung zu stoppen, müssen vor allem die Kohlenstoffdioxid-Emissionen reduziert werden. Auf der Weltklimakonferenz in Kyoto im Jahr 1997 wurde vorgeschlagen, die Emissionen der wichtigsten Treibhausgase bis zum Jahr 2012 um mindestens 5 % unter den Stand von 1990 zu senken. Diese Reduzierung der Treibhausgase reicht aber nicht aus, um die Erderwärmung aufzuhalten. In der Europäischen Union werden höhere Ziele angestrebt: Die Emissionen der Treibhausgase sollen bis zum Jahr 2020 um ein Fünftel im Vergleich zu 1990 gesenkt werden.

Um den Ausstoß an Kohlenstoffdioxid deutlich zu senken, müssen Erdöl, Erdgas und Kohle durch alternative Treibstoffe ersetzt und andere Energiequellen zur Erzeugung von elektrischem Strom genutzt werden. Erst recht, da die **Ressourcen** fossiler Brennstoffe in weiterer Zukunft erschöpft sein werden. Alternativ wird Strom nun aus den sogenannten **regenerativen Energiequellen Wind, Sonnenlicht, Erdwärme, Biomasse, Wasserkraft** gewonnen. Der Anteil dieses „Ökostroms" an der gesamten Strommenge ist heute zwar noch gering, soll aber bis zum Jahr 2020 18 % des Strombedarfs in Deutschland decken. Ein alternativer Treibstoff ist Wasserstoff, der mit Sonnenenergie erzeugt werden kann (vgl. S. 81). Doch nicht nur die Erforschung alternativer Energiequellen und Treibstoffe ist wichtig, um den Klimawandel zu stoppen. Jeder kann zur Verbesserung des Klimas beitragen, denn im Haushalt gibt es viele Möglichkeiten, Energie in Form von Strom einzusparen (B3).

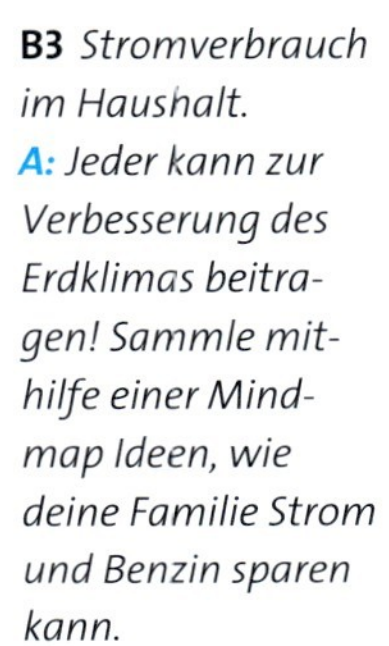

**B3** *Stromverbrauch im Haushalt.*
***A:*** *Jeder kann zur Verbesserung des Erdklimas beitragen! Sammle mithilfe einer Mindmap Ideen, wie deine Familie Strom und Benzin sparen kann.*

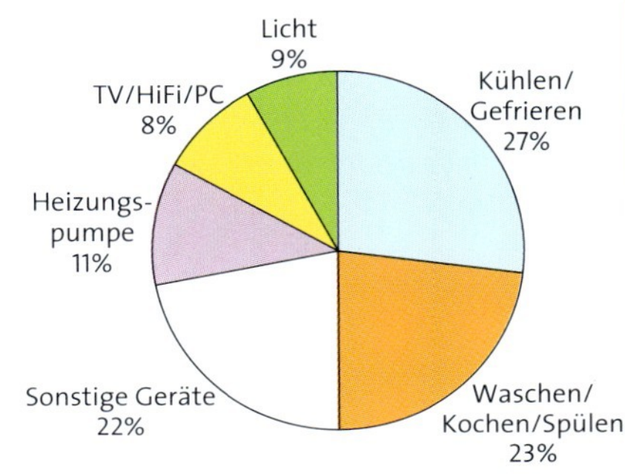


***A3*** Warum führt nicht nur die Verbrennung von Erdgas, Erdöl und Kohlen, sondern auch die Brandrodung und das Abholzen von Wäldern zur Verstärkung des Treibhauseffektes? Erläutere deine Vermutung.

***A4*** Wodurch kommt die Verstärkung des Treibhauseffektes zustande? Welche Folgen hat das?

**Was ist eine Mindmap?**

Eine Mindmap ist eine Gedankenlandkarte. Sie kann dir dabei helfen, Informationen zu einem Thema zusammenzufassen und sie zu ordnen.

Gehe dabei folgendermaßen vor:

1. Setze das Thema, z.B. Treibhauseffekt, in die Mitte eines Blattes.
2. Sammle wichtige Begriffe zu diesem zentralen Thema.
3. Ordne die Begriffe dann um das zentrale Thema herum an und verbinde sie mit diesem.
4. Ergänze deine Mindmap mit weiteren Unterbegriffen und Pfaden.
5. Achte stets darauf, dass die Mindmap übersichtlich und lesbar bleibt.

Das Sortieren von Begriffen mit einer Mindmap kann dir auch in anderen Fächern und bei anderen Aufgabenstellungen helfen, z.B. beim Finden und Sammeln von Ideen, bei der Vorbereitung eines Referats, der Strukturierung eines Textes und der Planung von Projekten.

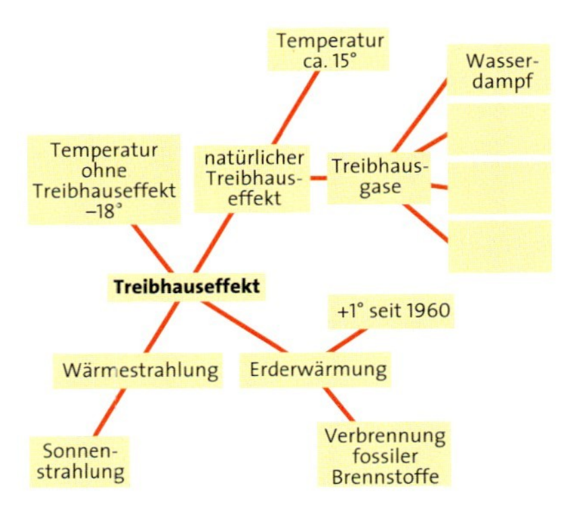


**B4** *Beginn einer Mindmap zum Thema „Treibhauseffekt"*

***A5*** Zu dem Thema dieser Seite gibt es noch viele andere Aspekte. Das Thema „Klimawandel" wird in der Öffentlichkeit viel diskutiert. Um euer Wissen zu diesem wichtigen Thema zu erweitern, könnt ihr weitere Unterthemen in eure Mindmap aufnehmen. Zur Arbeitsaufteilung wählt jeder ein Unterthema, das sich an eure „Basis"-Mindmap aus A1 anschließen kann. Tragt eure neu gewonnenen Erkenntnisse anschließend zusammen.

# Oxide bekennen Farbe

**B1** *Höhlenmalerei in der Höhle von Lascaux in Frankreich.* **A:** *Erkunde die Höhle Lascaux mithilfe des Internets (über Chemie 2000+ Online).*

Die Malereien in der Höhle von Lascaux sind über 17 000 Jahre alt (B1)! Sie wurden mit Erdfarben gemalt, sodass die Bilder in rötlichen, gelblichen, braunen und schwarzen Farben erscheinen. Einige solcher Erdfarben werden auch heute noch in Wasserfarben verwendet.
Informiere dich, woher die Erdfarben *Ocker*, *Umbra* und *Gebrannt Siena* stammen.

## Versuche

***LV1*** Ein ca. 5 cm langes Magnesiumband wird mit der Tiegelzange in die Brennerflamme gehalten. Das Reaktionsprodukt wird in einem Erlenmeyerkolben mit ca. 20 mL Wasser versetzt. Man erhitzt die Suspension und beobachtet die Löslichkeit des Feststoffes. Die Suspension wird filtriert. Man verteilt das Filtrat auf drei Reagenzgläser, versetzt mit a) Lackmus-Lösung, b) Bromthymolblau-Lösung und c) Phenolphthalein-Lösung und beobachtet die Farben.

***LV2*** **Abzug!** Eine kleine Portion Schwefel* wird in der Brennerflamme entzündet und in einen mit Sauerstoff* gefüllten Standzylinder gehalten, in dem sich auch 20 mL Wasser befinden. Die Öffnung wird mit einer Glasplatte abgedeckt und der Löffel wird auf und ab bewegt. Beobachtung?
Wenn die Flamme erloschen ist, wird die Öffnung des Standzylinders zugedeckt und der Standzylinder 1 min lang geschüttelt. Die Lösung wird auf drei Reagenzgläser verteilt und mit einigen Tropfen a) Lackmus-Lösung, b) Bromthymolblau-Lösung und c) Phenolphthalein-Lösung versetzt. Beobachte die Farben.

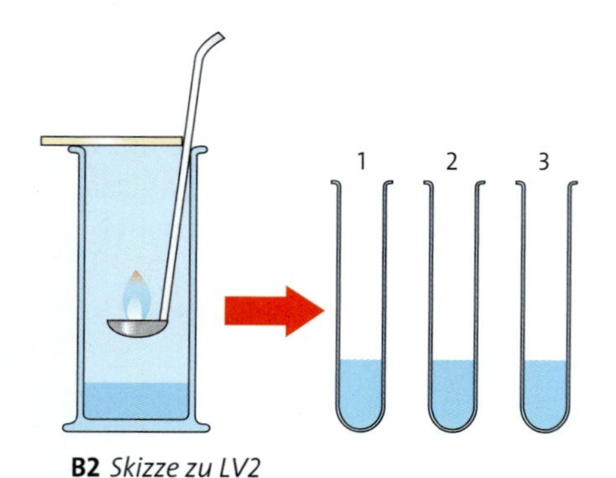


**B2** *Skizze zu LV2*

***LV3*** Eine kleine Portion roter Phosphor* wird in einem großen, mit Sauerstoff* gefüllten Standzylinder verbrannt. Das Reaktionsprodukt wird beobachtet und dann mit Wasser versetzt. Die Lösung wird mit den drei Indikator-Lösungen wie in LV1 getestet.

***V4*** Versetze in je einem Reagenzglas eine Spatelspitze a) Eisenoxid, b) Calciumoxid* und c) Zinkoxid* mit 10 mL Wasser. Beobachte, erhitze und schüttle kräftig. Filtriere die Suspensionen und versetze die Filtrate jeweils mit einigen Tropfen Bromthymolblau-Lösung.

***V5*** Rühre mit einem Pinsel eine Suspension der Farbe Ocker (Wasserfarbkasten) an. Wähle einen geeigneten Indikator, mit dem überprüft werden kann, ob eine saure oder alkalische Lösung entstanden ist.
Wiederhole den Versuch auch mit einer Suspension aus Deckweiß mit Wasser.

***V6*** Versetze 20 mL Mineralwasser mit wenigen Tropfen Bromthymolblau-Lösung. Beobachte und erhitze dann das Mineralwasser bis zum Sieden.

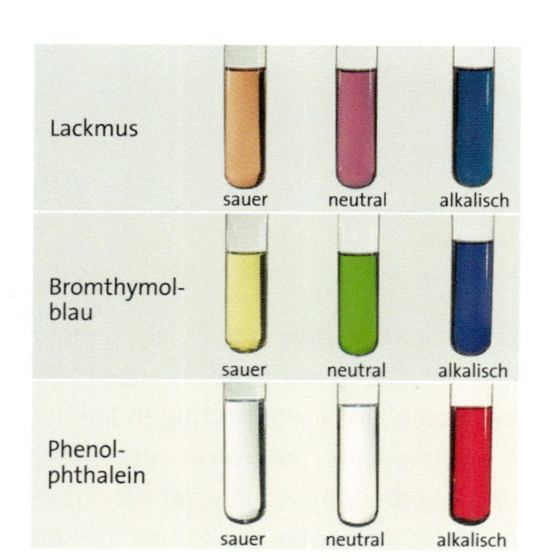


**B3** *Farben von Indikatoren in saurer, neutraler und alkalischer Lösung*

## Auswertung

a) Notiere die Beobachtungen zu LV1 bis V5 in einer Tabelle mit folgenden Spalten.

| Name des Oxids | Aggregatzustand | Farbe der Indikator-Lösung | | |
|---|---|---|---|---|
| | | Lackmus | Bromthymolblau | Phenolphthalein |

b) Markiere in der Tabelle alle Metalloxide mit einer Farbe. Kannst du in der Gruppe der Metalloxide Gemeinsamkeiten feststellen?

c) Kann man von der Eigenschaft „Metalloxid/Nichtmetalloxid“ auf den Aggregatzustand des Oxids schließen? Begründe deine Aussage.

d) Gibt es weitere eindeutige „Wenn-dann“-Beziehungen zwischen Metalloxid/Nichtmetalloxid und anderen Eigenschaften?

e) Erläutere anhand der Beobachtungen zu Mineralwasser in V6, was beim Abkochen von Mineralwasser geschieht. Welcher Stoff ist für die saure Reaktion des Mineralwassers verantwortlich?

## Saure und alkalische Lösungen

Die Farben *Ocker*, *Umbra* und *Gebrannt Siena* aus dem Wasserfarbkasten bestehen aus Stoffgemischen, die rotbraunes Eisenoxid (B5) in verschiedenen Mengen enthalten.
Auch viele andere Metalloxide sind farbig und werden deshalb als **Pigmente**[1] in Malerfarben verwendet (B4). Die Metalloxide Titandioxid und Zinkoxid sind weiß und kommen nicht nur in weißer Farbe, sondern auch in Salben und Cremes zur Anwendung. Während einige Metalloxide (Eisenoxid, Aluminiumoxid) in natürlichen Gesteinen enthalten sind, müssen andere (Bleioxid, Chromoxid, Titandioxid) durch chemische Prozesse hergestellt werden. Giftige Metalloxide wie Bleioxid und Chromoxid werden nicht mehr in Malerfarben verwendet.

Alle **Metalloxide** sind Feststoffe. Sie bilden sich bei der Reaktion der Metalle mit Sauerstoff. Die meisten von ihnen lösen sich nur schlecht in Wasser (LV1, V4). Dabei entstehen **alkalische**[2] **Lösungen**.

**Nichtmetalloxide** können fest sein wie Diphosphorpentaoxid (LV3) oder gasförmig wie Schwefeldioxid (LV2) und Kohlenstoffdioxid (V6). Nichtmetalloxide bilden mit Wasser **saure Lösungen** (LV2, LV3).

Sowohl alkalische als auch saure Lösungen kommen in unserem Alltag, in der Technik und in der Umwelt häufig vor. Um nachweisen zu können, ob eine Lösung sauer oder alkalisch ist, verwendet man **Indikatoren**[3]. Dabei handelt es sich um Farbstoffe, die durch Farbwechsel anzeigen, ob eine Lösung alkalisch, sauer oder **neutral**, d.h. weder sauer noch alkalisch, ist. Neben Lackmus-Lösung, Bromthymolblau-Lösung oder Phenolphthalein-Lösung können auch manche Pflanzenextrakte wie z.B. Rotkohlsaft als Indikatoren verwendet werden (A4).
Seife, Waschmittel und einige Putzmittel bilden alkalische Lösungen. Untersucht man Lebensmittel, so zeigt sich, dass viele Lösungen sauer reagieren. Cola, Essig, Apfel und Zitronensaft sind beispielsweise solche saure Lösungen, aber auch sprudelndes Mineralwasser reagiert sauer (V6). Beim Erhitzen verlassen Gasbläschen das Mineralwasser und die Lösung wird neutral. Die Gasbläschen bestehen aus Kohlenstoffdioxid, das mit Wasser eine saure Lösung ergibt.

### Aufgaben

**A1** Die dunkle Farbe von Cola stört bei dem Nachweis mit Indikatoren. Kennst du eine Möglichkeit, um die Farbe von der Lösung zu trennen? Mache einen Vorschlag für einen Versuch und führe ihn dann durch.

**A2** Um welche Art von Stoffgemisch handelt es sich bei dem Gemisch aus Magnesiumoxid und Wasser vor und nach dem Filtrieren? Welche Art Stoffgemisch ist angerührte Wasserfarbe?

**A3** Welches Oxid wird als Weißpigment in Deckweiß verwendet?

**A4** Stelle einen Indikator aus Rotkohlsaft her: Zerschneide dazu ein Stück Rotkohl in dünne Streifen, übergieße diese in einem Gefäß mit Wasser und drücke mit einem Löffel möglichst viel Saft heraus. Dekantiere oder filtriere (Kaffeefilter) den Saft in einen Becher. Versetze in kleinen Gläsern jeweils etwas Rotkohlsaft mit Apfel, Zitronensaft, Mineralwasser, Leitungswasser, Laugengebäck, Cola, Backpulver, Waschmittel, Seife, Kochsalz, Zucker und Essig. Tabelliere deine Beobachtungen.

[1] von *pigmentum* (lat.) = Farbe;
[2] von *al-quali* (arab.) = salzhaltige Asche. Pflanzenasche bildet mit Wasser alkalische Lösungen.
[3] von *indicare* (lat.) = anzeigen

**B4** *Künstler und Restauratoren verwenden Pigmente, die sie mit Bindemitteln und anderen Hilfsmitteln zu Malerfarben anrühren.*

**B5** *Die Pigmente Chromoxid (grün), Bleioxid (gelb), Zinkoxid (weiß) und Eisenoxid (rotbraun)*

**B6** *Rotkohl oder Blaukraut – auf die Zubereitung kommt es an.* **A:** *Welche Zutat bewirkt die Rotfärbung des Rotkohlsaftes?*

### Fachbegriffe

Pigmente, Metalloxid, Nichtmetall, Nichtmetalloxid, alkalische Lösung, saure Lösung, neutrale Lösung, Indikator

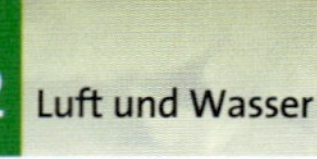

# Ohne Wasser läuft nichts

**B1** *Unser blauer Planet.* **A:** *Warum ist Trinkwasser eine Kostbarkeit?*

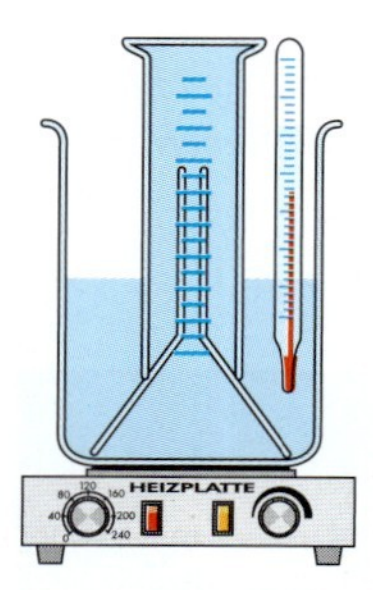


**B2** *Versuchsaufbau zu V4.* **A:** *Welches Volumen erwartest du bei der Verwendung von abgekochtem Wasser?*

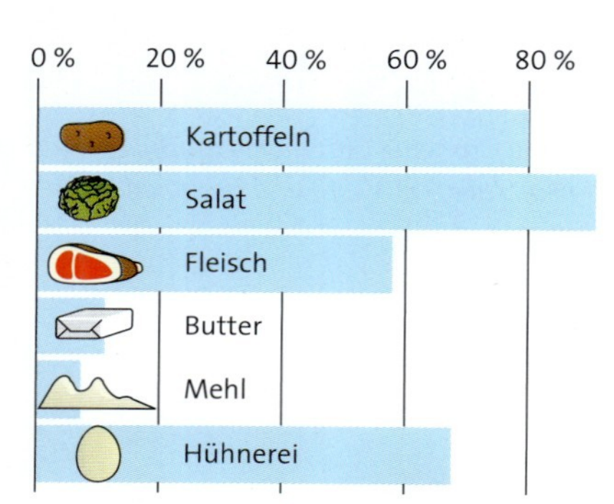


**B3** *Wassergehalt einiger Lebensmittel*

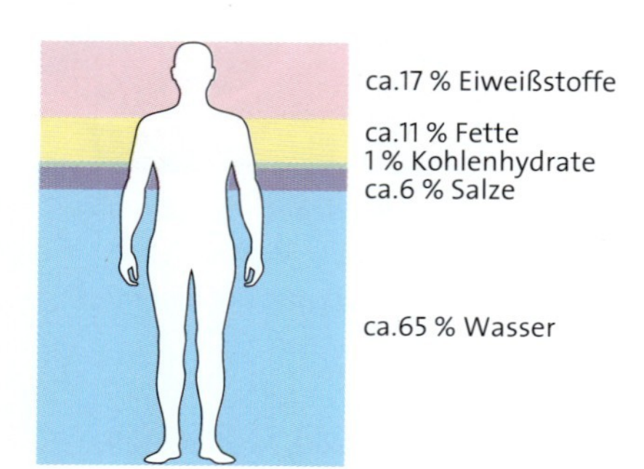


**B4** *Ein Mensch besteht zu zwei Dritteln aus Wasser.* **A:** *Überschlage, wie viel Kilogramm Wasser in deinem Körper enthalten sind.*

Betrachtet man die Erde aus weiter Entfernung, so sieht man einen blauen Planeten. Der blaue Farbeindruck stammt von den Weltmeeren, Seen und Flüssen. Zwar sind mehr als zwei Drittel der Erdoberfläche mit Wasser bedeckt, doch davon sind nur weniger als 1 Prozent als Süßwasser verfügbar. Damit wir es trinken können, muss es in der Regel auch erst aufbereitet werden. Ist das Wasser nach der Aufbereitung ein echter Reinstoff?

## Versuche

***H1*** Wiege 100 g Apfelstücke und 100 g Kartoffelstücke mit einer Küchenwaage aus. Lege die Stücke für eine Stunde bei 150 °C in den Backofen. Wiege die beiden Portionen nach dem Abkühlen erneut. Notiere die Massen vor und nach dem Erhitzen.

***V1*** Gib 5 mL a) Leitungswasser, b) destilliertes Wasser, c) Mineralwasser und d) Teichwasser in je eine Petrischale und dampfe vorsichtig ein. Beschreibe, was in den Schalen übrig bleibt.

***V2*** Wiege eine Porzellanschale mit einer präzisen Waage genau aus, gib 50 mL Leitungswasser hinein und dampfe ein. Wiege die Schale nach dem Abkühlen erneut und notiere beide Werte.

***V3*** Sauge in einen Kolbenprober 40 mL Kohlenstoffdioxid und 40 mL eiskaltes Wasser. Schüttle den Kolbenprober, bis sich das Volumen nicht mehr ändert. Notiere das Volumen. Erhöhe und vermindere nun den Druck, indem du den Stempel des Kolbenprobers hineindrückst bzw. herausziehst.

***V4*** Baue die Versuchsanordnung aus B2 auf, wobei der Trichter im Becherglas noch bewegbar sein sollte. Erhitze Mineralwasser vorsichtig mit einer Heizplatte und lies bei 30 °C, 45 °C und 60 °C das Gasvolumen ab. Wiederhole den Versuch mit Leitungswasser. Notiere die abgelesenen Volumina.

***V5*** Lege in die Mitte einer wassergefüllten Petrischale ein Stück Würfelzucker und platziere darauf einen Tropfen Tinte.

***V6*** Stelle eine weiße Blume in Wasser, das du mit Tinte vorher angefärbt hast. Schneide nach einer Woche den Stängel auf und beobachte Stängel und Blüte.

## Auswertung

a) Bestimme die Masse Wasser in 100 g Apfel und in 100 g Kartoffel und rechne in Prozent um. Vergleiche dann mit B3.

b) Berechne aus der in V2 ermittelten Masse die Massenkonzentration $\beta$. Die **Massenkonzentration $\beta$** ist der Quotient aus der Masse des gelösten Stoffes und dem Volumen der Lösung. Ihre Einheit wird in mg/L angegeben.

$$\beta = \frac{m(\text{gelöster Stoff})}{V(\text{Lösung})} \qquad [\text{mg/L}]$$

c) Berechne aus deinen Messergebnissen bei V3 a) wie viel Liter und b) wie viel Gramm Kohlenstoffdioxid sich in 1 L Wasser bei 0 °C lösen. Die Dichte von Kohlenstoffdioxid beträgt 1,84 g/L.

d) Beschreibe, wie die Löslichkeit von Gasen von der Temperatur und vom Druck abhängt und formuliere eine „je-desto“-Regel in Bezug auf die Löslichkeit von Gasen in Wasser.

e) Welche Funktion hat das Wasser in V5 und in V6?

## Wasser – Lösemittel, Transportmedium, Rohstoff

Ohne Wasseraufnahme können wir nur wenige Tage überleben. Für eine gute Versorgung unseres Körpers sollten wir täglich ca. 3 Liter Wasser zu uns nehmen, sowohl durch Trinken als auch durch den Verzehr von Lebensmitteln. In Industrieländern sprudelt sauberes Trinkwasser zu jeder Zeit aus den heimischen Wasserhähnen. In Entwicklungs- und Schwellenländern hingegen muss insbesondere die Landbevölkerung täglich mehrere Kilometer gehen, um Wasser zu bekommen. Weltweit haben ca. 1,1 Milliarde Menschen kein sauberes Trinkwasser innerhalb eines Kilometers zur Verfügung.

Im Gegensatz zu „reinem" Leitungswasser ist destilliertes Wasser ein **Reinstoff**, der rückstandslos eingedampft werden kann (V1). Leitungswasser und in Flaschen abgefülltes Wasser hingegen sind **Lösungen**. Die gelösten Stoffe werden auf der Flasche aufgeführt. Der Gehalt gelöster Feststoffe und Gase wird in der Regel über die **Massenkonzentration**, d.h. die Masse der gelösten Stoffe bezogen auf das Volumen, in der Einheit mg pro Liter angegeben (B5). Als Gehaltsangabe gelöster Flüssigkeiten dient der **Volumenanteil** $\varphi$ in Prozent. Das ist der Quotient aus dem Volumen der gelösten Flüssigkeit und der Summe der Volumina aller flüssigen Stoffe. Speiseessig mit einem Volumenanteil von $\varphi = 6\,\%$ enthält somit 6 mL Essigsäure in 100 mL wässriger Lösung.

Wasser ist ein gutes Lösemittel für Feststoffe, Flüssigkeiten und Gase. Gleichzeitig dient es als **Transportmedium** für wichtige Mineralien und Gase im menschlichen Körper, in Pflanzen und Tieren (V5, V6). Im menschlichen Körper transportiert das Wasser Nährstoffe, Hormone, Blutzellen und Abbauprodukte. Wassermangel macht sich rasch als Durst bemerkbar. Weiter ausbleibende Wasserzufuhr hat u.a. Konzentrationsschwierigkeiten, Kopfschmerzen und Verstopfung zur Folge. Bei einem Wasserverlust, der 10–15 % der Körpermasse entspricht, stirbt man.

Für das Leben von Fischen ist in Gewässern besonders gelöste Luft bzw. gelöster Sauerstoff wichtig. Enthält das Wasser nicht mehr genug gelösten Sauerstoff, sterben die Fische oder wandern ab. Besonders in ruhenden Gewässern und bei hohen Wassertemperaturen droht dies, da die Löslichkeit von Gasen im Gegensatz zu der der meisten Feststoffe mit der Temperatur abnimmt (V3, V4).

Wasser ist nicht nur ein bedeutendes Lösemittel und Transportmedium, sondern auch ein wichtiger **Rohstoff**. Große Mengen werden in der Landwirtschaft und für die Herstellung von Lebensmitteln und Alltagsgütern verbraucht (B6). Hier kann ein effizienterer Umgang zu wesentlichen Einsparungen führen.

**B5** *Gehaltsangaben gelöster Stoffe in Tafelwasser.* **A:** *Wie könnte die Angabe in Prozent bei den Zutaten mit den darunter aufgeführten Massenangaben in mg für die gelösten Stoffe zusammenhängen?*

| 1 kg Kartoffeln | 106 L |
|---|---|
| 1 kg Brot | 1000 L |
| 1 kg Getreide | 1500 L |
| 1 kg Fleisch | 10 000 L |
| 1 Baumwoll-Jeans | 8 000 L |
| 1 PC | 30 000 L |
| 1 t Papier | 1 000 000 L |
| 1 Auto | 380 000 L |

**B6** *Durchschnittlicher Verbrauch an Wasser zur Erzeugung verschiedener Lebensmittel und Gebrauchsgegenstände.* **A:** *Erkläre, wie die hohen Zahlen für den Wasserverbrauch zustande kommen. Können Verbraucher einen Beitrag zur Einsparung von Wasser leisten? Wenn ja, wie?*

**B7** *Gebirgsbach.* **A:** *Was vermutest du über den Sauerstoffgehalt im Wasser eines kühlen Gebirgsbachs verglichen mit dem Sauerstoffgehalt im Wasser eines Teichs?*

### Aufgaben

**A1** Beschreibe den Kreislauf des Wassers in der Natur und erläutere, warum das Meerwasser salzig ist, das Flusswasser hingegen nicht.

**A2** Warum ist es ungesund, destilliertes Wasser zu trinken?

**A3** Ein Getränk enthält 40 g gelösten Zucker pro Liter. Nenne die Massenkonzentration an Zucker und erkläre, wie man einen Viertel Liter dieses Getränks herstellen kann.

**A4** Berechne für 500 mL Lösung die Masse bzw. das Volumen des gelösten Stoffes: a) Bier mit $\varphi$(Alkohol) = 4,5 % und b) Salzwasser mit $\beta$(Salz) = 12 g/L.

### Fachbegriffe

Reinstoff, Lösung, Massenkonzentration, Volumenanteil, Transportmedium, Rohstoff

**B1** *In Deutschland ist das unterirdische Kanalisationsnetz ca. 500 000 km lang. Das entspricht mehr als dem zwölffachen Erdumfang.* ***A:*** *Informiere dich, wo das Abwasser früher entlanglief.*

1 Versorgungsleitung
2 Hausanschlussleitung
3 Wasserzähler
4 Absperrventil
5 Rückflussverhinderer
6 Steigleitung
7 Stockwerksleitung
8 Rohrbe- und entlüfter
9 Wohnungsabsperrventil
10 Sielleitungs-Entlüftung
11 Abwasserleitung
12 Sielleitung

**B2** *Zuleitung und Ableitung von Wasser in einem Wohnhaus.* ***A:*** *Beschreibe den Weg des Wassers in einem Wohnhaus.* ***A:*** *Liste auf, was sich alles im Abwasser befindet, wenn es in die Kanalisation gelangt.*

Durchschnittlicher Trinkwasserverbrauch: 126 L

| Verwendung | (in L) |
|---|---|
| Duschen/Baden | 46 |
| Toilette | 34 |
| Wäsche | 15 |
| Geschirr spülen | 8 |
| Kochen/Trinken | 5 |
| Sonstiges | 18 |

**B3** *Der tägliche Wasserverbrauch.* ***A:*** *Was könnte sich hinter dem Ausschnitt „Sonstiges" verbergen?* ***A:*** *Überlege unter Berücksichtigung der Funktion von Wasser als Lösemittel und Transportmittel, ob eine Verringerung des Wasserverbrauchs um die Hälfte erstrebenswert ist.*

# Wasser – trübe Brühe oder kristallklar

Wir drehen den Wasserhahn auf und erwarten ganz selbstverständlich, dass sauberes Trinkwasser von hoher Qualität herauskommt. Welchen Weg dieses Wasser bis dahin zurückgelegt hat und wohin es nachher gelangt, bedenken wir dabei nicht. Was weißt du darüber?

## *Versuche*

***V1*** Stelle in einem weiten Glasrohr einen Sand-Kies-Filter her und teste die Reinigungswirkung. Gieße dazu verschiedene „Abwasser", z.B. altes Blumenwasser, Tintenwasser, Abwaschwasser etc. durch den Filter.

***V2*** Gehe wie in V1 vor, verwende aber Kies und Sand anderer Korngröße. Variiere auch die Schichtdicke des Filters.

***V3*** Gib in ein 150-mL-Becherglas 100 mL Wasser und 2 Tropfen Gewürznelkenöl. Mache eine Geruchsprobe. Entnimm 10 mL Flüssigkeit, fülle diese auf ein Gesamtvolumen von 100 mL mit Wasser auf und prüfe erneut den Geruch. Führe diese Verdünnung mit anschließenden Geruchsproben fort, bis kein Geruch mehr wahrnehmbar ist.

***V4*** Stelle phosphathaltiges „Abwasser" her, indem du 1 g Dinatriumhydrogenphosphat in 50 mL Wasser löst. Gib dazu einige Kristalle Eisen(III)-chlorid*. Stelle eine Vergleichslösung aus dem gleichen Volumen dest. Wasser und der gleichen Menge Eisen(III)-chlorid* her. Filtriere den Inhalt beider Bechergläser und vergleiche das Aussehen der Filtrate und den evtl. vorhandenen Filterrückstand.

## *Auswertung*

a) Notiere zu V1 genau das Aussehen und den Geruch des jeweils getesteten Abwassers vor und nach dem Filtrieren.

b) Ändert sich die reinigende Wirkung, wenn du in V2 feineren oder gröberen Sand und Kies verwendest? Hat die Schichtdicke des Filters einen Einfluss auf die Reinigungskraft?

c) Notiere bei jeder Verdünnung in V3, wie viele mL der ursprünglichen Lösung sich im Becherglas befinden. Beschreibe den Geruch für jede Verdünnungsstufe.

d) Was sagt dein Versuchsergebnis aus V3 zum Thema Wasserverschmutzung durch Öl aus?

e) Vergleiche das Aussehen der Lösungen in V4. Was spricht dafür, dass bei der Zugabe von Eisenchlorid zum phosphathaltigen Abwasser ein neuer Stoff gebildet wird? In welcher Stoffeigenschaft unterscheidet sich dieser Stoff von den anderen?

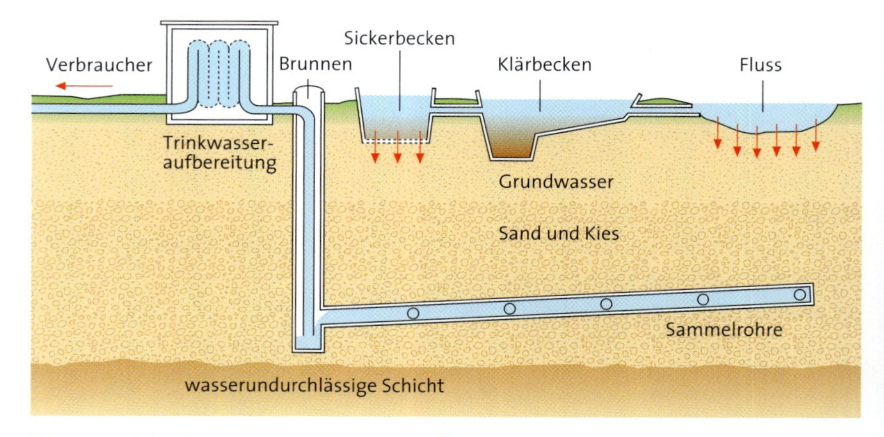


**B4** *Der Weg des Flusswassers ins Wasserwerk.* ***A:*** *Beschreibe, wie aus Flusswasser Trinkwasser gewonnen wird.*

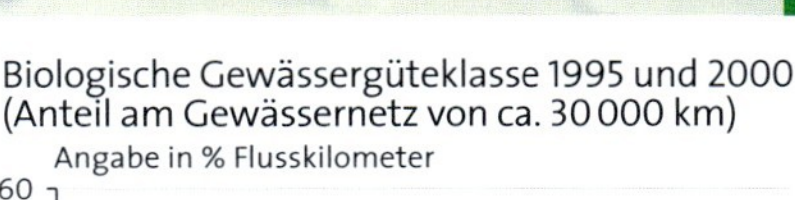



## Trinkwasseraufbereitung und Abwasserreinigung

Unser Trinkwasser soll nicht nur klar, farblos und keimfrei, sondern auch geruchlos sein und neutral schmecken. Um diesen hohen Anforderungen zu entsprechen, wird die Qualität unseres Trinkwassers in den Wasserwerken tagtäglich im Abstand weniger Stunden untersucht. Der durchschnittliche private Jahresverbrauch an Trinkwasser hat in den letzten Jahren leicht abgenommen, dank verbesserter Haustechnik und sparsamerer Geräte.

In der Regel deckt das **Grundwasser** den gesamten Wasserbedarf nicht ab und man muss zusätzlich das **Oberflächenwasser** z. B. aus Talsperren oder Flüssen nutzen. Diese Wasserarten werden nach Versickerung durch Sand und Kies (vgl. V1) von suspendierten Verunreinigungen getrennt. Dieses Rohwasser wird dann über einer wasserundurchlässigen Schicht in Röhren gesammelt und mit Pumpen zu den Wasserwerken gefördert. Dort werden Keime und Bakterien mit Ozon oder Chlor vernichtet und weitere Verunreinigungen durch Aktivkohle entfernt. Über Versorgungsrohre gelangt das Trinkwasser zu den Verbrauchern (B4).

Wenn das Abwasser die Haushalte oder Industrieanlagen verlässt, wird es über ein anderes Rohrsystem durch die Kanalisation zur **Kläranlage** (B6) geleitet. Dort wird es in mehreren Stufen mechanisch, biologisch und chemisch gereinigt. Bei der mechanischen Reinigung werden mit Grob- und Feinrechen feste Bestandteile abgetrennt. Im Vorklärbecken muss das Wasser ruhig stehen, damit sich suspendierte Stoffe als Schlamm absetzen können. In der biologischen Reinigungsstufe leisten Bakterien ganze Arbeit: Im mit Luft aufgewirbelten Belebtbecken zersetzen sie die organischen Verunreinigungen des Abwassers. Bei der chemischen Reinigung werden Flockungsmittel wie Eisenchlorid dem Wasser beigemengt, um Phosphate und andere gelöste Stoffe in neue, unlösliche Stoffe umzuwandeln (V4). Das nun gereinigte Wasser kann schließlich wieder in den Fluss geleitet werden. Durch Fortschritte in der **Abwasseraufbereitung** ist die Gewässergüte in den letzten Jahrzehnten so gestiegen (B5), dass sich einige Fische und Krebse wieder angesiedelt haben.

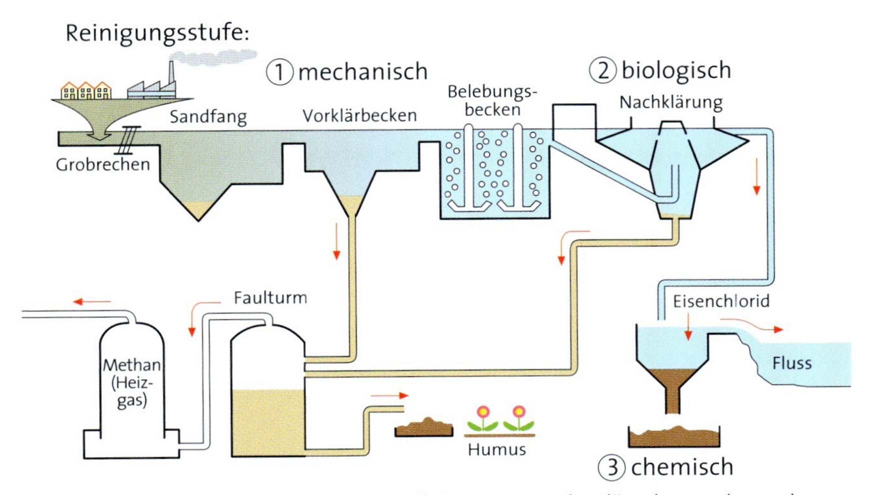


**B6** *Schema einer Kläranlage. **A:** Welche Stoffe kommen aus der Kläranlage und wo gelangen sie hin? **A:** Baue mit verschiedenen Labor- und Haushaltsgeräten, z. B. Trichter, Scheidetrichter, Glasrohre, Schläuche, Bechergläser, leere Plastikflaschen, Sieb etc., eine Modellkläranlage und präsentiere sie deinen Mitschülern.*

Biologische Gewässergüteklasse 1995 und 2000 (Anteil am Gewässernetz von ca. 30 000 km)

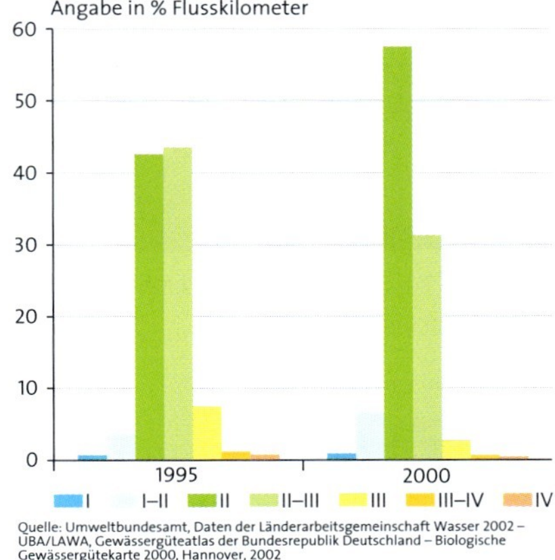


**B5** *Entwicklung der Gewässergüte in Deutschland. Die Güteklasse I kennzeichnet eine sehr geringe Belastung, die Güteklasse IV eine übermäßige Verschmutzung.*

### Aufgaben

**A1** Wird das Wasser wirklich *verbraucht*? Ziehe aus deiner Antwort Schlussfolgerungen für den verantwortungsvollen Umgang mit der Ressource Wasser.

**A2** Industrieabwässer werden teils in die Kanalisation, teils in Flüsse eingeleitet und teilweise in industrieeigenen Kläranlagen aufbereitet. Erkläre, welche Wege das Wasser jeweils geht.

**A3** Erstelle ein Poster, das den Kreislauf des Trinkwassers wiedergibt. Benenne das Wasser an den einzelnen Stationen mit den entsprechenden Begriffen aus dem Text.

### Fachbegriffe

Grundwasser, Oberflächenwasser, Kläranlage, Abwasseraufbereitung

## Wasser – ein Element?

**B1** *Beim Tauchen hilft das Licht einer Magnesiumfackel.*

„Wasser ist ein Element, genau wie Feuer, Luft und Erde" meinten die Philosophen des alten Griechenlandes. „Wasser ist kein Element" sagen die Chemiker heute, „Wasser ist mein Element" sagt eine Taucherin und taucht mit einer Magnesiumfackel in die Tiefe. Was meinst du?

### Versuche

***LV1*** In einem Erlenmeyerkolben wird Wasser bis zum Sieden erhitzt. Wenn der Kolben mit Wasserdampf gefüllt ist, entzündet man ein Magnesiumband, hält dieses zunächst in den Wasserdampf und lässt es dann in das siedende Wasser fallen. Zum Vergleich führt man den Versuch mit einem brennenden Holzstäbchen durch.

***V2*** Gib in ein zur Hälfte mit Wasser gefülltes Rggl. einen 2 cm langen Streifen frisch geschmirgeltes Magnesiumband. Beobachte das Magnesiumband über mehrere Minuten genau.

***LV3*** In der Apparatur aus B2 erhitzt man Wasser bis zum Sieden. Sobald Wasserdampf über die Magnesiumspäne* strömt, erhitzt man diese kräftig bis zum Aufglühen. Man beobachtet die Oberfläche des Magnesiums und fängt das entstehende Gas* in Reagenzgläsern auf. Anschließend wird das Gas* aus den Reagenzgläsern angezündet. Mit einem angefeuchteten Streifen Universalindikator berührt man die Oberfläche der Späne im Verbrennungsrohr.

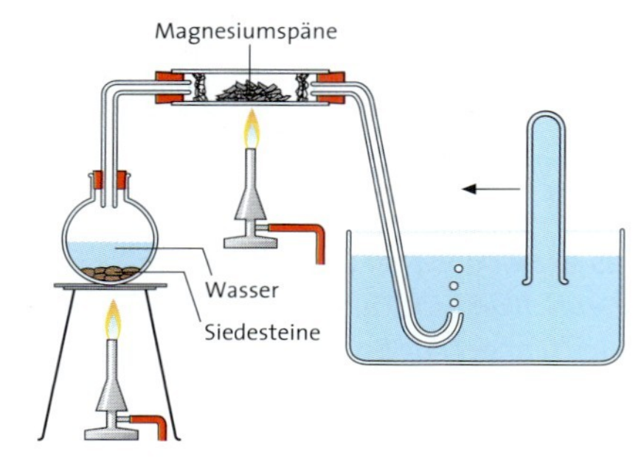


**B2** *Aufbau von LV3*

***LV4*** Im HOFMANNSCHEN Zersetzungsapparat (B3) wird Wasser, das mit Schwefelsäure* leitfähig gemacht worden ist, bei einer Spannung von ca. 10 V elektrolysiert. Die entstehenden Gase werden aufgefangen und ihre Volumina nach mehreren Zeitabständen notiert. Nach Beendigung der Messung werden die Gase* nachgewiesen.

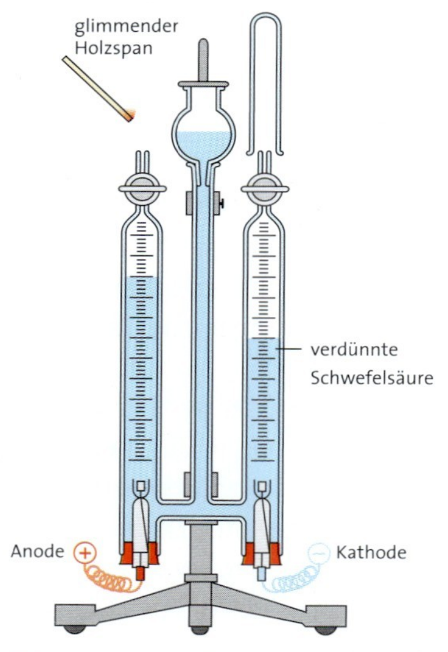


**B3** HOFMANNSCHER *Zersetzungsapparat aus LV4*

***LV5*** In eine flache Metallschale mit Seifenlösung leitet man Sauerstoff-Wasserstoff*-Gemische verschiedener Mischungsverhältnisse aus einem Kolbenprober ein. Das Gasgemisch in den Seifenblasen wird mit einem langen Holzstäbchen gezündet. Die Mischungsverhältnisse und Beobachtungen werden notiert.
Achtung: Beim Zünden Abstand halten und Mund öffnen.

***LV6*** In der Apparatur aus B4 wird nach negativem Ausfall der Knallgasprobe Wasserstoff* an der Luft verbrannt. Die Verbrennungsgase werden in ein gekühltes Rggl. gesaugt. Zum Reaktionsprodukt im Rggl. gibt man etwas weißes Kupfersulfat.

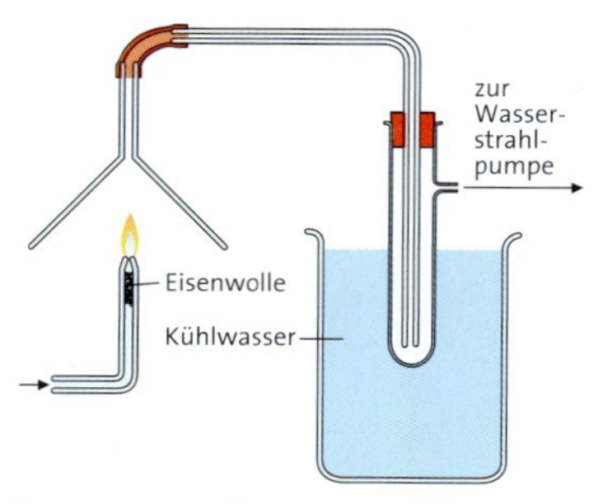


**B4** *Versuchsaufbau zu LV6.* **A:** *Womit reagiert der Wasserstoff?* **A:** *Erkläre, warum gekühlt werden muss.*

### Auswertung

a) Notiere alle Beobachtungen zu den Versuchen.

b) Nenne die Gemeinsamkeiten bei den Versuchen LV1 und LV3.

c) Bei LV4 wird Wasser durch die angelegte elektrische Spannung zerlegt. Welche Gase entstehen?

d) Welches scheint in LV5 die optimale Gasmischung zu sein?

e) Worum handelt es sich bei dem Kondensat in LV6? Erkläre, woher die beiden Reaktionspartner stammen.

f) Schreibe aufgrund deiner Beobachtungen der Versuchsdurchführungen von LV4 und LV6 die Anleitung zur Durchführung der Knallgasprobe, der Glimmspanprobe und der Probe mit weißem Kupfersulfat. Welche Stoffe werden jeweils nachgewiesen?

## Analyse und Synthese von Wasser

Ob Wasser ein chemisches Element ist oder nicht, können wir aus den Versuchen von S. 76 herleiten. Wasser muss etwas enthalten, das die Verbrennung von Magnesium unterhält, da das Magnesiumband in siedendem Wasser weiterbrennt (LV1) und nicht gelöscht wird. Die Magnesiumspäne in LV3 sind nach der Verbrennung mit einer weißen Magnesiumoxid-Schicht überzogen, die mit Wasser eine alkalische Reaktion zeigt. Da keine Luft mehr in der Apparatur vorhanden ist, kann man folgern, dass der Sauerstoff, mit dem das Magnesiumoxid gebildet wurde, aus dem Wasserdampf stammt.
Wenn Magnesium mit Wasser reagiert, kann man nach einiger Zeit auch farblose Gasblasen erkennen (V2, LV3).
Das Gas lässt sich mit der **Knallgasprobe** als **Wasserstoff** nachweisen.
Dieses Gas ist ebenfalls aus dem Wasser gebildet worden. Die Zerlegung oder **Analyse** des Wassers durch Magnesium zeigt:

Wasser selbst ist kein Element, sondern eine Verbindung, die aus den Elementen Wasserstoff und Sauerstoff besteht.

Man kann davon ausgehen, dass es sich bei Wasser um Wasserstoffoxid handelt. Um zu überprüfen, ob die Verbindung Wasser ausschließlich aus Wasserstoff und Sauerstoff besteht, verbrennt man Wasserstoff an der Luft (LV6). Bei dieser **Synthese** reagiert der Wasserstoff mit dem Sauerstoff aus der Luft in einer exothermen Reaktion und bildet eine farblose Flüssigkeit, die im Reagenzglas kondensiert. Mit weißem Kupfersulfat kann man die Flüssigkeit als Wasser nachweisen (B5).

Wasserstoff (g) + Sauerstoff (g) → Wasser (l) ; exotherm

Auch durch Anlegen einer elektrischen Spannung (LV4) kann man Wasser in einer **Elektrolyse**-Reaktion zerlegen. Das farblose Gas, das sich am Minuspol bildet, kann mit der Knallgasprobe als Wasserstoff nachgewiesen werden. Am Pluspol erhält man ebenfalls ein farbloses Gas, das einen glimmenden Holzspan hell aufglühen lässt.
Diese **Glimmspanprobe** ist ein Nachweis für **Sauerstoff**.
Wasserstoff und Sauerstoff werden bei der Elektrolyse im Volumenverhältnis von 2 : 1 gebildet. Eine solche Mischung ergibt in LV5 auch den lautesten Knall. Das Volumenverhältnis lässt einen Zusammenhang mit der **chemischen Formel** von Wasser, $\mathbf{H_2O}$, vermuten (B7).
2 Wasserstoff-Atome und 1 Sauerstoff-Atom bilden ein **Wasser-Molekül**.
*Ausblick: Ein Molekül ist ein Atomverband, der aus zwei oder mehreren fest miteinander verbundenen Atomen besteht.*

### *Aufgaben*

*A1* Formuliere das Reaktionsschema für die Reaktion von Magnesium mit Wasser. Beschreibe die Art der Reaktion und begründe, ob sie exotherm oder endotherm ist.
*A2* Erkläre, ob der Sauerstoff in Wasser oder in Magnesiumoxid fester gebunden ist.
*A3* Je zwei Liter Sauerstoffgas und Wasserstoffgas reagieren miteinander. Es bleibt ein Liter farbloses Gas übrig. Um welchen Stoff handelt es sich?
*A4* Ist die Formulierung „Wasser besteht aus Wasserstoff und Sauerstoff." richtig?

[1] von *lyein* (griech.): lösen, trennen; Elektrolyse: elektrische Trennung

**B5** *Mit weißem Kupfersulfat kann man Wasser nachweisen.*

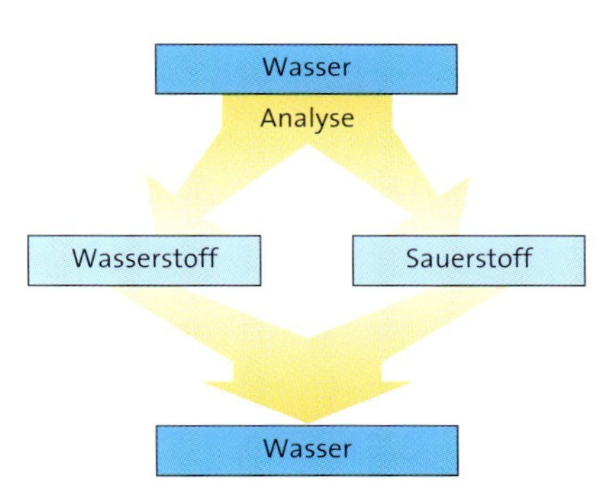


**B6** *Zerlegung und Bildung von Wasser.* *A: Die Zerlegung von Wasser gelingt bei Temperaturen von ca. 3000 °C. Zeichne je ein Energieschema für die Analyse und Synthese von Wasser.*

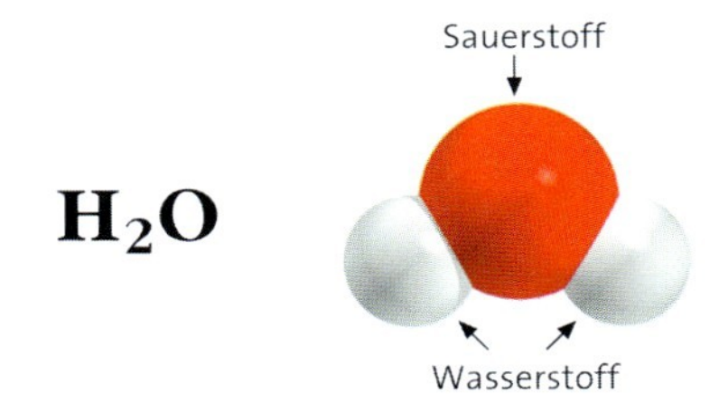


**B7** *Formel von Wasser und Modell eines Wasser-Moleküls. A: Wofür stehen die Atomsymbole und was gibt der Index 2 in der Formel an? A: Bist du in deinem Alltag der Formel* $\mathbf{H_2O}$ *schon einmal begegnet? Beschreibe wo, und versuche, eine Erklärung für die Verwendung der Formel zu finden.*

### Fachbegriffe

Analyse, Synthese, Elektrolyse, Knallgasprobe, Glimmspanprobe, chemische Formel, Molekül

## Das Fliegengewicht unter den Gasen

Wasserstoff wurde früher als Füllgas für Zeppeline verwendet. Heute sind Zeppeline oder Ballons mit dem Gas Helium gefüllt. Warum wohl?

### *Versuche*

***LV1*** Im Freien lässt man einen mit Wasserstoff* gefüllten Luftballon, der an einen langen Faden gebunden ist, steigen. Anschließend hält man eine brennende Kerze, die an einem Besenstiel befestigt ist, an den Ballon.

**V2** Stelle Wasserstoff* aus verdünnter Salzsäure* und Zinkperlen, wie in B2 gezeigt, her. Wenn die Luft verdrängt ist, fülle nacheinander drei Rggl. mit unterschiedlichen Volumina Wasserstoff* und Luft und verschließe die Rggl.

1. Rggl.: 1/4 Wasserstoff*, 3/4 Luft
2. Rggl.: 1/2 Wasserstoff*, 1/2 Luft
3. Rggl.: reiner Wasserstoff*

*Knallgasprobe*: Halte nacheinander die Rggl. mit der Öffnung wie in B3 an die Flamme und entferne dann den Stopfen.

***LV3*** Ein Standzylinder wird durch Wasserverdrängung mit Wasserstoff* gefüllt und mit der Öffnung nach unten an einem Stativ befestigt (B4). Man führt eine brennende Kerze in die untere Hälfte des Standzylinders ein und zieht sie dann langsam wieder heraus. Man wiederholt das Einführen der Kerze einige Male.

### *Auswertung*

a) Notiere alle Beobachtungen zu den Versuchen.

b) Tabelliere die Beobachtungen zur Knallgasprobe in V2.

c) Beschreibe die Beschaffenheit des Standzylinders in LV3 nach Beendigung des Versuchs genau. Wie könnte man das Produkt nachweisen?

d) Welche Eigenschaften des Wasserstoffs kann man aus LV3 ableiten?

**B1** *Der Zeppelin* HINDENBURG *war mit 200 000 m³ Wasserstoff gefüllt. Bei der Landung auf dem New Yorker Flughafen Lakehurst fing er Feuer und brannte innerhalb weniger Minuten völlig aus.*

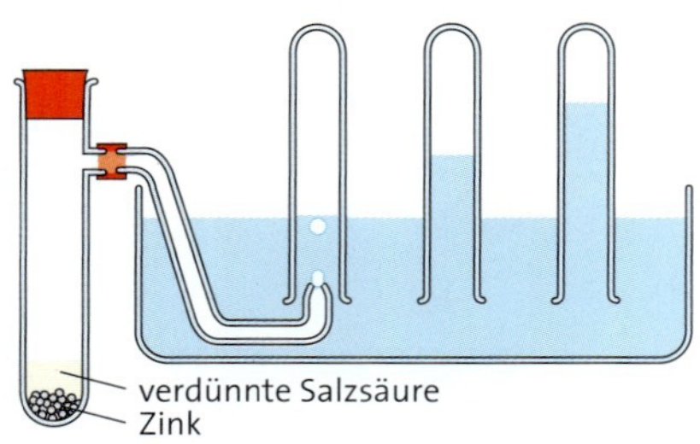


**B2** *Herstellung von Wasserstoff im Labor (V2)*

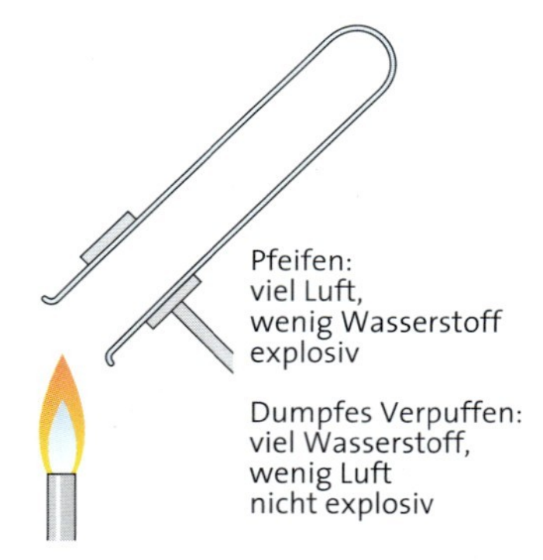


**B3** *Knallgasprobe (V2). **A:** Schreibe eine Anleitung zur korrekten Durchführung der Knallgasprobe.*

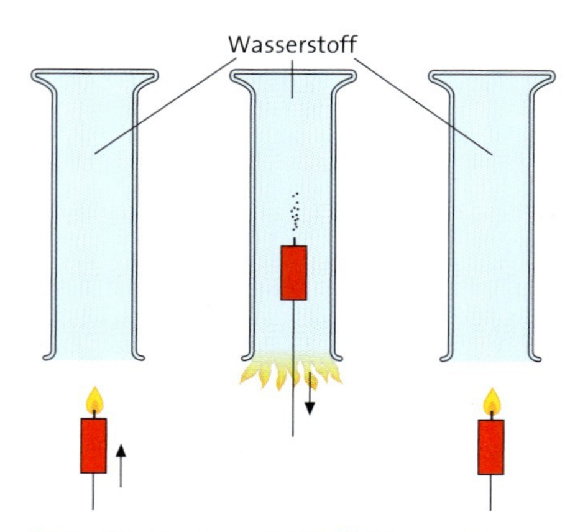


**B4** *Beobachtungen bei LV3. **A:** Warum befestigt man den Zylinder mit der Öffnung nach unten?*

## Wasserstoff

Wasserstoff hat von allen Stoffen die geringste Dichte. Wegen seines großen Auftriebs in Luft wurden früher Ballons und Zeppeline mit Wasserstoff gefüllt. Da das Gas aber hochentzündlich ist, verwendet man heute das unbrennbare, teurere Helium als Füllgas.
Im Weltall ist Wasserstoff das häufigste Element. Auf der Erde hingegen kommen Wasserstoff-Atome nur gebunden, überwiegend in der Verbindung Wasser, vor.
Hält man eine brennende Kerze an einen mit Wasserstoffgas gefüllten Ballon (LV1) oder Standzylinder (LV3), entzündet sich der Wasserstoff. Die Flamme des brennenden Wasserstoffs ist fast farblos und daher nur schwach erkennbar. In LV3 erlischt die Kerze: Wasserstoff unterhält die Verbrennung also nicht. Am beschlagenen Zylinder erkennt man, dass sich Wasser gebildet hat.
Mit dem Sauerstoff der Luft bildet Wasserstoff ein **Knallgas**-Gemisch (V2). Knallgas entzündet sich explosionsartig, da die Reaktion in dem Gemisch an allen Stellen gleichzeitig abläuft. Durch die entstehende große Wärme dehnen sich die Gase schlagartig aus: Es knallt. Reiner Wasserstoff entzündet sich hingegen mit einem leisen „Plopp".
Mit Wasserstoff muss man sehr sorgsam umgehen. Bevor man ihn anzündet, führt man immer eine **Knallgasprobe** durch, um sicher zu sein, dass kein explosives Knallgas-Gemisch vorliegt. Wenn die Knallgasprobe *negativ* ausfällt, darf man das Gas entzünden.
Wasserstoff ist ein Energieträger und kann als Kraftstoff verwendet werden. So gibt es Autos mit Motoren, in denen Gemische aus Wasserstoff und Luft gezündet werden. Elektroautos können mit Strom aus Wasserstoff-Sauerstoff-Brennstoffzellen versorgt werden. Auch für den Antrieb von Raketen werden Wasserstoff und Sauerstoff verwendet. Bei diesen Anwendungen ist allerdings zu bedenken, dass Wasserstoff – im Gegensatz zu in der Natur vorkommenden Energieträgern wie Erdöl – immer erst unter Einsatz von Energie erzeugt werden muss. Der Rohstoff dafür ist heute noch das Erdgas. Eine andere Möglichkeit wäre, die Energie der Sonne für die Wasserstoff-Erzeugung einzusetzen (vgl. Solar-Wasserstoff-Szenario, S. 81).

STECKBRIEF

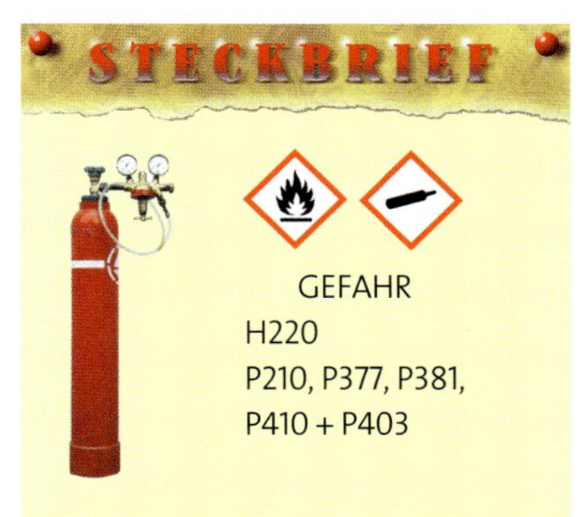

GEFAHR
H220
P210, P377, P381,
P410 + P403

**Wasserstoff**
*Eigenschaften*: farbloses, geruchloses Gas
Dichte bei 20 °C: 0,000084 g/cm$^3$
Schmelztemperatur: –259,3 °C
Siedetemperatur: –252,6 °C
brennbar und leicht entflammbar, unterhält die Verbrennung nicht, bildet mit Sauerstoff bzw. Luft ein explosives Gemisch: Knallgas

*Vorkommen*: im Universum als Element, auf der Erde nur in Verbindungen
*Herstellung*: im Labor aus Zink und Salzsäure, in der Industrie aus Erdgas und Wasser
*Verwendung*: Aufarbeitung von Erdöl, chemische Industrie, Raketentreibstoff, Energieträger
*Nachweis*: Knallgasprobe

**B5** *Steckbrief von Wasserstoff*

**B6** *Wasserstoff-Tankstelle.* **A:** *Welches Abgas produzieren Autos, die mit Wasserstoff betankt werden?*

### *Aufgaben*

**A1** Das Universum besteht zu einem großen Anteil aus Wasserstoff. Warum befindet sich davon nichts auf der Erde?
**A2** Wasserstoff-Tankstellen bieten gasförmigen und flüssigen Wasserstoff an. Welche Form erscheint dir günstiger?
**A3** Überlege, ob die Erzeugung von Wasserstoff aus Erdgas oder durch die Verwendung von Sonnenlicht hinsichtlich eines verantwortungsvollen Umgangs mit natürlichen Ressourcen besser ist.
**A4** Bei V2 wird Wasserstoff nach dem folgenden Reaktionsschema hergestellt:

Salzsäure (aq) + Zink (s) ⟶ Wasserstoff (g) + Zinkchlorid (aq)

Wo befindet sich das Zinkchlorid nach Beendigung der Reaktion und wie könnte man es rein gewinnen?

### Fachbegriffe

Knallgas, Knallgasprobe

## extra LAVOISIERS Experiment

Im Jahr 1785 gelang ANTOINE LAVOISIER der Nachweis, dass Wasser kein Element, sondern eine Verbindung, ein Oxid ist. Dazu baute er die Apparatur aus B1 auf. Er leitete Wasserdampf durch einen eisernen Flintenlauf, der in einem Ofen mit glühender Kohle erhitzt wurde.

*A1* Was passierte in dem heißen Flintenlauf?

*A2* Welche Produkte erhielt LAVOISIER bei diesem Versuch?

*A3* Betrachte B1 genau und erkläre, was an welchen Stellen in der Apparatur geschieht. Verfasse dann einen kurzen Text, der die Vorgänge in der Apparatur beschreibt.

*A4* Entwirf mit den Laborgeräten aus B2 eine Apparatur, mit der man LAVOISIERS Experiment durchführen kann und verfasse eine Versuchsvorschrift.

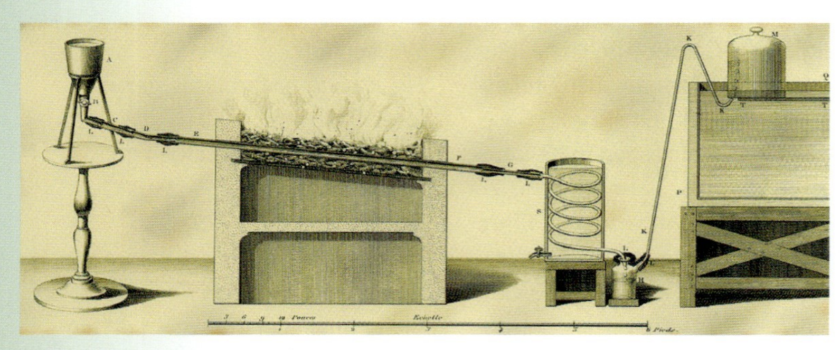

**B1** *Apparatur zur Wasserzerlegung von LAVOISIER*

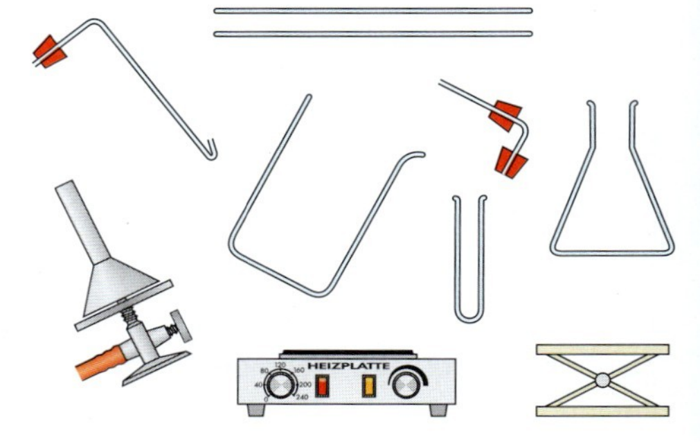


**B2** *Laborgeräte für A4*

## Experimentieren

## Katalysatoren

***LV1*** Durch ein zur Spitze ausgezogenes Glasrohr mit Rückschlagsicherung aus Stahlwolle lässt man Wasserstoff gelinde ausströmen. Man hält mit einer Pinzette eine ausgeglühte Platin-Keramikperle in den Wasserstoffstrom und beobachtet an der Perle.

Um die Verbrennung von Wasserstoff zu starten, zündet man das Gas normalerweise an. Die Flamme des Feuerzeugs liefert dabei die nötige Aktivierungsenergie.

Mit einer Platinperle startet die Verbrennung von Wasserstoff schon bei Raumtemperatur. Ohne die Platinperle läuft die Reaktion von Wasserstoff mit dem Sauerstoff aus der Luft bei Raumtemperatur nur unmessbar langsam. Das Platin wirkt als **Katalysator**.

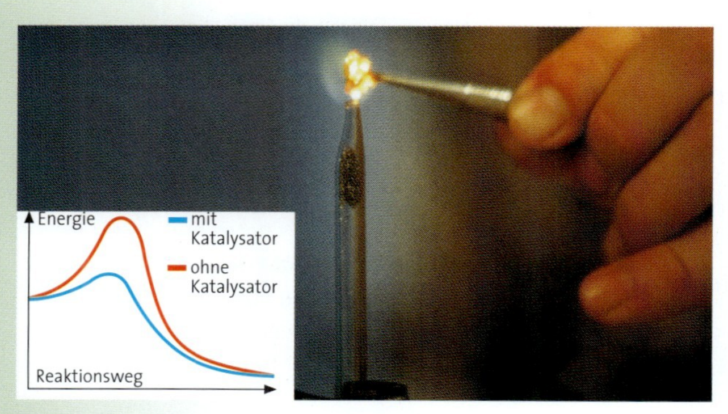


**B3** *Entzündung von Wasserstoff am Platin-Katalysator*

Katalysatoren beschleunigen eine chemische Reaktion, indem sie die Aktivierungsenergie herabsetzen (B3). Nach der Reaktion liegen sie wieder unverändert vor.

Der bekannteste Katalysator ist der **Abgaskatalysator** im Auto. Er besteht aus einem wabenförmigen Keramikgitter, das fein verteilt und u. a. mit Platin überzogen ist. Bei der Verbrennung des Kraftstoffs im Auto entstehen neben Wasser und Kohlenstoffdioxid auch gefährliche Umweltgifte wie Kohlenstoffmonooxid und Stickstoffoxide. Diese werden am Katalysator in ungiftige Gase wie Stickstoff, Kohlenstoffdioxid und Wasser umgewandelt. Am Katalysator werden die Abgase also gereinigt.

***V2*** Versuche, ein Stück Würfelzucker mit einem Streichholz zu entzünden. Gib danach etwas Zigarettenasche auf den Würfelzucker und versuche erneut, den Zucker zu entzünden. Beschreibe deine Beobachtung und erkläre, welche Wirkung die Asche hat.

*A1* Fertige zu V2 ein Protokoll an und verwende bei der Deutung den Begriff Katalysator.

## Sonne – Wasser – Wasserstoff, die Solar-Wasserstoff-Technik

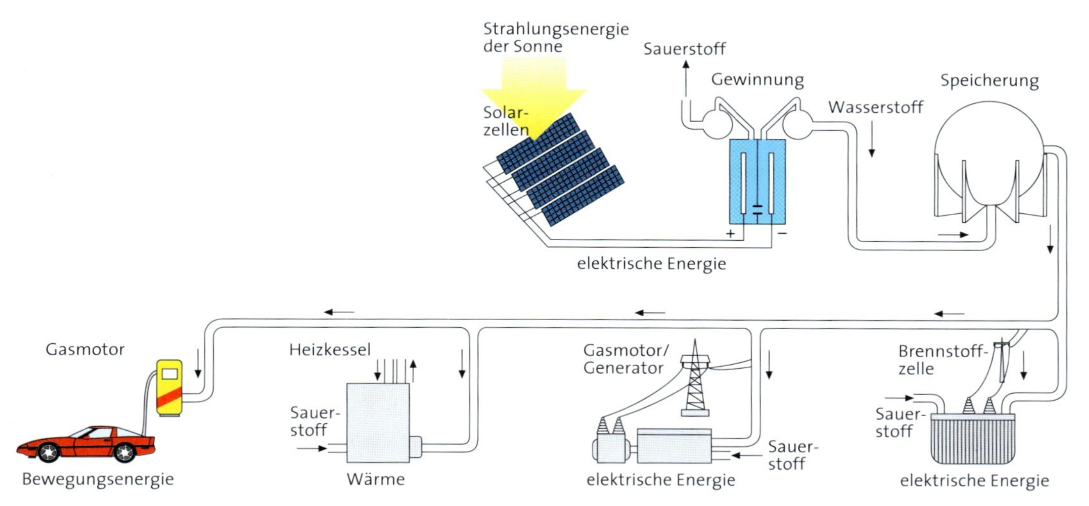


**B1** *Solar-Wasserstoff-Szenario*

Unsere herkömmlichen Energieträger, Kohle, Erdöl und Erdgase (fossile Brennstoffe), gehen allmählich zur Neige. Bei ihrer Verbrennung entsteht Kohlenstoffdioxid, ein Treibhausgas. Als ein möglicher Ersatz-Energieträger erscheint Wasserstoff sinnvoll, denn bei seiner Verbrennung wird eine große Wärmemenge frei und das Verbrennungsprodukt Wasser ist umweltfreundlich. Außerdem lässt es sich durch Elektrolyse von Meerwasser leicht herstellen.

Der Haken an der Idee der Wasserstoffnutzung ist: Für die Elektrolyse wird genauso viel Energie (elektrischer Strom) benötigt, wie nachher bei der Verbrennung wieder frei wird.

Ein Ausweg könnte die Nutzung von kostenlosem Sonnenlicht sein: In Solarzellen wird das Sonnenlicht in elektrischen Strom umgewandelt, der für die Elektrolyse notwendig ist. Der erzeugte Wasserstoff wird unter Druck in Tanks gefüllt und kann dann als Heizgas, zum Antrieb von Motoren und zur Stromerzeugung genutzt werden.

**A1** Sammle Argumente für und gegen die Verwendung von Wasserstoff als Energieträger. Verwende dazu dein Vorwissen sowie die Informationen aus dem Text.

**A2** Führe mit einem Partner ein Rollenspiel durch: Ein Partner möchte ein Wasserstoff betriebenes Auto kaufen, der andere nicht. Versucht, euch mit Argumenten gegenseitig zu überzeugen.

**A3** Zeichne B1 sinngemäß auf einer DIN A2-Pappe ab und hinterlege einzelne Bildteile in verschiedenen Farben. Gib den Teilen Überschriften. Präsentiere und erläutere dann dein Poster der Klasse.

**A4** Erkläre den Comic Strip (B2) einer Person aus deiner Familie oder aus dem Bekanntenkreis, die mit der Aussage aus diesen Zeichnungen zunächst nichts anfangen kann. Diskutiere mit ihr über das Auto der Zukunft, das hier angesprochen wird.

**A5** Informiere dich unter *Chemie2000+ Online* über einen Versuch zur Brennstoffzelle mit Rasierscherfolien und führe ihn nach Rücksprache mit deinem Lehrer oder deiner Lehrerin durch.

**B2** *Gewusst wie!*

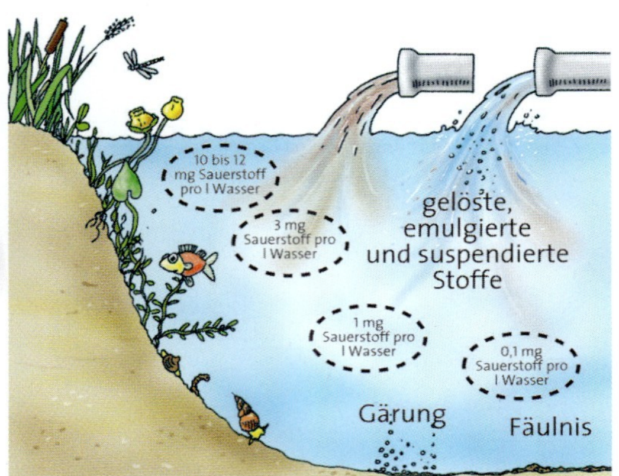


**B1** *Einfluss des gelösten Sauerstoffs auf den Zustand eines Gewässers*

**A1** „Wir können doch ganz einfach den Sauerstoffgehalt der Luft ermitteln." schlägt Lukas vor, „Wir müssen nur eine Schwimmkerze auf Wasser geben, einen Messzylinder darüberstülpen und darauf achten, dass sein Rand ins Wasser taucht. Die Kerzenflamme verbraucht den Sauerstoff und wir können das verbrauchte Volumen am Messzylinder ablesen." Nimm ausführlich Stellung zu diesem Vorschlag.

**A2** Errechne annäherungsweise die Masse von einem Liter Luft, berücksichtige aber nur die Bestandteile Sauerstoff und Stickstoff.

**A3** „Der Anteil von Sauerstoff in der Luft beträgt 21 Volumenprozent." meint Felix. „Ich habe aber gelernt, dass es ein Massenanteil von 23% ist." sagt Maja. Begründe, wer recht hat.

**A4** Im Chemikalienschrank haben sich die Etiketten von den Vorratsgefäßen mit Diphosphorpentaoxid und Zinkoxid gelöst. Wie kann man prüfen, welcher Stoff in welchem Behälter ist?

**A5** Im Chemieunterricht sollst du verschiedene Lösungen daraufhin untersuchen, ob sie sauer, neutral oder alkalisch sind. Begründe, welchen Indikator du einsetzen würdest.

**A6** Erstelle eine Mindmap mit dem zentralen Begriff „Schadstoffe in der Luft". Führe darin alle auf S. 63 genannten natürlichen und anthropogenen Schadstoffe, die Quellen für diese Schadstoffe sowie Maßnahmen zur Reduktion der Schadstoffe an.

**A7** Was haben Sonnenschutzcreme und Ozonschicht gemeinsam?

**A8** Nenne mehrere Möglichkeiten, wie man zeigen kann, dass in einem Gasvolumen Ozon enthalten ist.

**A9** Erkläre, warum Industrie-Abwässer gekühlt werden müssen, bevor sie in Flüsse eingeleitet werden dürfen (vgl. B1).

**A10** Warum ist eine „Wegwerfgesellschaft" auch immer eine Gesellschaft der „Wasserverschwender"?

**V1** Plane ein Experiment, mit dem du überprüfen kannst, ob in Getränken, die mit der Beschreibung „mit Sauerstoff angereichert" beworben werden, mehr Sauerstoff enthalten ist als in Leitungswasser. Führe es nach Rücksprache mit deiner Lehrerin oder deinem Lehrer durch. Überlege auch, ob das Trinken solcher Produkte gesundheitsförderlich ist.

**A11** Begründe, was sauberer ist, das Wasser in Flüssen und Seen oder das in Grundwasser.

**V2** Reguliere einen Wasserhahn so, dass er ab und zu noch tropft. Fange dann die Wassertropfen über einen Zeitraum von 10 Minuten auf und miss das Volumen. Errechne daraus, welches Volumen Wasser durch einen tropfenden Wasserhahn im Verlauf eines Tages, eines Monats, eines Jahres verschwendet wird. Ermittle weiterhin die dadurch entstehenden Kosten, wobei du von einem Literpreis von 0,2 Cent ausgehen kannst.

**A12** Versuche einen Tag lang festzuhalten, wie viel Wasser du direkt für Trinken, zur Essenszubereitung, für persönliche Hygiene etc. verbrauchst. Einige Volumina musst du abschätzen. Notiere die abgeschätzten Werte. Erstelle ein Balkendiagramm, das verdeutlicht, wofür das Wasser verbraucht wird.

**A13** Nenne fünf Möglichkeiten, wie du zu Hause Wasser sparen kannst.

**A14** „Ist ja wohl klar", meint Niklas, „dass Wasser eine Sauerstoffverbindung ist. Sonst könnten die Fische ja nicht atmen." Was meinst du dazu?

**A15** Erstelle ein Poster „Nachweismethoden in der Chemie" zu den Stoff-Nachweisen, die du bisher kennengelernt hast. Darauf sollten kurze Beschreibungen zur Durchführung, Skizzen und kurze Erklärungen enthalten sein.

**A16** Versetzt man ein Stück Magnesiumband mit verdünnter Salzsäure, so löst sich das Magnesium-Stück unter Sprudeln auf. Wie könntest du erforschen, um welches farblose Gas es sich handelt?

**V3** In der Versuchsapparatur aus B2 wird Wasserstoff eingeleitet. Erkläre, warum ein Wasserstrahl aus dem gewinkelten Glasrohr herausgedrückt wird. Verwende dabei u.a. die Begriffe: Diffusion, Wasserstoff-Teilchen, Teilchen in der Luft, Beweglichkeit der Teilchen, Größe der Teilchen, Masse der Teilchen, Überdruck.

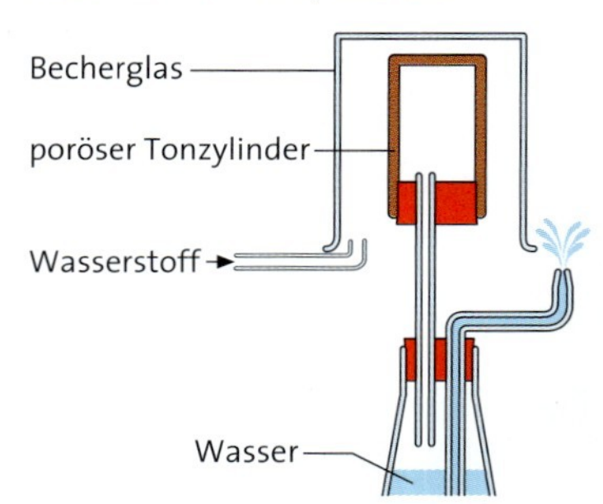


**B2** *Wasserstoff-Springbrunnen*

**A17** Überlege basierend auf den Informationen aus diesem Kapitel, was „nachhaltiger Umgang mit Ressourcen" bedeutet. Welche Ressourcen werden in diesem Kapitel im Wesentlichen angesprochen? Wie kann man Ressourcen nachhaltig nutzen? Diskutiere anschließend mit einem Partner und stellt eure Überlegungen der Klasse vor.

### *Schadstoffe in der Luft*

**Feinstaub**, **Schwefeldioxid**, **Stickstoffoxide**, **Ozon** und **Kohlenstoffmonooxid** wirken als Schadstoffe in der Luft, da sie sich als Immissionen negativ auf Mensch und Umwelt auswirken.
Die Emissionen können aus **natürlichen** wie aus **anthropogenen Quellen** kommen. Anthropogene Quellen sind vor allem der Verkehr und die Industrie.

### *Ozon und UV-Strahlung*

Unsere Atmosphäre lässt sich in verschiedene Schichten einteilen. Die **Ozonschicht** ist ein Teil der **Stratosphäre**. Das Ozon absorbiert dort einen großen Teil der energiereichen UV-Strahlung. Die Filterwirkung des Ozons ist wichtig für das Leben auf der Erde, da die **UV-Strahlung** unsere Haut stark schädigen würde.
**Fluorchlorkohlenwasserstoffe FCKW** führen zum Abbau des Ozons in der Stratosphäre (**Ozonloch**).

### *Oxide – saure und alkalische Lösungen*

Bei der Reaktion von Sauerstoff mit Metallen entstehen **Metalloxide**. Metalloxide sind Feststoffe, die mit Wasser **alkalische Lösungen** bilden.
Nichtmetalle reagieren mit Sauerstoff zu **Nichtmetalloxiden**, die gasförmig oder fest sein können. Sie bilden mit Wasser **saure Lösungen**.
Ob eine Lösung sauer, **neutral** oder alkalisch ist, kann man mit geeigneten **Indikatoren** testen.

### *Wasser – eine Verbindung*

Bei Wasser handelt es sich um eine Verbindung, die aus zwei Atomsorten besteht: Wasserstoff und Sauerstoff. Wasser kann durch **Elektrolyse** in Elemente zerlegt werden (Analyse):
Wasser (l) → Wasserstoff (g) + Sauerstoff (g); endotherm
Bei der Synthese von Wasser, reagieren Wasserstoffgas und Sauerstoffgas in umgekehrter Richtung miteinander.
In Wasser sind Wasserstoff und Sauerstoff im Atomzahlenverhältnis 2 : 1 gebunden.

### *Wasserstoff*

Wasserstoff ist ein farbloses, reaktives, hochentzündliches Gas, das mit Sauerstoff ein explosives **Knallgas**-Gemisch bildet. Wasserstoff hat von allen Stoffen die geringste Dichte.
Im Labor stellen wir kleine Mengen Wasserstoff durch Reaktion von Salzsäure mit einem Metall, z. B. Zink her.

### *Wintersmog und Sommersmog*

Steigen die Anteile der Schadstoffe in der Luft stark an, so spricht man von **Smog**.
**Wintersmog**, auch **saurer Smog** oder **London-Smog** genannt, bildet sich bei einer **Inversionswetterlage**.
**Sommersmog** entsteht dann, wenn durch starke Sonnenstrahlung in der mit Autoabgasen verunreinigten, bodennahen Luft Ozon gebildet wird.

### *Treibhauseffekt und Klimawandel*

Die von der Erdoberfläche ausgestrahlte Wärme wird in der Atmosphäre von einigen Gasen (**Wasserdampf**, **Kohlenstoffdioxid**, **Distickstoffmonooxid** und **Methan**) absorbiert (**Treibhauseffekt**).
Das bei der Verbrennung **fossiler Brennstoffe** entstehende Treibhausgas Kohlenstoffdioxid trägt zur **Erderwärmung** bei.

### *Wasser*

Wasser dient als Rohstoff, Transportmedium und **Lösemittel**. Im Wasser können Feststoffe, Flüssigkeiten oder Gase gelöst sein. Als Gehaltsangabe gelöster Flüssigkeiten dient der **Volumenanteil** $\varphi$, angegeben in %. Der Anteil gelöster Feststoffe und Gase ist gekennzeichnet durch die **Massenkonzentration** in der Einheit mg/L.

### *Nachweise*

Um herauszufinden, welcher Stoff vorliegt, werden in der Chemie Nachweise durchgeführt.

- **Wasser** färbt **weißes Kupfersulfat** blau.
- **Wasserstoff** wird mit der **Knallgasprobe** nachgewiesen. Fängt man reinen Wasserstoff in einem Reagenzglas auf und entzündet ihn, ist nur ein leises „Plopp" zu hören.
- **Sauerstoff** lässt sich mit der **Glimmspanprobe** nachweisen. Ein glimmender Holzspan glüht in Sauerstoff wieder stärker auf.

### *Katalysatoren*

Katalysatoren sind Stoffe, die chemische Reaktionen beschleunigen, indem sie die **Aktivierungsenergie herabsetzen**. Nach der Reaktion liegen sie unverändert vor. Durch den Einsatz von Katalysatoren werden Reaktionen möglich, die sonst nicht oder nur mit höherem Energieaufwand ablaufen würden.

# Aus Rohstoffen werden Gebrauchsgegenständ

Im Altertum vor ungefähr 7000 Jahren gelang es den Menschen, Kupfer und Bronze herzustellen und daraus Werkzeuge, Schmuck und Waffen zu formen. In der *Bronze*zeit lebte auch „Ötzi“, dessen Mumie im Jahr 1990 in einem alpinen Gletscher gefunden wurde. Auf die *Bronze*- folgte die *Eisen*zeit: Die Gewinnung der Metalle prägte die Geschichte der Menschheit.

Rohstoffe für die Metallgewinnung sind Erze. Kupfererze erkennt man an der grünblauen Farbe, Eisenerze an rötlicher Färbung. Auch heute sind Eisen und Stahl, Kupfer und Aluminium unsere wichtigsten metallischen Werkstoffe.

Wir untersuchen und entdecken, wie man Metalle herstellen kann und wozu sie gebraucht werden.

Wir werden folgendermaßen vorgehen:

1. **Wie können Metalle aus ihren Verbindungen gewonnen werden? – Wir lernen einen allgemeinen Reaktionstyp kennen, der das möglich macht.**

2. **Bei der Herstellung von Metallen geht es oft sehr heiß und grell zu – Wir erfahren die Gründe und führen sogar selbst einige solcher Reaktionen durch.**

3. **„Ötzi", die Mumie aus dem Gletschereis, gibt viele Rätsel auf – Wir lösen eines: Wie konnte er zu seinem Beil aus Kupfer kommen?**

4. **Eisen und Stahl bilden die Nr. 1 unter den Gebrauchsmetallen – Wir erfahren, was Eisen und Stahl eigentlich sind und aus welchen Rohstoffen sie hergestellt werden. Der Reaktionstyp aus 1. wird dabei erneut angewendet.**

5. **Schrott enthält viele unterschiedliche Stoffe, die wieder verwertet werden können – Wir finden einige Beispiele und erfahren, wie wir selbst dazu beitragen können, Rohstoffe und Energie einzusparen.**

6. **Neben Eisen und Kupfer finden viele andere Metalle Anwendungen in der Technik – Wir lernen einige Beispiele kennen.**

# Erst rot, dann grün und blau – Kupfer und seine Verbindungen

Aus Kupfer werden viele Gegenstände des Alltags hergestellt, beispielsweise Münzen, Draht, Wasserrohre und sogar Hausdächer. Woraus und wie gewinnt man dieses Metall?

## *Versuche*

*Hinweis:* Bei V1 bis V3 müssen die Rggl. unter Umständen zerschlagen werden, wenn das Produkt nicht aus dem Glas zu entfernen ist.

***V1*** **Schutzbrille!** Mische 2,0 g schwarzes Kupferoxid* mit 1,0 g Eisenpulver*. Fülle das Gemisch in ein Rggl. und erhitze es, bis es aufglüht. Nimm das Rggl. aus der Flamme und untersuche das Produkt nach dem Abkühlen.

***V2*** **Schutzbrille!** Mische 2,0 g schwarzes Kupferoxid* mit 0,3 g Holzkohlepulver. Erhitze das Gemisch ca. 2 min kräftig. Untersuche auch hier das Produkt nach dem Abkühlen.

***V3*** **Schutzbrille!** Erhitze 2,0 g schwarzes Kupferoxid* ohne weitere Zusätze stark in einem Rggl.

***V4*** **Schutzbrille!** Wiederhole V2 und leite dieses Mal das entstehende Gas in Kalkwasser*.

***V5*** **Schutzbrille!** Falte aus einem kleinen, quadratischen Stück Kupferblech ein offenes Briefchen (B3). Halte es anschließend mit einer Tiegelzange ca. 30 s in die rauschende Bunsenbrennerflamme. Lass es kurz abkühlen. Fülle nun grobes Aktivkohlepulver in das Briefchen und erhitze es ohne Schütteln erneut. Lass es abkühlen und schütte das restliche Pulver heraus.

***LV6*** **Schutzbrille! Schutzscheibe!** Ein Rohr aus schwer schmelzbarem Glas wird mit schwarzem Kupferoxid* beschickt, dann wird die Versuchsanordnung von B4 zusammengebaut. Man lässt Wasserstoff* durchströmen und führt mit dem Gas aus dem umgestülpten Rggl. wiederholt die Knallgasprobe durch. Sobald die Knallgasprobe am Glasrohr negativ ausfällt, zündet man den ausströmenden Wasserstoff* an. Dann wird das Kupferoxid* kräftig erhitzt.

## *Auswertung*

a) Vergleiche die Beobachtungen aus V1 bis V3: Untersuche die Produkte bzw. Rückstände nach dem Abkühlen genau. Welche Unterschiede und welche Gemeinsamkeiten stellst du nach dem Abkühlen fest?

b) Welches Produkt kannst du mit V4 nachweisen?

c) Deute deine Beobachtungen bei V5. Formuliere zu den beiden Reaktionen die Reaktionsschemata.

d) Wieso muss das Kupferoxid bei LV6 erhitzt werden? Welche beiden Stoffe entstehen bei dem Versuch? Ziehe zur Klärung die Beobachtung am Glasrohr hinzu, das aus dem Reaktionsgefäß herausführt.

**B1** *Kupferdächer: „jung und alt". **A:** Erkläre, wodurch das Kupfer im Laufe der Zeit seine Farbe ändert.*

**B2** *Malachit, ein Kupfererz, das gebundenes Kupfer enthält. **A:** Erkläre, woran du erkennst, dass Malachit eine Kupferverbindung ist.*

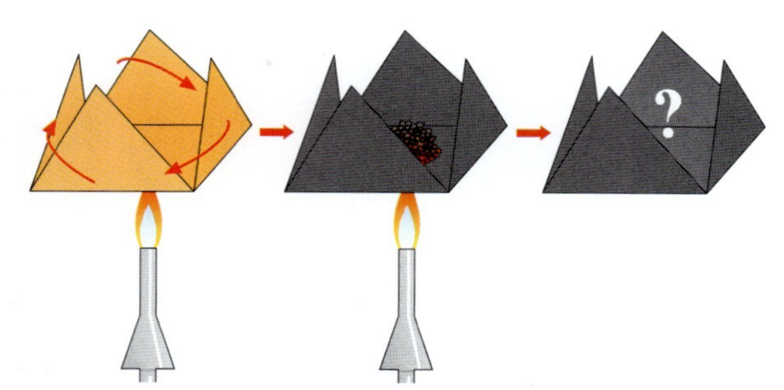


**B3** *Skizze zu V5*

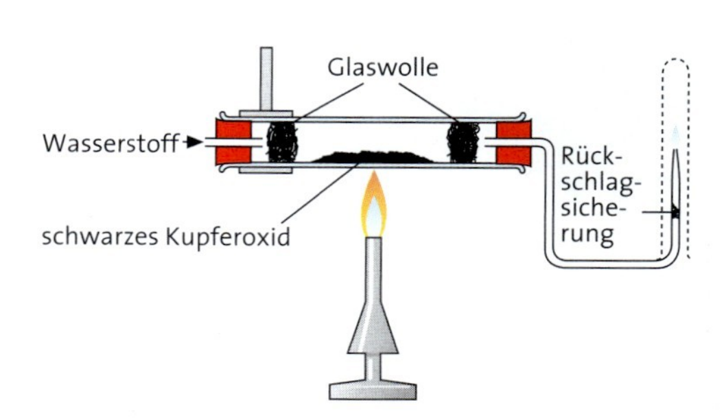


**B4** *Versuchsapparatur zu LV6*

## Kupferherstellung durch Reduktion

In der Natur findet man Kupfer nur sehr selten elementar, d.h. als reines Element, aber recht häufig in Form von Verbindungen, den Kupfererzen. Der Grund ist einfach: Kupfer reagiert relativ leicht z. B. mit Sauerstoff zu Kupferoxid oder mit Schwefel zu Kupfersulfid. In Gegenwart von Wasser und Kohlenstoffdioxid wird Kupferoxid in blaugrünen Malachit umgewandelt.
Um aus Kupferoxid das Metall Kupfer zu gewinnen, muss der Verbindung der Sauerstoff wieder entzogen werden. Diesen Vorgang nennt man **Reduktion**.
Dies gelingt beispielsweise, indem man ein Gemisch aus Kupferoxid und Eisen erhitzt (V1). Dabei entstehen Kupfer und Eisenoxid.

**Reaktionsschema:**

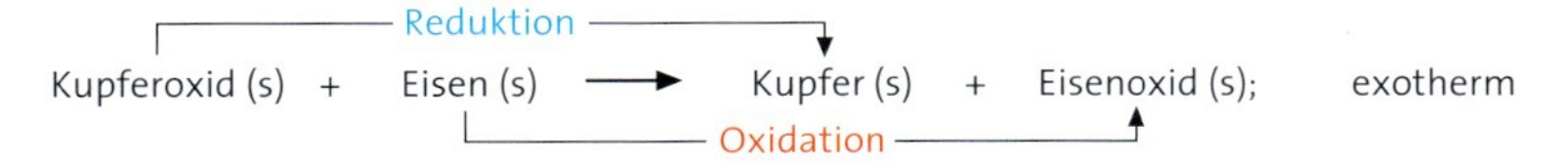


> Laufen **Oxidation** und **Reduktion** gleichzeitig ab, liegt eine **Redoxreaktion** vor.

Bei der Redoxreaktion zwischen Kupferoxid und Eisen ist Eisen das Reduktionsmittel, da es bewirkt, dass Kupferoxid zu Kupfer reduziert wird. Kupferoxid ist das Oxidationsmittel, weil es bewirkt, dass Eisen oxidiert wird. Wenn diese Reaktion von Kupferoxid mit Kohlenstoff oder Wasserstoff statt Eisen durchgeführt wird (vgl. V2 und LV6), ergeben sich wesentliche Vorteile. Kohlenstoff und Wasserstoff werden zu gasförmigen Produkten oxidiert, so dass auf der Produktseite keine festen Oxide zurückbleiben, sondern nur das Kupfer. Ein mühsames Trennen der Produkte entfällt. Kohlenstoff ist zudem die preiswertere Alternative. Nicht nur Kupfer, auch andere Metalle können durch Reduktion ihrer Oxide hergestellt werden. Als Reduktionsmittel verwendet man dabei häufig Kohlenstoff.

**Reaktionsschema:**

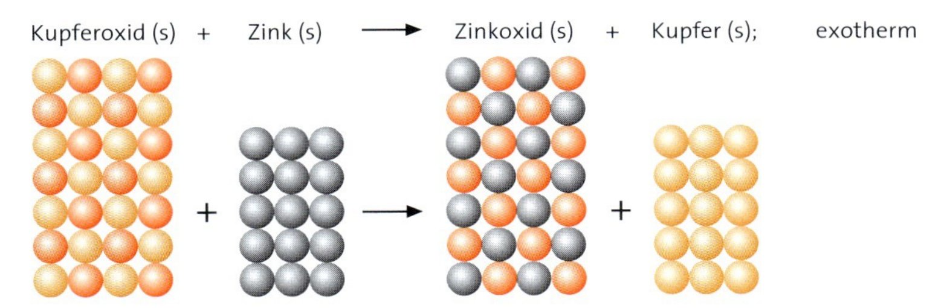


**B5** *Atommodell von* DALTON *zur Reaktion von Kupferoxid mit Zink.* ***A:*** *Beschreibe und erläutere diese Darstellung.*

Mit dem Modell in B5 wird veranschaulicht, dass für die Reaktion einer bestimmten Stoffportion Kupferoxid eine bestimmte Anzahl Zink-Atome benötigt wird. Bei einer doppelten Stoffportion Kupferoxid wären doppelt so viele Zink-Atome nötig, bei einer dreifachen dreifach so viele usw.

> Da Atome eines Elements immer die gleiche Masse haben (vgl. S. 52, 53) und da Atome verschiedener Elemente bei einer Reaktion in konstantem Anzahlverhältnis beteiligt sind, ist auch das Massenverhältnis verschiedener Stoffe bei einer Reaktion konstant (**Gesetz der konstanten Massenverhältnisse**).

### *Aufgabe*

***A1*** Gib an, zu welchem Stoff der Kohlenstoff bei der Reaktion mit Kupferoxid oxidiert wird. Ordne den Edukten und Produkten aus V2 (vgl. auch Auswertung c) die Begriffe Oxidationsmittel und Reduktionsmittel zu.

**B6** *Gebrauchte und ...*

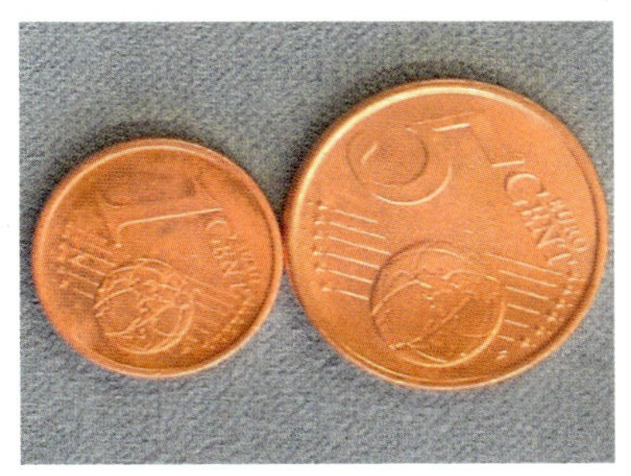

**B7** *...fabrikneue Münzen.* ***A:*** *Wie lässt sich die Oberfläche aus Kupfer auf chemischem Weg wieder zum Glänzen bringen?*

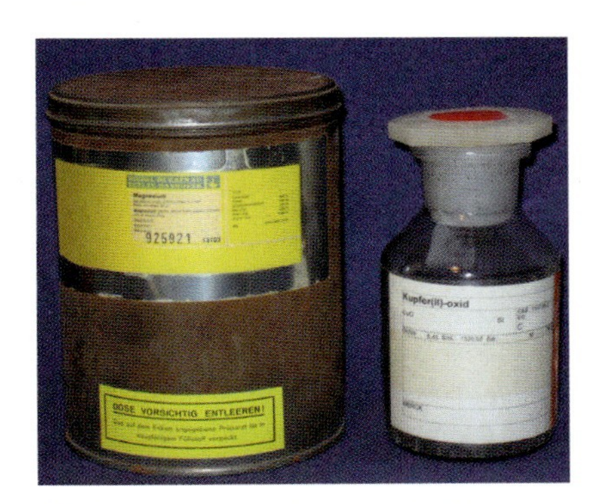

**B8** *Magnesium und Kupferoxid in ihren Behältern.* ***A:*** *Warum wird Kupferoxid nicht auch in Gefäßen aus Eisen gelagert?*

### *Aufgabe*

***A2*** Welcher der Stoffe ist bei der Reaktion von Kupferoxid und Zink das Oxidationsmittel, welcher das Reduktionsmittel?

### Fachbegriffe

Erz, Oxid, Sulfid, Oxidation, Reduktion, Redoxreaktion, Reaktionsschema, Oxidationsmittel, Reduktionsmittel, Gesetz der konstanten Massenverhältnisse

# Vorsicht! Heiß und grell

Warum findet man bestimmte Metalle in der Natur als Elemente, andere nur als Verbindungen?

**B1** *Gold – natürlich!* ***A:*** *Gold tritt in der Natur kaum in Form von Verbindungen auf. Woran kann das liegen?*

**B2** *Bauxit-Tagebau in Weipa, North Queensland, Australien. Bauxit ist ein Gemisch aus Mineralien, das hauptsächlich aus Aluminiumoxid und Eisenoxid besteht.* ***A:*** *Woran erkennst du, dass dieses Stoffgemisch Eisenverbindungen enthält?*

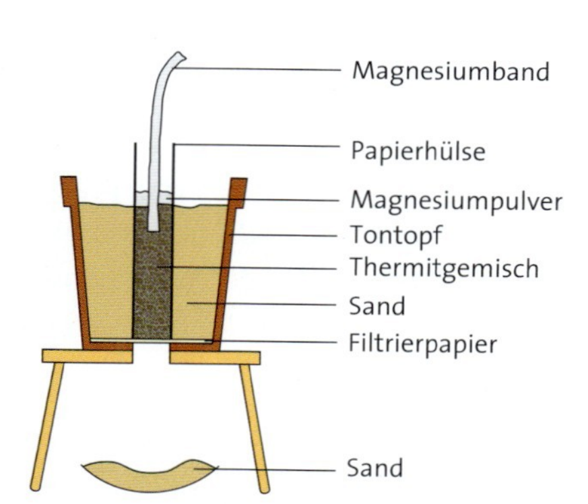


**B3** *Querschnittsskizze zum Thermitversuch, vgl. LV3.* ***A:*** *Erkläre die Funktion der einzelnen Bestandteile.*

## Versuche

***V1*** **Schutzbrille!** Spanne einen Gasbrenner waagerecht in ein Stativ ein. Streue dann kleine Stoffportionen Eisen*-, Zink*-, Aluminium*-, Kohlenstoff*-, Magnesium*- und Kupferpulver* nacheinander in die Flamme. Beachte, dass die Pulver in ungefähr gleicher Korngröße vorliegen müssen.

***V2*** **Schutzbrille!** Mische in einem Reagenzglas 2 g Eisenoxid mit 2,4 g Kupfer, in einem zweiten 4,3 g schwarzes Kupferoxid* mit 2 g Eisen. Erhitze beide Reagenzgläser über der rauschenden Brennerflamme bis zum Aufglühen.

***LV3*** **Vorsicht! Schutzbrille! Schutzhandschuhe! Gemisch im Freien zünden!** *Thermitversuch:* 60 g fein gemahlenes Eisen(III)-oxid, 20 g Aluminiumgrieß* und 2,5 g Aluminiumpulver* werden in einem großen Reagenzglas durch Schütteln vermischt. Auf die Mischung gibt man im Tontopf 5 Spatel Magnesiumpulver* und steckt einen Streifen Magnesiumband oder ein Zündstäbchen hinein (B3). An einem geeigneten Ort im Freien und mit dem notwendigen Sicherheitsabstand der Beobachter stellt man unter den Tontopf eine große Schale mit reichlich Sand und entzündet das Magnesiumband bzw. das Zündstäbchen.

***LV4*** **Schutzbrille!** In zwei Standzylinder wird etwas Sand gegeben. Anschließend werden die beiden Standzylinder mit Kohlenstoffdioxid aus der Gasflasche gefüllt. Man hält mit der Tiegelzange a) glühende Eisenwolle und b) brennendes Magnesiumband in je einen Standzylinder.

***LV5*** **Vorsicht! Schutzbrille! Schutzhandschuhe! Abzug mit Schutzscheibe!** Auf einer Magnesiarinne, die man auf einen Dreifuß mit Tondreieck stellt, erhitzt man ein Gemisch aus 2,0 g schwarzem Kupferoxid* und 0,4 g Aluminiumpulver* (Aluminiumbronze). Die Mischung sollte durch Schütteln in einem Reagenzglas hergestellt werden, um eine vorzeitige Zündung durch Reibung zu vermeiden. Das Zünden des Gemisches kann unter Umständen etwas verzögert erfolgen.

## Auswertung

a) Formuliere für alle Reaktionen aus V1 die Reaktionsschemata. Bei welchen Metallen ist die Lichterscheinung besonders stark? Erstelle eine Liste, in der die verwendeten Metalle nach schwächer werdender Lichterscheinung geordnet sind.

b) Welche Aufgabe erfüllt der Sand in LV4? Was könnte geschehen, wenn man den Sand wegließe?

c) Welche Metalle kommen in der Natur überwiegend in Form ihrer Verbindungen, welche auch als Element vor? Begründe deine Antwort mithilfe von B1, B2 und den Versuchsergebnissen aus V1 bis LV5.

## Starke und schwache Reduktionsmittel

Wenn wir die Reaktionen von Metalloxiden sowie von Kohlenstoffdioxid mit verschiedenen Metallen und Kohlenstoff vergleichen, stellen wir deutliche Unterschiede im **Reduktionsvermögen** fest.
Beim **Thermitversuch** (LV3, B3) wird Eisenoxid mit Aluminium reduziert. Diese Reaktion verläuft so stark exotherm, dass das entstehende Eisen dabei schmilzt und Metallteile zusammengeschweißt werden können.
Eisen geht mit Kohlenstoffdioxid keine Reaktion ein (LV4). Es ist nicht in der Lage, Kohlenstoffdioxid zu reduzieren.
Magnesium dagegen brennt in Kohlenstoffdioxid in exothermer Reaktion heftig weiter, wobei ein weißer Rauch aus Magnesiumoxid und ein schwarzer, rußiger Beschlag an der Standzylinderwand entstehen (LV4, B4). Magnesium reduziert folglich Kohlenstoffdioxid zu Kohlenstoff.

**Reaktionsschema:**
Magnesium (s) + Kohlenstoffdioxid (g) ⟶ Magnesiumoxid (s) + Kohlenstoff (s); exotherm

Magnesium besitzt ein sehr gutes Reduktionsvermögen. Es reduziert die meisten Metalloxide unter Bildung des Metalls und Magnesiumoxid. Gold hat ein sehr schlechtes Reduktionsvermögen.

**Reduktionsvermögen der Metalle und von Kohlenstoff nimmt in folgender Reihe ab:**
Magnesium – Aluminium – Zink – Kohlenstoff – Eisen – Blei – Kupfer – Silber – Gold

Zwei Aussagen sollen den Wert dieser Reihe für die Praxis verdeutlichen:
1. Magnesium ist unter den angegebenen Stoffen das stärkste Reduktionsmittel.
2. Eisen kann kein Oxid eines Metalls (z. B. Zinkoxid) oder eines Nichtmetalls (z. B. Kohlenstoffdioxid), das links von ihm in der Reihe angeordnet ist, reduzieren.

**Reaktionsschema:**
Zinkoxid (s) + Eisen (s) $\not\longrightarrow$
aber
Silberoxid (s) + Eisen (s) ⟶ Eisenoxid (s) + Silber (s)

**B4** *Thermitschweißen.* ***A:*** *Welche Edukte werden eingesetzt, welche Produkte entstehen?*

**B5** *Magnesium brennt in Kohlenstoffdioxid.* ***A:*** *Woraus besteht der schwarze Stoff, der sich am Rand des Standzylinders bildet?*

### *Aufgaben*

***A1*** Mit welchem Stoff wird die Reduktion von Bleioxid besonders heftig ablaufen?
***A2*** Formuliere das allgemeine Reaktionsschema für die Reaktion eines Metalloxids mit Kohlenstoff. Für welche Metalloxide ist dieses Schema zutreffend?
***A3*** Magnesium brennt auch in Wasser. Muss das Element Wasserstoff in der obigen Reihe der Elemente links oder rechts von Magnesium eingeordnet werden?
***A4*** Erkläre, warum im Labor zur Reduktion von Kupferoxid häufig Eisen verwendet wird und nicht Magnesium, obwohl Magnesium ein deutlich größeres Reduktionsvermögen besitzt.

**Fachbegriffe**
Reduktionsvermögen, Thermitversuch

## Das Beil des Ötzi

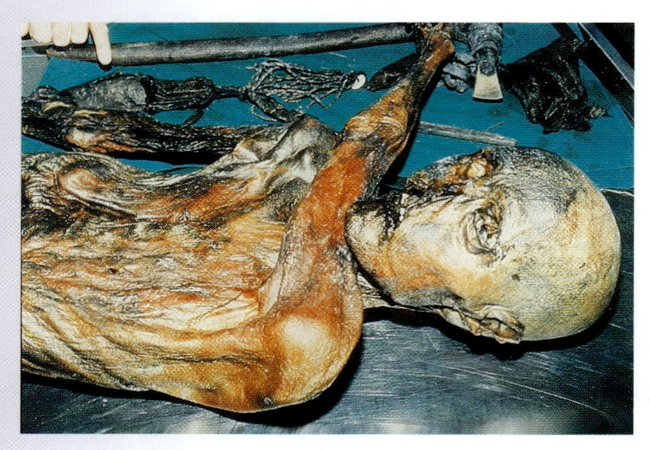

**B1** *Im Jahr 1991 wurde in einem abschmelzenden Teil eines Alpengletschers eine Eismumie gefunden, die bald nach ihrem Fundort in den Ötztaler Alpen den Namen „Ötzi" erhielt. Neben anderen Gebrauchsgegenständen fand man bei ihr auch ein Beil aus Kupfer.* **A:** *Wie stellten die Zeitgenossen „Ötzis" Metallgegenstände her und wie gewannen sie die Metalle?* **A:** *Warum war das Beil aus Kupfer und nicht etwa aus Eisen oder einem anderen Metall?*

**So geht ihr vor:**

a) Teilt die Klasse in zwei Hälften. Die eine Hälfte liest Text 1, die andere Hälfte liest Text 2.

b) Einige dich nun mit deinem unmittelbaren Sitznachbarn, der den gleichen Text gelesen hat, auf sechs Schlüsselbegriffe zu dem Text. Schreibt jeden Begriff auf zwei Kärtchen, da jeder von euch für die Puzzlephase alle sechs Begriffskarten braucht!

c) Erklärt euch gegenseitig die Aussagen eures Textes anhand der Kärtchen.

d) Überlegt gemeinsam einige anspruchsvolle Fragen zum Text, die eure späteren Puzzlepartner beantworten sollen. Ihr seid ja inzwischen Experten für den Inhalt eures Textes!

e) Sucht euch einen Partner, der den anderen Text bearbeitet hat.

f) Erklärt eurem „Laien"-Partner anhand der Kärtchen euer neues Wissen und stellt dann die Fragen.

g) Mischt die Kärtchen und geht die Begriffe und ihre Bedeutung gemeinsam noch einmal durch.

**Text 1 – Vom Kupfernugget zum Gebrauchsgegenstand**

Der Anteil des Kupfers an der Erdrinde beträgt nur ca. 0,006 %. An bestimmten Orten, den Lagerstätten, findet sich Kupfer jedoch in größeren Mengen und kann unter anderem in Form von Kupfernuggets, die Kupfer mit nur geringen Beimengungen anderer Metalle enthalten, abgebaut werden. Andere Metalle wie Eisen gibt es in der Erdrinde zwar weitaus häufiger, sie kommen in ihr allerdings fast ausschließlich in Form ihrer Verbindungen vor.

Um Kupfer zu schmelzen, benötigt man Temperaturen von über 1000 °C. Diese Temperaturen sind durch die Verbrennung von Holzkohle zu erreichen. Um das Feuer vor Wind zu schützen, werden Steine um das Feuer gehäuft. Ein Blasebalg sichert die Zufuhr von Luftsauerstoff und damit eine gute Verbrennung der Holzkohle. Geschmolzenes Kupfer wird in hitzebeständige Formen gegossen, um etwa ein Beil oder eine Pfeilspitze herzustellen.

**Text 2 – Kupfer aus Kupfererz**

In der Regel findet man neben dem elementaren Kupfer auch größere Mengen eines grünen Steins, des Kupfererzes, das wir heute als Malachit bezeichnen. Malachit enthält neben gebundenem Kupfer auch gebundenen Sauerstoff, Kohlenstoff und Wasserstoff. Es setzt beim Erhitzen Kohlenstoffdioxid und Wasser frei. Weitere Kupfererze sind Kupferkies und Cuprit, dies sind Verbindungen des Kupfers mit Sauerstoff oder Schwefel, die man daher verallgemeinernd auch als oxidische oder sulfidische Erze bezeichnet. Die Gewinnung eines Metalls aus einem geeigneten Erz, die „Verhüttung", erfolgt in mehreren Schritten. Zunächst müssen die Brocken des Erzes zerkleinert und erhitzt werden, um aus den Sulfiden Oxide herzustellen sowie Wasser und Kohlenstoffdioxid abzutrennen. Kupferoxid bleibt nun neben Restgestein übrig. Anschließend muss das Kupferoxid mit organischem Material, etwa Holzkohle, erhitzt, also umgesetzt werden. Kupferoxid wird zu Kupfer reduziert.

# Kupfer gewinnen wie in der Kupferzeit

### *Versuche*

***V1*** **Schutzbrille!** Erhitze 3 g Malachit über der Brennerflamme. Leite das entweichende Gas über ein gebogenes Glasrohr in Kalkwasser* (B1) ein. Wenn aus dem grünen Malachit ein schwarzes Pulver entstanden ist, entferne das Kalkwasser* und beende danach das Erhitzen. Wiege die Stoffportion aus dem Rggl. nach dem Abkühlen erneut.

***V2*** **Schutzbrille!** Verfahre wie in einem Modell der Öfen aus der Bronzezeit: Schichte in einem schwer schmelzbaren Rggl. abwechselnd das schwarze Produkt aus V1 und Holz (oder andere Materialien, die „Ötzi“ zugänglich waren) übereinander und erhitze mit der rauschenden Flamme an den Stellen, an denen sich der schwarze Stoff befindet (B2). Wiederhole das Experiment mit neuen Holzschichten, tausche dabei aber das schwarze Produkt nicht aus.

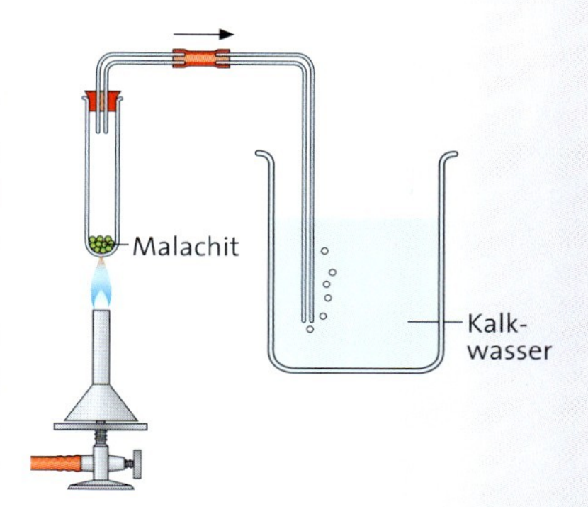


**B1** *Versuchsapparatur zu V1*

### *Auswertung*

a) Notiere deine Beobachtungen bei V1 und erkläre den Massenunterschied des Reagenzglasinhaltes anhand deiner Beobachtungen.
b) Untersuche das abgekühlte Reaktionsgemisch aus V2 mit der Lupe.
c) Erkläre mithilfe eines Reaktionsschemas, welche Produkte bei V2 entstanden sind.
d) Mit welchen Metallen von den Seiten 88, 89 anstelle des Holzes müsste sich bei V2 ebenfalls elementares Kupfer aus Kupferoxid gewinnen lassen? Wieso führten die Menschen zu „Ötzis“ Zeit die Reduktion von Kupferoxid nicht mit diesen Metallen durch?

**B2** *Versuchsapparatur zu V2*

**Methode: Interpretation von Daten**

### *Aufgaben*

***A1*** Für die meisten Werkzeuge werden harte und widerstandsfähige Metalle verwendet. Vergleiche die Eigenschaften von Gold, Silber, Kupfer, Bronze und Eisen (B3). Nenne Vor- und Nachteile dieser Metalle in Bezug auf ihre Herstellung und den Gebrauch als Werkzeugmetall.

***A2*** Internetrecherche: Vergleiche die Härte der Metalle (B3) mit der Härte der härtesten Mineralien. Warum verwendete man nicht diese Mineralien zur Herstellung von Geräten?

***A3*** Ordne die Metalle aus B3 nach zunehmendem Elastizitätsmodul und zunehmender Härte. Was fällt auf?

***A4*** Erkläre, warum in der Geschichte der Menschen zunächst Kupfer vor Eisen als Gebrauchsmetall verwendet wurde.

| Werkstoff | Dichte [g/cm$^3$] | E.M. | Härte [MOHS] | Schmelztemp. [°C] |
|---|---|---|---|---|
| Bronze | 8,73 | 111 | 4–5 | 915–1040 |
| Eisen | 7,87 | 215 | 4,5 | 1530 |
| Kupfer | 8,96 | 125 | 2,5–3 | 1083 |
| Gold | 19,32 | 79 | 2,5–3 | 1064 |
| Silber | 10,49 | 82 | 2,5–3 | 960 |

**B3** *Eigenschaften von Kupfer, Bronze und Eisen. Mit E.M. wird das Elastizitätsmodul abgekürzt. Der Betrag des Elastizitätsmoduls ist umso größer, je schwerer sich ein Material verformen lässt. Ein Bauteil aus einem Material mit hohem Elastizitätsmodul (z.B. Stahl) ist steif, ein Bauteil aus einem Material mit niedrigem Elastizitätsmodul (z.B. Gummi) ist nachgiebig.*

**B1** *Die Hohenzollernbrücke in Köln, eine Stahlkonstruktion.* ***A:*** *Ermittle die Entwicklung des weltweiten Stahlverbrauchs in den letzten zehn Jahren.*

## Scharfe Messer, starke Träger

Elementares Eisen ist in der Natur nur in kleinen Mengen, etwa in Meteoriten, zu finden. Eisen ist unser wichtigstes Gebrauchsmetall. Als Stahl wird Eisen „überall" verwendet, zum Bau von Brücken, Häusern, Eisenbahnschienen, Autokarosserien und nicht zuletzt für Kleinteile wie Messer. Wie stellt man Eisen her?

### *Versuch*

***LV1*** **Schutzbrille! Abzug!** Ein senkrecht in ein Stativ eingespanntes Quarzrohr wird am unteren Ende mit einem Siliconstopfen verschlossen, in dem ein Glasrohr gasdicht steckt, das wiederum mit einer Sauerstoffflasche verbunden ist. Das Reaktionsrohr wird folgendermaßen befüllt:
Eine Schicht Glaswolle, je zwei Schichten gekörnte Aktivkohle (etwa 6 cm hoch), und Eisen(III)-oxid (etwa 3 cm hoch, vgl. B3). Die oberste Schicht wird mit Glaswolle abgedeckt und das Quarzglasrohr mit Stopfen und Glasrohr verschlossen.
Mithilfe von einem oder zwei schräg gestellten Bunsenbrennern wird die untere Kohleschicht zum Glühen gebracht, dann wird Sauerstoff* durch das Reaktionsrohr geleitet. Nun erhitzt man das Eisen(III)-oxid und anschließend die obersten Schichten. Das am oberen Glasrohr entweichende Kohlenstoffmonooxid* wird abgefackelt.
Wenn beide Kohleschichten glühen, wird die Sauerstoffzufuhr vermindert und der Brenner entfernt. Beim Nachlassen des Glühens stellt man die Sauerstoffzufuhr ab und lässt das Reaktionsrohr abkühlen. Das Reaktionsprodukt gibt man nach dem Abkühlen in eine Porzellanschale und untersucht es mit dem Magneten. Am Magneten anhaftende Partikel taucht man in verdünnte Salzsäure.

### *Auswertung*

a) Ordne die Reaktionsschemata (1) und (2) von S. 93 den Zonen aus LV1 (B3) zu.
b) Eisen reagiert mit Salzsäure ähnlich wie Zink (vgl. S. 79, A4). Formuliere das Reaktionsschema und deute die Versuchsbeobachtung bei der Behandlung des Produkts aus LV1 mit Salzsäure.

Beschickung
Gichtgas
zum Winderhitzer
Gichtglocke
500 °C
900 °C
1000 °C
1000 °C
1400 °C
2000 °C
Wasserkühlung
Heißluft vom Winderhitzer
Heißluft-Ringleitung
Schlacke
Roheisen

**B2** *Schema eines Hochofens zur Roheisenherstellung*

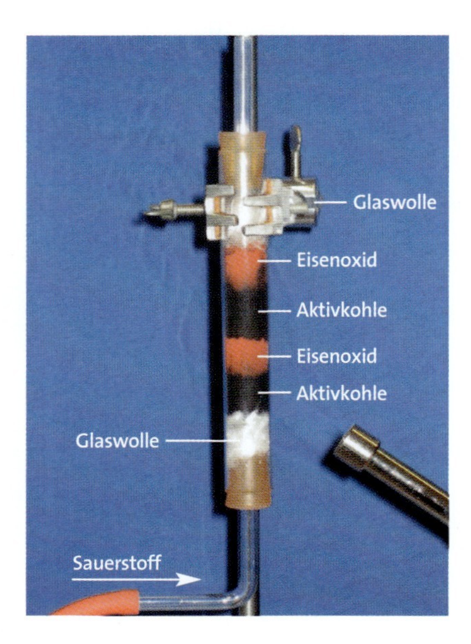


**B3** *Modellversuch zur Simulation des Hochofenprozesses.* ***A:*** *Nenne Gemeinsamkeiten und Unterschiede zwischen Modellversuch und Hochofenprozess.*

## Eisen und Stahl

**Roheisen** wird aus Eisenoxid durch Reduktion mit Kohlenstoff gewonnen. Bei LV1 laufen folgende Reaktionen ab:

(1): Kohlenstoff (s) + Sauerstoff (g) ⟶ Kohlenstoffmonooxid (g)
(2): Kohlenstoffmonooxid (g) + Eisenoxid (s) ⟶ Eisen (s) + Kohlenstoffdioxid (g)

Das im Hochofen gewonnene Roheisen enthält nur zu ca. 95 % Eisen und hat noch nicht die Eigenschaften, die man sich für zahlreiche Anwendungen wünscht. Es rostet leicht, ist spröde und schwer zu verarbeiten. Wenn man es in **Stahl**, eine schmiedbare Eisenlegierung, überführen will, muss das Stoffgemisch Roheisen entkohlt werden, bis der Kohlenstoffanteil unter 1,7% liegt. Ist der Kohlenstoffanteil zwischen 0,5% und 1,7%, lässt sich der Stahl durch Erhitzen auf etwa 800 °C und anschließendes Eintauchen in kaltes Wasser (rasches Abkühlen, „Abschrecken") härten. Der Stahl wird auf diese Weise sehr hart und wenig elastisch. Erwärmt man den Stahl erneut und lässt ihn dann langsam abkühlen, erhält er wieder seine normale Härte und Elastizität. Die Behandlung kann man so variieren, dass der Stahl die gewünschten Eigenschaften bekommt (vgl. V1).
Zur **Entkohlung** des Roheisens werden zurzeit zwei Methoden angewendet, das **Blasverfahren** und das **Elektrostahlverfahren**. Bei einem Elektrostahlverfahren wird das Roheisen in einem Elektroofen auf ca. 3 000 °C erhitzt. Solche Temperaturen erreicht man durch Anlegen einer Spannung zwischen zwei Kohle-Elektroden, wodurch sich ein sogenannter Lichtbogen bildet. Dem Roheisen wird Schrott beigegeben, dessen Sauerstoffanteil die Begleitelemente des Roheisens (Kohlenstoff) oxidiert.
Bei dem Blasverfahren wird reiner Sauerstoff oder Luftsauerstoff in das Roheisen eingeblasen. Die Oxidation des im Roheisen enthaltenen Kohlenstoffs zu Kohlenstoffdioxid liefert die Energie, die nötig ist, um den Stahl flüssig zu halten. Der auf diese Weise produzierte Stahl wird auch **Oxygenstahl** genannt.
Durch die Zugabe oft kleinster Mengen von Mangan, Silicium, Nickel, Chrom, Titan oder Vanadium erhält man Stähle unterschiedlicher Zusammensetzungen für unterschiedliche Anwendungen.

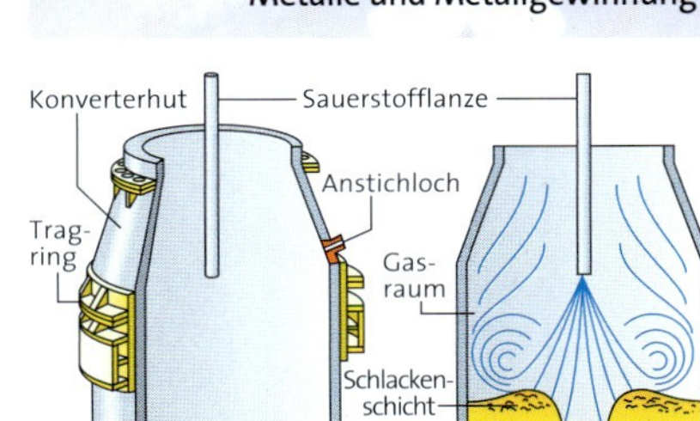


**B4** *Schematische Darstellung der Stahlgewinnung nach dem LINZ-DONAWITZ-Verfahren, einem Blasverfahren.* **A:** *Erkläre, weshalb der Sauerstoff mit hohem Druck (ca. zehnfachem Atmosphärendruck) auf die Schmelze geblasen wird.*

**B5** *Klinge aus Damaszener Stahl.* **A:** *Finde heraus, woher der Name dieses Stahls stammt und seit wann er hergestellt wird.*

| Name | Zusammensetzung | Eigenschaften | Verwendung |
|---|---|---|---|
| V2A-Stahl | Eisen, bis zu 18% Chrom | korrosionsfest, säurebeständig | Werkzeuge, Fahrzeugbau |
| | Eisen, bis zu 14% Nickel | sehr hart | |
| Invar-Stahl | 65% Eisen, ca. 35% Nickel | geringe Wärmeausdehnung | Präzisions-Messinstrumente |
| Dural | Eisen, Aluminium, bis zu 5% Kupfer, Spuren von Mangan, Magnesium, Silizium | korrosionsfest, geringere Dichte als Eisen | Flugzeug- und Fahrzeugbau |
| Schnellarbeitsstähle (HSS-Stähle) | Eisen, ca. 4% Chrom, 15% Wolfram | bei Rotglut hart | Werkzeuge |

**B6** *Zusammensetzung verschiedener Stähle, ihre Eigenschaften und Verwendungen.*
**A:** *Wozu kann man Schnellarbeitsstähle (HSS-Stähle) im Haushalt einsetzen?*

### *Aufgabe*

***A1*** Überprüfe die Veränderung der Elastizität von Stahl, indem du eine Stahlfeder oder eine Rasierklinge (Schutzmaßnahmen treffen!) auf Rotglut erwärmst, und danach a) abschreckst bzw. b) langsam abkühlen lässt. Prüfe die Elastizität des Stahls vor dem Erwärmen, nach dem Abkühlen und nach dem Abschrecken durch Dehnung der Feder bzw. durch Verbiegen.

### Fachbegriffe

Roheisen, Stahl, Entkohlung, Blasverfahren, Elektrostahlverfahren

## Schrott – Abfall oder Rohstoff?

**B1** *Alte Waschmaschinen auf einem Schrottplatz. **A:** Welche Materialien sind in einer Waschmaschine verarbeitet?*

Wenn ein Computerbildschirm nicht mehr funktionstüchtig ist, wird er meist verschrottet. Aber wo bleiben all die Bildschirme und anderen metallhaltigen elektronischen Bauteile?

### Versuch

***Eggrace** zur Trennung von Stoffen aus Schrott*

Alle Teilnehmer erhalten ein metallhaltiges Stoffgemisch und eine Anzahl an Geräten und Chemikalien. Das Stoffgemisch soll nun mit den zur Verfügung stehenden Materialien und Chemikalien **vollständig** und **sauber** getrennt werden.
Die Gruppe, die das Stoffgemisch vollständig und am saubersten getrennt hat, ist Gewinner des Wettbewerbs!

**Stoffgemisch:**
Becherglas mit Kupfer, Zink- und Eisenschrott, Styropor und kleinen Plastikstückchen

**Mögliche Materialien:**
Ein Trichter, ein Filter, drei Bechergläser, ein Magnet, eine Pinzette, ein Sieb, eine Porzellanschale als Ersatz für eine Goldwaschschüssel, drei Reagenzgläser, Gasbrenner, Luftballon, Fön und weitere Materialien nach Wahl

**Chemikalien:**
Spülmittel, Essigessenz, Wasser

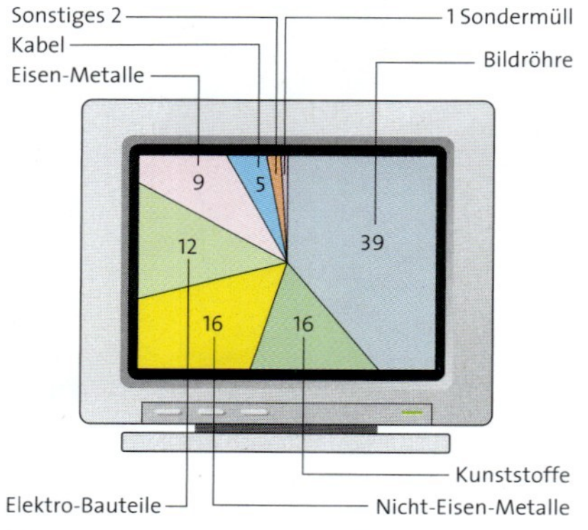


**B2** *Bestandteile eines alten Bildschirms. **A:** Informiere dich, welche Nicht-Eisen-Metalle sich in einem Bildschirm befinden und was mit Sondermüll gemeint ist.*

**Aufgaben** zum Eggrace:

1. Dokumentiere deine Vorgehensweise genau.
2. Erstelle eine Mappe oder bereite eine Präsentation vor, in der du ausführlich die Erfolge und Misserfolge deiner Versuchsreihe dokumentierst.
3. Auf welchen Prinzipien beruhen die von dir angewandten Verfahren? Welche Stoffeigenschaften machst du dir jeweils zunutze?
4. Trennverfahren lassen sich grob in physikalische und chemische Trennverfahren aufteilen. Kennzeichne die von dir in dem Eggrace angewandten Methoden als chemische oder physikalische Trennverfahren.
5. Wieso sind physikalische Trennverfahren gegenüber chemischen zu bevorzugen?

**B3** *Piktogramm (bildliches Symbol), mit dem auf einem Produkt darauf hingewiesen wird, dass dieses Gerät nicht über den Haus- oder Sperrmüll entsorgt werden darf. **A:** Erkläre auch mithilfe von B2, warum diese Regelung seit dem Jahr 2006 für Elektronik-Schrott gilt.*

**B4** *Das Stoffgemisch aus dem Eggrace*

## Recycling von Metallen

Als **Schrott** bezeichnet man alle metallhaltigen Abfälle. Sie entstehen zum Beispiel bei der Verschrottung von Autos, Schiffen, Flugzeugen, Waschmaschinen und Computern. Metalle wurden schon in der Spätsteinzeit **recycelt**, d. h. wiederverwertet. Abgebrochene oder stumpfe Kupferäxte lassen sich einfach einschmelzen, um dann neue Geräte daraus zu fertigen.
Die Wiederverwertung „moderner" Metallabfälle ist aufwendiger, denn meistens befinden sich auch große Mengen anderer Materialien wie Papier, Holz und Kunststoffe in und an den Metallabfällen. Auch die Trennung verschiedener Metalle voneinander erfordert technisches Know-How und einigen Aufwand.
Seit zwei Jahrzehnten nimmt die Menge an **Elektronik-Schrott** (E-Schrott) immer mehr zu. Allein in den Jahren zwischen 2002 und 2004 hat sich die Menge des E-Schrotts vervierfacht! Der Grund dafür ist hauptsächlich, dass Computer oder Handys heutzutage nur noch zwei bis drei Jahre verwendet und dann weggeworfen werden, auch wenn sie noch gebrauchstüchtig sind. Die EDV-Bauteile haben dann zwar „ausgedient", sie enthalten aber wertvolle Rohstoffe wie Blei, Kupfer, Silber und sogar Gold! Je nach Zusammensetzung des Schrotts werden Preise von 5 € bis weit über 10 000 € je Tonne gezahlt. Dabei ist der Gehalt an wertvollen Metallen ebenso ausschlaggebend für den Preis wie die Art der Verarbeitung. Bei der Aufarbeitung können aber insbesondere **Verbundstoffe**, also Produkte, die nicht nur aus einem Material bestehen, Probleme bereiten.
Schrott enthält leider oft auch Schadstoffe, die die Entsorgung erschweren, etwa die Metalle Quecksilber und Cadmium, Kunststoffe wie PVC oder auch **Weichmacher**.

**B5** *Mitarbeiter in einer Entsorgungsfirma.*
*A: Vor welchen Giftstoffen kann hier ein Mundschutz schützen, bei welchen ist er unwirksam?*

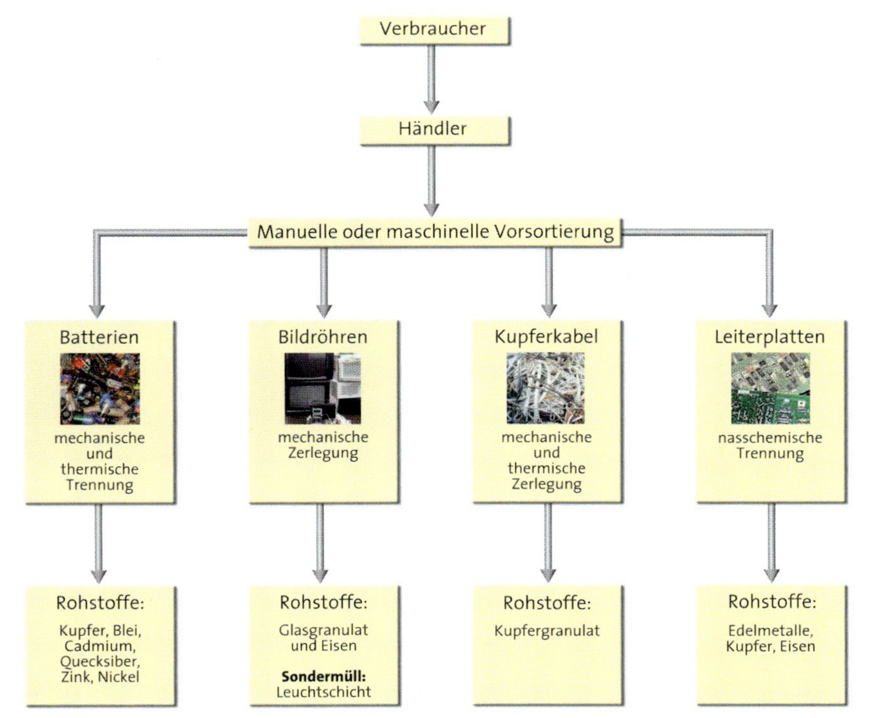


**B6** *Rohstoffrecycling am Beispiel von Computerschrott. Eine große Menge des europäischen Kabelschrotts gelangt zur Aufbereitung nach Asien, wo die PVC-haltigen Kabelhüllen häufig ohne besondere Sicherheitsmaßnahmen abgebrannt werden. A: Erkundige dich, welche Produkte bei der Verbrennung von PVC entstehen können und bewerte die E-Schrott-Ausfuhr nach Asien.*

### *Aufgaben*

**A1** Erkläre, bei welchen der in B6 dargestellten Vorgänge physikalische, bei welchen chemische Trennverfahren zum Zuge kommen.

**A2** Internetrecherche: Erkundige dich, aus welchen Bestandteilen ein Handy besteht.

**A3** Schneide eine alte Tetrapak-Verpackung auf (etwa eine alte H-Milch-Verpackung). Welche Materialien kannst du mit bloßem Auge erkennen? Wie würdest du sie trennen?

### Fachbegriffe

Schrott, Elektronik-Schrott, Weichmacher, Verbundstoffe

## M+ Planarbeit – Aluminium

### Eine Welt voller Metalle

*Arbeitsaufträge*

1. Wähle das Thema Aluminium oder Zink/Titan.
2. Bearbeite die Texte, führe die Experimente durch, werte sie aus und beantworte die Fragen.
3. Ergänze mit Informationen aus der Literatur und dem Internet.
4. Schreibe einen längeren Bericht zu deinem Thema.

### Aluminium – das vielseitige Metall mit Zukunft

**B1** *Anwendungsmöglichkeiten von Aluminium. A: Nenne weitere Produkte aus Aluminium. A: Welche Eigenschaften des Aluminiums spielen für die Anwendung die entscheidende Rolle?*

Überall, wo Gewichtsersparnis, Schutzfunktion, Stabilität, Korrosionsbeständigkeit und Langlebigkeit erforderlich sind, ist Aluminium ein geeigneter Werkstoff. Es ist weich, geschmeidig und hat eine geringe Dichte. Im Jahr 2005 wurden allein in Deutschland 3 Mio. Tonnen Aluminium benötigt. Insbesondere im Fahrzeug- und Flugzeugbau wird immer mehr Aluminium eingesetzt.
Mit einem Massenanteil von 8 % ist Aluminium das dritthäufigste Element der Erdkruste. Zur Herstellung von Aluminium wird heute das Mineral Bauxit verwendet, das zu 50 % aus Aluminiumoxid besteht und unterschiedliche Mengen an Eisenoxid, Siliciumdioxid und Titandioxid enthält.

**B2** *Friedrich Wöhler (1800–1882) stellte das Element Aluminium erstmals im Jahr 1827 durch Reduktion von Aluminiumchlorid mit Kalium dar. A: Formuliere das Reaktionsschema.*

Die vielseitige Verwendung von Aluminium auch als Verpackungsfolie für Lebensmittel oder Getränkedosen ist darauf zurückzuführen, dass Aluminium sich „scheinbar" wie ein edles Metall verhält. Grund dafür ist der äußerst stabile Belag aus Aluminiumoxid, der sich auf der Oberfläche in Gegenwart von Sauerstoff bildet. Er stellt eine Art Schutzschicht für das darunterliegende Aluminium gegen weitere Oxidation dar. Wird die schützende Oxidschicht „verletzt", schreitet die Korrosion rasch voran (V3).

***A1*** Erkundige dich nach dem Energieverbrauch zur Herstellung von Aluminium und den Vor- und Nachteilen des Recyclings.

**B3** *Leere Teelicht-Behälter? Nicht wegwerfen, du kannst viel damit anfangen! Teelicht-Behälter bestehen nur aus einem Metall. A: Aus welchem?*

***V1*** Plane ein Experiment, das bestätigt, dass Teelicht-Behälter aus Aluminium hergestellt sind. Beschreibe deine Vorgehensweise und protokolliere Durchführung und Ergebnisse des Versuchs.

***V2*** Angelaufenes Silberbesteck wird in Aluminiumfolie eingewickelt und einige Zeit in eine heiße Kochsalz-Lösung gelegt und beobachtet.

***A2*** Ist Silber oder Aluminium das edlere Metall?

**B4** *Aluminium wird auch in Wunderkerzen verwendet. A: Welche Eigenschaft von Aluminium spielt hierbei eine wichtige Rolle?*

***V3*** Mische in einem Becherglas 11 g Bariumnitratpulver*, 1 g Aluminiumpulver*, 5 g grobes Eisenpulver und 3 g Stärke. Gib wenig kochendes Wasser hinzu und verrühre alles zu einem steifen Brei. Mit diesem Brei werden 10 dünne, entfettete Eisenstäbe (z. B. Stücke von dickem Blumendraht) zur Hälfte überzogen. Nach dem Trocknen kannst du sie mit einem Gasfeuerzeug oder Bunsenbrenner zünden.

***A3*** Welche Reaktionen finden statt? Notiere die Reaktionsschemata. Beachte, dass Stärke nur als Bindemittel dient.

# M+ Planarbeit – Zink, Titan



## Zink – ein Metall mit vielen Seiten

Wie Aluminium überzieht sich Zink an der Luft ebenfalls mit einer schützenden Oxidschicht. Mit Kupfer bildet Zink die Legierung Messing, die man bereits im Altertum kannte. Aber Zink ist noch vielseitiger!

### Zink schützt ... auch den Menschen

Die Verbindung Zinkoxid wird in Cremes zur Wund- und Hautpflege vor allem bei Babys eingesetzt. Viele Sonnencremes enthalten Zinkoxid, um die Haut vor zu starker Sonnenbestrahlung zu schützen. Zinksulfat wird zum Desinfizieren verwendet.

| Zinkhaltige Nahrungsmittel | Zinkgehalt mg pro 100g |
|---|---|
| Milch | 0,4 |
| Edamer Käse | 9,0 |
| Schweinekotelett | 1,4 |
| Schweineleber | 6,3 |
| Knäckebrot | 3,1 |
| Broccoli | 0,6 |
| Austern | >7 |

Eine ausreichende Zinkversorgung ist wichtig für die Gesundheit des menschlichen Körpers. Ein 70 kg schwerer Mensch hat etwa 2,3 g Zink in sich und Erwachsene sollten täglich mindestens 12–15 mg zu sich nehmen.

### Zink schützt ... sogar Stahl

Durch den Zink-Überzug von Stahlbauteilen, z. B. in Autos, an Brücken oder im Dach des Kölner Hauptbahnhofs, wird die Lebensdauer der Stahlkonstruktionen um ein Vielfaches verlängert. Zink schützt hierbei den Stahl vor Rost.

### Zink dient ... als Designerwerkstoff

Zinkbleche werden nicht nur aus dekorativen Gründen, sondern wegen ihrer Haltbarkeit und Witterungsbeständigkeit oft im Fassaden- und Dachbau eingesetzt.

### Zink im Einsatz ... in Farben

Weißes Zinkoxid eignet sich sehr gut für einen leuchtend weißen, gut deckenden Anstrich. Vorteilhaft ist auch der Schutz vor Rost durch zinkhaltige Farben.

### Zink dient ... als Bestandteil von Messing

Messing ist eine Legierung aus Kupfer und Zink, die fast goldfarben aussieht und daher oft schmückenden Zwecken dient.

### Zink nützt ... im Präzisionsguss

Zink wird besonders für komplizierte Gussteile eingesetzt, da es ausgezeichnete Gießeigenschaften besitzt.

## Titan – der „weiße Riese“

Eigentlich ist Titan ein zähes, silbrig glänzendes Metall. Wie Zink und Aluminium überzieht es sich an der Luft mit einer Oxidschicht.

Allerdings behält es dabei seinen matten Glanz und findet daher in der Schmuck- und Uhrenindustrie breite Anwendung.

Da Titan eine nur um 50% höhere Dichte als Aluminium, aber bessere mechanische Eigenschaften hat, ist es für den Bau von Hochleistungsflugzeugen, Autofelgen und Fahrrädern besonders geeignet.

Wegen seiner guten Verträglichkeit im Körper wird Titan für Implantate aller Art eingesetzt.

Den Titel „weißer Riese“ trägt Titan allerdings aufgrund seiner Verbindung Titandioxid. Deren Modifikation Rutil wird als bestes Weißpigment in Farben, Lacken, Kosmetik und sogar in Zahnpasta verwendet, da die Verbindung nicht reagiert und für den Körper ungiftig ist.

### *Versuch*

***V4*** Zink ist ein lebensnotwendiges Spurenelement – nicht nur für den Menschen: Aus einer Zinksulfat-Heptahydrat-Lösung, $w$ = 1%, werden durch Verdünnung folgende Lösungen hergestellt und in sieben Bechergläser gefüllt: 1. $w$ = 1%, 2. $w$ = 0,5%, 3. $w$ = 0,1%, 4. $w$ = 0,05%, 5. $w$ = 0,01%, 6. $w$ = 0,005%, 7. Leitungswasser. Gib in jedes Becherglas ca. 10 Kressesamen in einem Teesieb, decke mit einem Uhrglas ab und stelle die Gläser auf eine Fensterbank (Tageslicht). Beobachte die Ansätze täglich und dokumentiere die Änderungen.

## Strukturlegetechnik

Nach der Bearbeitung des 4. Kapitels bist du in der Lage, die unten stehenden Aufgaben zu lösen und die Arbeitsaufträge auszuführen.

**Ablauf**

a) Schreibe die **Fachbegriffe** von den Seiten 87 und 89 auf kleine Pappkärtchen. Überlege, welche der Begriffe dir so klar sind, dass du sie auf Anhieb einer anderen Person erklären könntest, und welche nicht.

b) Bearbeite die unklaren Begriffe. Ziehe deine Unterlagen, dieses Buch oder deine Lehrerin oder deinen Lehrer hinzu und notiere dir Stichworte auf der Rückseite der Kärtchen.

c) Lege die Begriffe so, dass du die Begriffe selbst und ihre Beziehung zueinander gut erklären kannst.

d) Partnerarbeit: Erklärt euch gegenseitig, warum ihr eure Kärtchen so angeordnet habt.

e) Klebe die Begriffskärtchen auf einen Papierbogen und verdeutliche die Beziehungen untereinander durch Pfeile, Symbole oder Grafiken.

f) Bereite dich darauf vor, deine Zusammenstellung im Plenum vorzustellen.

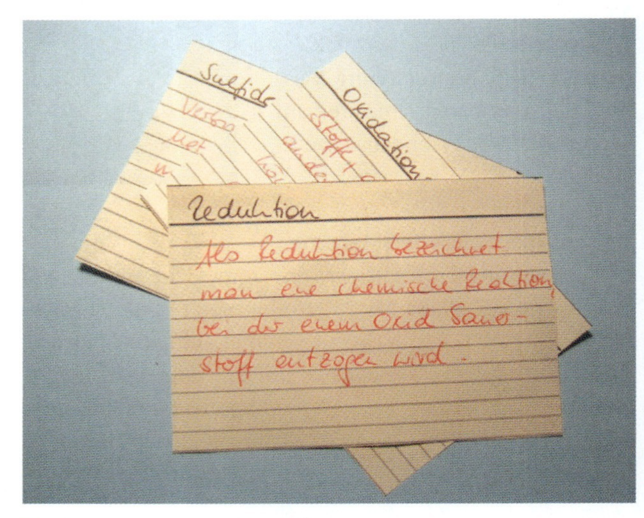


**B1** *Karteikarten mit Fachbegriffen*

## Netzwerk-Methode

**Ablauf**

a) Teilt euch in Gruppen zu zwei bis fünf Personen auf. Schreibt alle Fachbegriffe aus den Seiten 90 bis 97 auf Kärtchen. Diese werden verdeckt ausgeteilt. Jede Person erhält gleich viele Begriffskarten.

b) Ihr habt nun 5 Minuten Zeit, um euch mithilfe eurer Unterlagen zu vergewissern, dass ihr zu den Begriffen inhaltlich angemessene Aussagen machen könnt. Vereinbart vorher mit eurer Lehrerin oder eurem Lehrer, ob ihr diese Vorbereitungsphase auch in anderen Räumen durchführen könnt (Computerraum, Bibliothek).

c) Nach der Vorbereitungszeit erläutert ein Teilnehmer einen seiner Begriffe als Erster, am besten einen Oberbegriff. Alle anderen Personen hören aufmerksam zu und überlegen, ob einer der Begriffe, die sie selbst besitzen, damit verknüpft werden könnte. Ist die erste Person fertig, schließt sich die Person mit einer Erklärung an, deren Begriff am besten dazu passt. In Zweifelsfällen wird kurz gemeinsam diskutiert, welcher Begriff am sinnvollsten angeschlossen werden könnte.

d) Begriffe, die schon erklärt worden sind, werden für alle sichtbar abgelegt und als Strukturbild fixiert (vgl. Strukturlegetechnik, Schritt e).

## Quartettspiel

Unter den Metallen gibt es Spezialisten und wahre Alleskönner. Wolfram zum Beispiel siedet erst bei 5555 °C, einer Temperatur, wie sie auf der Oberfläche der Sonne gemessen wird. Gold hat die Dichte von 19,32 g/cm³. Befüllt man eine handelsübliche Milchflasche mit Gold, dann wiegt diese so viel wie ein fünfjähriges Kind. Daneben gibt es noch viele weitere Metalle mit erstaunlichen Eigenschaften!

### Das Metallquartett

Das Metallquartett wird nach den üblichen Regeln gespielt. Allerdings musst du die Quartettkarten erst selbst herstellen. Dazu kannst du auf Pappkarten jeweils den Namen eines Metalls und seine wichtigsten Eigenschaften schreiben.

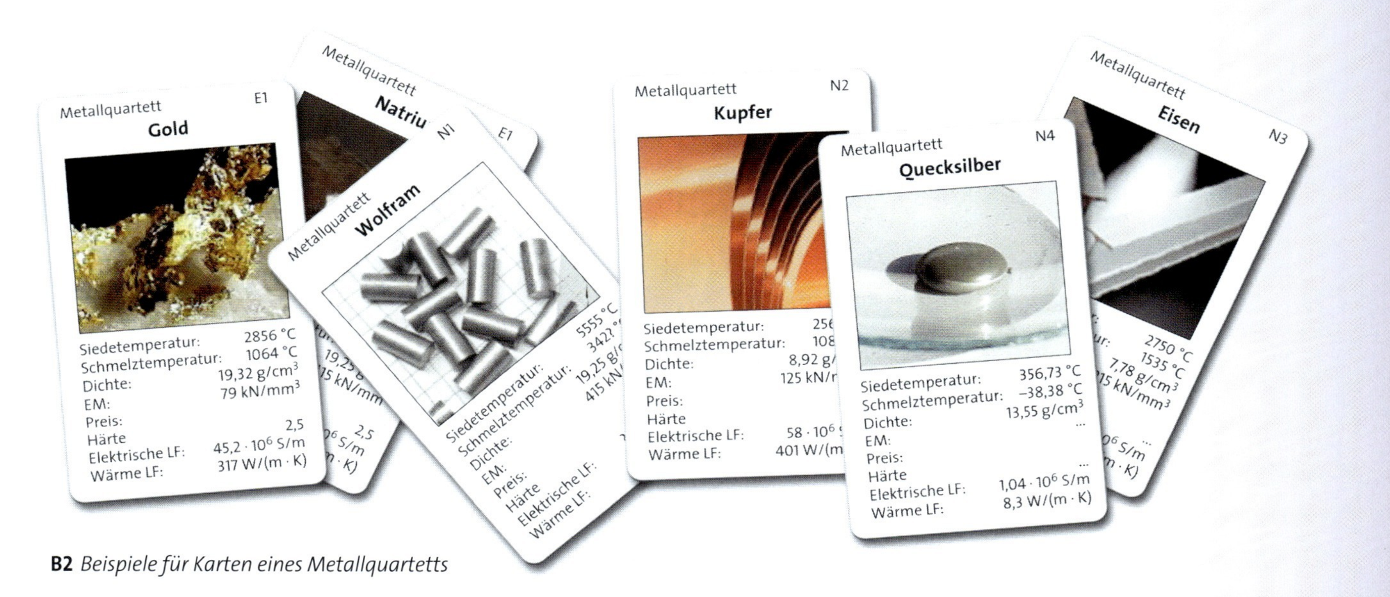


**B2** *Beispiele für Karten eines Metallquartetts*

## Dominospiel

### Das Metalldomino

Das Metalldomino wird ebenfalls nach den üblichen Regeln gespielt. Die Spielsteine kannst du aus rechteckigen Pappstreifen herstellen, die du durch einen Strich in zwei Hälften teilst. Auf die rechte Seite klebst du jeweils das Bild eines Metalls und schreibst seinen Namen. Sein Elementsymbol notierst du dann auf der linken Seite einer anderen Karte (B3).

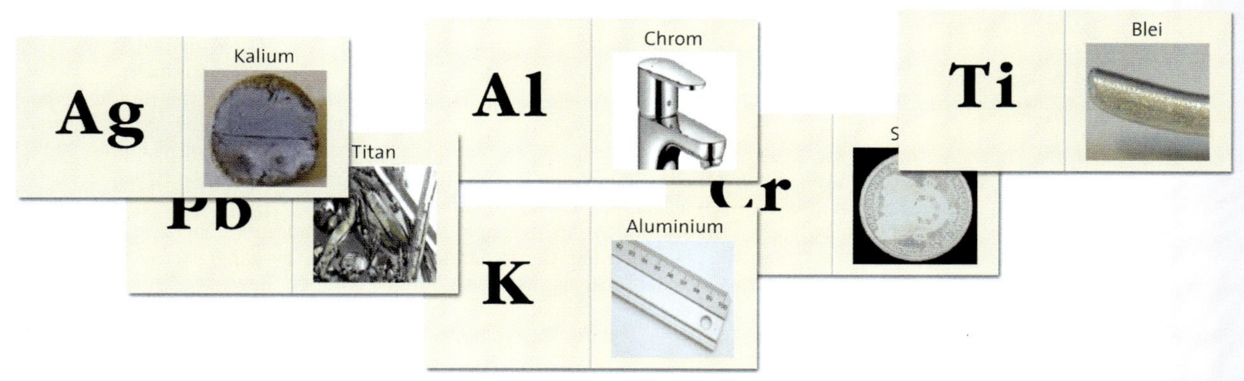


**B3** *Beispiele für Karten eines Metalldominos*

TRAINING

**A1** a) In der oberen Zone des Hochofens wird aus Koks (Kohlenstoff) und Kohlenstoffdioxid Kohlenstoffmonooxid gebildet. Schreibe dieses Reaktionsschema auf.
b) Kohlenstoffmonooxid ist im Gichtgas enthalten. Es kann zu Kohlenstoffdioxid verbrannt werden. Formuliere das Reaktionsschema.
c) Ordne allen Edukten von a) und b) die Begriffe Oxidationsmittel bzw. Reduktionsmittel zu.

**A2** Das Gichtgas, das beim Hochofenprozess freigesetzt wird, enthält etwa 52 % bis 60 % Stickstoff, 25 % bis 30 % Kohlenstoffmonooxid, 10 % bis 16 % Kohlenstoffdioxid, 0,5 % bis 4 % Wasserstoff und 0,5 % bis 3 % Methan, nachdem es von dem mitgeführten Staub befreit worden ist. In Winderhitzern wird das Gichtgas verbrannt.
a) Welche Bestandteile verbrennen beim Aufheizen der Winderhitzer? *Hinweis*: Methan ist auch Hauptbestandteil des Erdgases, das im Haushalt verwendet wird.
b) Welche Produkte entstehen voraussichtlich bei der Verbrennung von Gichtgas?

**A3** Aufgrund welcher besonderen Eigenschaft ist V2A-Stahl als Werkstoff für Teile einer Waschmaschine besonders geeignet?

**A4** Weshalb werden nur Edelmetalle oder veredelte Metalle als Zahnersatz bzw. bei Kronen verwendet?

**A5** Informiere dich im Lexikon über die Kupfer-, Bronze- und Eisenzeit. Trage diese Informationen sowie die Lebensphase des „Ötzi" in einen Zeitstrahl ein. Warum wird die Kupferzeit in Geschichtsbüchern meist nicht gesondert aufgeführt?

**A6** Welche Metalloxide kann man mit Zinkpulver reduzieren?

**A7** a) Welches Metalloxid von S. 89 ist das stärkste Oxidationsmittel?
b) Welches Metall hat das größte Bestreben, Sauerstoff aus anderen Metalloxiden zu entziehen?

**A8** Welche der beiden folgenden Aussagen ist falsch? Begründe deine Antwort.
a) Kupferoxid ist ein starkes Oxidationsmittel.
b) Magnesium ist ein schwaches Reduktionsmittel.

**A9** Die Metalle Zink und Blei werden durch Reduktion ihrer Oxide hergestellt.
a) Nenne geeignete Reduktionsmittel für Zinkoxid und für Bleioxid.
b) Nenne einen Stoff, mit dem nur eines der beiden Oxide reduziert werden kann und erkläre warum.

**A10** Silber kommt in der Natur häufig elementar vor. Erkläre warum.

**A11** Zink findet man in der Natur nicht elementar, sondern in Form seiner Verbindungen, etwa als Oxid oder Sulfid (im Bild unten: Zinkblende, ein Zinksulfid). Erkläre dies!

**A12** Beim sogenannten LD-Verfahren zur Herstellung von Stahl aus Roheisen bläst man Sauerstoff auf die Schmelze, die sich dabei erhitzt. Hast du dafür eine Erklärung?

**A13** Welches Verfahren für die Stahlherstellung belastet die Umwelt weniger mit Abgasen?

**A14** Wiederhole: Was versteht man unter einem Erz? Was sind „oxidische", was „sulfidische" Erze? Nenne auch je ein Beispiel.

**A15** Bei Grabungen in Fundstätten des als „Eisenzeit" bezeichneten Zeitraums finden Archäologen in der Regel viel mehr Gegenstände aus Gold oder Silber als aus Eisen. Warum hat der Name dennoch seine Berechtigung? Erkläre aus „chemischer Sicht".

**A16** a) Welcher Begriff passt nicht in die Reihe?
b) Welchen Überbegriff kannst du jeder einzelnen Reihe zuordnen?
- Gold – Eisen – Silber – Platin
- Aluminium – Kupfer – Lithium – Magnesium
- Rost – Zinkoxid – Magnesiumoxid – Silber
- Stahl – Aluminium – Bronze – Messing – Amalgam
- Blei – Eisen – Magnesium – Quecksilber
- Silber – Zink – Magnesium – Eisen

**A17** Welches der in der Metallreihe (vgl. S. 89) aufgeführten Elemente lässt sich voraussichtlich sehr schlecht oxidieren?

**A18** Stellt man Eisen nach dem auf Seite 93 beschriebenen Verfahren her, reicht es nicht aus, das Reaktionsgemisch mit dem Magneten zu untersuchen um sicher zu stellen, dass man Eisen hergestellt hat. Erkläre warum.

Zusammensetzung des Mülls

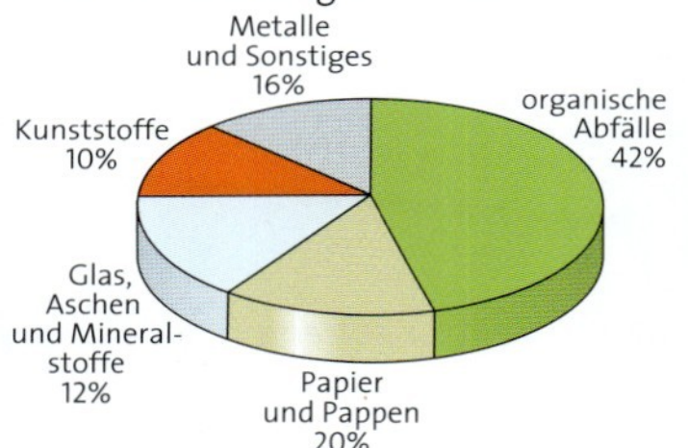


**A19** Welche Bestandteile des Hausmülls lassen sich mithilfe welcher physikalischer oder chemischer Trennverfahren isolieren?

**A20** Im Recyclingmagazin einer Online-Zeitschrift, die sich mit dem Recycling von Metallschrott befasst, stand am 9.10.2007:

> **Schrott klauen lohnt sich (nicht immer)**
> Der Metalldiebstahl nimmt weiter zu, und die Diebe werden immer dreister. Doch nicht immer lohnt es sich, Metalle zu klauen.

Erkundige dich über die Schrottpreise, die für die gängigsten Metalle gezahlt werden. Bewerte die Aussage, dass sich der Diebstahl von Schrott lohne.

# Metalle und Metallgewinnung

## *Metalle*

Als **Metalle** bezeichnet man eine Gruppe von chemischen Elementen, die bestimmte gemeinsame Stoffeigenschaften besitzen. Dazu gehören der **metallische Glanz**, die **Verformbarkeit** und gute **elektrische Leitfähigkeit** und **Wärmeleitfähigkeit**. Ca. 80 % der chemischen Elemente sind Metalle. Man unterteilt Metalle in **Leicht**- und **Schwermetalle**. Zu den Leichtmetallen gehören Metalle wie Magnesium und Aluminium, zu den Schwermetallen Gold, Silber und Blei. Aufgrund ihrer Eigenschaften nutzte der Mensch in der Geschichte schon früh Metalle wie Kupfer, Silber und Gold, später auch Eisen, zur Herstellung von **Werkzeugen** und **Schmuck**. Mischt man geschmolzene Metalle miteinander, bildet sich beim Abkühlen ein homogenes Stoffgemisch, das man **Legierung** nennt (z. B. Bronze). Die Werkstoffeigenschaften dieser Legierungen kann man gezielt durch Änderung des Mischungsverhältnisses beeinflussen.

## *Redoxreaktionen*

Metalle haben ein unterschiedliches Vermögen, mit Sauerstoff Oxide zu bilden. **Unedle Metalle** wie Magnesium und Aluminium reagieren unter Normalbedingungen mit Luftsauerstoff, weshalb man diese Metalle in der Natur nur in Form ihrer Verbindungen findet. **Edle Metalle** wie Gold lassen sich nur schwer oxidieren. Unedle Metalle sind gute **Reduktionsmittel**, da sie Metalloxide edlerer Metalle zum Metall reduzieren, während sie selbst oxidiert werden.
Einige Metalle und Kohlenstoff geordnet nach abnehmendem **Reduktionsvermögen**:
Magnesium – Aluminium – Zink – Kohlenstoff – Eisen – Blei – Kupfer – Silber – Gold

## *Eisen- und Stahlherstellung*

Eisen findet man in der Natur nur in Form seiner Verbindungen, der **Erze**. Will man Eisen herstellen, muss man Eisenoxid mit geeigneten Reduktionsmitteln wie Kohlenstoff oder Kohlenstoffmonooxid zu Eisen **reduzieren**. Das dabei entstehende **Roheisen** ist hart, spröde und rostet leicht. Um es in **Stahl** umzuwandeln, muss das Roheisen mit Sauerstoff entkohlt und, je nach Verwendungszweck, mit unterschiedlichen anderen Metallen wie Chrom, Mangan oder Vanadium **legiert** werden.

## *Recycling*

Müll ist ein **Stoffgemenge**, das Stoffe wie Holz, Papier, Kunststoffe, Glas, aber auch Metalle und Metallverbindungen enthalten kann. Eine besondere Abfallart ist der **Schrott**, der besonders metallhaltig ist. Um die Metalle aus dem Schrott der Wiederverwendung zuzuführen, werden die Bestandteile **recycelt**. Dabei kommen sowohl **physikalische Trennverfahren** wie Sieben, Aufschlämmen und Sedimentieren als auch **chemische Trennverfahren** wie Metallzersetzung durch Säure zum Einsatz.

# Böden und Gesteine, Vielfalt und Ordnung

Wenn Regenwasser durch Böden und Gesteine sickert, löst es einen Teil der darin enthaltenen Stoffe und es entsteht Mineralwasser.

Da die in Mineralwasser gelösten Verbindungen relativ leicht isolierbar und nachweisbar sind, beginnt man die Untersuchung der Zusammensetzung von Böden und Gesteinen oft mit der eines Mineralwassers. Die schwer oder nicht löslichen Bestandteile können mit anderen Methoden erforscht werden.

Bei den Stoffen, aus denen sich Böden und Gesteine zusammensetzen, handelt es sich fast ausschließlich um Verbindungen. Aus den Verbindungen lassen sich Elemente gewinnen. Einige kann man aufgrund ihrer ähnlichen Eigenschaften in Elementfamilien zusammenfassen.

Die Frage nach der Art und Weise, wie die Eigenschaften eines Elements mit der Struktur der kleinsten Teilchen, aus denen es besteht, zusammenhängen, steht in diesem Kapitel wie in der Chemie überhaupt im Mittelpunkt.

# Elementfamilien, Atombau und Periodensystem der Elemente

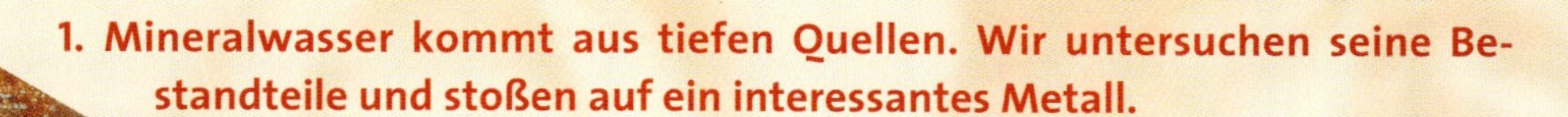

1. Mineralwasser kommt aus tiefen Quellen. Wir untersuchen seine Bestandteile und stoßen auf ein interessantes Metall.

2. Die Erdkruste besteht aus Gesteinen und Salzen. Wir lernen verschiedene Metalle kennen, die darin gebunden sind, und fassen sie in zwei Familien zusammen.

3. Kochsalz und Streusalz bestehen zum größten Teil aus Natriumchlorid, einer Chlorverbindung. Wir lernen die Familie der sehr reaktionsfreudigen Elemente, zu denen auch Chlor gehört, kennen und erfahren, dass sie vorwiegend in Salzen gebunden vorkommen.

4. Helium, Neon und andere sehr reaktionsträge Gase bilden eine Elementfamilie, die uns hilft, zu verstehen, wie kleinste Teilchen auch von anderen Gasen zusammengesetzt sind.

5. Ordnung schaffen, aber wie? Wir blicken zurück in die Geschichte der Chemie und lernen ein einfaches Schema für die Ordnung der Elemente kennen.

6. Wie sind Atome aufgebaut? Wir können (zwar) nicht in die Atome hineinschauen, aber aufgrund experimenteller Ergebnisse Vorstellungen über den Aufbau der Atome entwickeln.

7. Wie kann man die Eigenschaften von Elementen schnell erklären oder gar voraussagen? Wir finden ein Modell und eine Regel, die das möglich machen.

## Aus tiefen Quellen und im Einkaufskorb

Schon die Römer schätzten das Wasser aus den tiefen Quellen Germaniens so sehr, dass sie es den weiten Weg über die Alpen in ihre Heimat transportierten. Dieses Wasser konnten sich natürlich nur Wohlhabende leisten. Heute gibt es allein in Deutschland über 600 Quellen und der Pro-Kopf-Verbrauch an Mineralwasser beträgt ca. 120 Liter pro Jahr. Gibt es Unterschiede zwischen den Mineralwässern? Was bedeutet die Aufschrift „natriumarm"? Ist damit das gleiche „Natrium" gemeint, das auch in Seife, Zahnpasta und Rohrreiniger enthalten ist?

**B1** *Von der Quelle in die Flasche*

### Versuche

***HV1*** Verkoste verschiedene Mineralwässer, schmeckst du Unterschiede?

***V2*** *Langzeitversuch*: Nimm eine schwarze Plastikunterlage (z. B. von einem Schnellhefter). Gib nun jeweils genau fünf Tropfen von verschiedenen Mineralwässern auf unterschiedliche Stellen der Unterlage. Markiere die Auftropfstellen. Du kannst auch andere Wässer untersuchen, z. B. Leitungswasser oder destilliertes Wasser. Warte nun, bis das Wasser vollständig verdunstet ist.

***V3*** Untersuche Verpackungen z. B. von Speisesalz, Backpulver, Seife, Zahnpasta und Shampoo (B2). Findest du das Wort „Natrium" (engl.: „sodium")?

***LV4*** **Vorsicht! Schutzscheibe! Schutzbrille!**
Ein erbsengroßes Stück Natrium* wird entrindet. Die frischen Schnittflächen werden beobachtet.

***LV5*** Ein erbsengroßes Stück Natrium* wird entrindet und auf der flachen Abdampfschale verbrannt. Der Schmelz- und Entzündungsvorgang sowie die Farbe der Flamme werden beobachtet.

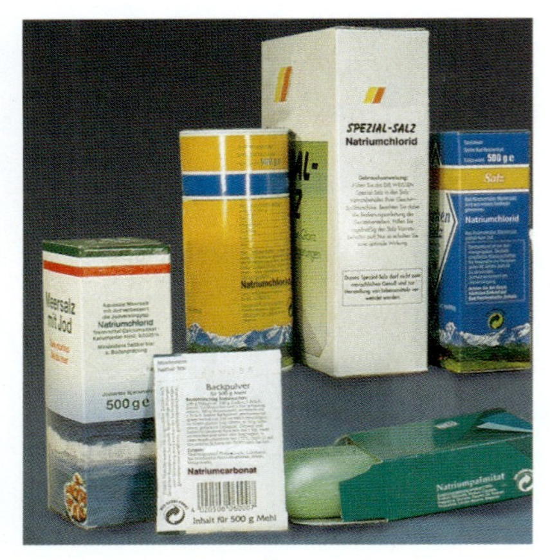


**B2** *Alltagsprodukte.* **A:** *Gibt es in diesen Produkten „Natrium" (engl.: „sodium") zu entdecken?*

### Auswertung

a) Versuche, die Geschmacksunterschiede bei V1 zu beschreiben.

b) Notiere die Beobachtungen zu V2 und vergleiche die Rückstände an den Auftropfstellen. Gibt es Gemeinsamkeiten und Unterschiede? Zeigt sich ein Zusammenhang zu HV1?

c) Protokolliere die Versuchsbeobachtungen zu LV4 und LV5.

**B3** *Hygienisch oder ätzend? Flüssigseife und Rohrreiniger enthalten Natriumverbindungen.* **A:** *Finde heraus, welche Natriumverbindungen in Flüssigseife und Rohrreiniger enthalten sind.* **A:** *Rohrreiniger darf mit unserer Haut nicht in Berührung kommen. Was kannst du allgemein über die Gefährlichkeit von Natriumverbindungen sagen?*

**B4** *Frisch angeschnittenes Natrium glänzt metallisch. An der Luft überzieht es sich schnell mit einem grauen Belag.* **A:** *Welche Aussagen erlaubt der Versuch über die Reaktionsfreudigkeit von Natrium?* **A:** *Erläutere, woraus dieser graue Belag besteht.*

## Natrium und Natriumverbindungen

Mineralwasser ist ein sehr guter Durstlöscher. Wie gesund das jeweilige Mineralwasser ist, hängt aber stark davon ab, welche **Mineralien** enthalten sind und wie groß deren Anteil ist. Mineralien sind natürlich gebildete Bestandteile der Erdkruste. Natürliches Mineralwasser hat einen langen Weg hinter sich: Als Regenwasser durchdringt es die verschiedensten Gesteinsschichten und löst Mineralstoffe heraus, bis es schließlich mit diesen angereichert ist. Der **Mineralstoffgehalt** und der Geschmack (V1) eines Mineralwassers sind von der tief im Erdreich liegenden Quelle und damit von der Zusammensetzung der Gesteinsschichten abhängig.

Die bei V2 nach Verdunsten der Wässer erhaltenen Rückstände sind ein Maß für den jeweiligen Mineralstoffgehalt des untersuchten Mineralwassers. Aber „viel" muss nicht unbedingt „gesund" bedeuten. Manche Firmen werben mit dem Aufdruck „natriumarm" (B1) und sprechen damit gezielt gesundheitsbewusste Menschen an. Durch starkes Schwitzen scheidet der Körper vor allem viel Wasser und mit diesem **Natriumchlorid** aus. Beides muss dem Körper wieder zugeführt werden, was mit Mineralwasser gut gelingt. Natriumchlorid ist aber auch Hauptbestandteil unseres Speisesalzes (B5) und damit bereits in zahlreichen Nahrungsmitteln enthalten. Viele Menschen nehmen daher schon so viel Natriumchlorid zu sich, dass ein „natriumarmes" Mineralwasser für sie geeigneter ist.

Schauen wir uns das Element **Natrium** etwas genauer an, dann wird schnell klar, dass es sich nicht um das „Natrium" handeln kann, das in unseren Lebensmitteln und Alltagsprodukten enthalten ist. Natrium lässt sich relativ gut mit dem Messer schneiden (LV4). Die frischen Schnittstellen glänzen metallisch und überziehen sich an der Luft nach kurzer Zeit mit einer Oxidschicht (B4). Wie alle anderen Metalle leitet Natrium den elektrischen Strom gut (B6). Wenn man Natrium unter Paraffinöl erhitzt, schmilzt es unterhalb von 100 °C. Entzündet man Natrium (LV5), so brennt es mit gelber Flammenfärbung (B7).

Auf verschiedenen Verpackungen aus dem Haushalt lesen wir das Wort „Natrium" oder die englische Bezeichnung „Sodium" dennoch immer wieder, wenn auch mit anderen Begriffen verknüpft: *Natrium*chlorid, *Natrium*fluorid, *Natrium*hydrogencarbonat, *Natrium*palmitat, *Natrium*hydroxid. Bei all diesen Stoffen handelt es sich um sogenannte **Natriumverbindungen**. Kein Lebensmittel und keines der anderen Produkte enthält elementares Natrium, das Metall, sondern *Natrium*verbindungen. Das Element Natrium ist so reaktionsfreudig, dass es mit anderen Stoffen zu diesen Verbindungen reagiert. Mit Natriumverbindungen gehen wir täglich um, einige verzehren wir, mit manchen reinigen wir unsere Haut, während andere so gefährlich sind, dass wir jeglichen Hautkontakt mit ihnen meiden müssen, sie aber zum Rohrreinigen nutzen können.

### Aufgaben

*A1* Finde für zwei unterschiedliche Mineralwässer heraus, aus welcher Region bzw. Quelle sie stammen. Erkläre mit diesen Informationen die Unterschiede in Mineralstoffgehalt und Geschmack.

*A2* Erkundige dich nach den Unterschieden zwischen Mineralwasser, Quellwasser, Heilwasser und Tafelwasser.

*A3* Vergleiche die Etiketten auf den Flaschen verschiedener Mineralwässer und ordne die Wässer nach steigendem Gehalt an Natriumverbindungen. Von welchem Mineralwasser würdest du sagen, dass es besonders gesund ist?

*A4* Schätze ab, wie viel Gramm von den in B5 genannten Lebensmitteln, z. B. von Salzstangen, du täglich essen dürftest, wenn du nicht mehr als 5 g Natriumchlorid zu dir nehmen möchtest.

| Lebensmittel | Natriumchlorid-gehalt in % |
|---|---|
| Roher Schinken | 4 bis 5 |
| Salami | 3 bis 5 |
| Matjeshering | 8 bis 10 |
| Kaviar | 5 bis 10 |
| Frischfisch | 0,6 bis 1,2 |
| Schmelzkäse | 3 bis 4 |
| Emmentaler Käse | 3 bis 5 |
| Frische Erbsen | 0,01 bis 0,02 |
| Dosenerbsen | 2 bis 5 |
| Salzstangen | 4 bis 5 |
| Speisesalz | ca. 99 |

**B5** *Ein Mensch sollte pro Tag nicht mehr als 5 g Natriumchlorid zu sich nehmen.*
*A: Überlege, ob du diese „Grenze" einhältst.*

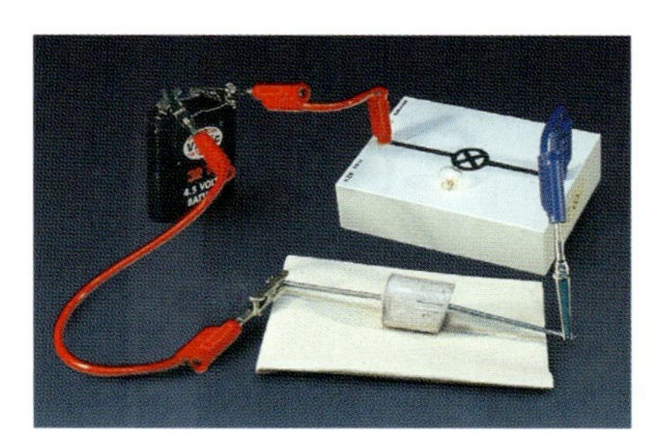

**B6** *Ein Stückchen Natrium wird über zwei Stahlstifte in einen Stromkreis eingebunden. Beobachtung: Das Lämpchen leuchtet.*
*A: Erkläre die Beobachtung. A: Welche Beobachtung erwartest du, wenn die beiden Stahlstifte nur oberflächlich auf das Stückchen Natrium gelegt werden? Begründe deine Vermutung.*

**B7** *Links: Natrium schmilzt unter erhitztem Paraffinöl. Rechts: Flammenfärbung durch Natrium bzw. Natriumverbindung*

### Fachbegriffe

Mineralien, Mineralstoffgehalt, Natriumchlorid, Natrium, Natriumverbindungen

# Natrium, Lithium, Kalium – Verwandte und ihre Verbindungen

**B1** *Links: Natrium reagiert mit Wasser. Rechts: Natriumhydroxid-Plätzchen*

Das Element Natrium kennen die meisten Menschen nur vom Hörensagen. Natriumverbindungen kommen aber in vielen Stoffen unseres Alltags vor. Das Vorkommen dieser zahlreichen Verbindungen lässt vermuten, dass Natrium selbst sehr reaktionsfreudig ist. Auch die Eigenschaften von Natriumverbindungen nutzen und genießen wir in unterschiedlichsten Zusammenhängen. Und dann gibt es weitere Elemente, die sich ganz ähnlich wie Natrium verhalten ...

## Versuche

***LV1*** **Vorsicht! Schutzscheibe! Schutzbrille!**
Ein vollständig entrindetes erbsengroßes Stück Natrium* wird mit der Pinzette in eine Glaswanne gegeben, in der sich Wasser und einige Tropfen Phenolphthalein-Lösung befinden (B1).

***V2*** Fülle in zwei Bechergläser je 50 mL Wasser und füge jeweils einige Tropfen Phenolphthalein-Lösung hinzu. Gib in das erste eine Spatelspitze Rohrreiniger und rühre mit dem Spatel um. Halte in das zweite mit der Pinzette ein Natriumhydroxid-Plätzchen* hinein und bewege es.

***LV3*** **Achtung! Das Produkt darf nicht probiert werden!** Zur Herstellung der Natronlauge werden 30 g Natriumhydroxid* in 1 L kaltem Leitungswasser gelöst. Danach taucht man ein altes Brötchen von beiden Seiten kurz in die *kalte* Lauge und backt dieses bei 220 °C ca. 5–10 min. Zum Vergleich wird ein unbehandeltes altes Brötchen mitgebacken. Die fertigen Brötchen lässt man abkühlen. Ein Rezept für Laugenbrezeln und weitere Erläuterungen folgen auf der Methodenseite **Experimente für Zuhause**, S. 110.

***LV4*** **Vorsicht! Schutzscheibe! Schutzbrille!**
Ein Stückchen Lithium* wird entrindet und mit der Pinzette in eine Glaswanne gegeben, in der sich Wasser und einige Tropfen Phenolphthalein-Lösung befinden. Um das entweichende Gas aufzufangen, kann ein Sieblöffel mit etwas Lithium* gefüllt und in der Glaswanne unter ein mit Wasser gefülltes Reagenzglas gehalten werden. Mit dem Gas wird die Knallgasprobe durchgeführt.

***V5*** Tauche Magnesiastäbchen in konzentrierte Salzsäure* und glühe sie in der Brennerflamme aus, bis keine Flammenfärbung mehr zu beobachten ist. Nimm mit angefeuchteten Stäbchen etwas Lithium-*, Natrium-* bzw. Kaliumchlorid* auf und halte sie in die Flamme. Beobachte die Flammenfärbung mit und ohne Cobaltglas (B5).

***V6*** Verbrenne auf einer Magnesiarinne eine getrocknete Erbse in der nichtleuchtenden Brennerflamme und beobachte dann die Flammenfärbung mit und ohne Cobaltglas. Wiederhole den Versuch mit einem Stückchen einer Salzstange.

**B2** *Rohrverstopfungen können in der Regel mit der Gummiglocke beseitigt werden. Manchmal hilft allerdings nur der chemische Rohrreiniger, wobei die Gebrauchsanweisung streng zu beachten ist!* ***A:*** *Welche Natriumverbindung befindet sich im Rohrreiniger?* ***A:*** *Welche Warnhinweise vermutest du auf der Verpackung?*

## Auswertung

a) Auf welche Natriumverbindung deuten die Versuchsbeobachtungen zu LV1 (B1) und V2 hin?

b) Welche Folgen hat das Bad in Natronlauge für das Brötchen (LV3)? Notiere deine Beobachtungen.

c) Welches Gas bildet sich in LV4? Begründe deine Antwort.

d) Vergleiche die Beobachtungen von LV1 und LV4. Gibt es Gemeinsamkeiten?

e) Welche Schlüsse kannst du aus den Beobachtungen bei V5 und V6 über den Gehalt an Natrium-, Lithium- und Kaliumverbindungen in Erbsen und Salzstangen ziehen?

**B3** *Laugengebäck wird vor dem Backen in verdünnte Natronlauge getaucht.* ***A:*** *Natronlauge ist ätzend. Stelle eine Hypothese auf, warum das professionell hergestellte Gebäck gegessen werden darf.*

## Die Elementfamilie der Alkalimetalle

Kaum ein Produkt enthält **Natrium**, Natriumverbindungen sind dagegen in vielen Produkten enthalten. Natrium reagiert heftig mit Wasser (LV1, B1 links). Es bildet sich eine alkalische Lösung, die mit Phenolphthalein-Lösung nachgewiesen werden kann. Es handelt sich um **Natronlauge**, die wässrige Lösung von **Natriumhydroxid** (B1 rechts):

Natrium (s) + Wasser (l) ⟶ Wasserstoff (g) + Natriumhydroxid (aq)

Zugleich entsteht Wasserstoff, der mit der Knallgasprobe nachgewiesen werden kann. Natriumhydroxid ist Hauptbestandteil von Rohrreinigern (V2, B2), denn die mit Wasser entstehende Natronlauge verätzt und zersetzt fast alles, was ein Abflussrohr verstopfen kann. Natronlauge wird aber auch verwendet, um Laugengebäck herzustellen (B3). Der Bäcker verwendet hierzu eine verdünnte Natronlauge, in die die Teiglinge vor dem Backen eingelegt werden (LV3).
Eng mit Natrium verwandt sind die Elemente **Lithium**, **Kalium**, **Rubidium** und **Caesium** sowie das sehr seltene Element **Francium**. Aufgrund ihrer ähnlichen Eigenschaften und Reaktionen werden sie zu einer **Elementfamilie** zusammengefasst, der Elementfamilie der **Alkalimetalle**. Natrium, Kalium und Lithium sind die wichtigsten Alkalimetalle. Vergleicht man die einzelnen Elemente miteinander, so findet man dennoch Unterschiede und Tendenzen (B7). So nimmt beispielsweise die Heftigkeit der Reaktion mit Wasser in dieser Gruppe von oben nach unten zu. Rubidium und Caesium sind derart reaktiv, dass sie in luftleere Ampullen eingeschmolzen werden müssen (B4), Caesium explodiert sogar an feuchter Luft. Bei der Reaktion mit Wasser entsteht bei allen Alkalimetallen eine alkalische Lösung. Sie enthält das entsprechende Alkalimetallhydroxid in gelöster Form (LV4). Entzündet man die Alkalimetalle, dann brennen sie mit charakteristischer Flammenfärbung, die auch dann sichtbar wird, wenn man eine ihrer Verbindungen in die Flamme hält (V5, B6). Die **Flammenfärbung** kann als Nachweis der Alkalimetalle bzw. Alkalimetallverbindungen herangezogen werden (V6).

*A1* Notiere das allgemeine Reaktionsschema für die Reaktion eines Alkalimetalls mit Wasser.

*A2* Werte die Tabelle (B7) aus. Welche Ähnlichkeiten und Tendenzen finden sich in der Elementfamilie der Alkalimetalle?

*A3* Finde heraus, wofür die Elemente Lithium und Kalium verwendet werden.

*A4* Natrium überzieht sich an der Luft mit einem Belag. Gib das Reaktionsschema hierfür an.

| Element, Symbol | Atommasse in u | Dichte bei 20°C in g/cm³ | Schmelztemp. in °C | Reaktion mit Wasser | Flammenfärbung | Hydroxid |
|---|---|---|---|---|---|---|
| Lithium **Li** | 6,9 | 0,53 | 180,5 | | karminrot | Lithiumhydroxid |
| Natrium **Na** | 23,0 | 0,97 | 97,8 | | gelb | Natriumhydroxid |
| Kalium **K** | 39,1 | 0,86 | 63,7 | | violett | Kaliumhydroxid |
| Rubidium **Rb** | 85,5 | 1,53 | 39,0 | | dunkelrot | Rubidiumhydroxid |
| Caesium **Cs** | 132,9 | 1,87 | 28,5 | | blau | Caesiumhydroxid |

**B7** *Eigenschaften der Alkalimetalle im Vergleich. A: Was bedeutet der Pfeil? A: Ein mit Wasser reagierender Natriumwürfel wird kugelförmig, Lithium nicht. Erkläre den Sachverhalt.*

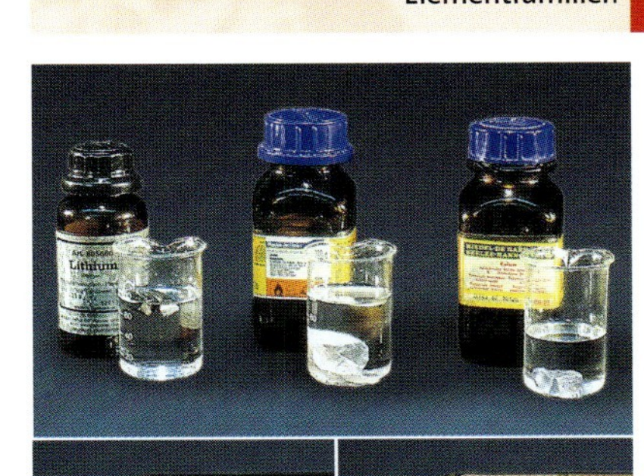

**B4** *Lithium, Natrium und Kalium werden unter Paraffinöl aufbewahrt; Rubidium und Caesium werden in luftleere Ampullen eingeschmolzen. A: Warum wohl?*

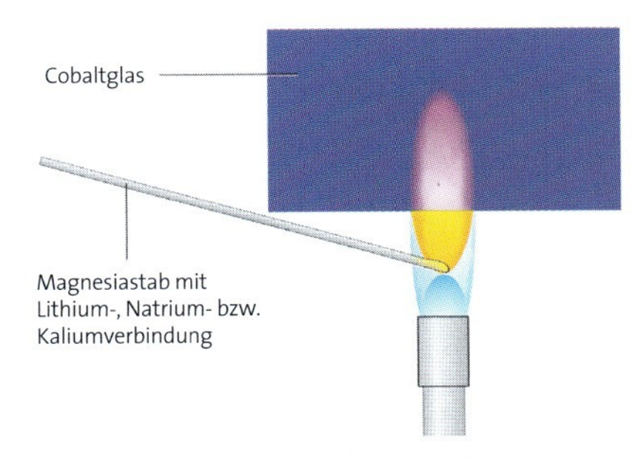


**B5** *Untersuchung der Flammenfärbung*

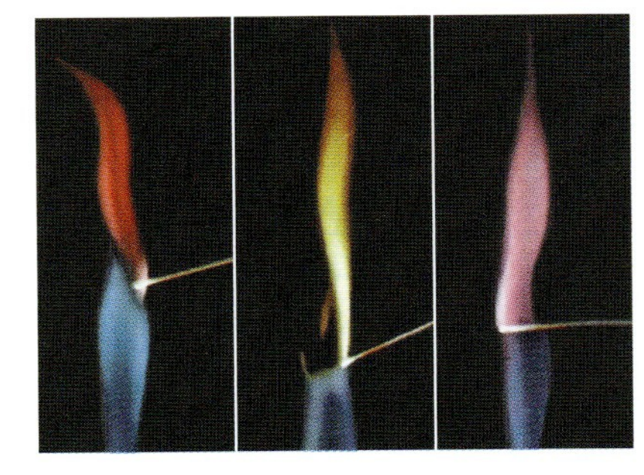

**B6** *Flammenfärbung durch Alkalimetallverbindungen. Links: Lithiumverbindung, Mitte: Natriumverbindung, rechts: Kaliumverbindung*

### Fachbegriffe

Natrium, Natronlauge, Natriumhydroxid, Lithium, Kalium, Rubidium, Caesium, Francium, Elementfamilie, Alkalimetalle, Flammenfärbung

# In Marmor, Stein und Knochen

Mineralwasser enthält u.a. Calciumverbindungen, die wichtig für unsere Knochen und Zähne sind. Manchmal nehmen wir sogar zusätzlich Calcium-Tabletten zu uns (B3). Aber enthalten diese Tabletten wirklich Calcium oder auch Calciumverbindungen? Welcher Zusammenhang besteht zwischen Calcium, Marmor, Stein und Knochen?

**B1** *Die Kalkalpen.* ***A:*** *Informiere dich, wie die Kalkalpen entstanden sind.*

## *Versuche*

***V1*** Gib mit der Pinzette in ein halb mit Wasser gefülltes Becherglas zwei Calciumkörner*. Stülpe ein wassergefülltes Reagenzglas über die Calciumkörner* und fange das entweichende Gas auf. Führe damit die Knallgasprobe durch. Filtriere die erhaltene Lösung und prüfe das Filtrat mit Phenolphthalein-Lösung.

***V2*** Gib ein Stückchen einer Calcium-Brausetablette in einen halb mit Wasser gefüllten Erlenmeyerkolben. Leite das entstehende Gas in ein Reagenzglas mit frisch hergestelltem Kalkwasser.

***V3*** Zerkleinere ein Stückchen Marmor mit Mörser und Pistill. Überprüfe dann die Löslichkeit des erhaltenen Pulvers in Wasser.

***V4*** Untersuche die Flammenfärbung von Calciumchlorid*, Strontiumnitrat* und Bariumnitrat* nach der Vorschrift von V5, S. 106.

***LV5*** Auf einer Magnesiarinne werden einige Calciumkörner* in der Brennerflamme entzündet. Das erkaltete Oxid wird vorsichtig in Wasser aufgenommen. Die Suspension wird filtriert und das Filtrat mit Phenolphthalein-Lösung versetzt.

***V6*** Bringe ein 4 cm langes angeschliffenes Magnesiumband in ein Reagenzglas mit Wasser. Beobachte ca. 2 min die Magnesiumoberfläche und gib dann Phenolphthalein-Lösung in das Reagenzglas.

**B2** *Marmor ist Calciumcarbonat, Zahnschmelz Calciumphosphat.* ***A:*** *Nenne Eigenschaften dieser Verbindungen.* ***A:*** *Was würde geschehen, wenn die Calciumverbindungen in unserem Körper gut wasserlöslich wären?*

## *Auswertung*

a) Nenne Gemeinsamkeiten und Unterschiede von V1 (Reaktion von Calcium mit Wasser) und V2 (Reaktion der Brausetablette mit Wasser). Welches Gas entsteht bei der jeweiligen Reaktion?

b) Welche Aussagen kannst du über die Härte von Marmor und die Löslichkeit von Marmor in Wasser machen?

c) Notiere die Beobachtungen zu V4 und vergleiche sie mit den Alkalimetallen.

d) Protokolliere die Beobachtungen zu LV5 und stelle für jede der beiden Reaktionen das Reaktionsschema auf.

e) Nenne Gemeinsamkeiten und Unterschiede zwischen der Reaktion von Calcium und der von Magnesium mit Wasser.

**B3** *Links: Calcium, rechts: Calcium-Tabletten.* ***A:*** *Ist in Calcium-Tabletten Calcium enthalten?*

| Element, Symbol | Atommasse in u | Dichte bei 20 °C in $g/cm^3$ | Schmelztemp. in °C | Reaktion mit Wasser | Flammenfärbung | Hydroxid |
|---|---|---|---|---|---|---|
| Magnesium **Mg** | 24,3 | 1,74 | 650 | | – | Magnesiumhydroxid |
| Calcium **Ca** | 40,1 | 1,55 | 838 | | orange | Calciumhydroxid |
| Strontium **Sr** | 87,6 | 2,60 | 800 | | karminrot | Strontiumhydroxid |
| Barium **Ba** | 137,3 | 3,50 | 714 | | grün | Bariumhydroxid |

**B4** *Eigenschaften der Erdalkalimetalle im Vergleich.* ***A:*** *Stelle Gemeinsamkeiten zu den Alkalimetallen fest und erläutere sie.*

## Calcium und die Erdalkalimetalle

Eine erwachsene Person enthält in ihrem Körper über 1000 g gebundenes, aber kein elementares **Calcium**. Unsere Zähne und Knochen bestehen aus Calciumphosphat und anderen Calciumverbindungen (B2 rechts). Den Bedarf an Calciumverbindungen decken wir täglich über unsere Nahrung. Sie sind insbesondere in Mineralwasser sowie Milch und Milchprodukten enthalten. Als Nahrungsergänzungsmittel gelten „Calcium"-Tabletten (B3 rechts), die ebenfalls Calciumverbindungen enthalten. Marmor und sogar ganze Gebirgszüge bestehen aus **Calciumcarbonat** (B1, B2), was auch erklärt, warum in Mineralwasser gelöste Calciumverbindungen zu finden sind. Auch Kreide besteht aus Calciumcarbonat oder aus **Calciumsulfat**. Calciumsulfat kennst du sicher unter dem Namen Gips.

Bei elementarem Calcium (B3 links) ist kaum zu erahnen, dass es ein silbrig glänzendes Metall ist. Calcium überzieht sich an der Luft mit einem grauen Belag aus **Calciumoxid**, weshalb man seinen metallischen Charakter nicht mehr erkennen kann. Elementares Calcium reagiert mit Wasser ähnlich stark wie Lithium, sinkt dabei aber zu Boden (V1, B5). Bei der dabei gebildeten Lösung handelt es sich um eine **Calciumhydroxid-Lösung**, eine Lauge, die ebenfalls mit Phenolphthalein nachgewiesen werden kann:

Calcium (s) + Wasser (l) ⟶ Wasserstoff (g) + Calciumhydroxid (aq)

Allerdings löst sich nur ein Teil des gebildeten Calciumhydroxids in Wasser (höchstens 0,16 g Calciumhydroxid in 100 g Wasser), der Rest trübt als weißer, fein verteilter Feststoff die Lösung, man spricht von einer Suspension (B5). Filtriert man diese **Kalkmilch**, so erhält man ein an Calciumhydroxid gesättigtes Filtrat, das **Kalkwasser** (V2). Es dient zum Nachweis von Kohlenstoffdioxid, denn beim Einleiten dieses Gases in Kalkwasser entsteht eine Trübung durch schwerlösliches Calciumcarbonat:

Calciumhydroxid (aq) + Kohlenstoffdioxid (g) ⟶ Calciumcarbonat (s) + Wasser (l)

Wir haben diesen Nachweis von Kohlenstoffdioxid schon häufiger genutzt, z. B. zum Nachweis von Kohlenstoffdioxidgas in der Atemluft oder in Erfrischungsgetränken. **Magnesium**, **Strontium** und **Barium** zeigen ähnliche Eigenschaften wie Calcium. Da sie, insbesondere Calcium, in hohem Maße am Aufbau der Erdkruste beteiligt sind, nennt man sie **Erdalkalimetalle**. Diese Elemente reagieren zwar ähnlich wie die Alkalimetalle, bilden aber eine eigene Elementfamilie. Den Grund hierfür werden wir etwas später erfahren. Auch die meisten Erdalkalimetalle und ihre Verbindungen zeigen ganz spezifische Flammenfärbungen.

**B7** *Erdalkalimetallverbindungen färben ein Feuerwerk.* **A:** *Ordne die Farben den Erdalkalimetallen zu.*

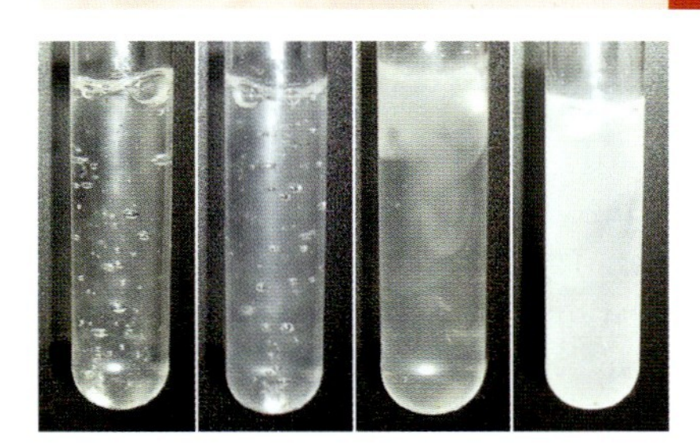

**B5** *Calcium reagiert mit Wasser.* **A:** *Warum trübt sich die Lösung?*

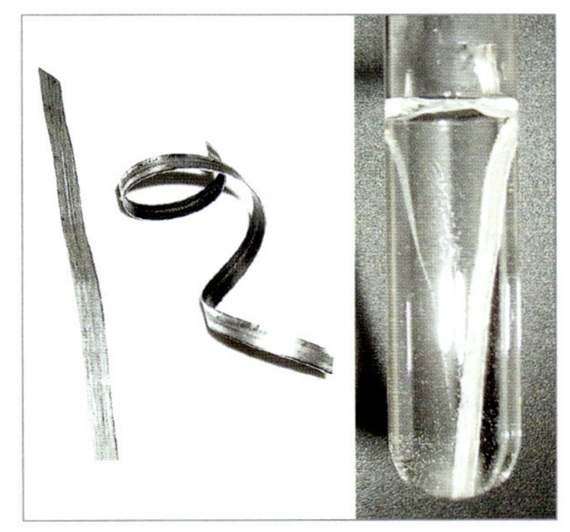

**B6** *Magnesiumband und Magnesiumband in Wasser.* **A:** *Gib das Reaktionsschema für die Reaktion von Magnesium mit Wasser an.* **A:** *Warum enthält Mineralwasser auch Magnesiumverbindungen? In welchen Nahrungsmitteln sind Magnesiumverbindungen außerdem enthalten?*

### Aufgaben

**A1** Erkläre, warum Lithium bei der Reaktion mit Wasser nicht auf den Boden sinkt, Calcium aber schon. Was erwartest du bei Strontium und Barium?

**A2** Erkläre den Unterschied zwischen Kalkmilch und Kalkwasser. Begründe, warum man für den Nachweis von Kohlenstoffdioxid keine Kalkmilch verwenden kann.

**A3** Formuliere das Reaktionsschema für die Bildung von Bariumhydroxid.

**A4** Beurteile die Aussage: „Mineralwasser enthält viel Natrium, Kalium, Calcium und Magnesium."

### Fachbegriffe

Calcium, Calciumcarbonat, Calciumsulfat, Calciumoxid, Calciumhydroxid, Kalkmilch, Kalkwasser, Magnesium, Strontium, Barium, Erdalkalimetalle

## Laugenbrezeln

Für die Herstellung von Laugenbrezeln gibt es ganz unterschiedliche Rezepte. Wir variieren hier nicht das Rezept für den Teig, sondern untersuchen, wie aus *Brezeln* mithilfe bestimmter Verbindungen die typischen *Laugenbrezeln* werden!

**Ein Rezept für den Brezelteig**
Löse 1 Würfel frische Hefe in 250 mL warmem Wasser auf und gib sie mit 1 Teelöffel Zucker, 1 Teelöffel Salz und 50 g Butter zu 500 g Mehl. Knete das Ganze gleichmäßig durch und lasse den Teig 30 min an einem warmen Ort zugedeckt stehen, der Teig „geht". Rolle nun einzelne Teigstücke und forme sie zu kleinen Brezeln, die du anschließend noch einmal 20 – 30 min gehen lässt.

### Aus Brezeln werden Laugenbrezeln – zwei Varianten

**1. Variante: Laugenbrezeln mit Natriumhydrogencarbonat***
Löse 2 g Natriumhydrogencarbonat* (Natron) und ½ Teelöffel Kochsalz in 100 mL Wasser und erhitze die Lösung bis zum Sieden. Bestreiche die Brezel-Teiglinge mit dieser *heißen* Lösung (Pinsel) und bestreue sie anschließend mit grobem Kochsalz. Backe die Teiglinge im vorgeheizten Backofen 25–30 min lang bei 220 °C. Zum Vergleich backe auch einen unbepinselten Teigling mit.

**2. Variante: Laugenbrezeln mit Natriumhydroxid***
**Vorsicht:** Diese Variante sollst du zu Hause *nicht* durchführen, weil die Arbeit mit Natriumhydroxid*-Lösung (Natronlauge) nur ins Labor oder in eine „richtige" Backstube gehört!
Der Bäcker verwendet verdünnte Natronlauge* (z. B. 3 %ige), die er durch Lösen von reinstem Natriumhydroxid* in Wasser herstellt. Die Teiglinge werden gekühlt für ca. 30–60 Sekunden in die *kalte* Lauge getaucht. Nach dem Abtropfen werden sie im vorgeheizten Backofen 25–30 min bei 220 °C gebacken.

Um die nach der 2. Variante hergestellten Laugenbrezeln mit denen nach der Natriumhydrogencarbonat-Variante vergleichen zu können, nimmst du zu Hause fertige Tiefkühl-Teiglinge. Backe sie nach Vorschrift.

*Auswertung*
a) Nenne die Gefahren, die bei der Brezelherstellung mit Natriumhydroxid bzw. Natronlauge zu Hause entstehen und gib an, welche Schutzmaßnahmen getroffen werden müssten.
b) Vergleiche das Aussehen, den Geruch und den Geschmack der nach den beiden verschiedenen Verfahren hergestellten Laugenbrezeln. Gib an, welche Brezel-Variante du bevorzugst.
c) Finde heraus, was beim Backprozess mit Natriumhydroxid und Natriumhydrogencarbonat passiert.

## Gipsabdrücke

*Versuche*
***V1*** **Gipsabdruck selbst gemacht**
*Material:* Streichholzschachtel, Plastikbecher (Einmalgeschirr), Modellgips, Spatel (oder Holzstäbchen vom Eis), Seifenlösung
*Durchführung:* Rühre in dem Plastikbecher etwas Modellgips mit Wasser an, bis du so viel einer geschmeidigen Masse hast, dass sie in die Streichholzschachtel passt. Fülle die Schachtel mit der Masse und streiche sie glatt. Drücke nun einen Gegenstand hinein, z. B. eine Münze, den du zuvor in die Seifenlösung getaucht hast. Wenn der Gips hart geworden ist, kannst du den Gegenstand vorsichtig wieder entfernen. Beobachte während des gesamten Ablaufs die Temperatur des Gipses.

*Auswertung*
a) Erkläre die Temperaturveränderungen und zeichne das dazugehörige Energiediagramm.
b) Erläutere, was mit dem Wasser, das du zum Gips gibst, geschieht.
c) Informiere dich, um welche Verbindung es sich bei Gips handelt und welche Veränderungen während des Versuchs stattfinden.
d) Welche Funktion hat die Seifenlösung?

*Hinweis:* Zur Klärung dieser Fragen kannst du in der Schule auch den folgenden Versuch durchführen.
***V2*** Wiege einige von deinen ausgehärteten Gipsstückchen und gib sie in eine Porzellanschale. Erhitze die Gipsstückchen kräftig für längere Zeit. Halte dann für kurze Zeit eine kalte Glasplatte oder ein großes Becherglas über die Porzellanschale. Wiege schließlich die erkalteten Gipsstückchen erneut.

*Tipps*
*Weihnachtsgesteck:* Gib etwa einen Plastikbecher voll angerührten Gips auf ein Backpapier. Stecke nun eine Kerze sowie einige kleine Tannenzweige, je nach Geschmack auch Tannenzapfen, Nüsse oder kleine Figuren, hinein.
*Figuren:* Du kannst kreativ werden und kleine Figuren aus Gips modellieren oder deine in V1 hergestellten Abdrücke mit Seifenlösung ausspülen und mit Gips ausgießen.

## Hydrokultur – Wachstum ohne Erde

Pflanzen, die ohne Erde wachsen? Die gibt es!
**Hydrokulturpflanzen** benötigen zum Wachsen tatsächlich keine Erde, allerdings wie alle Lebewesen Mineralstoffe.
Der Forscher W. Knop entwickelte bereits im Jahr 1861 eine nach ihm benannte Nährlösung, die wie folgt zusammengesetzt ist:
In 1 Liter Wasser sind 1 g Calciumnitrat, 0,25 g Magnesiumsulfat, 0,25 g Kaliumhydrogenphosphat, 0,25 g Kaliumnitrat und eine Spur Eisensulfat gelöst.

### *Aufgabe*

„Erforsche", welche Auswirkungen ein Mangel an den einzelnen Verbindungen der Knop-Lösung auf das Pflanzenwachstum hat. Lasse zunächst so viele Maiskörner oder Bohnen auf feuchter Watte keimen, dass du mindestens 8 Keimlinge erhältst.
Wenn die Keimlinge einige Zentimeter hoch sind, setze je (mindestens) einen Keimling in ein Glas mit einer der folgenden Nährlösungen.

1. vollständige Knop-Nährlösung
2. Knop-Nährlösung ohne Calciumnitrat
3. Knop-Nährlösung ohne Magnesiumsulfat
4. Knop-Nährlösung ohne Kaliumhydrogenphospat
5. Knop-Nährlösung ohne Kaliumnitrat
6. Knop-Nährlösung ohne Kaliumhydrogenphosphat und ohne Kaliumnitrat
7. Knop-Nährlösung ohne Eisensulfat
8. destilliertes Wasser zum Vergleich

Fülle die Nährlösungen regelmäßig auf und blase mit einem Strohhalm etwas frische Luft in die einzelnen Gläser.
*Hinweise:* a) Ihr könnt auch arbeitsteilig forschen, dann untersucht jede Gruppe das Wachstum eines Keimlings in einer der Nährlösungen. b) Vereinfacht lohnt es auch, nur das Pflanzenwachstum in der vollständigen Nährlösung mit dem in destilliertem Wasser zu vergleichen.

### *Auswertung*

a) Beobachte das Pflanzenwachstum in den unterschiedlichen Nährlösungen und halte die Unterschiede schriftlich fest.
b) Stelle Hypothesen auf, welche Wirkung die jeweiligen Mineralstoffe (Verbindungen) aus der Knop-Lösung auf das Pflanzenwachstum haben.
c) Diskutiert die Auswahl der Nährlösungen. Welche Lösung kannst du empfehlen?
d) Vergleiche die Bestandteile der Knop-Nährlösung mit den Inhaltsstoffen von Hydrokulturdüngern.

## Bodenuntersuchungen

### *Versuche*

***V1*** Fülle jeweils 10 mL von lufttrockenen Bodenproben in einen Messzylinder und bestimme die Masse. Füge jeweils genau 10 mL Wasser zu den Bodenproben im Messzylinder und schüttle vorsichtig, aber gründlich. Lies das Gesamtvolumen ab. Tauche in jede der überstehenden Lösungen einen *p*H-Messstreifen. Beobachte die Sedimentation über mehrere Stunden und Tage.
***V2*** Fülle jeweils ca. 10 g – 20 g Bodenprobe in eine Porzellanschale und bestimme die Masse. Stelle die Proben für 2–3 Tage bei 120–150 °C in den Trockenschrank und wiege erneut. Das Experiment ist beendet, wenn kein weiterer Masseverlust zu verzeichnen ist. Erhitze die getrockneten und genau abgewogenen Proben in einem Porzellantiegel mit dem Gasbrenner bis zur Rotglut (**Abzug!**). Lasse den Porzellantiegel zugedeckt im Abzug abkühlen und bestimme die Masse der Asche.

### *Auswertung*

a) Dokumentiere die Herkunft und das Aussehen der Bodenproben.
b) Berechne die Dichten der in V1 untersuchten Bodenproben.
c) Erläutere anhand der Ergebnisse aus V1 die Unterschiede der Bodenproben in Bezug auf ihren Luftgehalt, ihren sauren Charakter und ihre Korngröße.
d) Berechne aus den Ergebnissen von V2 den Wassergehalt der untersuchten Bodenproben.
e) Beim Erhitzen der Bodenproben verbrennen alle organischen Bestandteile. Der Glühverlust entspricht damit ungefähr dem Humusgehalt. Bestimme den Humusgehalt deiner Proben aus V2.
f) Gib an, welche Fehlerquellen bei den Bodenuntersuchungen auftreten.
g) Bewerte alle deine Ergebnisse. Betrachte hierzu die Herkunft und die Funktion deiner Bodenproben.
h) Fertige ein Plakat mit deinen Ergebnissen an.

# In Streusalz, Kochsalz und Badewasser

Im Schwimmbad riecht es nach Chlor und manche Menschen bekommen beim Tauchen rote Augen. Warum wird dem Wasser im Schwimmbad dennoch Chlor zugesetzt? Warum wurde Chlor früher zum Bleichen von Papier benutzt?
Auch Chlorverbindungen sind weit verbreitet: Kochsalz, Natriumchlorid, nimmt jeder täglich zu sich. Wie lassen sich solche Chlorverbindungen nachweisen? Warum kann Streusalz gegen Straßenglätte eingesetzt werden?

**B1** *Badewasser enthält ca. 0,3 mg Chlor pro Liter Wasser. Atemluft mit 1% Massenanteil Chlor ist tödlich.*

**Chlor-Unfall im Schulbad**
Kassel. Alarm im Schwimmbad: Nach einer Chlorgas-Panne wurde gestern Morgen ein Großeinsatz von Feuerwehr und Rettungsdiensten ausgelöst. Zu viel des giftigen Desinfektionsmittels Chlor war ins Wasser geraten. Sechs Kinder wurden verletzt.

**B2** *Aus einer Tageszeitung im Jahr 2007*

## Versuche

***V1*** Fülle ein Becherglas zur Hälfte mit zerkleinertem Eis. Rühre um und miss die Temperatur. Gib einige Spatellöffel Streusalz (Kochsalz) hinzu, rühre um und beobachte die Temperaturänderung.

***V2*** Löse in einem Rggl. eine Spatelspitze Kochsalz in etwas Wasser und versetze mit einigen Tropfen Silbernitrat-Lösung*. Beobachte die Veränderungen.

***LV3* Vorsicht! Abzug!** Mithilfe eines Gasentwicklers stellt man aus Chlorkalk* (Calciumhypochlorit*) und Salzsäure* Chlor* her und füllt damit zwei Standzylinder. In einem Zylinder stellt man Chlorwasser* Chlor (aq) her: Man gießt in den chlorgefüllten Zylinder etwa 50 ml Wasser, deckt gut zu und schüttelt. Das erhaltene Chlorwasser* verteilt man für V5 und V6 auf Rggl. und verschließt diese. Das verbleibende Chlor* wird für LV4 benötigt.

***LV4* Vorsicht! Abzug!** Zunächst bläst man in ein großes Rggl. unten seitlich ein Loch von ca. 8 mm Durchmesser. Dann erhitzt man in diesem Rggl. ein erbsengroßes, entrindetes Stück Natrium*, bis es schmilzt. Kurz vor der Entzündung drückt man Chlor* aus einem Kolbenprober auf das flüssige Natrium. Das Produkt wird vorsichtig in Wasser gelöst.

***V5*** Versetze in einem Rggl. eine Spatelspitze Magnesiumpulver* mit 5 ml Chlorwasser* und schüttle. Beobachte.

***V6*** Spritze mit dem Füller auf ein Filterpapier einige blaue Tintenflecken und pipettiere darauf einige Tropfen Chlorwasser*. Beobachte die Veränderungen.

**B3** *Streusalz ist das wichtigste Mittel gegen Schneeglätte, Eisregen und überfrierende Nässe.* **A:** *Welche Nachteile hat das Streusalz für Pflanzen und Tiere?*

## Auswertung

a) Protokolliere alle durchgeführten Versuche.

b) Erkläre, warum die Bildung von Salzwasser dafür sorgt, dass die Straßen von Eis befreit werden.

c) Chlorwasser reagiert mit Magnesium. Gib das Reaktionsschema an.

d) Informiere dich auf *Chemie 2000+ Online* über die Reaktion von Chlor mit Natrium.

**B4** *Kochsalz ist Natriumchlorid.* **A:** *Vergleiche die Eigenschaften von Kochsalz mit denen der Elemente Natrium und Chlor.*

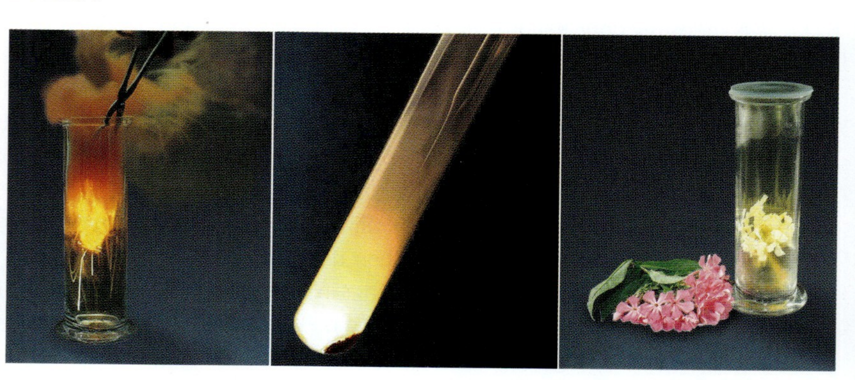

**B5** *Eisen brennt in Chlor (links), Chlor reagiert mit Natrium (Mitte) und Chlor entfärbt Blumen und Blätter.*

## Chlor und Chlorverbindungen

Badewasser kann Krankheitserreger übertragen. In Schwimmbädern bekämpft man diese Keime jedoch wirksam durch den Einsatz von Chlor. Auch Trinkwasser kann mit Chlor desinfiziert werden. In größeren Mengen ist Chlor aber für den Menschen gefährlich: Enthält ein Liter Atemluft mehr als 0,05 mg Chlor, treten Vergiftungserscheinungen auf.
Chlor ist ein sehr reaktives Gas. Daher kommt es in der Natur nur in Verbindungen vor, meist sind dies Salze. Natriumchlorid, die bedeutendste Chlorverbindung, ist als Speise- oder Kochsalz bekannt und für die Ernährung des Menschen wichtig. Es wird aber im Winter auch auf den Straßen als Streusalz verwendet. Dabei macht man sich zunutze, dass Salzwasser eine niedrigere Schmelztemperatur hat als Wasser. Solange die Außentemperaturen nur leicht unter dem Gefrierpunkt liegen, kann das sich bei Nässe bildende Salzwasser nicht erstarren. Weitere Chlorverbindungen kommen in Gesteinen, im Meerwasser und in Lebewesen vor.
Elementares Chlor reagiert meist heftig mit Metallen. Dabei bilden sich wasserlösliche Feststoffe, die **Metallchloride**.

Natrium (s) + Chlor (g) ⟶ Natriumchlorid (s); exotherm

Eisen (s) + Chlor (g) ⟶ Eisenchlorid (s); exotherm

Die Chlorid-Ionen einer Metallchlorid-Lösung lassen sich mit Silber-Ionen einer Silbernitrat-Lösung nachweisen. Gibt man zu einer Lösung, die ein Metallchlorid enthält, Silbernitrat-Lösung, beobachtet man eine Trübung. Ein wasserunlöslicher Stoff, Silberchlorid, ist entstanden. Bei der Reaktion von Chlor mit Wasserstoff bildet sich das Gas Chlorwasserstoff, das in Wasser gelöst die bekannte **Salzsäure** bildet. Aus Salzsäure und Braunstein konnte Carl Wilhelm Scheele im Jahr 1774 zum ersten Mal Chlor herstellen.
Ein großer Anteil des weltweit produzierten Chlors wird zur Herstellung des Kunststoffs Polyvinylchlorid PVC verwendet, der vor allem für Fußbodenbeläge (B7) und Fensterrahmen genutzt wird. Produkte aus PVC zeichnen sich besonders durch ihre Langlebigkeit und Beständigkeit aus. Im Verpackungsbereich geht die Verwendung von PVC-Materialien allerdings zurück. Zudem werden viele Produkte aus PVC ein zweites Mal verwendet, sie werden recycelt.

**STECKBRIEF**

**Chlor**

GEFAHR
H331, H319, H335, H315, H400

*Elementsymbol:* **Cl**
*Eigenschaften:* gelbgrünes, stechend riechendes Gas
Dichte: 3,214 g/L (bei 0 °C)
Schmelztemperatur: −100,98 °C
Siedetemperatur: −34,0 °C
Löslichkeit in Wasser: 2,3 L Chlor in 1 L Wasser (bei 20 °C)
nicht brennbar, bildet mit Wasserstoff ein explosionsfähiges Gemisch: Chlorknallgas
*Vorkommen:* nur gebunden, vorwiegend als Natriumchlorid in Salzlagern und gelöst im Meerwasser
*Verwendung:* wichtiges Zwischenprodukt für die Herstellung zahlreicher Verbindungen, z. B. Kunststoffen, zur Desinfektion und zum Bleichen

**B6** *Steckbrief von Chlor*

**B7** *Fußboden aus PVC.* **A:** *Nenne Vor- und Nachteile der Beständigkeit von Materialien aus PVC.*

### Aufgaben

**A1** Gib die R- und S-Sätze für Chlor an. Vergleiche die R-Sätze und die H-Sätze für Chlor.
**A2** Calciumchlorid ist als Lebensmittelzusatzstoff zugelassen. Stelle das Reaktionsschema für die Bildung von Calciumchlorid aus den Elementen auf.
**A3** Vergleiche die Eigenschaften des Gases Chlor mit denen der Gase, die du als Bestandteile der Luft kennst.
**A4** Früher wurde der Zellstoff für die Papierherstellung mit Chlor gebleicht (Chlorbleiche). Informiere dich, durch welche anderen Verfahren die Chlorbleiche bei der Papierherstellung ersetzt worden ist.

### Fachbegriffe

Chlor, Metallchlorid, Salzsäure

# M+ Stationenlernen Halogene

## Elementfamilie Halogene

Chlor gehört mit Fluor, Brom und Iod zur Elementfamilie der **Halogene**. Das Wort Halogen kommt von *hals* (griech.) = Salz und *-genes* (griech.) = entstanden. In der Tabelle sind die Eigenschaften der Halogene gegenübergestellt.

| Halogen Symbol | Atommasse in u | Siedetemp. in °C | Dichte bei 20 °C | Löslichkeit in Wasser | Giftwarnung | Reaktion mit Metallen |
|---|---|---|---|---|---|---|
| Fluor **F** | 19 | –188 | 1,6 g/L | reagiert | sehr giftig | sehr heftig |
| Chlor **Cl** | 35,7 | –34 | 2,95 g/L | mäßig | sehr giftig | sehr heftig |
| Brom **Br** | 79,9 | 59 | 3,12 g/cm³ | mäßig | sehr giftig | heftig |
| Iod **I** | 126,9 | 183 | 4,93 g/cm³ | schlecht | gesundheitsschädlich | langsam |

***A1*** Beschreibe für jede der aufgeführten Eigenschaften, wie sie sich in der Gruppe vom Fluor bis zum Iod ändert.

***A2*** Vergleiche die Farben von Chlor (links), Brom und Iod (rechts) mit den abgestuften Eigenschaften in der Tabelle oben.

### Station 1 – Halogene lassen sich nachweisen

Die Halogene Chlor und Brom lassen sich aufgrund ihres Geruchs oft leicht erkennen. Aber auch andere Eigenschaften als der Geruch können zum Nachweis eines Halogens dienen.

***V1*** Gib in einem Rggl. zu Iodwasser* einige Tropfen frisch hergestellter Stärke-Lösung.

***V2*** Gib in je ein Rggl. ca. 2 cm hoch Brom- bzw. Iod-Lösung* und füge in beide ca. 1 cm hoch Benzin hinzu. Verschließe die Rggl. mit Stopfen und schüttle vorsichtig.

***A1*** Protokolliere deine Beobachtungen.

***A2*** Besorge dir in der Apotheke eine Iodtinktur und erkundige dich, wofür sie verwendet wird. Teste die Iodtinktur mithilfe der Stärke-Reaktion!

***A3*** Was kannst du über die Löslichkeit von Brom und Iod in Benzin aussagen (V2)?

### Station 2 – Halogene reagieren mit Metallen

Typisch für alle Halogene sind ihre Reaktionen mit Metallen.

***V1*** Fülle in ein Rggl. etwa 3 cm hoch Bromwasser* und füge einen Spatel Zinkpulver* hinzu. Verschließe mit einem Stopfen und schüttle kräftig. Beobachte die Färbung des Bromwassers.

***V2*** Siehst du in V1 keine Änderung mehr, filtriere die Lösung. Lass das Filtrat bis zur nächsten Stunde stehen oder erhitze es vorsichtig in einer Abdampfschale über dem Brenner, bis das Wasser verdampft ist.

***A1*** Protokolliere deine Beobachtungen.

***A2*** Beschreibe den Rückstand in der Abdampfschale.

***A3*** Stelle das Reaktionsschema für die Reaktion von Brom mit Zink auf.

### Station 3 – Halogenlampen

Für viele Anwendungen benutzt man heute keine einfachen Glühlampen mehr, sondern sogenannte Halogenlampen, die sich durch eine höhere Lebensdauer auszeichnen.

Halogenlampen funktionieren im Prinzip ähnlich wie normale Glühlampen: Sie enthalten eine Wendel aus dem Metall Wolfram, die durch elektrischen Stromfluss zum Glühen gebracht wird. Im Glaskolben befindet sich aber zusätzlich ein Halogen, Brom oder Iod.

Beim Glühen der Wendel verdampft ein Teil des Wolframs und reagiert dann mit Brom oder Iod zu dem entsprechenden Wolframhalogenid. Dieses wird an der 3 000 °C heißen Wendel wieder in die Elemente zerlegt.

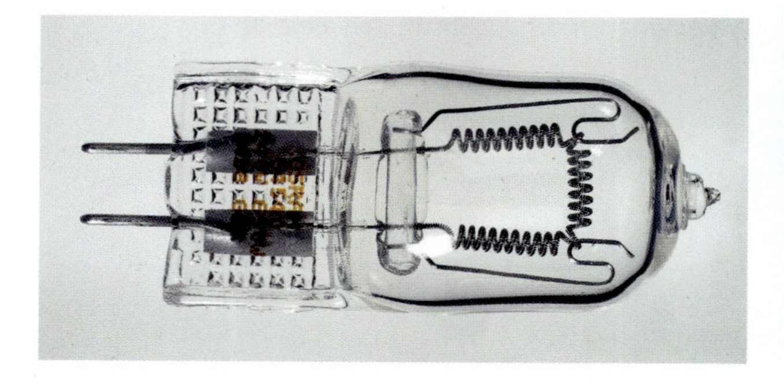

***A1*** Stelle die Reaktionsschemata auf.

***A2*** Erkläre, wie es zum „Durchbrennen" einer Wolframwendel in einer Glühlampe kommt und warum die Haltbarkeit der Halogenlampe durch die ablaufenden Reaktionen erhöht wird.

***A3*** Informiere dich über die Unterschiede zwischen Halogenlampen und herkömmlichen Glühlampen und erstelle eine Tabelle.

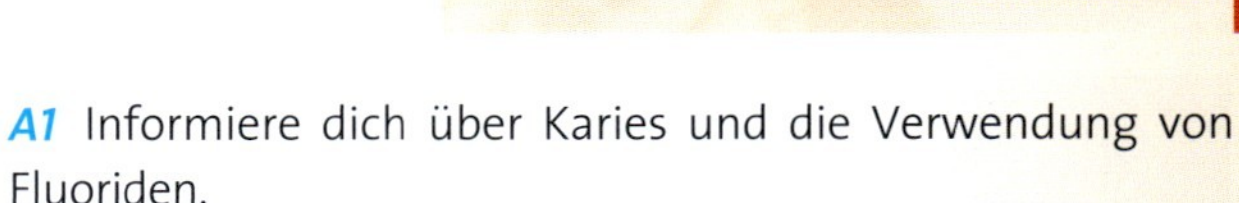

# M+ Stationenlernen Halogene

## Metallhalogenide lassen sich nachweisen

Die Verbindungen der Halogene sind sehr verbreitet. Durch eine einfache Reaktion lassen sich die Metallhalogenide nachweisen und voneinander unterscheiden.

**V1** Gib in je ein Rggl. Lösungen von Natriumchlorid, -bromid und -iodid. Füge mit einer Tropfpipette jeweils 3 Tropfen Salpetersäure* hinzu und schüttle. Tropfe anschließend vorsichtig Silbernitrat-Lösung* hinzu.

**A1** Notiere deine Beobachtungen. Wie kann man unterscheiden, welches Halogenid in einer Lösung vorliegt?
**A2** Stelle die Reaktionsschemata auf.
**A3** Plane einen Versuch, mit dem der Gehalt an Halogeniden in Leitungswasser, Mineralwasser und Flusswasser verglichen werden kann. Führe ihn durch und protokolliere deine Ergebnisse.

## Halogene kann man herstellen

Die Halogene kommen aufgrund ihrer Reaktivität in der Natur nur in ihren Verbindungen vor. Aus diesen lassen sie sich aber durch chemische Reaktionen gewinnen.

**V1** Erhitze in einem Rggl. eine Spatelspitze Zinkiodid*.

**A1** Notiere deine Beobachtungen.
**A2** Gib an, welche Produkte entstanden sind und stelle das Reaktionsschema auf.
**A3** Erläutere, warum diese Art von Reaktion Thermolyse heißt.

## Halogenverbindungen in der Medizin

Die meisten Zahnpasten enthalten Natriumfluorid. Säuglinge und Kleinkinder erhalten Fluoridtabletten und in einigen Ländern werden Fluorverbindungen sogar gleich dem Trinkwasser zugesetzt.

**A1** Informiere dich über Karies und die Verwendung von Fluoriden.
**A2** Entwirf ein Merkblatt, das ein Zahnarzt seinen Patienten zur Information mitgeben könnte.
**A3** Auf einer Salzpackung steht „Iodsalz mit Fluor“. Im „Iodsalz mit Fluor“ ist weder Iod, ein schwarz-violetter Feststoff, noch Fluor, ein gelbliches, extrem reaktives Gas. Überlege und erläutere, wie sich diese Angabe rechtfertigen lässt, und warum dem Salz eine Iodverbindung zugesetzt wird.

## Chlorchemie – Fluch oder Segen

Die **Gegner** der Chlorchemie meinen:

1. Chlor kommt in der Natur nur fest verbunden in Salzen vor. Erst der Mensch hat im Chemielabor die gefährlichen Chlorverbindungen, z. B. Dioxine, hergestellt.
2. Chlor lässt sich als billiger Rohstoff leicht zu neuen Produkten, die oft auch giftig sind, umsetzen. Billig ist Chlor auch nicht mehr, da zu seiner Herstellung sehr viel elektrische Energie benötigt wird.
3. Bei der Verbrennung von PVC-Produkten werden die giftigen Dioxine freigesetzt. Dabei würden für die meisten Anwendungen auch andere Materialien zur Verfügung stehen.
4. Die Chlorchemie ist eine Fehlentwicklung und hat keine Zukunft.

Die **Befürworter** der Chlorchemie erwidern:

1. Mittlerweile sind viele Chlorverbindungen in der Natur entdeckt worden, die nicht zu den Salzen gehören. Sogar das gefährliche Dioxin wird in der Natur bei Waldbränden gebildet.
2. Über die Hälfte des in der Industrie verwendeten Chlors verlässt das Werk als ungiftiges Salz. Der Energiebedarf für die Herstellung von Glas oder die Gewinnung von Aluminium ist sehr viel größer.
3. PVC hilft, natürliche Werkstoffe (z. B. tropische Hölzer), Metalle und Energie zu sparen. Bei medizinischen Geräten gibt es teilweise keinen Ersatz für PVC. Außerdem wird PVC zunehmend recycelt.
4. Eine Zukunft gibt es nur mit der Chlorchemie. Die Gefahren müssen aber immer mitbedacht werden.

**A1** Tragt weitere Argumente aus der Zeitung und dem Internet zusammen. Ordnet sie den hier genannten Argumentationen zu.
**A2** Diskutiert über Chancen und Risiken des technischen Fortschritts am Beispiel der Chlorchemie.

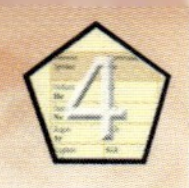

## extra Elementfamilie der Edelgase

**B1** *Leuchtröhren enthalten statt Luft geringe Mengen eines Edelgases. Durch hohe Spannungen werden die Atome des Edelgases zum Leuchten angeregt.*

Lange Zeit blieben die sogenannten Edelgase wegen ihrer Reaktionsträgheit unentdeckt. Heute sind die Edelgase **Helium**, **Neon**, **Argon**, **Krypton**, **Xenon** und **Radon** nicht nur bekannt, sie haben auch zahlreiche Verwendungsmöglichkeiten.
Leuchtstoffröhren mit Edelgasen werden umgangssprachlich als Neonröhren bezeichnet und auf der Kirmes werden Luftballons mit Helium gefüllt. Argon wird in großen Mengen als Schutzgas in der Metallindustrie und als Füllgas für Lampen verwendet. Mit Helium als Füllgas für Luftschiffe kann man große Lasten über unwegsames Gelände transportieren. In der Atemluft für Taucher und für Astronauten tauscht man Stickstoff gegen Helium aus, allerdings aus ganz unterschiedlichen Gründen: In Wassertiefen ab ca. 30 m würde sich der Stickstoff im Blut der Taucher lösen und zum sogenannten Tiefenrausch führen, bei dem die Selbstkontrolle verloren geht. Helium bewahrt vor Tiefenrausch, weil es sich schlechter im Blut löst. Im Weltraum könnten sich unter dem Einfluss der kosmischen Strahlung in der Atemluft aus Sauerstoff und Stickstoff giftige Stickstoffoxide bilden, diese Gefahr besteht bei einem Helium-Sauerstoff-Gemisch nicht. Schließlich dient Helium auch zur Erzeugung tiefster Temperaturen in Forschungsapparaturen.

PRIMO LEVI schreibt in **Das periodische System**:
Die Luft, die wir atmen, enthält die sogenannten trägen Gase. Sie führen seltsame gelehrte Namen griechischer Herkunft, die „das Neue", „das Verborgene", „das Untätige", „das Fremde" bedeuten. Tatsächlich sind sie so träge, mit ihrem Zustand so zufrieden, dass sie sich an keiner chemischen Reaktion beteiligen, sich mit keinem anderen Element verbinden, und aus diesem Grunde sind sie jahrhundertelang unbemerkt geblieben: erst 1962 gelang es einem zuversichtlichem Chemiker nach langwierigen, raffinierten Bemühungen, „das Fremde" (Xenon) zu einer flüchtigen Verbindung mit dem äußerst gierigen, lebhaften Fluor zu zwingen, und das Unterfangen erschien so außergewöhnlich, dass ihm dafür der Nobelpreis verliehen wurde.

**B2** *Auszug aus dem Roman Das periodische System von PRIMO LEVI.* **A:** *Informiere dich über PRIMO LEVI und sein Werk.*

### Versuch

***V1*** Markiere auf einem durchsichtigen Feuerzeug mit einem wasserfesten Stift den Flüssigkeitsspiegel. Lass dann unter Wasser in einen wassergefüllten Messzylinder 200 mL Gas ausströmen. Überprüfe den Flüssigkeitsspiegel im Feuerzeug erneut.

### Auswertung

a) Vergleiche das Volumen des ausgeströmten Feuerzeuggases im gasförmigen mit dem im flüssigen Aggregatzustand.

### Aufgaben

**A1** Welche Namen findest du in dem Zitat des Schriftstellers PRIMO LEVI für welche Edelgase? Überlege, wie die einzelnen Namensgebungen zustande gekommen sein könnten. Wieso nennt PRIMO LEVI Fluor „gierig" und „lebhaft"?

**A2** Stelle den Zusammenhang zwischen der Dichte und der Atommasse der Edelgase in einem Diagramm graphisch dar. Was stellst du fest?

**A3** Trage in den bei A2 erhaltenen Graphen die Dichten folgender Gase ein: $\rho$(Wasserstoff) = 0,09 g/L, $\rho$(Stickstoff) = 1,25 g/L, $\rho$(Sauerstoff) = 1,43 g/L, $\rho$(Chlor) = 3,2 g/L. Lies die zugehörigen Massen ab und vergleiche mit den entsprechenden Atommassen.

| Element Symbol | Atommasse in u | Siedetemp. in °C | Dichte bei 0 °C und bei 100 kPa in g/L | Licht der Leuchtstoffröhre |
|---|---|---|---|---|
| Helium<br>**He** | 4,0 | −269 | 0,18 | gelb |
| Neon<br>**Ne** | 20,2 | −246 | 0,90 | rot |
| Argon<br>**Ar** | 39,9 | −186 | 1,78 | rot |
| Krypton<br>**Kr** | 83,8 | −153 | 3,74 | gelbgrün |
| Xenon<br>**Xe** | 131,3 | −108 | 5,86 | violett |

**B3** *Eigenschaften der Edelgase im Vergleich*

## *extra* AVOGADRO und die Gase

Stoffe nehmen im gasförmigen Zustand einen viel größeren Raum ein als im festen oder flüssigen. Das Verdampfen des Feuerzeuggases macht dies deutlich: Weniger als 1 mL des flüssigen Stoffes verdampft zu 200 mL Gas (V1).
Wie ist das zu verstehen? Werden flüssige Stoffe gasförmig, so nimmt der Abstand zwischen den kleinsten Teilchen der Stoffe deutlich zu. Das Eigenvolumen der Teilchen ist dann im Vergleich zum Gesamtvolumen verschwindend klein und das Gasvolumen wird durch den Raum zwischen den Teilchen bestimmt und nicht durch die Teilchen selbst. Dies lässt vermuten, dass die gleiche Anzahl von Teilchen verschiedener Gase unter gleichen Bedingungen den gleichen Raum einnimmt. Der italienische Physiker A. AVOGADRO formulierte im Jahre 1811 die folgende **Hypothese**:

> Gleiche Volumina verschiedener Gase enthalten bei gleicher Temperatur und gleichem Druck gleich viele Teilchen.

Ein Liter Helium enthält also gleich viele Teilchen wie ein Liter Xenon. Da aber die Atome des Xenons eine größere Masse besitzen als die Atome des Heliums, ist die Gesamtmasse eines Liters Xenon größer als die Gesamtmasse eines Liters Helium. Xenon besitzt damit eine größere Dichte.
Alle Edelgase bestehen aus einzelnen Atomen. Deshalb ist die Dichte eines Edelgases auch proportional zur Atommasse (vgl. B3 und B6).

**B4** *Helium macht den Ballon „leicht".*
**A:** *Warum füllt man Ballons mit Helium und nicht mit Wasserstoff, der eine noch geringere Dichte besitzt?*

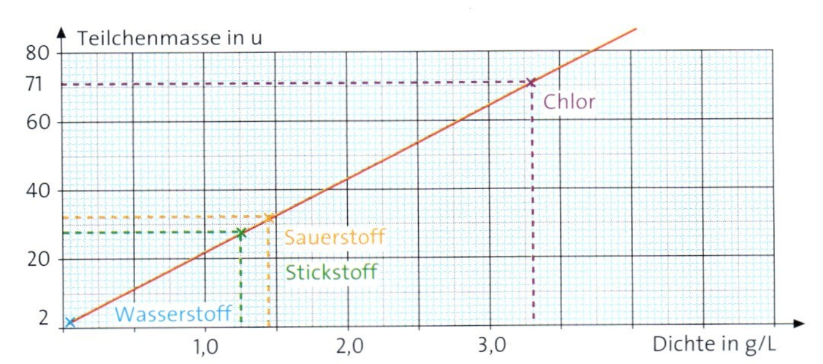


**B6** *Zusammenhang von Dichte und Teilchenmasse für verschiedene Gase*

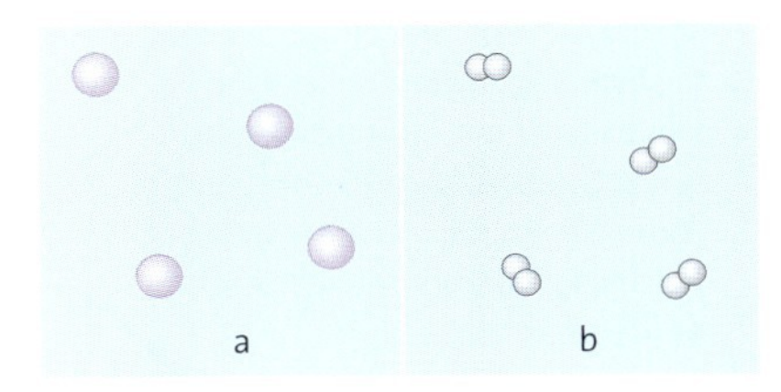


**B5** *a) Modell eines Edelgases, z. B. Helium, b) Modell eines Gases, das aus Molekülen aufgebaut ist, z. B. Wasserstoff*

Bei anderen gasförmigen Elementen, wie Wasserstoff, Stickstoff, Sauerstoff oder Chlor, sind die mithilfe von B6 graphisch ermittelten Teilchenmassen doppelt so groß wie die Atommassen der Elemente. Dies führte zu der Annahme, dass die kleinsten Teilchen dieser Gase keine einzelnen Atome sind. Vielmehr bestehen sie aus zwei fest miteinander verbundenen Atomen.
Kleinste Teilchen, die aus fest verbundenen Atomen bestehen, nennt man **Moleküle**. Nur die Edelgase bestehen aus einzelnen Atomen, die anderen gasförmigen Elemente bestehen aus zweiatomigen Molekülen. Als Symbole dieser Moleküle schreiben wir: Wasserstoff $H_2$, Chlor $Cl_2$, Sauerstoff $O_2$, Stickstoff $N_2$.
Nicht nur Elemente liegen als Moleküle vor, auch die kleinsten Teilchen zahlreicher Verbindungen bestehen aus zwei und mehr fest verbundenen Atomen. Die Zusammensetzung diese Moleküle wird durch **Molekülformeln** angegeben, z. B. $H_2O$ für ein Wasser-Molekül.

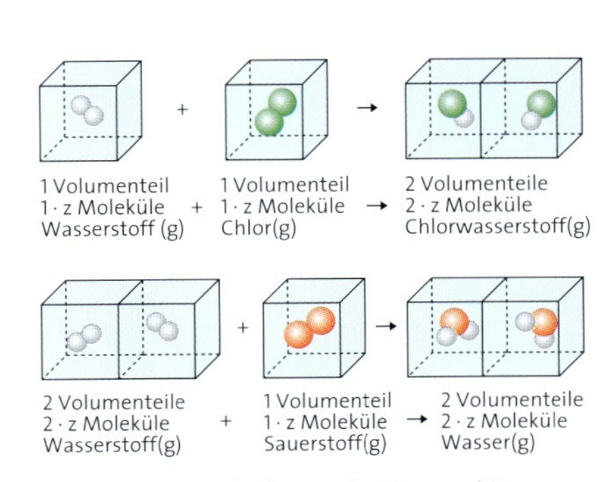


**B7** *Volumenverhältnisse bei Gasreaktionen.*
**A:** *Erkläre diese Volumenverhältnisse mithilfe der Hypothese von AVOGADRO.*

### *Aufgabe*

**A4** Die Molekülformeln einiger Stoffe lauten: Wasser $H_2O$, Stickstoffmonooxid $NO$, Ozon $O_3$, Wasserstoffperoxid $H_2O_2$, Schwefelsäure $H_2SO_4$ und Traubenzucker $C_6H_{12}O_6$. Nenne die Art und Anzahl der Atome in jeweils einem Molekül dieser Stoffe.

### Fachbegriffe

Edelgase, Hypothese von AVOGADRO, Moleküle, Molekülformel

# Eine geniale Ordnung

Auf unserem heutigen Periodensystem der Elemente PSE erkennt man über 100 Elemente, deren Elementsymbole wohlgeordnet unter- und nebeneinander stehen. Seit wann sind die Elemente bekannt und seit wann gibt es dieses PSE? Nach welchen Kriterien sind die Elemente dort geordnet?

D. MENDELEJEW (1834 bis 1907) L. MEYER (1830 bis 1895)

„Beim Studium einer Tabelle mit Atommassen ist es mir wie Schuppen von den Augen gefallen, dass die Atommassen die Grundlage für die endgültige Formulierung der Gesetzlichkeit sind."
L. MEYER (Zitat)

„Ich bezeichne als periodisches Gesetz die ... gegenseitigen Verhältnisse der Eigenschaften der Elemente zu deren Atomgewichten ... Es soll Unerklärtes aufklären und Voraussagen hervorrufen, welche durch das Experiment bestätigt werden können."
D. MENDELEJEW (Zitat)

**B1** *Zitate von MEYER und MENDELEJEW.* ***A:*** *Wie lautet das gemeinsame Ordnungsprinzip, das MEYER und MENDELEJEW vorschlugen?*

## INFO

### Weiße Flecken auf der Elementlandkarte

Im 18. und 19. Jahrhundert wurden die meisten chemischen Elemente entdeckt und ihre Eigenschaften untersucht. Als die beiden Chemiker MENDELEJEW und MEYER im Jahr 1869 unabhängig voneinander versuchten, diese Elemente zu ordnen, waren bereits 60 Elemente bekannt, also mehr als die Hälfte der heute beschriebenen. So versuchten die beiden – trotz einiger Ungereimtheiten – die Elemente nach ihren Atommassen zu ordnen. Bereits im Jahr 1817 hatte der Chemiker DÖBEREINER einige Elemente mit ähnlichen Eigenschaften in Dreiergruppen zusammengefasst, so z. B. Lithium, Natrium und Kalium, Calcium, Strontium und Barium sowie Chlor, Brom und Iod. Dabei zeigte sich, dass die Atommasse des mittleren Elements jeweils etwa das Mittel aus den Massen der beiden anderen ist. Doch die meisten Elemente passten nicht in dieses System.
MEYER und MENDELEJEW entschieden sich, die Elemente nach steigenden Atommassen und ähnlichen Eigenschaften zu ordnen und erhielten so eine Karte, nach der sie noch zu entdeckende Elemente anhand ihrer Eigenschaften einpassen konnten. MENDELEJEW entdeckte dabei eine „doppelte Lücke" im PSE: Elemente, die eigentlich existieren, aber (bisher) nicht entdeckt waren (B2).

| | | | |
|---|---|---|---|
| 1278 °C<br>1,85 g/cm³<br>**Be (1797)**<br>**9u**<br>Oxid: **BeO** | 2300 °C<br>2,46 g/cm³<br>**B (1808)**<br>**10,8u**<br>Oxid: $B_2O_3$ | 3700 °C<br>2,2 g/cm³<br>**C (-)**<br>**12u**<br>Oxid: $CO_2$ | −210 °C<br>1,17 L/cm³<br>**N (1771)**<br>**14u** |
| 650 °C<br>1,74 g/cm³<br>**Mg (1755)**<br>**24,3u**<br>Oxid: **MgO** | 660 °C<br>2,7 g/cm³<br>**Al (1825)**<br>**27u**<br>Oxid: $Al_2O_3$ | 1410 °C<br>2,33 g/cm³<br>**Si (1824)**<br>**28,1u**<br>Oxid: $SiO_2$ | 44 °C<br>1,9 g/cm³<br>**P (1669)**<br>**31u**<br>Oxid: $P_2O_3$ |
| 842 °C<br>1,55 g/cm³<br>**Ca (1808)**<br>**40,1u**<br>Oxid: **CaO** | ? | ? | sublimiert<br>5,72 g/cm³<br>**As (11. Jh.)**<br>**74,9u**<br>Oxid: $As_2O_3$ |
| 777 °C<br>2,63 g/cm³<br>**Sr (1790)**<br>**87,6u**<br>Oxid: **SrO** | 157 °C<br>7,3 g/cm³<br>**In (1863)**<br>**114,8u**<br>Oxid: $In_2O_3$ | 237 °C<br>7,3 g/cm³<br>**Sn (-)**<br>**118,7u**<br>Oxid: $SnO_2$ | sublimiert<br>6,70 g/cm³<br>**Sb (-)**<br>**121,8u**<br>Oxid: $Sb_2O_3$ |

**B2** *Eine Auswahl der Elemente, die zu Lebzeiten MEYERS und MENDELEJEWS bekannt waren, geordnet nach den Kriterien MENDELEJEWS.* ***A:*** *Welche Eigenschaften würdest du für das Element vorhersagen, das in der Spalte zwischen Silicium Si und Zinn Sn steht? Begründe und überprüfe deine Annahme anhand der Tabelle auf der vorletzten Buchseite.*

## Auswertung

a) MENDELEJEW machte für das Element in der Spalte zwischen Aluminium **Al** und Indium **In** die Vorhersage, dass es ein Metall mit einer sehr geringen Schmelztemperatur und einer mittleren Dichte von 5,5 g/cm³ sein werde, und ging davon aus, dass das Oxid die Formel $X_2O_3$ und das entsprechende Chlorid die Formel $XCl_3$ haben werden. Erläutere, welche dieser Angaben du nachvollziehen kannst, und überprüfe mithilfe einer Internetrecherche, ob MENDELEJEWS Vorhersagen zutreffen.
b) Untersuche anhand der Atommassen, ob folgende Dreiergruppen von Elementen in das Ordnungssystem von DÖBEREINER passen: i) Kalium, Rubidium, Caesium; ii) Magnesium, Calcium, Strontium.

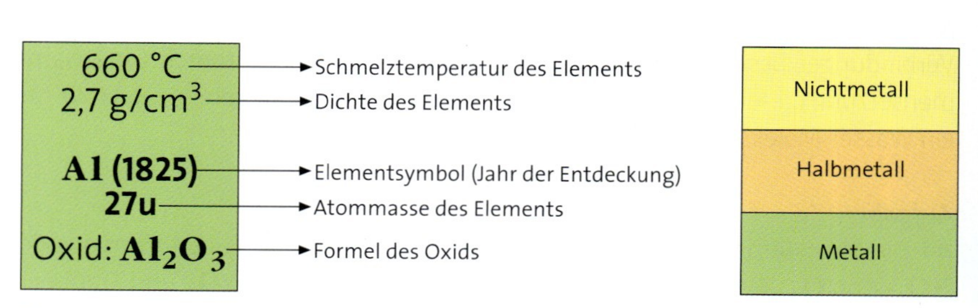


**B3** *Legende zu B2.* ***A:*** *Wieso sind bei einigen Elementen keine Jahreszahlen für die Entdeckung angegeben?*

## Das Periodensystem der Elemente

Wir können die Elemente u.a. nach Aggregatzustand, nach Farbe, nach metallischen oder nichtmetallischen Eigenschaften ordnen. Keine dieser Ordnungsmöglichkeiten ist letztlich befriedigend, weil die chemischen Eigenschaften der Elemente und ihrer Verbindungen damit nicht ausreichend berücksichtigt werden. J. DALTON hatte im Jahr 1808 die Atommasse als wesentliches Merkmal bezeichnet, durch das sich die Atome verschiedener Elemente unterscheiden. Und dem in Karlsruhe lehrenden L. MEYER fiel es dann „wie Schuppen von den Augen“, als er im Jahr 1869 erkannte, wie nahe liegend es eigentlich war, die Elemente nach steigenden Atommassen zu ordnen. Dass auch MENDELEJEW im weit entfernten St. Petersburg fast gleichzeitig auf den gleichen Gedanken kam, zeigt, dass die Zeit „reif für diese Erkenntnis“ war. MENDELEJEWS Voraussagen über die Existenz und die Eigenschaften damals noch nicht bekannter Elemente wurden durch die Entdeckung des Galliums (L. DE BOISBAUDRAN, 1875) und des Germaniums (C. WINKLER, 1886) bestätigt (B2).
Schon den Begründern des Periodensystems fielen allerdings einige Ungereimtheiten auf: An wenigen Stellen, z.B. bei Tellur **Te** und Iod **I**, musste das Element mit der größeren Atommasse vor das mit der kleineren gesetzt werden, wenn es in der gleichen Gruppe wie seine chemischen Verwandten stehen sollte. Deshalb gaben sie jedem Element eine Ordnungszahl, die seine Rangordnung (Platznummer) im Periodensystem zeigt.
Das heutige **Periodensystern der Elemente** PSE ist eine Weiterentwicklung der Entwürfe von L. MEYER und D. MENDELEJEW. So stehen z.B. in B6 die Elementfamilien in waagerechten Reihen, im heutigen Periodensystem stehen sie in senkrechten Spalten. Man bezeichnet eine solche Spalte als Gruppe. Man unterscheidet zwischen **Hauptgruppen** (B5) und **Nebengruppen** (vgl. Anhang). Die waagerechten Reihen des Periodensystems nennt man **Perioden**. Innerhalb einer Hauptgruppe finden wir Elemente mit ähnlichen Eigenschaften. Die Elemente der ersten 6 Perioden sind alle bekannt. Die 7. Periode wird auch heute noch mit neuen, künstlich hergestellten Elementen aufgefüllt.

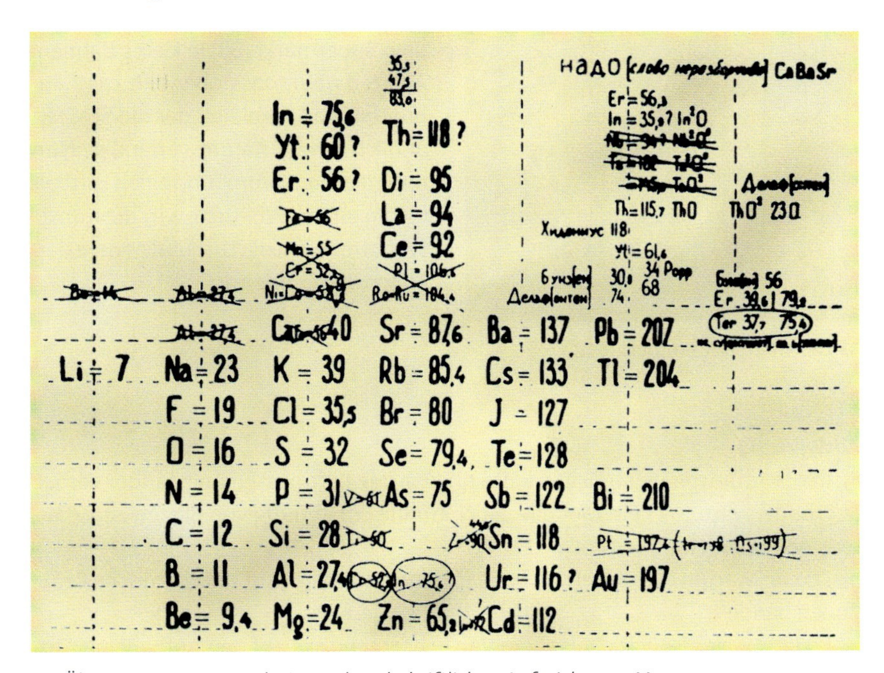


**B6** *Übertragung einer undatierten handschriftlichen Aufzeichnung MENDELEJEWS.*
**A:** *Finde heraus, wo hier die Elemente Gallium und Germanium stehen müssten.*

**B4** *Das Element Gallium schmilzt schon bei Berührung mit der Haut.* **A:** *Nenne weitere Metalle, die in der Hand flüssig sind oder werden.*

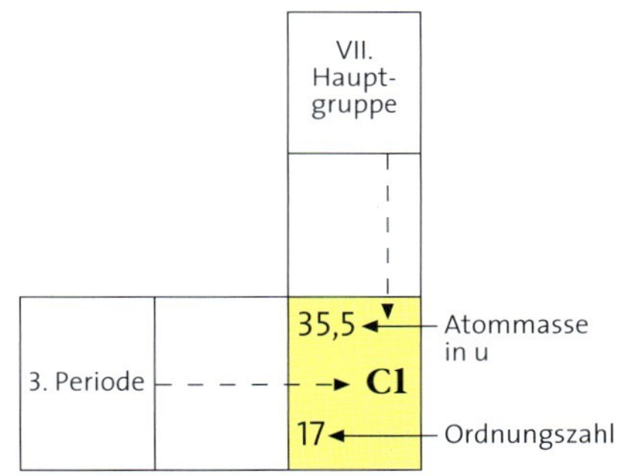


**B5** *Hauptgruppe und Periode am Beispiel des Elements Chlor.* **A:** *Nenne alle anderen Elemente, die sich wie Chlor in der VII. Hauptgruppe bzw. in der 3. Periode befinden. Was fällt dir auf?*

### Fachbegriffe

Periodensystem der Elemente, Periode, Hauptgruppe, Nebengruppe, Atommasse, Ordnungszahl

**B1** *Ein Blitz mit einem besonders dicken Blitzkanal schlägt in eine Stadt ein.*
*A: Warum donnert es zusätzlich?*

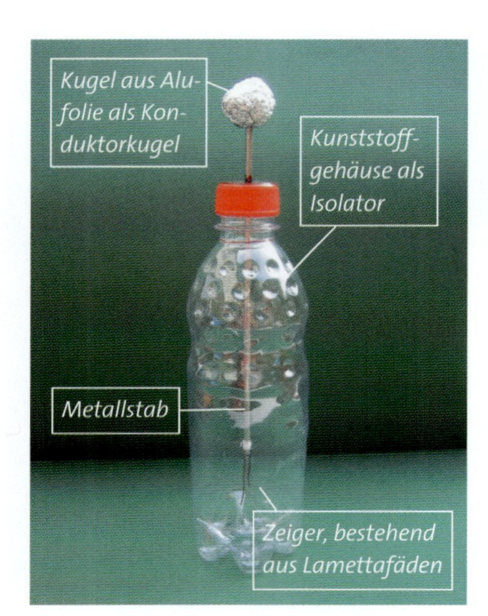


**B2** *Ein selbst gebautes Elektroskop.*
*A: Beschreibe die Funktionsweise des Geräts.*

## Es blitzt und strahlt

Beim Ausziehen von Kleidungsstücken aus Kunstfasern oder Wolle knistert es manchmal. Im Dunkeln kann man sogar kleine Funken beobachten. Gibt es einen Zusammenhang zwischen diesen Phänomenen und Blitz und Donner bei Gewittern?

### Versuche

*Hinweis:* Die folgenden Versuche lassen sich auch im Rahmen eines Lernzirkels an Stationen oder als arbeitsteilige Gruppenversuche durchführen. Anstelle des Kunststoffstabs kann auch ein Luftballon verwendet werden.

***LV1*** Zwei isoliert gehaltene Metallkugeln werden mit einem Ladegerät aufgeladen. Danach wird das Ladegerät entfernt. Eine Glimmlampe wird nacheinander an beide Kugeln gehalten. Dann werden die Kugeln im abgedunkelten Raum langsam näher geschoben, bis sie sich fast berühren. Nach der Berührung werden die Kugeln erneut mit der Glimmlampe überprüft.

***V2*** Reibe einen Kunststoffstab mit einem Wolllappen und nähere ihn deinen Haaren.

***V3*** Hänge einen Kunststoffstab mithilfe eines Stativs und eines Fadens beweglich auf. Nun reibe einen zweiten Stab mit einem Wolllappen und nähere ihn dem beweglich aufgehängten Stab. Wiederhole den Versuch, reibe aber zuvor auch den beweglich aufgehängten Stab.

***V4*** Reibe einen Kunststoffstab mit einem Wolllappen und berühre mit ihm das selbst gebaute Elektroskop (B2). Wiederhole den Versuch und halte an die Aluminiumkugel ein Stück Metall bzw. eine Hand. Wiederhole den Versuch direkt mit einem geriebenen Glasstab, der mit einem Polyestertuch gerieben wurde.

***V5*** Reibe einen Kunststoffstab mit einem Wolllappen und nähere ihn Papierschnipseln, die die Größe von Fingernägeln haben.

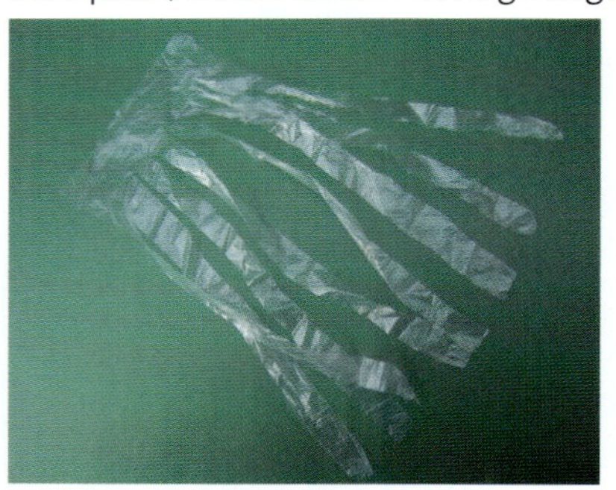

**B3** *Geschnittene Gemüsetüte zu V6*

***V6*** Schneide eine Gemüsetüte aus dem Supermarkt (B3) in kleine Bahnen. Achte darauf, dass oben ein ca. 2 cm breiter Rand verbleibt, der die Streifen ähnlich einem Kamm verbindet. Nun reibe diesen „Kamm" und einen Luftballon an einem Wolltuch, wirf die Kunststoffstreifen in die Luft und nähere den Ballon den Streifen an.

### Auswertung

a) In der Atmosphäre streichen kalte und warme Luftmassen aneinander vorbei. Begründe, warum V3 ein Modellversuch für die Entstehung von Blitzen ist. Erläutere, wie es zum Blitz kommt.

b) Erkläre, warum es sich bei den beobachteten Effekten nicht um chemische Reaktionen handelt.

c) Erkläre, welche Rückschlüsse die Versuchsergebnisse auf den Aufbau von Atomen zulassen, wenn man davon ausgeht, dass es sich nicht um chemische Reaktionen handelt.

## Die Ladungsträger

Winzige Funken zwischen unseren Haaren und dem Pullover, den wir gerade ausziehen, und Gewitterblitze haben etwas gemeinsam: Elektrizität ist „im Spiel". Elektrisch geladene Körper können sich entladen, bevor sie sich berühren. Dabei werden Funken sichtbar, die kürzer als ein Millimeter sein können, aber auch mehrere Kilometer lang. Dabei wird die Luft stark erhitzt und dehnt sich schlagartig aus. Das erzeugt einen Schall. Er ist unterschiedlich laut, mal knistert es, mal gibt es einen ohrenbetäubenden Donner.
Elektrische Aufladung eines Körpers kann durch Reibung erzeugt werden. Wir erklären das durch die Annahme, dass es zwei Arten von elektrischer Ladung gibt, positive und negative. Ungeladene Körper enthalten gleiche „Mengen" positiver und negativer Ladung. Durch Reiben wie in V2 bis V5 laden sie sich elektrisch auf. Bei geladenen Körpern überwiegt entweder die negative Ladung oder die positive Ladung. Gleichnamig geladene Körper stoßen sich ab, ungleichnamig geladene ziehen sich an.
Nicht immer, wenn sich geladene Körper entladen, blitzt es. Elektrische Ladung kann auch „sanft abfließen". So fließt die Ladung z. B. bei einer „geerdeten" Kugel über einen Metalldraht in die Erde. Zwei ungleichnamig geladene Kugeln können ihre Ladungen über einen verbindenden Metallgegenstand ausgleichen.
Weder beim elektrischen Aufladen noch bei der Entladung ändern sich die Stoffe, aus denen die Körper aufgebaut sind. Die Moleküle und Atome der Stoffe bleiben erhalten. Die elektrischen Erscheinungen erklärt man mithilfe von negativen **Ladungsträgern**, die sich durch Metalle frei bewegen, beim Reiben zweier Gegenstände aber von dem einen auf den anderen übertragen werden und zwischen stark geladenen Körpern durch die Luft überspringen können. Diese negativen Ladungsträger stellen wir uns als winzige, fast masselose Teilchen vor. Die Ladung eines solchen Teilchens ist die kleinste negative Ladung, die negative **Elementarladung** –1. Das Teilchen selbst wird **Elektron** genannt und mit dem Symbol **$e^-$** bezeichnet. Bestimmte Stoffe wie Papier lassen sich durch Reiben positiv aufladen. Sie geben beim Reiben Elektronen an den Gegenstand ab, mit dem sie gerieben werden. Andere Stoffe, wie bestimmte Kunststoffe, können Elektronen aufnehmen und laden sich dabei negativ auf (B6).

### Aufgaben

**A1** Beim Umfüllen von Benzin besteht die Gefahr der elektrischen Aufladung. Ein Funke in der Nähe wäre katastrophal. Erläutere mithilfe von B5, wie man solch einer Gefahr begegnen kann.
**A2** Warum ist man im Auto bei strömendem Regen vor Blitzen sicher?
**A3** Recherchiere die Herkunft des Wortes „Elektron".
**A4** Erkläre, aus welchen Beobachtungen bei LV1 bis V6 man schließen kann, dass sich die Stoffe beim elektrischen Aufladen nicht verändern.

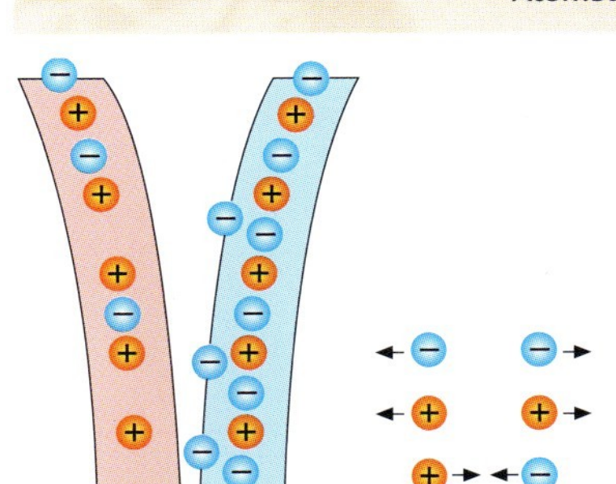


**B4** *Modell zur Ladungsverteilung in Papier und Plastikfolie nach dem Reiben (V5). Rechts sind die Kräfte zwischen elektrisch geladenen Teilchen angegeben.*
*A: Erkläre, warum sich auch die Papierschnipsel anziehen lassen, die nicht vorher mit dem Wolltuch gerieben wurden.*

**B5** *Ein Tankwagen, der sich im Tankvorgang befindet, muss geerdet sein. A: Warum wohl? Erläutere ausführlich!*

| positiv aufladbar | negativ aufladbar |
|---|---|
| Seide | Polyester, z. B. Pullover |
| Leder | PVC, z. B. Bodenbelag |
| Glas | PE, z. B. Tasche |
| Haare | |
| Wolle | |
| Fell | |
| Papier | |
| Bauwolle | |
| Hartgummi | |

**B6** *Liste an Stoffen, die sich leicht positiv oder negativ aufladen lassen. A: Erkläre das Knistern, das man häufig hört und spürt, wenn man seine Hand einem metallischen Gegenstand nähert (etwa eine Rolltreppenfassung in einem Kaufhaus), nachdem man mit Schuhen mit Gummisohlen einen längeren Weg in einem Haus zurückgelegt hat.*

### Fachbegriffe

Ladungsträger, Elektron $e^-$, Elementarladung

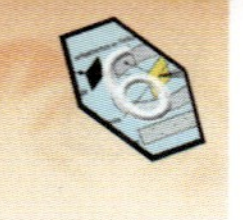

# Ein Schuss ins Nichts

Im Jahre 1909 beschossen ERNEST RUTHERFORD und seine Mitarbeiter eine dünne Goldfolie mit positiv geladenen Teilchen. Was erhofften sie sich davon? Und warum verwendeten sie ausgerechnet Gold?

## Der RUTHERFORDSCHE Streuversuch

*INFO*

### Vorgeschichte

ERNEST RUTHERFORD, der im Jahr 1908 den Nobelpreis für Chemie erhalten sollte, forschte in Cambridge am CAVENDISH-Laboratorium. Sein Lehrer war JOSEPH JOHN THOMSON, der aufgrund seiner Forschungen im Jahr 1904 das sogenannte Rosinenkuchenmodell vom Atomaufbau aufstellte (B1). In diesem Modell beschrieb THOMSON das Atom als Einbettung negativ geladener Teilchen, der Elektronen, in eine kugelförmige positiv geladene Grundmasse. Die elektrisch positiv geladenen Teilchen, die Protonen, waren damals noch nicht bekannt. Nach dem THOMSON-Modell wäre das Atom sowohl für positiv als auch für negativ geladene Teilchen undurchlässig. Nachdem PHILIPP LENARD zeigen konnte, dass Aluminium-Atome für Elektronen durchlässig sind, war klar, dass das Rosinenkuchenmodell so nicht mehr haltbar war. RUTHERFORD wollte „Licht ins Dunkel" des Aufbaus der Atome bringen.

### Die Apparatur (B3, B4)

Zwischen den Jahren 1909 und 1911 führten E. RUTHERFORD und seine Mitarbeiter den sogenannten Streuversuch mit Alpha-Teilchen, zweifach positiv geladenen Teilchen, durch. Der Alpha-Strahler, ein radioaktiver Stoff, dessen Atome Alpha-Teilchen abgeben, befand sich in einem Bleiblock mit Bohrung. Durch eine Lochblende wurden die Alpha-Teilchen auf eine dünne Goldfolie gelenkt. RUTHERFORD wählte Gold, weil man dieses Material so dünn auswalzen kann, bis es „nur" noch ca. 600 Atome „dick" ist. Hinter der Goldfolie befand sich ein kreisrunder Leuchtschirm aus Zinksulfid, der genau an den Stellen aufleuchtete, an denen Alpha-Teilchen auftrafen. Durch den fernrohrartigen Ansatz konnten die Lichtblitze beobachtet und gezählt werden. Statt des Leuchtschirms konnte ein fotografischer Film eingesetzt werden. Er wurde dort geschwärzt, wo Alpha-Teilchen auftrafen. Alle Geräte waren in einem Gehäuse untergebracht, aus dem die Luft abgepumpt werden konnte.

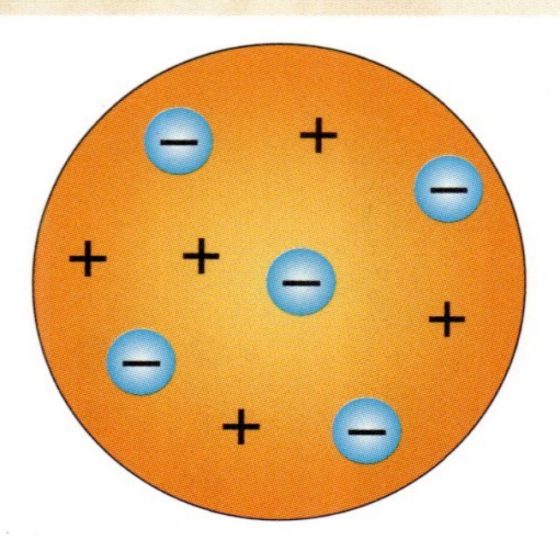

**B1** *Das sogenannte Rosinenkuchenmodell von THOMSON.* **A:** *Erläutere, warum dieses Modell eine positiv geladene Grundmasse und nicht positiv geladene Teilchen enthält.*

**B2** *SIR ERNEST RUTHERFORD.* **A:** *Was bewog Rutherford, das bestehende Rosinenkuchenmodell infrage zu stellen und zu modifizieren?*

*Auswertung*

a) Formuliere die Beobachtungen aus dem Versuch mit eigenen Worten.

b) Welche Aussagen in Bezug auf die Bestandteile eines Gold-Atoms und die Größenverhältnisse in einem Gold-Atom lässt dieser Versuch zu?

c) Welche Schlüsse lassen sich daraus ziehen, dass von 100 000 Alpha-Teilchen im Durchschnitt nur eines stark abgelenkt oder reflektiert wird? Wie lässt sich die Reflexion erklären?

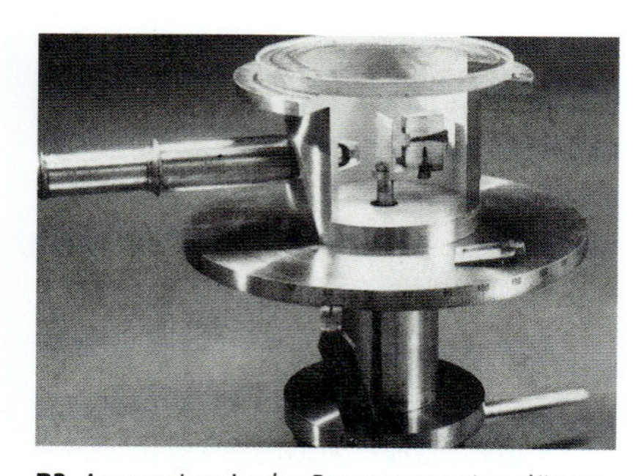

**B3** *Apparatur, in der RUTHERFORD eine dünne Goldfolie mit Alpha-Teilchen beschoss. Dazu verwendete er eine Stoffprobe aus Radiumchlorid, die ihm MARIE CURIE zur Verfügung gestellt hatte.* **A:** *Erkundige dich nach dem Gefahrenpotenzial von Alpha-Teilchen. Wie alt sind RUTHERFORD und CURIE geworden? Woran sind sie gestorben?*

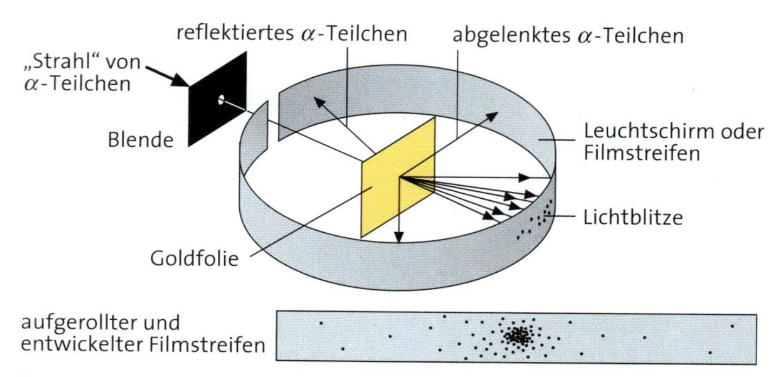


**B4** *Schema zum Aufbau und zum Ergebnis eines Streuversuchs*

## Das Kern-Hülle-Modell

Bei chemischen Reaktionen sind Atome unteilbar, sie bleiben erhalten. Elektrische Vorgänge erklärt man mithilfe von Elektronen. Wenn nun Elektronen Bestandteile von Atomen sind, können diese nicht unteilbar sein, wie man aus ihrem Namen (von *atomos*: unteilbar) eigentlich schließen könnte. Für diese Annahme sprechen auch die „atomaren Spaltprodukte" aus Kernkraftwerken, von denen wir aus den Nachrichten erfahren. Chemische Elemente, deren Atome groß und damit schwer sind, zerfallen unter Bildung von kleineren Atomen (Radioaktivität) und können dabei Strahlung verschiedener Art abgeben:

- Alpha($\alpha$)-Strahlen, die aus zweifach positiv geladenen Teilchen bestehen[1],
- Beta($\beta$)-Strahlen, das sind sehr schnelle Elektronen, also negativ geladen, und
- Gamma($\gamma$)-Strahlen, energiereiche Strahlen ohne Ladung.

Atome sind also prinzipiell teilbar, da sie aus noch kleineren Bestandteilen aufgebaut sind.
Diese Fakten und die Deutung des Streuversuches ließen RUTHERFORD ein neues Atommodell entwickeln, das wir heute als Kern-Hülle-Modell bezeichnen.

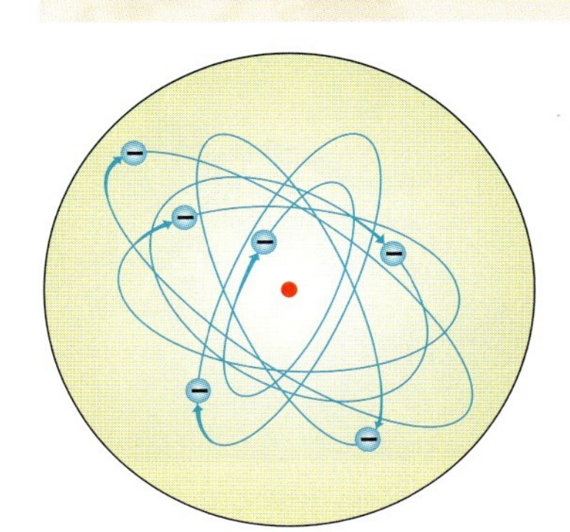

**B5** *Kern-Hülle-Modell eines Kohlenstoff-Atoms. **A:** Wie viele Protonen befinden sich im Kern?*

Folgende Aussagen beschreiben das **Kern-Hülle-Modell**:

1. Atome haben einen Durchmesser von ungefähr 0,0000000001 m.
2. Nahezu 99,9 % der Masse eines Atoms sind im Atomkern konzentriert.
3. Die gesamte positive Ladung befindet sich im Atomkern. Die **Protonen** sind die Träger der positiven Ladung im Atomkern.
4. Die negativen Ladungsträger befinden sich im Raum um den Atomkern herum, der als **Atomhülle** bezeichnet wird. Die negativen Ladungsträger werden als **Elektronen** bezeichnet.
5. In einem neutralen Atom ist die Anzahl der Elektronen gleich der Anzahl der Protonen.
6. Zwischen den Elektronen und dem Atomkern befindet sich leerer Raum.
7. Die Anzahl aller Protonen im Kern ist die **Kernladungszahl** $Z$, die identisch mit der **Ordnungszahl** ist.
8. Neben den Protonen enthält der Kern elektrisch neutrale **Neutronen**. Die Masse eines Neutrons entspricht fast genau der eines Protons.
9. Die Atommasse setzt sich näherungsweise aus der Masse der Nukleonen (Protonen und Neutronen) zusammen.

| Elementarteilchen | Proton | Neutron | Elektron |
|---|---|---|---|
| Symbol | $p^+$ | n | $e^-$ |
| Ladung in Elementarladungen | +1 | 0 | −1 |
| Masse | 1 u | 1 u | 0,0005 u |
| | + | | − |

**B7** *Bausteine eines Atoms. **A:** Erkläre, warum fast die ganze Masse eines Atoms im Atomkern konzentriert ist.*

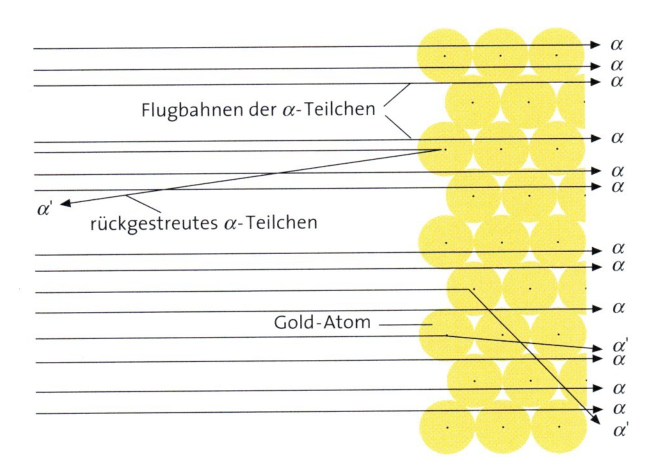


**B6** *Modell zur Erklärung des RUTHERFORD-Versuchs. **A:** Wieso gelangen die meisten Alpha-Teilchen ungehindert durch die Folie, während nur wenige reflektiert werden?*

### Aufgabe

***A1*** Fasse die experimentellen Ergebnisse des Streuversuchs zusammen und erkläre sie mithilfe der Aussagen des Kern-Hülle-Modells.

[1] $\alpha$-Teilchen sind Helium-Kerne (vgl. S. 127, B5). Nicht jedes zweifach positiv geladene Teilchen ist ein $\alpha$-Teilchen; es kann sich dabei z. B. auch um ein zweifach positiv geladenes Ion handeln (vgl. S. 134, 135).

### Fachbegriffe

Atomkern, Atomhülle, Proton, Elektron, Neutron, Kernladungszahl, $\alpha$-Teilchen, $\beta$-Teilchen, $\gamma$-Teilchen

# Atomkerne verraten das Alter

Überreste menschlichen Lebens lassen sich ziemlich genau datieren, wenn man den Gehalt einer ganz besonderen Sorte an Kohlenstoff-Atomen bestimmt. Wodurch unterscheiden sich die Kohlenstoff-Atome? Wie kann man mithilfe von Kohlenstoff-Atomen das Alter von Gegenständen bestimmen?

**B1** *Höhlenmalerei aus der Steinzeit.* ***A:*** *Welche Voraussetzung muss die verwendete Farbe besitzen, damit man sie mit der Radiocarbonmethode datieren kann?*

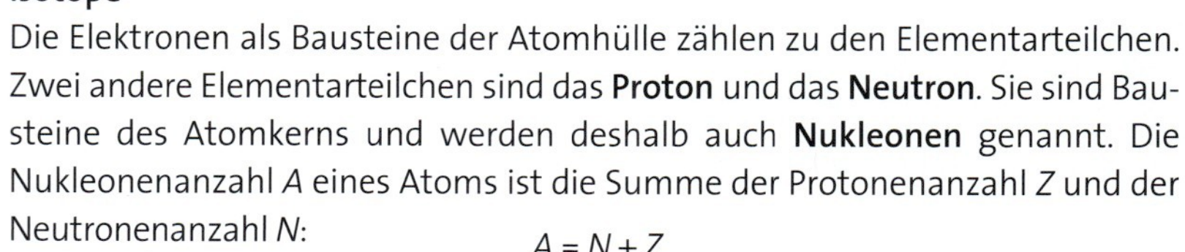

***INFO***

**Isotope**

Die Elektronen als Bausteine der Atomhülle zählen zu den Elementarteilchen. Zwei andere Elementarteilchen sind das **Proton** und das **Neutron**. Sie sind Bausteine des Atomkerns und werden deshalb auch **Nukleonen** genannt. Die Nukleonenanzahl *A* eines Atoms ist die Summe der Protonenanzahl *Z* und der Neutronenanzahl *N*:

$$A = N + Z$$

Alle Atomkerne eines Elements enthalten die gleiche Anzahl an Protonen. Die Anzahl der Neutronen kann dagegen unterschiedlich groß sein, sie ist aber außer beim Wasserstoff-Atom mindestens so groß wie die Anzahl an Protonen. Atome mit gleicher Protonen-, aber unterschiedlicher Neutronenanzahl nennt man **Isotope**.

**Die Radiocarbonmethode**

Vom Element Kohlenstoff existieren drei unterschiedliche Isotope, $[^{12}\mathrm{C}]$, $[^{13}\mathrm{C}]$ und $[^{14}\mathrm{C}]$. Die Kerne der Atome aller Isotope enthalten sechs Protonen, die Atomkerne der verschiedenen Isotope unterscheiden sich in der Anzahl der Neutronen. Nur das Isotop $[^{14}\mathrm{C}]$ mit acht Neutronen, das in der Natur nur 0,002 % aller Kohlenstoff-Atome ausmacht, ist instabil und zerfällt.

Im Kohlenstoffdioxid der Atmosphäre und in den lebenden Organismen besteht ein konstantes Anzahlverhältnis zwischen den Isotopen des Kohlenstoffs. Durch die Nahrungsaufnahme und durch die Ausscheidung ändert sich dieses Verhältnis nicht. Erst nach dem Tod hört der Nachschub an Kohlenstoff-Atomen und somit auch an Atomen des $[^{14}\mathrm{C}]$-Kohlenstoff-Isotops in einem Körper auf.

Wegen ihres radioaktiven Zerfalls halbiert sich die Anzahl an $[^{14}\mathrm{C}]$-Kohlenstoff-Atomen alle 5730 Jahre (B4). Aus der Restaktivität eines Gegenstandes, der aus einem einst lebenden Organismus stammt, kann dessen Alter bestimmt werden. Die Messtechnik ist so weit fortgeschritten, dass sich Gegenstände mit einem Alter von bis zu 75 000 Jahren mit einer Genauigkeit von ca. 1000 Jahren datieren lassen.

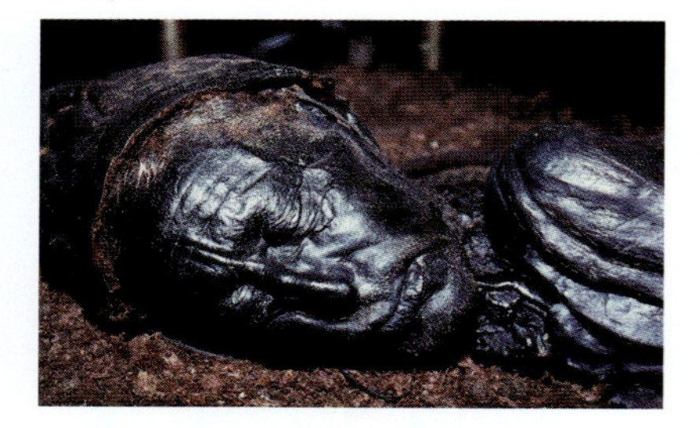

**B2** *Eine sogenannte Moorleiche. In Mooren werden Leichen besonders gut konserviert, da sie dort unter Luftabschluss aufbewahrt sind.* ***A:*** *Schätze ab, wann die Person gestorben ist, wenn man aus dem isolierten Kohlenstoff noch ca. 11 Zerfallsereignisse pro Minute und pro Gramm Kohlenstoff feststellen kann.*

**B3** *Teil eines vor Panama gefundenen Schiffswracks. Im Vordergrund sind Holzelemente des Schiffs, im Hintergrund liegt der Anker.* ***A:*** *Erläutere, wie genau sich bestimmen lässt, wann das Schiff auf den Weltmeeren fuhr, wenn das Ergebnis der Radiocarbonmethode „560 Jahre“ ist.*

***Auswertung***

a) Begründe, ob sich die Radiocarbonmethode auch für die Altersbestimmung von Kupfergefäßen aus der Kupferzeit oder für versteinerte Saurierknochen anwenden lässt.

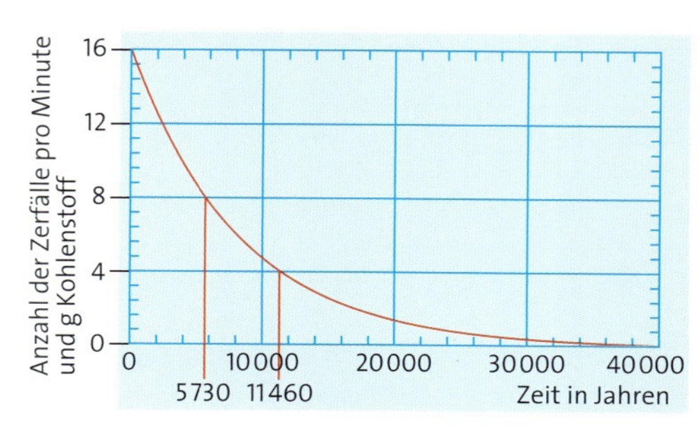


**B4** *Die Halbwertszeit des Isotops* $[^{14}\mathrm{C}]$ *beträgt 5730 Jahre.* ***A:*** *Erkläre, warum die Radiocarbonmethode mit zunehmendem Alter der Gegenstände ungenauer wird.*

## Element und Isotop

Die meisten der auf der Erde vorkommenden Atome sind stabil. Die Atomkerne einiger bestimmter Elemente können aber in Bruchstücke zerfallen. Dies ist zum Beispiel der Fall bei großen und schweren Atomkernen der Elemente, die eine hohe Ordnungszahl besitzen. Aber auch leichtere Atomkerne können zerfallen, wie [$^{14}C$]-Kohlenstoff-Atome. Abgesehen von 22 sogenannten Reinelementen besitzen alle Elemente unterschiedliche **Isotope**. Die im Periodensystem angegebene Atommasse ist daher nur ein Durchschnittswert, der sich anhand der Häufigkeiten der verschiedenen **Isotope** berechnen lässt (B7).

Als Einheit für die Masse von Atomen können wir näherungsweise die Masse eines Wasserstoff-Atoms annehmen[1].

Da Atome aller Isotope eines Elements die gleiche Anzahl von Protonen im Kern haben und sich nur in der Anzahl ihrer Neutronen unterscheiden, müssen diese Atome wegen der Elektroneutralität auch die gleiche Anzahl an Elektronen in der Hülle besitzen. Da die äußere Elektronenhülle maßgeblich für die Bindungen zwischen den Atomen ist, sollten die chemischen Eigenschaften von Isotopen gleich sein. Jetzt können wir auch die Bedeutung des Begriffs chemisches Element auf atomarer Ebene fassen und folgendermaßen definieren:

> Als chemisches Element bezeichnet man die Gesamtheit aller Atome mit der gleichen Protonenanzahl (Kernladungszahl).

Die Protonenanzahl gibt die Ordnungszahl des Elements im Periodensystem an.

### Aufgaben

**A1** An welchen Angaben im PSE lässt sich ersehen, welche Elemente Reinelemente sein könnten und welche nicht?

**A2** Berichtige die Aussage, dass ein Bor-Atom 10,8 u wiegt.

**A3** Wie lässt sich erklären, dass Argon im Periodensystem vor Kalium steht, obwohl Argon-Atome die höhere Atommasse besitzen?

**B6** *Bild aus dem Innenleben des **Cern** (**C**onseil **E**uropéen pour la **R**echerche **N**ucléaire), das in der Nähe von Genf gebaut wurde. Das System von Röhren und Teilchenbeschleunigern gilt als größte Maschine der Welt. Dort wurde am 10.09.2008 ein neues Kapitel bei der Suche nach dem Aufbau der Atome begonnen.* **A:** *Erkundige dich nach der Bedeutung des Urknalls und der der Schwarzen Löcher.*

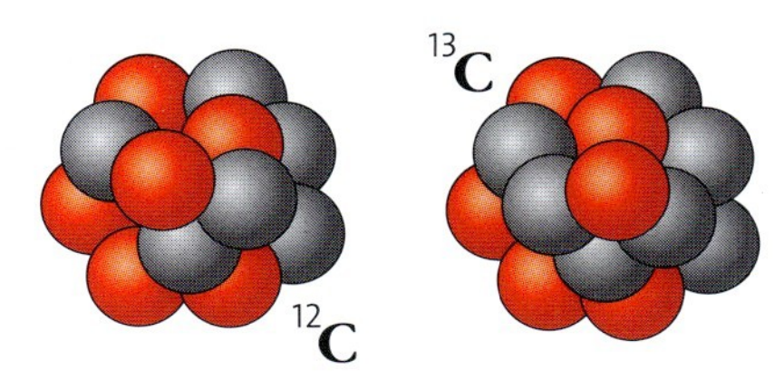


**B5** *Modelle der Atomkerne der Kohlenstoff-Isotope [$^{12}C$] und [$^{13}C$]. Es gibt auch ein Kohlenstoff-Isotop [$^{14}C$].* **A:** *Wie lässt sich anhand des exakten Wertes der Atommasse des Kohlenstoffs (12,01115 u) erkennen, dass das Element Isotope besitzen muss?*

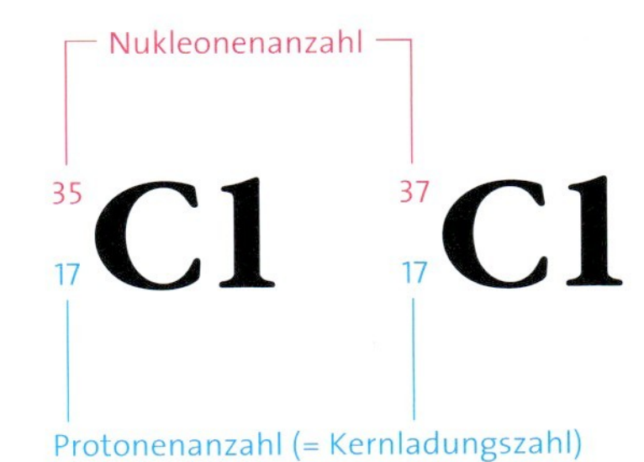


**B7** ***Für Mathefreaks:*** *Wissenschaftlich korrekte Schreibweise für die beiden natürlichen Chlor-Isotope. Mithilfe der im PSE angegebenen durchschnittlichen relativen Atommasse von 35,45 u lassen sich mathematisch die Häufigkeiten der beiden Isotope x und y berechnen.*
*Der Ansatz dazu lautet:*
*1. $x + y = 1$ und 2. $37x + 35y = 35{,}45$ [u].*
**A:** *Erkläre die beiden Gleichungen und berechne die relativen Häufigkeiten der Bor-Isotope [$^{10}B$] und [$^{11}B$].*

### Fachbegriffe

Isotope, radioaktiver Zerfall, Reinelement

[1] Die genaue Definition der atomaren Masseneinheit u lautet: **1 u = 1/12** $m_a$ ([$^{12}C$]), d.h., die atomare Masseneinheit u ist ein Zwölftel der Masse eines Kohlenstoff-Isotops [$^{12}C$]-Kohlenstoff.

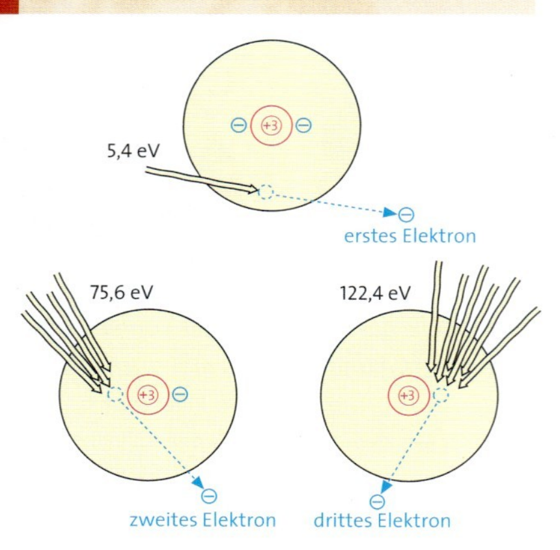


**B1** *Modelle zur Ionisierung eines Lithium-Atoms bis zur Ablösung aller drei Elektronen.* ***A:*** *Fertige anhand der Daten ein Säulendiagramm der Ionisierungsenergien. Erläutere das Diagramm.*

# Nahe und ferne Elektronen

Reibt man Kunststoffe an Wolle, werden Elektronen übertragen. Je nachdem, ob Stoffe Elektronen aufnehmen oder abgeben, sind sie dann positiv oder negativ aufgeladen. Mit speziellen Apparaturen lässt sich auch messen, wie viel Energie benötigt wird, um Elektronen von einem Atom zu entfernen.

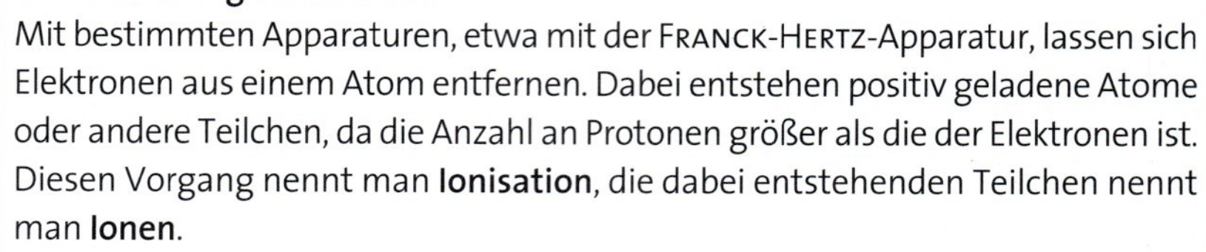

*INFO*

**Die Ionisierung von Atomen**

Mit bestimmten Apparaturen, etwa mit der FRANCK-HERTZ-Apparatur, lassen sich Elektronen aus einem Atom entfernen. Dabei entstehen positiv geladene Atome oder andere Teilchen, da die Anzahl an Protonen größer als die der Elektronen ist. Diesen Vorgang nennt man **Ionisation**, die dabei entstehenden Teilchen nennt man **Ionen**.

Bei einer Ionisation kann gemessen werden, wie viel Energie aufgewendet werden muss, um Elektronen aus dem Atom zu entfernen. Vereinfacht lässt sich sagen, dass zunächst das zu untersuchende Element erhitzt wird, bis es gasförmig vorliegt. Dann wird an das Gas eine Spannung angelegt, die so lange erhöht wird, bis das Gas anfängt, den elektrischen Strom zu leiten. Das ist nun ein eindeutiges Zeichen dafür, dass sich Ionen gebildet haben, denn bewegliche Ionen leiten den elektrischen Strom. Jetzt kann man einen elektrischen Strom messen und an einem Spannungsmessgerät ablesen, bei welcher Spannung der Strom gemessen werden konnte. Aus diesem Wert lässt sich die sogenannte **Ionisierungsenergie** oder Ionisierungsarbeit berechnen (B2).

*Auswertung*

a) Gib eine Erklärung dafür, dass die Ionisierungsenergie für ein zweites Elektron immer höher ist als die Ionisierungsenergie für das erste.

b) Erkläre, weshalb ionisierte bewegliche Teilchen im Gegensatz zu Molekülen den elektrischen Strom leiten.

c) Stelle die Ionisierungsenergien bei der Ionisierung eines Kohlenstoff- und eines Stickstoff-Atoms grafisch dar und beschreibe den Verlauf.

d) Vergleiche die 1. Ionisierungsenergien der Atome der Edelgase Neon und Argon.

| Z | Atomart | | Elektron 1. | 2. | 3. | 4. | 5. | 6. | 7. | 8. | 9. | 10. |
|---|---|---|---|---|---|---|---|---|---|---|---|---|
| 3 | **Li** | Lithium | 5,4 | 75,6 | 122,4 | | | | | | | |
| 4 | **Be** | Beryllium | 9,3 | 18,2 | 153,9 | 217,7 | | | | | | |
| 5 | **B** | Bor | 8,3 | 25,1 | 37,9 | 259,3 | 340,1 | | | | | |
| 6 | **C** | Kohlenstoff | 11,3 | 24,4 | 47,9 | 64,5 | 391,9 | 489,8 | | | | |
| 7 | **N** | Stickstoff | 14,5 | 29,6 | 47,4 | 77,5 | 97,9 | 551,9 | 666,8 | | | |
| 8 | **O** | Sauerstoff | 13,6 | 35,2 | 54,9 | 77,4 | 113,9 | 138,1 | 739,1 | 871,1 | | |
| 9 | **F** | Fluor | 17,4 | 35,0 | 62,6 | 87,2 | 114,2 | 157,1 | 185,1 | 953,6 | 1100,0 | |
| 10 | **Ne** | Neon | 21,6 | 41,0 | 64,0 | 97,1 | 126,4 | 157,9 | 207,0 | 238,0 | 1190,0 | 1350,0 |
| 11 | **Na** | Natrium | 5,1 | 47,3 | 71,6 | 98,8 | 138,6 | 172,4 | 208,4 | 264,1 | 299,9 | 1460,0 |
| 12 | **Mg** | Magnesium | 7,6 | 15,0 | 80,1 | 109,3 | 141,2 | 186,7 | 225,3 | 266,0 | 328,2 | 367,0 |
| 13 | **Al** | Aluminium | 6,0 | 18,8 | 28,4 | 120,0 | 153,8 | 190,4 | 241,9 | 285,1 | 331,6 | 399,2 |
| 14 | **Si** | Silicium | 8,1 | 16,3 | 33,5 | 45,1 | 166,7 | 205,1 | 246,4 | 303,2 | 349,0 | 407,0 |
| 15 | **P** | Phosphor | 11,0 | 19,7 | 30,1 | 51,4 | 65,0 | 220,4 | 263,3 | 309,2 | 380,0 | 433,0 |
| 16 | **S** | Schwefel | 10,4 | 23,4 | 35,0 | 47,3 | 72,5 | 88,0 | 281,0 | 328,8 | 379,1 | 459,0 |
| 17 | **Cl** | Chlor | 13,0 | 23,8 | 39,9 | 53,5 | 67,8 | 96,7 | 114,3 | 348,3 | 398,8 | 453,0 |
| 18 | **Ar** | Argon | 15,8 | 27,6 | 40,9 | 59,8 | 75,0 | 91,3 | 124,0 | 143,5 | 434,0 | 494,0 |

**B2** *Ionisierungsenergien für die ersten zehn Elektronen der Atome bei den Elementen der 2. und 3. Periode. Die Energiewerte sind in Elektronenvolt[1] [eV] angegeben.*

[1] Das **Elektronenvolt** (Einheitenzeichen: eV) ist eine Einheit der Energie, die in der Kernchemie häufig benutzt wird. 1 Elektronenvolt entspricht $1{,}602 \cdot 10^{-19}$ Joule.

## Das Schalenmodell der Elektronenhülle

Vergleicht man die Ionisierungsenergien für die Abtrennung des 1. bis 6. Elektrons bei einem Kohlenstoff-Atom, stellt man fest: Für die Abtrennung des 2. Elektrons ist mehr Energie nötig als für die Abtrennung des 1. Elektrons. Die Ionisierungsenergie steigt für die Abtrennung jedes weiteren Elektrons. Für die Abtrennung des 5. Elektrons ist eine überraschend hohe Ionisierungsenergie nötig (B2, Auswertung c).
Als Erklärung dafür bewährt sich die Vorstellung, dass Elektronen in der Atomhülle verschiedenen Energieniveaus zuzuordnen sind. Wir veranschaulichen dies durch **Elektronenschalen**, die den Kern konzentrisch umgeben. Je weiter eine Elektronenschale vom Kern entfernt ist, desto höher ist das Energieniveau der Elektronen, die sie besetzen, und desto leichter sind sie abzutrennen (B3). Man bezeichnet die Schalen, bei der innersten beginnend, mit den Buchstaben K, L, M, N, O, P und Q (B4). Die Höchstzahl $z$ an Elektronen, die eine Schale aufnehmen kann, berechnet sich nach der Gleichung $z = 2\,n^2$. Für die K-Schale gilt $n = 1$, für die L-Schale $n = 2$ usw. Die K-Schale kann also maximal 2, die L-Schale maximal 8, die M-Schale maximal 18 Elektronen aufnehmen.
Da die Edelgase chemisch reaktionsträge sind, muss die Elektronenanordnung in den Atomen der Edelgase stabil sein. Sie wird als **Edelgaskonfiguration** bezeichnet und besteht aus einem **Elektronenoktett**, d. h. aus 8 Elektronen auf der Außenschale (eine Ausnahme bilden Helium-Atome). Das erklärt auch die „Sprünge" bei den Ionisierungsenergien (B2): Immer, wenn ein Elektron einer voll besetzten Schale aus dem Atom entfernt wird, muss besonders viel Energie aufgewendet werden.
Die Atome von Elementen einer Gruppe des Periodensystems besitzen in der Außenschale, der **Valenzschale**, die gleiche Anzahl von Valenzelektronen (Außenelektronen) (B5). Sie sind maßgebend für die chemischen Eigenschaften der Elemente. Deshalb genügt es, in der vereinfachten Elektronenpunkt-Schreibweise nur das Symbol eines Atoms und seine Valenzelektronen anzugeben.

### Fachbegriffe

Ionisierung, Ionisierungsenergie, Elektronenschalen, Edelgaskonfiguration, Elektronenoktett, Valenzschale

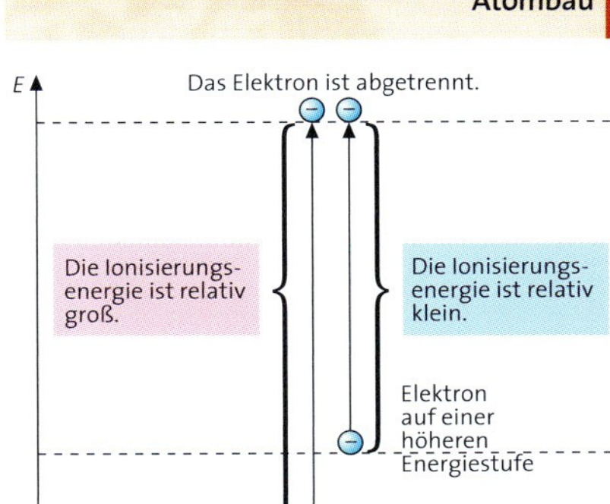


**B3** *Zusammenhang zwischen dem Energiegehalt eines Elektrons und seinem Abstand zum Kern.* **A:** *Stelle den Zusammenhang in eigenen Worten dar.*

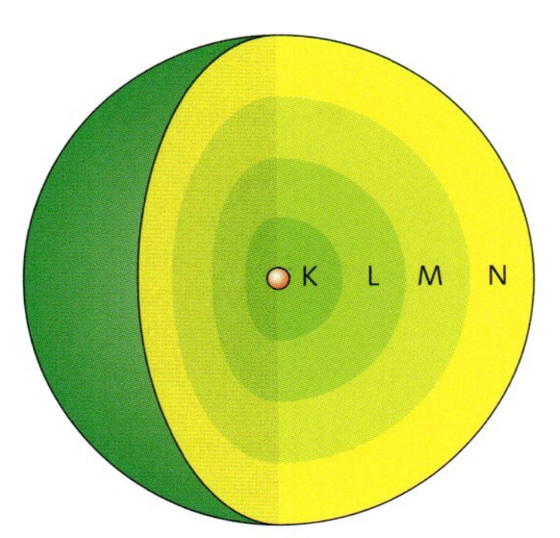


**B4** *Schalenmodell eines Atoms in dreidimensionaler Ansicht*

| Periode | Hauptgruppe I | II | III | IV | V | VI | VII | VIII |
|---|---|---|---|---|---|---|---|---|
| 1 | H | | | | | | | He |
| 2 | Li | Be | B | C | N | O | F | Ne |
| 3 | Na | Mg | Al | Si | P | S | Cl | Ar |
| Punkt-Schreibweise | Na· | ·Mg· | ·Ȧl· | ·Ṡi· | :Ṗ· | :Ṡ: | :C̈l· | :Är: |
| Punkt-Strich-Schreibweise | Na· | ·Mg· | ·Ȧl· | ·Ṡi· | \|Ṗ· | \|S̄· | \|C̄l· | \|Ār\| |

**B5** *Schalenmodell der Atome der Elemente der Perioden 1 bis 3.* **A:** *Welche Elektronen werden in der Punkt-Strich-Schreibweise notiert, welche nicht?*

*A1* Erstelle eine Mindmap zu einem Alkali- oder Erdalkalimetall bzw. zu seinen Verbindungen. Für eine Mindmap zum Thema Natriumverbindungen kannst du z. B. die Begriffe Natriumverbindungen, Natriumoxid, Natriumhydroxid, Natriumhydrogencarbonat, Natriumcarbonat, Natriumchlorid verwenden. Füge auch Anwendungen von Natrium und seinen Verbindungen in Form von Begriffen oder Bildern hinzu. Erweitere und ergänze deine Mindmap beliebig.

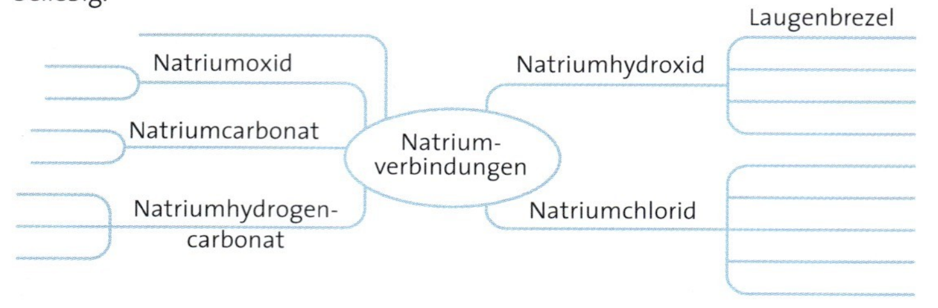


**B1** *Unvollständige Mindmap zum Thema Natriumverbindungen*

*A2* Alkalische Rohrreiniger bestehen bis zu 70% aus Natriumhydroxid. Zusätzlich sind Aluminiumkörner, Natriumnitrat und, je nach Fabrikat, Duftstoffe enthalten. Recherchiere die Funktionen der einzelnen Inhaltsstoffe.

*A3* *Internetrecherche:* Nenne einen alkalischen Rohrreiniger, einen alkalischen Haushaltsreiniger und einen sauren Sanitärreiniger und notiere jeweils die Inhaltsstoffe.

*A4* Auf Sanitärreinigern findet man häufig Warnmeldungen wie: ***Alkalische und saure Sanitärreiniger dürfen nie zusammen benutzt werden! Es kann sich giftiges Chlorgas entwickeln!*** Plant zusammen mit eurer Lehrerin oder eurem Lehrer einen Versuch, mit dem man nachweisen kann, dass eine solche Warnung berechtigt ist. Die Durchführung des Versuches darf nur unter dem Abzug erfolgen!

*A5* Finde heraus, welche Mineralien aus Erdalkalimetallverbindungen bestehen bzw. diese enthalten. Gib ihre Namen und ihr Aussehen an.

*A6* Tropfsteinhöhlen faszinieren durch ihre Stalakmiten und Stalaktiten. Erkläre den Zusammenhang zwischen diesen Naturphänomenen und Erdalkalimetallverbindungen.

*A7* Nenne die Erdalkalimetalle, deren Verbindungen für den menschlichen Körper von besonderer Bedeutung sind.

*A8* Vergleiche die Elementfamilie der Alkalimetalle mit der der Halogene. Erkläre, warum die Halogene typische Nichtmetalle sind.

*A9* Formuliere die Reaktionsschemata für alle möglichen Reaktionen zwischen den Metallen Lithium, Kalium, Magnesium und den Halogenen Fluor, Brom, Iod. Welche der betrachteten Reaktionen läuft am heftigsten ab?

*A10* Erkläre, warum die Edelgase als Schutzgase beim Schweißen verwendet werden.

**B2** *Leuchtreklame in einer asiatischen Großstadt*

*A11* Ermittle, welche Edelgase man für Beleuchtungszwecke einsetzen kann.

*A12* Gib an, was die Edelgase und die Edelmetalle chemisch gemeinsam haben.

*A13* Formuliere das Reaktionsschema für die Bildung von Chlorwasserstoff aus den Elementen. Bei der Synthese von Chlorwasserstoff aus gleichen Volumina Wasserstoff und Chlor erhält man das doppelte Volumen Chlorwasserstoff. Ermittle mithilfe der Hypothese von AVOGADRO die Molekülformel von Chlorwasserstoff.

*A14* Das Isotop $[^{226}\mathbf{Ra}]$-Radium ist ein Alpha-Strahler. Dabei werden Helium-Kerne (Alpha-Teilchen) aus Radium-Kernen ausgestoßen. Alpha-Teilchen entreißen den Teilchen der Luft Elektronen.
Welche beiden Edelgase bilden sich beim radioaktiven Zerfall von $[^{226}\mathbf{Ra}]$-Radium? Begründe deine Antwort.

*A15* Im lebenden Organismus zerfallen 16 Atomkerne des Isotops $[^{14}\mathbf{C}]$-Kohlenstoff pro Minute und pro Gramm Kohlenstoff (vgl. B4 auf S. 124). Eine Probe aus einem Fossil, die 5 g Kohlenstoff enthält, zeigt eine Aktivität von 20 Zerfällen pro Minute. Berechne das Alter des Fossils.

*A16* Erkläre mit dem Kern-Hülle-Modell, warum bei chemischen Reaktionen mit der Waage kein Massenunterschied zwischen der Summe der Edukte und der der Produkte festgestellt werden kann.

*A17* Mit welchem(n) der folgenden Atommodelle kann die elektrische Aufladung von Körpern durch Reiben erklärt werden und mit welchem(n) nicht? Erläutere in jedem Einzelfall:

- Atommodell nach DALTON
- Kern-Hülle-Modell
- Elektronenschalen-Modell.

*A18* Inwiefern ist das Elektronenschalen-Modell für die Chemie aussagekräftiger als das Kern-Hülle-Modell? (*Hinweis:* Vgl. die Eigenschaften der dir bekannten Elementfamilien mit den Aussagen beider Modelle.)

*Alkali- und Erdalkalimetalle*

Zu den **Alkalimetallen** gehören die Elemente Lithium, Natrium, Kalium, Rubidium, Caesium und Francium. All diese Elemente sind sehr reaktionsfreudig, wobei z. B. die Heftigkeit der Reaktion mit Wasser von Lithium zu Francium zunimmt. Das gleiche gilt für die **Erdalkalimetalle** Magnesium, Calcium, Strontium und Barium, deren Reaktion mit Wasser jedoch vergleichsweise weniger heftig ist. Bei der Reaktion der Alkali- und Erdalkalimetalle entstehen **Alkali-** und **Erdalkalimetallverbindungen**: mit Wasser Hydroxide (z. B. Natriumhydroxid), mit Sauerstoff Oxide (z. B. Natriumoxid) und mit Kohlenstoffdioxid Carbonate (z. B. Natriumcarbonat). Die meisten Alkali- und Erdalkalimetalle zeigen ebenso wie ihre Verbindungen charakteristische Flammenfärbungen.

*Halogene*

Die **Halogene** Fluor, Chlor, Brom und Iod sind reaktive **Nichtmetalle**. Sie sind gasförmig oder leicht verdampfbar und besitzen charakteristische Farben. Mit Metallen reagieren die Halogene exotherm zu **Metallhalogeniden**. Dabei nimmt die Reaktivität von Fluor zu Iod hin ab.

*Atomkern und Schalenmodell der Elektronenhülle*

Atome sind die kleinsten Bausteine der Materie, die bei chemischen Reaktionen erhalten bleiben. Im **Atomkern**, in dem sich die ungeladenen **Neutronen** und die positiv geladenen **Protonen** befinden, ist fast die gesamte Masse des Atoms konzentriert. Alle Atome eines Elements enthalten die gleiche Anzahl an Protonen und Elektronen. Treten bei einem Element Atome unterschiedlicher Neutronenanzahl auf, spricht man von **Isotopen**. In der Vorstellung des Schalenmodells halten sich die negativen Ladungsträger, die Elektronen, in Schalen um den Atomkern herum auf. Die Anzahl an Elektronen, die die einzelnen Schalen maximal aufnehmen können, lässt sich nach der Formel $2n^2$ bestimmen, wobei $n$ die Nummer der Schale bezeichnet. Dabei erhält die Schale, die dem Kern am nächsten ist, den Wert 1 (K-Schale). Die Atome von Elementen einer Gruppe des Periodensystems besitzen in der Außenschale, der **Valenzschale**, die gleiche Anzahl an **Valenzelektronen**. Diese sind maßgebend für die chemischen Eigenschaften der Elemente.

*Das Periodensystem der Elemente*

Im **Periodensystem** der Elemente PSE sind alle heute bekannten Elemente nach steigender Kernladungszahl aufgeführt und in Gruppen und Perioden angeordnet. Die waagerechten Reihen des Periodensystems nennt man **Perioden**. Die Elemente der ersten sechs Perioden sind alle bekannt. Die 7. Periode wird auch heute noch mit neuen, künstlich hergestellten Elementen aufgefüllt. Die senkrechten Spalten nennt man **Gruppen**. Man unterscheidet zwischen Hauptgruppen und Nebengruppen. Innerhalb einer Hauptgruppe finden wir Elemente mit ähnlichen Eigenschaften, die man in sogenannten Elementfamilien zusammengefasst hat. In den Nebengruppen finden sich ausschließlich Metalle, darunter bekannte Elemente wie Kupfer, Silber oder Gold.

# Die Welt der Mineralien und Metalle

Viele Mineralien, die wir auf der Erde finden, gehören zu den Salzen. Salze sind Ionenverbindungen und können aus den Elementen gebildet werden. Dabei werden zwischen Atomen Elektronen übertragen. Wegen ihres Aufbaus aus Ionen bilden Salze Kristalle, wie das Beispiel Natriumchlorid zeigt. Salzkristalle sind manchmal von ganz besonderer Schönheit.

Aus Salzlösungen lassen sich mithilfe des elektrischen Stroms Metalle abscheiden, was beispielsweise zur Herstellung von Metallüberzügen genutzt werden kann. Die Metallabscheidung ist wie die Bildung eines Salzes aus den Elementen eine Elektronenübertragungsreaktion.

Wir werden in diesem Zusammenhang auch die chemischen Formeln kennenlernen, sie verstehen und anwenden. Die Chemie benutzt ihre eigene internationale Fachsprache aus Formeln und Symbolen. Sie kann von jedem gelesen werden und dient damit der weltweiten Verständigung.

# Ionenverbindungen und Elektronenübertragungen

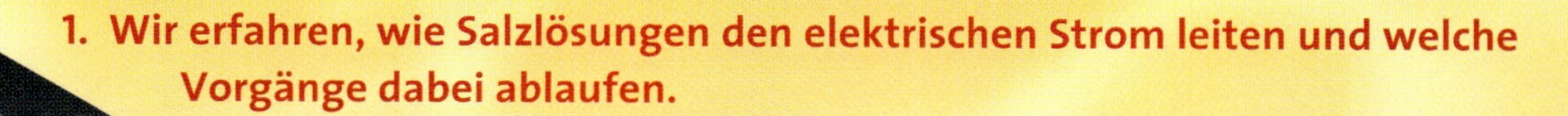

1. Wir erfahren, wie Salzlösungen den elektrischen Strom leiten und welche Vorgänge dabei ablaufen.
2. Wir erklären, wie sich Salze aus den Elementen bilden und warum sich dabei Kristalle bilden.
3. Chemische Formeln sind keine bloßen Abkürzungen von Stoffnamen, sondern enthalten verschiedene Informationen. Wir lernen, welche Aussagen man Formeln entnehmen kann und wie man Formeln von Verbindungen aufstellen kann.
4. Bisher haben wir chemische Reaktionen mithilfe von Reaktionsschemata in Worten dargestellt, jetzt werden wir auch Reaktionsgleichungen mit chemischen Formeln aufstellen.
5. Vergoldet, vernickelt, versilbert, verzinkt: Wir erfahren, wie man Metallüberzüge herstellen kann und welche chemischen Reaktionen dabei ablaufen.
6. Die meisten Metalle werden durch Luftsauerstoff und Umwelteinflüsse allmählich oxidiert. Eisen rostet. Wir untersuchen die Vorgänge beim Rosten genauer.
7. Reaktionsgleichungen für Elektronenübertragungen aufzustellen, ist kein Problem, wenn man mit System vorgeht. Wir lernen dieses systematische Vorgehen kennen und anwenden.

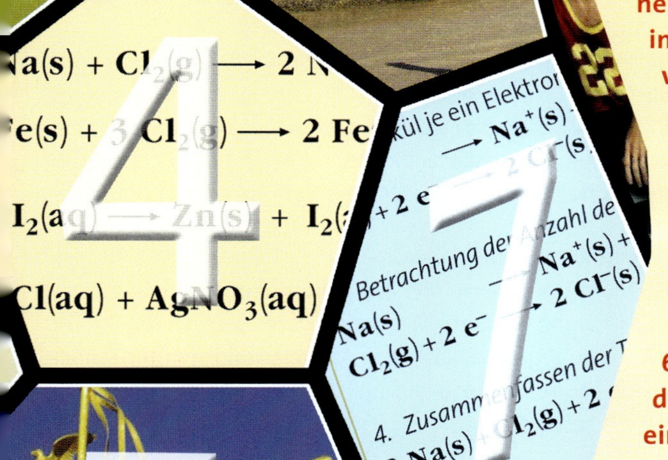

# Salzlösungen unter Strom

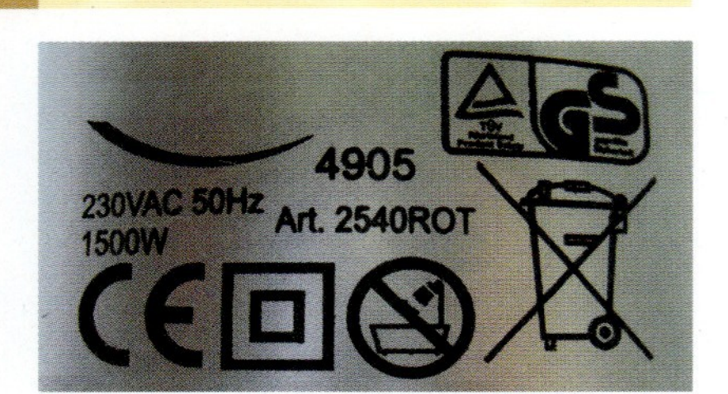


**B1** *Hinweisschild auf einem Haartrockner.* ***A:*** *Erläutere, worauf die Piktogramme hinweisen. Versuche auch, die Zahlenangaben zu erklären.*

Auf einigen Elektrogeräten findet man Schilder mit dem Hinweis, dass sie nicht im Freien oder im Bad benutzt werden dürfen. Vor welchen Gefahren warnen die Hersteller mit diesen Hinweisen?

## Versuche

***V1*** Prüfe die elektrische Leitfähigkeit von Kochsalz-Kristallen und Zucker-Kristallen. Verwende dafür eine Taschenlampenbatterie oder eine andere Gleichspannungsquelle (4 – 6 V). Klemme Kupferdrähte in die Krokodilklemmen und halte die Kupferdrähte an einen Kochsalz-Kristall. Achte darauf, dass sich die Kupferdrähte nicht berühren.

***V2*** Prüfe die elektrische Leitfähigkeit von destilliertem Wasser. Tauche die Kupferdrähte aus dem Versuchsaufbau von V1 in das Wasser. Achte auch hier darauf, dass sich die Kupferdrähte nicht berühren. Löse dann a) eine Portion Kochsalz in Wasser und b) eine Portion Zucker in Wasser und prüfe die elektrische Leitfähigkeit dieser Lösungen.

***V3*** Prüfe die elektrische Leitfähigkeit von folgenden Salzen im festen Aggregatzustand und von wässrigen Lösungen dieser Salze: a) Calciumchlorid*, b) Kaliumnitrat*, c) Kupfersulfat* und d) Zinkiodid.

***V4*** Löse 6,4 g Zinkiodid in 100 mL Wasser. Tauche in die Zinkiodid-Lösung zwei Graphitstäbe ein und schließe eine Spannungsquelle an (B2). Lege eine Gleichspannung von 5 V an. Beobachte einige Minuten die Erscheinungen an den beiden Elektroden. Schalte die Spannungsquelle ab und schau dir die Elektrodenoberflächen genau an.

***LV5*** Man löst 8 g Kupferchlorid* in 100 mL Wasser und elektrolysiert die Kupferchlorid-Lösung wie in V4.

***LV6*** *Vorbereitung der Petrischale mit Agarplatte*

1 g Agarmischung (Mischung aus 3 g Agar und 10 g Kaliumnitrat*) wird mit 20 mL Wasser versetzt. Diese Mischung wird erhitzt, bis eine klare Lösung entsteht. Die Lösung wird in eine Petrischale gegossen. Nach dem Abkühlen und Erhärten schneidet man zwei gegenüberliegende Segmente aus (B3). Mit einem Strohhalm wird in die Mitte der Agarplatte ein Loch gestanzt.

*Versuch zur Ionenwanderung*

In dieses Loch wird mit einer Pipette konzentrierte Eisen(III)-chlorid-Lösung* gegeben. Die beiden Aussparungen werden mit Kaliumnitrat-Lösung* gefüllt, in die Graphit-Elektroden eintauchen. Dann elektrolysiert man mit einer Gleichspannung von 30 V.

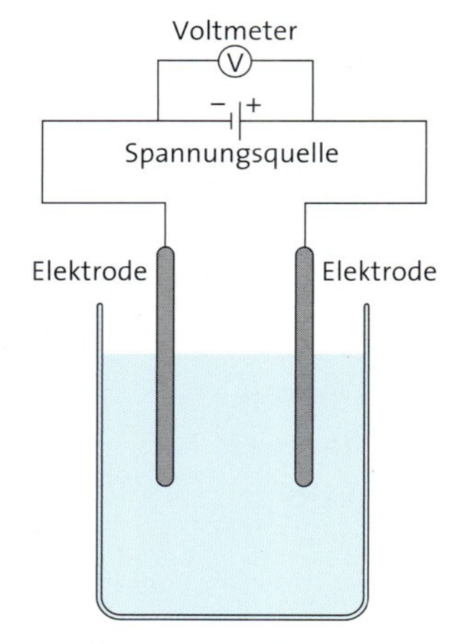


**B2** *Versuchsanordnung für die Elektrolysen in V4 und LV5.* ***A:*** *Warum muss darauf geachtet werden, dass sich die Elektroden nicht berühren?*

## Auswertung

a) Tabelliere die Ergebnisse der Leitfähigkeitsüberprüfungen. Welche Stoffe sind elektrisch leitfähig, welche leiten den elektrischen Strom nicht?

b) Notiere die Beobachtungen an den Graphit-Elektroden bei V4 und LV5. Notiere, an welchem Pol der Spannungsquelle die Graphitstäbe jeweils angeschlossen sind.

c) Formuliere zu den Beobachtungen bei V4 und LV5 jeweils ein Reaktionsschema.

d) Für die Färbung der Eisenchlorid-Lösung in LV6 sind die Eisen-Ionen verantwortlich. Ziehe aus den Beobachtungen Rückschlüsse darauf, wie die Ionen in der Salzlösung geladen sind.

e) Die Eisen-Ionen wandern in eine Richtung, während die nicht durch eine Färbung sichtbaren Chlorid-Ionen in die andere Richtung wandern. Wie könntest du diese Ionen sichtbar machen?

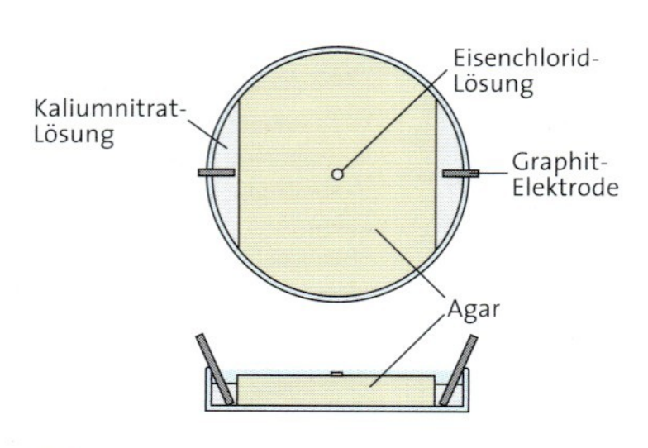


**B3** *Versuchsskizze zur Ionenwanderung (LV6).* ***A:*** *Warum füllt man die Petrischale nicht nur mit Kaliumnitrat-Lösung und tropft dann die farbige Salzlösung hinzu?*

## Ionen und Elektrolyse

Bei den Untersuchungen zur elektrischen Leitfähigkeit stellt man fest, dass die Kristalle aus Kochsalz (V1) und anderen Salzen (V3) nicht elektrisch leitfähig sind. Die Lösungen der Salze leiten den elektrischen Strom dagegen gut, Zucker-Lösung leitet nicht (V2, V3).
Die Stromleitung in Salzlösungen erfolgt anders als in Metallen, die sowohl im festen als auch im flüssigen Aggregatzustand leiten. In Metallen fließen frei bewegliche Elektronen durch das Metall vom Minuspol zum Pluspol. Elektronen können sich aber nicht durch wässrige Lösungen bewegen. Die Salzlösungen müssen also geladene Teilchen enthalten, die sich durch die Lösung zwischen den Kupferdrähten bewegen und so den Stromkreis schließen (B5). Die geladenen Teilchen, die in Salzlösungen den elektrischen Strom leiten, werden **Ionen**[1] genannt.
Um herauszufinden, wie die Ionen geladen sind, lässt man den elektrischen Strom in einer Richtung durch die Salzlösungen fließen (V4, LV5). Dabei beobachtet man stoffliche Veränderungen an den Graphitstäben, die in die Salzlösung eintauchen (B4). Bei V4 entsteht an der einen Elektrode Zink, an der anderen Elektrode Iod:
Zinkiodid (aq) $\longrightarrow$ Zink (s) + Iod (aq)
Diese Reaktion wird durch den elektrischen Strom erzwungen und als **Elektrolyse**[2] bezeichnet. Die Graphitstäbe, die in die Lösung eintauchen, nennt man **Elektroden**. Die Spannungsquelle wirkt wie eine Elektronenpumpe (B6), sodass am **Minuspol**, der **Kathode**, immer ein Überschuss an Elektronen vorhanden ist. Zu der Kathode wandern positiv geladene Teilchen, die **Kationen**. Am **Pluspol**, der **Anode**, herrscht ein Elektronenmangel. Elektrisch negativ geladene Teilchen, die **Anionen**, wandern dorthin.
An der Elektrodenoberfläche ist dann „Endstation" für die Ionen, da sie sich nicht durch den elektrischen Leiter aus Graphit oder einem Metall bewegen können.
In V4 bildet sich an der Kathode Zink, folglich liegen in der Zinkiodid-Lösung positiv geladene Zink-Kationen vor (vgl. S. 134, B3). Diese nehmen an der Kathode so viele Elektronen auf, bis sie elektrisch neutral sind.
An der Anode bildet sich Iod. Demnach sind in der Zinkiodid-Lösung negativ geladene Iodid-Ionen vorhanden (vgl. S. 134, B3), die an der Elektrode (Anode) so viele Elektronen abgeben, bis sie ebenfalls elektrisch neutral sind.
Bei den Beobachtungen zu den Versuchen V4, LV5 und LV6 lässt sich eine Regelmäßigkeit feststellen:

Bei der Elektrolyse von Salzlösungen wandern die Ionen, die sich von einem Metall ableiten, immer zur Kathode. Metall-Ionen sind also immer positiv geladene Ionen, Kationen. Die negativ geladenen Ionen, Anionen, leiten sich in der Regel von Nichtmetallen ab.

Manche Anionen wie das Sulfat-Ion oder das Nitrat-Ion bestehen nicht aus einer Atomsorte, sondern aus einer festen Anordnung mehrerer, verschiedener Atome. Bei ihnen handelt es sich um **Molekül-Ionen** (vgl. S. 134, B3).

### Aufgaben

**A1** Unter dem Begriff Salz fassen Chemiker viele verschiedene Stoffe zusammen, für einen Koch ist Salz immer Natriumchlorid. Nenne andere Salze und gemeinsame Stoffeigenschaften von Salzen.
**A2** Leitungswasser und Mineralwasser leiten besser als Regenwasser. Erkläre dies.
**A3** Nicht nur die wässrige Lösung von Salzen, sondern auch Salzschmelzen leiten den elektrischen Strom. Was kann man daraus schließen?

**B4** *Elektrolyse einer Zinkiodid-Lösung.*
***A:*** *Begründe, warum es sich bei der ablaufenden Reaktion um eine nicht selbsttätig ablaufende Reaktion handelt.*

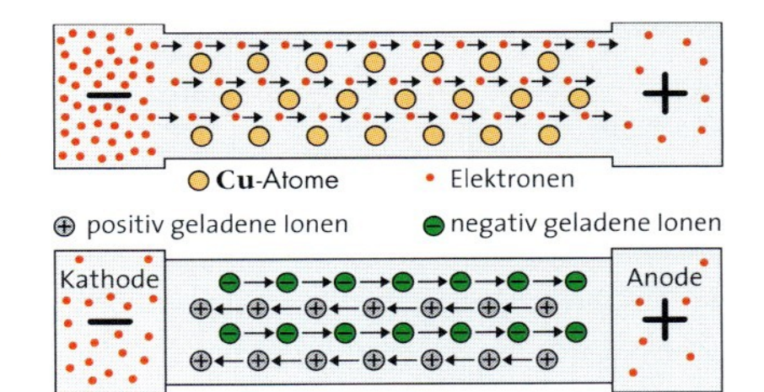


**B5** *Ladungstransport im Kupferdraht und in einer Salzlösung (Modelle).* ***A:*** *Welche Teilchen sind beim Modell der Salzlösung nicht gezeichnet?*

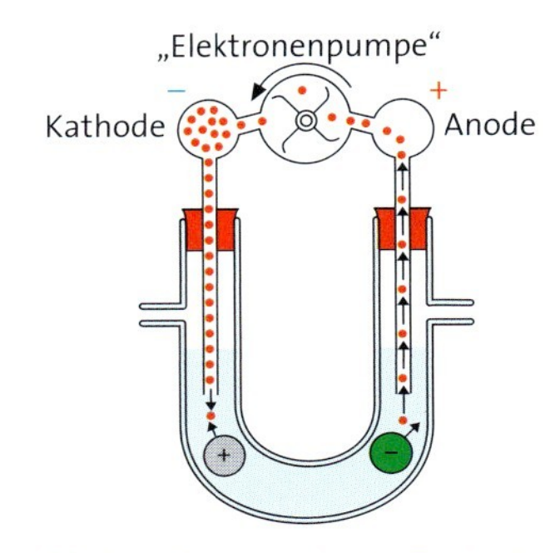


**B6** *Funktionsprinzip der Elektrolyse.* ***A:*** *Was verbirgt sich hinter (+) und (−) bei der Elektrolyse einer Kupferchlorid-Lösung (LV5)?*

[1] von *ion* (griech.) = wandernd;
[2] von *lyein* (griech.) = lösen, trennen

### Fachbegriffe

Salze, Ionen, Anion, Kation, Elektrode, Anode, Kathode, Elektrolyse, Molekül-Ion

# Vom Atom zum Ion und zum Salzkristall

In der Natur kommen die Elemente aus den ersten beiden und aus der siebten Hauptgruppe des Periodensystems der Elemente fast ausschließlich in Salzen vor. Welche Verbindungen von Alkali- bzw. Erdalkalimetallen mit Halogenen kennst du? Die Reaktion von Natrium mit Chlor ist exotherm. Woran kannst du das erkennen? Was während der Reaktion auf der Ebene der Atome geschieht, können wir nicht beobachten. Zur Erklärung nutzen wir deshalb ein Modell, das Schalenmodell der Elektronenhülle.

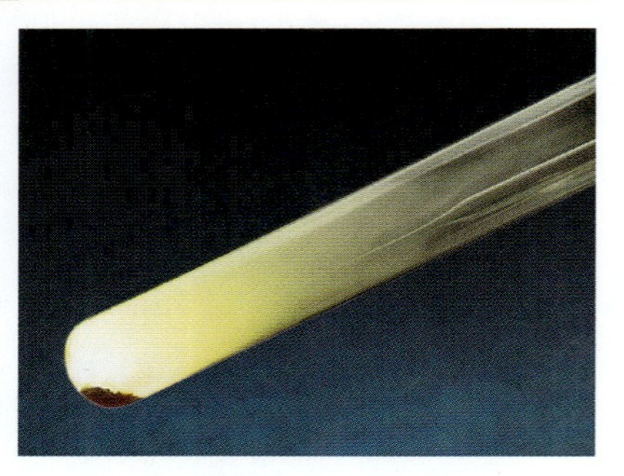

**B1** *Chlor reagiert mit Natrium unter Wärme- und Lichtentwicklung zu Natriumchlorid (vgl. auch S. 112, LV4).*[1] **A:** *Wie kannst du überprüfen, ob das Reaktionsprodukt ein Salz ist?*

**B2** *Natriumchlorid-Kristalle.* **A:** *Worin unterscheidet sich die Gewinnung von Natriumchlorid aus Meersalz von der Herstellung von Natriumchlorid wie in B1?*

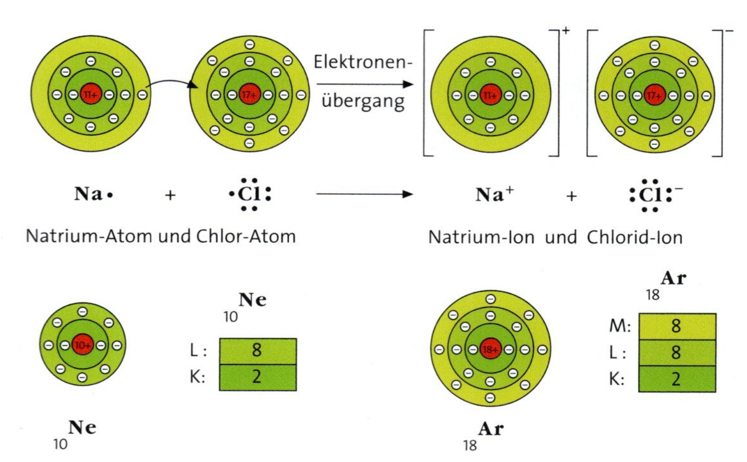


**B4** *Modell zur Bildung von Ionen aus Atomen*

Die **Ladungszahl** eines Ions ist gleich der Anzahl der Elektronen, die bei der Bildung der Ionen aus Atomen abgegeben bzw. aufgenommen wurden.
Beispiele:

| $Na^{+}$ | $Mg^{2+}$ |
|---|---|
| Natrium-Ion | Magnesium-Ion |
| $Cl^{-}$ | $I^{-}$ |
| Chlorid-Ion | Iodid-Ion |

Auch Molekül-Ionen tragen Ladungszahlen.
Beispiele:

| $NO_3^{-}$ | $SO_4^{2-}$ |
|---|---|
| Nitrat-Ion | Sulfat-Ion |

**B3** *Schreibweise für Ionen.* **A:** *Finde mithilfe der Oktettregel heraus, welche Ladungszahlen die Ionen der Elemente Lithium, Sauerstoff, Calcium, Brom und Aluminium tragen.*

### Auswertung

a) Erläutere, wie nach dem Schalenmodell Natrium-Ionen $Na^{+}$ und Chlorid-Ionen $Cl^{-}$ gebildet werden. Verwende dabei die Begriffe Valenzschale und Valenzelektronen.

b) Vergleiche die Elektronenkonfigurationen der gebildeten Ionen mit denen der Edelgas-Atome Neon und Argon. Was fällt auf?

c) Warum ist folgende Aussage falsch? „Durch Abgabe eines Valenzelektrons wird aus dem Natrium-Atom ein Neon-Atom." Korrigiere diese Aussage.

d) Für die Bildung von Ionen aus Atomen gilt die sog. Oktettregel:

**Oktettregel:** Aus Atomen entstehen durch Elektronenabgabe oder Elektronenaufnahme Ionen mit Edelgaskonfiguration. Sie haben in der Valenzschale 8 Elektronen (**Elektronenoktett**).

Zeichne ein Modell für die Bildung von Magnesium-Ionen und Fluorid-Ionen bei der Synthese von Magnesiumfluorid aus den Elementen. Welche Ladungszahlen tragen die Ionen?

e) Vergleiche das obige Modell zur Synthese von Natriumchlorid mit dem Modell zur Synthese von Magnesiumfluorid. Nenne Gemeinsamkeiten und Unterschiede.

f) Versuche zu verallgemeinern, wovon das Vorzeichen der Ladung und die Ladungszahl der Ionen abhängen. Suche auch einen Zusammenhang zwischen der Hauptgruppennummer und der Ladungszahl der Ionen.

---

[1] Auf *Chemie 2000+ Online* kannst du den Versuch noch einmal im Video anschauen.

## Ionenbildung und Ionengitter

Die Reaktionen zwischen Halogenen und Alkalimetallen oder Erdalkalimetallen, wie z. B. die Reaktion zwischen Chlor und Natrium, verlaufen heftig (B1). Es handelt sich um exotherme Reaktionen, bei denen sich durch die Übertragung von Elektronen Ionen mit Edelgaskonfiguration bilden (B4). Diese Elektronenkonfiguration wird als stabil bezeichnet: Es ist die Elektronenkonfiguration der chemisch sehr reaktionsträgen Edelgas-Atome.
Die in dem Modell dargestellte Elektronenübertragung von einem Natrium-Atom auf ein Chlor-Atom ist allerdings kein exothermer Vorgang. Zur Klärung müssen neben der Bildung der Ionen aus Atomen weitere Vorgänge berücksichtigt werden. In der Animation unter *Chemie 2000+ Online* (vgl. S. 142) wird modellhaft dargestellt, dass sich die entstehenden (Natrium-)Kationen $Na^+$ und (Chlorid-)Anionen $Cl^-$ nicht beliebig, sondern sehr regelmäßig zueinander anordnen. Sie bilden ein **Ionengitter**. Zwischen den entgegengesetzt geladenen Ionen wirken in alle Richtungen des Raumes elektrostatische Anziehungskräfte. Diese Kräfte bewirken eine chemische Bindung, die **Ionenbindung**.
Die Kationen umgeben sich mit einer bestimmten Anzahl von Anionen und umgekehrt (B6, B7). Diese Anzahl ist abhängig von der Größe und der Ladungszahl der beteiligten Ionen. Wenn sich die Ionen ins Gitter anordnen, wird sehr viel Energie freigesetzt. Diese Energie wird als **Gitterenergie** bezeichnet und ist entscheidend dafür, dass die Synthese von Natriumchlorid aus den Elementen exotherm verläuft. Ein Salzkristall besteht aus sehr vielen Ionen, nach außen ist er aber elektrisch neutral. Folglich muss die Anzahl der positiven Ladungen gleich der Anzahl der negativen Ladungen sein.
Das ist im Natriumchlorid-Kristall der Fall, wenn im Kristall gleich viele Natrium-Ionen $Na^+$ wie Chlorid-Ionen $Cl^-$ vorhanden sind, da beide Ionen einfach elektrisch geladen sind. Das Verhältnis der Ionen in einem Salzkristall drückt man durch die **Verhältnisformel** aus: $Na_1Cl_1$. Zur Vereinfachung lässt man die Zahl 1 weg: $NaCl$. Diese Formel für das Salz Natriumchlorid kennzeichnet die kleinste Baueinheit, eine **Formeleinheit**.
Im Ionengitter eines Magnesiumfluorid-Kristalls, das aus zweifach positiv geladenen Magnesium-Ionen $Mg^{2+}$ und einfach negativ geladenen Fluorid-Ionen $F^-$ besteht, müssen doppelt so viele Fluorid-Ionen vorhanden sein wie Magnesium-Ionen. Dies zeigen die Indices in der Verhältnisformel an: $MgF_2$.

**B5** *Fluorit-Kristalle bestehen vorwiegend aus Calciumfluorid. A: Aus welchen Ionen ist dieser Kristall aufgebaut?*

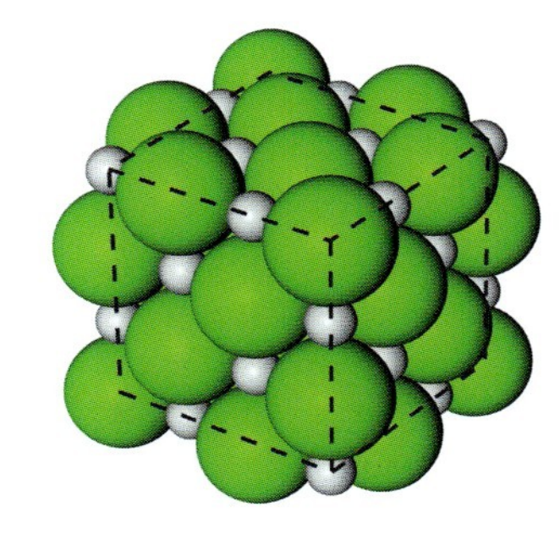

**B6** *Kugelpackung der Ionen im Natriumchlorid-Kristall. A: Gibt das Schalenmodell der Ionen im Natriumchlorid eine Erklärung für den deutlichen Größenunterschied zwischen Natrium- und Chlorid-Ionen? Erläutere deine Antwort.*

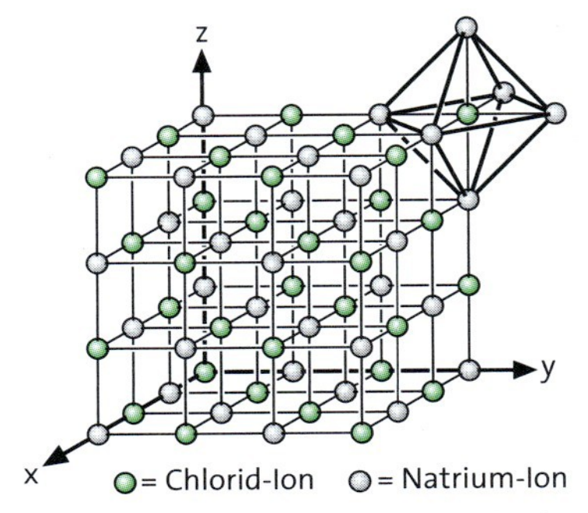


**B7** *Ionengitter des Natriumchlorids ohne Berücksichtigung der Größenunterschiede: Jedes Chlorid-Ion ist von sechs Natrium-Ionen umgeben. A: Zähle die Chlorid-Ionen ab, die ein Natrium-Ion umgeben.*

### *Aufgaben*

*A1* Gib die Ionen in folgenden Salzen an: Natriumsulfid, Aluminiumchlorid, Calciumfluorid, Lithiumoxid und Kaliumbromid. Formuliere dann die Verhältnisformeln.

*A2* Zeichne die Schalenmodelle und die Elektronenübertragungen bei der Bildung von Lithiumfluorid und Aluminiumoxid. Wie lauten die Verhältnisformeln dieser Salze?

*A3* In den Versuchen V4 und LV5 auf S. 132 sind Verbindungen mit Nebengruppenelementen beteiligt. Bei den Elementen der Nebengruppen gibt es keine einfachen Zusammenhänge zwischen der Gruppennummer und der Ladungszahl der Ionen wie bei den Hauptgruppenelementen. Du kannst die Ladungszahl der Metall-Ionen aber herleiten, wenn die Verhältnisformel bekannt ist. Die Verhältnisformeln lauten $ZnI_2$ für Zinkiodid und $CuCl_2$ für Kupferchlorid. Welche Ionen befinden sich in den Salzlösungen? Erläutere die Herleitung der Ladungszahlen.

*A4* Vergleiche die Synthese eines Salzes (B1) mit der Analyse eines Salzes durch Elektrolyse. Wie erfolgen jeweils die Elektronenübertragungen?

### Fachbegriffe

Oktettregel, Ionengitter, Ionenbindung, Gitterenergie, Ladungszahl, Verhältnisformel, Formeleinheit

## Kristalle im Salzbergwerk

In einem Salzbergwerk werden riesige Mengen Steinsalz abgebaut, das wir nach der Aufbereitung als Kochsalz in der Küche verwenden.
Unter dem Begriff Salz versteht der Chemiker nicht nur das Kochsalz (Natriumchlorid), sondern auch viele andere Verbindungen, die eines gemeinsam haben: Sie bilden Kristalle aus Ionen.

**B1** *Steinsalz im Bergwerk.* ***A:*** *Beschreibe, wie die unterirdischen Salzlagerstätten entstanden sein könnten.*

### Versuche

***V1*** Stelle eine warme, gesättigte Kochsalz-Lösung her. Filtriere die Lösung. Gib einige Tropfen auf einen Objektträger und beobachte sie einige Zeit unter dem Mikroskop.

***V2*** Löse 43 g Kaliumaluminiumsulfat-Dodecahydrat (Alaun) in 200 mL destilliertem Wasser. Erwärme dabei vorsichtig bis auf 50 °C. Lasse auf Raumtemperatur abkühlen und filtriere die Lösung in ein Becherglas. Stelle das Becherglas an einen kühlen, erschütterungsfreien Ort und hänge in die Lösung einen Impfkristall, den du an einen dünnen Faden bindest. Beobachte die Lösung und den Kristall über mehrere Tage und Wochen. Fülle bei Bedarf gesättigte Lösung nach.

***V3*** Auch mit folgenden Ansätzen kannst du wie in V2 Kristalle züchten:
a) 60 g Kaliumchromsulfat-Dodecahydrat* in 200 mL Wasser;
b) 60 g Kupfersulfat-Pentahydrat* in 200 mL Wasser.

***V4*** Übe mit einem Spatel Druck auf einen Kochsalz-Kristall aus. Beobachte, ob er sich verformt oder zerbricht.

**B2** *Kristallzüchtung und selbstgezüchteter Kupfersulfat- und Alaun-Kristall.* ***A:*** *Welche Funktion hat der Impfkristall?*

### Auswertung

a) Beschreibe die Beobachtungen zu V1. Verwende die dir schon bekannten Fachbegriffe: gesättigte Lösung, Bodenkörper, kristallisieren, Löslichkeit.
b) Warum löst man in den Versuchen zur Kristallzüchtung (V2, V3) nicht gleiche Mengen Kaliumaluminiumsulfat-Dodecahydrat und Kupfersulfat-Pentahydrat in 200 mL Wasser? Wovon hängt die Menge des zu lösenden Salzes ab?
c) Du kannst Impfkristalle auch selbst züchten. Überlege dir dazu einen Versuch und führe ihn nach Absprache mit deiner Lehrerin bzw. deinem Lehrer durch.
d) Warum sollen die Bechergläser zur Kristallzüchtung aus V2 bzw. V3 kühl und erschütterungsfrei stehen? Zum Vergleich kannst du auch einen Versuchsansatz an einem wärmeren Ort aufstellen.
e) Beschreibe die Form der Kristalle aus V1, V2 und V3.
f) Vergleiche das Verhalten bei V4 mit dem Schmieden von Eisen. Erkläre den Unterschied im Verhalten von Metallen und Salzen mit B3.

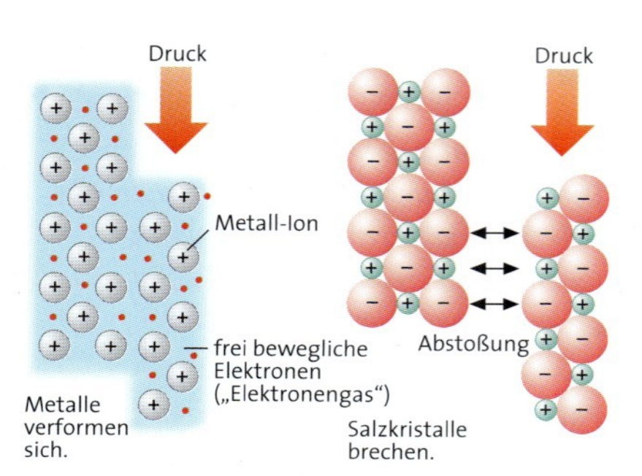


**B3** *Metalle kann man schmieden, Salze hingegen sind spröde* ***A:*** *Warum bricht der Salzkristall, wenn man auf ihn Druck ausübt?*

Begriffsdefinitionen:

**Kristall**
Feststoff mit dreidimensional regelmäßiger Anordnung der Bausteine.

**Mineralien**[1]
Chemische Verbindungen oder Elemente, die als Kristalle vorliegen. Mineralien sind das Ergebnis von Prozessen in der Erdkruste.

**Gestein**
Gemenge aus verschiedenen Mineralien.

**Edelstein**
Mineral, das zu Schmuck verarbeitet und dazu häufig in eine besondere Form geschliffen wird.

[1] von *aes minerale* (lat.) = Grubenerz, Erzgestein

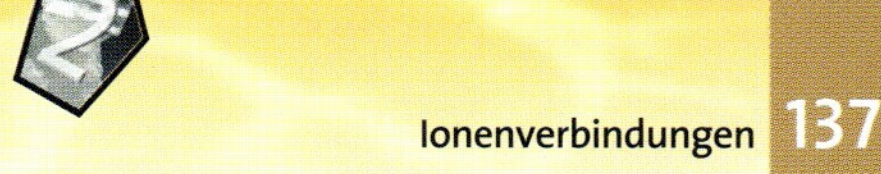



## Ionen bilden Kristalle

Das Züchten eines Kristalls aus gesättigten Salzlösungen dauert schon einige Zeit. In ganz anderen Zeiträumen muss man denken, wenn man die Entstehung von Salzlagerstätten (B1) und Mineralien (B4) verfolgt.

Die Bildung von Mineralien begann, als sich der Planet Erde allmählich abkühlte und die obere Schicht, die Erdkruste, erstarrte. Aus der Schmelze (Magma) bildeten sich die **magmatischen Gesteine**. Durch Veränderungen von Druck und Temperatur können sich die Gesteine umwandeln. Dies wird als **Gesteinsmetamorphose** bezeichnet. Neben den magmatischen und den metamorphen Gesteinen gibt es eine dritte Art von Gesteinen, die **sedimentären Gesteine**. Die Salzlagerstätten (B1) sind durch Sedimentation von Mineralien entstanden.

Die Salzkristalle aus V2 und V3 bilden sich nicht als Sediment (Bodensatz), sondern wachsen um einen **Impfkristall** herum. Die Ionen aus der Lösung ordnen sich beim Auskristallisieren in einem regelmäßigen Ionengitter (vgl. S. 135) an. Die dreidimensionale Form, die **Kristallform**, ist charakteristisch für jedes Salz. So bildet Natriumchlorid würfelförmige Kristalle, Alaun kristallisiert in einem Oktaeder[2] aus.

Die Bildung von Kristallen ist eine Stoffeigenschaft der Salze. Der regelmäßige Aufbau der Kristalle aus Ionen und die Ionenbindung, die auf der elektrostatischen Anziehung zwischen den entgegengesetzt geladenen Ionen beruht, ist für weitere gemeinsame Stoffeigenschaften der Salze verantwortlich:

Salze haben hohe Schmelztemperaturen und eine große Härte (vgl. S. 25). Außerdem sind Salze sehr spröde und zerbrechen unter Druck (B3). Da die Ionen im Kristall fest angeordnet sind, leiten Salze in fester Form den elektrischen Strom nicht. Salze sind also Isolatoren (Nichtleiter).

Im Alltag begegnen uns Salze in fester Form vor allem als Natriumchlorid. Mit der Nahrung nehmen wir aber auch viele andere Salze auf. Die Salze liegen darin gelöst vor. Salze sind für uns und für Tiere und Pflanzen lebensnotwendig (vgl. S. 143).

Kristalle wie in B4 werden von Mineraliensammlern gesucht und archiviert. In geschliffener Form werden Mineralien als Edelsteine (B5) in Schmuck eingearbeitet. Die wunderschönen Farben von Kristallen und Edelsteinen kommen meist durch Verunreinigungen zustande wie auch bei den Kristallen in B4. Der Hauptbestandteil Calciumsulfat ist in reiner Form ein weißer Feststoff. In den Kristall sind andere Ionen eingebaut; vor allem Kationen, die sich von Nebengruppenelementen ableiten, rufen die intensiven Farben hervor.

**B4** *Calciumsulfat-Kristall*

**B5** *Verschiedene Edelsteine*

**B6** *Die Stalaktiten in einer Tropfsteinhöhle wachsen nur ca. 1 cm in einem Jahrhundert.*
***A:*** *Vergleiche die Bedingungen in der Höhle mit denen bei V2. Finde Erklärungen, warum Kristalle in der Höhle sehr viel langsamer wachsen.*

### *Aufgaben*

***A1*** Wo kannst du im Alltag die Bildung von Kristallen beobachten?

***A2*** In welchem der folgenden drei Fälle bilden sich die größten Natriumchlorid-Kristalle? a) Eindampfen einer Natriumchlorid-Lösung; b) Stehenlassen einer Natriumchlorid-Lösung; c) Synthese von Natriumchlorid aus geschmolzenem Natrium und Chlorgas. Erläutere deine Vermutung.

***A3*** Mineralien tragen häufig Trivialnamen. Hinter Anhydrit versteckt sich z. B. Calciumsulfat. Recherchiere, welche Salze mit den folgenden Trivialnamen bezeichnet werden: Fluorit, Sylvin, Calcit und Gips. Vervollständige die Tabelle mit den genannten Salzen:

| Trivialname | Name des Salzes | Verhältnisformel | Ionen |
|---|---|---|---|
| Anhydrit | Calciumsulfat | $CaSO_4$ | $Ca^{2+}$, $SO_4^{2-}$ |

### Fachbegriffe

Kristall, Impfkristall, Kristallzüchtung, Kristallform, Mineralien, Gestein, Edelstein

---

[2] von *oktáedron* (griech.) = Achtflächner

## Chemie International

炼铁
铁是由铁矿在高炉中炼成的.
铁矿的主要成分是三氧化二铁($Fe_2O_3$).
最主要的反应是碳燃烧产生
一氧化碳(CO):
$2C + O_2 \rightarrow 2CO$
三氧化二铁($Fe_2O_3$)被一氧化碳(CO)
还原成铁:
$Fe_2O_3 + 3CO \rightarrow 3CO_2 + 2Fe$
碳在燃烧过程中产生热量,这样
就可使高炉的温度保持在2000℃
左右.

**B1** *Text aus einem chinesischen Chemieheft.* ***A:*** *Kennst du einige der Stoffe, um die es hier geht?*

Auch wenn du den Text aus B1 wahrscheinlich nicht lesen kannst, wirst du sicherlich erkennen, dass es darin um Chemie geht. In der Chemie benutzen wir eine eigene Fachsprache und Symbolik, die international ist und von allen Chemikern auf der ganzen Welt verstanden wird.

### *Versuche*

***V1*** Mische jeweils 5,6 g Eisen mit a) 1,6 g, b) 3,2 g und c) 6,4 g Schwefel. Verreibe die Gemische in einem Mörser sehr gründlich und fülle sie dann in je ein Rggl. Verschließe die Rggl. mit einem Glaswollebausch und erhitze, bis die Gemische aufglühen.

***V2*** Baue die Apparatur von B2 auf. Wiege das leere Rggl. auf 10 mg genau aus. Gib 1 bis 2 g Silberoxid* in das Rggl. und wiege erneut. Erhitze das Silberoxid* stark, bis sich das Volumen im Kolbenprober nicht mehr ändert. Lass dann abkühlen und wiege das Rggl. erneut.

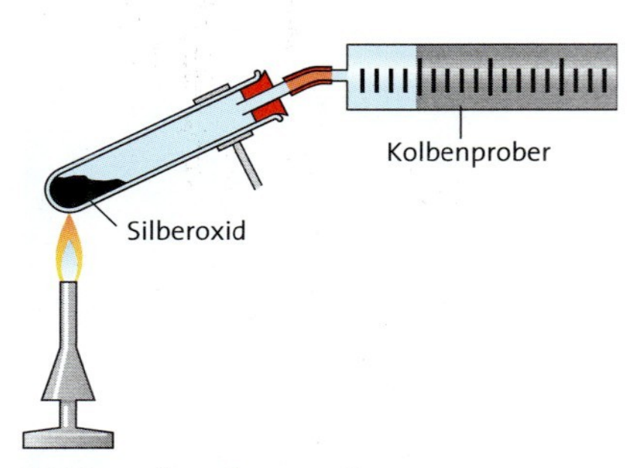


**B2** *Versuchsaufbau zu V2*

### *Auswertung*

a) Protokolliere die Beobachtungen zu allen Versuchen sorgfältig und vergleiche sie mit den Beobachtungen deiner Mitschüler.

b) Vergleiche die Stärke des Aufglühens in V1. Woran kannst du erkennen, dass Eisen und Schwefel im Verhältnis $m(\mathbf{Fe}) : m(\mathbf{S}) = 5{,}6 : 3{,}2$ vollständig miteinander reagieren?

c) Zeige anhand einer Berechnung, z. B. analog der Musterrechnung aus B3, dass die Verhältnisformel von Eisensulfid **FeS** ist.

d) In V2 findet die Analyse von Silberoxid statt. Formuliere dazu das Reaktionsschema.

e) Wie kannst du das in V2 entstehende Gas nachweisen?

f) Warum ist es in V2 nicht nötig, auch den Kolbenprober vor und nach der Reaktion zu wiegen?

Nach der folgenden Musterrechnung kann man das **Atomanzahlverhältnis** $N(\mathbf{Ag}) : N(\mathbf{O})$ von Silberoxid errechnen und die **Verhältnisformel** aufstellen:

Bei der Zerlegung von 1,74 g Silberoxid entstehen 1,62 g Silber und 0,12 g Sauerstoff.

1. Die Anzahl der Silber-Atome berechnet sich aus der Masse der Silber-Portion und der Masse eines Silber-Atoms:
$$N(\mathbf{Ag}) = \frac{m(\mathbf{Ag})}{m(1\,\mathbf{Ag})}$$
2. Die Anzahl der Sauerstoff-Atome berechnet sich analog zu 1.:
$$N(\mathbf{O}) = \frac{m(\mathbf{O})}{m(1\,\mathbf{O})}$$
3. Daraus kann man das Atomanzahlverhältnis $N(\mathbf{Ag}) : N(\mathbf{O})$ bilden:
$$\frac{N(\mathbf{Ag})}{n(\mathbf{O})} = \frac{m(\mathbf{Ag}) \cdot m(1\,\mathbf{O})}{m(1\,\mathbf{Ag}) \cdot m(\mathbf{O})} = \frac{1{,}62\text{ g} \cdot 16\text{ u}}{108\text{ u} \cdot 0{,}12\text{ g}} = \frac{2}{1}$$
4. Zum Aufstellen der Formel setzt man die entsprechenden Indices *hinter* das jeweilige Elementsymbol in der Formel: $\mathbf{Ag_2O_1}$, bzw. vereinfacht: $\mathbf{Ag_2O}$

**B3** *Bestimmung der Atomanzahlverhältnisformel von Verbindungen.* ***A:*** *Begründe, warum es sinnvoll ist, bei 1. und 2. noch keine Zahlen und Einheiten einzusetzen.* ***A:*** *Erkläre mithilfe der Atomhypothese von* DALTON *(vgl. S. 52), warum man aus den Massen der Produkte auf das Atomanzahlverhältnis im Edukt Silberoxid schließen kann.*

## Formeln und Reaktionsgleichungen

Der Text aus B1 enthält einige Elementsymbole und **Formeln**, aus denen wir erkennen können, dass es um Kohlenstoff, Sauerstoff und Eisen in elementarer und gebundener Form geht.
Eine **Formel** bezeichnet immer einen bestimmten Stoff. Also muss es sich bei „**CO**" und „$\mathbf{CO_2}$" aus B1 um zwei verschiedene Stoffe handeln: Kohlenstoffmonooxid und Kohlenstoffdioxid.
Die Formel ist mehr als eine bloße Abkürzung. Man liest aus ihr ab, welche Atome gebunden sind und in welchem **Atomanzahlverhältnis** sie vorliegen. Das Atomanzahlverhältnis kann experimentell nachvollzogen werden. Da man aber schlecht Atome zählen kann, werden die Massen von eingewogenen und reagierenden Stoffportionen betrachtet (V1, V2). Daraus kann man dann auf das Atomanzahlverhältnis schließen und die Verhältnisformel aufstellen (B3).
Bei gasförmigen und flüssigen Stoffen, die aus einzelnen Molekülen bestehen, gibt die Formel die Zusammensetzung eines Moleküls an, sie ist also die **Molekülformel** (vgl. S. 117). Bei Feststoffen, die nicht aus Molekülen aufgebaut sind, kennzeichnet die Formel die kleinste Baueinheit oder **Formeleinheit** (vgl. S. 135).
Sind die Formeln bekannt, kann man sie in eine **Reaktionsgleichung** einsetzen. Reaktionsgleichungen sollen ab jetzt die bisher verwendeten Reaktionsschemata (Wortgleichungen) ersetzen, da sie aussagekräftiger sind (B5). Für die Zersetzung von Silberoxid in V2 kann man die Reaktionsgleichung wie im Folgenden gezeigt entwickeln, wobei man beachten muss, dass in einer chemischen Reaktion keine Atome verloren gehen oder neu entstehen:

1. *Reaktionsschema:*
Silberoxid (s) ⟶ Silber (s) + Sauerstoff (g)

2. *Einsetzen der entsprechenden Formeln und Symbole mit Platzhaltern davor:*
$\_\ \mathbf{Ag_2O(s)} \longrightarrow \_\ \mathbf{Ag(s)} + \_\ \mathbf{O_2(g)}$

3. *Ausgleichen der Anzahl der aufgeführten Atome durch schrittweises Einsetzen von **Koeffizienten (Atombilanz)**:*
a) Für jedes entstehende Sauerstoff-Molekül müssen zwei Formeleinheiten Silberoxid vorliegen, in denen vier Silber-Atome gebunden sind:
$\mathbf{2Ag_2O(s) \longrightarrow 4Ag(s) + O_2(g)}$
b) Kontrolle der Anzahl der Atome auf den Seiten der Edukte und der Produkte. Sind sie gleich, stimmt die Atombilanz.

*Merke:* Beim Ausgleichen darf man nur die Koeffizienten, nicht aber die Formeln ändern!

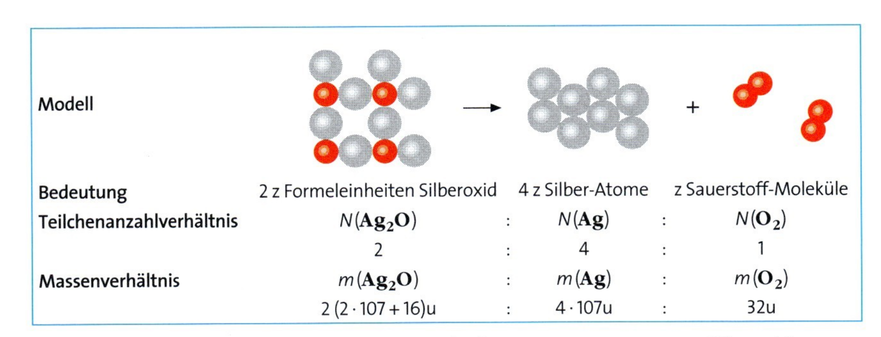


**B5** *Informationen, die man aus der Reaktionsgleichung zur Zersetzung von Silberoxid ablesen kann. (Hinweis: z ist eine ganze, beliebig große Zahl.)*

| Verbindung | Formel |
|---|---|
| Eisensulfid | **FeS** |
| Kupfersulfid | $\mathbf{Cu_2S}$ |
| Silberoxid | $\mathbf{Ag_2O}$ |
| Kupferoxid | **CuO** |
| Eisenoxid | $\mathbf{Fe_2O_3}$ |
| Aluminiumoxid | $\mathbf{Al_2O_3}$ |
| Wasser | $\mathbf{H_2O}$ |
| Kohlenstoffdioxid | $\mathbf{CO_2}$ |
| Kohlenstoffmonooxid | **CO** |
| Chlorwasserstoff | **HCl** |
| Natriumchlorid | **NaCl** |
| Eisenchlorid | $\mathbf{FeCl_3}$ |

**B4** *Formeln einiger Verbindungen.*
*A: Ergänze die Tabelle um eine Spalte und trage das Atomanzahlverhältnis ein. A: Bei welcher Verbindung ist die angegebene Formel auch die Molekülformel? A: Sortiere nach Metall-Nichtmetall-Verbindung und Nichtmetall-Nichtmetall-Verbindung.*

### *Aufgaben*

*A1* Formuliere die Reaktionsgleichung für die Reaktion in V1 und erstelle eine zu B5 analoge Zeichnung.

*A2* 0,72 g Kupfer und Schwefel reagieren zu 0,90 g Kupfersulfid. Ermittle das Atomanzahlverhältnis und die Verhältnisformel für Kupfersulfid nach dem Muster in B3.

*A3* Stelle für die folgenden Reaktionen die Reaktionsgleichungen mit Angabe der Aggregatzustände auf:
a) Magnesium verbrennt zu Magnesiumoxid **MgO**.
b) Aluminium verbrennt zu Aluminiumoxid $\mathbf{Al_2O_3}$.
c) Kupferoxid reagiert mit Kohlenstoff zu Kohlenstoffdioxid und Kupfer.
d) Salzsäure **HCl(aq)** reagiert mit Zink zu wasserlöslichem Zinkchlorid $\mathbf{ZnCl_2(aq)}$ und Wasserstoff.

### Fachbegriffe

Formel, Atomanzahlverhältnis, Verhältnisformel, Molekülformel, Formeleinheit, Reaktionsgleichung, Koeffizient, Atombilanz

## Von Namen und Reaktionsschemata ...

Nachdem wir uns damit beschäftigt haben, wie man Reaktionsgleichungen aufstellt, sind wir nun in der Lage, die bisher verwendeten Schreibweisen für Stoffe und Reaktionen in Formeln und Reaktionsgleichungen zu „übersetzen". Damit kommen wir beim Erlernen der internationalen chemischen Fachsprache einen großen Schritt weiter.

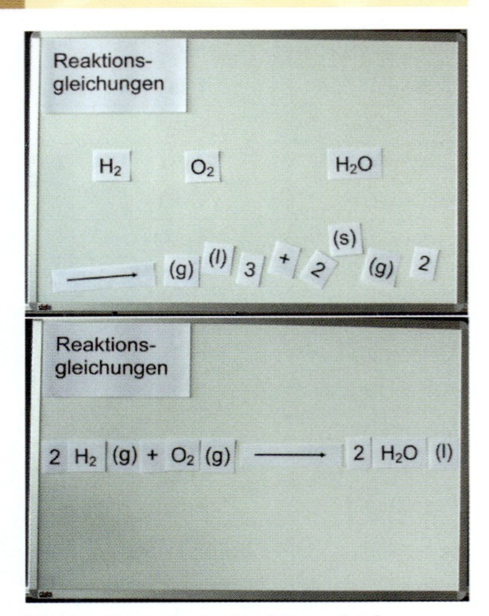


**B1** *Von Formeln zur Reaktionsgleichung.*
*A: Welche Reaktion ist dargestellt?*

**B2** *Aussehen der Rückstände bei der Reaktion von Magnesium (links) und von Natrium (rechts) mit Salzsäure in LV1*

### Versuch

***LV1*** In ein 250-mL-Becherglas, das man vorher mit einer Waage auf mindestens 2 Nachkommastellen genau ausgewogen hat, gibt man 20 mL Salzsäure*, $c = 1$ mol/L, 0,03 g Magnesiumpulver*. Nach dem Auflösen dampft man die Lösung vorsichtig ein und ermittelt die Masse des Becherglases samt Rückstand genau.
Man verfährt analog mit einem Stück Natrium* mit der Masse $m = 0{,}03$ g anstelle des Magnesiumpulvers.

### Auswertung

a) Beschreibe die in den Bechergläsern ablaufenden Reaktionen und das Aussehen der beiden Rückstände. Ermittle die Massen der erhaltenen Rückstände und vergleiche.
b) Bei der Reaktion der beiden Metalle mit Salzsäure-Lösung entsteht das jeweilige Metallchlorid. Benenne die Chloride und schreibe die Formeln für sie auf.
c) Stelle eine Vermutung darüber auf, welches farblose Gas bei der Reaktion des jeweiligen Metalls mit der Salzsäure-Lösung entsteht. Wie könnte man es nachweisen?
d) Schreibe für die Reaktionen aus LV1 die Reaktionsschemata (Wortgleichungen) auf.
e) Versuche, analog zu B3 die Reaktionsgleichung für die Reaktion von Natrium mit Salzsäure $\mathbf{HCl(aq)}$ aufzustellen.
f) Eine Atommasseneinheit u entspricht 0,000 000 000 000 000 000 000 001 66 g (vgl. S. 53). Leite daraus ab, ob es statthaft ist, die in LV1 ermittelten Massen miteinander zu vergleichen.

Aufstellen der Reaktionsgleichung zur Reaktion von Magnesium mit Salzsäure-Lösung

1. *Reaktionsschema:*
   Magnesium (s) + Salzsäure (aq) ⟶ Magnesiumchlorid (aq) + Wasserstoff (g)
2. *Einsetzen der entsprechenden Formeln und Symbole mit Platzhaltern davor:*
   $$\_\mathbf{Mg(s)} + \_\mathbf{HCl(aq)} \longrightarrow \_\mathbf{MgCl_2(aq)} + \_\mathbf{H_2(g)}$$
3. *Ausgleichen der Anzahl der aufgeführten Atome durch schrittweises Einsetzen von* ***Koeffizienten (Atombilanz)****:*
   a) Zur Bildung eines Wasserstoff-Moleküls sind zwei Formeleinheiten Salzsäure nötig:
   $$\_\mathbf{Mg(s)} + \mathbf{2HCl(aq)} \longrightarrow \_\mathbf{MgCl_2(aq)} + \_\mathbf{H_2(g)}$$
   b) Kontrolle der Atombilanz: Zwei Formeleinheiten Salzsäure enthalten zwei Chlor-Atome. Pro Magnesium-Ion in einer Formeleinheit Magnesiumchlorid sind zwei Chlorid-Ionen gebunden. Die Atombilanz ist ausgeglichen, die weiteren Platzhalter können weggelassen werden.
   $$\mathbf{Mg(s)} + \mathbf{2HCl(aq)} \longrightarrow \mathbf{MgCl_2(aq)} + \mathbf{H_2(g)}$$

**B3** *Aufstellen der Reaktionsgleichung für die Reaktion von Magnesium mit Salzsäure aus LV1*

## ... zu Formeln und Reaktionsgleichungen

Alkalimetalle und Erdalkalimetalle reagieren ganz ähnlich mit Salzsäure und bilden jeweils Wasserstoff und ein Metallchlorid. Bei gleichen eingesetzten Massen des verwendeten Metalls sind aber die Massen der gebildeten Metallchloride unterschiedlich (LV1). In diesem Fall können wir die Massen der Produkte bei der Auswertung von LV1 annäherungsweise miteinander vergleichen, weil gleiche Volumina Salzsäure und gleiche Massen an Metall eingesetzt werden und die Atommassen von Natrium ($m$ (1 **Na**-Atom) = 23 u) und Magnesium ($m$ (1 **Mg**-Atom) = 24,3 u) annähernd gleich sind.
Die gebildeten Metallchloride Natriumchlorid und Magnesiumchlorid haben die Formeln $NaCl$ und $MgCl_2$. Aufgrund ihrer Hauptgruppenzugehörigkeit bilden Alkalimetalle Kationen des Typs $Me^+$ und Erdalkalimetalle Kationen des Typs $Me^{2+}$. Chlorid-Ionen $Cl^-$ sind einfach negativ geladen. Weil die Salze nach außen hin neutral sind, haben Alkalimetallchloride die Zusammensetzung $MeCl$ und Erdalkalimetallchloride $MeCl_2$. Bei letzteren sind pro Formeleinheit zwei Chlorid-Ionen gebunden. Daher ist in LV1 die Masse des gebildeten Magnesiumchlorids auch höher als die des gebildeten Natriumchlorids. Die Kenntnis der Formeln und auch der Reaktionsgleichungen hilft also, experimentelle Beobachtungen zu verstehen.
Die Reaktionsschemata zur Reaktion von Chlor mit Natrium bzw. Eisen von S. 113 können wir nun auch in Reaktionsgleichungen „übersetzen“:

$$2Na(s) + Cl_2(g) \longrightarrow 2NaCl(s)$$

$$2Fe(s) + 3Cl_2(g) \longrightarrow 2FeCl_3(s)$$

Anders als in den Reaktionsschemata (Wortgleichungen) erkennen wir hier, dass für die Bildung von *zwei* Formeleinheiten des jeweiligen Metallchlorids, Natriumchlorid $NaCl$ bzw. Eisenchlorid $FeCl_3$, *ein* bzw. *drei* Chlor-Moleküle benötigt werden.
Das Metallhalogenid Zinkiodid $ZnI_2$ wurde bereits in fester Form durch Hitzeeinwirkung (vgl. S. 115) und in wässriger Lösung durch Elektrolyse (vgl. V4, S. 132) in die Elemente zerlegt. Die Elektrolyse der Zinkiodid-Lösung kann jetzt durch die folgende Reaktionsgleichung beschrieben werden:

$$ZnI_2(aq) \longrightarrow Zn(s) + I_2(aq)$$

Pro Formeleinheit Zinkiodid bilden sich *ein* Zink-Atom und *ein* Iod-Molekül.
Die Bildung von Hydroxiden kann ähnlich wie die Bildung der Halogenide betrachtet werden. Hydroxid-Ionen $OH^-$ sind immer einfach negativ geladen. Daher haben Alkalimetallhydroxide die Formel $MeOH$, Erdalkalimetallhydroxide die Formel $Me(OH)_2$.
Bei chemischen Reaktionen müssen Ionen nicht notwendigerweise gebildet werden oder reagieren. Beim Nachweis von Halogenid-Ionen mit Silbernitrat-Lösung (vgl. S. 115) kommt es lediglich zu einer Umverteilung der Ionen:

$$NaCl(aq) + AgNO_3(aq) \longrightarrow NaNO_3(aq) + AgCl(s)$$

Das Einsetzen von korrekten Formeln ist unerlässlich für das Aufstellen von Reaktionsgleichungen. Nur wenn richtige Formeln für die Edukte und Produkte eingesetzt werden, kann auch die Reaktionsgleichung erfolgreich aufgestellt werden. Später werden wir auch in der Lage sein, aus Reaktionsgleichungen zu ermitteln, welche Masse eines bestimmten Eduktes eingesetzt werden muss, um eine bestimmte Menge an Produkt zu erhalten.

**B4** *Rotes und schwarzes Kupferoxid.* **A:** *Erläutere den Zusammenhang zwischen den gebundenen Ionen und den römischen Zahlen im Namen.* **A:** *Stelle für die Bildung der beiden Oxide aus den Elementen die Reaktionsgleichungen auf.*

### Aufgaben

**A1** Würde man LV1 in einer anderen Versuchsapparatur durchführen, könnte man feststellen, dass beim Einsatz von Magnesium das doppelte Volumen an Wasserstoffgas entsteht wie bei der Reaktion mit Natrium. Erkläre dies.

**A2** Bestimme die Ionenladungen in den Salzen in der Reaktionsgleichung zum Halogenid-Nachweis mit Silbernitrat-Lösung. Kennzeichne Atom-Ionen und Molekül-Ionen.

**A3** Formuliere die Reaktionsgleichung zur Reaktion von gelöstem Magnesiumchlorid mit Silbernitrat-Lösung. Beachte dabei, dass das Nitrat-Ion $NO_3^-$ wie das Hydroxid-Ion $OH^-$ ein einfach negativ geladenes Molekül-Ion ist.

**A4** Welche Erklärung gibt es dafür, dass Natrium, Magnesium und Aluminium die Oxide $Na_2O$, $MgO$ und $Al_2O_3$ bilden?

**A5** Begründe, ob die Formel $Al(OH)_3$ für Aluminiumhydroxid richtig ist. Wie viele Atome welcher Elemente sind in einer Formeleinheit enthalten?

### Fachbegriffe

Reaktionsschema, Formel, Reaktionsgleichung

## M+ extra Animationen helfen verstehen

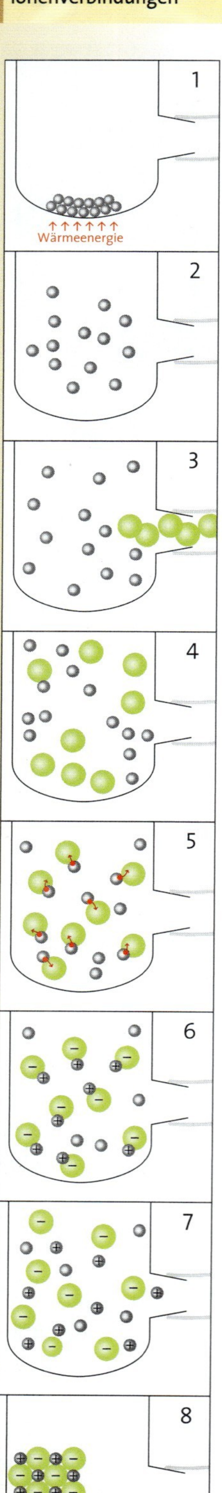


**B1** *Momentaufnahmen aus der Animation auf Chemie 2000+ Online*

Die Bildung der Ionen aus Atomen (vgl. S. 134) ist nur ein Teilvorgang bei der Synthese von Natriumchlorid aus den Elementen. In der Bildleiste sind auch die anderen Vorgänge beim Ablauf des Versuches (vgl. S. 112, LV4) im Modell dargestellt.

Hier kannst du trainieren, zwischen Stoff- und Teilchenebene zu unterscheiden.

Wenn du Beobachtungen bei einem Versuch beschreibst, dann denkst du auf der Stoffebene. Wenn du von einzelnen Teilchen z. B. Atomen sprichst, dann bist du in die Teilchenebene gewechselt. Vorgänge auf der Teilchenebene kannst du nicht beobachten.

*a) Es liegen Natrium-Ionen und Chlorid-Ionen vor, außerdem auch Natrium-Atome.*

*b) Es ist eine starke Licht- und Wärmeentwicklung zu beobachten.*

*c) Es bilden sich Chlor-Atome.*

*d) Es steigt ein weißer Rauch auf.*

*e) Das flüssige Metall überzieht sich mit einer weißen Schicht.*

*f) Der feste Atomverband in den Chlor-Molekülen wird aufgespalten.*

*g) Natrium-Ionen umgeben sich mit Chlorid-Ionen und umgekehrt.*

*h) Im Reagenzglas sind ein weißer Feststoff sowie ein dunkelgrauer Feststoff zu sehen.*

*i) Chlor-Moleküle werden zugeführt.*

*j) Natrium schmilzt und bildet eine Kugel.*

*k) Entgegengesetzt geladene Ionen ziehen sich aufgrund der elektrostatischen Anziehungskräfte an und bilden ein Ionengitter.*

**B2** *Beschreibung von Vorgängen bei der Synthese von Natriumchlorid auf Stoff- und Teilchenebene*

### Aufgaben

**A1** Schaue dir die Animation „Die Synthese von Natriumchlorid" auf *Chemie 2000+ Online* an und bearbeite dann die folgenden Aufgaben.

**A2** Entscheide bei jeder Sprechblase, ob eine Beobachtung geschildert oder ein Vorgang auf Teilchenebene beschrieben wird.

**A3** Übernimm die Nummern der Bilder aus B1 in dein Heft und verknüpfe sie mit passenden Formulierungen über Vorgänge auf der Teilchenebene aus B2.

**A4** Finde für die noch unbeschrifteten Bilder (B1) passende Formulierungen, die das Dargestellte auf der Teilchenebene beschreiben.

**A5** Welchem Bild in B1 würdest du die Momentaufnahme in B3 zuordnen? Erläutere deine Entscheidung.

**A6** In dem Film zum Versuch ist die Bildung eines weißen Feststoffes auf der Natriumoberfläche und die Bildung von weißem Rauch im Reagenzglas zu beobachten, bevor das Chlorgas in das Reagenzglas geleitet wurde. Erkläre die Beobachtungen und formuliere dazu eine Reaktionsgleichung.

**B3** *Beobachtung bei der Synthese von Natriumchlorid*

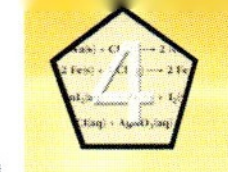

# M+ Plakate – Informationen bündeln und darstellen

***INFO* Salze und Gesundheit**
Wenn wir Sport treiben und schwitzen, verliert unser Körper nicht nur Flüssigkeit, sondern mit dieser auch wichtige Mineralstoffe. Mit dem Schweiß sondern wir Natriumchlorid und viele andere Salze ab, die wir aber mit der Nahrung wieder aufnehmen. Die Aufnahme von Salzen ist lebensnotwendig, da unser Körper sie nicht selbst herstellen kann.
Salze übernehmen in jeder Zelle unseres Körpers wichtige Funktionen. So sind an jeder Muskelbewegung Ionen in den Zellen beteiligt. Aber auch in nicht gelöster Form spielen Salze wichtige Rollen: An unserem Knochenbau sind z. B. ca. 1 kg Calcium-Ionen beteiligt. Insgesamt enthält der Körper eines Erwachsenen sogar 3–4 kg Salze, von denen wir die meisten mit der Nahrung aufnehmen. 80 % unserer täglichen Kochsalzration verstecken sich vor allem in Brot, Backwaren, Wurst und Käse. Je nach körperlicher Anstrengung benötigen wir täglich 6–8 g Natriumchlorid.
Neben den Natrium- und Chlorid-Ionen aus dem Kochsalz benötigen wir somit viele andere Ionen. Eine ganze Palette an Salzen ist in Mineralwässern gelöst. Die Mengen an Ionen sind in den einzelnen Mineralwassersorten sehr unterschiedlich. Enthält das Mineralwasser viele Ionen, kann es nicht nur unseren Durst löschen, sondern auch den Verlust an Mineralstoffen ausgleichen.

**B1** *Dieses Salz enthält nicht nur Natriumchlorid.* ***A:*** *Was bedeutet Iodsalz? Ist diese Bezeichnung korrekt?*

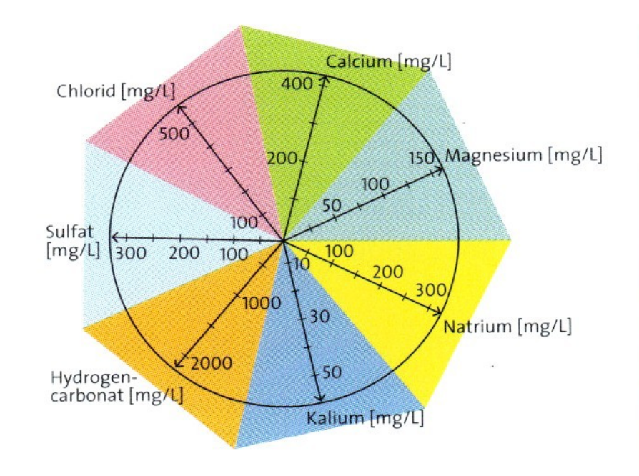


**B2** *Mineralienkompass zur grafischen Darstellung von Mineralstoffgehalten.*
***A:*** *Zeichne den Mineralienkompass in dein Heft und stelle die Mineralstoffgehalte eines Mineralwassers und des Leitungswassers deiner Stadt dar. Kannst du entscheiden, welches Wasser „gesünder" ist? Begründe deine Antwort.*

**Informationen sammeln, auf einem Plakat darstellen und Informationen austauschen**
Das Thema „Salze und Gesundheit" ist sehr vielseitig. Um einen Überblick über das Thema zu bekommen, bearbeitet ihr jeweils einen Teilbereich des Hauptthemas in Gruppen und erstellt dazu ein Plakat, mit dem ihr eure Mitschüler informiert.
Ihr solltet dabei wie folgt vorgehen:

1. Stellt mit der Klasse zunächst Kriterien für die Gestaltung eines interessanten und guten Plakates auf. Worauf solltet ihr achten?
2. Sammelt dann Informationen und Material (Texte, Bilder, Diagramme, Zeichnungen) zu eurem Teil-Thema.
3. Nutzt Methoden zur Strukturierung eurer Informationen (z. B. eine Mindmap).
4. Gestaltet dann ein Plakat zu eurem Thema und beachtet dabei die gemeinsam erarbeiteten Kriterien.
5. Formuliert drei Aufgaben zu dem Thema, die man mithilfe eures Plakates beantworten kann.
6. Hängt die Plakate im Raum aus und informiert euch über die anderen Teilaspekte des übergeordneten Themas.
7. Löst die Aufgaben, die die anderen Gruppen zu ihren Plakaten gestellt haben.

Zum Abschluss könnt ihr das beste Plakat prämieren.

Auswahl an Teilaspekten für Plakate zum Thema „Salze und Gesundheit":

- „Drink right – be bright": Wie wirkt sich Wasserverlust auf die körperliche und geistige Leistungsfähigkeit aus?
- Die biologischen Funktionen der Ionen und Mangelerscheinungen: Wie viel Salz brauchen wir? Wie viel Salz ist in unseren Lebensmitteln?
- Mineralwassersorten und das Flaschenetikett: Was bedeutet „Entschwefelung", „enteisent" und „natriumarm"?
- „Aus tiefen Quellen" – Wie kommen die Ionen ins Mineralwasser?
- Was ist eine isotonische Kochsalz-Lösung? Wann wird sie eingesetzt?
- Woraus sind unsere Knochen und Zähne aufgebaut?
- Was ist besser? – Vergleich von Leitungswasser und Mineralwasser

# Metallüberzüge – nützlich und schön

B1 *Goldene Statue.* **A:** *Wie könnte man nachprüfen, ob es sich um pures Gold handelt?*

An Autos und Zweirädern blitzen uns glänzende Metallteile entgegen, fliegende Händler auf Basaren bieten meterweise Gold zu Spottpreisen an. Ist alles pures, edles Metall, was glänzt? Wie stellt man Goldschmuck und beschichtete Werkstücke kostengünstig her?

## Versuche

**V1** *Verkupfern*
Tauche einen polierten und entfetteten Gegenstand aus Eisen als Minuspol in ein Bad aus 25 g Kupfersulfat-Pentahydrat $CuSO_4 \cdot 5H_2O$*, 20 mL Essigsäure-Lösung, $w = 5\%$, und 200 mL Wasser. Verwende als Pluspol ein Kupferblech und lege 15 min lang eine Gleichspannung von 5V an.

**V2** *Schutzwirkung durch Metallüberzug*
Verkupfere zwei Eisenbleche nach V1. Ritze die Kupferschicht bei einem der Eisenbleche mit einem Nagel an. Gib das verkupferte, das angeritzte und ein weiteres, unbehandeltes Eisenblech in ein Becherglas, das so hoch mit Salzwasser gefüllt ist, dass die Bleche zur Hälfte im Salzwasser stehen. Beobachte, ob nach einer Woche eine Veränderung eingetreten ist.

**V3** Besprühe ein Blatt (oder eine Muschel) mit Graphitspray so, dass es mit einer gleichmäßigen, leitfähigen Schicht versehen ist (B3). Verbinde das Blatt nach dem Trocknen der leitfähigen Schicht mit dem Minuspol einer Spannungsquelle und verfahre wie in V1.

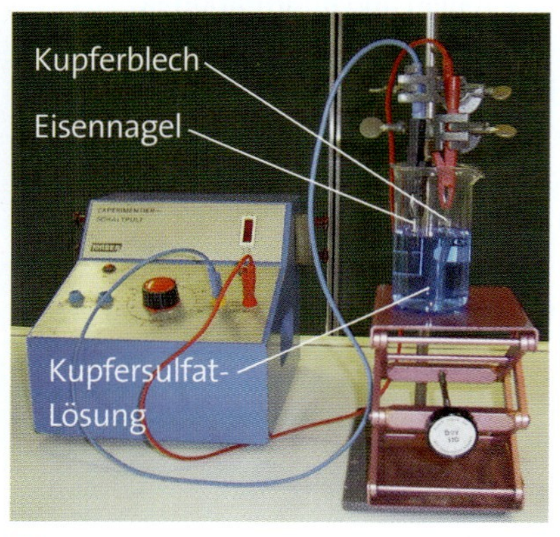


B2 *Versuchsaufbau zu V1*

## Auswertung

a) Protokolliere die Beobachtungen zu allen Versuchen sorgfältig.

b) Warum muss in V1 und V3 immer Gleichspannung angelegt werden (vgl. mit B4)?

c) Vergleiche die drei Bleche aus V2 miteinander. Welche Wirkung hat die Kupferbeschichtung? Wann wird sie unwirksam?

d) Warum muss das Blatt in V3 zunächst mit Graphitspray behandelt werden? Erkundige dich über die Stoffeigenschaften von Graphit und vergleiche mit den Eigenschaften von Metallen.

**B3** *Auch nichtmetallische Objekte können mit Metallüberzügen versehen werden, wenn man sie vorher leitend macht (V3).*

## Erzwungene Metallabscheidungen

Schon seit Jahrtausenden stellen die Menschen Schmuckstücke her, die golden aussehen. Dabei handelt es sich in den wenigsten Fällen um pures Gold. Früher wurde auf ein Schmuckstück, das im Wesentlichen aus einem anderen Metall bestand, eine hauchdünne Schicht Gold mechanisch aufgebracht. Auch heute werden dünne Schichten Blattgold für Statuen, Mosaike, Bilder und andere Gegenstände verwendet.

Mit zunehmenden Kenntnissen in der Chemie wurde es möglich, die dünne Goldschicht durch **Galvanisieren** aufzutragen. Dabei wird das entsprechende Werkstück in eine Lösung eines Goldsalzes gegeben. Bei Anlegen einer elektrischen Spannung scheidet sich Gold in einer dünnen Schicht auf der Oberfläche des Werkstücks ab. Dabei laufen **elektrochemische Vorgänge** wie auch in V1 und V3 ab.

Beim Verkupfern (V1, V3) bewegen sich positive Kupfer-Ionen aus der Lösung $Cu^{2+}(aq)$ in Richtung Minuspol und bilden auf dem Nagel bzw. dem Blatt eine dünne Kupferschicht. Kupfer-Kationen reagieren also zu Kupfer-Atomen. Dazu müssen sie Elektronen aufnehmen, die über den Minuspol zur Verfügung gestellt werden:

Minuspol: $Cu^{2+}(aq) + 2e^- \longrightarrow Cu(s)$ Elektronenaufnahme

Am Pluspol löst sich das Kupferblech dagegen allmählich auf. Kupfer-Kationen gehen in Lösung. Dabei werden Elektronen abgegeben, die sich zunächst durch das Blech und dann durch das Kabel in Richtung Minuspol bewegen:

Pluspol: $Cu(s) \longrightarrow Cu^{2+}(aq) + 2e^-$ Elektronenabgabe

Das Verkupfern läuft nur ab, wenn man eine elektrische Spannung anlegt. Beim Galvanisieren findet also wie bei der Elektrolyse (vgl. S. 133) eine **erzwungene Metallabscheidung** statt.

Metallüberzüge sehen nicht nur dekorativ aus, sie schützen das überzogene Stück auch vor dem Verrosten, der **Korrosion**[1]. Das Material, das für den Überzug verwendet wird, kann ein unedleres oder ein edleres Metall sein. In V1 wird auf dem Metall Eisen das edlere Metall Kupfer, das weniger schnell Rost bildet, elektrochemisch abgeschieden. Ist die schützende Kupferschicht beschädigt, kann das darunterliegende Eisen mit dem Sauerstoff aus der Luft allerdings Rost bilden (V2).

Das **Galvanisieren** wird bei der Veredelung von Metallen, z. B. beim Vergolden oder Versilbern von Besteck oder Modeschmuck durchgeführt. Je dicker die Schicht des Edelmetalls, desto wertvoller ist das beschichtete Stück. Auch nichtleitende Materialien wie Wachs- oder Plastikmodelle für größere Kunstobjekte oder Gießformen können galvanisiert werden, wenn man sie zuvor durch Besprühen mit Graphitspray elektrisch leitfähig macht (V3).

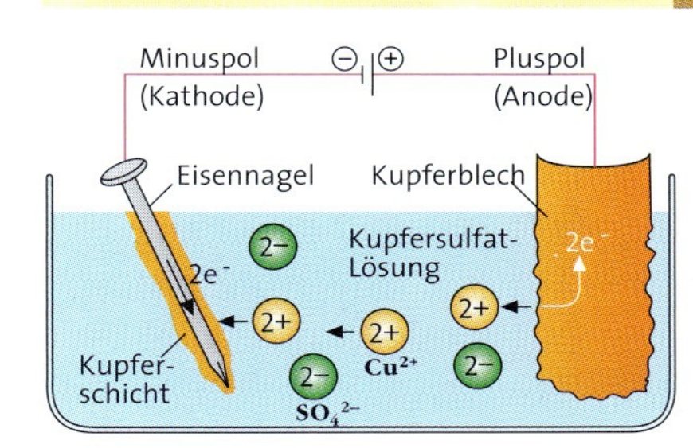


**B4** *Verkupfern durch Galvanisieren.*
**A:** *Erkläre, welche Prozesse am Eisennagel und am Kupferblech ablaufen. Gehe dabei auf die Bewegungsrichtung der verschiedenen Ladungsträger ein.* **A:** *Begründe, ob sich die Sulfat-Ionen* $SO_4^{2-}$ *aus der Lösung verändern.*

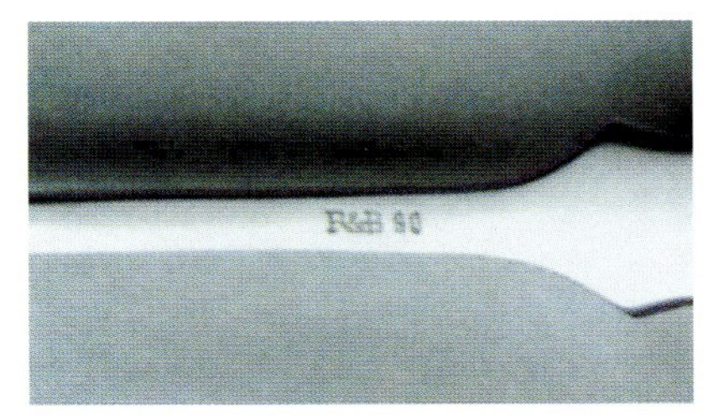


**B5** *Stempelaufdruck auf einem versilberten Besteckstück. Die Zahl 90 bedeutet, dass 90 g Silber auf 24 dm² Besteckteilen (insgesamt ca. 24 Stück) galvanisch abgeschieden wurden.* **A:** *An welchem Pol werden die Besteckteile in einer Silbersalz-Lösung angeschlossen?*

### *Aufgaben*

***A1*** Erstelle analog zu B4 eine Zeichnung, die die Vorgänge beim Vernickeln abbildet. (*Hinweis*: Nickel bildet Nickel-Ionen $Ni^{2+}$.)

***A2*** Stelle eine begründete Vermutung darüber auf, was passieren könnte, wenn man beim Verkupfern die Polung versehentlich vertauschen würde.

### Fachbegriffe

galvanisches Verfahren, elektrochemische Vorgänge, Elektrolyse, erzwungene Metallabscheidung, Korrosion, Galvanisieren

[1] von *corrodere* (lat.) = zernagen

# Dem Rost auf der Spur

Tagtäglich verrosten weltweit große Mengen Eisen. Dabei entsteht ein großer wirtschaftlicher Schaden. Welche chemischen Prozesse laufen bei der Rostbildung ab?

**B1** *Rost zerfrisst Metall.* ***A:*** *Erstelle eine Liste, auf welche Weise man Metalle vor dem Rosten schützen kann.*

### Versuche

***V1*** Feuchte eine kleine Portion entfettete Eisenwolle mit etwas Salzwasser an und lege sie in eine Petrischale. Beobachte die Eisenwolle nach 30 min und nach einer Woche.

***V2a*** Gib zu der Eisenwolle aus V1 nach einer Woche wenige Tropfen einer Kaliumhexacyanoferrat(III)-Lösung*.

***V2b*** Kratze von einem verrosteten Eisennagel etwas Rost in eine Petrischale ab und gib wenige Tropfen einer Kaliumhexacyanoferrat(III)-Lösung* hinzu.

***V2c*** Versetze in einer Petrischale 1–2 mL frisch angesetzte Eisen(II)sulfat-Lösung* tropfenweise mit 1–2 mL Kaliumhexacyanoferrat(III)-Lösung*.

### Auswertung

a) Protokolliere die Beobachtungen zu allen Versuchen sorgfältig.

b) Kaliumhexacyanoferrat(III)-Lösung ist ein Testreagenz, mit dem man zweifach positiv geladene Eisen-Ionen $Fe^{2+}$ nachweisen kann (B2). Liegen die Ionen in einer Probe vor, färbt sich die Kaliumhexacyanoferrat(III)-Lösung blau. Welche Schlüsse kannst du mit diesem Wissen aus V2a und V2b ziehen?

**B2** *Test auf gelöste Eisen-Ionen $Fe^{2+}$. Sind in der Lösung Eisen-Ionen $Fe^{2+}$ enthalten, färbt sich die Lösung bei der Zugabe von Kaliumhexacyanoferrat(III)-Lösung blau.*

## Definitionen nach der Sauerstofftheorie

**Oxidation** ist eine chemische Reaktion, bei der sich ein Stoff mit Sauerstoff verbindet.

Bei der Verbrennung an der Luft werden Metalle zu Metalloxiden *oxidiert*, z. B.:

$$2Mg(s) + O_2(g) \rightarrow 2MgO(s)$$

**Reduktion** ist eine chemische Reaktion, bei der einem Stoff Sauerstoff entzogen wird.

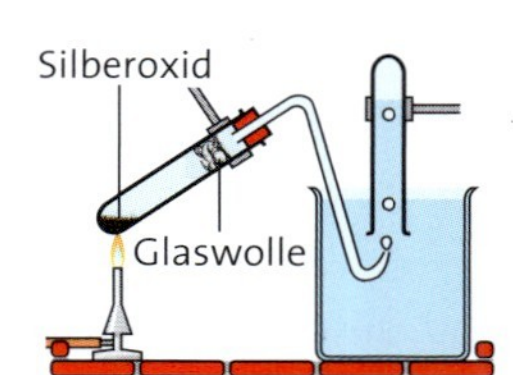


Bei der Gewinnung von Metallen werden Metalloxide *reduziert*, weil dem Metalloxid Sauerstoff entzogen wird, z. B.:

$$2Ag_2O(s) \rightarrow 4Ag(s) + O_2(g)$$

**B3** *Bisher verwendete Definitionen für Oxidation und Reduktion*

## Das Rosten als Elektronenübertragung

Wenn Eisen rostet, bilden sich zunächst Eisen-Ionen $Fe^{2+}$, die man mit Kaliumhexacyanoferrat(III)-Lösung nachweisen kann (V2). Einen Rostvorgang haben wir bisher als eine **Oxidation** bezeichnet, weil sich dabei Eisenoxide bilden. Vereinfacht kann man Rost als eine Mischung aus den Eisenoxiden $FeO$ und $Fe_2O_3$ beschreiben. Darin liegen Eisen-Ionen $Fe^{2+}$ und $Fe^{3+}$ sowie Oxid-Ionen $O^{2-}$ vor.
Wie entstehen diese Ionen und wie lässt sich das mit unserem bisherigen Verständnis des Rostvorgangs als Oxidation vereinbaren?
Wenn wir die „alte" Definition von Oxidation und Reduktion aus B3 durch die „neue" Definition aus B5 ersetzen, stellen wir fest, dass sich die Bildung der Ionen in Rost wie in B4 skizziert darstellen lässt.
Die Bildung von Rost, die nach der bisher bekannten Definition als Oxidation bezeichnet wurde, muss nun unter dem Aspekt der Aufnahme und Abgabe von Elektronen als **Redoxreaktion** betrachtet werden. Eisen-Atome werden zu Eisen-Ionen oxidiert.

$Fe(s) \longrightarrow Fe^{2+}(s) + 2e^-$ Elektronenabgabe, Oxidation

Gleichzeitig werden die Sauerstoff-Atome aus den Sauerstoff-Molekülen zu Sauerstoff-Ionen reduziert.

$O_2(g) + 4e^- \longrightarrow 2O^{2-}(s)$ Elektronenaufnahme, Reduktion

**Redoxreaktionen sind Elektronenübertragungsreaktionen.**
Die Anzahl der abgegebenen und aufgenommenen Elektronen ist bei einer Redoxreaktion gleich[1].

$2Fe(s) + O_2(g) \longrightarrow 2FeO(s)$ Elektronenübertragung, Redoxreaktion

Mit der neuen, allgemeineren Definition lässt sich eine weitaus größere Anzahl an Reaktionen als Redoxreaktionen zusammenfassen und erklären, z.B. auch die Reaktionen aus B3 und die Synthese von Natriumchlorid $NaCl$. Dabei werden Natrium-Atome $Na$ zu Natrium-Ionen $Na^+$ oxidiert und Chlor-Atome aus den Chlor-Molekülen $Cl_2$ zu Chlorid-Ionen $Cl^-$ reduziert.

### *Aufgabe*

*A3* Beim Thermit-Verfahren entstehen aus Eisenoxid $FeO$ und Aluminium $Al$ die Produkte Eisen $Fe$ und Aluminiumoxid $Al_2O_3$. Stelle die Gleichungen auf, die die Elektronenaufnahme und die Elektronenabgabe verdeutlichen, und ordne die Begriffe Oxidation und Reduktion zu. Wie liegen die Sauerstoff-Atome jeweils vor?

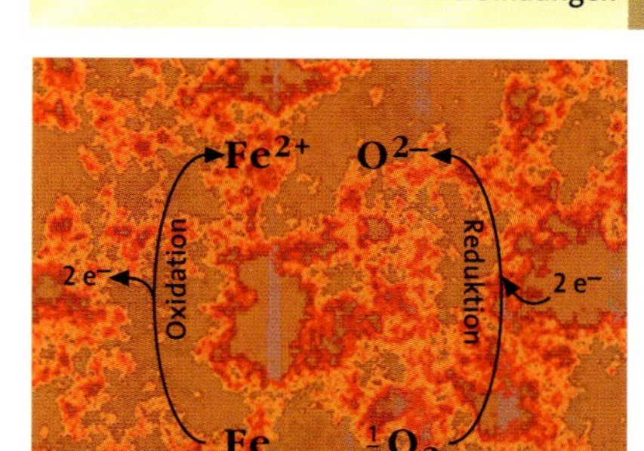


**B4** *Einzelreaktionen zur Bildung der Ionen beim Rosten. **A:** Zeichne ein analoges Schema für die Gewinnung von Silber aus Silberoxid.*

### *Aufgaben*

*A1* Suche in Kapitel 6 nach drei weiteren Beispielen für Oxidationen und erläutere sie unter Verwendung der neuen Definition von Oxidation und Reduktion.

*A2* Stelle analog zur Bildung von Eisenoxid $FeO$ aus den Elementen die Reaktionsgleichung für die Bildung des Eisenoxids $Fe_2O_3$ aus den Elementen auf. Im $Fe_2O_3$ liegen Eisen-Ionen $Fe^{3+}$ vor.

[1] Regeln für das Aufstellen von Redoxgleichungen, vgl. S. 149.

### Fachbegriffe

Oxidation, Elektronenabgabe, Reduktion, Elektronenaufnahme, Redoxreaktion, Elektronenübertragungsreaktion

### Definitionen nach Elektronenübertragungen

Eine **Oxidation** ist eine **Elektronenabgabe.**

Bei der Verbrennung von Metallen in Chlor werden die Metall-Atome unter Abgabe von Elektronen zu Metall-Ionen *oxidiert*, z.B.:
$Mg(s) \rightarrow Mg^{2+}(s) + 2e^-$

Eine **Reduktion** ist eine **Elektronenaufnahme.**

Bei der Gewinnung von Metallen durch Elektrolyse werden die Metall-Ionen unter Aufnahme von Elektronen zu Metall-Atomen *reduziert*, z.B:
$Zn^{2+}(aq) + 2e^- \rightarrow Zn(s)$

**B5** *„Neue" Definitionen für Oxidation und Reduktion. **A:** Begründe, ob bei der Verbrennung von Magnesium in Chlor (links) nur eine Oxidation und bei der Elektrolyse einer Zinkiodid-Lösung (rechts) nur eine Reduktion abläuft.*

# M+ Aufstellen von Redoxgleichungen

### Versuch

***V1*** Säubere eine Kupfermünze gründlich, indem du sie zuerst kurz in Aceton* hältst, trocknest, dann in verd. Salzsäure* tauchst, mit dest. Wasser abspülst und anschließend trocknest. Gib die saubere Münze auf ein Uhrglas und übergieße sie mit einer ammoniakalischen Silbernitrat-Lösung*. Beobachte einige Minuten und lasse den Versuch weitere 30 min stehen. Tauche dann ein Kupfer-Teststäbchen in die Lösung. Nimm die Münze aus der Lösung und spüle sie mit dest. Wasser ab.

### Auswertung

a) In V1 bildet sich eine Silberschicht auf der Kupfermünze. Erkläre, wie das Silber entsteht, und formuliere eine entsprechende Teilgleichung.

b) Erkläre anhand einer weiteren Teilgleichung, wie es dazu kommt, dass der Test auf gelöste Kupfer-Ionen $\mathbf{Cu^{2+}(aq)}$ in V1 positiv ist (vgl. B1).

c) Vergleiche das Versilbern in V1 mit den Informationen aus B2.

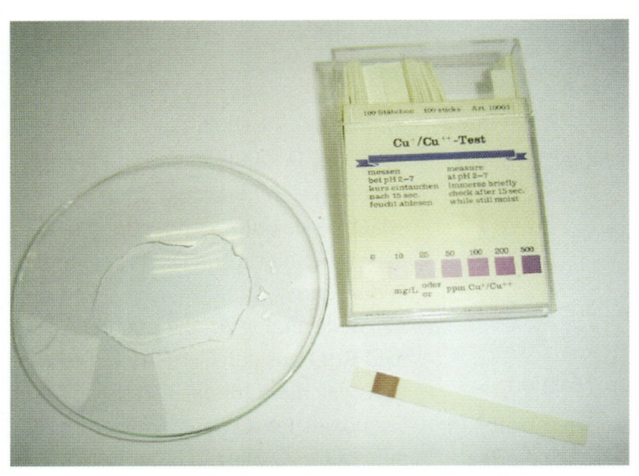


**B1** *Test auf gelöste Kupfer-Ionen.* ***A:*** *Was deutet darauf hin, dass in der Lösung Kupfer-Ionen vorliegen?*

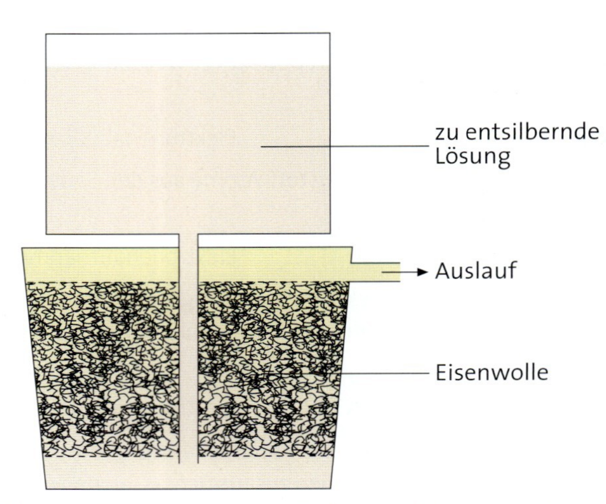


**B2** *Bei der Schwarzweiß-Fotografie fielen große Mengen silbersalzhaltiger Lösungen an. Mit dem „Eisenwolle-Eimer" konnte man elementares Silber zurückgewinnen.* ***A:*** *Was befindet sich zunächst in der Ausgangslösung und was nach einiger Zeit auf der Eisenwolle?*

Mit der Betrachtung von Redoxreaktionen als Übertragungsreaktionen von Elektronen können wir auch Reaktionen, an denen *kein* Sauerstoff beteiligt ist, in Oxidationen und Reduktionen ordnen. In V1 werden die Kupfer-Atome aus der Kupfermünze zu Kupfer-Ionen $\mathbf{Cu^{2+}}$ oxidiert. Die Silber-Ionen $\mathbf{Ag^{+}}$ aus der Silbernitrat-Lösung hingegen werden zu Silber-Atomen reduziert, die die Silberschicht auf der Münze bilden. Bei dieser Redoxreaktion findet eine Elektronenübertragung von den Kupfer-Atomen auf die Silber-Ionen statt, wie im Folgenden schematisch dargestellt ist:

+ 2 · 1 e⁻
Reduktion/Elektronenaufnahme

$$\mathbf{Cu(s) + 2Ag^{+}(aq) \longrightarrow Cu^{2+}(aq) + 2Ag(s)}$$

− 2 e⁻
Oxidation/Elektronenabgabe

Die Nitrat-Ionen $\mathbf{NO_3^-}$ aus der Silbernitrat-Lösung verändern sich während der Reaktion nicht. Sie bilden mit den entstandenen Kupfer-Ionen $\mathbf{Cu^{2+}}$ gelöstes Kupfernitrat $\mathbf{Cu(NO_3)_2(aq)}$.

### Aufgabe

***A1*** Die oberste Schicht eines angelaufenen Silberlöffels wird wieder silbrig glänzend, wenn man den Löffel in eine Schale mit Aluminiumfolie und salzhaltigem Wasser legt. Nach der Reaktion haben sich aus den Silber-Ionen der angelaufenen Schicht elementares Silber und aus der Alufolie Aluminium-Ionen $\mathbf{Al^{3+}}$ gebildet. Stelle für diese Reaktion ein Reaktionsschema wie oben auf.

# M+ Aufstellen von Redoxgleichungen

Auch die Bildung des Salzes Natriumchlorid $NaCl$ aus dem Metall Natrium $Na$ und dem Nichtmetall Chlor $Cl_2$ ist eine Redoxreaktion, denn es findet eine Elektronenübertragungsreaktion statt.

Im Folgenden werden wichtige

**Schritte für das Aufstellen von Reaktionsgleichungen zu Redoxreaktionen**

am Beispiel der Natriumchlorid-Synthese aufgeführt:

1. *Ermittlung der Reaktionspartner: Welche Teilchen reagieren miteinander und welche entstehen?*
Die Ausgangsstoffe sind das Metall Natrium, das ein Gitter aus Natrium-Atomen $Na$ darstellt, und das Gas Chlor aus der Gruppe der Halogene, das aus Chlor-Molekülen $Cl_2$ besteht. Im Ionengitter des Produkts Natriumchlorid liegen Natrium-Ionen $Na^+$ und Chlorid-Ionen $Cl^-$ vor (vgl. S. 135, B7).

2. *Ermittlung des elektronenabgebenden und des elektronenaufnehmenden Teilchens und Aufstellen der Teilgleichungen*
Natrium-Ionen bilden sich, wenn Natrium-Atome je ein Elektron abgeben. Chlorid-Ionen bilden sich, wenn die Atome im Chlor-Molekül je ein Elektron aufnehmen.
$Na(s) \longrightarrow Na^+(s) + 1e^-$ Oxidation, Elektronenabgabe
$Cl_2(g) + 2e^- \longrightarrow 2Cl^-(s)$ Reduktion, Elektronenaufnahme

3. *Betrachtung der Anzahl der übertragenen Elektronen und Ausgleich der Elektronenbilanz*
$Na(s) \longrightarrow Na^+(s) + 1e^- \quad | \cdot 2$ Oxidation, Elektronenabgabe
$Cl_2(g) + 2e^- \longrightarrow 2Cl^-(s)$ Reduktion, Elektronenaufnahme

4. *Zusammenfassen der Teilgleichungen zu einer Gesamtgleichung*
$2Na(s) + Cl_2(g) + 2e^- \longrightarrow 2Na^+(s) + 2 \cdot 1e^- + 2Cl^-(s)$

5. *Streichen gleicher Teilchen auf der Edukt- und Produktseite in der Gesamtgleichung*
$2Na(s) + Cl_2(g) \longrightarrow 2Na^+(s) + 2Cl^-(s)$ bzw. $2NaCl(s)$
(Die Natrium-Ionen $Na^+$ und Chlorid-Ionen $Cl^-$ bilden das Ionengitter mit der Formeleinheit $NaCl$.)

**Das Donator-Akzeptor-Prinzip**

Es ist unerheblich, ob eine Reaktion wie beim Rosten zwischen einem Metall und Sauerstoff, wie bei der Natriumchlorid-Synthese zwischen einem Metall und einem anderen Nichtmetall oder wie in V1 zwischen Metall-Ionen und Metall-Atomen stattfindet. Wichtig ist lediglich, dass ein Reaktionspartner als **Donator**[1] Elektronen liefert und ein anderer Reaktionspartner als **Akzeptor**[2] Elektronen aufnimmt. Redoxreaktionen sind ein Beispiel für Reaktionen, die man auch **Donator-Akzeptor-Reaktionen** nennt. Für die Reaktion in V1 gilt:

Donator: $Cu(s) \longrightarrow Cu^{2+}(s) + 2e^-$
Akzeptor: $Ag^+(aq) + 1e^- \longrightarrow Ag(s)$

Bei der Natriumchlorid-Synthese sind die Natrium-Atome die Elektronen-Donatoren und die Chlor-Atome in den Chlor-Molekülen die Elektronen-Akzeptoren.

***Aufgaben***

**A2** Stelle für die Bildung von Magnesiumchlorid und für die von Aluminiumbromid aus den Elementen die Teilgleichungen analog zur Bildung von Natriumchlorid auf. Wende die Begriffe Elektronenaufnahme und -abgabe, Reduktion und Oxidation an.

**A3** Erkläre, warum es sich beim Rosten um eine Donator-Akzeptor-Reaktion handelt.

**A4** Stelle die Reaktionsgleichung zur Analyse von Silbersulfid auf. Die Formeleinheit von Silbersulfid ist $Ag_2S$. Wende auf die Reaktion die folgenden Begriffe an: Donator, Akzeptor, Oxidationsmittel, Reduktionsmittel, oxidierter Stoff, reduzierter Stoff.

[1] von *donare* (lat.) = geben, schenken; [2] von *acceptare* (lat.) = annehmen

## Spontane Metallabscheidungen

**B1** *Echtes Gold?*

### Versuche

***V1*** *„Versilbern und Vergolden" einer Kupfermünze*

a) Gib zwei Spatel Zinkpulver* und 20 mL Kalilauge*, $w = 10\,\%$, in ein 100-mL-Becherglas und erhitze stark. Lege ein sauberes 1-Cent-Stück, das du vorher kurz in verd. Salzsäure getaucht, abgespült und abgetrocknet hast, in die zinkhaltige Lauge. Koche so lange, bis sich das Zink um die Münze sammelt und die Suspension klar ist. Nimm die Münze aus der Lauge, spüle sie mit dest. Wasser gut ab und trockne sie mit einem Papiertuch. Reibe locker anhaftendes Zinkpulver sehr gut ab, bis die Münze silbrig glänzt. Es darf kein loses Zink mehr an der Münze sein!

b) Klemme die Münze so in eine Tiegelzange ein, dass die Zange die Fläche der Münze nicht berührt. Erhitze die Münze kurz (!) durch mehrmaliges Ziehen durch die entleuchtete Brennerflamme. Nimm die Münze rasch aus der Flamme, sobald sie sich kupferfarben verfärbt. Lasse die Münze auf einer Keramikplatte abkühlen.

***V2*** Tauche je ein Eisenblech in ein Becherglas mit a) 50 mL Zinksulfat-Lösung, $c = 1$ mol/L, und b) 50 mL Kupfersulfat-Pentahydrat-Lösung*, $c = 1$ mol/L. Beobachte einige Minuten und lasse den Versuch dann weitere 30 min stehen.

### Auswertung

a) Bei dem Bezug der Kupfermünze aus V1 handelt es sich nicht um echtes Gold, sondern um golden glänzendes Messing. Erkundige dich, was Messing ist und wie man es herstellt.

b) Vergleiche die Herstellung des Messingüberzugs in V1 mit der Herstellung der Überzüge aus V1 und V3 von S. 144.

c) Beschreibe das Aussehen der Oberfläche der Eisenbleche in V2 genau. Findet in beiden Fällen eine chemische Reaktion statt? Versuche, eine Reaktionsgleichung aufzustellen.

Mit echtem Gold oder Silber überzogene Schmuckstücke kann man herstellen, indem man ein Werkstück in ein Goldsalzbad oder ein Silbersalzbad taucht und mit dem Minuspol einer Spannungsquelle verbindet. Das Werkstück taucht in eine Elektrolyt-Lösung, in der sich auch ein weiteres Metallblech, das mit dem Pluspol verbunden ist, befindet. Bei diesem Vorgang des Galvanisierens findet eine erzwungene Metallabscheidung statt.
In V1 überzieht sich die Kupfermünze mit einer golden glänzenden Schicht, bei der es sich um die Legierung Messing handelt. Diese Schicht entsteht *ohne* das Anlegen einer elektrischen Spannung.
Auch in V1 von S. 148 entsteht eine Metallschicht auf der Kupfermünze, ohne dass eine elektrische Spannung angelegt wird. Hier ist es eine dünne Silberschicht.
Warum bilden sich manche Metallüberzüge freiwillig, andere aber nur in einer erzwungenen Reaktion?
Die Bildung der Metallschicht haben wir als Reduktion erklärt, also als Reaktion von Metall-Ionen, die durch Aufnahme von Elektronen in Metall-Atome überführt werden. Die Herkunft der Elektronen ist aber verschieden: Sie können über den Minuspol einer Spannungsquelle zugeführt, oder aber durch andere Metall-Atome wie in V1 auf S. 148 geliefert werden.
Es ist nicht „egal", welcher Art die Metall-Ionen sind, die Elektronen von anderen Metall-Atomen aufnehmen. In V2 nehmen zwar die gelösten Kupfer-Ionen $\mathbf{Cu^{2+}(aq)}$ Elektronen von den Eisen-Atomen auf, die gelösten Zink-Ionen $\mathbf{Zn^{2+}(aq)}$ hingegen nicht. Es bildet sich ein Kupferüberzug, aber kein Zinküberzug.
Vergleicht man die Metalle Kupfer, Eisen und Zink in Hinblick auf ihr Reduktionsvermögen (vgl. S. 89), so stellt man fest, dass dieses vom Kupfer über Eisen hin zum Zink zunimmt. Eisen ist demnach unedler als Kupfer, aber edler als Zink.
Nur Atome von unedlen Metallen sind in der Lage, freiwillig Elektronen an Metall-Ionen von edleren Metallen abzugeben.
Die Atome des edleren Metalls Eisen geben keine Elektronen an die Ionen des unedleren Metalls Zink ab.

### Aufgaben

***A1*** Was würde man beobachten, wenn man a) ein Kupferblech in eine Zinksulfat-Lösung und b) ein Zinkblech in eine Kupfersulfat-Lösung tauchte?

***A2*** Begründe, ob man ein Stück Eisen durch Eintauchen in Silbernitrat-Lösung versilbern kann.

## Unedel, aber nicht rostend

**B2** *Verschiedene Metalle korrodieren unterschiedlich stark. A: Erkläre, warum das Stück Alufolie auch nach längerer Lagerung nicht korrodiert.*

### *Versuche*

***V3*** Blase nacheinander jeweils eine große Spatelspitze voll der folgenden Metallpulver in die Flamme eines schräg eingespannten Bunsenbrenners: Aluminiumpulver, Eisenpulver, Kupferpulver. Beobachte die Heftigkeit der Verbrennung.

***V4*** Tauche ein Eisenblech, ein Stück Alufolie und ein Kupferblech in je ein 50-mL-Becherglas, das bis zur Hälfte mit Wasser gefüllt ist, und lasse sie eine Woche stehen.

### *Auswertung*

d) Ordne die Metalle aus V3 nach der Heftigkeit ihrer Reaktion und ordne ihnen die Begriffe edel und unedel zu.

e) Vergleiche das Ergebnis aus V4 mit der Einteilung der Metalle in edle und unedle Metalle.

Metalle unterscheiden sich in ihrer Eigenschaft, mehr oder weniger leicht Elektronen abzugeben und dabei Metall-Ionen zu bilden. Unedle Metalle geben leicht Elektronen ab. Sie werden also leicht oxidiert, bzw. haben ein hohes Reduktionsvermögen.

Umso erstaunlicher ist es, dass das unedle Aluminium nicht oxidiert wird, das edlere Eisen hingegen schon. In der Tat sind einige Metalle korrosionsbeständig, obwohl sie unedel sind. Der Grund dafür ist, dass sie einen sehr stabilen, luftundurchlässigen Belag aus dem entsprechenden Oxid bilden, der das darunterliegende Metall vor weiterer Oxidation schützt. Man nennt die Ausbildung eines solchen Belags **Passivierung**. Aluminium, Zink und Titan sind Beispiele für unedle Metalle, die durch Passivierung geschützt sind. Eisen bildet zwar auch eine Oxidschicht, diese ist aber porös und brüchig, sodass beim Abblättern der oxidischen Schicht darunterliegendes Eisen weiter der Oxidation ausgesetzt ist.

Die Dicke der Oxidschicht des Aluminiums kann durch Elektrolyse sogar vergrößert werden. Bei diesem **Eloxal-Verfahren** (elektrische Oxidation von Aluminium) wird die Oxidschicht von 0,00001 mm bis zu einer Dicke von 0,01 mm um den Faktor 1000 verstärkt. Sie ist dann sehr hart und gegen viele Chemikalien unempfindlich. Bei Bedarf kann in die oberen Oxidschichten sogar ein Farbstoff eingelagert werden.

**Methode: Ein Referat halten**

1. Sammle Informationen zu deinem Thema aus vertrauenswürdigen Quellen, z. B. aus Schulbüchern, Sachbüchern, Lexika und Internetseiten von Universitäten.
2. Erstelle eine Liste mit den wichtigsten Fachbegriffen zu deinem Thema und erkläre sie dir selbst.
3. Überlege, welches Vorwissen deine Zuhörer haben.
4. Arrangiere die neuen Inhalte in einer sinnvollen Reihenfolge. Versuche, Erklärungen möglichst anschaulich zu gestalten. Erstelle aussagekräftige Zeichnungen, um bestimmte Inhalte zu verdeutlichen. Überlege auch, ob du einen Versuch vorführen oder erklären möchtest.
5. Beginne dein Referat mit einer kurzen Übersicht über das, was du vorstellen wirst, und fasse am Ende das Gesagte kurz zusammen.
6. Übe dein Referat zu Hause und achte darauf, wie viel Zeit du für das Referat benötigst.

### *Aufgabe*

***A3*** Halte ein Referat zum Thema „Korrosionsschutz von Metallen". Nutze dazu die Inhalte dieser Doppelseite und von S. 144, 145. Als Vorbereitung solltest du die oben genannten Punkte befolgen.

*A1* Kochsalz, Natriumnitrat und Zucker sind weiße, kristalline Feststoffe. Erläutere, welche Auskunft Leitfähigkeitsmessungen über die Art der Teilchen, aus denen die drei Stoffe aufgebaut sind, geben.

*A2* Überprüfe dein erlerntes Wissen über Salze und Ionen mit dem Lernprogramm „Stromleitung in Wasser“ auf *Chemie 2000+ Online*.

*A3* Schau dir B5 auf S. 133 noch einmal an. Erkläre, warum sich die Elektronen bei der Stromleitung in Metallen zum Pluspol bewegen. Vergleiche die Stromleitung in Metallen und in Salzlösungen. Worin unterscheiden sie sich?

*A4* a) Stelle Reaktionsgleichungen für die Vorgänge an den beiden Elektroden bei der Elektrolyse einer Zinkiodid-Lösung auf. Fasse die beiden Reaktionsgleichungen zu einer Gesamtreaktion zusammen. Welche Art von Reaktion hat hier stattgefunden? b) Wie lange kann die Salzlösung elektrolysiert werden?

*A5* Bei der in B1 gezeigten Art von Taschenwärmern löst man durch das Knicken eines Metallplättchens eine Kristallbildung aus.

**B1** *Taschenwärmer vor der Benutzung*

Erkläre, warum dabei Wärme freigesetzt wird.
Man kann den Taschenwärmer regenerieren, indem man das Kissen in heißes Wasser legt. Stelle Vermutungen an, was dabei zu beobachten ist und finde eine Erklärung dafür.

*A6* Beim Verdunsten von Mineralwasser bilden sich verschiedene Salze. Welche Salze können sich aus den Ionen im Mineralwasser (B2) bilden? Schreibe die Namen und die Verhältnisformeln aller möglichen Salze auf.

| **Natürliches sprudelndes Mineralwasser (mit Kohlensäure versetzt)** | | |
|---|---|---|
| Calcium | $Ca^{2+}$ | 83,4 mg/L |
| Magnesium | $Mg^{2+}$ | 31,8 mg/L |
| Natrium | $Na^{+}$ | 34,3 mg/L |
| Kalium | $K^{+}$ | 7,6 mg/L |
| Hydrogencarbonat | $HCO_3^{-}$ | 353 mg/L |
| Sulfat | $SO_4^{2-}$ | 124 mg/L |
| Nitrat | $NO_3^{-}$ | <2 mg/L |
| Chlorid | $Cl^{-}$ | 14,7 mg/L |

Gemäss den geltenden Bestimmungen wird das natürliche Mineralwasser in unseren Lebensmitteln täglich kontrolliert.

**B2** *Angaben auf dem Etikett einer Mineralwasserflasche*

*A7* Stelle für die folgenden Reaktionen die Reaktionsgleichungen auf: a) Bei hohen Temperaturen im Automotor reagieren die Bestandteile der Luft, Stickstoff und Sauerstoff, zu Stickstoffoxid $NO$. b) Erdgas (Methan $CH_4$) verbrennt zu Kohlenstoffdioxid und Wasser. c) Das Metall Mangan $Mn$ und Sauerstoff reagieren zu Braunstein $MnO_2(s)$.

*A8* Stelle die Bildung von Kupfersulfid aus Kupfer und Schwefel im Atommodell von DALTON (analog B3) bildhaft dar.

*A9* Schreibe die Reaktionsgleichung zu der in B3 dargestellten Reaktion.

*A10* Die Nebengruppenelemente Eisen und Kupfer bilden die folgenden Ionen: $Fe^{2+}$ und $Fe^{3+}$ sowie $Cu^{+}$ und $Cu^{2+}$. Erläutere, welche möglichen Oxide, Hydroxide und Chloride gebildet werden können, und schreibe die entsprechenden Formeln auf.

*A11* „Magnesium und Sauerstoff reagieren im Atomanzahlverhältnis 2 : 1 miteinander und bilden Magnesiumoxid mit der Formel $Mg_2O$.“
Bewerte diese Aussage auf ihre Richtigkeit hin und stelle die Reaktionsgleichung für die Bildung von Magnesiumoxid auf.

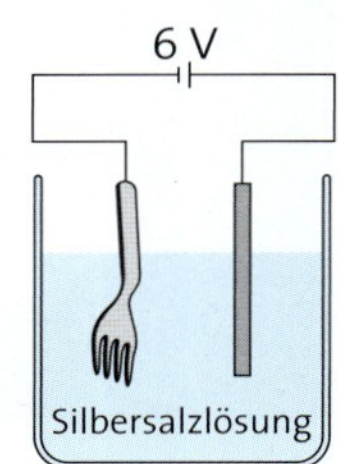


*A12* Die nebenstehende Skizze stellt ein Bad zur Versilberung durch Galvanisieren dar. Zeichne die Skizze ab und ergänze sie mit den Begriffen: zu versilbernder Gegenstand, Silberblech, Pluspol, Minuspol, Anode, Kathode. Erkläre, woher die Silber-Ionen stammen, die am zu versilbernden Gegenstand reduziert werden. Kennzeichne die Bewegungsrichtung der Silber-Ionen und der Elektronen mit verschiedenfarbigen Pfeilen.

*A13* Taucht man einen Eisennagel in eine Nickelsulfat-Lösung, so bildet sich nach einiger Zeit auf dem Eisennagel ein metallischer Überzug. Dabei findet eine Redoxreaktion statt. Schreibe die Teilgleichungen für die Oxidation und die Reduktion sowie die Gesamtgleichung auf. Kennzeichne bei der Gesamtgleichung die Elektronenaufnahme und die Elektronenabgabe mit Angabe der Zahl der jeweils übertragenen Elektronen.

*A14* Auf Eisenwolle, die mit etwas Kupfersulfat-Lösung getränkt wurde, scheidet sich ohne Anlegen einer elektrischen Spannung elementares Kupfer ab. Erkläre, warum dies so ist, und stelle eine begründete Vermutung auf, ob sich analog auch auf dem Metall Zink eine Kupferschicht absetzen würde.

Reaktionsschema Bleioxid (s) + Kohlenstoff (s) ⟶ Blei (s) + Kohlenstoffdioxid (g)

Modell +  ⟶ 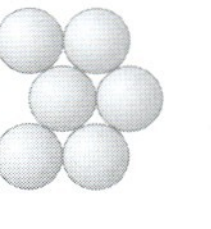 + 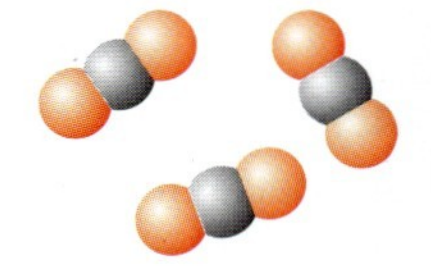

**B3** *Darstellung einer chemischen Reaktion im Atommodell von DALTON*

# Ionenverbindungen und Elektronenübertragungen

## *Ionen, Ionenbindung, Oktettregel*

Salze sind aus Ionen aufgebaut. Positiv geladene Ionen werden **Kationen** genannt. Negativ geladene Ionen werden als **Anionen** bezeichnet.
Salze bilden in fester Form **Kristalle**, in denen die Ionen in einem regelmäßigen **Ionengitter** angeordnet sind. Die elektrostatischen Anziehungskräfte zwischen den entgegengesetzt geladenen Ionen bewirken eine chemische Bindung, die **Ionenbindung**. Die bei der Anordnung der Ionen in ein Ionengitter freiwerdende Energie heißt **Gitterenergie**.
Bei der Synthese eines Salzes aus den Elementen finden **Elektronenübertragungen** statt.
Metall-Atome geben immer Elektronen ab, Nichtmetall-Atome nehmen Elektronen auf.
Für die Anzahl der übertragenen Elektronen gilt die **Oktettregel**:
Ein Atom nimmt so viele Elektronen auf bzw. gibt so viele Elektronen ab, bis eine Edelgaskonfiguration erreicht ist.
Bei den Nebengruppenelementen gilt die Oktettregel nicht. Deshalb muss man sich die Ladungszahlen der Ionen merken oder in einem Buch, Lexikon o.Ä. nachschlagen, z.B. $Zn^{2+}$, $Cu^{2+}$, $Ag^{+}$. Manche Nebengruppenelemente können verschiedene Kationen bilden, z.B. $Fe^{2+}$ und $Fe^{3+}$.

## *Formeln*

**Formeln** geben Auskunft über die Zusammensetzung der Teilchen eines Stoffs. Die **Verhältnisformel** beschreibt, in welchem kleinsten Zahlenverhältnis welche Atome oder Ionen in einem Teilchen gebunden sind.
Bei Salzen beschreibt die **Formeleinheit** die kleinste Baueinheit im Ionengitter. Im Kochsalzkristall gibt die Formeleinheit $NaCl$ wieder, dass das Gitter aus Natrium-Ionen und Chlorid-Ionen im Zahlenverhältnis 1 : 1 aufgebaut ist.
Bei Molekülen kennzeichnet die **Molekülformel**, welche und wie viele Atome in einem Molekül gebunden sind.
Beim Wasser-Molekül gibt die Molekülformel $H_2O$ an, dass jedes Wasser-Molekül aus zwei Wasserstoff-Atomen und einem Sauerstoff-Atom besteht.

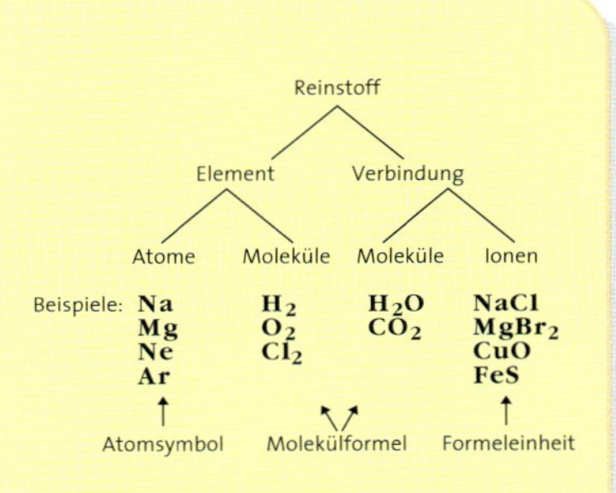


## *Reaktionsgleichungen*

**Reaktionsgleichungen** geben genauere Informationen über chemische Reaktionen als Reaktionsschemata. Die Formeln der Edukte werden in einer Reaktionsgleichung links, die Formeln der Produkte rechts aufgeführt. Die Atombilanz muss in einer Reaktionsgleichung ausgeglichen sein. Dies erfolgt durch Einsetzen von Koeffizienten *vor* die entsprechenden Formeln.
Aus einer Reaktionsgleichung kann man ablesen, in welchem Zahlenverhältnis die Edukt-Teilchen miteinander reagieren und welche und wie viele Produkt-Teilchen dabei gebildet werden.

*Beispiel:* $2Na(s) + Cl_2(g) \longrightarrow 2NaCl(s)$

*Bedeutung:* Natrium-Atome und Chlor-Moleküle reagieren miteinander im Verhältnis 2 : 1 und bilden dabei zwei Formeleinheiten des Salzes Natriumchlorid.

## *Redoxreaktionen, Elektrolyse*

Bei einer Oxidation werden Elektronen abgegeben, bei einer Reduktion werden Elektronen aufgenommen. Eine Redoxreaktion ist daher eine **Elektronenübertragungsreaktion**.
*Beispiel:* Rosten
Beim Rosten reagiert Eisen mit Luftsauerstoff. Durch Oxidation bilden sich zunächst Eisen-Ionen $Fe^{2+}$, durch Reduktion bilden sich Sauerstoff-Ionen $O^{2-}$. Es handelt sich um eine Redoxreaktion:

Reduktion/Elektronenaufnahme: $+2 \cdot 2e^-$

$$2Fe(s) + O_2(g) \longrightarrow 2FeO(s)$$

Oxidation/Elektronenabgabe: $-2 \cdot 2e^-$

Redoxreaktionen sind Reaktionen, denen das Donator-Akzeptor-Prinzip zugrunde liegt.
Auch bei der **Elektrolyse** von Salzlösungen finden Elektronenübertragungsreaktionen statt. Die in Wasser gelösten Ionen wandern zu den **Elektroden** und entladen sich dort, indem sie Elektronen aufnehmen oder abgeben. Die ablaufende Reaktion z.B. bei der Elektrolyse einer Zinkiodid-Lösung ist also eine **Redoxreaktion**: $ZnI_2(aq) \longrightarrow Zn(s) + I_2(aq)$.

# Wasser – mehr als ein einfaches Lösemittel

Das Wasser auf der Erde ist zu 97% das Wasser der Ozeane und damit Salzwasser.

Salze sind aus Ionen aufgebaut, wie wir im letzten Kapitel erfahren haben. Zu den Salzen gehören alle Verbindungen, die aus einem Metall und einem Nichtmetall entstehen, wie z. B. Natriumchlorid. Viele Salze lösen sich in Wasser.

Flüssigkeiten wie Wasser und Gase wie Sauerstoff oder Kohlenstoffdioxid bestehen aus Molekülen. Wie die niedrigen Schmelz- und Siedetemperaturen der Flüssigkeiten und Gase zeigen, können die Moleküle relativ leicht voneinander getrennt werden. Was hält die Atome in diesen Molekülen zusammen und wie sind sie in Molekülen angeordnet? Das sind die zentralen Fragen dieses Kapitels.

# Unpolare und polare Elektronenpaarbindung

1. Wasser ist ein hervorragendes Lösemittel für Salze. Wir untersuchen das Lösen von Salzen in Wasser genauer.

2. Wie sind die Atome in Molekülen wie Wasser-Molekülen aneinander gebunden? Wir werden diese Frage klären, indem wir zunächst einfache Moleküle aus gleichen Atomen betrachten.

3. Wir lernen die Besonderheiten bei Bindungen zwischen verschiedenen Atomen kennen und erklären damit die Eigenschaften und das Reaktionsverhalten der entsprechenden Stoffe.

4. Die Atome in einem Molekül nehmen eine ganz bestimmte Ordnung zueinander an. Wir erfahren die Gesetzmäßigkeiten für den räumlichen Bau der Moleküle und wie sich Eigenschaften eines Stoffes aus diesem erklären lassen.

5. Das gewöhnliche Wasser ist außergewöhnlich. Die ungewöhnlichen Eigenschaften des Wassers werden wir mit der Struktur seiner Moleküle erklären.

6. Zwischen Alkohol und Wasser gibt es Ähnlichkeiten. Wir vergleichen die Moleküle dieser beiden Verbindungen und erklären die ähnlichen und unterschiedlichen Eigenschaften.

7. Wasser ist nicht nur ein gutes Lösemittel, sondern bei chemischen Reaktionen auch häufig ein Reaktionspartner. Wir lernen solche Reaktionen kennen.

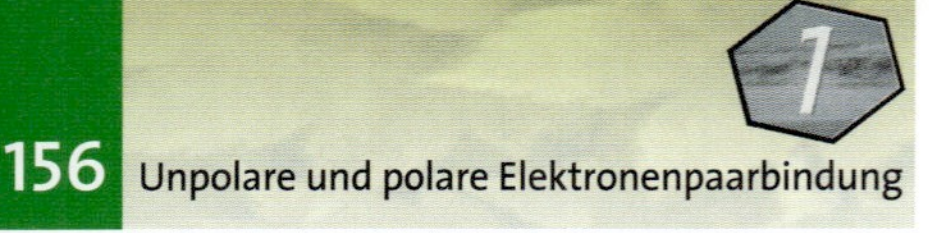


## Wasser löst Salze – mit Folgen

Jedes Lebewesen ist auf Wasser angewiesen. So ist Wasser ein sehr gutes Lösemittel für die meisten lebensnotwendigen Stoffe in unserem Körper. Das Auflösen von Stoffen ist ein alltäglicher Vorgang, bei dem man allerdings erstaunliche Phänomene beobachten kann. Was geschieht beim Lösen von Stoffen in Wasser?

**B1** *Kristalle eines Salzes lösen sich selbstständig in Wasser.* ***A:*** *Wie kann man das Lösen beschleunigen?*

### *Versuche*

***V1*** Gib 20 g blaues Kupfersulfat-Pentahydrat $CuSO_4 \cdot 5H_2O$ in einen 250-mL-Messkolben und fülle mit Wasser exakt bis zur Eichmarke auf. Schwenke den Messkolben, bis sich das Kupfersulfat vollständig gelöst hat. Betrachte anschließend den Flüssigkeitsstand (B2).

***V2*** Gib in ein Rggl. ca. 1 cm hoch Calciumchlorid* $CaCl_2$ und stecke vorsichtig ein Thermometer in das Salz. Füge dann ca. 5 mL Wasser hinzu und beobachte die Temperaturänderung.

***V3*** *Herstellen einer Kältemischung:* Mische ca. 30 g Kochsalz mit ca. 100 g klein gestoßenem Eis und verrühre die Mischung mit ca. 30 mL Wasser. Miss die Temperatur der Kältemischung. Du kannst bis ca. –21 °C erreichen.
Fülle anschließend ein Rggl. ca. 2 cm hoch mit destilliertem Wasser, ein zweites mit gesättigter Kochsalz-Lösung. Tauche in beide ein Thermometer, die mit einem dünnen Draht umwickelt sind. Stelle die Rggl. in die Kältemischung und warte, bis die Flüssigkeiten gefrieren. Das merkst du daran, dass der Draht sich nicht mehr aus der Flüssigkeit ziehen lässt (B3). Vergleiche die Gefriertemperaturen der Flüssigkeiten.

**B2** *Volumenänderung beim Lösen von Kupfersulfat in Wasser.* ***A:*** *Begründe, warum die Dichte der Kupfersulfat-Lösung größer als die des reinen Wassers ist.*

### *Auswertung*

a) Wie ändert sich die Dichte der Flüssigkeit während des Lösens in V1?

b) Begründe mithilfe der Beobachtung von V2, weshalb das Lösen von Calciumchlorid nicht nur ein Mischen der beiden Stoffe Wasser und Salz sein kann.

c) Nenne Beispiele, bei denen man sich die Erniedrigung der Gefriertemperatur aus V3 im Alltag zunutze machen kann.

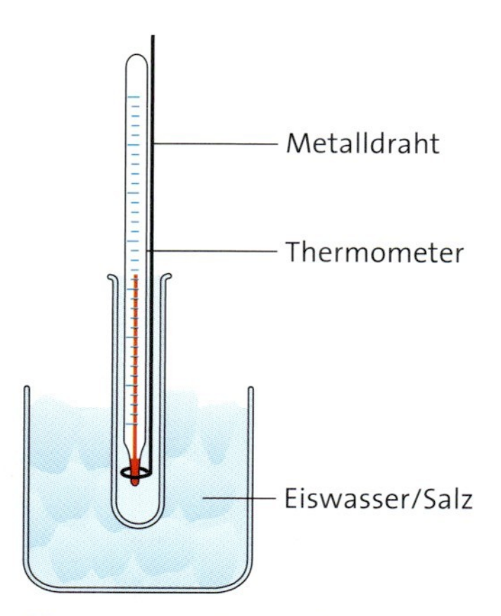


**B3** *Versuchsaufbau zur Bestimmung der Gefriertemperatur*

**B4** *Es gibt Hinweise dafür, dass auch auf dem Mars einmal Wasser war. Ob es dort auch einmal Leben gab?* ***A:*** *Warum hängt Leben von dem Vorhandensein von Wasser ab?*

## Wasser-Moleküle überwinden die Ionenbindung

Meerwasser schmeckt salzig, weil im Meerwasser Salze gelöst sind. Durchschnittlich liegt der Salzgehalt von Meerwasser bei ca. 3,5 %, im Toten Meer kann er bis zu 28 % betragen. Aber nicht nur Meerwasser enthält Salze, sondern auch unser als Trinkwasser genutztes Süßwasser. Das erkennt man z. B. an den Kalkrückständen, die beim Verdunsten von Leitungswasser übrig bleiben. Auch die Etiketten von Mineralwasser geben Auskunft über die Salze, die in diesen Wassern gelöst sind.
Salze beeinflussen aber nicht nur den Geschmack des Wassers, beim Lösen eines Salzes in Wasser kann man auch überraschende Beobachtungen machen.
Löst man z. B. das Salz Calciumchlorid in Wasser, so erwärmt sich die Lösung (V2). Das Lösen von Calciumchlorid ist also ein exothermer Vorgang. Dabei gelingt es den **Wasser-Molekülen**, die starken Bindungskräfte zwischen den Ionen des Salzkristalls zu überwinden. Die Lösungswärme ist ein Zeichen dafür, dass beim Lösen eines Salzes die Teilchen der beiden Stoffe nicht nur einfach vermischt werden, sondern dass es zwischen ihnen auch zu neuen Wechselwirkungen kommt.
In V1 sieht man, dass beim Lösen von Salz in Wasser das Volumen der Flüssigkeit etwas abnimmt. Da sich ja die Gesamtmasse an Salz und Wasser während des Lösens nicht verändert, muss die Dichte der Lösung größer als die des reinen Wassers sein. Beim Lösen des Salzes diffundieren die Wasser-Moleküle zwischen die Ionen des Ionengitters und ordnen sich eng um diese herum an. Um die Ionen bilden sich sogenannte **Hydrathüllen** (vgl. dazu die Animation unter *Chemie 2000+ Online*). Die Wasser-Moleküle in diesen Hydrathüllen liegen enger aneinander als im reinen Wasser, wodurch das Volumen beim Lösen etwas abnimmt. Salzwasser hat also eine größere Dichte als destilliertes Wasser (B5).
Selbst in strengen Wintern kommt es nur selten vor, dass an der Nord- oder Ostseeküste Eisschollen auf dem Wasser treiben, auch wenn die Seen im Binnenland bereits zugefroren sind (B6). Salzwasser gefriert erst bei niedrigeren Temperaturen als reines Wasser (V3), es kommt zu einer **Gefriertemperaturerniedrigung**. Gefriert reines Wasser, so ordnen sich die Wasser-Moleküle ähnlich wie die Ionen eines Salzes in einer ganz bestimmten Struktur aneinander. Im Salzwasser hindern die im Wasser gelösten und **hydratisierten Ionen** die Wasser-Moleküle daran, beim Abkühlen diese Eiskristallstruktur einzunehmen. So muss die Lösung erst weiter abkühlen, damit die Wasser-Moleküle auskristallisieren können.
Die Beobachtungen deuten an, dass Wasser ein ganz besonderer Stoff ist, der sogar die starken Bindungskräfte in den Ionengittern der Salze überwinden kann. Warum der Stoff Wasser mit seiner einfachen Molekülformel $H_2O$ hierzu in der Lage ist und warum Wasser so viele überraschende Eigenschaften besitzt, wird auf den nächsten Seiten behandelt.

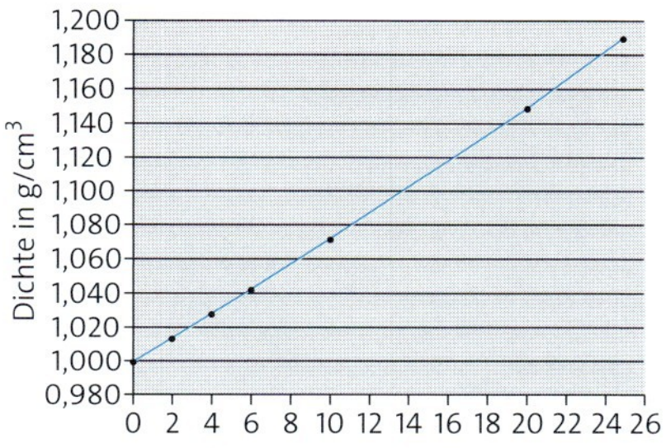


**B5** *Dichten unterschiedlich konzentrierter Kochsalz-Lösungen.* ***A:*** *Plane ein Experiment, mit dem man den dargestellten Kurvenverlauf ermitteln könnte.*

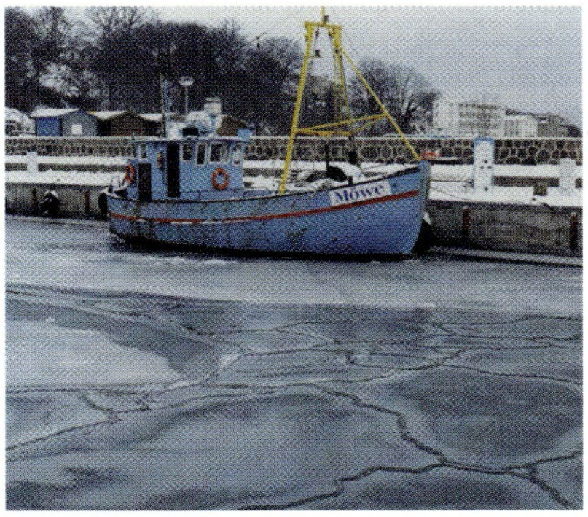


**B6** *Zugefrorene Ostsee.* ***A:*** *Nordsee oder Ostsee – welches Meer friert eher zu?*

### *Aufgabe*

***A1*** Welche Salze könnten in dem Mineralwasser aus B7 enthalten sein? Gib ihre Summenformeln an.

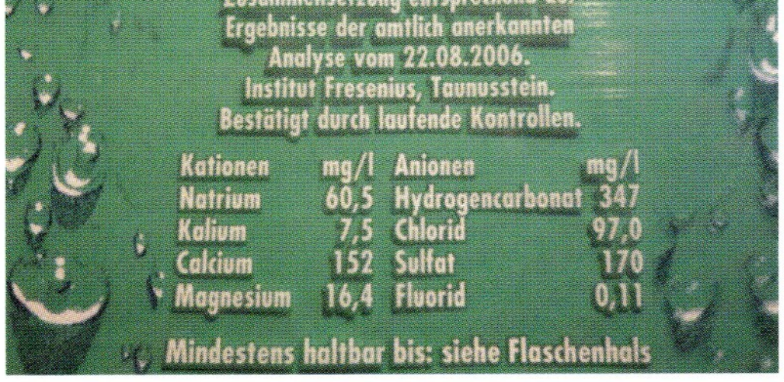


**B7** *Etikett von einer Mineralwasserflasche*

### Fachbegriffe

Wasser-Molekül, hydratisierte Ionen, Hydrathülle, Gefriertemperaturerniedrigung

**B1** *Wasserstoffgas an der Tankstelle, Sauerstoffgas in Mineralwasser und Wasser – diese Stoffe werden durch chemische Formeln abgekürzt wiedergegeben.* **A:** *Welche Informationen kannst du aus den Formeln über den Aufbau von Wasserstoff-, Sauerstoff- und Wasser-Molekülen ablesen?*

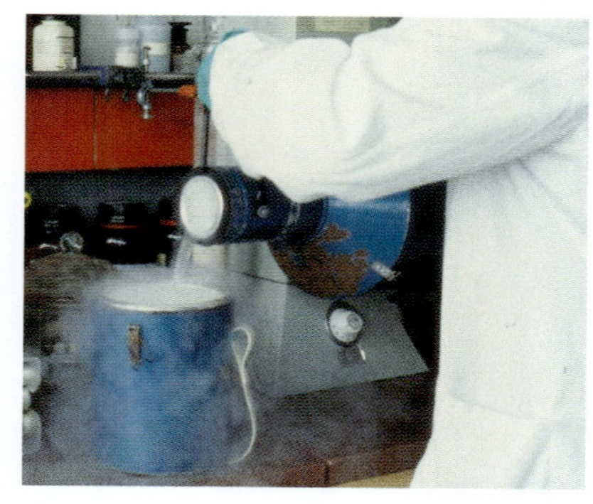

**B2** *Aus flüssiger Luft verdampft Stickstoff* $N_2$ *bei −196 °C und Sauerstoff* $O_2$ *bei −183 °C.* **A:** *Warum kann es sich bei Stickstoff* $N_2$ *und Sauerstoff* $O_2$ *nicht um Ionenverbindungen handeln?*

## Was Atome miteinander verbindet

Es gibt auf unserer Erde etwa 100 Elemente, aber viele Millionen Stoffe. Das ist möglich, weil sich einzelne Atome von Elementen zu Verbindungen zusammenschließen können. Die Moleküle dieser Verbindungen wie Wasserstoff $H_2$, Sauerstoff $O_2$ oder Wasser $H_2O$ (B1) sind dir mit ihren chemischen Formeln bekannt. Bei chemischen Reaktionen können sich die Atome einer Verbindung voneinander trennen und mit anderen Atomen neue Verbindungen bilden. Nach welchen Gesetzmäßigkeiten verbinden sich die Atome in solchen Verbindungen? Wie werden die Atome in den Verbindungen zusammengehalten?

### Versuche

***LV1*** Wasserstoff* wird an einem zur Spitze ausgezogenen Glasrohr mit Stahlwollesicherung in der Glasspitze nach negativem Ausfall der Knallgasprobe entzündet. Die brennende Wasserstoffflamme wird kurz in ein nach unten offenes Becherglas gehalten und beobachtet.

***LV2*** In den Boden einer leeren Konservenbüchse wird ein Loch mit 1 bis 2 mm Durchmesser gebohrt. Die Dose wird mit der Öffnung nach unten auf einen Dreifuß mit Tondreieck gestellt und mit Wasserstoff* gefüllt. Das oben aus dem Loch austretende Wasserstoffgas wird entzündet. Beobachtung?

### Auswertung

a) Welches Verbrennungsprodukt kann man nachweisen?
b) Formuliere die Reaktionsschemata (Wortgleichungen) für LV1 und LV2.
c) Warum kann man in LV2 kein Wasser sehen?

**Modellexperiment mit Knetkugeln**

Die Abbildungen zum Modellexperiment zeigen, was bei LV1 auf Teilchenebene abläuft.

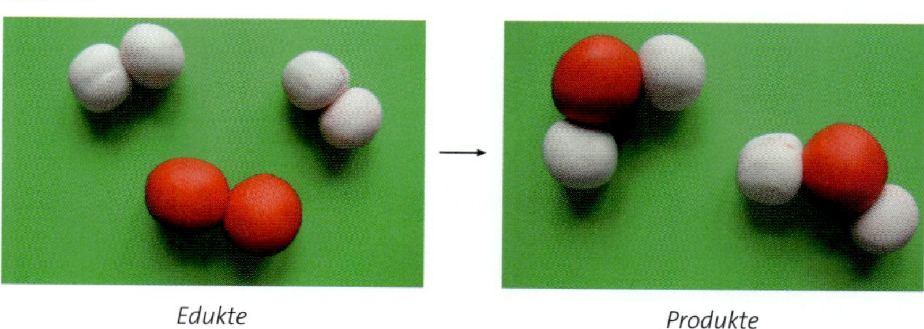


### Aufgaben

**A1** Beschreibe die Vorgänge in LV1 auf Teilchenebene.

**A2** Formuliere die Reaktionsgleichung unter Verwendung der chemischen Formeln der beteiligten Stoffe.

**A3** Wasserstoffgas $H_2$ reagiert mit Stickstoffgas $N_2$ zu Ammoniakgas $NH_3$. Stelle die Reaktion mit Knetkugeln nach und formuliere die Reaktionsgleichung.

## Die Elektronenpaarbindung

In einem Wasserstoff-Molekül $H_2$ sind *zwei* Wasserstoff-Atome miteinander verbunden, was durch die tief gestellte „2" ausgedrückt wird. In einem Wasser-Molekül $H_2O$ sind *zwei* Wasserstoff-Atome und *ein* Sauerstoff-Atom miteinander verbunden. Bei diesen Verbindungen kann es sich nicht um Ionenverbindungen wie bei den Salzen handeln, da sich Salze durch hohe Schmelztemperaturen und einen kristallinen Aufbau auszeichnen. Moleküle bestehen aus fest miteinander verbundenen Atomen. Wie werden die Atome in einem Molekül zusammengehalten?
Die Atome der Edelgase zeichnen sich durch eine voll besetzte Außenschale aus. Sie sind äußerst reaktionsträge und gehen in der Regel keine Verbindungen ein. Das zeigt, dass eine mit Elektronen voll besetzte äußere Schale für Atome besonders stabil ist. Elemente, deren Außenschalen nicht voll besetzt sind, streben dagegen Verbindungen mit anderen Atomen an, mit denen sie gemeinsame Elektronenpaare bilden. So entsteht z.B. ein Wasserstoff-Molekül, wenn die beiden Wasserstoff-Atome sich nähern und sich ihre Atomhüllen durchdringen (B3). Es bildet sich ein **gemeinsames Elektronenpaar** zwischen den Kernen der beiden Wasserstoff-Atome. Jedes Wasserstoff-Atom besitzt jetzt so viele Elektronen wie ein Helium-Atom. Man sagt, dass beide Wasserstoff-Atome jetzt die **Edelgaskonfiguration** haben. Nach dieser **Edelgasregel** können auch andere Atome die Edelgaskonfiguration erreichen, wenn sie mit anderen Atomen gemeinsame Elektronenpaare bilden. Das Ausbilden der Elektronenpaare bewirkt den Zusammenhalt der beteiligten Atome. Diesen Bindungstyp nennt man **Elektronenpaarbindung** oder **Atombindung**. Elektronenpaarbindungen findet man hauptsächlich bei den Atomen der Nichtmetalle. In B4 sind die Moleküle von Chlor $Cl_2$, Sauerstoff $O_2$ und Stickstoff $N_2$ in verschiedenen Schreibweisen dargestellt.
Zum Erreichen der Edelgaskonfiguration sind manchmal mehrere gemeinsame bindende Elektronenpaare notwendig, sodass neben Einfach- auch Doppel- und Dreifachbindungen entstehen können. Die nicht an Bindungen beteiligten Elektronenpaare eines Atoms werden als **nichtbindende** (**freie**) **Elektronenpaare** bezeichnet.
Wie viele Bindungen ein Atom in einem Molekül eingeht, hängt von der Stellung des entsprechenden Elements im Periodensystem ab. Wasserstoff steht in der ersten Hauptgruppe, ein Wasserstoff-Atom besitzt ein Außenelektron. Zum Erreichen der Edelgaskonfiguration benötigt es also noch ein weiteres Elektron. Wasserstoff strebt daher in Molekülen immer nur *eine* Bindung an. Sauerstoff steht im Periodensystem in der 6. Hauptgruppe. Zum Erreichen der Edelgaskonfiguration, die der des Neons entspricht, muss ein Sauerstoff-Atom *zwei* Bindungen eingehen (B6). Dies kann entweder durch eine **Doppelbindung** wie im Sauerstoff-Molekül $O_2$ (B4) oder durch zwei Einfachbindungen wie im Wasser-Molekül $H_2O$ erfolgen (B5).

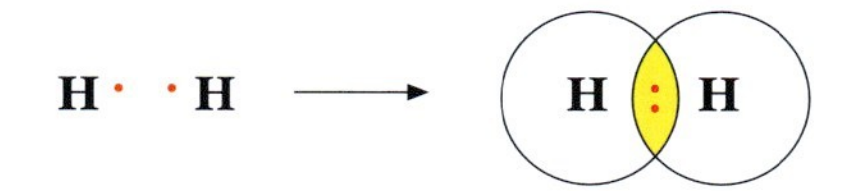


**B3** *In einem Wasserstoff-Molekül $H_2$ gehören die beiden Elektronen jedem der beiden Wasserstoff-Kerne.*

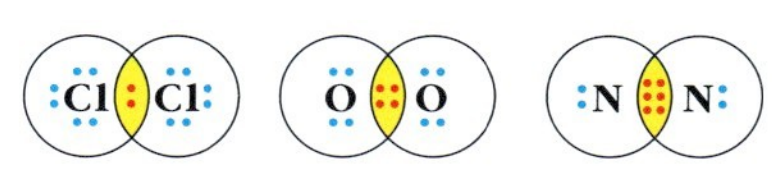

a) Elektronenpunktformeln:

b) Valenzstrichformeln:

**B4** *Chlor-, Sauerstoff- und Stickstoff-Moleküle in verschiedenen Formelschreibweisen.* **A:** *Warum sind manche Elektronenpaare rot, andere blau gekennzeichnet?*

**B5** *Das Wasser-Molekül in der Elektronenpunkt- und in der Valenzstrichformel-Schreibweise*

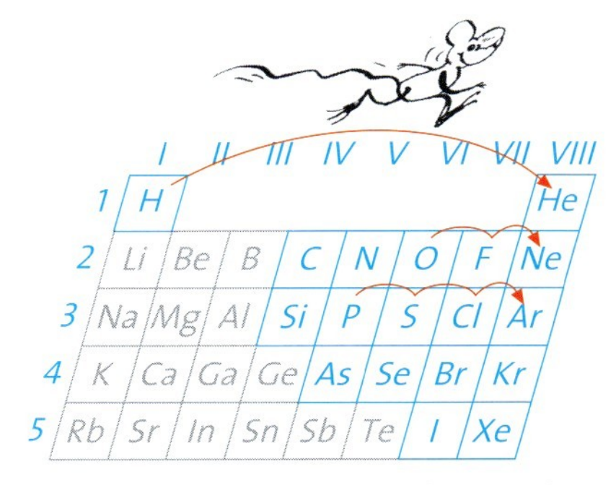


**B6** *Die Anzahl an Bindungen, die ein Nichtmetall-Element eingeht, ergibt sich aus der Stellung im Periodensystem. Vom Wasserstoff „hüpft" die Maus einmal, vom Sauerstoff zweimal und vom Phosphor dreimal bis zum nächsten Edelgas.* **A:** *Wie viele Bindungen müssen Silicium- und Brom-Atome eingehen, um die Edelgaskonfiguration zu erhalten?*

### Aufgaben

**A1** Zeichne die Elektronenpunkt- und Valenzstrichformeln von Chlorwasserstoff $HCl$, Iod $I_2$ und Ammoniak $NH_3$. Kennzeichne bindende und nichtbindende Elektronenpaare farbig.

**A2** Die Molekülformel für ein Kohlenstoffdioxid-Molekül lautet $CO_2$. Zeichne eine Valenzstrichformel.

**A3** Versuche aus den Atomen der Elemente Wasserstoff, Kohlenstoff und Fluor mögliche Moleküle zu zeichnen (Elektronenpunkt- oder Valenzstrichformel).

### Fachbegriffe

Molekül, Edelgaskonfiguration, Elektronenpaarbindung, Einfach-, Doppel-, Dreifachbindung, Elektronenpunktformel, Valenzstrichformel

**B1** *Aus der konzentrierten Salzsäure entweicht das Gas Chlorwasserstoff* $HCl$.
*A: Zeichne die Elektronenpunkt- und die Valenzstrichformel von Chlorwasserstoff.*

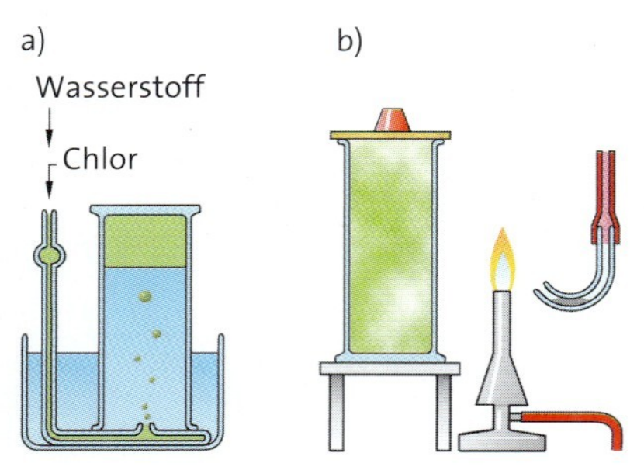


**B2** *Durchführung der Chlorknallgasreaktion nach LV2. (Vgl. Video in Chemie 2000+ Online.)*

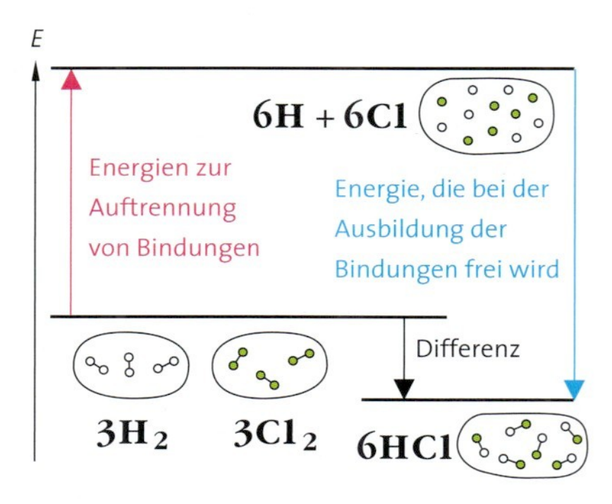


**B3** *Energieschema zur Synthese von Chlorwasserstoff*

## Kräftemessen zwischen den Atomen

In einem Wasserstoff- und in einem Sauerstoff-Molekül sind jeweils zwei gleiche Atome miteinander verbunden. In einem Wasser-Molekül teilt sich dagegen ein Sauerstoff-Atom mit zwei Wasserstoff-Atomen je ein bindendes Elektronenpaar. Hier sind also zwei verschiedene Atome miteinander verbunden. Hat das einen Einfluss auf die Stabilität der Bindung?

### Versuche

**LV1** Eine Flasche mit konzentrierter Salzsäure* wird im Abzug geöffnet. In den austretenden Nebel wird ein Streifen feuchtes Indikatorpapier gehalten. Beobachtung?

**LV2** ***Sicherheitshinweis*: Der Versuch muss im Abzug mit Schutzscheibe durchgeführt werden. Der Raum darf nicht hell erleuchtet sein. Schutzbrille!**
Ein dickwandiger Glaszylinder wird im Abzug in einer pneumatischen Wanne zur Hälfte mit Chlor* und zur Hälfte mit Wasserstoff* gefüllt. (In der pneumatischen Wanne befindet sich konzentrierte Kochsalz-Lösung; überschüssiges Chlor wird zur Entsorgung in Natronlauge* eingeleitet.) Der gefüllte Zylinder wird in der Wanne mit einer Glasplatte zugedeckt und auf ein Labortischchen gestellt (B2).
Nun ersetzt man die Glasplatte durch einen Bierdeckel, indem man den Bierdeckel auf die Glasplatte legt und die Glasplatte unter dem Bierdeckel wegzieht. Dann beschwert man den Bierdeckel mit einem Gummistopfen. Nun bläst man Magnesiumpulver* (Korngröße $d < 0{,}1$ mm) aus einem gebogenen, mit einem durch einen Schlauch verlängerten Rohr, in die Brennerflamme und erzeugt so ein grelles Licht in ca. 5 cm Abstand von der Mitte des Zylinders. Beobachtung?
Nach Ablauf der Reaktion hält man einen angefeuchteten Streifen Indikatorpapier in den Zylinder. Beobachtung?

### Auswertung

a) Welches Gas ist in LV2 nachgewiesen worden?
b) Warum nimmt man zur Erzeugung des Lichtblitzes Magnesiumpulver und nicht Magnesiumband? Warum darf der Versuch nicht in einem hellen Raum durchgeführt werden?
c) Begründe mithilfe von B3, warum die Reaktion bei LV2 exotherm verläuft.

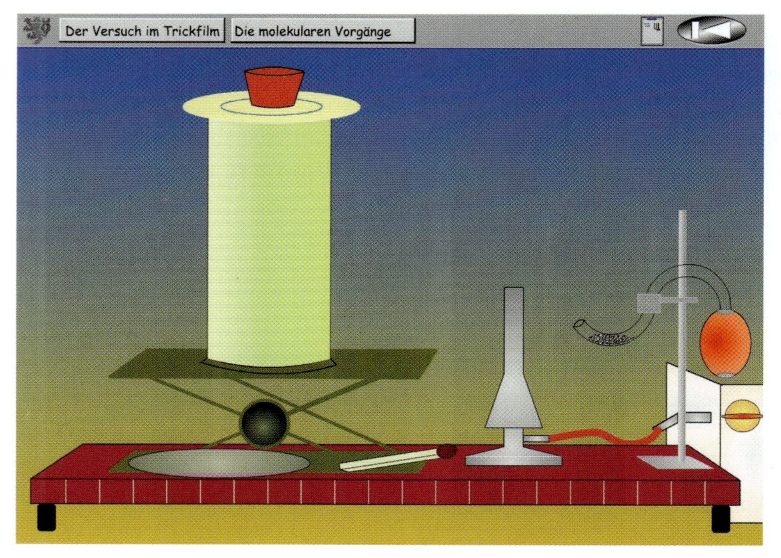


**B4** *Interaktive Animation zur Chlorknallgasreaktion. A: Suche die Animation unter Chemie 2000+ Online und führe den Versuch am Bildschirm durch.*

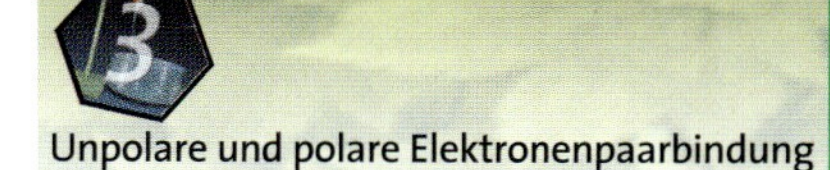



## Polare Elektronenpaarbindung und Elektronegativität

Bei der Chlorknallgasreaktion (LV2) reagieren Wasserstoff und Chlor exotherm zu Chlorwasserstoff. Die Reaktionsgleichung kann man unter Verwendung der Valenzstrichformeln folgendermaßen formulieren:

$$\mathrm{H-H} + |\overline{\underline{\mathrm{Cl}}}-\overline{\underline{\mathrm{Cl}}}| \longrightarrow 2\ \mathrm{H}-\overline{\underline{\mathrm{Cl}}}|\text{; exotherm}$$

In einem Wasserstoff- und in einem Chlor-Molekül sind jeweils gleiche Atome miteinander verbunden. Das bindende Elektronenpaar befindet sich in der Mitte zwischen den beiden Kernen der Bindungspartner. Im Chlorwasserstoff-Molekül sind zwei verschiedene Atomarten miteinander verbunden. Dabei übt der Kern des Chlor-Atoms wegen seiner 17 Protonen eine größere Anziehung auf das bindende Elektronenpaar aus als der Kern des Wasserstoff-Atoms mit einem Proton. Das bindende, negativ geladene Elektronenpaar ist deshalb mehr zum Chlor-Atom hin verlagert. Es entsteht ein negativer Ladungsschwerpunkt auf der Seite des Chlor-Atoms, ein positiver auf der Seite des Wasserstoff-Atoms. Somit liegt im Chlorwasserstoff-Molekül eine **polarisierte** oder **polare Elektronenpaarbindung** vor. Die beiden entgegengesetzten Ladungsschwerpunkte bezeichnet man als **partielle Ladungen** und kennzeichnet sie in der Valenzstrichformel mit den Zeichen $\delta+$ und $\delta-$ (sprich: „delta plus", „delta minus"; B5).
Aufgrund der unsymmetrischen Verteilung der Elektronen im Molekül wirkt das Chlorwasserstoff-Molekül wie ein kleiner elektrischer **Dipol**, der als Ganzes nach außen elektrisch neutral ist.
Die meisten Elektronenpaarbindungen zwischen Atomen verschiedener Elemente sind polar, weil die jeweiligen Atomkerne die Bindungselektronen unterschiedlich stark anziehen.

Die Eigenschaft eines Atoms, innerhalb eines Moleküls bindende Elektronenpaare anzuziehen, bezeichnet man als **Elektronegativität EN**.

Die Elektronegativitäten verschiedener Elemente wurden aus Messergebnissen ermittelt und sind als Vergleichszahlen angegeben (B6).
Die Reaktion von Wasserstoff mit Chlor ist sehr heftig, obwohl die Atome der Edukt-Moleküle bereits die Edelgaskonfiguration besitzen. Bei der Bildung der neuen Elektronenpaarbindungen in den Chlorwasserstoff-Molekülen muss daher mehr Energie frei werden, als notwendig ist, um die Bindungen der Wasserstoff- und Chlor-Moleküle aufzutrennen. Der überschüssige Energiebetrag wird als Reaktionswärme frei. Die bindende Wirkung des gemeinsamen Elektronenpaars wird innerhalb des Moleküls durch die elektrostatische Anziehung zwischen dem partiell positiven und dem partiell negativen Bindungspartner noch verstärkt (B7).

### *Aufgaben*

*A1* Ordne den folgenden Bindungen falls möglich die Symbole $\delta+$ und $\delta-$ zu: **C – O**, **P – Cl**, **O – Cl**, **S – I**. Ordne sie nach steigender Polarität.
*A2* Warum kann man den Edelgasen in B6 keine Elektronegativitätswerte zuordnen?
*A3* Begründe, weshalb die Reaktion von Wasserstoff mit Sauerstoff stark exotherm ist.
*A4* Die Elektronegativität EN wurde vom amerikanischen Chemiker LINUS PAULING (1901 bis 1994) eingeführt. Er erhielt im Jahr 1954 den Nobelpreis für Chemie und im Jahr 1962 den Friedensnobelpreis. Informiere dich im Internet über die Verdienste von LINUS PAULING für den verantwortungsvollen Umgang mit wissenschaftlichen Erkenntnissen.

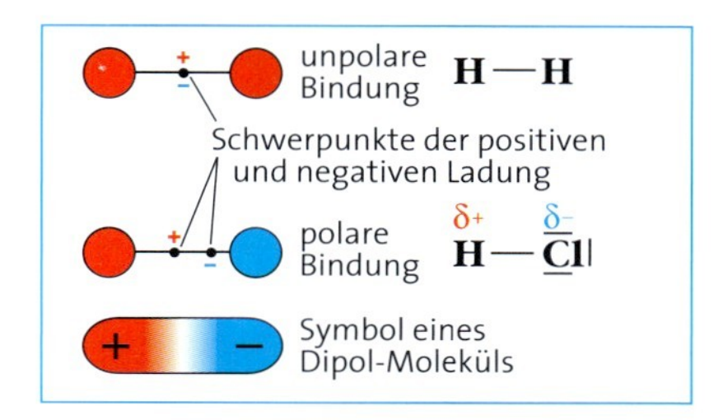


**B5** *Unpolare und polare Elektronenpaarbindung.* **A:** *Warum ist die Elektronenpaarbindung im Wasserstoff-Molekül unpolar?*

| | | | | | | | |
|---|---|---|---|---|---|---|---|
| **H** 2,1 | | | | | | | **He** – |
| **Li** 1,0 | **Be** 1,5 | **B** 2,0 | **C** 2,5 | **N** 3,0 | **O** 3,5 | **F** 4,0 | **Ne** – |
| **Na** 0,9 | **Mg** 1,2 | **Al** 1,5 | **Si** 1,8 | **P** 2,1 | **S** 2,5 | **Cl** 3,0 | **Ar** – |
| **K** 0,8 | **Ca** 1,0 | **Ga** 1,6 | **Ge** 1,8 | **As** 2,0 | **Se** 2,4 | **Br** 2,8 | **Kr** – |
| **Rb** 0,8 | **Sr** 1,0 | **In** 1,7 | **Sn** 1,8 | **Sb** 1,9 | **Te** 2,1 | **I** 2,5 | **Xe** – |
| **Cs** 0,7 | **Ba** 0,9 | **Tl** 1,8 | **Pb** 1,8 | **Bi** 1,9 | **Po** 2,0 | **At** 2,2 | **Rn** – |
| **Fr** 0,7 | **Ra** 0,9 | | | | | | |

**B6** *Elektronegativitätswerte von Elementen.* **A:** *Wie ändert sich die Elektronegativität a) innerhalb einer Periode und b) innerhalb einer Gruppe?*

| Bindung | EN-Differenz | Bindungsenergie[1] |
|---|---|---|
| **H – F** | 1,9 | 564 kJ |
| **H – Cl** | 0,9 | 432 kJ |
| **H – Br** | 0,7 | 362 kJ |
| **H – I** | 0,4 | 292 kJ |

**B7** *Die Bindungsenergien müssen aufgebracht werden, um die Bindungen zwischen Wasserstoff- mit Halogen-Atomen zu spalten.* **A:** *Ordne die Bindungen* **H – N**, **H – O** *und* **H – S** *nach steigender Bindungsenergie. ([1]Hinweis: Bei der Messung wurden jeweils gleich viele Wasserstoff- und Halogen-Moleküle zur Reaktion gebracht.)*

### Fachbegriffe

unpolare und polare Elektronenpaarbindung, Dipol-Molekül, Elektronegativität, partielle Ladung

**B1** *Beim Reisanbau entsteht Methan in großen Mengen. **A:** Suche weitere Beispiele für die Bildung von Methan.*

## Ein Modell-Baukasten für Moleküle

Molekülstrukturen lassen sich durch die Valenzstrichformel z. B. an der Tafel oder im Heft zweidimensional wiedergeben (B2). Mit Molekül-Baukästen kann man auch eine dreidimensionale Vorstellung von der räumlichen Struktur der Moleküle erhalten. Welche Gesetzmäßigkeiten muss man berücksichtigen, wenn man den räumlichen Bau von Molekülen veranschaulichen will? Anhand des Methan-Moleküls $CH_4$ können diese Gesetzmäßigkeiten leicht verstanden werden.

### Versuche

**V1** Halte einen Weithalserlenmeyerkolben mit der Öffnung nach unten über eine Bunsenbrennerflamme. Beobachtung? Decke ihn dann schnell ab, gieße etwas Kalkwasser* hinein, schüttle und beobachte weiter.

**V2** Baue die Versuchsapparatur von B3 auf. Sauge die beim Verbrennen von Erdgas entstehenden Produkte mithilfe einer Wasserstrahlpumpe durch die Apparatur. Teste die Flüssigkeit, die sich im gekühlten U-Rohr sammelt, mit Watesmo-Papier oder weißem Kupfersulfat*. Beobachtung?

### Auswertung

a) Welche Verbrennungsprodukte hast du in V1 und V2 nachgewiesen?

b) Begründe, weshalb die nachgewiesenen Verbrennungsprodukte die Molekülformel $CH_4$ von Methan bestätigen.

**B2** *Valenzstrichformel von Methan an der Tafel. **A:** Zeichne die Valenzstrichformeln von $C_2H_6$ und $C_3H_8$.*

**Molekül-Modelle aus Knete**

Aus Knetkugeln für Wasserstoff-Atome (weiß) und für ein Kohlenstoff-Atom (schwarz) soll ein räumliches Modell eines Methan-Moleküls $CH_4$ gebastelt werden. Streichhölzer dienen als Elektronenpaare (links). Das Bild rechts zeigt einen Vorschlag.

### Aufgaben

**A1** Beurteile die Wahrscheinlichkeit, dass der Vorschlag den wirklichen Bau eines Methan-Moleküls wiedergibt.

**A2** Bastle mögliche Modelle für die Molekülformeln von Ethan $C_2H_6$ und Propan $C_3H_8$.

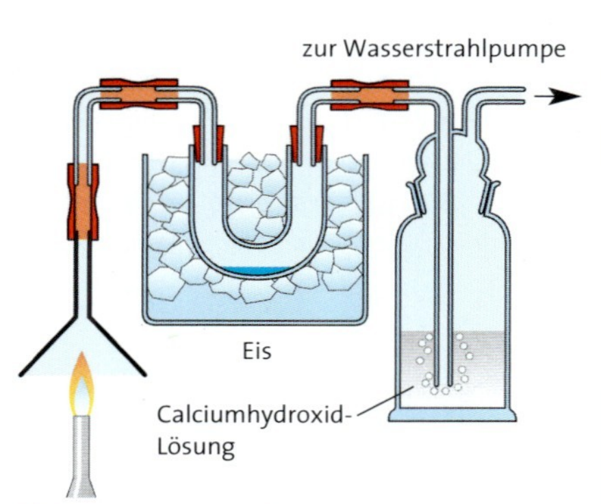


**B3** *Nachweis der Verbrennungsprodukte von Methan*

# Elektronenpaar-Abstoßungs-Modell und räumlicher Bau von Molekülen

Das im Erdgas enthaltene Gas Methan, das man auch Bio- oder Sumpfgas nennt, hat die Molekülformel $\mathbf{CH_4}$. Da es aus den Elementen Kohlenstoff und Wasserstoff aufgebaut ist, gehört es zu der Stoffgruppe der **Kohlenwasserstoffe**. Verbrennt man Methan oder andere Kohlenwasserstoffe, so entstehen die Verbrennungsprodukte Wasser und Kohlenstoffdioxid.

Im Methan-Molekül bildet jedes der 4 Valenzelektronen des Kohlenstoff-Atoms mit dem Elektron eines Wasserstoff-Atoms jeweils eine Elektronenpaarbindung. In B2 ist die Valenzstrichformel des Methan-Moleküls zweidimensional abgebildet, in der der Bindungswinkel zwischen zwei benachbarten Wasserstoff-Atomen 90° beträgt. In einem dreidimensionalen Modell des Methan-Moleküls ist der Bindungswinkel aber größer, er beträgt 109°. Wie ist das zu erklären? Die vier Elektronenpaare um das zentrale Kohlenstoff-Atom besitzen alle dieselbe negative Ladung, da sie jeweils aus zwei Elektronen bestehen. Im Molekül stoßen sich die vier Elektronenpaare daher nach dem sogenannten **Elektronenpaar-Abstoßungs-Modell** soweit wie möglich voneinander ab (B4).

Verbindet man die Wasserstoff-Atome des Methan-Moleküls durch gedachte Linien, so entsteht ein **Tetraeder** aus vier gleichseitigen Dreiecken und einem zentral gelegenen Kohlenstoff-Atom (B5). Den Bindungswinkel von 109° im Methan-Molekül bezeichnet man daher auch als **Tetraederwinkel**.

Aus Kohlenstoff- und Wasserstoff-Atomen lassen sich weitere Kohlenwasserstoff-Moleküle konstruieren. In B7 sind die **Kugelstab-Modelle** eines Ethan-Moleküls $\mathbf{C_2H_6}$, eines Propan-Moleküls $\mathbf{C_3H_8}$ und eines Butan-Moleküls $\mathbf{C_4H_{10}}$ abgebildet, in denen auch der Tetraederwinkel vorliegt.

**B4** *Kugelstab-Modell des Methan-Moleküls entsprechend der Tafelzeichnung (links) und der tatsächlichen räumlichen Struktur.* **A:** *Ermittle für die linke Struktur die Bindungswinkel zwischen allen (!) benachbarten Elektronenpaaren.*

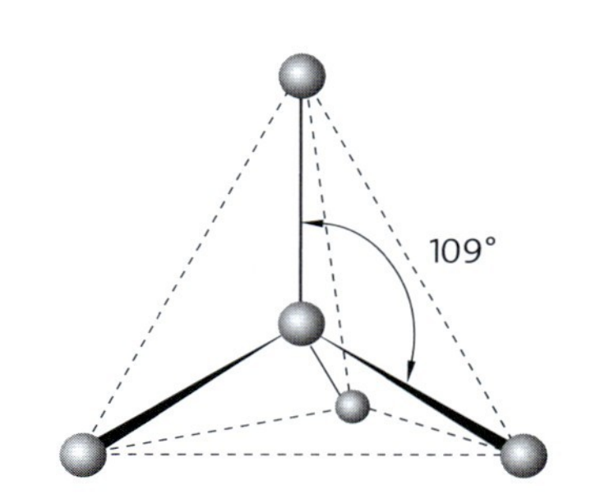


**B5** *Tetraederstruktur des Methan-Moleküls*

**B6** *Vier, durch kurze Gummibänder zusammengehaltene Luftballons ordnen sich im Raum tetraedrisch an. Jeder hat so den größtmöglichen Abstand zu seinem Nachbarn.* **A:** *Versuche, die tetraedrische Anordnung der Luftballons zu verändern. Was fällt dir dabei auf?*

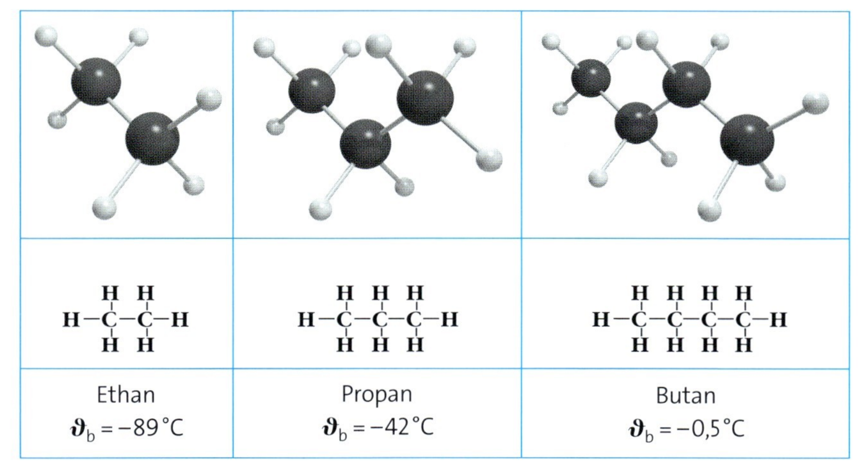

| Ethan | Propan | Butan |
|---|---|---|
| $\vartheta_b = -89\,°C$ | $\vartheta_b = -42\,°C$ | $\vartheta_b = -0{,}5\,°C$ |

**B7** *Kugelstab-Modelle, Valenzstrichformeln und Siedetemperaturen von Ethan, Propan und Butan.* **A:** *Bastle ein anderes Molekül aus vier Kohlenstoff- und zehn Wasserstoff-Atomen und erläutere den Unterschied zum Butan-Molekül.*

**Fachbegriffe**

Kohlenwasserstoffe, Elektronenpaar-Abstoßungs-Modell, Tetraeder, Tetraederwinkel, Kugelstab-Modell

**B1** *Im Sommer erleben wir andere Aggregatzustände des Wassers als im Winter.* **A:** *Vergleiche die Aggregatzustände des Wassers mit denen anderer molekular gebauter Stoffe z. B. mit Sauerstoff, Kohlenstoffdioxid oder Methan. Worauf führst du die Unterschiede zurück?*

**B2** *Meerwasser schmeckt salzig.* **A:** *Wieso kann Wasser viele Salze lösen?*

**B3** *Ein Wasserstrahl wird im elektrischen Feld eines Hartgummistabs abgelenkt (LV1).*

# „Das Prinzip aller Dinge ist das Wasser ..."

Vor über 2500 Jahren bezeichnete THALES das Wasser als „das Prinzip aller Dinge, aus dem alles ist und zu dem alles zurückkehrt." Warum ist gerade Wasser für uns Menschen, die Natur und die Lebewesen so bedeutsam? Welche Eigenschaften von Wasser sind dafür verantwortlich? Wie lassen sich diese Eigenschaften mit der Modellvorstellung von Wasser-Molekülen erklären?

## Versuche

**LV1** In eine Bürette wird destilliertes Wasser gefüllt. Das eine Ende eines Hartgummistabs wird durch Reiben mit einem Wolltuch (oder einem Katzenfell) elektrisch aufgeladen. Der elektrisch aufgeladene Stab wird möglichst nahe an den aus der Bürette fließenden, feinen Wasserstrahl gehalten (B3). Dieser Ablenkungsversuch wird mit einer organischen Flüssigkeit (z. B. Cyclohexan* ) wiederholt.

**V2** Gib jeweils in ein Rggl. ca. 5 mm hoch Portionen folgender Salze: Natriumchlorid $NaCl$, Calciumchlorid* $CaCl_2$, Kaliumnitrat* $KNO_3$, Calciumchlorid-Hexahydrat* $CaCl_2 \cdot 6H_2O$, Kupfersulfat* $CuSO_4$ und Kupfersulfat-Pentahydrat* $CuSO_4 \cdot 5H_2O$. Fülle ein Becherglas mit Wasser und miss die Temperatur. Gib dann der Reihe nach in jedes der Rggl. mit den Salzen bis zu 1/3 seiner Höhe Wasser, führe ein Thermometer ein, rühre vorsichtig und beobachte die Temperaturveränderung während des Lösevorgangs.

## Auswertung

a) Welche Eigenschaft sollten Wasser-Moleküle und die Moleküle der organischen Verbindung aufgrund der Versuchsbeobachtungen in LV1 und der Erklärungen aus B4 haben?

b) Mit welcher dreidimensionalen Struktur eines Wasser-Moleküls lassen sich diese Eigenschaften erklären?

c) Wie könnte man den Lösevorgang von Natriumchlorid in Wasser auf der Ebene der Natrium- und Chlorid-Ionen sowie der Wasser-Moleküle (Teilchenebene) erklären? Entwickle ein Modellschema, wobei du die Informationen aus LV1 berücksichtigst. Vergleiche mit den Schemata, die du in den Online-Ergänzungen findest.

d) Stelle die Ergebnisse aus V2 in einer Tabelle dar. Welche Schlussfolgerungen ergeben sich hieraus für die benötigte und freiwerdende Energie beim Lösevorgang?

Die Dipole in einer Flüssigkeitsportion sind nicht bevorzugt in eine Richtung ausgerichtet. Zwischen ihnen wirken elektrostatische Anziehungskräfte. Auf die Flüssigkeitsportion als Ganzes wirkt nur die Gewichtskraft *G* nach unten.

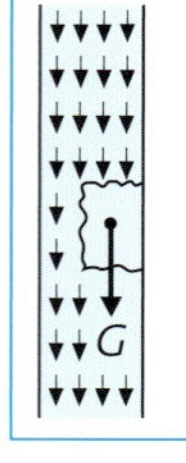


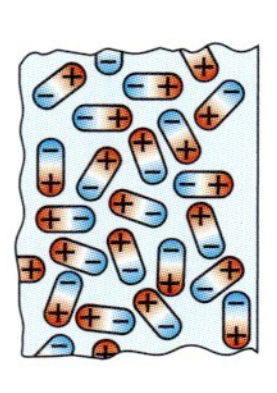

Im elektrischen Feld des Hartgummistabs wirkt auf die Flüssigkeitsportion die Gewichtskraft *G* nach unten und die elektrostatische Anziehungskraft *F* zum Stab hin. Sie kommt zustande, weil sich die Dipol-Moleküle wie angezeigt ausrichten.

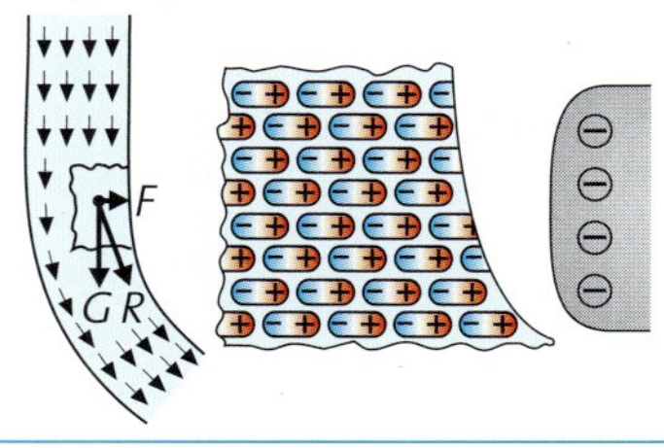

**B4** *Modelle und Erklärungen zur Ablenkung eines Flüssigkeitsstrahls im elektrischen Feld.* **A:** *Erkläre die Ablenkung.*

## Wasser-Moleküle sind gewinkelt

Uns allen ist klar, wie wichtig das Wasser für die Vorgänge auf unserem Planeten ist. Zwar sagen wir heute nicht mehr wie THALES „alles ist aus Wasser", aber wir wissen, dass Wasser überall in unserer Umwelt vorkommt. Würden sich nicht so viele Stoffe in Wasser lösen, hätte Wasser sicher nicht solch eine herausragende Bedeutung. Auch sähe der ganze Planet anders aus, wenn Wasser unter den Temperaturbedingungen auf unserer Erde nicht vorwiegend flüssig oder fest wäre.
Diese und andere Eigenschaften des Wassers beruhen auf der Struktur der Wasser-Moleküle. Eine wichtige Eigenschaft von Wasser zeigt sich bei der Ablenkung eines Wasserstrahls im elektrischen Feld (B3, LV1). Die Erklärung aus B4 zeigt, dass Wasser-Moleküle **Dipole** sind. Wie ist das mit unseren bisherigen Kenntnissen über die Elektronenpaarbindung zu vereinbaren? Für die Valenzstrichformel des Wasser-Moleküls mit eingetragenen Partialladungen gibt es mehrere Möglichkeiten (B5), z. B.

$$\overset{\delta+}{H}-\overset{\delta-}{\underline{\overline{O}}}-\overset{\delta+}{H} \qquad \overset{\delta+}{H}-\overset{\delta-}{\overline{O}}| \text{ mit } \overset{\delta+}{H} \text{ unten am O} \qquad \overset{\delta+}{H}\diagup\overset{\delta-}{\overline{O}}\diagdown\overset{\delta+}{H}$$

In der ersten Formel haben die bindenden Elektronenpaare den größten Abstand zueinander. Wäre aber die erste Formel die richtige, dann dürfte das Wasser-Molekül kein Dipol sein, weil die Teilladungen symmetrisch verteilt sind und sich aufheben. Also *muss* das Wasser-Molekül in irgendeiner Weise gewinkelt sein. Nach dem Elektronenpaar-Abstoßungs-Modell haben *alle* Elektronenpaare am Zentralatom den größtmöglichen Abstand zueinander, daher ergibt sich auch beim Wasser-Molekül mit den zwei bindenden und zwei nichtbindenden (freien) Elektronenpaaren eine tetraedrische Anordnung um das Sauerstoff-Atom. Freie Elektronenpaare üben etwas stärkere Abstoßungskräfte aus als bindende. Daher ist beim Wasser-Molekül der Bindungswinkel zwischen den Atomen Wasserstoff-Sauerstoff-Wasserstoff durch die beiden freien Elektronen am Sauerstoff-Atom etwas „eingedrückt" und beträgt nur 105° (B6).
Die gute Wasserlöslichkeit vieler Salze lässt sich nun mithilfe der Modelle über den Bau von Ionengittern und der Struktur des Wasser-Moleküls erklären. Wird ein Salzkristall in Wasser gebracht, so umlagern die Wasser-Molekül-Dipole zunächst die Gitter-Ionen an den Ecken und Kanten des Salzkristalls. Zwischen den Ionen und den Wasser-Molekülen treten elektrostatische Anziehungskräfte auf. Einzelne Ionen werden aus dem Gitter herausgelöst. Jedes Ion wird sofort von Wasser-Molekül-Dipolen umgeben (B7). Man nennt diesen Vorgang **Hydratation**. Die Hydratation von Ionen ist immer ein exothermer Vorgang, dabei wird **Hydratationsenergie** abgegeben. Der gesamte Lösevorgang kann aber exotherm oder endotherm verlaufen (V2). Ist die Hydratationsenergie größer als die Summe der aufzuwendenden Energien, so wird die Differenz als Lösungswärme frei und die Lösung erwärmt sich (B8). Andernfalls wird dem Wasser beim Lösen Wärme entzogen, die Lösung kühlt während des Lösens ab.

***Aufgabe***

***A1*** Wie kann man sich die dreidimensionale Molekülstruktur von Chlorwasserstoff-Molekülen $HCl$ und Ammoniak-Molekülen $NH_3$ nach dem Elektronenpaar-Abstoßungs-Modell vorstellen?

**Fachbegriffe**

Dipol, Hydratation, Hydratationsenergie

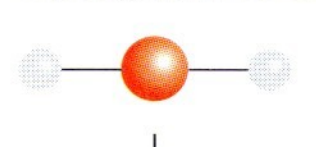

**B5** *Mögliche Kugelstab-Modelle des Wasser-Moleküls.* ***A:*** *Welche Gründe sprechen für Modell I, welche für Modell II?* ***A:*** *Welche Beobachtungen bestätigen, dass Modell II die tatsächliche Molekülstruktur darstellt?*

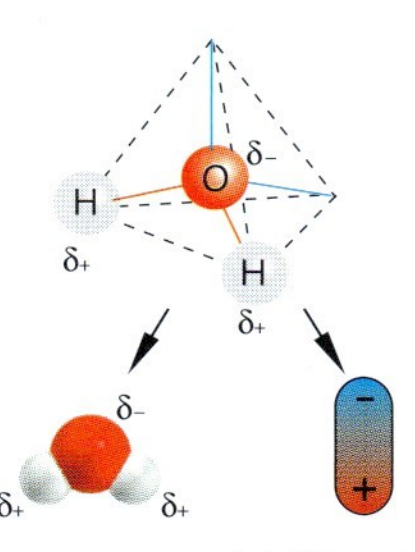


**B6** *Das Wasser-Molekül ist ein Dipol, weil die Elektronenpaarbindungen polar sind und die räumliche Molekülstruktur gewinkelt ist.*

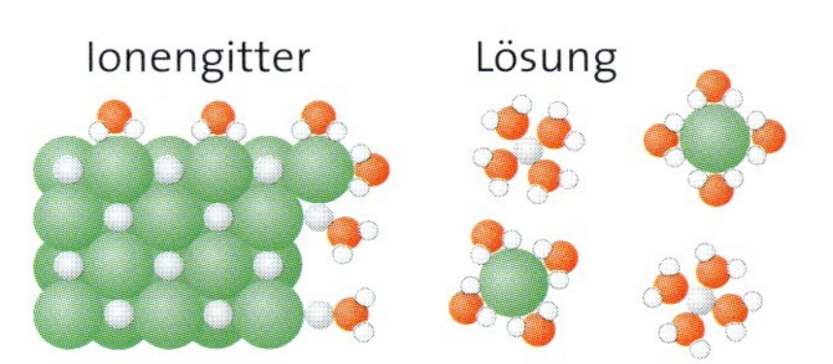


**B7** *Modell zum Lösevorgang von Natriumchlorid.* ***A:*** *Warum sind um die grauen Kugeln hauptsächlich rote Kugeln angeordnet?* ***A:*** *Wofür steht die Schreibweise* $Na^+(aq)$ *und* $Cl^-(aq)$*?*

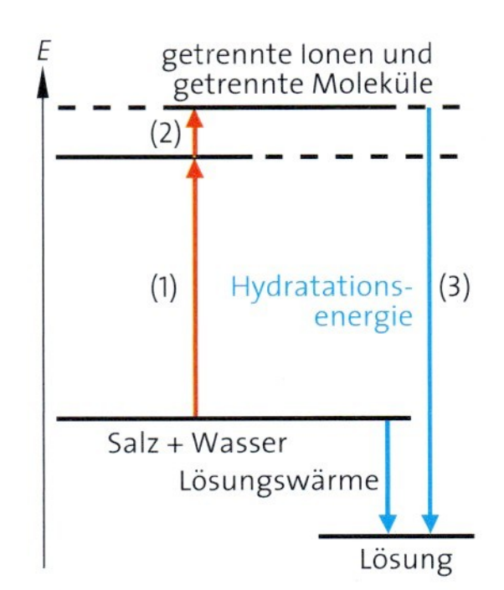


**B8** *Energieschema zu einem exothermen Lösevorgang. Darin bedeutet (1) die Gitterenergie des Salzes und (2) die Energie, die nötig ist, um die Wasser-Moleküle zu trennen.* ***A:*** *Zeichne ein Energieschema zu einem endothermen Lösevorgang.*

## Gewöhnliches Wasser, ein ungewöhnlicher Stoff

Wir kochen unsere Lebensmittel in Wasser. Es siedet bei 100 °C und wir finden nichts Besonderes daran. Erst ein Vergleich mit den Siedetemperaturen der Wasserstoffverbindungen von Elementen, die in der gleichen Gruppe bzw. in der gleichen Periode des Periodensystems wie Sauerstoff stehen, verdeutlicht: Wasser tanzt mit seiner hohen Siedetemperatur aus der Reihe (B1, B2). Auch die Oberflächenspannung und seine Dichte machen Wasser zu einem „ungewöhnlichen" Stoff (B3, B4). Wie erklärt man diese Eigenschaften mit der Struktur des Wasser-Moleküls?

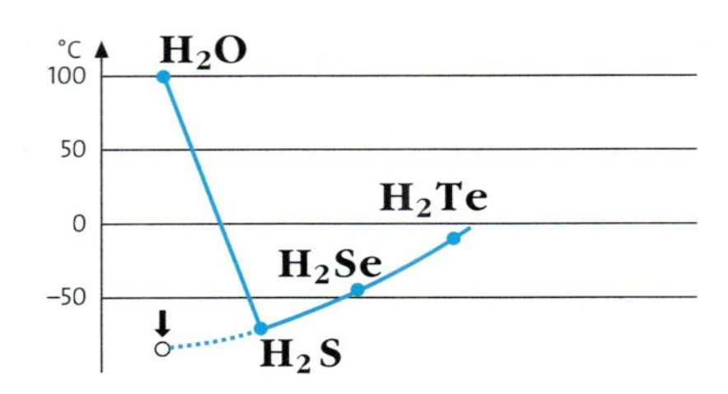


**B1** *Siedetemperaturen von Wasserstoffverbindungen der Elemente aus der 6. Gruppe*

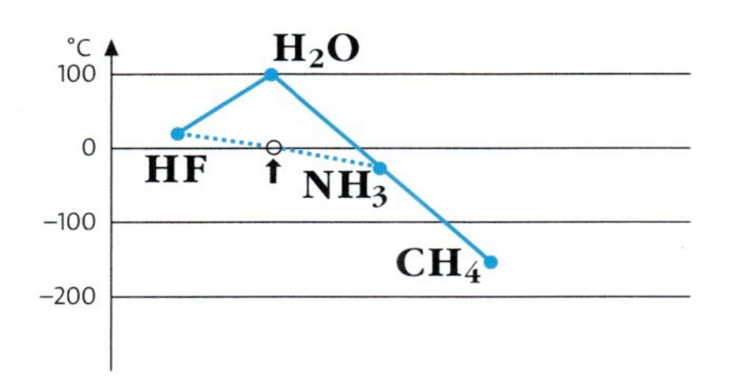


**B2** *Siedetemperaturen von Wasserstoffverbindungen der Elemente aus der 2. Periode*

### *Arbeitsaufträge für ein Gruppenpuzzle*

***Gruppe „Siedetemperatur"***

a) Begründet, warum ausgerechnet die in B1 und B2 angegebenen Verbindungen gewählt wurden, um ihre Siedetemperaturen mit der Siedetemperatur des Wassers zu vergleichen, und erläutert die beiden Diagramme ausführlich.

***Gruppe „Oberflächenspannung"***

b) Erkundet unter *Chemie 2000+ Online* die Flash-Animation zur Oberflächenspannung des Wassers, und erklärt mit den gewonnenen Erkenntnissen die Informationen aus B3 und dem dazugehörigen Text aus *INFO*.

***Gruppe „Dichteanomalie"***

c) Beschreibt, wie sich die Dichte von Stoffen im Allgemeinen beim Erwärmen bzw. beim Abkühlen ändert, und nennt Beispiele. Erläutert, was man unter „Dichteanomalie des Wassers" versteht (B4, *INFO*), und nennt mögliche Folgen für Tiere und Pflanzen für den Fall, dass es diese Dichteanomalie nicht gäbe.

### *INFO*

Tropft man auf ein randvoll mit Wasser gefülltes Glas vorsichtig weiter Wasser, bildet sich ein Flüssigkeitsberg über dem Glasrand. Es scheint so, als hätte die Wasseroberfläche eine dehnbare Haut, die das Innere zusammenhält. Eine Stecknadel, die vorsichtig auf eine Wasseroberfläche gelegt wird, versinkt nicht. Drückt man aber ein Ende durch die Oberfläche hindurch, so sinkt sie durch das entstandene „Loch". Wenn ein Wasserläufer über die Wasseroberfläche läuft, bilden sich zwar Dellen an den Fußenden des Insekts, es versinkt aber nicht (B3). Auch hier verhält sich die Wasseroberfläche wie eine elastische Membran. Die große **Oberflächenspannung** des Wassers bewirkt auch, dass Wassertropfen annähernd Kugelgestalt annehmen (B3).

**B3** *Die Oberflächenspannung bewirkt, dass der Wasserläufer nicht einsinkt und Tropfen nahezu kugelförmig sind.*

Lässt man bei Frost eine mit Wasser gefüllte Flasche draußen stehen, so platzt das Glas. Auch Rohre können platzen, wenn in ihnen das Wasser gefriert. Gestein und Straßenbeläge verwittern bei Frost schneller, weil in die Spalten und Ritzen Wasser eindringt und gefriert. All das ist darauf zurückzuführen, dass Wasser sich beim Gefrieren ausdehnt. Eis hat ein um ca. 10 % größeres Volumen als Wasser. Wasser zeigt die ungewöhnliche Eigenschaft, dass seine Dichte bei 4 °C am größten ist (B4). Dies wird als **Dichteanomalie** bezeichnet (von *anomalos* (griech.) = abweichend). Das bedeutet, dass Eis eine geringere Dichte als Wasser hat. Eis schwimmt auf dem Ozean (B4) und auf zugefrorenen Flüssen und Seen. Ab einer bestimmten Tiefe hat das Wasser eine Temperatur um 4 °C. Pflanzen und Tiere können unter der Eisschicht leben.

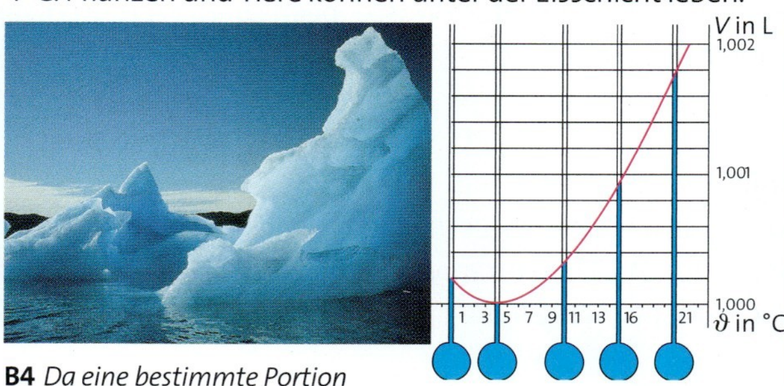


**B4** *Da eine bestimmte Portion Wasser bei 4 °C das geringste Volumen hat, schwimmt Eis auf Wasser.*

## Die Wasserstoffbrückenbindung

Die hohe **Siedetemperatur** (B1, B2), die **Oberflächenspannung** (B3) und die **Dichteanomalie** (B4) unseres Alltagsstoffs Wasser können mithilfe der Struktur des Wasser-Moleküls erklärt werden.

Im Wasser-Molekül sind die beiden Sauerstoff-Wasserstoff-Bindungen stark polar. Dies liegt an der großen Elektronegativitätsdifferenz zwischen Sauerstoff- und Wasserstoff-Atomen. Die Anziehungskräfte zwischen den partiell elektrisch positiv geladenen Wasserstoff-Atomen und den freien Elektronenpaaren der partiell negativ geladenen Sauerstoff-Atome verschiedener Wasser-Moleküle sind daher relativ stark. Man nennt diese zwischenmolekularen Kräfte **Wasserstoffbrückenbindungen** und kennzeichnet sie durch gestrichelte Linien wie folgt:

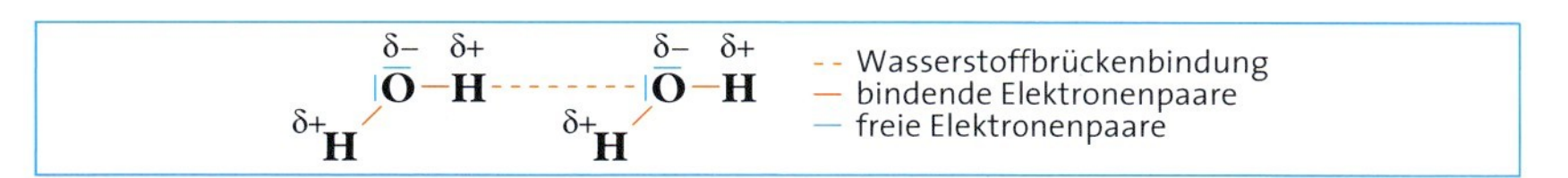


Die Bindungsenergie der Wasserstoffbrückenbindungen beträgt ca. 1/20 der Bindungsenergie einer Elektronenpaarbindung. In flüssigem Wasser werden die Moleküle durch Wasserstoffbrückenbindungen relativ stark zusammengehalten. Dies erklärt, weshalb Wasser eine vergleichsweise hohe Siedetemperatur und eine hohe Oberflächenspannung hat (B1, B2 und Flash-Animationen in *Chemie 2000+ Online*).

Die maximale Anzahl möglicher Wasserstoffbrückenbindungen tritt erst im festen Zustand des Wassers, in den Eis- und Schneekristallen auf (B5). Die Wasser-Moleküle ordnen sich in das Kristallgitter so an, dass von jedem Sauerstoff-Atom tetraedrisch je zwei Elektronenpaarbindungen und zwei Wasserstoffbrückenbindungen ausgehen. Die **Symmetrie** der dabei gebildeten Kristalle ist immer die gleiche: Denkt man sich eine Achse, die senkrecht durch die Kristallmitte geht, so wird der Kristall bei jeder 60°-Drehung um diese Achse in sich selbst überführt. Diese Struktur des Kristallgitters spiegelt sich besonders schön in den Schneekristallen (B6) wider, die auf das Auge den Eindruck eines „aufgelockerten Gebildes mit vielen Verzierungen" machen. THOMAS MANN (1875 bis 1955, 1929 Nobelpreis für Literatur) war begeistert von diesen „Zaubersternchen, wie sie der getreueste Juwelier nicht hätte reicher und minuziöser darstellen können".

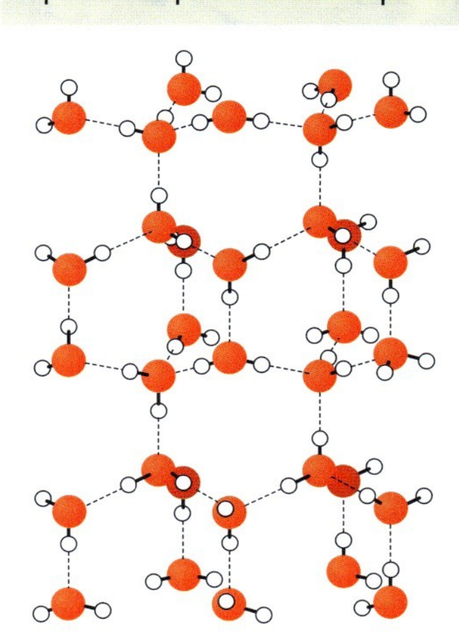

**B5** *Anordnung der Wasser-Moleküle im Eis- und Schneekristall*

**B6** *Kaum ein Schneekristall ist genau wie der andere.*

### *Aufgaben*

***A1*** Erkläre, warum sich bei Wasserstoffbrückenbindungen lineare Verknüpfungen zwischen den Atomen bilden.

***A2*** Es konnten bereits über 2450 verschiedene Arten von Schneekristallen fotografiert werden. Erläutere die Symmetrie der Schneekristalle und begründe, warum alle Schneekristalle die gleiche Symmetrie haben.

***A3*** Wenn Eis schmilzt, werden ca. 30 % der Wasserstoffbrückenbindungen aufgebrochen. Erläutere und begründe mithilfe dieser Angabe die Dichteanomalie des Wassers.

***A4*** Schreibe die Valenzstrichformeln der Verbindungen aus B2 auf und gib begründet an, bei welchen der entsprechenden Moleküle sich Wasserstoffbrückenbindungen ausbilden können.

### Fachbegriffe

Siedetemperatur, Oberflächenspannung, Dichteanomalie, Wasserstoffbrückenbindung, Symmetrie

**B1** *Produkte aus dem Alltag, die Ethanol enthalten.* ***A:*** *Sammle weitere Beispiele.*

**B2** *Wein und Bier sind die ältesten alkoholischen Getränke. Die Herstellung ist wahrscheinlich so alt wie die Menschheit selbst.* ***A:*** *Wie lässt sich das erklären?* ***A:*** *Erkundige dich nach der alkoholischen Gärung, die im Traubensaft ohne menschliches Zutun abläuft und bei der Ethanol entsteht.*

## Wasser und Alkohol – Gegenspieler oder Verwandte?

Nicht nur in Wein und Bier ist Alkohol (Ethanol) enthalten, sondern auch in Hustensaft, Iodtinktur, Kölnisch Wasser, Melissengeist, Parfum, Fensterreinigern oder Filzstiften (B1). Aufgrund welcher Eigenschaften wird Alkohol (Ethanol) in diesen Produkten verwendet?

### Versuche

***V1*** Mische in je einem Rggl. gleiche Volumina (etwa 1 bis 2 mL) a) Ethanol* und Wasser, b) Ethanol und Pentan* und c) Pentan und Wasser.
Gib zu Rggl. c) portionsweise ca. 10 mL Ethanol hinzu.

***V2*** Löse je einen Tropfen Speiseöl, eine Spatelspitze Zucker, ein Plätzchen Natriumhydroxid*, einige Kristalle Iod* in a) Ethanol*, b) Pentan* und c) Wasser.

***V3*** Vermische einige Tropfen Ethanol* mit etwa dem zehnfachen Volumen Kupferoxiddraht*. Verschließe das Rggl. mit einem Stopfen und einem Gasableitungsrohr, das in ein Rggl. mit Kalkwasser* taucht. Erhitze das Reaktionsgemisch kräftig. Gib nach dem Erhitzen zu dem Kondensat in den kälteren Teilen des Rggl. einige Körnchen weißes Kupfersulfat*.

### Auswertung

a) Notiere deine Beobachtungen in V1 und V2 in einer Tabelle.

b) Pentan-Moleküle $C_5H_{12}$ besitzen keinen Dipol, Wasser-Moleküle haben einen Dipol. Was kann man aus V1 und V2 für das Ethanol-Molekül folgern?

c) Erkläre die Beobachtungen von V3. Welche in Ethanol gebundenen Elemente werden in diesem Versuch nachgewiesen? (*Hinweis*: Weißes Kupfersulfat ist ein Nachweismittel für Wasser.) Stelle die Reaktionsgleichung für die Reaktion von Ethanol $C_2H_6O$ mit Kupferoxid $CuO$ auf.

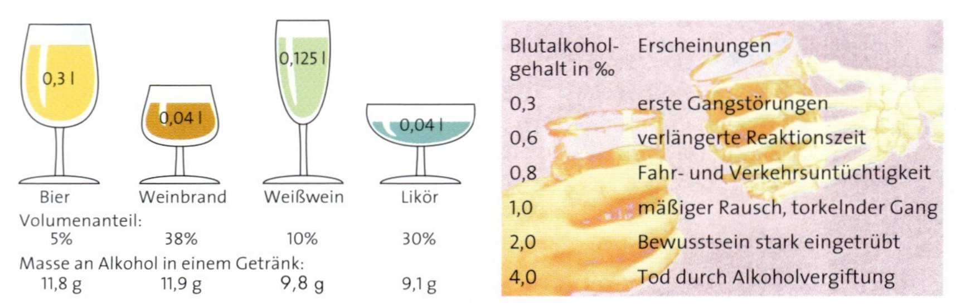


| Blutalkoholgehalt in ‰ | Erscheinungen |
|---|---|
| 0,3 | erste Gangstörungen |
| 0,6 | verlängerte Reaktionszeit |
| 0,8 | Fahr- und Verkehrsuntüchtigkeit |
| 1,0 | mäßiger Rausch, torkelnder Gang |
| 2,0 | Bewusstsein stark eingetrübt |
| 4,0 | Tod durch Alkoholvergiftung |

**B3** *Ethanolanteil alkoholischer Getränke und Wirkungen von Alkohol*

Der Blutalkoholgehalt in Promille (‰) lässt sich näherungsweise aus der aufgenommenen Alkoholmenge nach folgender Faustregel berechnen:

$$\varphi(\text{Blutalkoholgehalt}) = \frac{m(\text{Alkohol})}{m(\text{Person}) \cdot K}$$

*m*(Alkohol) wird in g und *m*(Person) in kg angegeben. *K* ist ein mittlerer Erfahrungswert und beträgt für Männer 0,68 und für Frauen 0,55.

**B4** *Berechnung des Blutalkoholgehaltes.* ***A:*** *Berechne den Blutalkoholgehalt einer männlichen Person von 50 kg nach dem Genuss von einem Glas (0,3 L) Bier.* ***A:*** *Nenne Gründe, die zu Alkoholmissbrauch führen können, und stelle Regeln für einen vernünftigen Umgang mit Alkohol auf.*

## Ethanol: Molekülstruktur und Eigenschaften

Ethanol, im Alltag als *Alkohol*, *Weingeist* oder *Spiritus* bezeichnet, ist nicht nur in alkoholischen Getränken enthalten. Wenn er durch Zusätze ungenießbar gemacht ist, wird er als *Brennspiritus* verwendet. In vielen Produkten dient Ethanol als Lösemittel. Ethanol löst sowohl unpolare, in Wasser wenig lösliche Stoffe wie Öl, Pentan oder Iod als auch polare Stoffe wie Wasser, Zucker oder Natriumhydroxid. Auch als Lösungsvermittler zwischen zwei nicht ineinander löslichen Verbindungen wie Pentan und Wasser wird Ethanol eingesetzt.

Ethanol ist eine Verbindung aus Kohlenstoff, Wasserstoff und Sauerstoff mit der Molekülformel $\mathbf{C_2H_6O}$. Man kann das Ethanol-Molekül formal vom Ethan-Molekül (vgl. S. 163, B7) ableiten, indem ein Wasserstoff-Atom durch eine **Hydroxy-Gruppe** $\mathbf{-OH}$ ersetzt wird. Diese Gruppe ist charakteristisch für viele Verbindungen, die ihren Namen **Alkohole** vom Ethanol, dem bekanntesten Alkohol, erhalten haben.

Die Eigenschaften des Ethanols werden entscheidend von der polaren Hydroxy-Gruppe in den Molekülen geprägt. So ist die relativ hohe Siedetemperatur im Vergleich zu Ethan durch Wasserstoffbrückenbindungen zu erklären, die sich zwischen den Hydroxy-Gruppen der Ethanol-Moleküle bilden (B7). Waserstoffbrückenbindungen bilden sich aber auch zwischen Ethanol- und Wasser-Molekülen aus. Dies erklärt die gute Wasserlöslichkeit von Ethanol: Ethanol ist hydrophil[1].

Auch die unpolare **Ethyl-Gruppe** $\mathbf{-C_2H_5}$ im Ethanol-Molekül beeinflusst die Eigenschaften des Ethanols. Auf ihr beruht die gute Löslichkeit von hydrophoben[2], unpolaren Substanzen wie den Duftstoffen der Parfums oder Öl in Ethanol sowie die Löslichkeit von Ethanol in Pentan: Ethanol ist lipophil[3].

Aufgrund seiner hydrophilen und lipophilen Eigenschaften ist Ethanol ein hervorragendes Lösemittel und immer dann besonders geschätzt, wenn gleichzeitig hydrophile und hydrophobe Stoffe gelöst werden müssen, wie sie z. B. in Arzneimitteln, Tinkturen und Parfums vorkommen.

### Aufgaben

**A1** Welche Beobachtung erwartest du, wenn man den Hartgummistab-Ablenkungsversuch (vgl. S. 164) mit Ethanol durchführt? Stelle eine begründete Vermutung (Hypothese) auf und überprüfe sie im Experiment.

**A2** Beim Fondue wird oft Brennspiritus verbrannt, um die Flüssigkeit zu erhitzen. Erläutere die ablaufende Reaktion mit Reaktionsgleichung.

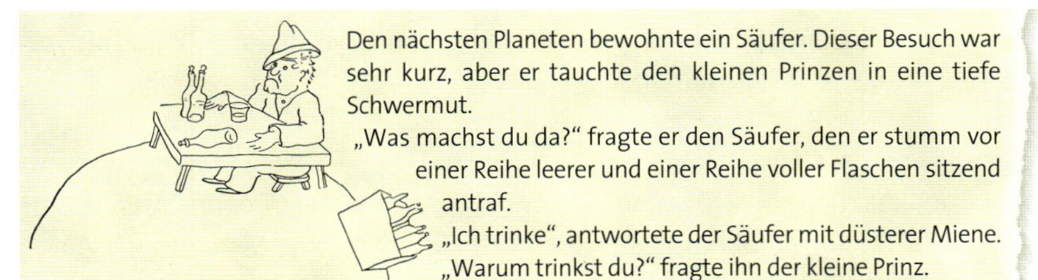

Den nächsten Planeten bewohnte ein Säufer. Dieser Besuch war sehr kurz, aber er tauchte den kleinen Prinzen in eine tiefe Schwermut.
„Was machst du da?" fragte er den Säufer, den er stumm vor einer Reihe leerer und einer Reihe voller Flaschen sitzend antraf.
„Ich trinke", antwortete der Säufer mit düsterer Miene.
„Warum trinkst du?" fragte ihn der kleine Prinz.
„Um zu vergessen", antwortete der Säufer.
„Um was zu vergessen?" erkundigte sich der kleine Prinz, der ihn schon bedauerte.
„Um zu vergessen, dass ich mich schäme", gestand der Säufer und senkte den Kopf.
„Weshalb schämst du dich?" fragte der kleine Prinz, der den Wunsch hatte, ihm zu helfen.
„Weil ich saufe!", endete der Säufer und verschloss sich endgültig in sein Schweigen.
Und der kleine Prinz verschwand bestürzt.

**B8** *aus* Antoine de Saint-Exupéry, *Der kleine Prinz.* **A:** *Beurteile die Antworten des Säufers.*

---

[1] von *hydor* (griech.) = Wasser und von *philos* (griech.) = freundlich;
[2] von *hydor* (griech.) = Wasser und von *phobos* (griech.) = scheu;
[3] von *lipos* (griech.) = Fett und von *philos* (griech.) = freundlich

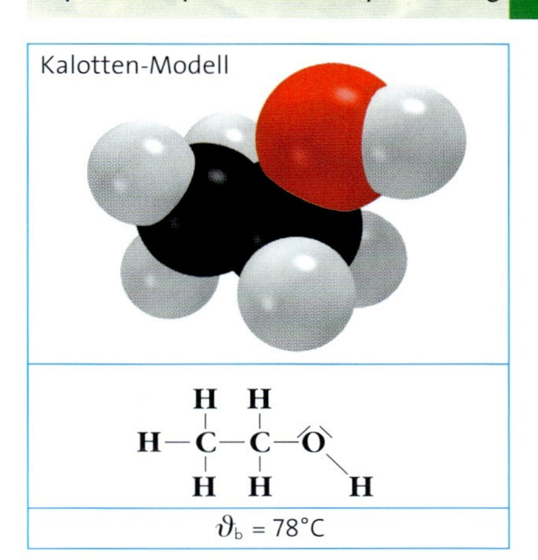


**B5** *Kalotten-Modell, Valenzstrichformel und Siedetemperatur von Ethanol.* **A:** *Baue ein Kugelstab-Modell des Ethanol-Moleküls.*

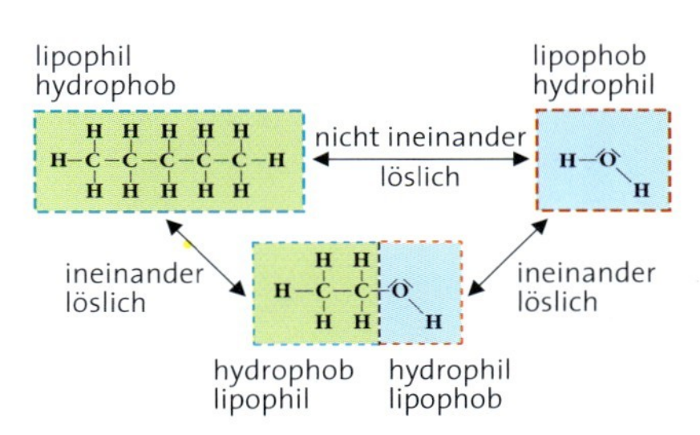


**B6** *Veranschaulichung der Löslichkeit von Ethanol-Molekülen.* **A:** *Beschreibe den Zusammenhang zwischen Farbhinterlegung und Struktur des Moleküls bzw. Molekülteils.*

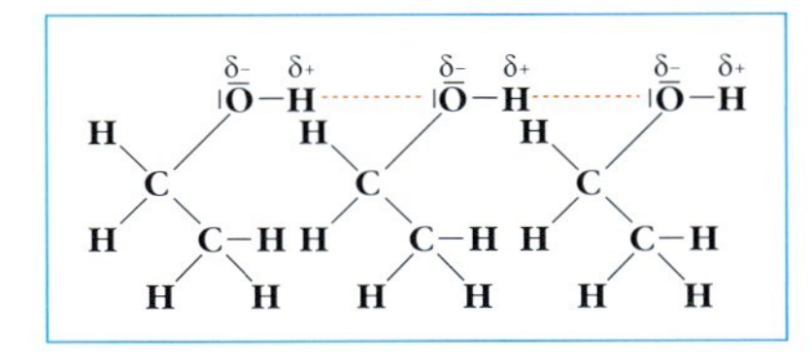


**B7** *Wasserstoffbrückenbindungen (vgl. S. 167) zwischen Ethanol-Molekülen.*
**A:** *Warum bilden sich Wasserstoffbrücken nur zwischen den Hydroxy-Gruppen, aber nicht zwischen den Ethyl-Gruppen aus?*
**A:** *Skizziere Wasserstoffbrückenbindungen zwischen Ethanol- und Wasser-Molekülen.*

### Fachbegriffe

Ethanol, Hydroxy-Gruppe, Ethyl-Gruppe, Alkohole, hydrophil, hydrophob, lipophil, lipophob

## Wasser als Reaktionspartner

Wasser ist nicht nur ein wichtiges Lösemittel, es reagiert auch mit verschiedenen Stoffen.

### *Versuche*

***LV1*** In einem Gasentwickler (B2) tropft man konz. Schwefelsäure* auf Kochsalz. Der entstehende Chlorwasserstoff* wird in einem 2-L-Rundkolben aufgefangen, der nachher mit eine Deckelschraube oder einem Stopfen mit Steigrohr (B1, B4) verschlossen wird. Man hängt den mit Chlorwasserstoff gefüllten Kolben in eine Wanne mit Wasser, das leicht alkalisch und mit Bromthymolblau angefärbt ist und führt den Springbrunnenversuch durch (B1). Zum Starten drückt man mit einem mit Wasser gefüllten Pipettierhütchen einige Tropfen Wasser durch das Steigrohr in den Kolben und zieht dann das Hütchen unter Wasser ab. Die gelbe Lösung wird in V2 und LV3 weiter benötigt.

***V2*** Prüfe die gelbe Lösung aus dem Rundkolben aus LV1 auf elektrische Leitfähigkeit. Prüfe auch verdünnte Salzsäure* auf elektrische Leitfähigkeit.

***LV3*** In ein U-Rohr füllt man die gelbe Lösung aus LV1 und elektrolysiert an Graphit-Elektroden bei einer Spannung von ca. 10 bis 20 V. Die Gase* werden in Rggl. aufgefangen (B3). Mit dem Kathoden-Gas* wird die Knallgasprobe durchgeführt. Der Versuch wird mit verdünnter Salzsäure wiederholt.

***LV4*** Für den Ammoniak-Springbrunnen eignet sich ein 2-L-Rundkolben mit Deckelschraube und Steigrohr (B4). Die Stativklemme wird am Schraubdeckel des Rundkolbens befestigt, das Steigrohr taucht bereits in Wasser, das leicht sauer ist und dem etwas Bromthymolblau-Lösung zugefügt wurde. Ohne die Klemme zu lockern wird der Kolben abgeschraubt und unter dem Abzug mit Ammoniak* gefüllt. Hierzu gießt man ca. 30 mL konzentrierte Ammoniak-Lösung* in den Kolben, erwärmt ihn mit den Handflächen und schwenkt ihn hin und her. Dann gießt man die Lösung ab und schraubt den Kolben sofort auf die Versuchsvorrichtung. Der Start des Springbrunnens erfolgt durch Eindrücken einer Wasserportion aus einem Pipettierhütchen, das anschließend sofort abgezogen wird.

***LV5*** Eine Ammoniak-Lösung wird im U-Rohr mit Platin-Elektroden bei einer Gleichspannung von ca. 10 V elektrolysiert. Das am Pluspol entstehende Gas wird über einen ca. 10 cm langen Schlauch im Rggl. mit der Öffnung nach oben aufgefangen, dann wird die Glimmspanprobe damit durchgeführt. Der Versuch wird mit verdünnter Natronlauge wiederholt.

### *Auswertung*

a) Bei der Reaktion von Schwefelsäure mit Kochsalz entsteht neben Chlorwasserstoff auch Natriumsulfat $\mathbf{Na_2SO_4}$. Formuliere die Reaktionsgleichung.

b) Beschreibe die Beobachtungen beim Chlorwasserstoff-Springbrunnen (LV1) und erkläre, warum ein Springbrunnen entsteht. Was zeigt die gelbe Färbung des Indikators Bromthymolblau an (vgl. S. 70)?

c) Welche Informationen erhält man aus V2 und LV3 über die Flüssigkeit, die bei der Reaktion von Chlorwasserstoffgas mit Wasser entsteht?

d) Welche Informationen kannst du aus LV4 und LV5 über die Flüssigkeit, die bei der Reaktion von Ammoniakgas mit Wasser entstanden ist, erhalten?

**B1** *Chlorwasserstoff-Springbrunnen (LV1)*

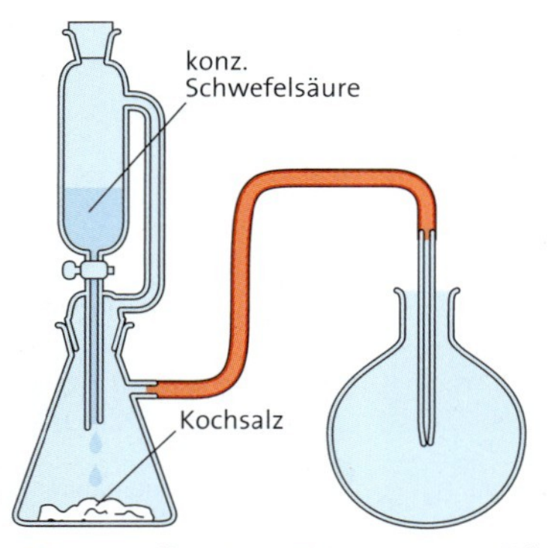


**B2** *Herstellung von Chlorwasserstoff (LV1)*

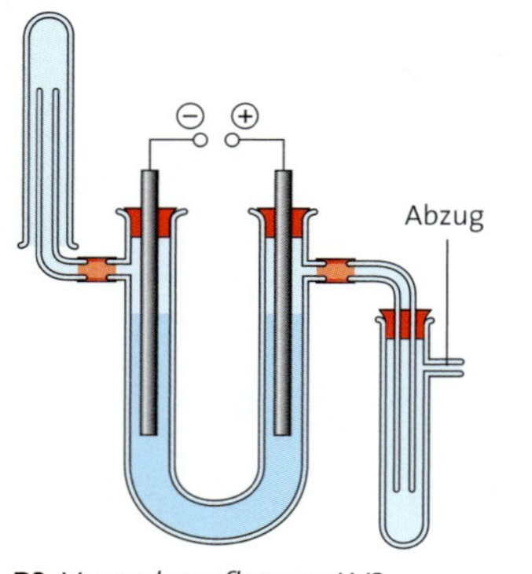


**B3** *Versuchsaufbau zu LV3*

**B4** *Ammoniak-Springbrunnen (LV4).*
**A:** *Wodurch unterscheiden sich Ammoniak- und Chlorwasserstoff-Springbrunnen?*

## Reaktionen von Wasser mit anderen Stoffen

Wasser reagiert mit dem Gas Chlorwasserstoff aus LV1 so heftig, dass bei geeigneter Versuchsanordnung sogar ein „Springbrunnen" entsteht. Die entstehende Flüssigkeit färbt Bromthymolblau gelb und leitet den elektrischen Strom. Bei der Elektrolyse entsteht an der Kathode Wasserstoff (LV3), somit müssen in dieser Flüssigkeit Wasserstoff-Ionen vorliegen. Sie können nur bei der Reaktion von Chlorwasserstoffgas mit Wasser entstanden sein. Vereinfacht kann man diese Reaktion folgendermaßen formulieren:

$$\mathbf{HCl(g)} \xrightarrow{\text{Wasser}} \mathbf{H^+(aq)} + \mathbf{Cl^-(aq)}$$

| Chlorwasserstoff-Molekül | | hydratisiertes Wasserstoff-Ion | | hydratisiertes Chlorid-Ion |
|---|---|---|---|---|

Die in LV1 entstandene Salzsäure enthält danach **hydratisierte Wasserstoff-Ionen** $\mathbf{H^+(aq)}$(hydratisierte Protonen), hydratisierte Chlorid-Ionen und Wasser-Moleküle. Eine genauere Reaktionsgleichung, in der deutlich wird, dass Wasser bei der Reaktion mit Chlorwasserstoff ein Reaktionspartner ist, lautet:

$$\mathbf{HCl(g) + H_2O(l) \longrightarrow H_3O^+(aq) + Cl^-(aq)}$$

Dabei wird jeweils ein Proton $\mathbf{H^+}$ von einem Chlorwasserstoff-Molekül an ein Wasser-Molekül übertragen und es bilden sich **Hydronium-Ionen** $\mathbf{H_3O^+(aq)}$.
Ammoniak ist ein farbloses, stechend riechendes Gas, das aus Ammoniak-Molekülen besteht. Mit Wasser reagiert Ammoniak zu einer alkalischen Lösung (LV4). Bei dieser Reaktion entstehen **Hydroxid-Ionen** $\mathbf{OH^-(aq)}$, da von Wasser-Molekülen jeweils ein Proton $\mathbf{H^+}$ an Ammoniak-Moleküle übertragen wird (B6). Gleichzeitig bilden sich dabei Ammonium-Ionen $\mathbf{NH_4^+(aq)}$:

$$\mathbf{NH_3(g) + H_2O \longrightarrow NH_4^+(aq) + OH^-(aq)}$$

| Ammoniak-Molekül | Wasser-Molekül | hydratisiertes Ammonium-Ion | hydratisiertes Hydroxid-Ion |
|---|---|---|---|

Elektrolysiert man eine Ammoniak-Lösung (LV5), reagieren an der Anode die Hydroxid-Ionen zu Sauerstoff-Molekülen, ebenso wie bei der Elektrolyse von Natronlauge.

### *Aufgaben*

*A1* Calciumoxid reagiert mit Wasser zu einer *alkalischen* Lösung aus Calciumhydroxid:
$\mathbf{CaO(s) + H_2O(l) \longrightarrow Ca(OH)_2(aq)}$
Im gelösten Calciumhydroxid liegen hydratisierte Calcium-Ionen und hydratisierte Hydroxid-Ionen vor. Schreibe die Formeln dieser Ionen auf. Nenne einen Nachweisversuch für die Hydroxid-Ionen.

*A2* Schüttelt man in einem Standzylinder gasförmiges Schwefeldioxid und Wasser, so erhält man eine *saure* Lösung, die den Indikator Bromthymolblau-Lösung gelb färbt. Das kann durch folgende Reaktionsgleichungen erklärt werden:
$\mathbf{SO_2(g) + H_2O(l) \longrightarrow H_2SO_3(aq)}$ und
$\mathbf{H_2SO_3(aq) \longrightarrow HSO_3^-(aq) + H^+(aq)}$.
Mineralwasser enthält gelöstes Kohlenstoffdioxid und reagiert ebenfalls sauer, weil sich darin in analoger Weise Ionen bilden. Formuliere die entsprechenden Reaktionsgleichungen.

*A3* Entwickle aus A1 und A2 eine allgemeine Regel für die Reaktion von Wasser mit Metalloxiden und Nichtmetalloxiden.

HCl
Chlorwasserstoff-Moleküle,
$H_2O$
Wasser-Moleküle ...
$Cl^-$
$+H^+$
... und Salzsäure in Modellen

**B5** *Chlorwasserstoff, Wasser und Salzsäure im Modell. **A:** Erkläre die unterschiedliche Anordnung der Wasser-Moleküle bei den hydratisierten Wasserstoff- und Chlorid-Ionen. **A:** Erkläre, warum man hydratisierte Wasserstoff-Ionen auch hydratisierte Protonen nennt.*

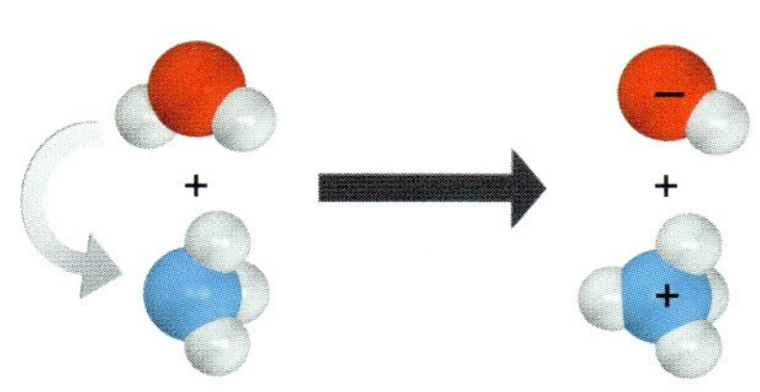


**B6** *Ein Ammoniak-Molekül reagiert mit einem Wasser-Molekül. **A:** Wie kann man experimentell feststellen, dass die Produkte Ionen und keine neutralen Moleküle sind?*

**B7** *Wasser reagiert mit Natrium (vgl. LV1, S. 106). **A:** Gib a) die entstehenden Stoffe und b) die vorliegenden Ionen an. **A:** Formuliere die Reaktionsgleichung.*

### Fachbegriffe

hydratisierte Wasserstoff-Ionen $\mathbf{H^+(aq)}$, Hydronium-Ionen $\mathbf{H_3O^+(aq)}$, Hydroxid-Ionen $\mathbf{OH^-(aq)}$

*A1* Gib die Valenzstrichformeln für folgende Verbindungen an:
a) Bromwasserstoff **HBr**,
b) Kohlenstofftetrachlorid $CCl_4$ und
c) Schwefelwasserstoff $H_2S$.
Trage auch die partiellen Ladungen $\delta+$ und $\delta-$ ein.

*A2* Ermittle mithilfe des Elektronenpaar-Abstoßungs-Modells die räumliche Struktur der Verbindungen aus A1. Begründe, weshalb Bromwasserstoff- und Schwefelwasserstoff-Moleküle Dipol-Moleküle sind, Kohlenstofftetrachlorid-Moleküle aber nicht.

*A3* Bastle ein Tetraeder-Modell aus Papier wie in B1. Die Bastelvorlage kannst du unter *Chemie 2000+ Online* herunterladen.
Was könnten die Zahlen auf dem Papier bedeuten?

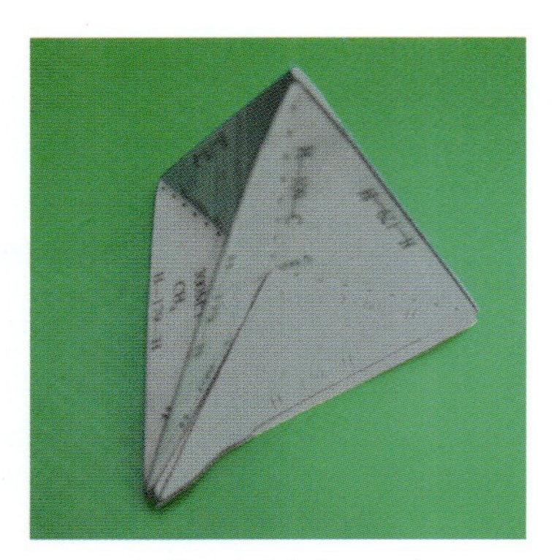

**B1** *Tetraeder-Modell des Methan-Moleküls* $CH_4$*, selbst gebastelt*

*A4* Erstelle ein Energieschema für die Synthese von Wasser aus den Elementen Wasserstoff und Sauerstoff wie in B3 auf S. 160.

*A5* Begründe, weshalb Fluor eine größere Elektronegativität als Sauerstoff hat und Schwefel eine kleinere.

*A6* Das Element Chlor kann atomar (Symbol: **Cl**), molekular ($Cl_2$) oder ionisch ($Cl^-$) vorkommen. Ordne die drei Teilchenarten nach steigendem Reaktionsvermögen und begründe deine Antwort.

*A7* Zeichne die Valenzstrichformeln von Verbindungen mit drei Kohlenstoff-Atomen und beliebig vielen Wasserstoff-Atomen. Berücksichtige dabei auch, dass es Doppel- und Dreifachbindungen geben kann.

*A8* Ozon besitzt die Molekülformel $O_3$. Zeichne eine mögliche Valenzstrichformel für ein Ozon-Molekül und begründe, weshalb Ozon-Moleküle im Gegensatz zu Sauerstoff-Molekülen $O_2$ instabiler und somit reaktionsfreudiger sind.

*A9* Beim Kochen von Nudeln wird zunächst etwas Kochsalz ins Wasser gegeben. Zeichne den Lösevorgang als Bildfolge und formuliere einen passenden Kommentar dazu. Vergleiche anschließend in der Gruppe und mit der online-Darstellung unter *Chemie 2000+ Online*.

*A10* Manche Leute legen gerne eine Flasche Bier ins Gefrierfach, um den Inhalt schnell abzukühlen. Dabei hat es allerdings schon viele Unfälle gegeben: Die Flasche lag zu lange im Gefrierfach und platzte.
Erkläre das Platzen mithilfe der Struktur von Wasser-Molekülen. Welche Alternativen zum schnellen Abkühlen von Bierflaschen würdest du empfehlen?

*A11* Im Mikrowellenherd wird ein elektrisches Feld erzeugt, das dauernd und sehr schnell seine Polung umkehrt. Warum können dadurch wasserhaltige Speisen schnell gegart werden?

**B2** *Verschiedene Parfums*

*A12* Bei Damenparfum gibt es verschiedene Produkte mit den Bezeichnungen: Parfum, Eau de Parfum, Eau de Toilette und Eau de Cologne. Sie unterscheiden sich im Duftstoff- und Ethanolanteil (B3). Warum löst man die Duftstoffe nicht in reinem Wasser oder immer in reinem Alkohol? Warum ist der Alkoholanteil nicht überall gleich? Welche Schlüsse kannst du nun für den Bau und die Eigenschaften von Duftstoff-Molekülen ziehen?

| Damenparfum | Duftstoffanteil in % | Ethanolanteil in % |
|---|---|---|
| Parfum | 15 bis 20 | 80 bis 85 |
| Eau de Parfum | 8 bis 15 | 75 bis 85 |
| Eau de Toilette | 8 bis 12 | 73 bis 80 |
| Eau de Cologne | 4 bis 8 | 70 bis 75 |

**B3** *Zusammensetzung von Duftwässern*

*A13* In Gesichtswässern zur Bekämpfung von Pickeln und Mitessern sind Alkohole mit folgenden Molekülformeln enthalten: $C_3H_8O$, $C_3H_8O_2$ und $C_3H_8O_3$. Gib für alle mögliche Strukturformeln an. Welchen Vorteil haben diese Alkohole gegenüber Wasser als Lösemittel?

*A14* In Brasilien gewinnt man über die alkoholische Gärung aus Zuckerrohr Ethanol, das als Treibstoff eingesetzt wird. Worin besteht der Vorteil von Treibstoffen aus nachwachsenden Rohstoffen gegenüber Benzin, das aus Erdöl gewonnen wird? Stelle die Reaktionsgleichung für die Verbrennung von Ethanol auf.

## Unpolare und polare Elektronenpaarbindung

### *Die Elektronenpaarbindung*

In Molekülen werden die Atome durch **Elektronenpaarbindungen** zusammengehalten. Die miteinander verbundenen Atome bilden dabei gemeinsame, **bindende Elektronenpaare** aus. Jedes Atom im Molekül besitzt die **Edelgaskonfiguration**, d. h. es verfügt mit seinen bindenden und nichtbindenden Elektronenpaaren über so viele Außenelektronen wie das im Periodensystem nächstgelegene Edelgas besitzt. Je nach Anzahl der bindenden Elektronenpaare unterscheidet man **Einfach-**, **Doppel-** oder **Dreifachbindungen**. Sind zwei verschiedene Atome miteinander verbunden, befindet sich das bindende Elektronenpaar nicht genau zwischen den beiden Atomkernen, sondern wird vom Partner mit der größeren **Elektronegativität** EN stärker angezogen. Es liegt eine **polarisierte Elektronenpaarbindung** vor. Die beiden Bindungspartner erhalten dadurch eine **partielle Ladung** ($\delta+$ bzw. $\delta-$).

### *Der räumliche Bau der Moleküle*

Die bindenden und nichtbindenden Elektronenpaare eines Atoms in einem Molekül stoßen sich aufgrund ihrer gleichen Ladungen gegenseitig möglichst weit voneinander ab. In einem Kohlenstoff-Atom mit seinen vier bindenden Elektronenpaaren führt diese **Elektronenpaarabstoßung** zu einem Molekül, in dem die vier Bindungspartner des Kohlenstoff-Atoms in die Ecken eines **Tetraeders** ragen. Alle vier **Bindungswinkel** betragen 109°. Der räumliche Bau der Moleküle lässt sich durch ein Raummodell wie z. B. durch das **Kugelstab-Modell** veranschaulichen.

### *Wasser-Moleküle*

Ein Wasser-Molekül besitzt zwei bindende und zwei nichtbindende Elektronenpaare, die eine tetraedrische Anordnung um das Sauerstoff-Atom einnehmen. Die freien Elektronenpaare üben etwas stärkere Abstoßungskräfte aus als die bindenden. Dadurch ist beim Wasser-Molekül der Bindungswinkel zwischen den Atomen Wasserstoff-Sauerstoff-Wasserstoff durch die beiden freien Elektronenpaare am Sauerstoff-Atom etwas „eingedrückt" und beträgt nur 105°. Die **Ladungsschwerpunkte** der positiven und negativen Partialladungen sind daher nicht mehr an gleicher Stelle, es liegt ein **Dipol** vor. Damit lässt sich die Ablenkung eines Wasserstrahls im elektrischen Feld erklären.

### *Wasser als Lösemittel*

In einem Wasser-Molekül sind die beiden Sauerstoff-Wasserstoff-Bindungen stark polar (große EN-Differenz). Daher sind auch die Anziehungskräfte zwischen den partiell elektrisch positiv geladenen Wasserstoff-Atomen und den partiell negativ geladenen Sauerstoff-Atomen *verschiedener* Wasser-Moleküle relativ stark. Man nennt diese Anziehungskräfte **Wasserstoffbrückenbindungen**. In Ethanol-Molekülen sind die Sauerstoff-Wasserstoff-Bindungen der Hydroxy-Gruppe ebenfalls stark polar. Daher können die Ethanol-Moleküle mit Wasser-Molekülen ebenfalls **Wasserstoffbrückenbindungen** ausbilden. Damit lässt sich die gute Löslichkeit von Ethanol in Wasser wie z. B. bei Wein und Bier erklären.
Wird ein Salzkristall in Wasser gebracht, so umlagern die Wasser-Molekül-Dipole die Gitter-Ionen des Salzkristalls. Zwischen den Ionen und den Wasser-Molekülen treten elektrostatische Anziehungskräfte auf. Die einzelnen Ionen werden aus dem Gitter herausgelöst und von Wasser-Molekül-Dipolen umgeben. Man nennt diesen Vorgang **Hydratation**, bei der **Hydratationsenergie** abgegeben wird. Der gesamte Lösevorgang kann aber exotherm oder endotherm verlaufen.

# Reinigungsmittel, Säuren und Laugen im Alltag

Säuren sind ein ganz selbstverständlicher Bestandteil unseres Alltags. Wir nutzen sie in Reinigungsmitteln für Küche und Bad, nehmen sie mit Lebensmitteln wie Früchten, Essig oder Limonade und anderen kohlensäurehaltigen Getränken zu uns. Auch in technischen Geräten wie der Autobatterie sind Säuren enthalten.

In diesem Kapitel werden wir Genaueres über die Gemeinsamkeiten und Unterschiede der verschiedenen Säuren wie Schwefelsäure, Salzsäure, Essigsäure und Citronensäure erfahren.

Rohrreiniger oder Salmiakreiniger bilden mit Wasser Laugen. Die Gemeinsamkeiten von Laugen oder alkalischen Lösungen wie Natronlauge und die Zusammenhänge zwischen sauren und alkalischen Lösungen sind weitere Themen dieses Kapitels.

Dabei werden wir erfahren, was eine Neutralisation ist.

Wie bestimmt man die Konzentration einer sauren Lösung genau, ist die nächste Frage, bei deren Beantwortung wir eine neue wichtige Größe, die „Stoffmenge", benötigen.

In diesem Kapitel stehen die **Basiskonzepte** *Struktur und Materie* und *Chemische Reaktion* im Vordergrund. Mit ihnen lässt sich die Vielfalt von Säuren und Laugen auf der Teilchenebene ordnen und systematisieren. Wir gehen folgenden Fragen nach:

1. So unterschiedlich Vorkommen und Verwendung von Säuren auch sind, Säuren zeichnen sich durch Gemeinsamkeiten aus. Wir wissen schon, dass saure Lösungen charakteristische Färbungen von Indikatoren hervorrufen und daher durch diese nachgewiesen werden können. Welche sind die charakteristischen Gemeinsamkeiten von Säuren und sauren Lösungen?

2. Welche Gemeinsamkeiten besitzen unterschiedliche Laugen oder alkalische Lösungen?

3. Konzentrierte Säuren und Laugen sind ätzend. Welche Zusammenhänge bestehen zwischen sauren und alkalischen Lösungen und was geschieht, wenn man sie mischt?

4. Den Begriff „*p*H-Wert" und den Slogan „*p*H-neutral" aus der Werbung für Cremes und Duschgel hat jeder schon einmal gehört. Was versteht man unter *p*H-Wert und was gibt er an?

5. Saure Lösungen können unterschiedlich stark sauer sein. Wir lernen Verfahren kennen, wie man die Konzentrationen experimentell bestimmen kann und die Messergebnisse auswertet.

6. Die Verwendung von Säuren und Laugen ist sehr vielfältig. Wir werden Einblicke in die unterschiedlichen Anwendungsbereiche erhalten.

7. Wir erfahren Genaueres über die Entstehung und Auswirkungen des „sauren Regens" und was man dagegen tun kann.

# Säuren in Alltag und Beruf

Säuren kommen in Lebensmitteln vor, wir nutzen sie in Haushaltsreinigern, in technischen Geräten wie der Autobatterie und in der Industrie. Es gibt viele sehr unterschiedliche Säuren, aber was haben sie gemeinsam?

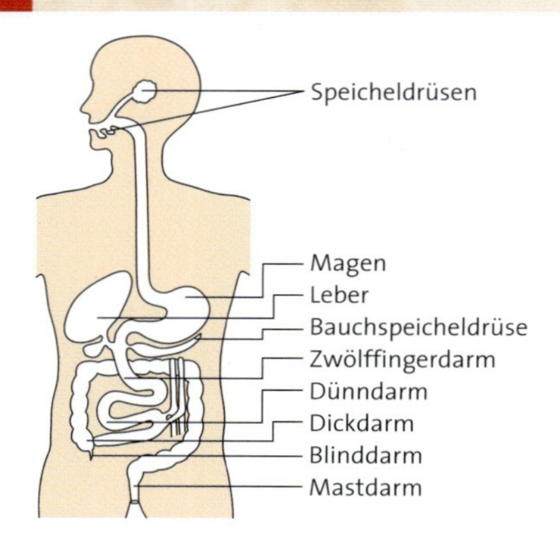


**B1** *Salzsäure $HCl(aq)$ wird in der Magenschleimhaut als Magensäure produziert.* ***A:*** *Informiere dich über die Aufgaben der Salzsäure im Magen.*

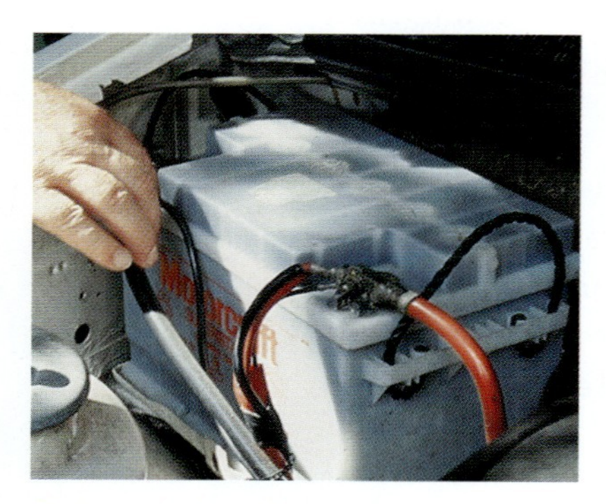

**B2** *Schwefelsäure $H_2SO_4(aq)$ ist eine der wichtigsten Säuren in der chemischen Industrie.* ***A:*** *Informiere dich über die Verwendung von Schwefelsäure.*

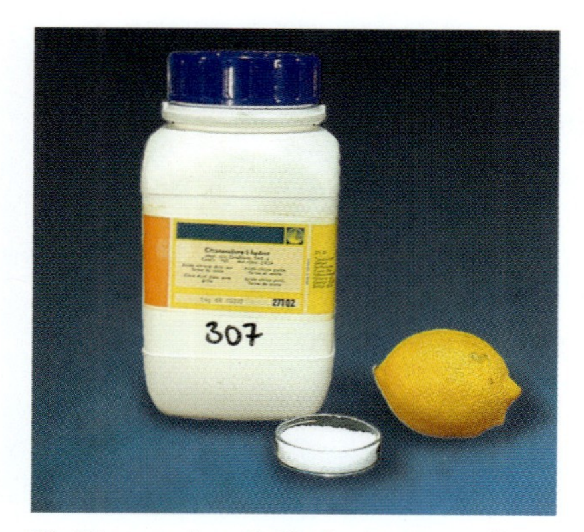

**B3** *Citronensäure $C_6H_8O_7$ ist ein weißer Feststoff und eine verbreitete Fruchtsäure, die z.B. in Zitronen und Orangen vorkommt.* ***A:*** *Recherchiere nach weiteren Säuren, die in Lebensmitteln enthalten sind.*

## Versuche

***V1*** Versetze im Rggl. jeweils 5 mL verd. a) Salzsäure*, b) Schwefelsäure-Lösung*, c) Citronensäure-Lösung* und d) Milchsäure-Lösung* mit einigen Tropfen Bromthymolblau-Lösung.

***V2*** Prüfe die in V1 eingesetzten Lösungen auf elektrische Leitfähigkeit.

***V3*** Baue einen einfachen Gasentwickler aus einem großen Rggl. mit Seitenröhrchen, Gummistopfen und einem nach oben gebogenen Winkelrohr. Stülpe über das Winkelrohr ein kleines Rggl. Gib in das große Rggl. zwei Spatelspitzen (ca. 0,5 g) Magnesiumpulver*, gieße zügig jeweils ca. 20 mL Säurelösungen* aus V1 hinzu und verschließe schnell mit dem Stopfen. Führe nach Abklingen der Reaktion mit dem Gas im kleinen Rggl. die Knallgasprobe durch. Vergleiche die Beobachtungen.

***LV4*** Es wird eine Apparatur wie in B4 zusammengebaut. In das U-Rohr wird verd. Salzsäure* gefüllt und anschließend elektrolysiert. Mit dem Gas, das man an der Kathode auffängt, wird die Knallgasprobe durchgeführt.

***LV5*** Zur Herstellung von Chlorwasserstoffgas* wird eine Apparatur wie in B5 aufgebaut. Man tropft die Schwefelsäure* auf das Kochsalz und leitet das entstehende Chlorwasserstoffgas über den Trichter auf die Oberfläche des mit Bromthymolblau grün gefärbten Wassers. Während des Versuchs werden die Farbveränderungen des Indikators beobachtet.
Die elektrische Leitfähigkeit der Flüssigkeit im Becherglas wird vor und nach dem Versuch getestet.

## Auswertung

a) Fasse deine Beobachtungen aus V1 bis V3 tabellarisch zusammen. Nenne Gemeinsamkeiten und Unterschiede.

b) Deute die Ergebnisse der Leitfähigkeitsmessungen in V2 und LV5 hinsichtlich der Art von Teilchen, die in den sauren Lösungen vorliegen.

c) LV4 würde auch eine positive Knallgasprobe ergeben, wenn man statt Salzsäure eine beliebige andere Säure elektrolysiert hätte. Schließe daraus auf eine Teilchenart, die in den Lösungen vorliegt.

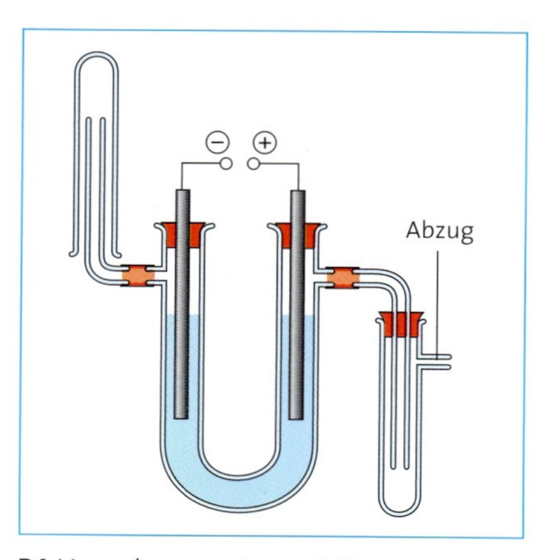


**B4** *Versuchsapparatur zu LV4*

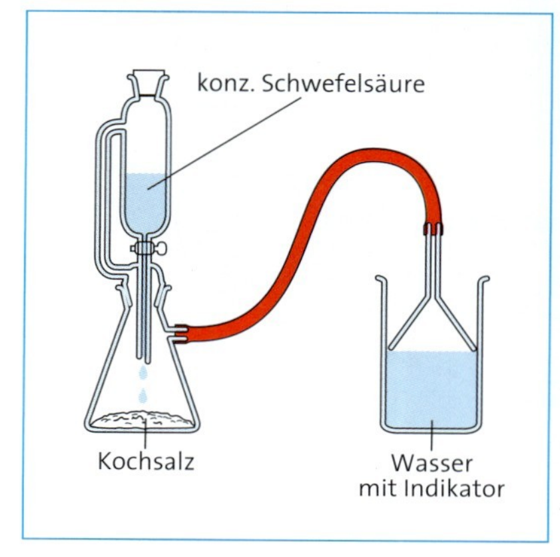


**B5** *Versuchsapparatur zu LV5*

## Ionen in sauren Lösungen

Magensaft, Zitronensaft, Akkumulatorsäure und Joghurt enthalten Säuren. Stoffe, deren Lösungen sauer reagieren, können sich in reiner Form aber in ihren Eigenschaften wie Aggregatzustand, Dichte oder Geruch stark unterscheiden. Auch die Molekülformel eines Stoffes verrät nicht, ob der Stoff eine Säure ist (B1 bis B3). Die verschiedenen Säuren zeigen jedoch charakteristische Gemeinsamkeiten:

1. Die wässrigen Lösungen von Säuren färben bestimmte Farbstoffe, die Indikatoren, auf charakteristische Art (V1).
2. Wässrige Lösungen von Säuren leiten den elektrischen Strom (V2).
3. Bei der Elektrolyse von sauren Lösungen entsteht an der Kathode immer Wasserstoffgas (LV4).
4. Unedle Metalle reagieren mit sauren Lösungen unter Bildung von Wasserstoff (V3).

Die elektrische Leitfähigkeit und das Produkt Wasserstoff zeigen, dass saure Lösungen **hydratisierte Wasserstoff-Ionen $H^+(aq)$** (**hydratisierte Protonen**) enthalten. Sie werden beim Lösen der Säure in Wasser gebildet. Löst man Chlorwasserstoffgas in Wasser (LV5), entstehen hydratisierte Wasserstoff- und Chlorid-Ionen:

$$HCl(g) \xrightarrow{\text{Wasser}} H^+(aq) + Cl^-(aq)$$

Wasserstoff-Ionen kommen in wässrigen Lösungen nicht isoliert vor, sondern lagern sich an die partiell negativ geladenen Sauerstoff-Atome der Wasser-Moleküle an. Es bilden sich **Oxonium-** oder **Hydronium-Ionen $H_3O^+(aq)$** (B7). Das Chlorwasserstoff-Molekül wirkt hier als **Protonendonator** und das Wasser-Molekül als **Protonenakzeptor**:

$$HCl(aq) + H_2O(l) \longrightarrow H_3O^+(aq) + Cl^-(aq)$$

Bei der Elektrolyse einer sauren Lösung nehmen die Wasserstoff-Ionen an der Kathode jeweils ein Elektron auf:

$$2\ H^+(aq) + 2\ e^- \longrightarrow 2\ H$$

Die dadurch gebildeten Wasserstoff-Atome verbinden sich sofort zu Wasserstoff-Molekülen:

$$H + H \longrightarrow H_2(g)$$

Auch bei der Reaktion von unedlen Metallen wie z. B. Magnesium mit sauren Lösungen entsteht Wasserstoffgas, wobei Magnesium mit Salzsäure zu Magnesiumchlorid reagiert. Die Magnesium-Atome geben dabei jeweils 2 Elektronen ab, jedes Wasserstoff-Ion nimmt ein Elektron auf:

$$Mg(s) + 2\ H^+(aq) + 2\ Cl^-(aq) \longrightarrow H_2(g) + Mg^{2+}(aq) + 2\ Cl^-(aq)$$

Neben den positiv geladenen Wasserstoff-Ionen enthalten saure Lösungen immer auch negativ geladene Anionen, die **Säurerest-Anionen**. Salzsäure enthält als Säurerest-Anionen hydratisierte Chlorid-Ionen, Schwefelsäure $H_2SO_4$, deren Moleküle 2 Wasserstoff-Ionen abgeben können, enthält hydratisierte Sulfat-Ionen $SO_4^{2-}(aq)$.

### *Aufgaben*

**A1** Bei der Elektrolyse von Salzsäure entsteht an der Anode Chlorgas. Formuliere die entsprechende Reaktionsgleichung.

**A2** Nenne die Salze, die man beim Eindampfen der Lösungen, die nach der Reaktion von Salzsäure a) mit Magnesium und b) mit Eisen übrig bleiben.

**A3** Gib an, welche Farbbeobachtungen du bei V3 erwarten würdest, wenn man der sauren Lösung vor Zugabe des Magnesiums einige Tropfen Universalindikator zugefügt hätte. Wann ist keine Farbänderung mehr zu erwarten?

*J. V. Liebig (1803 bis 1873)*

*S. Arrhenius (1859 bis 1927)*

**B6** *A: Erläutere, ob sich die beiden Definitionen widersprechen.*
*Justus von Liebig definierte Säuren als Wasserstoffverbindungen, in denen Wasserstoff durch ein Metall ersetzt werden kann. Svante Arrhenius schloss aus der elektrischen Leitfähigkeit saurer Lösungen, dass diese Ionen enthalten. Er definierte Säuren als Stoffe, die in wässrigen Lösungen Wasserstoff-Ionen $H^+$ bilden.*

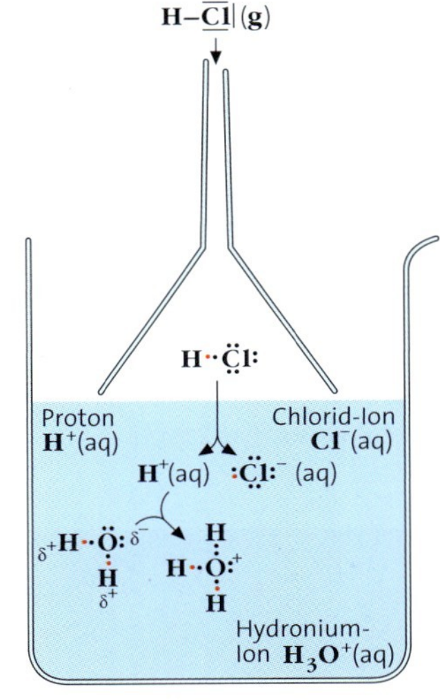


**B7** *LV5 in der Modellvorstellung.*
*A: Fasse die dargestellten Vorgänge schriftlich zusammen.*

**Fachbegriffe**
hydratisierte Wasserstoff-Ionen, Hydronium/Oxonium-Ion, Protonendonator, Protonenakzeptor, Säurerest-Anion

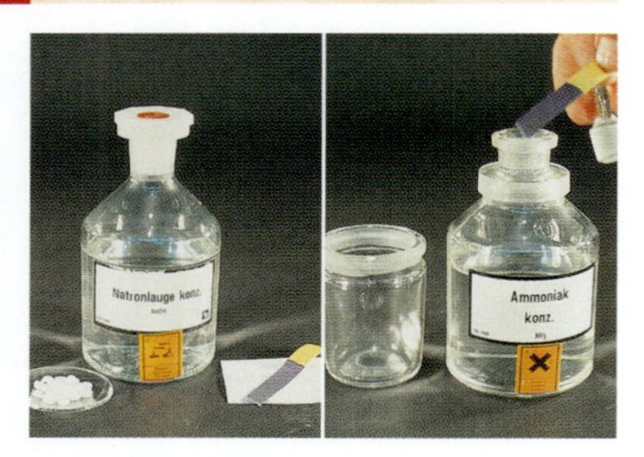


**B1** *Feuchtes Indikatorpapier nimmt bei Berührung mit Natriumhydroxid-Lösung die gleiche Farbe an wie mit Ammoniakgas, das aus einer konzentrierten Ammoniak-Lösung entweicht.*

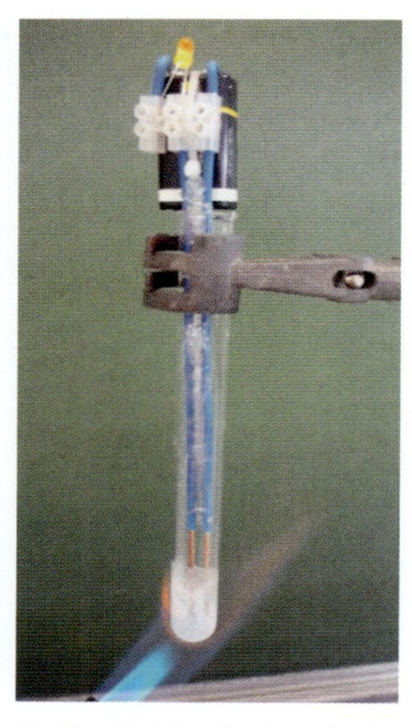

**B2** *Eine Natriumhydroxid-Schmelze leitet den elektrischen Strom.* ***A:*** *Fertige eine beschriftete Versuchsskizze an.*

**B3** *Das Backtreibmittel Hirschhornsalz, Ammoniumhydrogencarbonat* $NH_4HCO_3$*, zerfällt beim Erhitzen in Wasser, Kohlenstoffdioxid und Ammoniak.* ***A:*** *Formuliere die Reaktionsgleichung und deute die Farberscheinung am Indikatorpapier.*

# Laugen in Alltag und Beruf

Jährlich werden mehrere Millionen Tonnen **Natriumhydroxid** $NaOH$ und **Ammoniak** $NH_3$ hergestellt. Diese Grundchemikalien sind für die industrielle Erzeugung vieler Alltagsgüter (B4) notwendig. Auch im Haushalt können wir sie nutzen, so enthalten Rohrreiniger meist Natriumhydroxid und Salmiakreiniger Ammoniak. In Wasser bilden die beiden Stoffe alkalische Lösungen, die man als Laugen bezeichnet. Findet man auch in diesen Laugen charakteristische Ionen wie in Säuren?

## *Versuche*

***V1*** Gib etwas Abflussreiniger* auf ein Uhrglas und zähle, wie viele verschiedene Bestandteile du unterscheiden kannst. Löse anschließend kleine Proben der einzelnen Bestandteile, die du mit einer Pinzette entnimmst, in etwas Wasser auf und teste mit dem Indikator Bromthymolblau.

***V2*** Versetze im Rggl. jeweils 5 mL verdünnte a) Natronlauge* (Natriumhydroxid-Lösung), b) Ammoniak-Lösung* und c) Kalkwasser* (Calciumhydroxid-Lösung) mit einigen Tropfen Bromthymolblau-Lösung. Beobachte die Farben. Wiederhole den Versuch mit Phenolphthalein-Lösung*, $w < 1\%$.

***LV3*** Eine pneumatische Wanne wird mit Wasser gefüllt, dem etwas Phenolphthalein-Lösung*, $w < 1\%$, zugesetzt wird. Auf die Wasseroberfläche wird vorsichtig ein linsengroßes Stück Natrium* gelegt. Notiere die Beobachtungen.

***V4*** Fülle ein Becherglas mit Wasser und versetze das Wasser mit einigen Tropfen Bromthymolblau-Lösung. Gib in die Hülse einer 60-mL-Kunststoffspritze ein linsengroßes Stück Lithium* und drücke den Stempel der Spritze in die Hülse. Tauche dann die Spitze der Spritze in das Wasser und sauge Wasser in die Spritze hoch. Warte bis das entstehende Gas das Wasser aus der Spritze gedrängt hat und sich das Lithium vollständig aufgelöst hat. Drücke dann das in der Spritze befindliche Gas von unten in ein Rggl. und führe mit ihm die Knallgasprobe durch. Notiere die Beobachtungen.

***LV5*** Festes Natriumhydroxid* wird in einem schwer schmelzbaren Reagenzglas mit dem Gasbrenner bis zur Schmelze erhitzt. Man taucht dann Kohle-Elektroden in die Schmelze ein (B2) und prüft ihre elektrische Leitfähigkeit.

## *Auswertung*

a) Formuliere für LV3 und V4 die Reaktionsgleichungen.

b) Natronlauge und eine Schmelze von Natriumhydroxid leiten den Strom. Schließe daraus auf die in den Flüssigkeiten enthaltenen Teilchen.

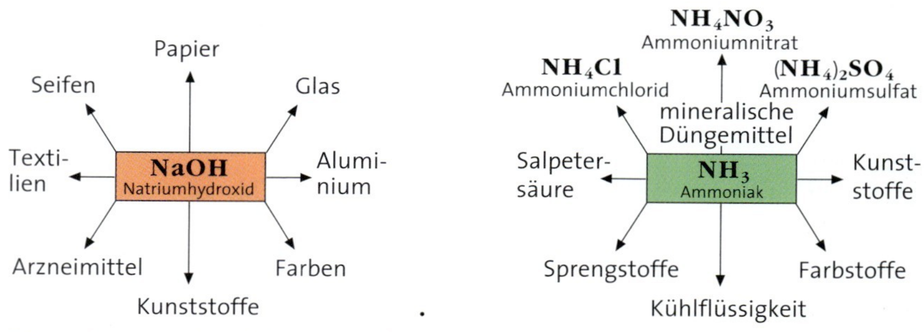


**B4** *Natriumhydroxid und Ammoniak sind Grundchemikalien für die Herstellung zahlreicher Produkte.* ***A:*** *Für Natriumhydroxid sind nur einige Anwendungsbereiche angegeben. Suche nach weiteren Anwendungsbeispielen.*

## Ionen in alkalischen Lösungen

Die im Haushalt verwendeten Abflussreiniger enthalten als Hauptwirkstoff häufig **Natriumhydroxid** $\mathbf{NaOH}$. Löst man Natriumhydroxid in Wasser, so färbt die Lösung den Indikator Bromthymolblau blau (V1). Eine Lösung von Natriumhydroxid in Wasser nennt man auch **Natronlauge**, da sie sich wie Seifen*lauge* anfühlt. Natronlauge lässt sich durch die Reaktion von Natrium mit Wasser herstellen (LV3). Auch andere Alkalimetalle wie Lithium oder Kalium reagieren heftig mit Wasser. Dabei entstehen neben gasförmigem Wasserstoff die entsprechenden **Laugen**, die Lösungen der jeweiligen Hydroxide. Auch diese zeigen gegenüber Indikatoren eine **alkalische Reaktion**.
Bei der Reaktion von Natrium mit Wasser läuft folgende Reaktion ab:

$$2\ Na(s) + 2\ H_2O(l) \longrightarrow 2\ NaOH(aq) + H_2(g)$$

Im Gegensatz zu festem Natriumhydroxid leiten Natronlauge und eine Schmelze aus Natriumhydroxid den elektrischen Strom (LV5).
Natriumhydroxid muss also aus Ionen aufgebaut sein. In fester Form leiten **Hydroxide** den Strom nicht, weil die Ionen im Ionengitter ihre Plätze nicht verlassen können. Wenn man Hydroxide in Wasser löst oder schmilzt, werden die Ionen beweglich. In Wasser zerfällt Natriumhydroxid in hydratisierte Natrium-Kationen und Hydroxid-Anionen:

$$NaOH(s) \xrightarrow{\text{Wasser}} Na^+(aq) + OH^-(aq)$$

Die Kationen der Hydroxide Lithiumhydroxid $\mathbf{LiOH}$, Natriumhydroxid $\mathbf{NaOH}$ oder Kaliumhydroxid $\mathbf{KOH}$ sind verschieden, ihre Anionen sind jedoch immer **Hydroxid-Ionen** $\mathbf{OH^-}$. Alkalisch reagierende Lösungen enthalten demnach hydratisierte Hydroxid-Ionen. Ähnlich wie saure Lösungen durch das Vorliegen von hydratisierten Wasserstoff-Ionen $H^+(aq)$ gekennzeichnet sind, zeichnen sich alkalische Lösungen durch hydratisierte Hydroxid-Ionen $OH^-(aq)$ aus.
Nicht nur Alkalimetalle bilden Hydroxide, sondern auch andere Metalle. Calciumhydroxid hat beispielsweise die Verhältnisformel $Ca(OH)_2$, da auf jedes Calcium-Ion $Ca^{2+}$ zwei Hydroxid-Ionen $OH^-$ kommen.
**Ammoniak** $\mathbf{NH_3}$ ist ein Gas, das sich sehr gut in Wasser löst. Das dabei entstehende Ammoniakwasser reagiert alkalisch. Der gasförmige Aggregatzustand und die Molekülformel von Ammoniak $NH_3$ legen nahe, dass Ammoniak keine Ionenverbindung mit Hydroxid-Ionen ist. Ammoniak ist aus $NH_3$-Molekülen aufgebaut. Beim Lösen von Ammoniak in Wasser reagieren die Ammoniak-Moleküle mit Wasser-Molekülen. Dabei gibt ein Wasser-Molekül jeweils ein Proton (Wasserstoff-Ion $H^+$) an ein Ammoniak-Molekül ab. Das Wasser-Molekül wirkt hier als **Protonendonator**, das Ammoniak-Molekül als **Protonenakzeptor**. Es entstehen **Ammonium-Ionen** $\mathbf{NH_4^+}$ und Hydroxid-Ionen (B6):

$$NH_3(g) + H_2O(l) \longrightarrow NH_4^+(aq) + OH^-(aq)$$

Eine Ammoniak-Lösung reagiert wegen der bei dieser Reaktion entstehenden Hydroxid-Ionen alkalisch.

**B5** *Wenn sich Natriumhydroxid in Wasser löst, werden die Ionen von Wasser-Molekülen hydratisiert.*

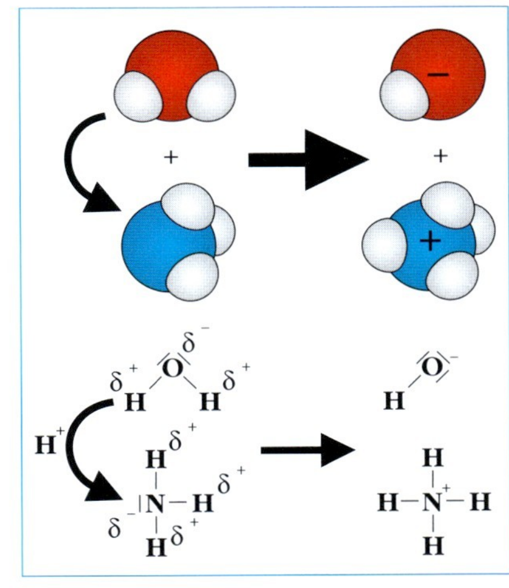

**B6** *Reaktion eines Ammoniak-Moleküls mit einem Wasser-Molekül.* ***A:*** *Erkläre, dass das Ammoniak-Molekül ein Dipol ist.* ***A:*** *Erläutere, warum man sagen kann, dass sich das Wasser-Molekül gegenüber dem Ammoniak-Molekül als Säure verhält.*

### *Aufgaben*

***A1*** Gib die Verhältnisformel von Magnesium- und die von Aluminiumhydroxid an.
***A2*** Die Leitfähigkeit von Ammoniak-Lösung soll geprüft werden. Beschreibe deine Erwartungen.

### Fachbegriffe

Hydroxide, Hydroxid-Ion, alkalische Reaktion, Lauge, Ammonium-Ion, Protonendonator, Protonenakzeptor

## Säure oder Lauge? Die Menge macht's

Konzentrierte Säuren und Laugen sind häufig ätzende und aggressive Flüssigkeiten. Was geschieht, wenn man saure und alkalische Flüssigkeiten miteinander mischt? Werden die Mischungen dann noch ätzender und gefährlicher?

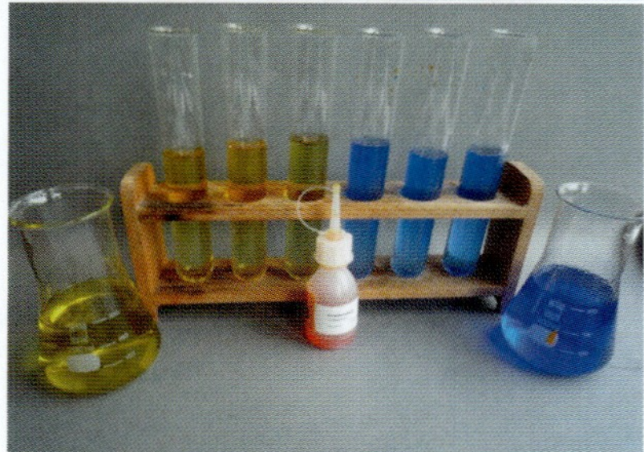

**B1** *Überraschung bei der Farbmischung. Oben: gelbe und blaue Farbkastenfarbe, unten: gelbe und blaue Bromthymolblau-Lösung (V1)*

### *Versuche*

***V1*** a) Stelle in jeweils einem Becherglas mithilfe eines Farbkastens eine blaue und eine gelbe Farbstoffsuspension her. Gieße die beiden Lösungen in unterschiedlichen Volumenverhältnissen in 6 Rggl. (B1). Notiere die Farbbeobachtungen.

b) Wiederhole den Versuch mit Salzsäure-Lösung* und Natronlauge*, die du mit dem Indikator Bromthymolblau gelb bzw. blau angefärbt hast (B1, unten). Notiere deine Farbbeobachtungen.

c) Versuche, durch Mischen der durch Bromthymolblau gelb gefärbten Salzsäure-Lösung mit der blau gefärbten Natronlauge eine grüne Lösung herzustellen. Was fällt auf?

***V2*** Lass dir vom Lehrer/von der Lehrerin folgende Lösungen geben: Salzsäure-Lösung*, die genau 36,5 g Chlorwasserstoff/Liter enthält, und Natronlauge*, die 40 g Natriumhydroxid*/Liter enthält.

a) Mische jeweils 10 mL der Lösungen und versetze mit Bromthymolblau-Lösung. Gib anschließend ein Stück Magnesiumband in die Lösung.

b) Mische erneut jeweils 10 mL der beiden Lösungen (ohne Indikator) und dampfe sie in einer schwarzen Porzellanschale (B2) ein. Beschreibe den zurückbleibenden Feststoff.

c) Miss die Temperatur der beiden Ausgangslösungen. Mische erneut jeweils 10 mL und notiere die Temperaturänderung.

***V3*** Mische in einem Rggl. 1,6 g feste Citronensäure und 1 g festes Natriumhydroxid*. Spanne das Rggl. fast waagerecht in ein Stativ ein und erhitze vorsichtig. Sobald eine Reaktion eintritt, entferne den Brenner und prüfe die aufsteigende klare Flüssigkeit mit Watesmo-Papier. Löse den abgekühlten Rückstand anschließend im Rggl. in Wasser auf und gib etwas Universalindikator hinein.

### *Auswertung*

a) Erkläre, warum man mit blauer und gelber Farbkastenfarbe beliebig viele Grüntöne erzeugen kann.

b) Erkläre, warum es bei V1c so schwer ist, eine grüne Lösung herzustellen.

c) Entscheide dich für eine Aussage und begründe deine Entscheidung.

Die Mischung aus einer Säurelösung und einer Lauge ist:

- stärker ätzend
- weniger ätzend

als die Ausgangslösungen.

d) Erkläre, warum in V2c eine Temperaturerhöhung messbar ist.

e) Begründe die Blaufärbung des Watesmo-Papiers in V3.

**B2** *Rückstand nach dem Eindampfen aus V2b.* ***A:*** *Erkläre, welcher weiße Feststoff in der Schale zurückbleibt.*

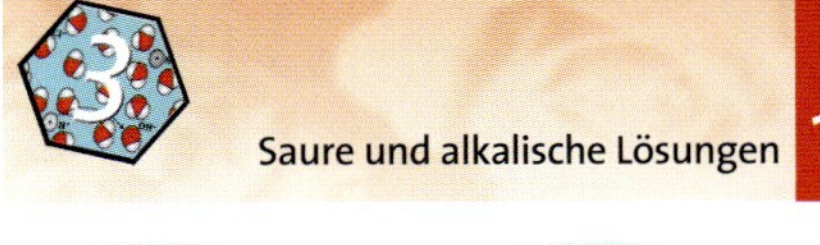

## Die Stoffmenge *n* und das Mol

Mischt man Salzsäure und Natronlauge, heben sich die typischen Eigenschaften der Säurelösung und der Lauge wie z. B. das charakteristische Färben von Indikatoren oder die Ätzwirkung gegenüber Metallen gegenseitig auf. Säuren und Laugen sind demnach „Gegenspieler", die sich **neutralisieren**. Bei der **Neutralisation** reagieren die Wasserstoff-Ionen der Säurelösung mit den Hydroxid-Ionen der Lauge zu neutral reagierenden Wasser-Molekülen. Das neutral reagierende Wasser färbt den Indikator Bromthymolblau grün:

$$\underbrace{H^+(aq) + Cl^-(aq)}_{\text{Salzsäure}} + \underbrace{Na^+(aq) + OH^-(aq)}_{\text{Natronlauge}} \longrightarrow \underbrace{HOH(l)}_{\text{Wasser}} + \underbrace{Na^+(aq) + Cl^-(aq)}_{\text{Natriumchlorid-Lösung}}$$

Dampft man die neutralisierte Lösung ein, bleibt das Salz Natriumchlorid $NaCl$ übrig. Allgemein gilt:

Säurelösung + Lauge ⟶ Salz + Wasser

Eine Lösung ist erst dann neutral, wenn gleich viele Wasserstoff-Ionen von der Säure und Hydroxid-Ionen von der Lauge zusammengegeben worden sind:
$N(H^+(aq)) = N(OH^-(aq))$
Woher weiß man aber, wie viel Salzsäure $HCl(aq)$ man mit wie viel Natriumhydroxid-Lösung $NaOH(aq)$ mischen muss, um eine neutrale Lösung zu erhalten? Die Frage lässt sich durch den Vergleich der Teilchenmassen von Chlorwasserstoff und Natriumhydroxid beantworten. Die Teilchenmasse eines Chlorwasserstoff-Moleküls $HCl$ beträgt 36,5 u, für eine Formeleinheit Natriumhydroxid ergibt sich eine Teilchenmasse von 40 u. Natürlich kann man diese kleinen Stoffportionen nicht abwiegen. Nimmt man aber eine Stoffportion von 36,5 g Chlorwasserstoff und eine Stoffportion von 40 g Natriumhydroxid, enthalten beide die gleiche Anzahl an Teilchen. Der Vergleich aus B3 veranschaulicht diese Tatsache.
Experimentelle Befunde haben ergeben, dass jede dieser beiden Stoffportionen $6 \cdot 10^{23}$ Teilchen enthält. Diese Anzahl von $6 \cdot 10^{23}$ Teilchen[1] nennt man **AVOGADRO-Konstante $N_A$**. Man bezeichnet diejenige Stoffportion eines Stoffes, die $N_A$ Teilchen enthält, als **Stoffmenge $n$ = 1 mol** dieses Stoffes[2]. Die Masse von je 1 mol, die **molare Masse $M$**, einiger Stoffe ist in B5 angegeben. Sie entspricht stets dem Betrag der jeweiligen Teilchenmasse mit der Einheit g/mol.
Die Stoffmenge $n$ einer Stoffportion mit der Masse $m$ eines beliebigen Stoffes X errechnet sich nach:

$$n(X) = \frac{m(X)}{M(X)}$$

In V1c wurde die Neutralisation einer Lösung experimentell ermittelt, die wir nun auch vorhersagen können: Salzsäure mit $n$ = 1 mol, d. h. 36,5 g gelöstem Chlorwasserstoff, und Natriumhydroxid-Lösung mit $n$ = 1 mol, d. h. 40 g gelöstem Natriumhydroxid, neutralisieren sich gegenseitig vollständig.

### Aufgaben

**A1** Berechne die Masse an Lithiumhydroxid bzw. Kaliumhydroxid, die man zur Neutralisation einer Salzsäure-Lösung hinzugeben muss, die 2 mol Chlorwasserstoff enthält.

**A2** Berechne die molare Masse von Schwefelsäure $H_2SO_4$ und gib an, wie viel Gramm Natriumhydroxid man zur Neutralisation von 1 mol Schwefelsäure benötigt.

[1] $6 \cdot 10^{23}$ = 600 000 000 000 000 000 000 000;
[2] Vergleiche: Der Begriff „1 mol" bezeichnet die Anzahl von $N_A$ Teilchen wie der Begriff „1 Dutzend" für die Anzahl von 12 Teilchen steht.

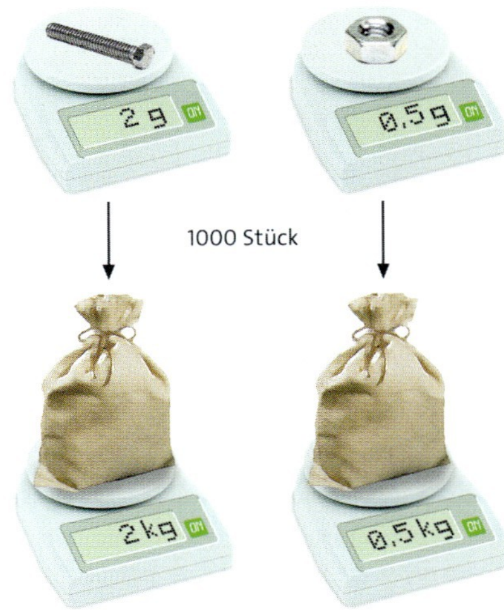


**B3** *Durch Massenvergleich der Schraube bzw. Mutter und des mit Schrauben bzw. Muttern gefüllten Sacks lässt sich die Anzahl der Schrauben bzw. Muttern im Sack ermitteln.* **A:** *Berechne die Anzahl der Schrauben bzw. Muttern in Säcken der Masse von jeweils m = 10 kg.*

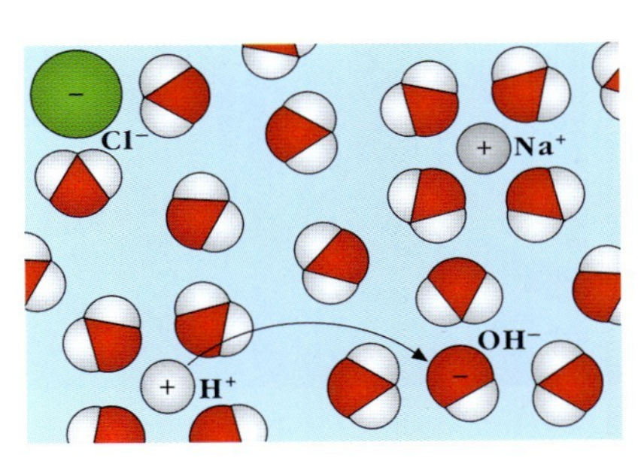


**B4** *Modell zu den Edukten der Neutralisationsreaktion.* **A:** *Zeichne das Modell der neutralisierten Lösung.*

| Stoff | *M* in g/mol |
|---|---|
| Schwefel $S$ | 32 |
| Eisen $Fe$ | 55,8 |
| Wasser $H_2O$ | 18 |
| Ammoniak $NH_3$ | 17 |
| Lithiumhydroxid $LiOH$ | 23 |
| Kaliumhydroxid $KOH$ | 56 |

**B5** *Molare Massen verschiedener Stoffe.* **A:** *Berechne die Anzahl an Teilchen, die in 64 g Schwefel bzw. in 9 g Wasser enthalten sind. Welcher Stoffmenge n entspricht dies jeweils?*

### Fachbegriffe

Neutralisation, Mol, AVOGADRO-Konstante, Stoffmenge *n*, molare Masse *M*

## „pH-neutral" – nur ein Werbeslogan?

Wenn man beim Duschen Seife in die Augen bekommt, dann brennen die Augen wegen der alkalischen Wirkung der Seife. Für manche Shampoos, Duschgels und Waschlotionen wird Werbung mit der Aussage gemacht, sie seien *p*H-neutral. Diese Produkte sollen Haut und Augen nicht so stark reizen. Was versteht man unter *p*H-Wert, „*p*H-neutral" und „hautfreundlicher *p*H-Wert"?

**B1** *Körperpflegemittel mit „hautfreundlichem pH-Wert".* **A:** *Informiere dich über den pH-Wert der Haut.*

### *Versuche*

***V1*** Stelle Lösungen verschiedener Seifen (z. B. Kernseife, Flüssigseife), Körperpflegemittel und Waschmittel her und teste sie a) mit Bromthymolblau-Lösung, b) mit Universalindikator und c) mit Indikatorpapier (B2). Vergleiche die Färbungen. Teste zum Vergleich auch verdünnte Natronlauge* mit den drei Indikatoren.

***V2*** Teste Lösungen von Essigsäure, Salzsäure* und Citronensäure, die jeweils eine Konzentration von 0,1 mol/L haben, mit Indikatorpapier (*p*H-Bereich 0–6), Bromthymolblau-Lösung und Universalindikator. Vergleiche die Färbungen.

***LV3*** In ein 2-L-Becherglas werden 100 mL Salzsäure* mit einem *p*H-Wert von 1,0 gegeben. Dann wird portionsweise Wasser zur Salzsäure zugefügt, bis der *p*H-Wert der Lösung auf 2 angestiegen ist. Das benötigte Wasservolumen wird notiert.

### *Auswertung*

a) Ordne die Lösungen aus V1 nach steigender alkalischer Reaktion.
b) Ordne die Lösungen in V2 nach steigender saurer Reaktion.
c) Vergleiche die Aussagekraft der in V2 eingesetzten Indikatoren.
d) Die Konzentration der Salzsäure-Lösung in LV3 mit dem *p*H-Wert 1 hat eine Konzentration von 0,1 mol/L. Gib die Konzentration der Lösung an, wenn der *p*H-Wert 2 erreicht ist.

**B2** *Indikatorpapiere für Schnelltests zur Bestimmung des pH-Werts.* **A:** *Nenne Bereiche, bei denen der Einsatz eines pH-Schnelltests sinnvoll ist.*

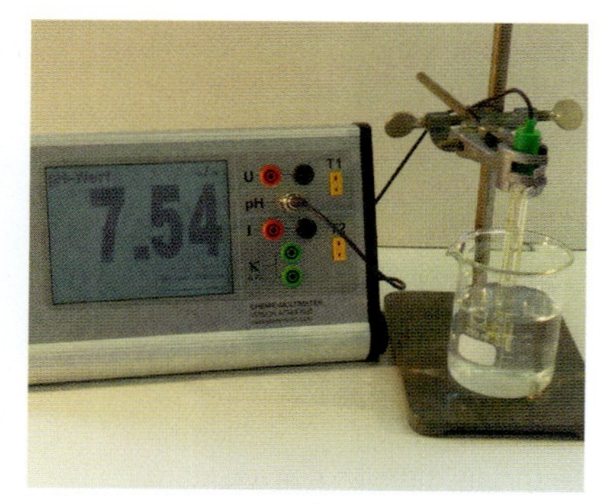


**B3** *Mit einem pH-Meter kann man den pH-Wert einer Lösung genau messen.*

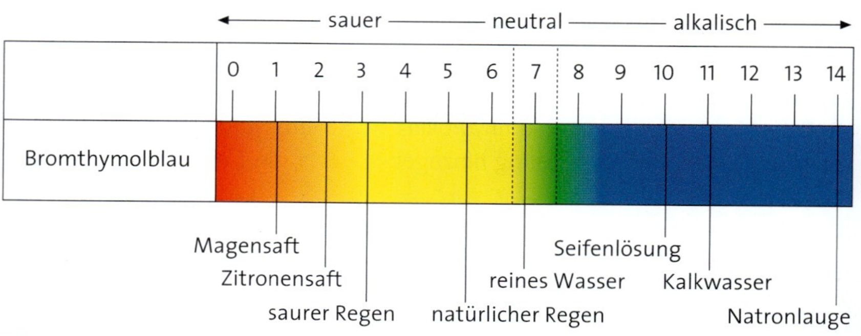


**B4** *pH-Skala mit Farben des Indikators Bromthymolblau und pH-Werte einiger Lösungen.*
**A:** *Welche Farbe würde Magensaft beim Indikatorpapier aus B5 (pH 1–11) bewirken?*

## Die *p*H-Skala

Den Geschmack von Früchten wie Trauben, Äpfeln oder Zitronen empfinden wir häufig als unterschiedlich stark sauer. Mit anderen Säuren wie z. B. Salzsäure oder Schwefelsäure dürfen Geschmacksproben nicht durchführt werden, da sie zu Verätzungen führen können. Der Indikator Bromthymolblau färbt fast alle sauren Lösungen gelb. Ob eine Lösung stark oder schwach sauer reagiert, kann man mit ihm nicht unterscheiden. Mit Universalindikator-Papier lässt sich dagegen die Stärke von sauren und von alkalischen Lösungen feststellen (V2, B5). Als Maß für die Stärke einer sauren oder einer alkalischen Lösung wurde die ***p*H-Skala** eingeführt. Der ***p*H-Wert** einer Lösung gibt an, wie stark sauer bzw. alkalisch eine Lösung reagiert.
Die *p*H-Werte der Skala reichen von 0 bis 14 (B4). Saure Lösungen besitzen einen *p*H-Wert zwischen 0 und 7. Je niedriger der angezeigte *p*H-Wert ist, desto stärker sauer ist die Lösung. Alkalische Lösungen haben einen *p*H-Wert zwischen 7 und 14, wobei ein *p*H-Wert von 14 die stärkste alkalische Reaktion anzeigt. Der *p*H-Wert von 7 kennzeichnet eine neutrale Lösung.

Ob eine Lösung stark oder schwach sauer bzw. alkalisch reagiert, hängt von der Art der gelösten Säure bzw. Lauge und von der Konzentration der Lösung ab. Schwefelsäure und Salzsäure sind starke Säuren, während Essigsäure oder Milchsäure eher schwach sauer reagieren. Vergleichen kann man die unterschiedlichen Säureeigenschaften der verschiedenen Säuren aber nur, wenn wie bei V2 gleiche Stoffmengen der zu untersuchenden Säuren in den Lösungen vorliegen. Den Gehalt von sauren und alkalischen Lösungen gibt man daher als **Stoffmengenkonzentration *c*** (*kurz:* **Konzentration**) in der Einheit **mol/L** an:

$$c(X) = \frac{n(X)}{V(X)}$$

LV3 zeigt, wie sich der *p*H-Wert ändert, wenn man eine Salzsäure-Lösung mit dem *p*H-Wert 1 verdünnt, bis der *p*H-Wert 2 erreicht ist. Hierfür muss man die anfangs vorliegende Konzentration der Säurelösung auf ein Zehntel senken. Verdünnt man die Lösung erneut auf ein Zehntel, so erhält man den *p*H-Wert 3. Ein *p*H-Sprung um eine Einheit entspricht also einer Konzentrationsänderung um den Faktor 10 (B7).

**B5** *Universalindikator-Papier zeigt den pH-Wert saurer Lösungen an; links: Salzsäure, rechts: Essigsäure. Beide Lösungen haben dieselbe Konzentration.* **A:** *Vergleiche die Färbung der beiden Indikatorpapiere.*

| Optimaler *p*H-Bereich | |
|---|---|
| Heidelbeeren: | *p*H = 3,5 bis *p*H = 5,0 |
| Birke: | *p*H = 5,0 bis *p*H = 6,0 |
| Wacholder: | *p*H = 5,0 bis *p*H = 6,0 |
| Kartoffeln: | *p*H = 5,2 bis *p*H = 6,0 |
| Tomaten: | *p*H = 5,5 bis *p*H = 7,5 |
| Weizen: | *p*H = 6,0 bis *p*H = 7,5 |
| Blumenkohl: | *p*H = 6,0 bis *p*H = 7,5 |
| Erdbeeren: | *p*H = 7,0 bis *p*H = 8,0 |

**B6** *Pflanzenwachstum ist auch vom pH-Wert des Bodens abhängig.* **A:** *Begründe, warum Kartoffeln dort gut wachsen, wo Erdbeeren nicht so recht gedeihen.*

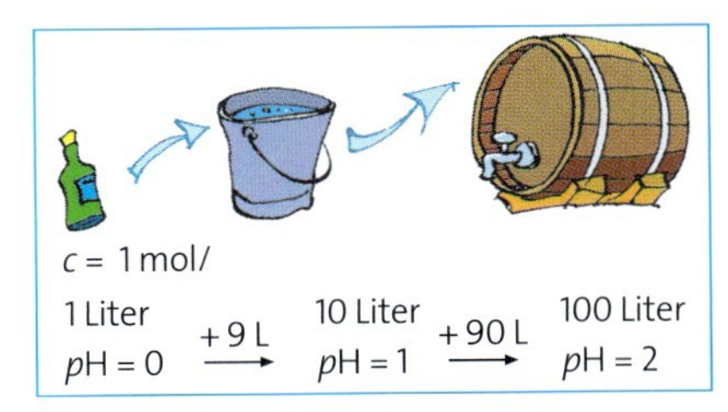


**B7** *Der pH-Wert hängt von der Verdünnung ab.* **A:** *Setze die Verdünnung fort bis zu den pH-Werten 3 und 4.*

### Aufgaben

**A1** Beurteile, für welche der in V1 eingesetzten Reinigungsmittel die Aussage „*p*H-neutral" zutreffend ist.

**A2** Stelle eine Natriumhydroxid-Lösung der Stoffmengenkonzentration *c*(NaOH) = 0,01 mol/L her und miss ihren *p*H-Wert.

**A3** Regen hat einen natürlichen *p*H-Wert von 6, saurer Regen einen *p*H-Wert von 3. Um das Wievielfache ist der Regen saurer geworden?

### Fachbegriffe

*p*H-Wert, *p*H-Skala, Konzentration *c* (Stoffmengenkonzentration)

### *INFO* Trinkwasser und seine Inhaltsstoffe

Unter Trinkwasser versteht man Wasser, das für den menschlichen Genuss und Gebrauch geeignet ist. In der deutschen Trinkwasserverordnung ist geregelt, welche gelösten Stoffe Trinkwasser in welchen Mengen enthalten darf. Für bestimmte Ionensorten wie z. B. Calcium-, Magnesium- oder Hydrogencarbonat-Ionen im Trinkwasser gelten sehr hohe bzw. gar keine Grenzwerte, weil sie für den Menschen unschädlich und wichtige Mineralstoffe sind. Andere gelöste Inhaltsstoffe wie Schwermetall-Ionen sind dagegen unerwünscht, weil sie für den Menschen giftig sein können. Wasser, das aus verschiedenen Regionen stammt, kann sehr unterschiedlich schmecken, auch wenn die Grenzwerte der Ionen eingehalten sind. Verantwortlich hierfür ist der schwankende Gehalt an den verschiedenen Ionen. So finden viele, dass Wasser, das an Calcium- und Hydrogencarbonat-Ionen arm ist, zwar gut zum Waschen sei, aber „langweilig" schmecke.

| Bezeichnung des Ions | Ionenschreibweise | Höchstwert laut Trinkwasserverordnung |
|---|---|---|
| Aluminium-Ion | $Al^{3+}$ | 0,2 mg/L |
| Blei-Ion | $Pb^{2+}$ | 0,01 mg/L |
| Calcium-Ion | $Ca^{2+}$ | – |
| Chlorid-Ion | $Cl^{-}$ | 250 mg/L |
| Eisen-Ion | $Fe^{3+}$ | 0,5 mg/L |
| Fluorid-Ion | $F^{-}$ | 1,5 mg/L |
| Kupfer-Ion | $Cu^{2+}$ | 2,0 mg/L |
| Magnesium-Ion | $Mg^{2+}$ | 50 mg/L |
| Natrium-Ion | $Na^{+}$ | 200 mg/L |
| Sulfat-Ion | $SO_4^{2-}$ | 240 mg/L |
| Oxonium-Ion | $H_3O^{+}$ | $6{,}5 < pH < 9{,}5$ |

**B1** *Höchstwerte für den Gehalt an bestimmten Ionensorten für Trinkwasser.* ***A:*** *Recherchiere, welche Folgen ein zu hoher Bleigehalt im Wasser haben kann.*

### *INFO* Trinkwasserfilter

In Deutschland wird Wasser sehr genau untersucht: Es ist das am besten kontrollierte Nahrungsmittel. Man kann in der Regel davon ausgehen, dass auch das Wasser, das im Haus ankommt, die Grenzwerte (B1) einhält.

Wieso aber werden zusätzlich Wasserfilter angeboten? Was „filtern" sie aus dem Wasser und warum? Werden möglicherweise auch Stoffe herausgefiltert, die – wie Zucker – gar nicht in der Trinkwasserverordnung aufgeführt sind? Verschlechtern Wasserfilter sogar die Trinkwasserqualität, wie einige Teetrinker behaupten?

**B2** *Auszüge aus den Texten und Abbildungen, die auf dem Karton eines Wasserfilters abgedruckt sind.* ***A:*** *Fertige eine Liste, in der alle Stoffe aufgeführt werden, die der Wasserfilter laut Herstellerangaben „filtert". Notiere jeweils, nach welcher Art von Filtration die Abtrennung erfolgt. Stelle erste Ideen auf, wie die jeweilige Funktionsweise experimentell überprüft werden kann.*

# Interaktionsbox einsetzen

Um zu ermitteln, ob und wie Wasserfilter (B2) funktionieren, muss man das Wasser vor und nach dem Filtern sowie den Filter selbst untersuchen. Dafür kannst du dir eine Interaktionsbox zusammenstellen.

**Die Interaktionsbox kann enthalten:**

*p*H-Papier, Nitrat-Teststäbchen, Spritzen (50 mL, 10 mL), Silbernitrat-Lösung, Fläschchen mit Trinkwasser, Granulat aus einem Wasserfilter, Eisensulfat-Lösung, Kupfersulfat-Lösung, Natriumchlorid-Lösung, Kaliumchlorid-Lösung, Calciumchlorid-Lösung, Magnesiastäbchen, verdünnte Salzsäure, verdünnte Natronlauge, Zucker-Lösung, Wasserhärte-Teststäbchen, Reagenzgläser, Spatel, Papier, Schraubenzieher, Filter-Kartusche.

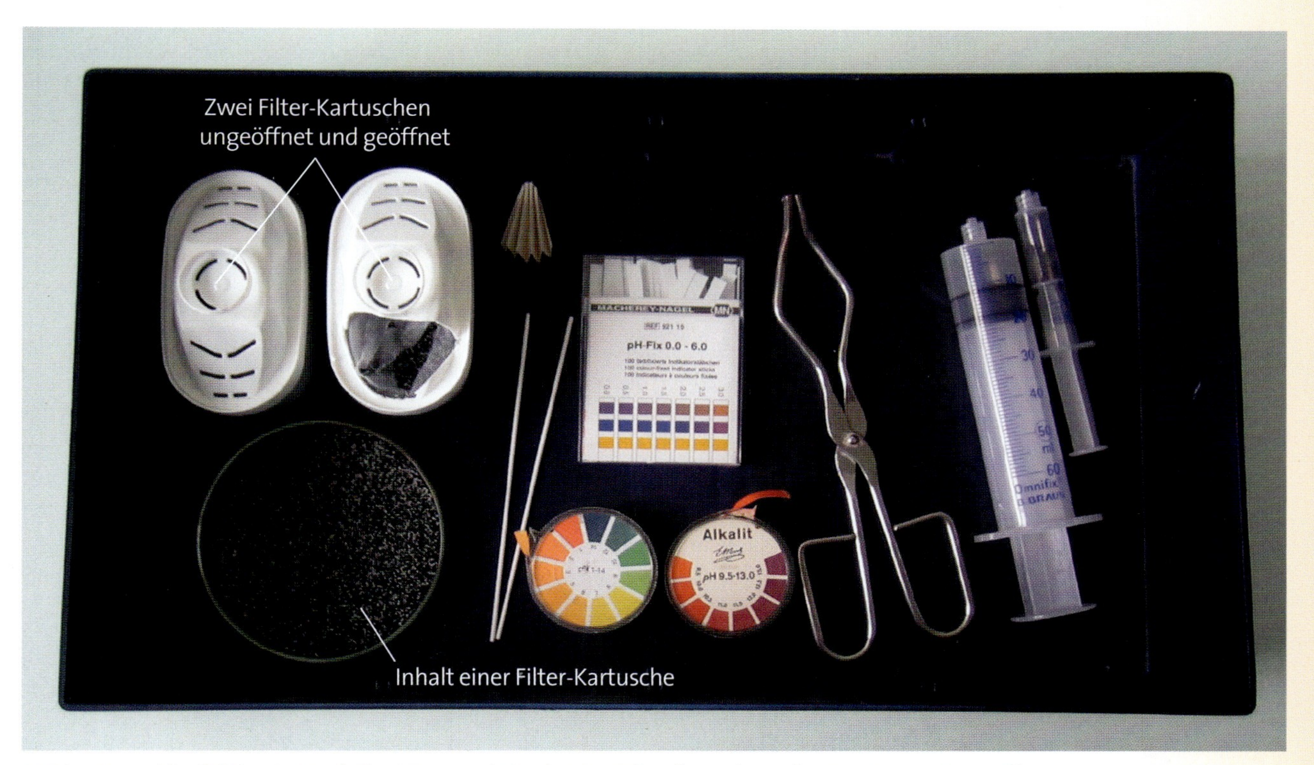


**B3** *Eine Auswahl möglicher Bestandteile einer Interaktionsbox zur Erforschung der Wirkungsweise von Wasserfiltern*

**Vorgehensweise:**

1. Bildet „Forschergruppen" mit jeweils 3 bis 5 Schülern.
2. Macht euch die Problemstellung klar („Erkläre, ob und wie ein Wasserfilter funktioniert").
3. Lest aufmerksam die beiden Infotexte und die Funktionsbeschreibung eines Wasserfilters (B2) und sammelt gemeinsam Ideen, wie ihr mit den zur Verfügung stehenden Chemikalien und Materialien (z. B. B3) überprüfen könnt, ob und wie ein Wasserfilter funktioniert.
4. Führt zielgerichtet Experimente durch und protokolliert eure Vorgehensweise und Ergebnisse. Sprecht mit eurer Lehrkraft und den anderen Gruppen ab, welche Art der Dokumentation sinnvoll ist (schriftliches Versuchsprotokoll, Film, PowerPoint-Präsentation, ...).
5. Reflektiert eure gemeinsame Arbeit. Überlegt, welche weiteren Chemikalien oder Materialien die Box enthalten sollte.

## Wie viel Säure ist da drin?

Auf den Verpackungen von Lebensmitteln, die Säuren enthalten, ist manchmal auch der Säuregehalt angegeben. Wie kann man diesen Säuregehalt ermitteln?

**B1** *Angabe des Essigsäuregehalts in Speiseessig und Essigessenz.* **A:** *Vergleiche den Essigsäuregehalt von Speiseessig und Essigessenz aus dem Handel.*

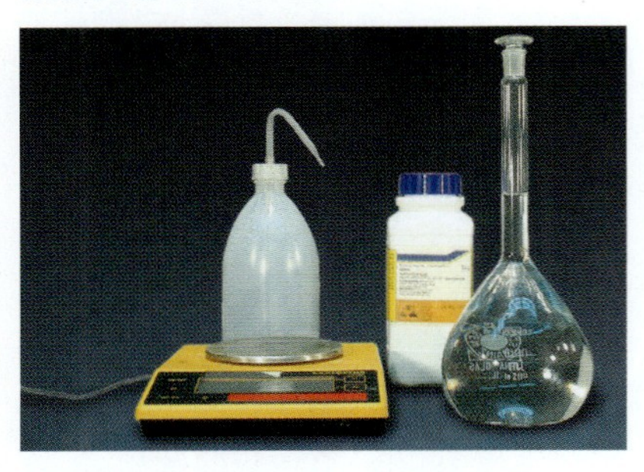

**B2** *Herstellung von 1 L Maßlösung: Die abgewogene Stoffportion wird im Messkolben in ca. 800 mL Wasser gelöst, danach wird bis zur Marke am Kolbenhals mit Wasser aufgefüllt.* **A:** *Berechne die Masse an Natriumhydroxid, die man benötigt, um eine Maßlösung der Konzentration c = 0,1 mol/L herzustellen.*

**B3** *Titrationsvorrichtung*

### Versuche

**V1** Baue eine Titrationsvorrichtung wie in B3 auf und fülle die Bürette vorsichtig mit Natronlauge*, $c$ = 0,1 mol/L. Lass genau 5 mL Natronlauge aus der Bürette in ein Becherglas fließen.

**V2** Pipettiere in einen Erlenmeyerkolben 20 mL Salzsäure*, $c$ = 0,1 mol/L, und füge einige Tropfen Bromthymolblau-Lösung hinzu. Gib in eine Bürette Natronlauge*, $c$ = 0,1 mol/L, lies den Flüssigkeitsstand ab und titriere damit die Salzsäureportion bis zum Farbumschlag nach Blau. Notiere das Volumen der verbrauchten Maßlösung Natronlauge. Wiederhole den Versuch mit 10 mL Salzsäure*, $c$ = 0,1 mol/L. Verdünne diese vor dem Titrieren mit ca. 40 mL dest. Wasser.

**V3** Pipettiere 5 mL Speiseessig in einen Erlenmeyerkolben, verdünne mit dest. Wasser auf 50 mL, füge einige Tropfen Bromthymolblau-Lösung hinzu und titriere mit Natronlauge*, $c$ = 0,1 mol/L, bis zum Farbumschlag.

### Auswertung

a) Notiere deine Beobachtungen zu V2. Erkläre die Beobachtungen und gib die Reaktionsgleichung der abgelaufenen Reaktion an.

b) Gib an, welche Auswirkung das Verdünnen mit dest. Wasser bei V2, Teil 2 auf das Ergebnis hat und begründe deine Antwort.

c) Essigsäure $\mathbf{CH_3COOH}$ bildet bei der Neutralisation mit Natronlauge gelöstes Natriumacetat $(\mathbf{CH_3COO^-})(\mathbf{Na^+})(\mathbf{aq})$. Berechne die Stoffmengenkonzentration an Essigsäure in 5 mL Speiseessig.

d) Bestimme die Masse an Essigsäure in 5 mL Speiseessig. Vergleiche das Ergebnis mit den Angaben auf dem Etikett. Speiseessig hat eine Dichte von ca. 1 g/L.

| | | | |
|---|---|---|---|
| (I) | $c = \frac{n}{V}$ | $n$: | Stoffmenge in mol |
| (II) | $n = c \cdot V$ | $V$: | Volumen in mL (oder L) |
| (III) | $n = \frac{m}{M}$ | $c$: | Konzentration in mol/L |
| (IV) | $m = n \cdot M$ | $m$: | Masse in g |
| | | $M$: | molare Masse in g/mol |

**B4** *Größen und Gleichungen für die Auswertung von Titrationen. Gleichung (II) ist eine Umformung von Gleichung (I) und Gleichung (IV) eine Umformung von Gleichung (III).* **A:** *Forme die Gleichung (I) nach dem Volumen V und die Gleichung (III) nach der molaren Masse M um.*

## Titration und stöchiometrisches Rechnen[1]

Die **Neutralisationsreaktion** zwischen einer sauren und einer alkalischen Lösung verläuft sehr rasch, bis am „Ende" der Neutralisationsreaktion das Gemisch der beiden Lösungen neutral ist. Dieses „Ende" wird durch den Farbumschlag eines Indikators ziemlich genau angezeigt. Diese Beobachtung macht es möglich, Säuren und Hydroxide in Lösungen quantitativ zu bestimmen. Der Versuch muss dabei so angesetzt sein, dass die **Stoffmenge** eines Reaktionspartners genau bekannt ist. Die Stoffmenge des anderen ermittelt man über die Reaktionsgleichung der Neutralisationsreaktion.

**Beispiel zu der rechnerischen Auswertung eines Titrationsergebnisses**
Bei der Titration einer Portion von 35 mL Salzsäure mit Natronlauge, $c$ = 0,1 mol/L, wurden bis zum Farbumschlag des Indikators 20 mL Natronlauge verbraucht.

I. Berechne die **Stoffmengenkonzentration $c$** der titrierten Salzsäure.
II. Welche **Masse $m$** gelösten Chlorwasserstoffs enthielt die Salzsäureportion?

**Lösung zu I.**

(1) Aufstellen der **Reaktionsgleichung** für die Stoffumsetzung:
$$\mathbf{HCl(aq) + NaOH(aq) \longrightarrow H_2O(l) + NaCl(aq)}$$
(2) Ablesen des **Stoffmengenverhältnisses** der interessierenden Reaktionspartner aus der Reaktionsgleichung:
$$\frac{n(\mathbf{HCl})}{n(\mathbf{NaOH})} = \frac{1}{1}\text{; daraus folgt: } n(\mathbf{HCl}) = n(\mathbf{Na(OH)})$$
(3) Einsetzen der Stoffmengen $n$ gemäß Gleichung (II) aus B4:
$$c(\mathbf{HCl}) \cdot V_{LS}(\mathbf{HCl}) = c(\mathbf{NaOH}) \cdot V_{LS}(\mathbf{NaOH})$$
(4) Umformen der Größengleichung nach der gesuchten Größe $c(\mathbf{HCl})$ und Einsetzen der bekannten Zahlenwerte der übrigen Größen:
$$c(\mathbf{HCl}) = \frac{c(\mathbf{NaOH}) \cdot V_{LS}(\mathbf{NaOH})}{V_{LS}(\mathbf{HCl})} = \frac{0{,}1\ \text{mol/L} \cdot 20\ \text{mL}}{35\ \text{mL}} = 0{,}057\ \text{mol/L}$$

**Lösung zu II.**

Es finden die gleichen Überlegungen (1) und (2) wie oben statt. Salzsäure und Natronlauge reagieren im Verhältnis 1:1, für die Stoffmengen gilt:

$$n(\mathbf{HCl}) = n(\mathbf{NaOH}).$$

(3) Da für Salzsäure nach der Masse des gelösten Chlorwasserstoffs gefragt wurde, kann man die **Beziehung zwischen Stoffmenge $n$ und Masse $m$** (Formel (III) aus B4) nutzen. Auf der rechten Seite wird wie oben umgeformt:
$$\frac{m(\mathbf{HCl})}{M(\mathbf{HCl})} = c(\mathbf{NaOH}) \cdot V_{LS}(\mathbf{NaOH})$$
(4) Nach der gesuchten Masse der titrierten (gelösten) Chlorwasserstoffportion aufgelöst ergibt sich: $m(\mathbf{HCl}) = M(\mathbf{HCl}) \cdot c(\mathbf{NaOH}) \cdot V_{LS}(\mathbf{NaOH})$
(5) Setzt man alle bekannten Werte ein, wobei man auf gleiche Volumeneinheiten achten muss, erhält man:
$m(\mathbf{HCl})$ = 36,5 g/mol · 0,1 mol/L · 0,020 L = 0,073 g
In der Portion Salzsäure waren also 0,073 g Chlorwasserstoff gelöst.

**B5** *Cola enthält Phosphorsäure $\mathbf{H_3PO_4}$. Ein Molekül kann drei Wasserstoff-Ionen abgeben. Bei der Titration einer Portion Cola mit Natronlauge wird Phosphorsäure zu Natriumphosphat $\mathbf{Na_3PO_4}$ umgesetzt.*
*A: Formuliere die Reaktionsgleichung für die Neutralisationsreaktion. Gib das Stoffmengenverhältnis von Phosphorsäure zu Natronlauge $n(\mathbf{H_3PO_4}) : n(\mathbf{NaOH})$ an. Bei einer Titration von 100 mL Cola wurden 36 mL Natronlauge (c = 0,05 mol/L) verbraucht. Berechne die Stoffmengenkonzentration der Phosphorsäure in diesem Getränk.*

### *Aufgabe*

***A1*** Bestimmung der Masse von Natriumhydroxid in „Rohrfrei":
10 g „Rohrfrei" wurden in 100 mL Wasser gegeben und so lange geschüttelt, bis sich alles aufgelöst hat. 20 mL dieser Lösung wurden in einem Erlenmeyerkolben mit Wasser auf 50 mL aufgefüllt. Nach der Zugabe einiger Tropfen Phenolphthalein-Lösung, $w < 1\%$, wurde die rosafarbene Lösung mit Salzsäure, $c$ = 1 mol/L, bis zum Farbwechsel titriert. Dabei wurden 27 mL Salzsäure verbraucht.
a) Ermittle die Stoffmenge $n$ und die Masse $m$ an Natriumhydroxid in 10 g „Rohrfrei". Erläutere den Lösungsweg.
b) Vergleiche das Ergebnis mit den Herstellerangaben zu einem Natriumhydroxidanteil von 50–60 %.

### Fachbegriffe

Neutralisation, Stoffmenge $n$, molare Masse $M$, Stoffmengenkonzentration $c$

[1] Vgl. Kleines Chemie-Lexikon, S. 250 f.

# M+ Stationenlernen Säuren und Laugen

## Station 1 Citronensäure in der Küche

**B1** *Zitronen enthalten Citronensäure.*

Citronensäure kommt in Zitronen und Zitrusfrüchten, aber auch in vielen anderen Früchten vor. In 100 mL Zitronensaft sind neben ca. 5–9 g Citronensäure ca. 1–2 g Zucker, 0,3 g Eiweiß, 0,4 g Mineralstoffe und etwa 53 mg Vitamin C enthalten.

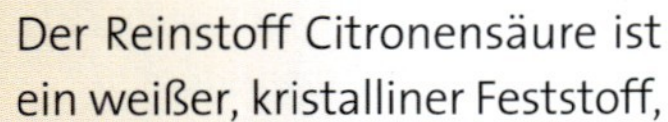

Der Reinstoff Citronensäure ist ein weißer, kristalliner Feststoff, der als Geschmacksstoff und Säuerungsmittel sehr vielen Lebensmitteln (Limonaden, Marmeladen, Tees, Konserven u. v. a.) zugesetzt wird. Der Citronensäuregehalt einer Lösung kann durch Neutralisation mit Natronlauge bestimmt werden. Dabei reagiert ein Citronensäure-Molekül (Abkürzung $H_3Cit$) mit drei Formeleinheiten Natriumhydroxid.

***V1*** Miss 10 mL frisch gepressten und durch ein Sieb filtrierten Zitronensaft genau ab, verdünne mit ca. 10 mL dest. Wasser, gib einige Tropfen Bromthymolblau-Lösung hinzu und titriere die Lösung mit Natronlauge*, $c$ = 1 mol/L. Verfahre entsprechend mit abgekochter Zitronenlimonade.

***A1*** Bestimme den Gehalt von Citronensäure in Zitronensaft und vergleiche mit den Angaben im Text.
***A2*** Bestimme den Gehalt von Citronensäure in Zitronenlimonade.
***A3*** Begründe, warum Zitronenlimonade zusätzlich große Mengen Zucker enthält. Bewerte die Zusammensetzung von Zitronenlimonade für deinen Körper.
***A4*** Erkläre, warum die Zitronenlimonade vor der Titration abgekocht werden muss.

## Station 3 Säuren in Nahrungsmitteln

| E–Nr. | Carbonsäure |
|---|---|
| E 200 | Sorbinsäure |
| E 210 | Benzoesäure |
| E 236 | Ameisensäure |
| E 260 | Essigsäure |
| E 270 | Milchsäure |
| E 280 | Propionsäure |
| E 296 | Äpfelsäure |
| E 330 | Citronensäure |
| E 334 | Weinsäure |

**B2** *E-Nummern einiger Lebensmittelzusatzstoffe. Zusatzstoffe in Lebensmitteln müssen entweder durch die E-Nummer oder den Substanznamen auf der Verpackung angegeben sein. So steht E 330 für Citronensäure, E 331–E 333 sind die Abkürzungen für Natrium-, Kalium- und Calciumcitrate, Salze der Citronensäure.*

***A1*** Erstelle im Supermarkt eine Liste von Produkten, die Citronensäure oder ihre Salze enthalten.
***A2*** Erkundige dich im Supermarkt, welche Produkte Sorbin- oder Benzoesäure enthalten und welche Funktion diese Säuren in Nahrungsmitteln haben.

Die Wirkung von Sorbin- und Benzoesäure lässt sich gut im Experiment überprüfen:
***V1*** Löse je eine Messerspitze Sorbinsäure (Einmachhilfe) und Benzoesäure in wenig heißem Wasser. Gib auf einen Teller 3 Stücke Brot, beträufele ein Stückchen mit Benzoesäure-Lösung, das zweite mit Sorbinsäure-Lösung, das dritte mit Wasser zum Vergleich. Decke ab und lass einige Tage stehen.

***A3*** Notiere deine Beobachtungen bei V1 und begründe, warum man Benzoesäure als Konservierungsstoff für Brot bezeichnen kann.
***A4*** Sammle Vor- und Nachteile bei der Verwendung von Konservierungsstoffen in Lebensmitteln und Medikamenten.

## Station 2 Laugen in Medikamenten

Der menschliche Magen enthält Salzsäure. Wird zu viel Salzsäure produziert, äußert sich das in unangenehmem Sodbrennen.
Zur Linderung dieser Beschwerden kann man Stoffe einnehmen, die den Überschuss an Salzsäure neutralisieren. Wirksam sind hier besonders Magnesiumhydroxid $Mg(OH)_2$ und Aluminiumhydroxid $Al(OH)_3$.

***A1*** Plane ein Experiment, mit dem du die Menge an Hydroxiden in Medikamenten gegen Sodbrennen bestimmen kannst.

***V1*** Besprich deine Überlegungen mit der Lehrkraft und führe sie anschließend z. B. mit einem Päckchen Maaloxan© durch.

***A2*** Verfasse einen Informationstext zu dem Medikament aus V1.
***A3*** Erkundige dich nach alternativen Behandlungsmöglichkeiten bei Sodbrennen.

**Station 4**

## Essigsäure in Küche und Bad

**B3** *Verkalkte Geräte.* ***A:*** *Beschreibe die Probleme, die verkalkte Geräte verursachen.*

Chemisch reines Wasser wäre für unsere Ernährung untauglich. Die im Trinkwasser gelösten Salze sind lebenswichtige Mineralstoffe, die dem Körper zugeführt werden müssen. Sie verursachen aber auch die Härte des Wassers.
Diese zeigt sich, wenn an heißen Teilen wie am Warmwasserhahn oder am Tauchsieder allmählich Calciumcarbonat (Kalkstein) ansetzt. Hierbei reagieren gelöste Calcium-Ionen mit Hydrogencarbonat-Ionen zu Calciumcarbonat:

$$Ca^{2+}(aq) + 2HCO_3^-(aq) \longrightarrow CaCO_3(s) + CO_2(g) + H_2O(l).$$

Ein bewährtes Haushaltsmittel zur Entfernung dieser Kalkablagerungen ist Essig.

***V1*** Übergieße in einem Rggl. etwas Calciumcarbonat mit Essig (verdünnte Essigsäure-Lösung), leite das entstehende Gas in Kalkwasser ein und notiere deine Beobachtungen.

***A1*** Die hydratisierten Wasserstoff-Ionen der Essigsäure-Lösung reagieren mit den Carbonat-Ionen zu Wasser- und Kohlenstoffdioxid-Molekülen, die Calcium-Ionen gehen in Lösung:

$$2H^+(aq) + CaCO_3(s) \longrightarrow H_2O(l) + CO_2(g) + Ca^{2+}(aq).$$

Erkläre anhand der Reaktionsgleichung deine Beobachtungen.

***A2*** Erkläre, warum man Kalkablagerungen in der Kaffeemaschine z.B. mit Essig entfernen kann. Nenne den Vorteil beim Einsatz von Citronensäure.

***A3*** Waschbecken, auf denen durch verdunstete Wassertropfen Kalk abgelagert ist, darf man mit Essig reinigen, Marmorböden hingegen auf keinen Fall. Erkläre diesen Unterschied.

**Station 5**

## Ionen und Kohlensäure im Wasser

**B4** *Wassersorten aus dem Alltag enthalten Ionen.*

Natürliches Regenwasser reagiert schwach sauer. Beim Durchsickern durch die Bodenschichten werden verschiedene Salze gelöst und Wasserstoff-Ionen $H^+(aq)$ gegen Metall-Kationen ausgetauscht. Trinkwasser reagiert daher nicht mehr sauer, es enthält als Kationen u.a. Natrium-Ionen $Na^+(aq)$, Calcium-Ionen $Ca^{2+}(aq)$, und Magnesium-Ionen $Mg^{2+}(aq)$ und als häufigste Anionen Hydrogencarbonat-Ionen $HCO_3^-(aq)$, Sulfat-Ionen $SO_4^{2-}(aq)$ und Chlorid-Ionen $Cl^-(aq)$. Frisches Mineralwasser enthält Kohlensäure $H_2CO_3$, die allerdings als Wasserstoff-Ionen $H^+(aq)$ und Hydrogencarbonat-Ionen $HCO_3^-(aq)$ vorliegt.

***V1*** Versetze etwas Mineralwasser aus einer frisch geöffneten Flasche mit Universalindikator-Lösung. Rühre das Mineralwasser oder erhitze es und beobachte die Änderungen.

***A1*** Überprüfe, in welchen Konzentrationen die oben genannten Ionen im Mineralwasser deiner Hausmarke enthalten sind.

***A2*** Erläutere mit folgenden umkehrbaren Reaktionen, was du beim Rühren oder Erhitzen von Mineralwasser beobachtet hast:

$$H_2O(l) + CO_2(g) \rightleftharpoons H_2CO_3(aq)$$
$$H_2CO_3(aq) \rightleftharpoons H^+(aq) + HCO_3^-(aq).$$

***A3*** Steigt der Kohlenstoffdioxidgehalt in der Atmosphäre, wird mehr Kohlensäure im Meerwasser gelöst. Erläutere anhand der Gleichungen aus A2, wie sich dies auf den *p*H-Wert des Meerwassers auswirkt. Beschreibe mögliche Folgen für Muscheln und Korallen, deren Skelette aus Kalk bestehen.

# M+ Stationenlernen Säuren und Laugen

## Station 6 *extra* Wasserhärte

Die Härtebereiche des Wassers werden in Grad deutscher Härte °d angegeben. 1°d entspricht 10 mg Calciumoxid **CaO** in 1 Liter Wasser und damit *c*(**CaO**) = 0,1783 mmol/L.

| | Härtebereich | *c*(CaO) in nmol/L | °d |
|---|---|---|---|
| | 1 (weich) | 0 bis 1,3 | 0 bis 7 |
| | 2 (mittelhart) | 1,3 bis 2,5 | 7 bis 14 |
| | 3 (hart) | 2,5 bis 3,8 | 14 bis 21 |
| | 4 (sehr hart) | > 3,8 | > 21 |

**B1** *Verschiedene Härtebereiche des Wassers, entsprechende Angaben in Grad deutscher Härte und Farbverlauf beim Teststäbchen*

Andere Verbindungen wie Magnesium- und Eisensalze werden auf Calciumoxid umgerechnet. In Abhängigkeit von dem geologischem Untergrund ist das Wasser einer Region härter oder weicher. Hartes Wasser führt zum einen dazu, dass Geräte, die mit ihnen in Kontakt kommen, schneller verkalken. Zum anderen zeigt hartes Wasser ein anderes Verhalten gegenüber Seife als weiches Wasser.

***V1*** Bestimme den Härtegrad verschiedener Wässer (z.B. Leitungswasser, Tafelwasser, Mineralwasser ...) mit Teststäbchen. Versetze jeweils eine Wasserprobe im Rggl. mit einem kleinen Stückchen Seife und schüttle das mit einem Gummistopfen verschlossene Rggl.

***A1*** Notiere deine Beobachtungen in einer Tabelle.
***A2*** Erkundige dich bei deinem Wasserwerk, woher das Trinkwasser stammt und welcher Härtebereich vom Wasserwerk angegeben wird. Vergleiche mit deiner Beobachtung.
***A3*** Ziehe aus deinen Beobachtungen Schlussfolgerungen über die Waschwirkung von Seife in hartem Wasser.
***A4*** Gib Konsequenzen für die Zusammensetzung von Waschmitteln an. Erkundige dich auf Waschmittelverpackungen, ob sie zutreffen.

## Station 7 Kaffeemaschine entkalken

Zur Vorbereitung wird ein Modell einer verkalkten Kaffeemaschine hergestellt: Ein Rggl. wird mit schwarzem Band umklebt, mit ca. 0,5 g Calciumcarbonat befüllt und mit einem Gummistopfen verschlossen.

***A1*** Plane einen Versuch, mit dem du die „Kaffeemaschine" entkalken und dann überprüfen kannst, ob sie entkalkt und das (Kaffee)-Wasser wieder klar ist (ohne den Inhalt zu sehen). Besprich deine Vorschläge mit deiner Lehrkraft und führe sie anschließend durch.

## Station 8 Kalkwasser

Kalkwasser, eine wässrige Lösung von Calciumhydroxid $Ca(OH)_2$, ist ein Nachweisreagenz für Kohlenstoffdioxid. Leitet man Kohlenstoffdioxid in Kalkwasser ein, so fällt schwerlösliches Calciumcarbonat aus und trübt die Lösung.

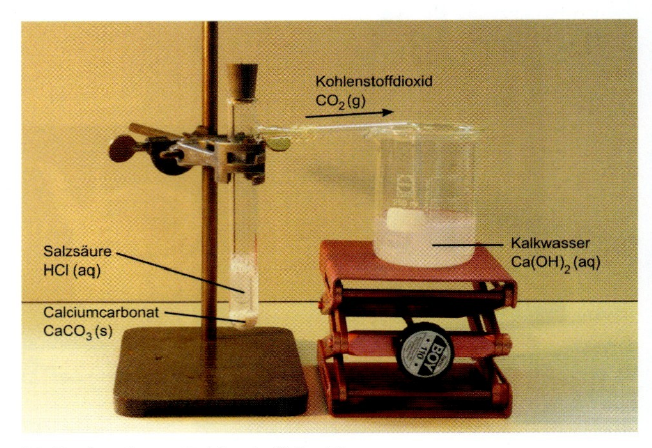


**B2** *Nachweis von Kohlenstoffdioxid*

***A1*** Erläutere den Kohlenstoffdioxid-Nachweis (B2). Formuliere für die ablaufende Reaktion die Wort- und die Reaktionsgleichung.
***A2*** Recherchiere in deinen Unterlagen, bei welchen Versuchen diese Kalkwasserprobe durchgeführt wurde.
***A3*** Plane ein Experiment, mit dem man die Konzentration von Calciumhydroxid in der Kalkwasserprobe mit der Sammlung deiner Schule bestimmen kann. Besprich deinen Vorschlag mit deiner Lehrkraft, führe ihn durch und werte ihn aus.

## Station 9 Technischer Kalkkreislauf

Kalkstein (Calciumcarbonat) $CaCO_3$ wird durch Säuren oder starkes Erhitzen zersetzt. Im technischen Kalkkreislauf wird daraus in Drehöfen bei ca. 1000 °C gebrannter Kalk **CaO** erzeugt, der auf der Baustelle mit Wasser gemischt wird. Dabei entsteht weißer, breiiger Löschkalk $Ca(OH)_2$, der mit Sand zu Mörtel angerührt wird. Durch Abbinden an der Luft entsteht wieder fester Kalk $CaCO_3$.

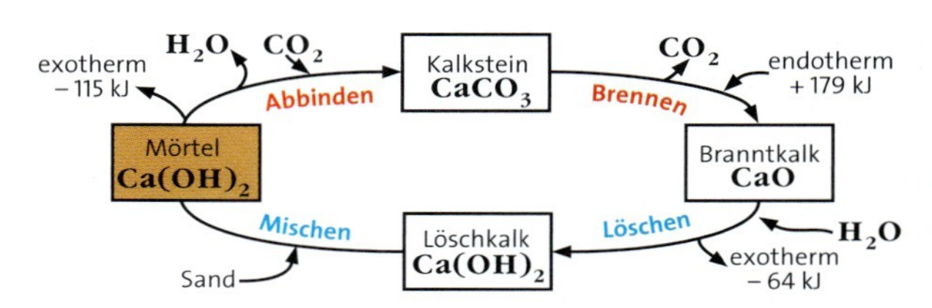


**B3** *Technischer Kalkkreislauf.* ***A:*** *Rechne die Energiebilanz des Kreislaufs aus und begründe, warum hier dennoch wertvolle Energie in wertlose Energie umgewandelt wird.*

**V1** Erhitze ein kleines, abgewogenes Stück Marmor auf einer Magnesiarinne 5 min lang in der Brennerflamme auf Glühtemperatur. a) Stelle nach dem Abkühlen die Massenänderung fest. b) Bringe auf den gebrannten Kalk * zwei Tropfen Wasser und einen Tropfen Phenolphthalein-Lösung und beobachte. Vergleiche mit einem Stückchen ungebrannten Marmors.
**V2** Gib in eine Porzellanschale zwei gehäufte Löffel Calciumoxid* (gebrannter Kalk), halte ein Thermometer hinein und übergieße mit ca. 5 mL Wasser. Rühre vorsichtig und beobachte die Temperatur. Tupfe etwas von dem erhaltenen Brei (gelöschter Kalk) auf einen Streifen Indikatorpapier.

**A1** Notiere deine Beobachtungen bei V1 und V2 und erkläre sie u.a. mithilfe deines Wissens über Säuren und Basen.
**A2** Begründe, welcher der Versuche welchem der in B3 dargestellten Prozesse zugeordnet werden kann.
**A3** Im technischen Kalkkreislauf liegen Calciumcarbonat $CaCO_3$, Calciumoxid $CaO$ und Calciumhydroxid $Ca(OH)_2$ vor. Erläutere anhand von B3, wie diese Verbindungen ineinander überführt werden.
**A4** Begründe, mit welchen der im Folgenden angegebenen Hilfsmittel du überprüfen könntest, ob eine Mörtel-Probe abgebunden ist: Wasser, Kalkwasser, Thermometer, Filterpapier, Natronlauge, Salzsäure, pH-Papier, Bunsenbrenner.
**A5** Erkläre, was mit der Aussage „Kalk: mechanisch stark – chemisch labil" gemeint sein könnte.

Station 10

## extra Saurer Regen

**B4** *Viele Emissionen werden vom Menschen verursacht.*

Reagieren Nichtmetalloxide mit Wasser, sinkt dessen *p*H-Wert, es wird sauer. Regen hat einen *p*H-Wert von 5,5, da mit dem Regenwasser natürlich gebildete Nichtmetalloxide reagieren: Schwefeldioxid, das Sümpfen und Vulkanen entweicht, Stickstoffoxide, die bei Gewittern und durch die Oxidation von Ammoniak in der Atmosphäre entstehen, und Kohlenstoffdioxid, das z. B. bei der Atmung frei gesetzt wird. Der Mensch belastet die Atmosphäre **zusätzlich** und erheblich mit Nichtmetalloxiden, die bei Verbrennungsprozessen (z. B. von Erdöl, Erdgas, Holz und Kohle) entstehen.

Durch diese zusätzlich vom Menschen verursachten Emissionen (B4) wird der *p*H-Wert des Regenwassers weiter gesenkt, es entsteht **saurer Regen**.

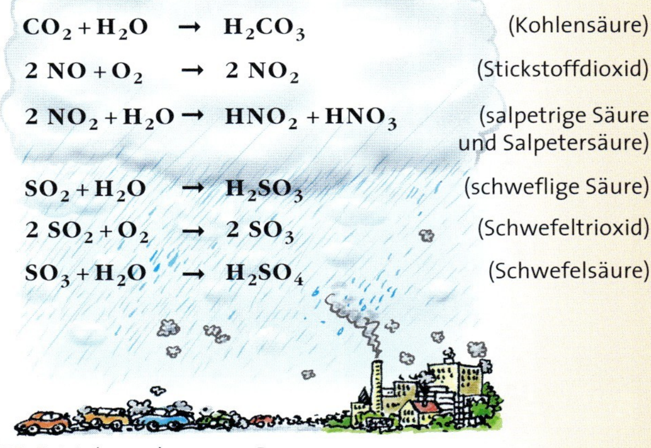


**B5** *Entstehung des sauren Regens*

**V1** Bestimme die *p*H-Werte verschiedener Wasserproben (z. B. Regen-, Teich-, Leitungs- und Mineralwasser).
**V2** Untersuche den *p*H-Wert von 100 mL dest. Wasser mit einem *p*H-Meter oder empfindlichem Indikatorpapier. Leite Kohlenstoffdioxid aus einer Gasflasche oder einem Gasentwickler in das Wasser. Beobachte die Änderung des *p*H-Wertes. Fertige eine Wertetabelle (Zeit-*p*H-Wert) an. Wiederhole den Versuch im Abzug mit Schwefeldioxid*, das deine Lehrkraft aus einem Gasentwickler (Natriumsulfit* und konz. Schwefelsäure*) herstellt und in dest. Wasser einleitet. Achte auf vergleichbare Bedingungen (Anzahl Blasen pro min in der Wasserprobe). Fertige auch hier eine Wertetabelle an.

**A1** Notiere deine Beobachtungen und erkläre sie. Welche Reaktionen haben stattgefunden?
**A2** Erläutere die Bildung von Schwefelsäure im sauren Regen (B5).
**A3** Recherchiere die Funktion des Katalysators im Auto.

Station 11

## extra Versauerung von Seen

Seen, die keinen Wasserzu- und ablauf haben und das Regenwasser sammeln, können die mit dem Regen zugeführten Säuren je nach Boden nur schlecht neutralisieren. Die sauren Niederschläge sind daher auch für die Versauerung von Seen z. B. in Skandinavien verantwortlich.

**A1** Überlege dir mögliche Maßnahmen gegen die Versauerung von Seen. Worin liegen die Probleme?
**A2** Um der Übersäuerung von Waldböden entgegenzuwirken, wird Kalk (Calciumcarbonat) auf dem Waldboden verteilt. Erläutere diese Maßnahme. Begründe, warum Kalk hierbei besser geeignet ist als z. B. Natriumhydroxid.

# M+ Stationenlernen Säuren und Laugen

## Station 12 Steinfraß und Waldsterben

**B1** *Veränderung einer Sandsteinfigur am Kölner Dom durch die Einwirkung des sauren Regens*

Eine Sandsteinfigur am Kölner Dom verändert sich im Laufe der Jahre durch die Einwirkung von Wind und Wetter. Grund dafür ist der Steinfraß, der zur Zerstörung von Bauwerken führt und durch den sauren Regen verursacht wird. Dabei wird Dolomit (Calciummagnesiumcarbonat) im Kalksandstein durch den sauren Regen in folgender Reaktion – stark vereinfacht dargestellt – angegriffen:

$$CaMg(CO_3)_2 + 2SO_2 + O_2 + 2H_2O \longrightarrow CaSO_4 \cdot 2H_2O + MgSO_4 + 2CO_2$$

So entstehen Salze, die relativ gut wasserlöslich sind und sich ausdehnen, wodurch sie den Kalksandstein aufsprengen und aushöhlen.

Zusammen mit anderen Schadstoffen wie z. B. Ozon und Benzin sowie unter intensiver Sonneneinstrahlung ist der saure Regen mitverantwortlich für Waldschäden. Es gilt als sicher, dass Schwefelsäure, Salpetersäure und schweflige Säure des sauren Regens aus dem Boden Metall-Ionen, z. B. Aluminium-Ionen $Al^{3+}$, freisetzen, die die Feinwurzeln der Bäume schädigen. Weiterhin reagieren schlecht wasserlösliche Nährsalze mit den Säuren und für Pflanzen wichtige Kationen wie Calcium-Ionen $Ca^{2+}$ und Magnesium-Ionen $Mg^{2+}$ können ausgewaschen werden. Durch Kalkzusätze versucht man, die Übersäuerung der Böden zu mildern.

*A1* Erkundige dich nach den aktuellen Daten zum Zustand des Waldes in Deutschland.

## Station 13 Schwefelsäure – eine technische Grundchemikalie

**B2** *Schwefelsäure ist eine Grundchemikalie, die in großen Industrieanlagen hergestellt wird. Das Recycling lohnt sich ebenfalls.*

Das Röhrenlabyrinth (B2 links) ist ein Teil einer Schwefelsäurefabrik. Jährlich werden weltweit über 100 Mio. Tonnen dieser technisch wichtigsten Säure hergestellt. Aus den Rohstoffen Schwefel, Luft und Wasser wird die Schwefelsäure in drei Schritten gewonnen:

1. Schwefel reagiert mit Sauerstoff zu Schwefeldioxid.
2. Schwefeldioxid reagiert mit Sauerstoff zu Schwefeltrioxid.
3. Schwefeltrioxid reagiert mit Wasser zu Schwefelsäure.

Schwefelsäure $H_2SO_4$ kommt in jedem Chemiewerk zum Einsatz. Die größten Mengen gehen in die Düngemittelproduktion, Mineralölraffination und Herstellung von Kunststoffen, Farbstoffen und Titandioxid, dem weißen Pigment in Papier und Hausfarben. Autobatterien enthalten Schwefelsäure-Lösung, $w$ = 27%, als sogenannte Akkusäure. Bei den technischen Prozessen fällt verunreinigte Schwefelsäure als Dünnsäure an, die früher ins Meer gegeben („verklappt") wurde. Heute gewinnt man daraus durch Recycling wieder reine Schwefelsäure.

Schwefelsäure ist eine farblose, ölige Flüssigkeit mit hoher Dichte ($\varphi$ = 1,83 g/cm$^3$) und hoher Siedetemperatur ($\vartheta_b$ = 380 °C). Konzentrierte Schwefelsäure hat einen Massenanteil von 98 % Schwefelsäure. Sie wirkt stark hygroskopisch und kann Wasser aus Verbindungen entziehen. Schwefelsäure löst sich in jedem Verhältnis und stark exotherm in Wasser.

*A1* Informiere dich über die Schwefelvorkommen auf der Erde. Nenne drei wichtige Abbaugebiete und finde sie im Atlas.

*A2* Recherchiere, was Dünnsäure ist und wie sie heute zu reiner Schwefelsäure recycelt wird.

**B3** *Verdünnen von Schwefelsäure und verkohlter Zucker*

***LV1*** Im Abzug wird ein Becherglas mit etwas Zucker gefüllt und mit konzentrierter Schwefelsäure* übergossen (B3).

*A3* Zucker ist eine Verbindung, deren Moleküle aus Kohlenstoff-, Wasserstoff- und Sauerstoff-Atomen aufgebaut sind. Erläutere deine Beobachtungen bei LV1.

*A4* Warum erzeugt konzentrierte Schwefelsäure in Holz, Papier und Baumwolle (und Haut) schwarzumrandete Löcher?

*A5* Besonders bei der Verdünnung von konzentrierter Schwefelsäure gilt der Spruch: „Erst das Wasser, dann die Säure, sonst geschieht das Ungeheure." Begründe diesen Satz.

*A6* Gib die Reaktionsgleichungen zur Gewinnung von Schwefelsäure an.

Station 14

### Ammoniak – Grundlage für Düngemittel

Im Jahr 1889 schrieb der englische Chemiker Sir William Crooks:

*„Es ist klar, dass wir hier einem Riesenproblem gegenüberstehen, das den Scharfsinn der Klügsten herausfordert ... Die Bindung des atmosphärischen Stickstoffs ist eine der großen Entdeckungen, die auf die Genialität der Chemiker warten."*

Wieso war die „Bindung des atmosphärischen Stickstoffs" ein so großes Problem? Warum wollte man Stickstoff aus der Atmosphäre mit anderen Stoffen reagieren lassen?

Schon im 19. Jahrhundert wurden Stickstoffverbindungen als Düngemittel verwendet. In Europa düngte man mit Chilesalpeter, Natriumnitrat $NaNO_3$, einem Salz, das in Chile abgebaut und per Schiff nach Europa transportiert wurde. Der Vorgang war sehr teuer und die Vorräte nicht unendlich groß, so dass man nach Möglichkeiten suchte, Natriumnitrat auf andere Weise herzustellen. Eine Schlüsselposition nahm bei dieser Suche Ammoniak $NH_3$ ein, denn aus Ammoniak lassen sich Nitrate wie z.B. Natriumnitrat, aber auch Ammoniumsalze wie z.B. Ammoniumchlorid $NH_4Cl$ und damit auch Ammoniumnitrat $NH_4NO_3$ herstellen, die allesamt wichtige Düngemittel sind.

**B4** *Ein Gerstenfeld – ohne Düngung baut kein Bauer Getreide an.*

Da Stickstoff in der Luft reichlich vorkommt und somit recht preiswert war und ist, versuchte man, Stickstoff $N_2$ aus der Luft mit Wasserstoff $H_2$ zur Reaktion zu bringen, um Ammoniak $NH_3$ zu erhalten. Nach langer Forschung gelang es im Jahr 1909 Fritz Haber aus Karlsruhe, mit einem geeigneten Katalysator bei 550 °C und 17 500 hPa aus Stickstoff und Wasserstoff Ammoniak herzustellen.

*A1* Erkläre mit der Valenzstrichformel des Stickstoff-Moleküls, warum Stickstoff nur schwer mit anderen Stoffen reagiert.

*A2* Begründe den Einsatz von Düngemitteln und sammle Vor- und Nachteile.

*A3* Formuliere die Reaktionsgleichung für die Reaktion von Stickstoff und Wasserstoff zu Ammoniak.

*A4* Fritz Haber erhielt für seine Entdeckung im Jahr 1918 den Nobelpreis für Chemie. Informiere dich in einem Lexikon oder im Internet über Fritz Haber, Carl Bosch und die Geschichte des Haber-Bosch-Verfahrens.

Station 15

### *extra* Salzsäure in der Grundlagenforschung

FAZ 29.7.2009

**Kleinster Säuretropfen aus nur fünf Molekülen**

Nur vier Wassermoleküle und ein Molekül Chlorwasserstoff sind dazu erforderlich, den kleinsten Tropfen Salzsäure herzustellen. Das haben Forscher von der Ruhr-Universität in Bochum herausgefunden, als sie ein einzelnes Chlorwasserstoffmolekül stark abkühlten und sukzessive Wassermoleküle hinzugaben („Science", Bd. 324, S. 1545). Bei dem vierten Wassermolekül trat die für Salzsäure typische Reaktion ein. Das Chlorwasserstoff gab sein Proton an ein Wassermolekül ab, so dass sich ein positiv geladenes Hydroniumion – die Verbindung besteht aus drei Wasserstoffatomen und einem Sauerstoffatom – bildete. Dessen Konzentration ist ein Maß für den Säuregrad.

*A1* Skizziere den Sachverhalt.

# M+ Concept Maps – Saure Lösungen und Säuren

**Concept Maps** sind Begriffslandkarten zu einem gewählten Thema. Sie tragen mehr Inhalt als Mind Maps, da hier nicht nur durch Striche angedeutet wird, *dass* bestimmte Begriffe miteinander in Beziehung stehen. Hier werden die **Begriffe** durch Pfeile miteinander verbunden und die Pfeile durch **Relationen**, d. h. Beschreibungen auf den Pfeilen, ergänzt. So wird genauer Auskunft darüber gegeben, *wie* die Begriffe miteinander verbunden sind.

Im Folgenden findest du eine Concept Map zum Thema „Saure Lösungen/Säuren".

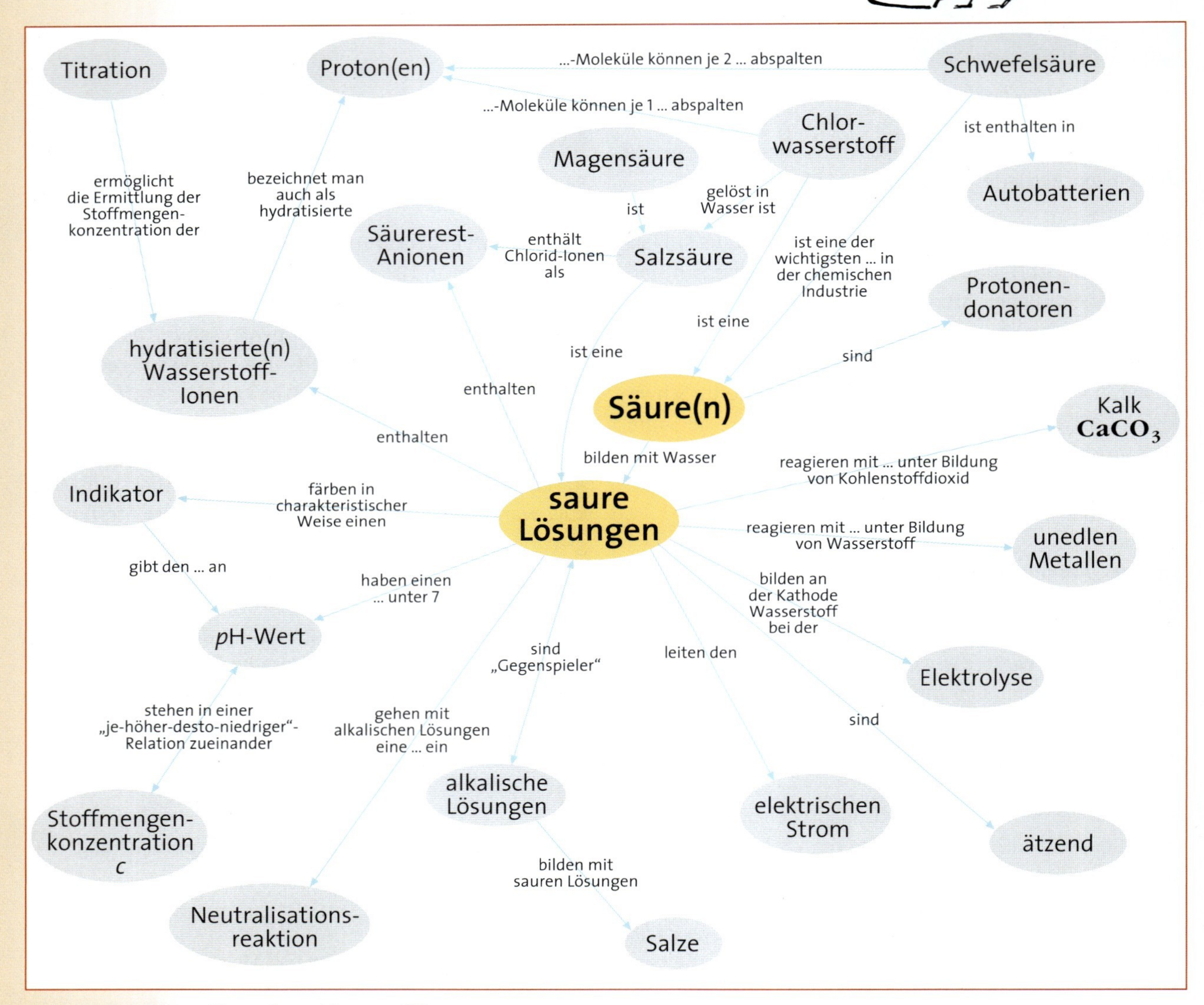


**B1** *Concept Map zum Thema Saure Lösungen/Säuren*

# M+ Concept Maps – Saure Lösungen und Säuren



*So erstellst du eine Concept Map:*

1. Sammle wichtige **Begriffe**, die du je auf einen kleinen Zettel schreibst. (Für den Anfang sollten es nicht zu viele Begriffe sein.)
2. Positioniere die Begriffe um den zentralen Begriff. Dabei sollten miteinander verwandte Begriffe auch räumlich nah beieinander arrangiert werden.
3. Schreibe auf einen weiteren Zettel, wie zwei Begriffe miteinander in Beziehung stehen und lege diesen Zettel zwischen die beiden Begriffe. Diese Beschreibung stellt die **Relation** dar, die später auf dem Pfeil positioniert wird. Verfahre so auch mit allen weiteren Paaren.
4. Überlege, welche Art von Pfeil (einfacher oder doppelter Pfeil) jeweils zwischen zwei Begriffe zu setzen ist und wie er ausgerichtet sein muss. Zeichne ihn auf die Beschreibungen.
5. Übertrage nun das gelegte Werk auf ein großes Papier. Achte darauf, dass es möglichst keine sich kreuzenden Pfeile gibt.
6. Ergänze die Concept Map ggf. um weitere Begriffe und/oder Relationen.

Du kannst Concept Maps natürlich auch direkt am Computer z. B. mit Powerpoint erstellen.

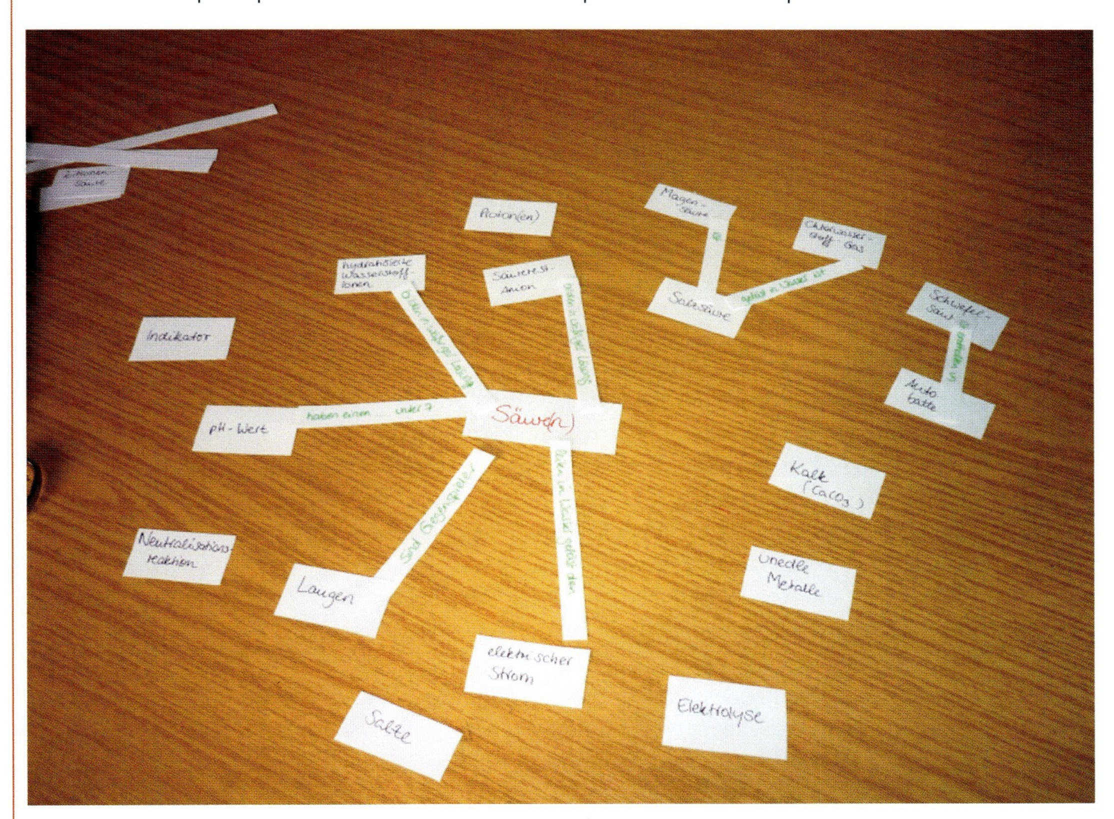


**B2** *Entwicklung einer Concept Map.* ***A:*** *Erkläre, warum Concept Maps eine gute Lernhilfe darstellen können.*

### *Aufgaben*

***A1*** Wähle fünf Begriffspaare und ihre Relationen aus der Concept Map zum Thema Saure Lösungen/Säuren (B1) und erläutere sie genauer, ggf. unter Erwähnung passender Experimente und Informationen aus dem Unterricht.

***A2*** Drucke die Concept Map zum Thema Saure Lösungen/Säuren unter *Chemie 2000+Online* aus und ergänze sie um mindestens drei weitere Relationen (Pfeile und Beschreibungen). Vergleiche deine Zusätze mit denen eines Partners.

***A3*** Erstelle mit einem Partner eine Concept Map zum Thema „Alkalische Lösungen (Laugen)“. Gehe dabei wie oben beschrieben vor. Präsentiere deinen Klassenkameraden deine Concept Map.

# M+ Basiskonzepte in der Chemie

Man kann die Chemie besser verstehen, wenn man ihre Systematik, d.h. ihren Bauplan erkennt. Darin gibt es bestimmte **Basiskonzepte**, die wie die tragenden Säulen bei einem großen Gebäude sind. Die Basiskonzepte helfen uns, die vielen Beobachtungen, Begriffe, Konzepte, Modelle und alles, was ebenfalls mit Chemie zu tun hat, einzuordnen und miteinander zu verknüpfen. Für die Inhalte der Chemie, die wir bisher kennengelernt haben, sind die folgenden drei Basiskonzepte von Bedeutung: **Chemische Reaktion**, **Struktur der Materie** und **Energie**.

## Basiskonzept Chemische Reaktion

Das Basiskonzept **Chemische Reaktion** beschreibt die Veränderungen von Stoffen auf der Ebene des Beobachtbaren und auf der Ebene der Teilchen. Im Zusammenhang mit dem Basiskonzept der chemischen Reaktion hast du u.a. bereits erfahren,

- dass bei chemischen Reaktionen neue Stoffe mit neuen Eigenschaften entstehen,
- dass bei einer chemischen Reaktion die Gesamtmasse der beteiligten Stoffe gleich bleibt,
- dass an Reaktionen beteiligte Teilchen immer in bestimmten Anzahlverhältnissen miteinander reagieren und
- dass Reaktionen zunächst durch Reaktionsschemata und genauer durch Reaktionsgleichungen beschrieben werden können.

Weiter kannst du:

- Reaktionen, bei denen Elektronen übertragen werden, als Redoxreaktionen einstufen und in das Donator-Akzeptor-Prinzip einordnen.
- Reaktionen, bei denen Protonen übertragen werden, in das Donator-Akzeptor-Prinzip einordnen.

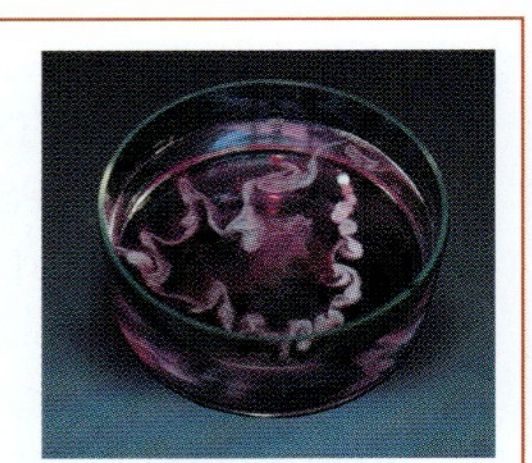

## Basiskonzept Struktur der Materie

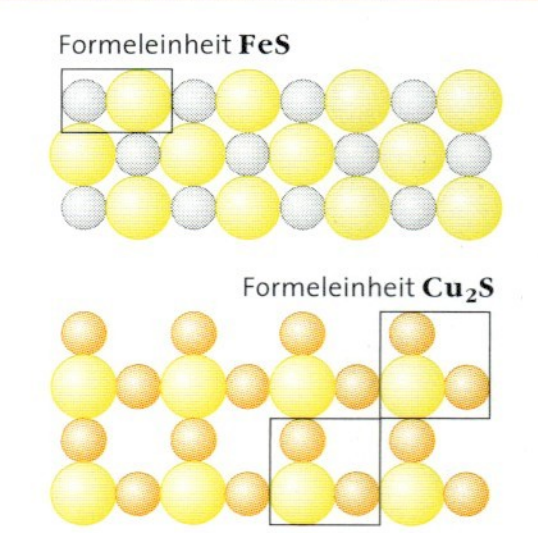


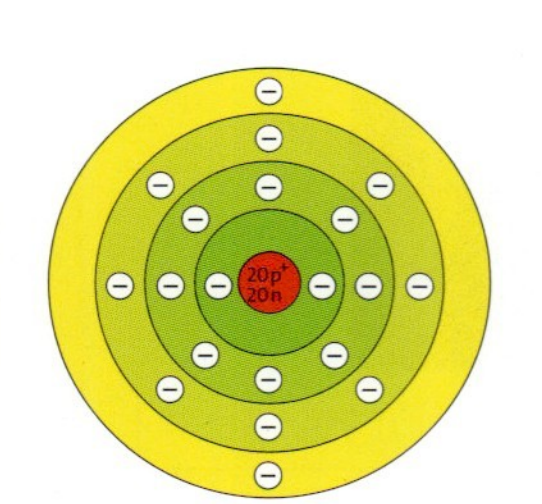


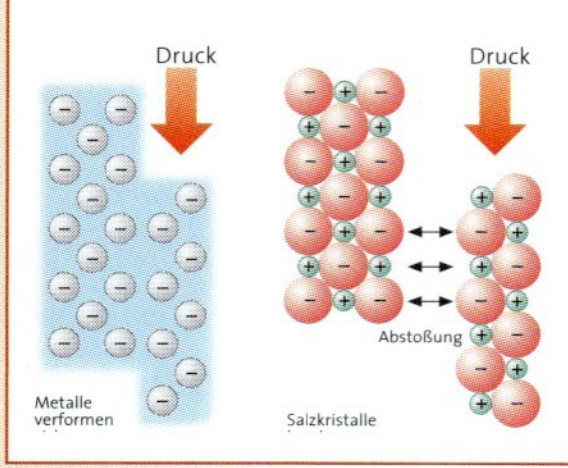


Das Basiskonzept **Struktur der Materie** fasst die wesentlichen Beobachtungen, experimentellen Befunde, logischen Überlegungen und Modelle zusammen, die in der Chemie unsere Vorstellungen vom Aufbau der Materie und von den Wechselwirkungen zwischen den kleinsten Teilchen wiedergeben. Du weißt u.a. bereits,

- dass Stoffe über ihre Stoffeigenschaften charakterisiert werden
- und dass Stoffe als Reinstoffe oder Gemische vorliegen,
- dass bei chemischen Reaktionen eine Umordnung der beteiligten Atome stattfindet,
- dass chemische Verbindungen sich nur durch chemische Reaktionen in die Elemente zerlegen oder umwandeln lassen,
- dass das Teilchenmodell, das DALTONsche Atommodell und das Elektronenschalenmodell in unterschiedlicher Ausprägung unsere Vorstellungen zum Aufbau der Materie wiedergeben,
- dass das Elektronenpaar-Abstoßungs-Modell EPA hilft, die räumliche Struktur von Molekülen zu verstehen,
- dass das Periodensystem gewissen Aufbauprinzipien (z.B. Anzahl der Protonen im Kern) folgt und
- dass Atome sich zu Molekülen verbinden oder Ionen bilden, woraus sich die verschiedenen Arten der chemischen Bindung ergeben.

**Basiskonzept Energie**

Energieumwandlungen treten bei allen chemischen Prozessen auf. **Energie** ist für alle drei Naturwissenschaften Chemie, Physik und Biologie ein Basiskonzept. Im Zusammenhang mit Energie hast du im Chemieunterricht u.a. bereits erfahren,

- dass Energieumwandlungen bei allen Vorgängen in der Chemie auftreten und entscheidend für ihren Ablauf sind (endotherme/ exotherme Reaktionen),
- dass Energie in unterschiedlichen Formen (Wärme, Licht, elektrische Energie etc.) vorkommt und übertragen werden kann,
- dass Energie erhalten bleibt und nicht vernichtet werden kann,
- dass Energie je nach Nutzbarkeit verschieden eingestuft wird (z.B. betrachten wir Wärme im Gegensatz zu elektrischer Energie als „entwertete" Energie),
- dass Energie in Atomen und chemischen Bindungen gespeichert ist,
- dass manche Energiequellen endlich sind und andere erst durch weitere Forschungsanstrengungen nutzbar gemacht werden müssen.

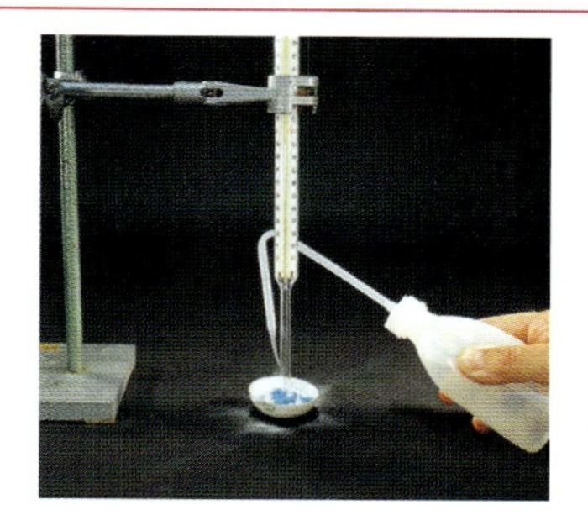

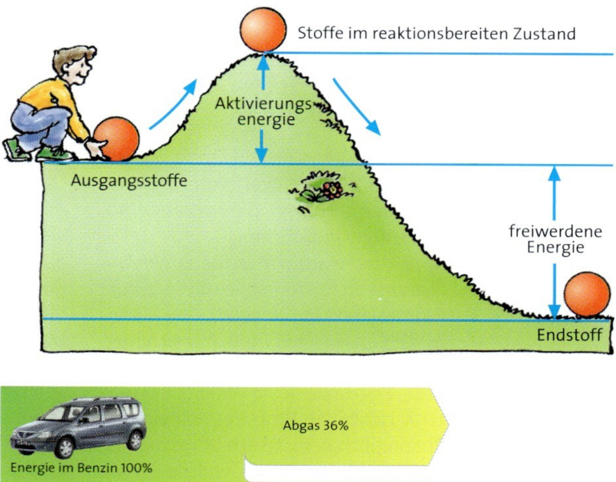


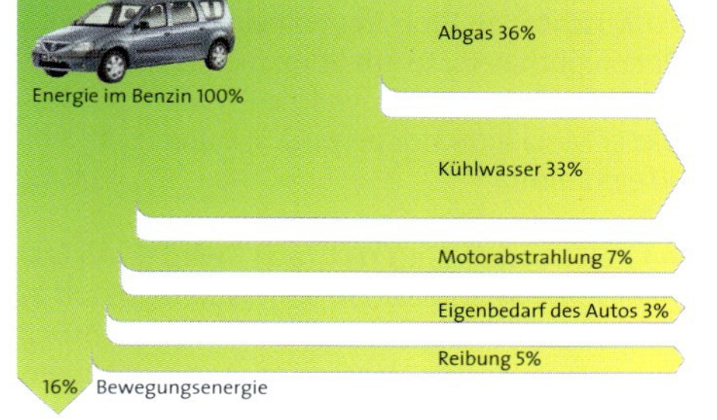


*Aufgaben*

*A1* Lies die Informationen zu den drei Basiskonzepten in der Chemie sorgfältig durch. Erkläre, in welcher Hinsicht die jeweils seitlich angefügten Abbildungen zu dem Basiskonzept passen.

*A2* Drucke die Concept Map zum Thema „Säuren" aus (vgl. *Chemie 2000+Online* und S. 194, B1). Markiere darauf Begriffe oder Relationen zum Basiskonzept „Chemische Reaktion" in Rot, zum Basiskonzept „Struktur der Materie" in Blau und zum Basiskonzept „Energie" in Gelb.

*A3* In einigen Fällen kommt es bei A2 zu doppelten Markierungen. Führe Gründe an, warum das so ist.

*A4* Gib an, inwieweit du in Zusammenhang mit dem Thema Säuren und Laugen dein Wissen zu den Basiskonzepten „Chemische Reaktion", „Struktur der Materie" und „Energie" erweitert hast.

TRAINING

*A1* Im 18. Jahrhundert wurden Ballons mit Wasserstoff gefüllt. Erläutere, wie man damals größere Mengen an Wasserstoff erzeugen konnte.

*A2* Um Kaffeemaschinen zu entkalken, setzt man häufig flüssige Entkalker ein, die einen Indikator enthalten. Der Indikator soll anzeigen, ob der Entkalkungsvorgang erfolgreich war. Ein solcher Indikator zeigt in sauren Lösungen eine rote, in alkalischen Lösungen eine gelbe Farbe. Welche Farbe muss der Indikator aufweisen, wenn die Kaffeemaschine entkalkt ist? Begründe deine Meinung.

*A3* Indikatoren sind Farbstoffe, die ihre Farbe in Abhängigkeit vom *p*H-Wert verändern. B1 zeigt die Farbänderungen einiger Indikatoren.
a) Erkläre, warum man für die Neutralisation von Natronlauge mit Salzsäure Bromthymolblau einsetzt.
b) Gib an, welcher Indikator sich hierfür statt Bromthymolblau einsetzen ließe. Begründe deine Wahl.
c) Mischt man Bromthymolblau und Phenolphthalein, so erhält man einen Mischindikator. Gib an, welche Farben dieser Mischindikator bei *p*H 2, 7, 8 und 10 einnimmt.

*A4* Kalkwasser $Ca(OH)_2(aq)$ wird häufig zur Neutralisation von Säuren eingesetzt. Formuliere die Reaktionsgleichungen für die Neutralisation von Salzsäure $HCl(aq)$ und Schwefelsäure $H_2SO_4(aq)$ mit Kalkwasser.

*A5* Sodbrennen entsteht, wenn Magensäure in die Speiseröhre gelangt (vgl. S. 176, B1). Dagegen helfen Medikamente, die z.B. Aluminiumhydroxid $Al(OH)_3$ enthalten. Begründe die lindernde Wirkung dieser Medikamente.

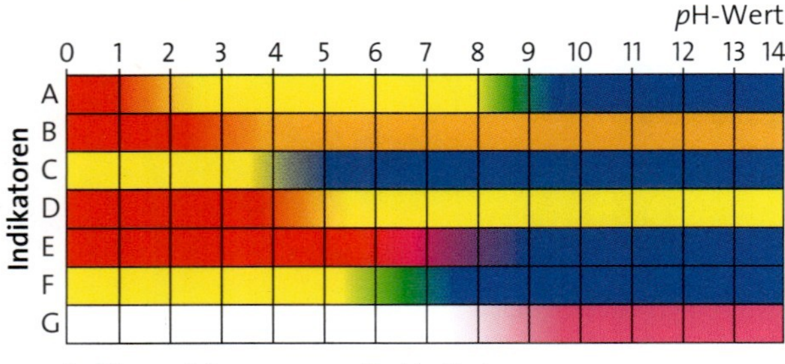


A: Thymolblau
B: Methylorange
C: Bromkresolgrün
D: Methylrot
E: Lackmus
F: Bromthymolblau
G: Phenolphthalein

**B1** *Farbänderungen einiger Indikatoren in Abhängigkeit vom pH-Wert*

**B2** *Ameise und Ameisen, die über ein Indikatorpapier krabbeln.*

*A6* Es sollen folgende Lösungen hergestellt werden:
a) 1 Liter Natronlauge der Konzentration *c* = 0,1 mol/L und
b) 100 mL Citronensäure der Konzentration *c* = 0,5 mol/L.
Erkläre die Herstellung dieser Lösungen (vgl. Summenformel von Citronensäure S. 176, B3).

*A7* Beschreibe, wie man Salzsäure, die als Abfall im Chemieunterricht anfällt, entsorgt.

*A8* Erläutere die Bildung von Wasserstoff a) bei der Elektrolyse einer sauren Lösung und b) bei der Reaktion einer sauren Lösung mit Zink. Erkläre die Unterschiede.

*A9* Erläutere, wie sich Trinkwasser, Mineralwasser und Seifenlösung a) in der elektrischen Leitfähigkeit und b) in den *p*H-Werten unterscheiden. Überprüfe deine Vermutung experimentell.

*A10* B2 zeigt Ameisen, die über Indikatorpapier krabbeln.
a) Erläutere, woran man erkennt, dass Ameisen eine Säure (Ameisensäure) produzieren.
b) Den brennenden Schmerz nach einem Ameisenbiss kann man durch Einreiben mit Seifenlösung lindern. Erkläre den Sachverhalt.

*A11* Einige Düngemittel erhält man durch Neutralisation von sauren Lösungen mit Laugen.
a) Gib an, welcher Stoff entsteht, wenn man Salpetersäure mit Ammoniak-Lösung neutralisiert und das Wasser anschließend vorsichtig verdampft.
b) Erläutere, wie man entsprechend die Düngemittel Ammoniumchlorid $NH_4Cl$ und Natriumnitrat $NaNO_3$ herstellen kann.

*A12* In vier unbeschrifteten Flaschen befinden sich Kochsalz-Lösung, dest. Wasser, verd. Kalilauge bzw. verd. Schwefelsäure.
a) Beschreibe, wie man die Flüssigkeiten identifizieren kann.
b) Erläutere, wie man die saure Lösung und die Lauge entsorgen kann.

*A13* Bei einer Titration einer Portion von 40 mL Salzsäure mit Natronlauge, *c* = 0,2 mol/L, wurden bis zum Umschlag des Indikators 15 mL Natronlauge verbraucht. Berechne die Stoffmengenkonzentration *c* der titrierten Salzsäure.

## Saure und alkalische Lösungen

### *Säuren und saure Lösungen*

Säuren (**Protonendonatoren**) wie z. B. Chlorwasserstoff lösen sich in Wasser unter Bildung von **hydratisierten Wasserstoff-Ionen $H^+(aq)$**. Säuren geben Protonen ab, die an Wasser-Moleküle angelagert werden, wobei **Hydronium-Ionen $H_3O^+(aq)$** entstehen, die vereinfacht als hydratisierte Wasserstoff-Ionen angesehen werden können.

$$HCl(g) + H_2O(l) \longrightarrow H_3O^+(aq) + Cl^-(aq)$$

*Vereinfacht*: $HCl(g) \longrightarrow H^+(aq) + Cl^-(aq)$

Saure Lösungen enthalten also hydratisierte Wasserstoff-Ionen $H^+(aq)$. Diese sind für die gemeinsamen Eigenschaften saurer Lösungen verantwortlich. Bei der Elektrolyse einer sauren Lösung wird an der Kathode Wasserstoff entwickelt. Viele Metalle lösen sich in sauren Lösungen unter Bildung der Metall-Kationen und von Wasserstoff.

*Beispiel*: $Zn(s) + 2\ H^+(aq) + 2\ Cl^-(aq) \longrightarrow Zn^{2+}(aq) + 2\ Cl^-(aq) + H_2(g)$

Saure Lösungen bezeichnet man häufig auch als verdünnte Säuren, z. B. verdünnte Salzsäure.

### *Laugen oder alkalische Lösungen*

Eine alkalische Lösung oder Lauge ist eine Lösung, die **hydratisierte Hydroxid-Ionen $OH^-$** enthält. Alkalische Lösungen entstehen, wenn feste Hydroxide wie z. B. Natriumhydroxid in Wasser gelöst werden. Dabei werden die in festem Natriumhydroxid vorliegenden Natrium-Ionen und Hydroxid-Ionen von Wasser hydratisiert:

$$Na^+OH^-(s) \xrightarrow{H_2O} Na^+(aq) + OH^-(aq)$$

Alkalische Lösungen können auch entstehen, wenn z. B. Ammoniak in Wasser gelöst wird:

$$NH_3(g) + H_2O(l) \longrightarrow NH_4^+(aq) + OH^-(aq)$$

Ammoniak-Moleküle wirken als **Protonenakzeptoren**, sie nehmen von den Wasser-Molekülen Protonen auf. Dabei entstehen die Hydroxid-Ionen und Ammonium-Ionen.

### *Neutralisation*

Bei der Neutralisation reagieren die Wasserstoff-Ionen einer sauren Lösung mit den Hydroxid-Ionen einer alkalischen Lösung unter Bildung von Wasser-Molekülen nach:

$$H^+(aq) + OH^-(aq) \longrightarrow H_2O(l)$$

Eine **neutrale Lösung** entsteht nur dann, wenn die **Stoffmenge *n*** der reagierenden Wasserstoff-Ionen genau gleich der Stoffmenge der Hydroxid-Ionen ist. Dies ist z. B. der Fall, wenn man gleiche Volumina von verdünnter Salzsäure und Natronlauge mischt, die die gleiche **Konzentration *c*** aufweisen.
Stoffmenge ***n***: Einheit **mol**
Konzentration ***c* = *n*/*V***: Einheit **mol/L**

### *pH-Wert*

Der ***p*H-Wert** gibt an, wie stark sauer oder alkalisch eine Lösung ist. Die *p*H-Werte der ***p*H-Skala** reichen von 0 bis 14. Saure Lösungen haben *p*H-Werte zwischen 0 und 7, alkalische Lösungen *p*H-Werte zwischen 7 und 14. Eine neutrale Lösung hat den *p*H-Wert 7.

# Zukunftssichere Energieversorgung

Um die endlichen Ressourcen an fossilen Brennstoffen (Erdöl, Erdgas und Kohle) möglichst zu schonen und gleichzeitig den Ausstoß von Treibhausgasen zu senken, müssen Hochleistungskraftstoffe aus Erdöl erzeugt werden, mit denen beispielsweise ein spritsparendes Drei-Liter-Auto auskommt. Solche Kraftstoffe erhält man über verschiedene chemische Reaktionen, die an speziellen Katalysatoren ablaufen.

Chemische Vorgänge laufen auch bei der Bereitstellung von elektrischer Energie in Batterien und Akkumulatoren ab. Batterien gibt es zwar schon lange, aber sie müssen weiter verbessert werden, um sparsamer und effizienter zu funktionieren. Optimierungen dieser Art sind Gegenstand chemischer Forschung und Entwicklung.

In diesem Kapitel stehen die **Basiskonzepte** *Energie* und *Chemische Reaktionen* im Vordergrund. Um zu verstehen, wie Energie aus chemischen Reaktionen verfügbar wird, wenden wir die bereits bekannten Begriffe und Modelle über die Eigenschaften von Stoffen und die Struktur ihrer Teilchen an und gehen folgenden Fragen und Stichworten nach:

# Energie aus chemischen Reaktionen

1. Wenn Batterien keinen Strom mehr liefern, kommen sie in die Altbatteriesammlung, entladene Akkus werden durch Anschluss an die Steckdose wieder aufgeladen. Wie entstehen in einer Batterie und in einem Akku elektrische Spannung und elektrischer Strom und wieso kann man Akkus wieder laden, Batterien dagegen nicht?

2. Eine Taschenlampenbatterie sieht anders aus als eine Knopfzelle für die Armbanduhr, der Bleiakku im Auto ist dicker und schwerer als der Lithium-Ionen-Akku im Laptop. Welche Anforderungen müssen Batterien und Akkus für die zukünftige Energieversorgung erfüllen?

3. Alle sprechen vom Elektroantrieb für die Autos der Zukunft. Dafür gibt es mehrere Möglichkeiten. Neben der in Akkus gespeicherten Energie kann auch elektrische Energie genutzt werden, die in Brennstoffzellen bereitgestellt wird. Welche Reaktionen laufen darin ab?

4. Elektrische Energie ist nur dann „sauber“ und umweltfreundlich, wenn sie aus „erneuerbaren“ Energiequellen hergestellt wird, z.B. aus Sonnenlicht. Wie funktioniert das? Spielt auch hierbei die Chemie eine Rolle? (extra)

5. Aus Erdöl, dem „schwarzen Gold“, werden Benzin und Diesel für Autos sowie Kerosin für Flugzeuge gewonnen. Woraus bestehen diese Kraftstoffe und warum ist es zu schade, sie einfach zu verbrennen?

6. Bioethanol, Biodiesel, Biogas und andere Brennstoffe werden aus nachwachsenden Rohstoffen gewonnen. In der vorherrschenden öffentlichen Meinung ist alles, was mit „Bio“ anfängt, positiv belegt. Ist es aber tatsächlich wirtschaftlich sinnvoll, umweltschonend und ethisch gerechtfertigt, beispielsweise diesen Biokraftstoffen bei Autos den Vorzug vor anderen Antriebsmitteln zu geben?

## Strom ohne Steckdose

„Da ist kein Saft mehr drauf“ oder „die Batterie ist leer“, sagen wir, wenn z. B. eine Taschenlampe immer schwächer leuchtet und schließlich erlischt. Woher kommt der fehlende „Saft“ und welche Vorgänge sind es, durch die elektrische Geräte angetrieben werden?

**B1** *Gebrauchte Taschenlampenbatterie (V3). **A:** An welchen Teilen vermutest du Veränderungen gegenüber einer neuen Batterie?*

### Versuche

***V1*** Gib eine Zinkperle in eine Kupfersulfat-Lösung*.

***V2*** *Strom aus der Petrischale*

a) Vorbereitung: Schmilz vorsichtig in die gegenüberliegenden Ränder einer zweigeteilten Petrischale einen Kupfernagel und einen Zinknagel (B2) ein.

b) Fülle in die Hälfte der Schale mit dem Kupfernagel eine Kupfersulfat-Lösung*, $c$ = 0,1 mol/L, und in die Hälfte mit dem Zinknagel eine Zinksulfat-Lösung*, $c$ = 0,1 mol/L, und verbinde die beiden Nägel über Kabel mit einem Spannungsmessgerät. Stecke ein Stückchen Bierdeckel über den Trennsteg der Petrischale, so dass er an beiden Seiten in die Lösung taucht. Beobachte, wann welcher Messwert angezeigt wird.

*Erweiterung*: Lass den Versuch bis zur nächsten Stunde stehen und beobachte die beiden Nägel vorher und nachher genau.

***V3*** Säge eine gebrauchte Taschenlampenbatterie vorsichtig der Länge nach durch (Schutzhandschuhe!). Beobachte, aus welchen Komponenten die Batterie besteht und vergleiche mit B1. Miss mit einem Stück angefeuchteten Indikatorpapier den *p*H-Wert der schwarzen Elektrolytmasse[1].

***V4*** *Zink-Luft-Batterie*

Tauche in ein Becherglas mit Kalilauge*, $c$ = 1 mol/L, einen Graphitstab und einen Zinkstab ein. (*Hinweis*: In den Poren des Graphitstabs ist Luft.) Miss die Spannung zwischen den beiden Elektroden und verbinde sie dann mit den Polen eines kleinen 2-V-Elektromotors.

***V5*** *Salzbatterie*

Befülle ein Teelichtschälchen aus Aluminium mit Kochsalz und befeuchte dieses leicht. Stecke einen Graphitstab in das Salz und verbinde das Aluschälchen und den Graphitstab über Kabel mit einem Voltmeter.

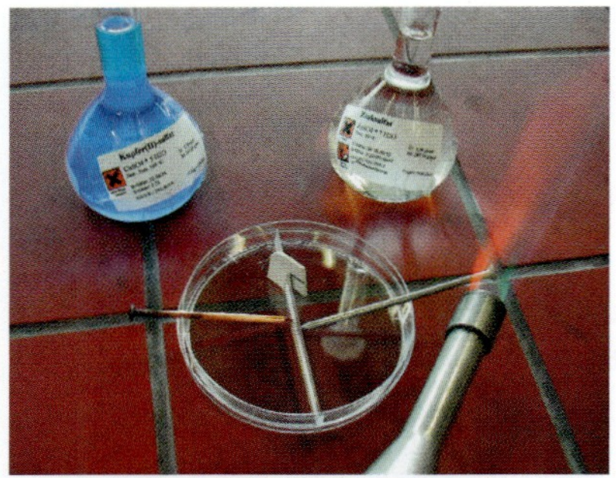

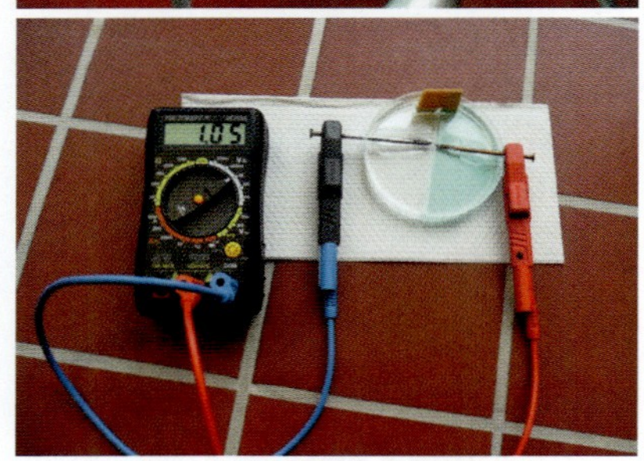

**B2** *Herstellen einer galvanischen Zelle zur Erzeugung von Strom mithilfe einer Petrischale und Aufbau zu V2*

### Auswertung

a) Protokolliere deine Beobachtungen zu V1 bis V5.

b) Wann kann man in V2 am Voltmeter eine Spannung messen? Erkläre, welche Funktion das Stück Bierdeckel hat.

c) Beschreibe, ob und wie sich die Nägel in V2 verändern.

d) Die in V3 verwendeten Batterien bestehen u. a. aus einem Zinkbecher. Begründe anhand deiner Beobachtung, ob sich das Zink während des Gebrauchs verändert.

e) Welchen Schluss kannst du aus deiner Beobachtung in V3 bezüglich der Elektrolytmasse ziehen?

f) Die Graphit-Elektrode verändert sich während des Versuchs nicht. Welche Funktion hat sie in V4?

g) Erstelle eine Tabelle zu den Batterien aus den Versuchen V2, V4 und V5 mit den Spalten: Elektrode, Elektrolyt, gemessene Spannung in V.

h) Leite aus dem Inhalt dieser Doppelseite die Funktionsweise der Salzbatterie aus V5 ab.

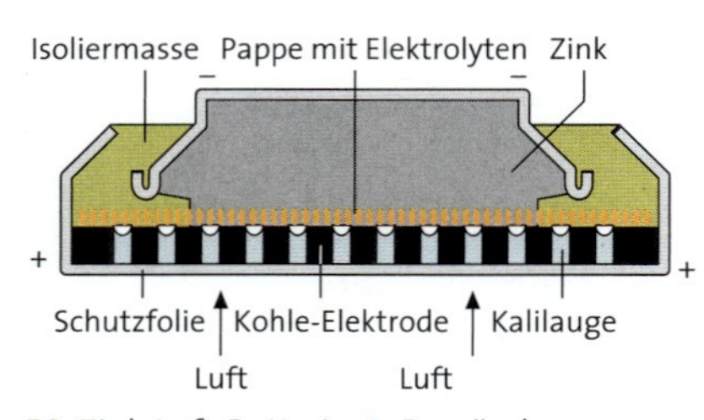


**B3** *Zink-Luft-Batterie. **A:** Begründe, warum man die Schutzfolie erst unmittelbar vor dem Gebrauch abziehen sollte.*

[1] *Elektrolyt:* ionenleitendes Medium

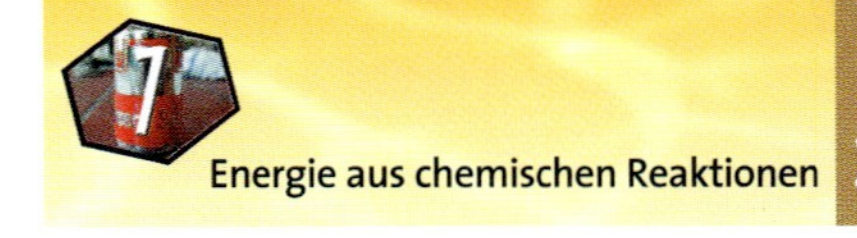


## Einfache Batterien

Wenn wir elektrische Geräte ohne Steckdose betreiben wollen, setzen wir eine oder mehrere **Batterien**, die als **galvanische Zellen** bezeichnet werden, ein. Diese halten aber nur eine begrenzte Zeit. Danach sind die Batterien keinesfalls „leer" (V3, B1), ihr Inhalt hat sich aber durch selbsttätig ablaufende chemische Reaktionen verändert. An diesen Reaktionen sind Ionen beteiligt und es finden Redoxreaktionen (vgl. S. 147f) statt. Daher spricht man von **elektrochemischen Vorgängen**.
In der galvanischen Zelle von V2 (B2) zersetzt sich der Zinknagel nach einiger Zeit, während der Kupfernagel „wächst". In der einen **Halbzelle** werden Zink-Atome aus Zink oxidiert und gehen als Zink-Ionen $Zn^{2+}$ in Lösung:

$$Zn(s) \longrightarrow Zn^{2+}(aq) + 2\ e^-$$

In der anderen Halbzelle (B2) werden Kupfer-Ionen $Cu^{2+}$ aus der Elektrolyt-Lösung reduziert und bilden an der Elektrode einen Überzug aus Kupfer:

$$Cu^{2+}(aq) + 2\ e^- \longrightarrow Cu(s)$$

Die gemessene Spannung beruht auf dem Elektronenfluss zwischen den Halbzellen. Würde man anstelle des Voltmeters einen Verbraucher anschließen, könnte er mit dieser Batterie betrieben werden.

Batterien sind elektrochemische Zellen, **galvanische Zellen**, die aus zwei Elektroden und einem sie verbindenden Elektrolyten bestehen. In einer Batterie wird chemische Energie in elektrische Energie umgewandelt. Jede Batterie liefert eine für ihre Komponenten typische Spannung.

Das Elektrodenmaterial selbst muss nicht immer Elektronen aufnehmen oder abgeben. So verändern sich die Graphit-Elektroden in den Versuchen V4 und V5 nicht, obwohl an ihnen jeweils die Reduktionen stattfinden.
Bei der Zink-Luft-Batterie (V4, B3) gibt metallisches Zink unter Bildung von Zink-Ionen $Zn^{2+}$ Elektronen ab. Die Elektronen fließen vom Minuspol zum Pluspol. Dort nimmt der Sauerstoff, der aus der Luft in die Poren der Graphit-Elektrode gelangt, Elektronen auf. Es bilden sich Hydroxid-Ionen $OH^-$. Diese bewirken auch die Verfärbung des Indikatorpapiers in V3.

am Minuspol: $Zn(s) \longrightarrow Zn^{2+}(aq) + 2\ e^-$
am Pluspol: $O_2(aq) + 2\ H_2O(l) + 4\ e^- \longrightarrow 4\ OH^-(aq)$

Dieser Batterie-Typ wird in z.B. Hörgeräten verwendet.
Taschenlampenbatterien (V3, B4) bestehen aus einem Zinkbecher (Minuspol) und einem Graphitstab (Pluspol) in der Mitte, der von einer feuchten Elektrolytpaste umgeben ist. Sie besteht u.a. aus Braunstein und Ruß. Auch hier reagieren am Minuspol Zink-Atome unter Elektronenabgabe zu Zink-Ionen. Am Pluspol reagiert Mangandioxid (Braunstein) $MnO_2$ unter Elektronenaufnahme zu Manganoxidhydroxid $MnO(OH)$. Die weiteren Bestandteile dienen der besseren Leitfähigkeit und dem Andicken der Paste. Allgemein versucht man, möglichst „trockene" Batterien herzustellen, die nicht auslaufen.
Im Gegensatz zur Elektrolyse *liefern* die Reaktionen innerhalb einer Batterie elektrische Spannung. Sind die Reaktionen vollständig abgelaufen oder wird ihr Ablauf verhindert, liefert die Batterie auch keine Spannung mehr.

### *Aufgaben*

*A1* Erkläre, ob eine Batterie ohne Elektrolyt funktionieren kann.
*A2* Leite aus V3 ab, wie man bei einer Batterie den Pluspol ermitteln kann.
*A3* Wende auf die auf dieser Seite angesprochenen Reaktionen die Begriffe Oxidation und Reduktion an.

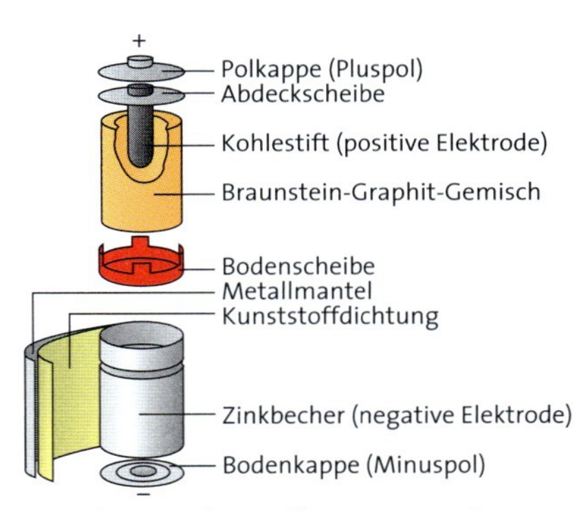


**B4** *Schematischer Aufbau einer Taschenlampenbatterie. A: Vergleiche diese Batterie mit den Batterien aus V3, V4 und B3.*

**B5** *Gebrauchte Batterien gehören nicht in den Hausmüll! A: Recherchiere, welche Elemente und Verbindungen in Batterien enthalten sein können. Warum müssen die Batterien gesondert entsorgt werden?*

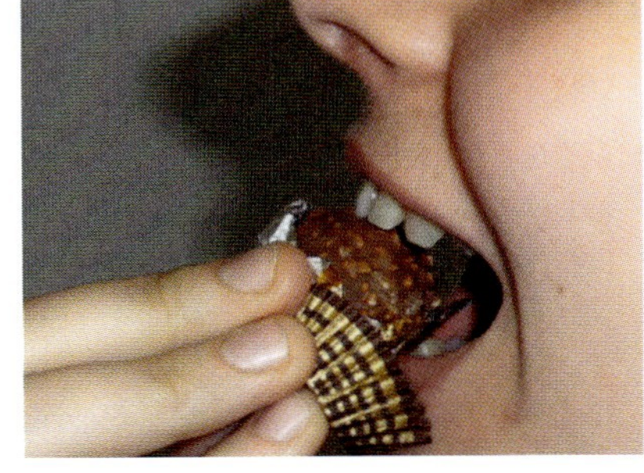

**B6** *Ein schmerzhafter Biss. A: Warum ist es schmerzhaft, auf ein Stück Alufolie zu beißen, wenn man eine Zahnfüllung aus Amalgam (Quecksilber-Legierung) hat?*

**Fachbegriffe**
Batterien, elektrochemische Vorgänge, Halbzelle, galvanische Zellen

## extra Moderne Batterien und Akkus

**B1** *Diese Fundstücke der „Bagdad-Batterie“ stammen aus der Zeit um 250 v. Chr. Die Batterie enthielt einen Kupferzylinder und einen Eisenstab, als Elektrolyt wurde eine unbekannte Säure verwendet.*

Batterien muss es schon in vorchristlicher Zeit gegeben haben, wie Fundstücke im Irak nahe legen (B1). Aber selbst Batterien von heute werden immer noch optimiert und als Energiequellen für unsere zukünftigen Bedürfnisse weiterentwickelt.

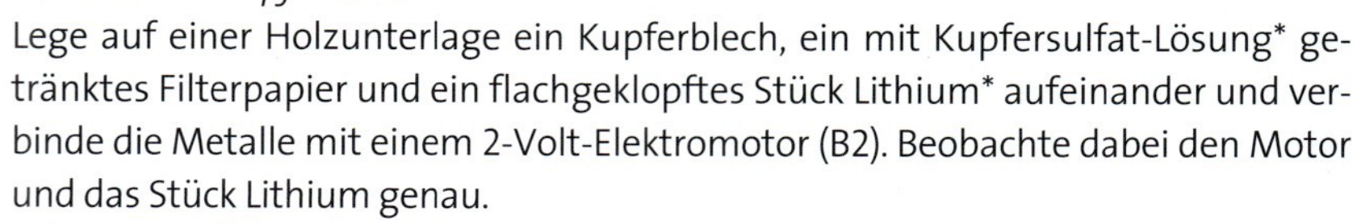

### Versuche

**V1** *Lithium-Kupfer-Zelle*

Lege auf einer Holzunterlage ein Kupferblech, ein mit Kupfersulfat-Lösung* getränktes Filterpapier und ein flachgeklopftes Stück Lithium* aufeinander und verbinde die Metalle mit einem 2-Volt-Elektromotor (B2). Beobachte dabei den Motor und das Stück Lithium genau.

**V2** *Zink-Iod-Zelle*

Tauche in ein Becherglas mit Zinkiodid-Lösung*, $c = 0{,}2$ mol/L, zwei Graphitstäbe ein und verbinde sie mit den Propellern eines 2-V-Elektromotors. Blase längere Zeit auf den Propeller des Motors. Halte dann den Propeller kurz an und lasse ihn wieder los.

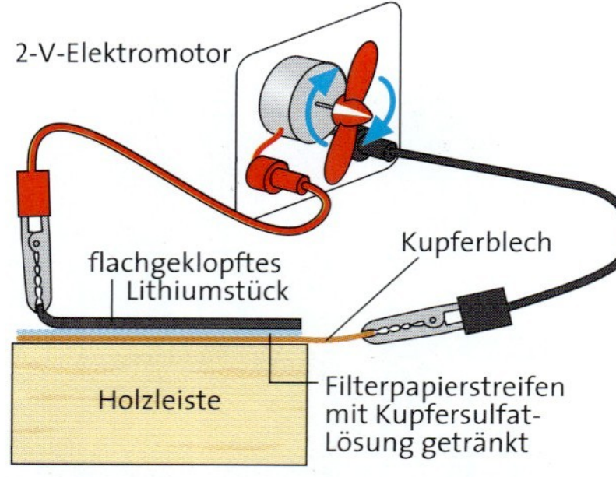



**B2** *Lithium-Kupfer-Zelle (V1).* **A:** *Woraus bestehen die Elektroden und die Elektrolyt-Lösung?*

### Auswertung

a) Protokolliere deine Beobachtungen genau.

b) Erläutere auf der Basis deines Wissens über Alkalimetalle die Beobachtungen am Lithium in V1.

c) Erkläre die Beobachtungen, die man während des Anblasens des Motors in V2 an den Elektroden machen kann, und welche Veränderungen in direkter Umgebung der Elektroden zu machen sind. Gib an, welche Stoffe entstehen.

d) Vergleiche Gemeinsamkeiten und Unterschiede der Zellen aus V1 und V2.

### INFO Das Elektroauto gestern und morgen

**B3** *Ein elektrisch betriebener Lohner-Porsche bei der Weltausstellung im Jahr 1900 in Paris*

Elektroautos sind keine neue Erfindung. In der Entwicklungsgeschichte des Automobils wurden zunächst sogar mehr Autos elektrisch angetrieben als durch einen Verbrennungsmotor. Vorteile eines Elektromotors sind, dass es keinen Auspuff und kaum Fahrgeräusche gibt. Außerdem werden ca. 90 % der eingespeisten Energie in Bewegungsenergie umgesetzt, während es beim Verbrennungsmotor nur rund 40 % sind und ein weitaus größerer Teil als „unedle“ Energie in Form von Wärme ungenutzt bleibt. Nachteile der Elektroautos sind aber eine sehr geringe Reichweite und eine vergleichsweise schlechte Beschleunigung.

Neuen Aufwind bekommt das Elektroauto derzeit aufgrund immer knapper werdender Ressourcen an fossilen Brennstoffen, der Klimaerwärmung und der großen Fortschritte in der Batterietechnik in den vergangenen Jahren. Elektroautos gelten als Null-Emissions-Fahrzeuge. Nach einem Beschluss der Bundesregierung sollen im Jahr 2020 eine Million Elektroautos auf deutschen Straßen fahren.

**B4** *Elektroauto aus dem Jahr 2009. Das Auftanken dauert bei völlig entleerter Batterie ca. 8 Stunden.* **A:** *Erkläre, warum dieses mit einem Lithium-Ionen-Akku betriebene Elektroauto etwas leichter ist als eines mit identischer Karosserie aber mit Ottomotor.*

### Aufgabe

**A1** „Elektroautos sind nur so sauber wie der Strom, mit dem sie betrieben werden.“ Erkläre diese Aussage und fertige eine Liste mit Vor- und Nachteilen von Elektroautos an.

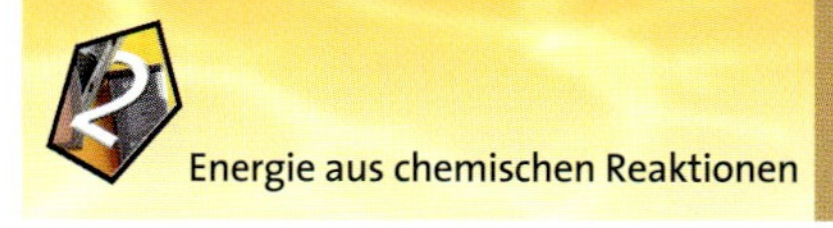



## *extra* Moderne Batterien und Akkus

Batterien, in denen chemische Reaktionen irreversibel (unumkehrbar) verlaufen, sind Wegwerfprodukte. In einigen Zellen sind die ablaufenden chemischen Reaktionen reversibel (umkehrbar) und die Produkte lassen sich durch Zufuhr von Energie wieder in ihre Ausgangsstoffe überführen. Solche wiederaufladbaren Batterien nennt man **Akkumulatoren**, Akkus. Sie finden breite Anwendung, z.B. in Autobatterien (**Bleiakkumulator**, B5), Laptops oder Mobiltelefonen.
In V2 muss die Zelle zunächst durch Antrieb des Motors von außen geladen werden. Dabei findet eine **Elektrolyse** statt, bei der Zink und Iod gebildet werden. Anschließend reagieren Zink und Iod selbsttätig miteinander zu Zink-Ionen $Zn^{2+}$ und Iodid-Ionen $I^-$. Die dabei freiwerdende Energie wird zum Antrieb des Motors genutzt.

am Minuspol: $$Zn^{2+}(aq) + 2\ e^- \xrightleftharpoons[\text{selbsttätig}]{\text{erzwungen}} Zn(s)$$

am Pluspol: $$2\ I^-(aq) \xrightleftharpoons[\text{selbsttätig}]{\text{erzwungen}} I_2(aq) + 2\ e^-$$

Akkus können theoretisch immer wieder neu aufgeladen werden. Tatsächlich durchlaufen Akkus wegen unerwünschter Nebenreaktionen oder Ladefehler aber nur eine begrenzte Zahl von Lade- und Entladezyklen. Ein Ziel in der Forschung ist es daher, möglichst langlebige Akkus zu entwickeln. Die Akkus in Satelliten können bis zu 10 000-mal wieder aufgeladen werden.
Moderne Batterien und Akkus müssen mehrere Forderungen erfüllen: Sie dürfen nicht zu schwer sein, sie sollten stabil sein und nicht explodieren, sie sollten langlebig sein und nicht auslaufen, sie müssen aus ungiftigen Materialien bestehen und entsorgt werden können oder recyclebar sein.
So hat der in Autos zum Starten verwendete Blei-Akku den Nachteil, eine hohe Masse zu besitzen und aus giftigen bzw. ätzenden Stoffen zu bestehen. Die Giftigkeit eingesetzter Chemikalien hat auch dazu geführt, dass die ansonsten robusten, in Elektrowerkzeugen eingesetzten Nickel-Cadmium-Akkus mittlerweile verboten sind.
Beispiele für moderne Akkus sind **Lithium-Ionen-Akkus** mit flüssigen, nicht wässrigen Elektrolyten und **Lithium-Polymer-Akkus** mit festen Elektrolyten aus Kunststoffen. Ihre negative Elektrode besteht aus Graphit oder neuerdings aus Silicium-Nanodrähten[1], die positive Elektrode aus Lithium-Metalloxiden. Zwischen den Elektroden findet beim Laden und beim Entladen eine Wanderung von Lithium-Ionen statt, es entsteht aber kein metallisches Lithium. Wegen der niedrigen molaren Masse und des hohen Reduktionsvermögens von Lithium sind Lithium-Ionen-Akkus leicht und liefern hohe Spannungen um 3,6 V. Derzeit haben sie aber noch den Nachteil, dass ihre Lebensdauer nur wenige Jahre währt. Lithium-Ionen-Akkus findet man in Laptops oder Mobiltelefonen. In größerem Maßstab sollen sie zukünftig auch in Elektroautos eingesetzt werden, deren Reichweite dadurch auf bis zu 500 km ausgedehnt werden könnte.

### *Aufgaben*

***A2*** Erkläre und begründe, welche Spannung man messen würde, wenn man vor Anblasen des Motors bei der Zink-Iod-Zelle (V2) die Elektroden mit einem Voltmeter verbinden würde.

***A3*** Vergleiche die Beobachtungen bei dem Versuch mit der Lithium-Batterie mit den Informationen zum Lithium-Ionen-Akku. Welche Zelle ist besser für den Gebrauch geeignet, welche ist sicherer?

[1] Nanodrähte sind feine, langgestreckte Metall- oder Halbmetallstücke mit einem Durchmesser von max. 100 nm.

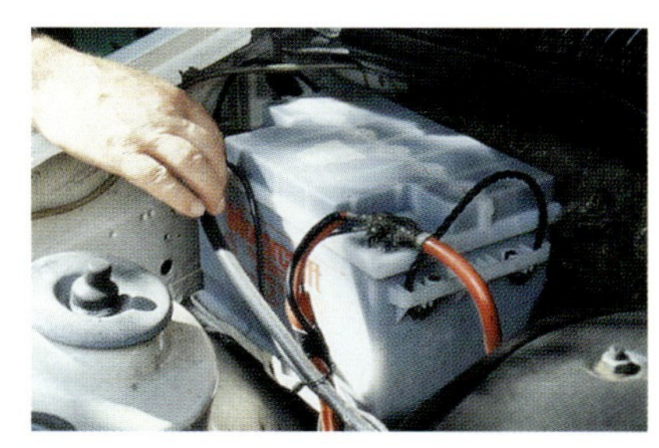

**B5** *Die Autobatterie (der Bleiakkumulator) enthält Platten aus Blei Pb (Minuspol) und Blei(IV)-oxid $PbO_2$ (Pluspol), die Flüssigkeit ist eine Schwefelsäure-Lösung, w = 27%. Beim Entladen bildet sich an beiden Polen festes Blei(II)-sulfat $PbSO_4$.* ***A:*** *Nenne die Edukte und Produkte beim Wiederaufladen.* ***A:*** *Erläutere, ob eine defekte Autobatterie über den Hausmüll entsorgt werden kann.*

**B6** *Lithium-Ionen-Akkus liefern Energie für das Handy.* ***A:*** *Suche auf den Akkus deines Handys nach Informationen bezüglich der gelieferten Spannung und des Temperaturintervalls, innerhalb dessen der Akku arbeitet.*

**Fachbegriffe**
Akkumulator, Bleiakkumulator, Elektrolyse, Lithium-Ionen-Akku, Lithium-Polymer-Akku

## No Emission-Auto?

Ist die Aufschrift „No Emission“ nur ein Werbegag oder fährt der Bus (B1) tatsächlich „emissionsfrei“? Gibt es ein Fahrzeug ohne Emissionen, die uns und unserer Umwelt schaden und zu Klimaveränderungen durch Erderwärmung führen? Sauerstoff und Wasserstoff scheinen laut Aufschrift eine zentrale Rolle für den Fahrzeugantrieb zu spielen. Wie kann ein explosives Gasgemisch dafür genutzt werden?

**B1** *Ein Bus ohne Emissionen?* ***A:*** *Stelle Vermutungen an, wie der Bus angetrieben wird. Welcher Brennstoff wird benutzt?*

### *Versuche*

***LV1*** Man füllt ein Rggl. etwa zu einem Drittel mit Wasserstoff* und zündet das Gemisch aus Wasserstoff und Luft mit der Flamme des Bunsenbrenners. Beobachtung?

***V2*** *Modellversuch zur Brennstoffzelle*

**Zündquellen fernhalten!** Rolle eine Rasierscherfolie[1] zusammen und fixiere sie mit einer Krokodilklemme (B2). Wiederhole dies mit einer zweiten Rasierscherfolie. Fixiere die Krokodilklemmen in einem doppelt durchbohrten Korkstopfen. Tauche die Rasierscherfolie (nicht die Krokodilklemmen) in Kalilauge*, $c = 0{,}1$ mol/L, ein. Verbinde die Elektroden (Rasierscherfolien) über Kabel mit einer 4,5-V-Batterie.

a) Elektrolysiere zehn Sekunden lang und beobachte die Veränderungen genau. Achte auch auf Unterschiede an den Elektroden. Ersetze dann die Batterie durch ein Voltmeter und miss die Spannung.

b) Elektrolysiere nochmals zehn Sekunden lang und schließe dann einen Elektromotor an. Achte darauf, dass beim Anschließen des Motors nicht am Versuchsaufbau gewackelt wird.

***LV3*** Man füllt einen Kolbenprober mit Wasserstoff* und leitet das Gas langsam auf eine Brennstoffzelle mit Protonen-Austausch-Membran (B5), an die ein Motor oder ein anderer Verbraucher angeschlossen ist.

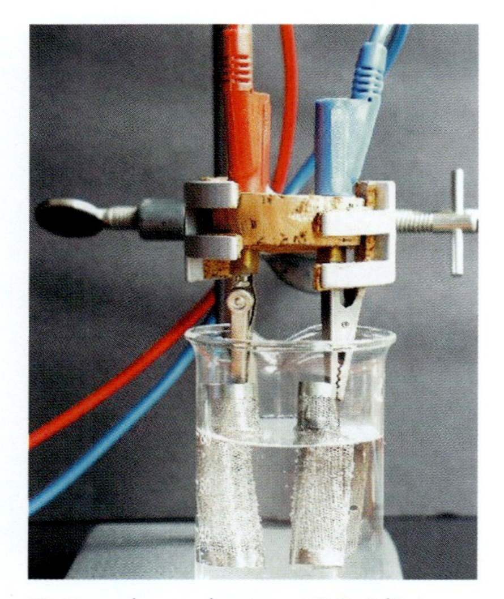

**B2** *Versuchsanordnung zu V2.* ***A:*** *Erläutere, warum bei der Durchführung der Versuche keine Zündquellen in der Nähe sein dürfen.*

### *Auswertung*

a) Betrachte das Reagenzglas aus LV1 nach dem Zünden des Knallgasgemisches[2] genau.

b) Formuliere die Reaktionsgleichung der Knallgasreaktion.

c) Stelle Vermutungen an, welche Gase sich an den Elektroden bei der Elektrolyse der Kalilauge (V2) gebildet haben. Erläutere deine Vermutungen.

d) Nenne Möglichkeiten, wie die Gase (V2) identifiziert werden können. Skizziere, wie der Versuchsaufbau dazu verändert werden müsste (vgl. S. 76).

e) Bei Antrieb des Motors in V2b finden an den Elektroden Elektronenübertragungsreaktionen statt. In B3 sind die Teilgleichungen in Valenzstrichformeln abgebildet. Zähle die Valenzelektronen und freien Elektronenpaare auf Edukt- und Produktseite und vergleiche. Ordne den Teilgleichungen die Begriffe Oxidation und Reduktion zu.

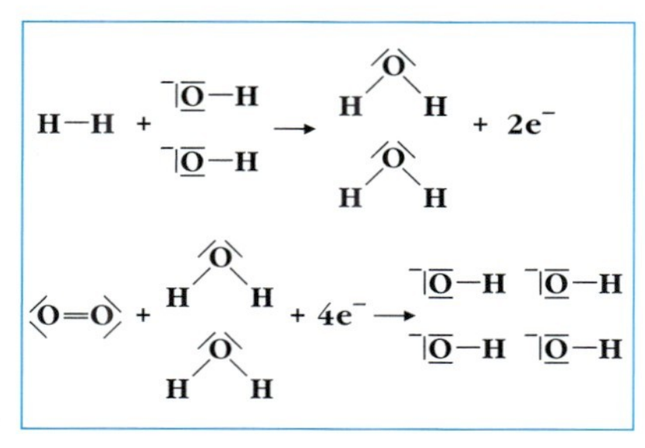


**B3** *Teilgleichungen, die beim Antrieb des Motors in V2b ablaufen – dargestellt in Valenzstrichformeln.* ***A:*** *Stelle die gesamte Reaktionsgleichung der Redoxreaktion auf (vgl. S. 149).*

[1] *Hinweis:* Als Platin-Elektroden lassen sich Rasierscherfolien von einigen Elektrorasierern verwenden. Es handelt sich um dünne Nickelnetze, die mit einer dünnen Schicht aus Platin überzogen sind.

[2] Knallgas ist ein Gemisch aus Wasserstoff und Sauerstoff im Volumenverhältnis 2:1.

## Brennstoffzellen

Die Knallgasreaktion ist eine stark exotherme Reaktion (LV1). Zum Antrieb der Busse (B1, B4) werden ebenfalls Wasserstoff und Sauerstoff verwendet, wobei die freiwerdende Energie nicht wie bei einem Verbrennungsmotor (vgl. S. 212, 213) in Form von Wärme genutzt wird. Die Energie aus der Knallgasreaktion kann auch als elektrische Energie gewonnen und zum Antrieb eines Motors eingesetzt werden.
In V2 werden die Gase Wasserstoff und Sauerstoff durch Elektrolyse einer Kalilauge gewonnen. Sie bilden sich an den Elektroden beim Anlegen der Spannung als kleine Gasbläschen, die sich in der Anzahl und in der Größe unterscheiden. Um diese Gase zum Antrieb des Motors nutzen zu können, müssen die Gasbläschen an den Elektroden haften bleiben, was mit den löchrigen Rasierscherfolien gut gelingt.
Die Knallgasreaktion von Wasserstoff und Sauerstoff zu Wasser ist eine Redoxreaktion. Die Teilreaktionen (Oxidation und Reduktion) finden wie in den Batterien (vgl. S. 202, 203) räumlich getrennt statt.
An der Anode findet die folgende Oxidation statt:

$$\mathbf{H_2(g) + 2\ OH^-(aq) \longrightarrow 2\ H_2O(l) + 2\ e^-}$$

Durch Auszählen der Elektronen (B3) wird deutlich, dass hier Elektronen abgegeben werden, die dann über die Rasierscherfolie und die Kabel an die Kathode gelangen. Dort sind die Elektronen an der Reduktion beteiligt:

$$\mathbf{O_2(g) + 2\ H_2O(l) + 4\ e^- \longrightarrow 4\ OH^-(aq)}$$

So entsteht durch Sauerstoff und den **Brennstoff** Wasserstoff eine stromliefernde Anordnung, eine **Brennstoffzelle**. In der Technik wird der Brennstoff Wasserstoff kontinuierlich aus Tanks zugeführt und der Sauerstoff stammt aus der Luft. In den Brennstoffzellen wird keine Elektrolyt-Lösung wie in dem Modellversuch (V2) verwendet. Die Reaktionen finden an Elektroden statt, zwischen denen sich eine Membran[3] befindet, die durchlässig für Protonen ist (**Protonen-Austausch-Membran**, B6). Insgesamt läuft dabei ebenfalls die Knallgasreaktion ab. Anders als in V2 sind hier Protonen und keine Hydroxid-Ionen beteiligt (B6). Die Protonen gelangen durch die Membran an die andere Elektrode, wo sie mit Sauerstoff und Elektronen zu Wasser reagieren.
Die Membran fungiert als Katalysator und bewirkt an der Anode die Bildung von Protonen aus Wasserstoff-Molekülen.

**B4** *Brennstoffzellenbus.* **A:** *Beurteile, ob der Begriff „No Emission"-Bus gerechtfertigt ist.*

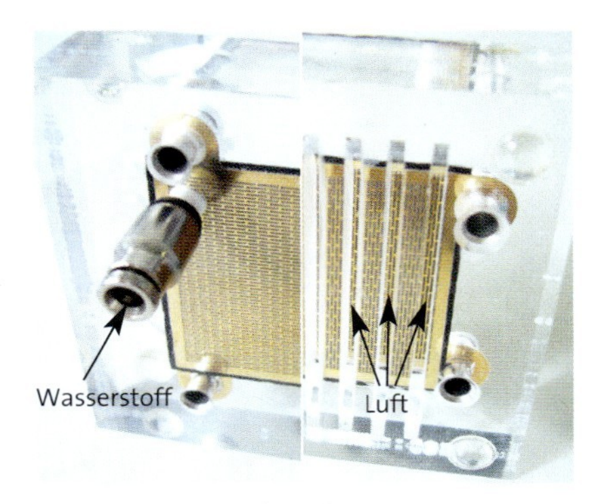

**B5** *Vorderseite und Rückseite einer Brennstoffzelle mit Protonen-Austausch-Membran*

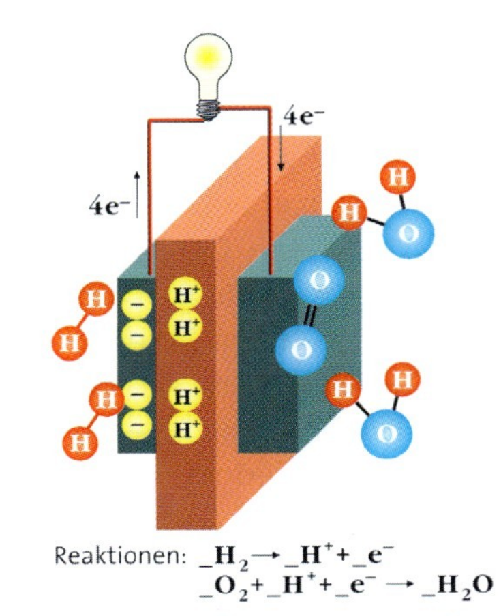

Reaktionen: $\_H_2 \rightarrow \_H^+ + \_e^-$
$\_O_2 + \_H^+ + \_e^- \rightarrow \_H_2O$

**B6** *Schematische Darstellung einer PEM-Brennstoffzelle[4].* **A:** *Übertrage die Teilgleichungen für die Oxidation und die Reduktion in dein Heft und vervollständige sie.*

### *Aufgaben*

***A1*** Nenne Unterschiede zwischen der Modell-Brennstoffzelle aus V2 und der Brennstoffzelle mit Protonen-Austausch-Membran (B5).

***A2*** Welche Reaktionen laufen bei der Elektrolyse in V2 ab? *Hinweis*: Die Vorgänge bei V2 können mit dem Laden und Entladen von Akkus verglichen werden.

***A3*** Die Brennstoffzellen-Technologie wird vor allem in Bussen städtischer Verkehrsbetriebe eingesetzt. Stelle Vermutungen an, warum sich der Einsatz in Privatfahrzeugen noch nicht lohnt.

***A4*** Diskutiert, ob Busse mit Brennstoffzellen-Technologie klimaverträglicher sind als Busse mit Dieselmotoren. Berücksichtigt auch, wie die Brennstoffe gewonnen werden (vgl. S. 81).

### Fachbegriffe

Brennstoff, Brennstoffzelle, Emission, Protonen-Austausch-Membran

---

[3] von *membrana* (lat.) = Haut; eine Membran ist ein meist dünnes und poröses Material, das Flüssigkeiten voneinander trennt. Die Protonen-Austausch-Membran ist nur für Protonen durchlässig.
[4] PEM = Proton Exchange Membrane (Protonen-Austausch-Membran)

## *extra* Strom aus Licht – Photovoltaik

**B1** *Ein Solarzellen-Park.* ***A:*** *Gib an, woher du Solarzellen kennst.*

Die größte verfügbare Energiequelle ist die Sonne. Die von ihr jährlich abgestrahlte Energie entspricht mehr als dem 10 000-Fachen des Weltenergiebedarfs. Angesichts der knapper werdenden Vorräte an fossilen Brennstoffen erscheint die Sonne unerschöpflich und sauber. Doch womit lässt sich die Sonnenenergie einfangen und in elektrischen Strom umwandeln?

### *Versuche*

***V1*** *Leitfähigkeit von Metallen*

Verbinde einen Wolframdraht mit einer Spannungsquelle und einem Amperemeter wie schematisch in B2 abgebildet. Lege eine Spannung von 5 V an und notiere die Stromstärke. Erhitze den Wolframdraht mit einem Feuerzeug und notiere die Stromstärke erneut. Kühle den Draht durch Anblasen wieder ab und erhitze wieder. Beobachte jeweils die Veränderung der Stromstärke.

***V2*** *Leitfähigkeit von Halbleitern*

Führe V1 mit einer Siliciumscheibe durch, an der du die Kontakte über Krokodilklemmen herstellst (B2). Zur Stromstärkemessung benötigst du eine Steckkarte im µA-Bereich.

$U_{AC}$

$I$

W/Si

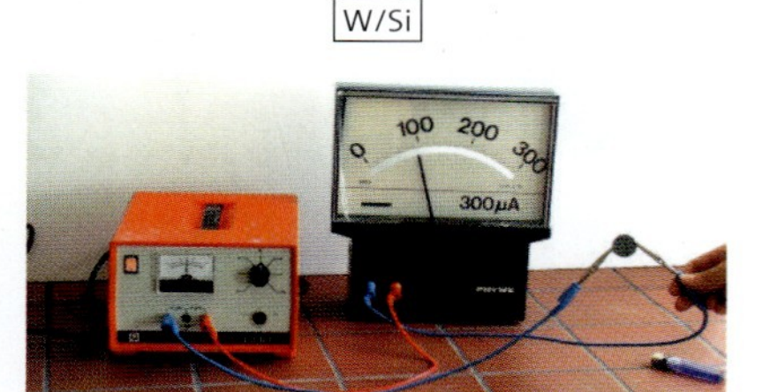



**B2** *Schaltskizze und Versuchsaufbau zu V2*

### *Auswertung*

a) Beschreibe und vergleiche die elektrische Leitfähigkeit von Metallen und Halbleitern bei Energiezufuhr.

b) Leite aus deinen Beobachtungen eine Erklärung des Begriffs **Halbleiter** ab.

c) Erkläre, warum sich Halbleiter, nicht aber Metalle zur Stromerzeugung aus Sonnenlicht eignen.

### *INFO* Silicium für Solarzellen

Das Element Silicium gibt es „wie Sand am Meer", da es das zweithäufigste Element der Erdkruste ist. Sand, Quarz und Halbedelsteine bestehen aus Siliciumdioxid $\mathbf{SiO_2}$ (vgl. S. 240, 241). Auch Mineralien, Lehm, Zement oder Glas enthalten Silicium gebunden in Silikaten. Der menschliche Körper enthält ca. 20 mg gebundenes Silicium pro kg Körpergewicht.

Silicium kann man durch Reduktion aus Siliciumdioxid mit Kohle herstellen:

$$\mathbf{SiO_2(s) + C(s) \longrightarrow CO_2(g) + Si(s)}$$

Dieses Rohsilicium muss für die Verwendung in Solarzellen und Mikrochips zu Reinstsilicium weiterverarbeitet werden. In Reinstsilicium kommt auf 10 Milliarden Silicium-Atome nur ein Fremdatom. Die Aufbereitung zu Reinstsilicium ist sehr energieaufwendig.

Für den Einsatz in Solarzellen müssen dem Silicium gezielt Fremdatome zugefügt werden, man erhält **dotiertes Silicium**.

Im **Solar-Wafer** einer Solarzelle befindet sich einerseits Silicium, das mit Atomen von Elementen der 3. Hauptgruppe dotiert wurde, und andererseits Silicium, das mit Atomen von Elementen aus der 5. Hauptgruppe dotiert wurde. Im Grenzbereich dieser Schichten entsteht bei Sonneneinstrahlung Spannung. Die so erhaltene Gleichspannung muss dann durch einen sogenannten Wechselrichter in Wechselstrom umgewandelt werden.

**B3** *Rohsilicium und einkristallines Reinstsilicium.* ***A:*** *Wie züchtet man perfekte Kristalle?*

### *Aufgabe*

***A1*** Rohsilicium kann auch durch Reaktion von Siliciumdioxid mit unedlen Metallen wie Magnesium oder Aluminium gewonnen werden. Formuliere entsprechende Reaktionsgleichungen. Vergleiche die entstehenden Produkte bei der Reduktion von Siliciumdioxid mit Magnesium, mit Aluminium und mit Kohlenstoff. Begründe, welches Verfahren dir für die weitere Verarbeitung von Silicium einfacher erscheint.

## extra Strom aus Licht – Photovoltaik

Sie glänzen blauviolett auf Dächern, Parkscheinautomaten oder anderen Verbrauchern im Freien: Solarzellen, auch **Photovoltazellen** genannt, auf der Basis von **Silicium**. Silicium ist ein typischer **Halbleiter**, also ein Stoff, der im Gegensatz zu Metallen erst bei Energiezufuhr in Form von Licht oder Wärme (V2) leitfähig wird. Je nach Kristallisationsgrad spricht man von einkristallinem, polykristallinem oder amorphem[1] Silicium. Solarzellen mit einkristallinem Silicium sind am teuersten, haben aber auch den größten Wirkungsgrad[2].

Sogenannte Solar-Wafer aus dotiertem Silicium (*INFO*) bilden das Herzstück einer Solarzelle. Innerhalb eines Wafers befindet sich **n-dotiertes Silicium**, in dem ein geringer Überschuss an Valenzelektronen vorliegt. Dieses ist in Kontakt mit **p-dotiertem Silicium**, das einen geringen Unterschuss an Elektronen aufweist. Die n-Schicht verhält sich wie der Minuspol, die p-Schicht wie der Pluspol einer Batterie. Zwischen ihnen wird bei Energiezufuhr in Form von Sonnenlicht eine Spannung erzeugt. Pro Quadratzentimeter beleuchteter Solarzellenfläche lassen sich im Durchschnitt ca. 20 mA Strom entnehmen.

Da Silicium für Solarzellen teuer ist, suchen Forscher nach möglichen Alternativen. Vielversprechend ist die Verbindung **Titandioxid** $TiO_2$. Bislang z. B. als Weißpigment in Wandfarben verwendet, wird Titandioxid nun wegen seiner halbleitenden Eigenschaften auch in einer neuen Generation von Solarzellen eingesetzt. Da es nur ultraviolettes Licht absorbiert, muss es mit Farbstoffen behandelt werden, die das sichtbare Licht der Sonne einfangen (vgl. *Chemie 2000+ Online*).

Durch das Erneuerbare Energien Gesetz (EEG) aus dem Jahr 2004 wird der Ausbau der Stromerzeugung aus erneuerbaren Energien verstärkt gefördert. Zu den erneuerbaren Energieträgern zählt man Solarenergie, Windenergie, Wasserkraft, Umgebungswärme, Biomasse und Geothermie (Erdwärme). Der aus ihnen erhaltene Strom wird auch als **Ökostrom** bezeichnet. Im Jahr 2007 betrug der Anteil an Ökostrom ca. 14 % des Gesamtstromabsatzes in Deutschland. Solarstrom lieferte mit 3 TWh (B5) 0,48 % dieses Ökostroms. Im Jahr 2008 betrug der Anteil an Solarstrom schon 0,65 %. Ein im August 2009 in Brandenburg auf einem ehemaligen Truppenübungsplatz in Betrieb gegangenes Solarkraftwerk leistet auf einer Fläche von 210 Fußballfeldern maximal 53 Megawatt. Dies verdeutlicht einen Nachteil der Photovoltaik: Sie ist extrem flächenintensiv. Ein Kohlekraftwerk würde mehr als das Zehnfache an Leistung bringen.

Dennoch sind die Photovoltaikanlagen auf vielen bestehenden Dachflächen zukunftsweisend: Solaranlagen lohnen sich finanziell nach ca. 10 Jahren und sie haben nach ca. 3 Jahren so viel Strom erzeugt, wie zu ihrer Produktion benötigt wurde. Der privat erzeugte Strom kann in das öffentliche Stromnetz eingespeist werden und wird nach einem festen Preis vergütet. Durch die Einspeisung lässt sich also ein finanzieller Gewinn erzielen. Die Technik ist langlebig, wenig störanfällig und es entstehen keine Treibhausgase. Zudem ist das Sonnenlicht im Gegensatz zu fossilen Brennstoffen kein begrenztes Gut (B4), sie stellt uns noch mehrere Milliarden Jahre ihr Licht zu Verfügung.

### Aufgaben

**A2** Suche Erklärungen für die Tatsache, dass der Anteil von Solarstrom am Gesamtökostrom relativ gering ist.

**A3** Sammle Argumente für und gegen die Stromerzeugung mittels Photovoltaikanlagen und diskutiere sie mit einem Partner.

[1] *amorph*: keine geordnete Kristallstruktur; [2] Unter *Wirkungsgrad* versteht man allgemein das Verhältnis von abgegebener zu zugeführter Leistung.

**B4** *Weltjahresenergiebedarf und Energiereserven.* **A:** *Ist der Bau von Atomkraftwerken für eine zukunftssichere Energieversorgung sinnvoll?*

**Einheiten**
1 kWh = 1000 · Watt · Stunde
1 kWh = 3,6 · 106 J = 8,6 · 105 kcal
(Watt ist die Einheit der Leistung, Leistung = Quotient aus Arbeit pro Zeiteinheit)

Megawattstunde MWh: 1000 kWh
Gigawattstunde GWh: 1 Million kWh
Terawattstunde TWh: 1 Milliarde kWh

**Verbrauch**
Ca. 1 kWh verbraucht man für
- 25 Minuten staubsaugen
- 45 Minuten Haare fönen
- 7 Stunden fernsehen
- das Brennenlassen einer 40-Watt-Lampe über 25 Stunden
- das Kochen von 240 Frühstückseiern
- das Aufwärmen von 30 L Wasser auf 37 °C mittels Elektroboiler (variiert je nach Leistung der verwendeten Geräte)

Eine vierköpfige Familie in Deutschland verbraucht pro Jahr durchschnittlich ca. 4 250 kWh Strom.

**B5** *Einheiten und Verbrauch von Strom.* **A:** *Recherchiere den Stromverbrauch von weiteren Haushaltsgeräten.* **A:** *Konventioneller Strom kostet durchschnittlich 15 Cent pro kWh. Erläutere, warum Ökostrom in der Regel teurer ist.*

### Fachbegriffe

Photovoltazelle, Halbleiter, Silicium, Dotierung, n-dotiert, p-dotiert, Titandioxid, Ökostrom

## Das schwarze Gold

Erdöl wird als „schwarzes Gold" bezeichnet, obwohl es sich bei Rohöl um eine braun bis schwarze, zähflüssige Masse mit widerlichem Geruch handelt.
Was macht den Rohstoff Erdöl so wertvoll? Woraus besteht Erdöl und wofür wird es verwendet?

**B1** *Auf der Plattform „Mittelplate" in der Nordsee werden jährlich ca. 2 Mio. Tonnen Rohöl gefördert.*

### Versuche

***LV1*** *Destillation von Erdöl*
In einer Destillationsapparatur wird Erdöl bei vermindertem Druck, den man mit einer Wasserstrahlpumpe erzeugt, destilliert. Man fängt ein erstes Destillat auf und liest am Thermometer die Temperatur ab. Die Vorlage wird ausgetauscht und die Temperatur im Kolben erhöht. Es wird ein zweites Destillat aufgefangen.

***V2*** Entzünde den Bunsenbrenner und stelle ihn unter den Trichter analog der Apparatur in B2. Sauge die Verbrennungsprodukte durch ein mit Eiswasser gekühltes U-Rohr und eine Gaswaschflasche mit Calciumhydroxid-Lösung* (Kalkwasser) (B2). Beobachte den Verbrennungsvorgang und die Veränderungen im U-Rohr sowie die des Kalkwassers. Teste das Produkt im U-Rohr mit weißem Kupfersulfat*.

***V3*** Erneuere in der Apparatur von V2 das Kalkwasser und das U-Rohr und führe den Versuch mit Benzin* durch. Entzünde dazu wenige Milliliter Benzin* in einem Verbrennungslöffel und sauge die Verbrennungsprodukte durch die Apparatur (B2).

***LV4*** *Flammtemperatur*
In einem Porzellantiegel, der in einem Sandbad auf einer Heizplatte steht, wird nacheinander Heptan*, Benzin* und Diesel* langsam erwärmt (B3). Man hält einen brennenden Glimmspan über den Porzellantiegel. Man bestimmt die Temperatur, bei der sich die Gase über dem Porzellantiegel entzünden lassen.

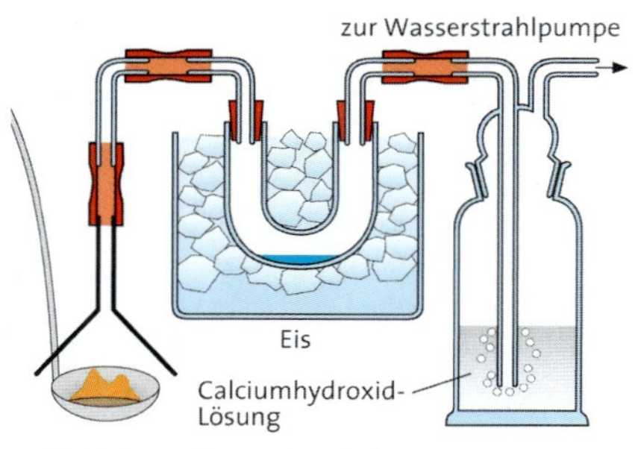


**B2** *Untersuchung der Verbrennungsprodukte von Benzin und Diesel*

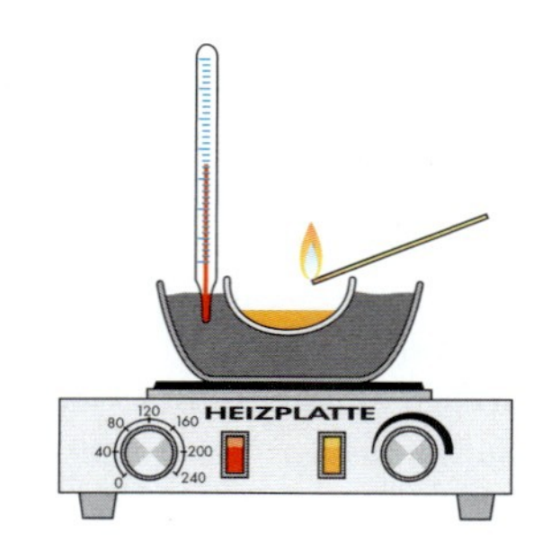


**B3** *Bestimmung der Flammtemperatur*

### Auswertung

a) Erläutere, worauf die Trennung der Bestandteile in dem Stoffgemisch Erdöl beruht. Wodurch unterscheiden sich die beiden Destillate aus LV1?
b) Bei der Destillation von Erdöl werden die Temperaturen in dem Kolben (Sumpftemperatur) sowie vor dem Eingang in den Kühler (Kopftemperatur) gemessen. Stelle eine begründete Vermutung an, wie sich die Kopftemperatur verändert, wenn die Sumpftemperatur erhöht wird.
c) Gib an, welche Verbrennungsprodukte von Methan bzw. Benzin in den Versuchen LV1 und V2 nachgewiesen wurden.
d) Formuliere die Reaktionsgleichung für die Verbrennung von Heptan.
e) Die Temperatur, bei der sich ein Gas über dem Tiegel in LV4 entzünden lässt, ist die Flammtemperatur des untersuchten Stoffes. Formuliere eine „Je ..., umso ..."-Beziehung für den Zusammenhang zwischen Siedetemperatur und Flammtemperatur. Erläutere diesen Zusammenhang.

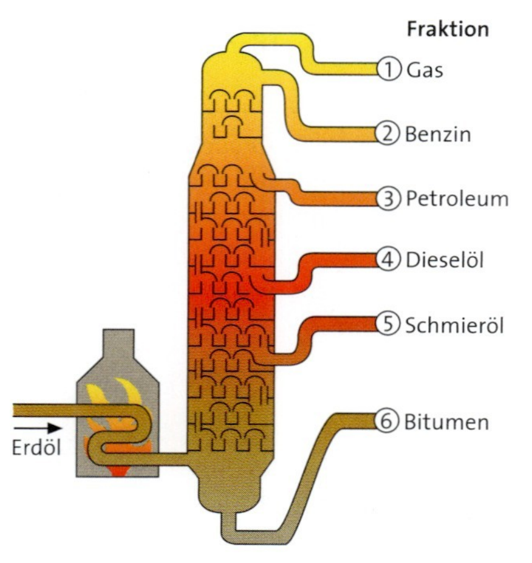


| Fraktion | Siedebereich | Verwendung |
|---|---|---|
| Gas | unter 30 °C | Heizgas |
| Benzin | 30–200 °C | Kraftstoffe für Ottomotoren, Lösemittel |
| Petroleum | 150–240 °C | Kerosin (Kraftstoff für Flugzeuge), Lösemittel |
| Dieselöl | 200–370 °C | Kraftstoffe für Dieselmotoren, Heizung |
| Schmieröl | ab 350 °C | Schmiermittel, Herstellung von Kraftstoffen durch Cracken (vgl. S. 213) |
| Bitumen | Rückstand bei der Destillation | Bitumen – Straßenbau, Dachpappen, Kabelisolierungen |

**B4** *Fraktionierte[1] Destillation und Fraktionen von Erdöl (rechts).* **A:** *Gib an, in welchen Fraktionen die Alkane aus B6 zu finden sind.*

## Alkane aus dem Erdöl

Das schwarze, zähflüssige **Erdöl** wird als „schwarzes Gold" bezeichnet, weil es vielfältig verwendet, z. B. für die Herstellung von Kunststoffen, und in vielen Bereichen nicht durch einen anderen Rohstoff ersetzt werden kann. Von den 3,9 Gigatonnen Erdöl, die jährlich weltweit gefördert werden, werden ca. 94% als Brennstoff genutzt. Die bei der Verbrennung freiwerdende Energie wird zum Antrieb von Fahrzeugen, zum Heizen in Ölheizungen und in Ölkraftwerken eingesetzt.
Vor der Weiterverwendung wird der Rohstoff Erdöl zunächst einer **fraktionierten Destillation** unterzogen (B4). Dabei werden mehrere **Fraktionen** aufgefangen. Jede Fraktion ist ein Stoffgemisch aus verschiedenen Komponenten, deren Siedetemperaturen innerhalb des **Siedebereichs** der betreffenden Fraktion liegen (B4).
Den größten Teil des Erdöls und auch der einzelnen Fraktionen machen **Kohlenwasserstoffe** aus, in deren Molekülen nur Kohlenstoff- und Wasserstoff-Atome gebunden sind (vgl. S. 163). In den Molekülen der Kohlenwasserstoffe Ethan, Propan, Butan usw. bilden zwei, drei, vier usw. Kohlenstoff-Atome eine Kette (B6). Zwei benachbarte Kohlenstoff-Atome im Molekül werden jeweils durch eine Elektronenpaarbindung zusammengehalten, die übrigen Valenzelektronen der Kohlenstoff-Atome bilden Elektronenpaarbindungen zu Wasserstoff-Atomen aus. Aus diesem Aufbau ergibt sich für die Reihe dieser Kohlenwasserstoffe, der **Alkane**, die allgemeine Summenformel (Molekülformel) $\mathbf{C_nH_{2n+2}}$ (B6).
Die niedrigen Siedetemperaturen zeigen, dass zwischen den Molekülen nur schwache Anziehungskräfte wirken. Die Moleküle müssen also unpolar sein. Die Siedetemperaturen steigen von Methan zu Decan (B6). Die Anziehungskräfte zwischen den unpolaren Molekülen, die **VAN-DER-WAALS-Kräfte**, nehmen mit steigender Molekülmasse und -größe zu.
Bei Alkan-Molekülen mit vier und mehr Kohlenstoff-Atomen lassen sich für die gleiche Molekülformel mehrere Valenzstrichformeln aufstellen (B7). Dabei kann die Kohlenstoffkette nicht nur linear, sondern auch verzweigt sein. Entsprechend dieser Formeln gibt es beispielsweise drei verschiedene Kohlenwasserstoffe mit der Molekülformel $\mathbf{C_5H_{12}}$, die drei **Isomere**[2] des Pentans.
Alle Kohlenwasserstoffe verbrennen zu Kohlenstoffdioxid und Wasser (V2, V3):

$$\mathbf{C_7H_{16}(g) + 11\ O_2(g) \longrightarrow 7\ CO_2(g) + 8\ H_2O(g)};\ \text{exotherm}$$

Die Dämpfe von Benzin, Kerosin und Diesel (B4) lassen sich entsprechend der unterschiedlichen Siedebereiche bei unterschiedlichen Temperaturen entzünden (LV4). Daher sind sie als Kraftstoffe für verschiedene Verbrennungsmotoren geeignet.

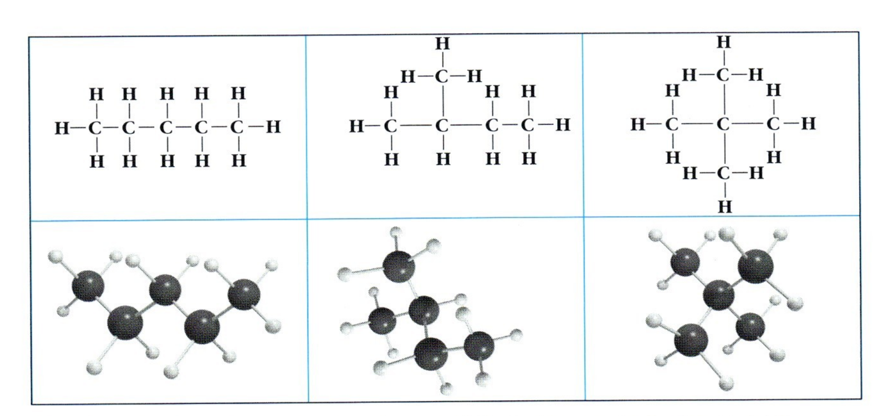

**B7** *Valenzstrichformeln und Kugelstäbchen-Modelle der Isomere des Pentan-Moleküls.* **A:** *Erläutere, warum sich die Kohlenstoffkette in den Kugelstäbchen-Modellen der Alkane in Zick-Zack-Ketten anordnet. Hinweis: Vgl. Elektronenpaar-Abstoßungs-Modell, S. 249.*

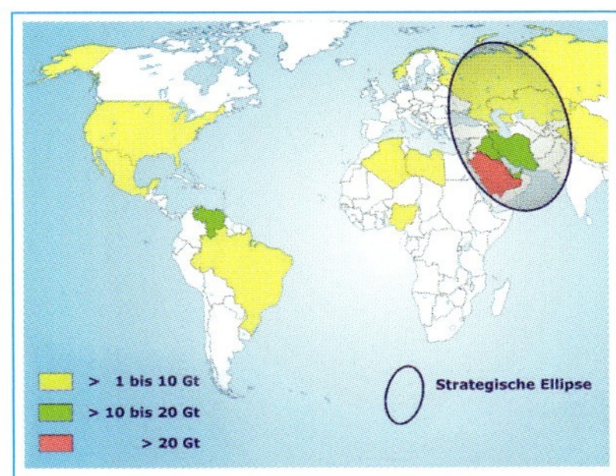


Die größten Erdölvorkommen liegen in der „strategischen Ellipse" mit ca. 71% der konventionellen Welterdölreserven und ca. 69% der Welterdgasreserven. Sie schließt den Nahen Osten und Teile Russlands ein. In Deutschland wird Erdöl gefördert, das unter dem Grund der Nordsee liegt. Mit der auf der „Mittelplate" (B1) geförderten Erdölmenge können jedoch nur 2% des Bedarfs in Deutschland gedeckt werden. Daher muss Deutschland Erdöl aus der ganzen Welt importieren.

**B5** *Erdölvorkommen auf der Erde.* **A:** *Informiere dich mithilfe der Links auf Chemie 2000+ Online über die Entstehung von Erdöl.*

| Name | Summenformel $C_nH_{2n+2}$ | Siedetemperatur |
|---|---|---|
| Methan | $CH_4$ | −162 °C |
| Ethan | $C_2H_6$ | −89 °C |
| Propan | $C_3H_8$ | −42 °C |
| Butan | $C_4H_{10}$ | −0,5 °C |
| Pentan | $C_5H_{12}$ | 36 °C |
| Hexan | $C_6H_{14}$ | 69 °C |
| Heptan | $C_7H_{16}$ | 98 °C |
| Octan | $C_8H_{18}$ | 126 °C |
| Nonan | $C_9H_{20}$ | 151 °C |
| Decan | $C_{10}H_{22}$ | 174 °C |

**B6** *Namen, Summenformeln und Siedetemperaturen einiger Alkane.* **A:** *Gib die Summenformel für das Alkan mit 18 Kohlenstoff-Atomen an.*

[1] von *fractio* (lat.) = das Brechen, Bruch; [2] von *ísos* (griech.) = gleich und *meros* (griech.) = Teilchen

### Fachbegriffe

Erdöl, fraktionierte Destillation, Fraktion, Siedebereich, Kohlenwasserstoffe, Alkane, VAN-DER-WAALS-Kräfte, Isomere

**B1** *Auswahl an Kraftstoffen.* ***A:*** *Informiere dich, welche Kraftstoffe an Tankstellen angeboten werden.*

**B2** *Test von Explosionsgemischen*

| | Benzin | Diesel |
|---|---|---|
| Siedebereich | 25°–210°C | 170°–390°C |
| Flamm-temperatur | −21°C | > 55°C |
| Explosions-grenze | 0,6–8 Vol.-% | 0,6–6,5 Vol.-% |
| Zusammen-setzung | Kohlenwasserstoffe mit: | |
| | 4–10 Kohlen-stoff-Atomen | 9–22 Kohlen-stoff-Atomen |
| | 5% Bioethanol | 5% Biodiesel |
| | Additive (Antiklopf-, Rost-schutz-, Antischaummittel, Aromastoffe) | |

**B3** *Vergleich von Benzin und Diesel.* ***A:*** *Begründe, warum für die Kraftstoffe Siedebereiche und keine Siedetemperaturen angegeben werden.*

## *extra* Benzin und Diesel – Kraftstoffe aus fossilen Brennstoffen

In Autos werden heute meistens Benzin, Super oder Diesel im Motor verbrannt. Wie wird das Auto durch die Verbrennung der Kraftstoffe vorangetrieben? Worin unterscheiden sich die Vorgänge im Verbrennungsmotor bei Verwendung von Benzin und von Diesel?

### Versuche

***LV1*** *Zündrohrversuche* **Schutzscheibe!**
In ein Plexiglasrohr mit Deckel und piezoelektrischem Zünder gibt man 5, 10 bzw. 15 Tropfen Heptan*. Das Plexiglasrohr wird verschlossen. Wenn die Flüssigkeit verdunstet ist, zündet man das Heptan-Luft-Gemisch. Durch Variation der Menge an Heptan ermittelt man das optimale Mischungsverhältnis für die Explosion des Heptan-Luft-Gemischs. *Hinweis*: Vor jedem Versuch muss das Zündrohr wieder mit frischer Luft gefüllt werden.

***V2*** Drücke die Luft in einer Fahrradpumpe mehrmals zusammen, wobei du die Öffnung mit dem Daumen verschließt. Achte auf eine Temperaturänderung.

***V3*** **Abzug!** Entzünde Benzin* in einer Porzellanschale mit einem brennenden Holzspan. Lösche das brennende Benzin durch Abdecken der Schale mit einem Uhrglas.

***V4*** **Abzug!** Versuche, Diesel* wie in V3 zu entzünden. Gelingt das Entzünden nicht, tauche einen Baumwollfaden als Docht oder einen Wattebausch ein und versuche erneut zu zünden. Lösche brennenden Diesel durch Abdecken mit einem Uhrglas.

### Auswertung

a) Formuliere die Reaktionsgleichung der Verbrennung von Hexadecan $C_{16}H_{34}$, einem Bestandteil von Dieselkraftstoff.

b) Zwischen brennbarem Stoff und Luft gibt es ein optimales Mischungsverhältnis. Erläutere am Beispiel von Heptan, welches Teilchenanzahlverhältnis bei diesem optimalen Verhältnis vorliegen muss.

c) Berechne, wie viel Liter Sauerstoff für die Verbrennung von 1 L Heptan nötig sind. Gib dann an, wie viel Liter Luft für die Verbrennung erforderlich sind. Der Quotient aus 1 L Heptan und dem erforderlichen Volumen an Luft gibt das optimale Mischungsverhältnis an.

d) Erläutere das unterschiedliche Zündverhalten von Benzin und von Diesel in V3 und V4. Berücksichtige dabei die Angaben zu den Kraftstoffen in B3.

e) Erkläre, warum der Docht bzw. der Wattebausch das Zündverhalten des Diesels beeinflusst.

**B4** *Energiebilanz eines Fahrzeugs mit Verbrennungsmotor.* ***A:*** *Erläutere die Vorgänge („Takte“) in Verbrennungsmotoren und die dabei beteiligten Energieformen. (Hinweis: Lies zuerst S. 213.)*

## *extra* Benzin und Diesel – Kraftstoffe aus fossilen Brennstoffen

In Fahrzeugen werden die **Kraftstoffe Benzin** (Ottomotor) oder **Diesel** (Dieselmotor) verbrannt. Um den hohen Bedarf an Benzin und Diesel zu decken (B5), werden Teile des Schmieröls dem **Cracken**[1] zugeführt: In Gegenwart von Katalysatoren findet bei einer Temperatur von ca. 450 °C eine chemische Umwandlung statt, bei der aus langkettigen Molekülen kleinere Moleküle entstehen.
Im Brennraum (Zylinder) eines **Verbrennungsmotors** wird ein Kraftstoff-Luft-Gemisch im optimalen Mischungsverhältnis ähnlich wie in LV1 zur Explosion gebracht. Beim Ottomotor lassen sich die Vorgänge in vier Takte einteilen (B6), weshalb auch vom Viertaktmotor gesprochen wird. Insgesamt laufen alle vier Takte zusammen in dem Bruchteil einer Sekunde ab. Bei der Zündung, die durch einen Funken von der Zündkerze ausgelöst wird, kommt es zur Explosion des Benzindampf-Luft-Gemisches. Die Reaktion ist stark exotherm, sodass die Temperatur im Brennraum bis auf 2 000 °C ansteigt. Die gasförmigen Reaktionsprodukte Kohlenstoffdioxid und Wasser nehmen so viel Raum ein, dass der Kolben nach unten gedrückt wird. Dadurch kommt es zum mechanischen Antrieb der übrigen Motorteile und schließlich der Räder des Fahrzeugs.
In einem Dieselmotor laufen die Vorgänge ähnlich ab, jedoch ohne Zündung durch Zündkerzen. Obwohl der Kraftstoff Diesel eine höhere Flammtemperatur als Benzin hat (V3, V4) und sich auch erst bei höheren Temperaturen selbst entzündet, lässt sich das Diesel-Luft-Gemisch zünden, wenn man es wesentlich stärker komprimiert (bis zu viermal so stark wie das Benzin-Luft-Gemisch). Aufgrund der Wärme, die bei der Verdichtung des Gasgemisches entsteht (V2), wird die Temperatur erreicht, bei der sich das Diesel-Luft-Gemisch selbsttätig entzündet.
In den Verbrennungsmotoren wird die chemische Energie, die in den Kraftstoffen gespeichert ist, in Wärme und diese durch den Antrieb der Kolben in Bewegungsenergie umgewandelt. Diese macht allerdings nur ca. 16 % der im Kraftstoff gespeicherten chemischen Energie aus (B4), weshalb die Energiebilanz bei Verbrennungsmotoren sehr schlecht ausfällt.

### *INFO* Das molare Volumen

Wie bei der Definition der Stoffmengenkonzentration wird auch für das **molare Volumen $V_m$** die Stoffmenge als Bezugsgröße verwendet:

$$\text{molares Volumen} = \frac{\text{Volumen}}{\text{Stoffmenge}}; \quad V_m = \frac{V}{n}$$

Das molare Volumen gibt damit an, welches Volumen ein Mol eines Gases einnimmt. Da gleiche Volumina verschiedener Gase gleich viele Teilchen und daher auch gleiche Stoffmengen enthalten, ist das molare Volumen aller Gase gleich. Bei Normbedingungen (Normdruck, 0 °C) beträgt das molare Volumen eines Gases: $V_{mn}$ = 22,4 L/mol. (Der Index n steht für Normbedingungen.)

#### *Aufgabe*

**A1** Ein Auto verbraucht 3 L Benzin auf 100 km. Vereinfacht läuft dabei die folgende Reaktion ab:

$$20 \text{ mol } C_9H_{20}(l) + 280 \text{ mol } O_2(g) \longrightarrow 180 \text{ mol } CO_2(g) + 200 \text{ mol } H_2O(g)$$

a) Berechne, wie viel Liter Sauerstoff bei einer Fahrt von 100 km verbraucht und wie viel Liter (wie viel Gramm) Kohlenstoffdioxid dabei ausgestoßen werden ($\varrho$(Kohlenstoffdioxid) = 1,98 g/L).

b) Erläutere, warum man das 3-L-Auto auch als 4000-L-Auto bezeichnen könnte.

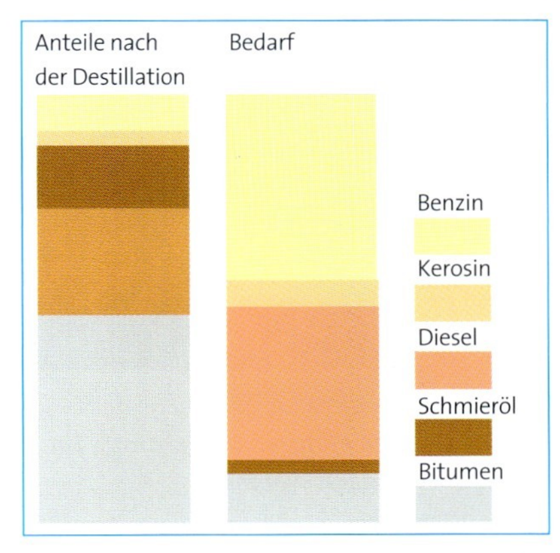


**B5** *Der Bedarf an Benzin und Diesel ist viel höher als nach der Raffination von Erdöl an diesen Stoffen anfällt.* **A:** *Gib die Siedebereiche der Fraktionen an, aus denen Benzin bzw. Diesel hergestellt werden kann (vgl. S. 210).*

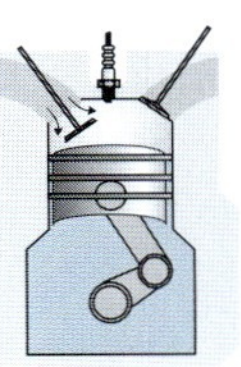
1. Takt: Ansaugen

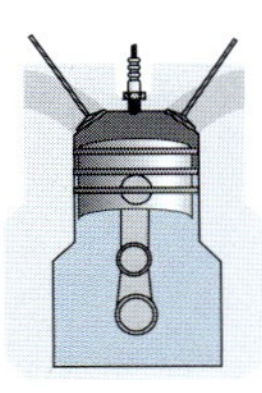
2. Takt: Komprimieren

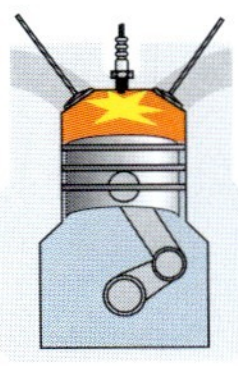
3. Takt: Zündung

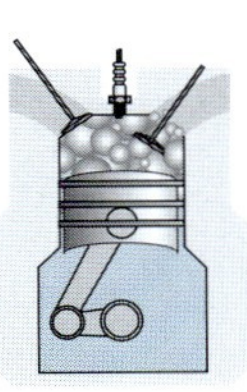
4. Takt: Ausstoß der Verbrennungsgase

**B6** *Die vier Takte im Verbrennungsmotor*

#### *Aufgaben*

**A2** Gib die Valenzstrichformeln von je drei Isomeren der im Benzin enthaltenen Kohlenwasserstoffe Hexan, Heptan und Octan an.

**A3** Informiere dich in *Chemie 2000+ Online* über die Bedeutung der Begriffe „Octanzahl“, „Antiklopfmittel“ und „Reformieren“ von Benzinen.

#### Fachbegriffe

Kraftstoffe, Benzin, Diesel, Verbrennungsmotor, molares Volumen

[1] von *to crack* (engl.) = (zer)sprengen, aufknacken

# Bioethanol, Biodiesel – sinnvolle Alternativen?

**B1** *Raps für Biodiesel. A: Erkundige dich, welche anderen Pflanzen als Rohstoffe für Biodiesel eingesetzt werden.*

Da die weltweiten Erdölreserven in einigen Jahrzehnten weitgehend erschöpft sein werden, suchen Wissenschaftler nach Alternativen für diesen Rohstoff, mit denen wir unseren Bedarf an Kraftstoffen decken können. Sind Kraftstoffe aus Pflanzen, bei deren Wuchs sogar Kohlenstoffdioxid gebunden wird, eine „umweltfreundliche" Lösung?

## Versuche

***V1*** Gib 2 mL Ethanol* in eine Porzellanschale und entzünde es vorsichtig. Halte einen Erlenmeyerkolben mit der Öffnung nach unten über die Flamme. Gib einige Milliliter Kalkwasser* in den Erlenmeyerkolben, verschließe ihn mit einem Stopfen und schüttle kräftig.

***LV2*** Man gibt in eine Porzellanschale, die sich in einem Sandbad befindet, ca. 5 mL Rapsöl und versucht, mit einem brennenden Holzspan die Dämpfe über der Flüssigkeit zu entzünden (vgl. S. 210, B3). Gelingt es bei Raumtemperatur nicht, so erhöht man die Temperatur im Sandbad allmählich und notiert die Temperatur, bei der sich die Dämpfe entzünden. Anschließend wird die brennende Flüssigkeit mit einem Uhrglas abgedeckt. Analog wird mit Biodiesel* verfahren.

## Auswertung

a) Erläutere und begründe, welches Verbrennungsprodukt in V1 nachgewiesen wird.

b) Deute deine Beobachtungen aus LV2 unter Berücksichtigung der Tatsache, dass die Flammtemperatur einer Probe von der Molekülmasse abhängt.

c) Vergleiche die Brennbarkeit von Ethanol mit den Ergebnissen aus LV2. Welche Schlussfolgerung kannst du bezüglich der Molekülmasse von Ethanol ziehen?

$$\mathrm{H{-}\underset{H}{\overset{H}{C}}{-}\underset{H}{\overset{H}{C}}{-}\overline{\underline{O}}{-}H}$$

$$\mathrm{H{-}\underbrace{\underset{H}{\overset{H}{C}}{-}\cdots{-}\underset{H}{\overset{H}{C}}}_{16}{-}\overset{\overline{O}}{\overset{\|}{C}}{-}\overline{\underline{O}}{-}\underset{H}{\overset{H}{C}}{-}H}$$

**B2** *Valenzstrichformeln von Ethanol und Fettsäuremethylester. A: Nenne die Verbrennungsprodukte dieser Biobrennstoffe und vergleiche sie mit den Verbrennungsprodukten von Benzin und Diesel.*

| Stoff | Heizwert [kJ/g] | Dichte [g/cm³] |
|---|---|---|
| Holz | 15 | 0,50 |
| Spiritus | 26 | 0,80 |
| Heizöl | 41 | 0,85 |
| Benzin | 45 | 0,80 |
| Diesel | 38 | 0,85 |
| Erdgas (Methan) | 44 | 0,0008 |

**B3** *Heizwerte verschiedener Brennstoffe. A: Begründe, warum die Angabe der Dichte hier relevant ist.*

### *INFO* Der Heizwert

Ist ein Motor in Betrieb, findet darin die Verbrennung des zugeführten Brennstoffs statt. Der Brennstoff reagiert in einer möglichst vollständigen Oxidationsreaktion zu Kohlenstoffdioxid und Wasserdampf, der zu flüssigem Wasser kondensiert. Die bei der Verbrennung freiwerdende Energie ist abhängig von der Art und Masse des Brennstoffs. Der **Heizwert *H*** ist ein Maß für die dabei freiwerdende Energie. Er ist der Quotient aus der bei vollständiger Verbrennung freiwerdenden Energie $E$ und der Masse $m$ des Brennstoffs. Er wird in der Einheit kJ/g angegeben (B3).

Zur Bestimmung des Heizwertes wird eine Brennstoffprobe in einem Kalorimeter in einer reinen Sauerstoffatmosphäre bei einem Druck von 30 bar verbrannt. Aus der Temperaturerhöhung des Systems lässt sich der Heizwert bestimmen.

## Aufgabe

***A1*** Erkläre mithilfe von B3, warum der Kraftstoffverbrauch beim Fahren mit Bioethanol um ca. 30 % höher ist als bei dem mit herkömmlichem Benzin.

## Nachwachsende Rohstoffe

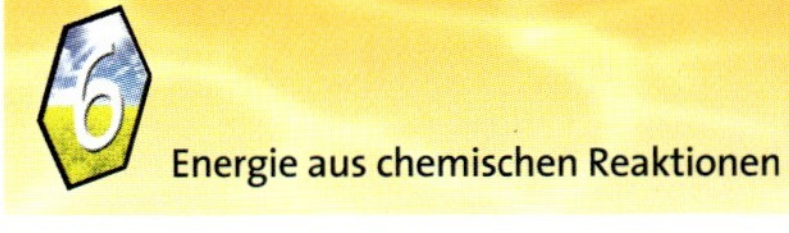


**Nachhaltigkeit, nachwachsende Rohstoffe, $CO_2$-Bilanz** – das sind die Schlagworte, die man im Zusammenhang mit steigenden Erdölpreisen und dem Treibhauseffekt immer wieder hört. Und es ist unbestritten und sinnvoll, dass die Menschen zur Deckung ihres stetig wachsenden Energie- und Kraftstoffbedarfs umdenken und Alternativen zu den nur begrenzt vorhandenen fossilen Energieträgern erforschen und einsetzen müssen.

**Biokraftstoffe** sind Ersatzstoffe für Benzin und Diesel. Sie können aus Pflanzen hergestellt werden. In Europa wird zur Gewinnung von **Biodiesel** vorwiegend Raps angebaut. Da der direkte Einsatz der in Ölmühlen extrahierten Pflanzenöle zu einer Verkürzung der Lebensdauer einiger Automotoren führen kann, ist eine Weiterverarbeitung der Rohöle nötig. Dabei wird das Öl im alkalischen Milieu mit Methanol zu Reaktion gebracht und es entstehen Fettsäuremethylester (B2) und Glycerin als Begleitprodukt. Die festen Rückstände der Samen werden für Futtermittel verwendet.

Der Biokraftstoff **Bioethanol** unterscheidet sich chemisch gesehen nicht von Trinkethanol. Für Bioethanol wird zunächst aus dem Rohstoff Zuckerrübe, Kartoffel, Getreide oder Zuckerrohr Stärke gewonnen. Die Stärke wird enzymatisch in ihren kleinsten Baustein, die Glucose, gespalten. Mithilfe von Hefepilzen wird die Glucose dann zu Ethanol (B2) vergoren (alkoholische Gärung). Bioethanol wird nicht pur im Motor verbrannt, sondern einem herkömmlichen Kraftstoff, meist Benzin, beigemischt.

Bei der Verbrennung von Biokraftstoffen entstehen wie bei der von herkömmlichen Kraftstoffen gasförmiges Kohlenstoffdioxid und Wasser. Ein Vorteil der Verwendung von Biokraftstoffen ist aber, dass dabei genau so viel Kohlenstoffdioxid emittiert wird, wie die Pflanze zuvor während ihres Wachstums aus der Luft gebunden hat, die **$CO_2$-Bilanz** also neutral ist (B4). Zu den geeigneten Energiepflanzen, also den Pflanzen, die zur Erzeugung von Biokraftstoffen und nicht von Lebensmitteln angebaut werden, zählen solche, die schnell wachsen und für deren Anbau wenig Dünger und Wasser erforderlich sind. Ein Vorteil der in Pflanzen gespeicherten Energie ist zudem, dass sie weltweit erzeugt und gelagert werden kann.

Zur Beurteilung der **Nachhaltigkeit** eines Produkts, z. B. eine Kraftstoffs, muss man jedoch differenziertere Betrachtungen vornehmen. So erfordert der Anbau der meisten in großem Maßstab benötigten Energiepflanzen den Einsatz großer Mengen Dünger, Insektizide und Herbizide. Im Boden befindliche Bakterien wandeln den stickstoffhaltigen Dünger um, und es kommt u.a. zur Emission von Distickstoffoxid (Lachgas), das ein ca. 300-fach stärkeres Treibhausgas als Kohlenstoffdioxid ist. Weiter sind der erforderliche Energieverbrauch für die Aufbereitung der Energiepflanzen und die Transportkosten zu berücksichtigen. Außerdem würde selbst die Bewirtschaftung aller zur Verfügung stehenden Flächen mit Energiepflanzen nicht den derzeitigen Kraftstoffbedarf decken. Da der Anbau von Energiepflanzen in einigen Ländern stark subventioniert wird, kommt es zur Vernichtung von tropischen Urwäldern und Brandrodung von Regenwäldern, wobei auch das darin gebundene Kohlenstoffdioxid freigesetzt wird. Insbesondere in Entwicklungsländern kann die Nutzung von Agrarflächen für Energie- statt für Nahrungsmittelpflanzen zu steigenden Lebensmittelpreisen und Hungersnöten führen.

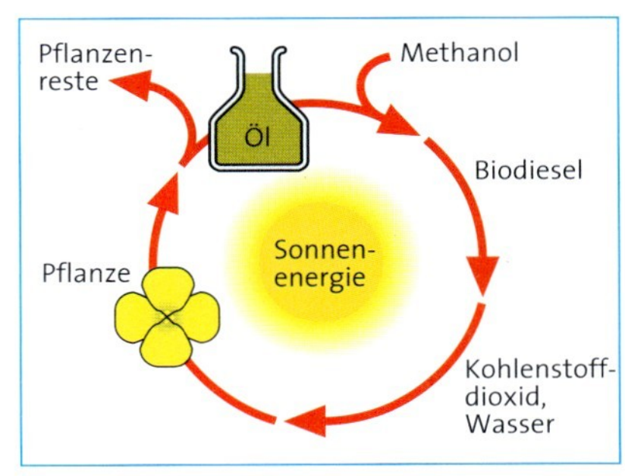


**B4** *Kohlenstoff-Kreislauf und $CO_2$-Bilanz bei der Herstellung und Verbrennung von Biodiesel.* ***A:*** *Ergänze das Schema um die Begriffe: Photosynthese, Emission, $CO_2$-Fixierung, chemische Veränderung, Extraktion und Verbrennung. Erkläre dann das Schema.* ***A:*** *Erstelle ein ähnliches Schema für Bioethanol und verwende die Informationen aus dem Text.*

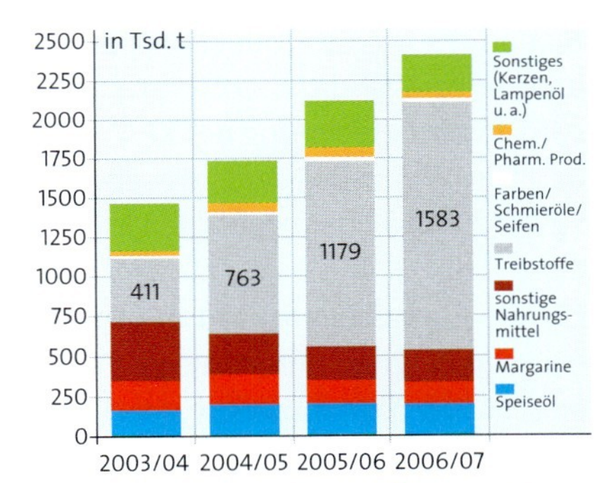


**B5** *Verwendung von Rapsöl.* ***A:*** *Vergleiche die Entwicklung der Verwendung von Rapsöl für den Nahrungsmittelbereich mit der Verwendung für Treibstoffe.* ***A:*** *Pro Jahr werden in Deutschland 30 Mio. Tonnen Diesel verbraucht. Um diese Menge aus Raps zu gewinnen, müsste man 2/3 der Fläche Deutschlands mit Raps bepflanzen. Nenne und erläutere Konsequenzen, die sich daraus ergeben würden.*

### *Aufgaben*

***A2*** Erkundige dich, wie Methanol hergestellt wird, und gib begründet an, ob Biodiesel ein rein pflanzliches Produkt ist.

***A3*** „Wir erzeugen saubere Bioenergie" – Nimm Stellung zu diesem Werbeslogan.

### Fachbegriffe

Heizwert, $CO_2$-Bilanz, Biokraftstoffe, Biodiesel, Bioethanol, Nachhaltigkeit, nachwachsende Rohstoffe

# M+ Positionslinie, Fishbowl – Energie- und Ökobilanzen

**B1** *Der Blaue Engel, das älteste Umweltzeichen zur Kennzeichnung von non-food Produkten und Dienstleistungen, hilft bei der Entscheidung für ein umweltfreundlich hergestelltes Produkt.* **A:** *Suche Produkte im Baumarkt oder Supermarkt, die mit dem blauen Engel ausgezeichnet sind, und stelle eine Liste zusammen, die auch die jeweils im blauen Halbkreis verzeichneten Schutzziele enthält.*

## „Graue Energie" und Energiebilanz

Wenn wir Konsumgüter wie z.B. Handys, Computer oder Fernseher benutzen, ist uns bewusst, dass diese Geräte Energie in Form von Strom benötigen. Selten denken wir aber daran, dass bei der Herstellung von Konsumgütern, beim Recycling und in der Müllverbrennungsanlage erhebliche Mengen Energie verbraucht werden. Diese Energie nennt man **graue Energie**. Als graue Energie oder kumulierter Energieaufwand (KEA) bezeichnet man die gesamte Energiemenge, die für die Produktion, den Transport, die Lagerung, den Verkauf und die Entsorgung eines Produkts benötigt wird. In die Berechnung des KEA gehen auch der Energiebedarf zur Gewinnung der eingesetzten Rohstoffe sowie anteilig der zum Bau der benötigten Fabriken und Maschinen mit ein.

Für die **Energiebilanz** und die Umwelt macht es also z.B. einen erheblichen Unterschied, ob ein Produkt in Deutschland oder in China produziert worden ist, da die Transportwege sehr unterschiedlich sind.

Bei Solarstrom ist nach wie vor bedenklich, dass zur Erzeugung der notwendigen Photovoltaikanlagen sehr viel Energie aufgewendet werden muss (vgl. S. 208, 209): Hier muss die Energiebilanz also optimiert werden. Entwicklung und Produktion von Photovoltaikanlagen wurden zum Anschub staatlich gefördert. Dadurch lohnten sich zum einen privat installierte Photovoltaikanlagen finanziell. Zum anderen konnte auf diese Weise der Absatz vergrößert und die Entwicklung energieeffizienter Solarmodule unterstützt werden.

## Ökobilanzen

Bei der Wahl zwischen verschiedenen Produkten, die den gleichen Zweck erfüllen, kann für eine Entscheidung neben Preis und Aussehen auch die Frage nach der Umweltfreundlichkeit ausschlaggebend sein. Doch wie lässt sich diese Eigenschaft messen? **Ökobilanzen** sollen dabei helfen.

Will man die Ökobilanz eines Produktes aufstellen, muss man Informationen über seinen Weg „von der Wiege bis zum Grab" haben. D.h. man muss alle einzelnen Produktionsschritte, die Art, Menge und Förderung der benötigten Rohstoffe, entstehende Nebenprodukte, anfallende Transportwege sowie auch das Recycling oder die Entsorgung des Produkts kennen. Zu diesen Punkten wird dann eine Betrachtung der jeweiligen Umweltbelastung, in Form von Umweltwirkungskategorien wie z.B. Versauerung, Überdüngung, Gesundheitsbeeinträchtigungen des Menschen, Schädigung von Ökosystemen, Ressourcenbeanspruchung und Treibhauseffekt vorgenommen. Diese Kategorien werden schließlich zu einer Endaussage, der Ökobilanz des betrachteten Produkts, zusammengefasst.

Je nachdem wie differenziert die Einzelbetrachtungen durchführt werden, können verschiedene Ökobilanzen für ein und dasselbe Produkt resultieren. Um Produkte hinsichtlich ihrer Ökobilanz miteinander vergleichen zu können, ist daher ein einheitlicher Untersuchungsrahmen nötig. Häufig dominieren bei Entscheidungsfindungen in größeren Dimensionen allerdings andere gesellschaftliche, wirtschaftliche oder politische Aspekte. So stand z.B. bei der sog. Umweltprämie (Abwrackprämie) im Jahr 2009 im Vordergrund, Arbeitsplätze in der Automobilindustrie zu sichern.

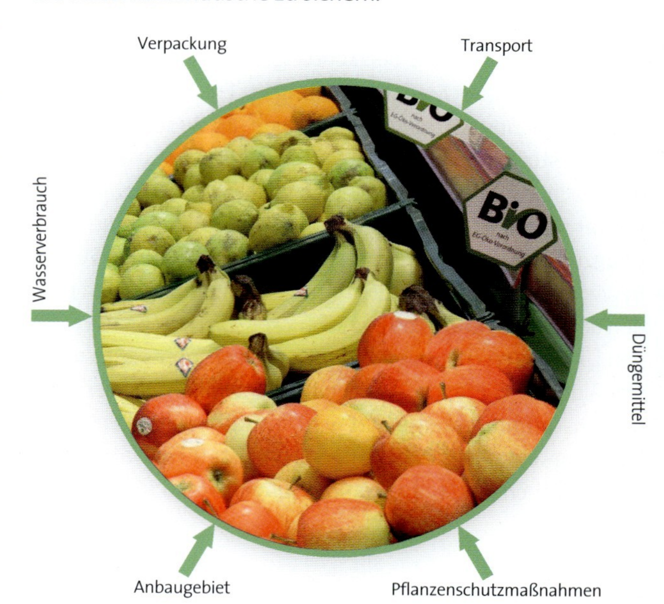


**B2** *Faktoren, die in eine Ökobilanz zu Bioobst eingehen.* **A:** *Erkläre, warum die genannten Aspekte wichtig für die Ökobilanz sind.*

# M+ Positionslinie, Fishbowl – Energie- und Ökobilanzen

**Die Methode „Positionslinie"**

Diese Methode eignet sich zur Sammlung und Verteidigung von Standpunkten einiger oder aller Schüler einer Klasse.
Im Klassenzimmer wird durch ein gespanntes Seil oder einen langen Streifen eine Linie auf dem Boden markiert, deren eines Ende den Standpunkt „Stimme zu" und deren anderes Ende die Position „Lehne ab" darstellt. Die Schüler positionieren sich entsprechend ihrer Meinung zu einer bestimmten Fragestellung an der Linie und begründen, warum sie an dieser Stelle stehen.
*Variante* **„Streitlinie"**: Sollten sich klare Lager ergeben, können sich die Schüler zu Gruppen zusammenfinden und Argumente für den von ihnen vertretenen Standpunkt sammeln. Anschließend tragen sich beide Gruppen gegenseitig die Argumente vor.
Bei beiden Varianten wird den Schülern nach der Argumentation die Möglichkeit einer Neupositionierung entlang der Linie gegeben, die thematisiert wird.

**Die Methode „Fishbowl" – was ist das?**

Unter „Fishbowl" versteht man eine dynamische Diskussionsform, in der keine klare Abtrennung zwischen Diskussionsteilnehmern und Zuhörerschaft existiert. In einem Innenkreis sitzen die Schüler, die gerade diskutieren, ggf. unterstützt durch einen Moderator. Ein leerer Stuhl im Innenkreis kann jederzeit durch einen Schüler aus dem Außenkreis besetzt werden, der sich einbringen möchte. Dieser kann dann „auf Augenhöhe" mitdiskutieren und kehrt anschließend wieder in den Außenkreis zurück.
Für die Personen aus dem Außenkreis besteht auch die Möglichkeit, einen Redner zu ersetzen. Dazu stellt man sich hinter die entsprechende Person, die dann nach Beendigung ihres Redebeitrags in den Außenkreis wechselt.

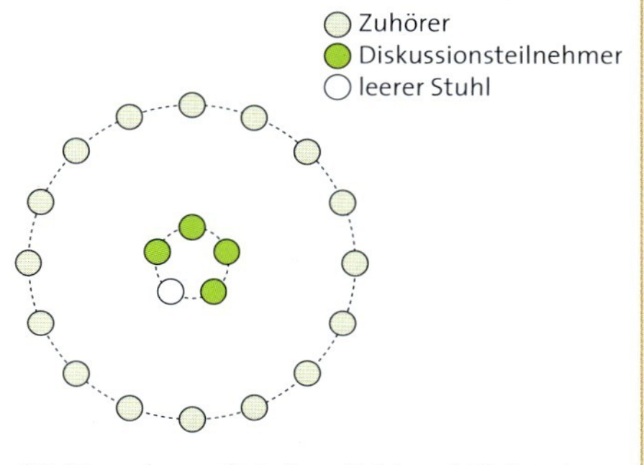


**B3** *Sitzordnung bei einer Fishbowl-Diskussion*

## *Aufgaben*

***A1*** Überlege zusammen mit einem Partner, inwieweit sich die Begriffe Energiebilanz und Ökobilanz unterscheiden.

***A2*** Immer mehr Discounter bieten Bioobst und Biogemüse an. Woher stammen diese Lebensmittel? Stellt Regeln auf, die man beim Einkauf beachten sollte, wobei ihr die Punkte Ursprungsland, allgemeine klimatische Bedingungen, natürliches Wasservorkommen, Düngemitteleinsatz, Verpackung und Transport berücksichtigt.

***A3*** Recherchiert, wie Strom auf der Basis von Steinkohle gewonnen wird. Sammelt Punkte, die in die Erstellung der Ökobilanz von „Steinkohle-Strom" einfließen müssen. Diskutiert in Gruppen, welche Gründe dafür sprechen, dass der nur endlich vorhandene fossile Brennstoff Steinkohle für die Stromerzeugung abgebaut wird. Welche Gründe sprechen dagegen? Formt anschließend im Klassenraum eine Positionslinie zur Frage: Sollte man Strom auf der Basis von Steinkohle kaufen?

***A4*** Erstellt durch eine Positionslinie ein Meinungsbild eurer Klasse zur Fragestellung „Sollte man Biodiesel herkömmlichem Mineralöldiesel vorziehen?". Als Vorbereitung sollte jeder mindestens drei Argumente für seine eigene Position auf der Basis der Informationen aus diesem Kapitel bzw. den Informationen auf *Chemie 2000+ Online* sammeln.

***A5*** Sammelt in Zweiergruppen auf der Basis der Informationen in diesem Kapitel und weiterer eigener Recherchen z. B. unter *Chemie 2000+ Online* Argumente für und gegen die Gewinnung von Strom durch Photovoltaikanlagen. Diskutiert anschließend mit zwei weiteren Zweiergruppen eure Ergebnisse und ergänzt eure Ergebnisse gegenseitig. Wählt einen Sprecher, der sich zuerst in den Diskussionskreis einer Fishbowl-Formation setzt. Diskutiert anschließend mit der ganzen Klasse nach der Fishbowl-Methode die Frage, ob der Staat weiterhin den Bau von Photovoltaikanlagen subventionieren (durch öffentliche Mittel finanziell unterstützen) soll.

TRAINING

*A1* In B1 ist eine Zink-Kupfer-Zelle dargestellt, in der eine Zink-Elektrode in Zink-Sulfat-Lösung und eine Kupfer-Elektrode in Kupfersulfat-Lösung taucht.
a) Zeichne die Zelle ab und beschrifte sie auch mithilfe der Informationen von S. 202, 203.
b) Beschreibe den Elektronenfluss und den anderer Ladungsträger in der Zelle. Erkläre, wie es zur Ausbildung einer Spannung kommt und warum die Elektroden unterschiedlich groß sind.

*A2* Zink-Silberoxid-Batterien sind u. a. für Hörgeräte und Kameras geeignet. Sie liefern eine Spannung von 1,55V. Als Elektrolyt dient eine wässrige Kalilauge. In der Batterie wird am Pluspol Silberoxid $\mathbf{Ag_2O}$ zu elementarem Silber $\mathbf{Ag}$ reduziert und es entstehen Hydroxid-Ionen $\mathbf{OH^-}$. Am Minuspol wird Zink oxidiert. a) Leite aus diesen Informationen die Reaktionsgleichungen für die Oxidation und die Reduktion her. b) Warum sollte man auch diese Batterien entsorgen?

*A3 extra* Erkläre anhand zweier selbst gewählter Beispiele den Unterschied zwischen einer Batterie und einem Akkumulator.

*A4* Beim Bleiakkumulator (B2) findet beim Aufladen eine Elektrolyse statt. Das Bleisulfat $\mathbf{PbSO_4}$, das sich nach dem Entladen an den beiden Elektrodenplatten befindet, reagiert zu elementarem Blei $\mathbf{Pb}$ bzw. mit Wasser aus der Schwefelsäure-Lösung zu Blei(IV)-oxid $\mathbf{PbO_2}$. Formuliere die Reaktionsgleichungen und ordne begründet die Begriffe Oxidation und Reduktion zu.

*A5* Neuere Verfahren zu Herstellung von Biokraftstoffen haben zu „Kraftstoffen der zweiten Generation" geführt. Für diese werden komplette Pflanzen oder Bioabfall unter bestimmten Bedingungen in Kohlenstoff (Biokoks) überführt, der in weiteren Reaktionen zu Octan und dessen Isomeren reagiert. a) Schreibe die Valenzstrichformeln für Octan und drei Isomere auf. b) Was unterscheidet die „Kraftstoffe der zweiten Generation" von Biodiesel der ersten Generation (vgl. S. 215)?

*A6* Stelle Vorteile und Nachteile der verschiedenen Antriebsarten für Fahrzeuge (Verbrennungsmotor, Elektromotor mit Lithium-Ionen-Akku, Motor mit Brennstoffzelle) zusammen. Beurteile die Technologien im Hinblick auf eine zukunftssichere Energieversorgung.

*A7* Neben Benzin und Diesel kann auch Erdgas als Kraftstoff im Verbrennungsmotor verwendet werden. Mit welchem Kraftstoff fährt ein Bus umweltfreundlicher – mit Diesel oder mit Erdgas?
Dazu ein Vergleich: Um eine Strecke von 1 km zurückzulegen, verbraucht ein Busmotor a) 112 g (7 mol) Erdgas $\mathbf{CH_4}$ und b) 128 g (1 mol) Diesel (vereinfacht: $\mathbf{C_9H_{20}}$)

7 mol $\mathbf{CH_4(g)} + \_\ \mathbf{O_2(g)} \longrightarrow \_\ \mathbf{CO_2(g)} + \_\ \mathbf{H_2O(g)}$

1 mol $\mathbf{C_9H_{20}(l)} + \_\ \mathbf{O_2(g)} \longrightarrow \_\ \mathbf{CO_2(g)} + \_\ \mathbf{H_2O(g)}$

Übertrage die Reaktionsgleichungen in dein Heft, ergänze sie und entscheide dann, ob der Bus mit dieselbetriebenem oder erdgasbetriebenem Motor umweltfreundlicher ist. Begründe deine Antwort.

*A8* Zeichne die Valenzstrichformeln der isomeren Hexan-Moleküle.

*A9* Entscheide, wie viele verschiedene Isomere von Nonan hier gezeichnet sind. *Hinweis*: Um identische Isomere entdecken zu können, übertrage die Isomere in dein Heft und zeichne die längste Kohlenstoffkette in dem Molekül waagerecht und ergänze dann die Verzweigungen.

*A10* Erstelle eine Liste mit Maßnahmen aus diesem Kapitel, die zu einer zukunftssicheren Energieversorgung beitragen können. Welche dieser Maßnahmen spielen bereits in deinem Alltag eine Rolle?

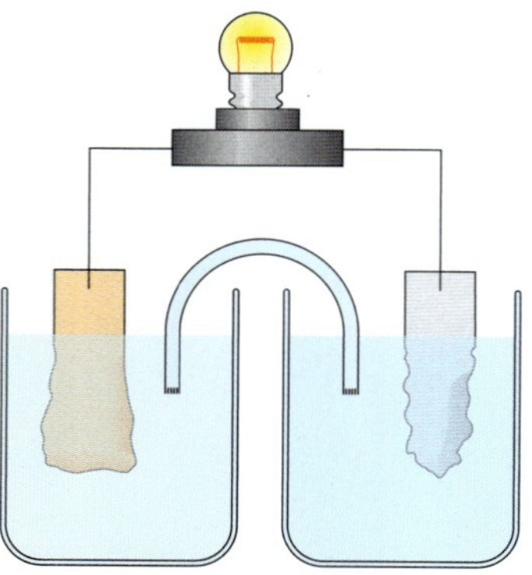

**B1** *Zink-Kupfer-Zelle nach einigen Stunden Betriebsdauer*

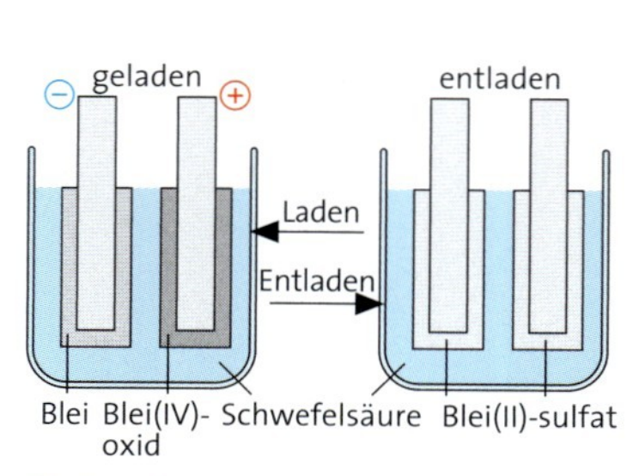


**B2** *Der Bleiakkumulator*

## Energie aus chemischen Reaktionen

### *Galvanische Zellen und Batterien*

**Galvanische Zellen** wandeln chemische Energie in elektrische Energie um. Sie bestehen aus zwei Halbzellen, bei denen jeweils eine Elektrode in eine Elektrolyt-Lösung taucht. Die Halbzellen sind leitend miteinander verbunden. Innerhalb der Zelle findet der Ladungstransport über Ionen statt, im äußeren Stromkreis über Elektronen. Über die unedlere Elektrode werden Elektronen bereitgestellt, das Elektrodenmaterial wird oxidiert. An der anderen Elektrode werden Ionen aus der Lösung reduziert.

Bei der Kupfer-Zink-Zelle gehen Zink-Ionen in Lösung und Kupfer-Ionen aus der Elektrolyt-Lösung werden reduziert und bilden eine Kupferschicht.

**Batterien** sind galvanische Zellen. In ihnen laufen Redoxreaktionen selbsttätig ab. Ist ein Reaktionspartner verbraucht oder der Stromkreis unterbrochen, liefert die Batterie keine Spannung mehr. Aufgrund der in ihnen enthaltenen Chemikalien müssen Batterien sachgerecht entsorgt werden.

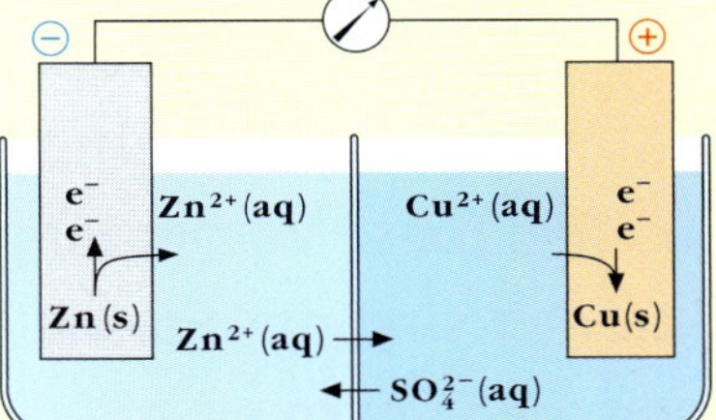


### *Galvanische Zellen und Elektrolysen im Vergleich*

Die chemischen Reaktionen in galvanischen Zellen laufen selbsttätig in eine Richtung ab. Bei **Elektrolyse**-Reaktionen werden chemische Reaktionen durch Anlegen einer elektrischen Spannung erzwungen, die zu den Prozessen in galvanischen Zellen gegenläufig sind. Dabei wird elektrische Energie in chemische Energie umgewandelt. In der wieder aufgeladenen Zelle können nun erneut die freiwillig ablaufenden Redoxreaktionen stattfinden.

Bei der Zink-Iod-Zelle werden bei der Elektrolyse aus einer Zinkiodid-Lösung $\mathbf{ZnI_2(aq)}$ Zink $\mathbf{Zn}$ und Iod $\mathbf{I_2}$ an den Graphit-Elektroden gebildet. Es liegt nun eine galvanische Zelle vor, in der die freiwillig verlaufende Rückreaktion das Produkt Zinkiodid $\mathbf{ZnI_2(aq)}$ und elektrische Energie liefert, mit der ein Verbraucher angetrieben werden kann.

$$\mathbf{ZnI_2(aq)} \underset{\text{selbsttätig (galvanische Zellen)}}{\overset{\text{erzwungen (Elektrolyse)}}{\rightleftharpoons}} \mathbf{Zn(s) + I_2(aq)}$$

### *Brennstoffzellen*

Eine Brennstoffzelle ist eine stromliefernde Anordnung mit zwei Elektroden, die von Luft und einem **Brennstoff** z. B. Wasserstoff umspült werden. Die Teilreaktionen, die an den Elektroden ablaufen, addieren sich bei der Wasserstoff-Brennstoffzelle zur **Knallgasreaktion**.

Im Modellversuch tauchen die Elektroden in einen flüssigen Elektrolyten ein. In der trockenen PEM-Brennstoffzelle sind die Elektroden durch eine für Protonen durchlässige Membran getrennt (Protonen-Austausch-Membran).

Brennstoffzellen können zum Antrieb von Fahrzeugmotoren eingesetzt werden.

### *Alkane aus Erdöl*

Der Rohstoff Erdöl ist ein Stoffgemisch, das durch **fraktionierte Destillation** in **Fraktionen** aufgetrennt werden kann. Hauptbestandteile des Erdöls sind **Kohlenwasserstoffe**. In den Molekülen dieser Kohlenwasserstoffe bilden Kohlenstoff-Atome durch Ausbilden von Elektronenpaarbindungen lineare bzw. verzweigte Kohlenstoffketten. Die übrigen Valenzelektronen der Kohlenstoff-Atome sind an Bindungen zu Wasserstoff-Atomen beteiligt. Solche Kohlenwasserstoffe werden **Alkane** genannt und haben die allgemeine Summenformel $\mathbf{C_nH_{2n+2}}$. Die Siedetemperaturen der Alkane steigen mit zunehmender Molekülmasse, da die **VAN-DER-WAALS-Kräfte** zwischen den unpolaren Alkan-Molekülen stärker werden. Durch die Möglichkeit der Verzweigung von Kohlenstoffketten treten **Isomere** auf. Isomere sind Verbindungen mit gleicher Summenformel aber unterschiedlicher Molekülstruktur.

### *Kraftstoffe aus fossilen Brennstoffen*

Die Fraktionen Benzin und Diesel aus dem Erdöl werden als **Kraftstoffe** in **Verbrennungsmotoren** verwendet. Um den großen Bedarf an Kraftstoffen decken zu können, müssen höher siedende Fraktionen des Erdöls **gecrackt** werden. Bei diesem chemischen Prozess entstehen aus langkettigen Molekülen kleinere Moleküle, die als Benzin- und Dieselbestandteile verwendet werden können.

Im Brennraum des Motors erfolgt jeweils in vier Takten die explosionsartige Verbrennung eines Kraftstoff-Luft-Gemisches. Die bei der Reaktion freiwerdende Wärme wird in Bewegungsenergie umgewandelt.

# Der Natur abgeschaut

In der Natur laufen viele chemische Reaktionen in lebenden Organismen unter Beteiligung von Verbindungen ab, die bestimmte charakteristische Merkmale aufweisen. Diese Verbindungen und ihre Reaktionen sind das Forschungsfeld der Organischen Chemie.

Mithilfe von Kenntnissen aus der Organischen Chemie konnten viele Vorgänge in Organismen, von der Verdauung der Speisen bis zur Entstehung und Heilung von Krankheiten, aufgeklärt werden. Die Grundlagen der Organischen Chemie sind daher unverzichtbar für die Biologie und Medizin.

Darüber hinaus sind organische Verbindungen und Reaktionen auch maßgeblich an der Entwicklung und technischen Herstellung vieler Produkte unseres Alltags – wie beispielsweise Kunststoffe und Textilfasern, Farben und Lacke, Arzneimittel und Kosmetika, Wasch- und Reinigungsmittel sowie Hightech-Materialien für Sport und Freizeit – beteiligt.

Die Organische Chemie ist so umfangreich, dass in diesem Kapitel nur eine Einführung erfolgen kann. Mit den **Basiskonzepten** *Struktur der Materie* und *Chemische Reaktionen* gehen wir unter dem Motto „Der Natur abgeschaut“ folgenden Fragen nach:

1. Organische Verbindungen werden in lebenden Organismen synthetisiert, können aber auch künstlich im Labor und in der Industrie aus anorganischen Stoffen hergestellt werden. Welche typischen Eigenschaften unterscheiden organische von anorganischen Verbindungen?

2. Man kennt die Molekülstruktur von über 25 Millionen organischen Verbindungen. Ihre tatsächliche Anzahl in der Natur ist jedoch viel größer und jedes Jahr werden viele Tausend Verbindungen neu analysiert und synthetisiert. Nach welchen Kriterien lassen sich diese zahlreichen Stoffe in Klassen einteilen?

3. Neben einigen charakteristischen Gemeinsamkeiten haben organische Verbindungen oft sehr unterschiedliche Eigenschaften, selbst dann, wenn sie der gleichen Klasse angehören. Wie lässt sich aus der Molekülstruktur einer Verbindung auf ihre Eigenschaften schließen?

4. Organische Verbindungen aus Pflanzen und Tieren dienen zur Herstellung vieler Stoffe unseres Alltags. Dabei kommen einige typische Reaktionen zur Anwendung. Wir führen solche Reaktionen durch und gehen der Frage nach: Wie kann man die Reaktionen steuern, um möglichst viel von dem gewünschten Produkt zu erhalten?

5. „Von der Natur abschauen" – lautet das Erfolgsrezept in der Chemie, wenn man Verbindungen mit gewünschten Eigenschaften gedanklich konzipieren und künstlich synthetisieren will. Wie funktioniert das, wenn man Kunststoffe herstellen will, die bestimmte Forderungen erfüllen müssen?

6. Man muss auch dann von der Natur abschauen, wenn man Reaktionen, die nur sehr langsam ablaufen und nur wenig vom Zielprodukt liefern, schnell und effizient durchführen will. Welche „Werkzeuge" setzt die Natur hierfür ein und was können wir daraus lernen?

# Von Stärke über Traubenzucker zum Alkohol

Schon sehr früh hat der Mensch Kenntnisse aus der Natur gezogen und diese genutzt. Sowohl die Eigenschaften von Stoffen als auch chemische Reaktionen setzten die Menschen gezielt für eigene Bedürfnisse ein. Zunächst bei der Zubereitung und Herstellung von Speisen ...

**B1** *Links: Kartoffelknollen enthalten Stärke. Rechts: Kartoffelstärke im Lichtmikroskop.* **A:** *Nenne weitere Naturprodukte, die Stärke enthalten.*

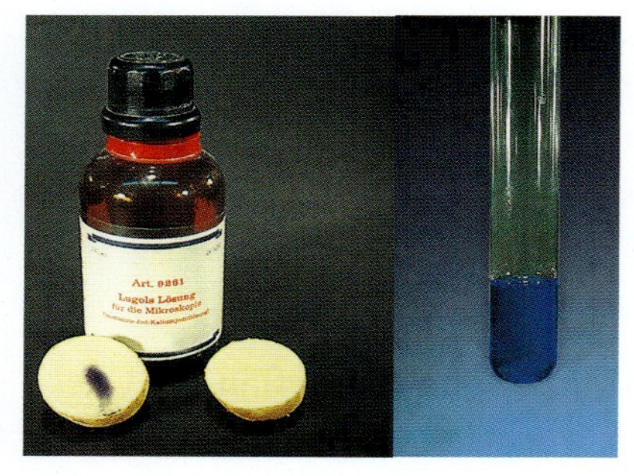



**B2** *Nachweis von Stärke durch die Iod-Stärke-Reaktion.* **A:** *Erkläre, wie sich die Stärke in Gerste nachweisen lässt.*

### Versuche

**V1** Erhitze in je einem Rggl. vorsichtig Stärke und Traubenzucker.

**V2** Prüfe die Löslichkeit von Stärke und Traubenzucker in Wasser.

**V3** *Stärkenachweis*

a) Löse 1 g Stärke in 100 mL Wasser durch Aufkochen. Tropfe zu einer Probe der abgekühlten Stärke-Lösung einige Tropfen Iod-Kaliumiodid-Lösung.

b) Gib in je ein Reagenzglas ein Stück Kartoffel, einige Reiskörner, Nudeln, Brot u. a., gieße jeweils etwas Wasser hinzu und erhitze. Gib nach dem Abkühlen in alle Rggl. einen Tropfen Iod-Kaliumiodid-Lösung hinzu.

**V4** Löse 0,5 g Stärke in 50 mL Wasser durch Aufkochen. Gib zu der abgekühlten Lösung in einem Erlenmeyerkolben 5 mL verd. Salzsäure* und erhitze zum Sieden. Entnimm alle 5 min mit einer Pipette eine Probe und gib zu dieser nach dem Abkühlen einen Tropfen Iod-Kaliumiodid-Lösung hinzu. Wenn die Iod-Stärke-Reaktion negativ ausfällt (Gelbfärbung), neutralisiere die Reaktionslösung im Kolben mit festem Natriumhydrogencarbonat, bis es nicht mehr schäumt. Halte dann einen Glucose-Teststreifen in die Lösung.

**V5** Löse in einem Erlenmeyerkolben 10 g Traubenzucker in 100 mL Wasser. Versetze die Lösung mit 5 g Bäckerhefe und vermische alles gut. Verschließe den Erlenmeyerkolben mit einem Gärröhrchen, das mit Kalkwasser* gefüllt ist. Beobachte die Lösung und lass den Ansatz bis zur nächsten Unterrichtsstunde stehen. Überprüfe dann den Geruch.

**LV6** 50 mL der über der Hefe stehenden klaren Lösung aus V5 werden in einer Destillationsapparatur so lange destilliert, bis die Siedetemperatur 100 °C erreicht ist. Das Destillat wird anschließend in einer Porzellanschale entzündet.

### Auswertung

a) Notiere die Beobachtungen zu V1. Stelle Hypothesen auf, um welche Produkte es sich handeln könnte.

b) Notiere die Eigenschaften von Stärke und Traubenzucker, die sich aus V1 und V2 ergeben.

c) Gib an, wie sich die Löslichkeit von Stärke mit Erhöhung der Temperatur bei V3 a) ändert.

d) Beschreibe die Beobachtungen bei einem positiven Stärkenachweis (V3) und nenne weitere Lebensmittel, bei denen ein positiver Stärkenachweis zu erwarten ist.

e) Notiere die Beobachtungen zu V4 und gib ein Reaktionsschema (in Worten) an.

f) Erläutere die Beobachtungen zu V5 und LV6. Nenne die Produkte, die jeweils nachgewiesen werden.

**INFO Kohlenhydrate ...**

... sind meist natürliche, organische Stoffe.
... sind Verbindungen, deren Moleküle aus Kohlenstoff-, Wasserstoff- und Sauerstoff-Atomen aufgebaut sind und die Atomzahlverhältnisformel $C_n(H_2O)_m$ haben.
... sind gut in Wasser löslich.
... werden von Pflanzen aus Kohlenstoffdioxid und Wasser gebildet (assimiliert).
... sind Hauptbestandteil der menschlichen und tierischen Nahrung (Energieträger).
... dienen auch als Reservestoffe.
... können zu Ethanol und Kohlenstoffdioxid vergoren werden.

**B3** *Eigenschaften von Kohlenhydraten*

## Typische Eigenschaften organischer Verbindungen

Beim Erhitzen einiger Lebensmittel wie z. B. von **Stärke** oder von **Traubenzucker** wird Wasser freigesetzt und schwarzer Kohlenstoff bleibt zurück (V1). Stärke und Traubenzucker sind also Verbindungen, deren Moleküle aus Kohlenstoff-, Wasserstoff- und Sauerstoff-Atomen aufgebaut sind. Sie gehören zu den **Kohlenhydraten** mit der Atomzahlverhältnisformel $\mathbf{C_n(H_2O)_m}$. Kohlenhydrate zählen zu den **organischen Verbindungen**[1]. Organische Verbindungen sind in aller Regel Verbindungen des Elements Kohlenstoff, allerdings zählen nicht alle Kohlenstoffverbindungen zu den organischen Verbindungen (*Beispiel*: Kohlenstoffdioxid).
Die gute Löslichkeit von Stärke und Traubenzucker in Wasser (V2) lässt auf zahlreiche Hydroxy-Gruppen in den Molekülen der Kohlenhydrate schließen.
Stärke wird von vielen Pflanzen wie Mais, Kartoffeln (B1), Weizen oder Gerste synthetisiert und vorwiegend in Samen und Knollen als Reservestoff gespeichert. Sie ist daher in vielen Grundnahrungsmitteln enthalten und ein auch für unseren Stoffwechsel bedeutender Energielieferant. Bei der Verdauung wird Stärke durch **Enzyme** – dies sind Biokatalysatoren – zu Traubenzucker, der **Glucose**, abgebaut. Dies geschieht bereits im Speichel. Daher schmeckt Weißbrot nach kurzer Zeit süß und Pudding verliert bereits im Mund seine Konsistenz. Auch beim Erhitzen mit schwachen Säuren wird Stärke zu Glucose zersetzt (V4). Stärke kann man durch die charakteristische Blaufärbung bei der **Iod-Stärke-Reaktion** nachweisen (B2, V3).
Stärke besteht aus riesigen Molekülen, die aus vielen, immer gleichen Bausteinen, den Glucose-Einheiten, aufgebaut sind. Man bezeichnet Stärke daher als Vielfachzucker oder **Polysaccharid**. Glucose ist dagegen ein Einfachzucker oder **Monosaccharid**, **Saccharose**, der Haushaltszucker, ein **Disaccharid** (B5):

Glucose    Fructose    Saccharose

Der Abbau von Stärke kann auch weitergehen. So vergärt eine wässrige Glucose-Lösung in Gegenwart von Hefezellen zu Ethanol und Kohlenstoffdioxid (V5, LV6):

$$\mathbf{C_6H_{12}O_6(aq) \longrightarrow 2\ C_2H_5OH(aq) + 2\ CO_2(g)}$$

Glucose    Ethanol    Kohlenstoffdioxid

Auch hier wirken Enzyme aus der Hefe als Biokatalysatoren.
Bei der Herstellung von Wein wird die Glucose aus Trauben direkt vergoren, bei der Bierherstellung dient die Stärke aus der Gerste als Ausgangsmaterial. Ethanol ist ebenfalls gut wasserlöslich (vgl. auch 169). Außerdem hat Ethanol einen hohen **Heizwert**, d. h. bei der Verbrennung zu Kohlenstoffdioxid und Wasser wird sehr viel Energie frei (vgl. S. 214).

### Aufgaben

**A1** Neben Kohlenhydraten gehören auch die Verbindungen aus Fetten, Ölen und Benzinen zu den organischen Verbindungen. Beurteile, ob und inwiefern in V1 bis LV6 typische Eigenschaften organischer Verbindungen festgestellt werden.

**A2** Tiere sieht man nach dem Genuss überreifer Früchte oft schwanken. Erkläre dieses Phänomen.

[1] Von den über 25 Mio. bekannten organischen Verbindungen bilden die Kohlenhydrate nur eine unter vielen Klassen; weitere Klassen werden auf den folgenden Seiten genannt – vgl. auch A1.

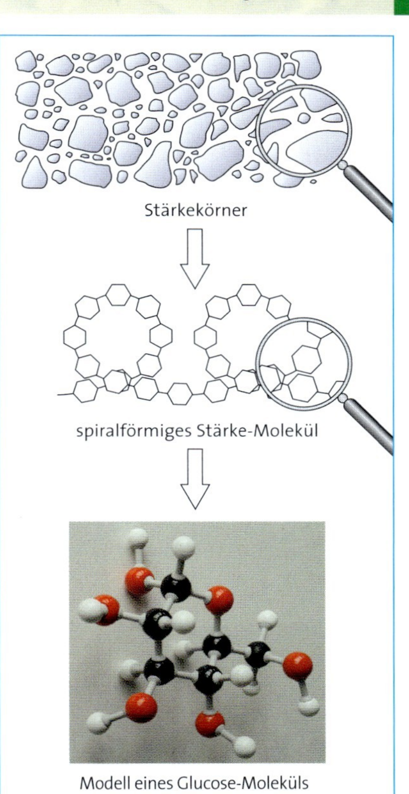


**B4** *Aufbau und Struktur von Stärke*

*INFO* **Zu den Kohlenhydraten gehören ...**
... **Monosaccharide** (Einfachzucker). *Beispiele*: Glucose (Traubenzucker) und Fructose (Fruchtzucker)
... **Oligosaccharide** (Mehrfachzucker): Die Moleküle sind aus zwei bis zehn Monosaccharid-Resten zusammengesetzt. *Beispiel*: Saccharose (Haushaltszucker), aus einem Glucose- und einem Fructose-Rest
... **Polysaccharide** (Vielfachzucker): Die Moleküle sind aus mehr als zehn Monosaccharid-Resten zusammengesetzt. *Beispiel*: Stärke aus vielen Glucose-Resten

**B5** *Unterteilung von Kohlenhydraten*

### Fachbegriffe

Stärke, Traubenzucker, Kohlenhydrate, organische Verbindung, Iod-Stärke-Reaktion, Enzyme, Glucose, Saccharose, Monosaccharid, Oligosaccharid, Polysaccharid, Heizwert

## Fremde und Verwandte unter organischen Verbindungen

Alkohol, Ethanol, Hexan, Hexanhexol, Sorbit ... – die Bezeichnungen für chemische Verbindungen sind zahlreich und oft verwirrend. Nicht selten gibt es mehrere Bezeichnungen für den gleichen Stoff. So wird Trinkalkohol allgemein als Alkohol bezeichnet, aber auch als Ethanol. Glycerin nennt man auch Glycerol oder Propantriol und Hexanhexol bezeichnet man auch als Sorbit oder Sorbitol. Stecken Sinn und Logik hinter diesen Benennungen?

**B1** *Produkte aus dem Alltag, die Alkohol enthalten.* ***A:*** *Sammle weitere Beispiele und stelle eine Liste zusammen.*

### Versuche

***V1*** Schüttle je ca. 2 mL Ethanol*, Propanol*, Ethandiol* (Glycol) und Propantriol* (Glycerin) in einem verschlossenen Rggl. oder Schnappdeckelglas und beobachte das Fließverhalten.

***V2*** Überprüfe die Löslichkeit von Ethanol*, Ethandiol* (Glycol), Propantriol* (Glycerin) und Hexanhexol (Sorbit) in Wasser und in Heptan*. Gib hierzu jeweils 1 mL eines Stoffes zu 1 mL Wasser bzw. zu 1 mL Heptan* im Rggl. und schüttle vorsichtig.

***LV3*** **Abzug!** Je 1 mL Methanol* wird im Rggl. zu 1 mL Wasser und zu 1 mL Heptan* gegeben und geschüttelt.

***V4*** Gib etwas Weißwein in eine Petrischale und lasse diese für eine Woche offen an einem warmen Ort stehen. Überprüfe den Geruch sowie den *p*H-Wert vorher und nachher.

***V5*** Halte ein *p*H-Papier in Ethanol* und in verd. Ethansäure* oder gib jeweils ein paar Tropfen Universalindikator zu den verd. Lösungen. Notiere jeweils den *p*H-Wert.

***LV6*** **Abzug!** Der *p*H-Wert von Methanol* und von Methansäure* wird ermittelt, indem man einen Tropfen des zu untersuchenden Stoffes auf ein angefeuchtetes *p*H-Papier oder in 1 mL einer Universalindikator-Lösung gibt. Die Ergebnisse werden notiert.

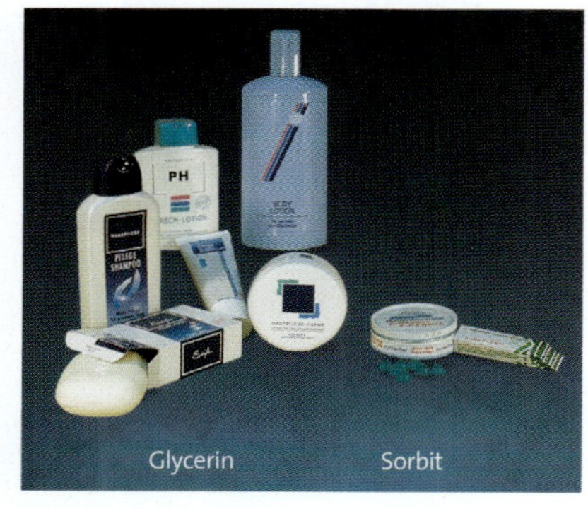


**B2** *Verwendung von Glycerin und Sorbit.* ***A:*** *Erkläre anhand der Valenzstrichformeln (B3 und S. 226, B2) die gute Wasserlöslichkeit der beiden Stoffe.*

### Auswertung

a) Notiere die Beobachtungen zu V1, V2 und LV3, gib die Valenzstrichformeln aller genannten Verbindungen an, kennzeichne polare und unpolare Gruppen und erkläre Viskosität und Löslichkeit mithilfe der Valenzstrichformeln.

b) Deute den Geruch und erkläre den *p*H-Wert bei V4. Welcher Stoff könnte hier entstanden sein?

c) Erkläre die Beobachtungen zu V5. Wie lassen sich Alkanole und Alkansäuren experimentell voneinander unterscheiden?

d) Erkläre die Beobachtungen zu LV6 und vergleiche mit den Ergebnissen zu V5. Gib Gemeinsamkeiten und Unterschiede zwischen Methansäure und Ethansäure an.

e) Beurteile und begründe, bei welchen Stoffen aus V1 bis LV6 es sich jeweils um „Fremde" bzw. um „Verwandte" handelt.

```
                               H
      H H                 H   |O|  H
      | |                 |    |   |
H–O̲–C–C–O̲–H        H–O̲–C––C––C–O̲–H
      | |                 |    |   |
      H H                 H    H   H
```

| Ethandiol (Glycol) | Propantriol (Glycerin) |
|---|---|
| $\vartheta_b$ = 197 °C | $\vartheta_b$ = 290 °C |

**B3** *Valenzstrichformeln und Siedetemperaturen von Ethandiol und Propantriol.* ***A:*** *Erstelle die entsprechenden Moleküle mit dem 3D-Molekülviewer von Chemie 2000+ Online.* ***A:*** *Erkläre die unterschiedlichen Siedetemperaturen.*

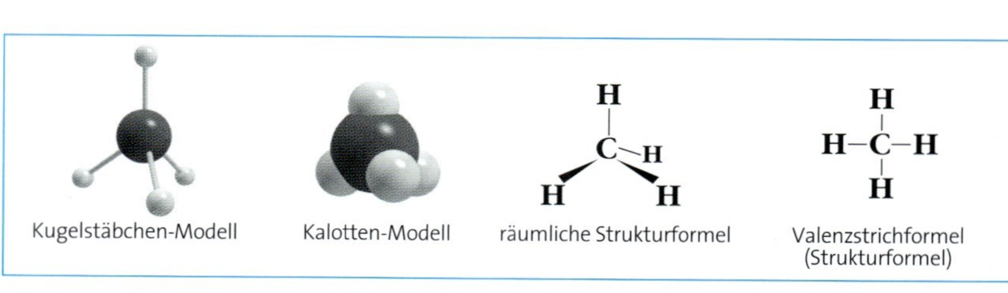


**B4** *Das Methan-Molekül in Modellen und verschiedenen Formelschreibweisen.* ***A:*** *Erläutere, wozu die unterschiedlichen Modelle und Formelschreibweisen dienen.*

# Molekülgerüste und funktionelle Gruppen

Der Name einer organischen Verbindung weist oft auf die Herkunft oder die Eigenschaften des Stoffes hin. *Sorbit* leitet sich beispielsweise von *Sorbus aucuparia* ab, der Vogelbeere oder Eberesche, da die Früchte dieser Pflanze einen sehr hohen natürlichen Gehalt an Hexanhexol, Sorbit, aufweisen. *Glycerin* ist dick wie Sirup (V1) und hat einen süßen Geschmack, das griechische Wort für süß ist *glykeros*. Bei der Vielzahl der chemischen Verbindungen ist es nahezu unmöglich, sich ihre Namen auf diese Art zu merken.

Sinnvoll und einfach ist es dagegen, bei der Einteilung und Benennung organischer Verbindungen strukturelle Merkmale ihrer Moleküle heranzuziehen. Die beiden wichtigsten sind der Bau des **Molekülgerüsts** aus Kohlenstoff-Atomen und die daran gebundenen **funktionellen Gruppen**. Legt man diese beiden Kriterien zugrunde, lassen sich die in V1 bis LV6 untersuchten Stoffe in die drei Klassen aus B5 einordnen.

Die **Alkane**, zu denen beispielsweise *Heptan* (V2, LV3) gehört, bilden eine Klasse organischer Verbindungen mit einfach gebauten Molekülen. In ihnen sind nur Kohlenstoff- und Wasserstoff-Atome gebunden, die Molekülgerüste unterscheiden sich lediglich in der Länge der Kette aus Kohlenstoff-Atomen. Da sich die Moleküle zweier aufeinanderfolgender Glieder dieser Klasse, beispielsweise *Propan* und *Butan* (B5), nur um eine **Methylen**-Gruppe $-CH_2$ voneinander unterscheiden, bilden die Alkane eine **homologe Reihe**.

Wird in den Alkan-Molekülen aus der Reihe der Alkane jeweils ein Wasserstoff-Atom durch eine **Hydroxy-Gruppe** $-OH$ ersetzt, erhält man die homologe Reihe der **Alkanole**. Sie gehören zur Stoffklasse der **Alkohole**. Alkohole haben eine oder mehrere Hydroxy-Gruppe(n) als funktionelle Gruppe(n) im Molekül. Die Namen der Alkohole sind durch die Endung „-ol" gekennzeichnet (B5). Die polare Hydroxy-Gruppe in den Alkanol-Molekülen bewirkt, dass sich die Alkanole in ihren Eigenschaften, wie z. B. hohe Siedetemperaturen und gute Wasserlöslichkeit, deutlich von den Alkanen unterscheiden (V1, V2, LV3). Diese können mithilfe von Wasserstoffbrückenbindungen erklärt werden (vgl. S. 169).

Lässt man Wein offen an der Luft stehen, wird das enthaltene Ethanol zu Ethansäure (Essigsäure) oxidiert (V4, B6). Ethansäure ist ein Vertreter aus der Klasse der **Alkansäuren** (**Carbonsäuren**), die ebenso wie die Alkane und Alkanole eine homologe Reihe bilden (B5). Ihre Namen setzen sich aus dem des entsprechenden Alkans und der Endung „*-säure*" zusammen. Das gemeinsame strukturelle Merkmal der Alkansäure-Moleküle ist die **Carboxy-Gruppe** $-COOH$. Aus ihr kann ein Proton $H^+$ abgespalten werden und das verleiht den Alkansäuren ihre Säureeigenschaften.

Die Hydroxy-Gruppe $-OH$ und die Carboxy-Gruppe $-COOH$ werden als **funktionelle Gruppen** bezeichnet, weil sie als strukturelle Merkmale die charakteristischen Eigenschaften einer ganzen Klasse von organischen Verbindungen bestimmen.

## Aufgaben

**A1** Vergleiche die Halbstrukturformeln des Ethan-, Propan- und Butan-Moleküls (B5) mit den Valenzstrichformeln dieser Moleküle (vgl. S. 163). Erläutere Vor- und Nachteile der verschiedenen Formeltypen.

**A2** Schreibe die Molekülformeln (Summenformeln) der Alkan-Moleküle aus B5 auf und leite daraus die allgemeine Molekülformel eines Alkan-Moleküls mit n Kohlenstoff-Atomen ab.

| Alkane | Alkanole/Alkohole |
|---|---|
| $CH_4$<br>Methan | $H_3COH$<br>Methanol |
| $H_3C\text{-}CH_3$<br>Ethan | $H_3CCH_2OH$<br>Ethanol |
| $H_3CCH_2CH_3$<br>Propan | $H_3CCH_2CH_2OH$<br>Propanol |
| $H_3C(CH_2)_2CH_3$<br>Butan | $H_3C(CH_2)_2CH_2OH$<br>Butanol |
| $H_3C(CH_2)_3CH_3$<br>Pentan<br>usw. | usw. |

**Alkansäuren/Carbonsäuren**

$HCOOH$
Methansäure (Ameisensäure)
$H_3CCOOH$
Ethansäure (Essigsäure)
$H_3CCH_2COOH$
Propansäure (Propionsäure)
$H_3C(CH_2)_2COOH$
Butansäure (Buttersäure)
usw.

**B5** *Homologe Reihen organischer Verbindungen (Halbstrukturformeln mit Blaumarkierung der funktionellen Gruppen)*

**B6** *Kalotten-Modelle eines Ethanol- und eines Ethansäure-Moleküls.* **A:** *Leite daraus die Valenzstrichformeln der beiden Moleküle ab und schreibe sie auf.*

## Aufgaben

**A3** Pentan (B5) siedet bei 36 °C und löst sich nicht in Wasser. Pentanol siedet bei 138 °C und löst sich mäßig in Wasser. Erkläre die Eigenschaftsunterschiede mithilfe von Valenzstrichformeln.

**A4** Gib die Valenzstrichformel von Pentanpentol an und stelle begründete Vermutungen über die Siedetemperatur und die Wasserlöslichkeit im Vergleich zu Pentanol (A3) an.

## Fachbegriffe

Molekülgerüst, funktionelle Gruppe, Alkane, homologe Reihe, Hydroxy-Gruppe, Alkanole, Carboxy-Gruppe, Alkansäuren (Carbonsäuren)

## *INFO* Es schmeckt süß – mit und „ohne Zucker“

Auf vielen Verpackungen liest man den Aufdruck „Ohne Zucker“ (B1) und die Lebensmittel schmecken trotzdem süß. Welche Stoffe sorgen in ihnen für den süßen Geschmack und warum ist es überhaupt sinnvoll, den Zucker zu ersetzen?

Auf „zuckerfreiem Kaugummi“ werden als Zutaten beispielsweise Sorbit, Mannit, Aspartam und Acesulfam angegeben. Diese Stoffe rufen anstelle von Zucker den süßen Geschmack hervor. In der Tabelle aus B2 wird gezeigt, wie Informationen über Zucker, Zuckeraustauschstoffe und Süßstoffe sowie die jeweiligen Vor- und Nachteile zusammengefasst werden können.

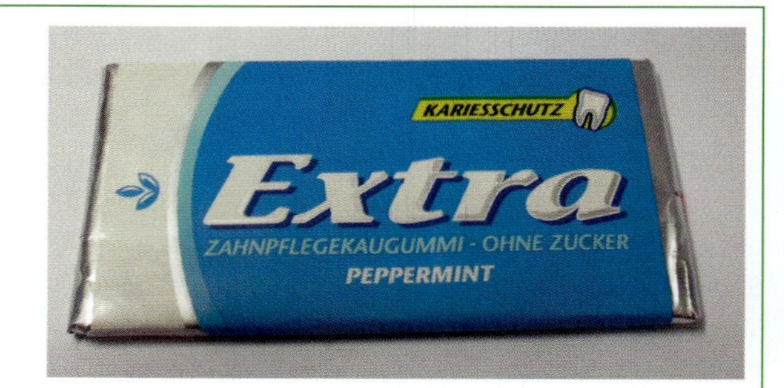


**B1** *Kaugummi ohne Zucker*

| | Zucker | Zuckeraustauschstoffe | Süßstoffe |
|---|---|---|---|
| **Beispiele** | Haushaltszucker (Saccharose)<br>Traubenzucker (Glucose)<br>Fruchtzucker (Fructose) | Sorbit (Sorbitol), Mannit (Mannitol): Hexanhexole<br>Xylit (Xylitol): Pentanpentol | Aspartam<br>Acesulfam |
| **Vorkommen** | **Saccharose**: in Zuckerrüben, Zuckerrohr und Früchten<br>**Glucose, Fructose**: in Früchten und Honig<br>Glucose ist als Baustein in Stärke und Cellulose enthalten. Im Körper wird nur Stärke zu Glucose abgebaut (vgl. S. 223). | **Sorbit**: in Vogelbeeren (Früchten der Eberesche), anderen Früchten wie Äpfeln, Aprikosen und Pflaumen<br>**Mannit**: in Pilzen, Braunalgen und Feigen<br>**Xylit**: in Pilzen, Obst und Gemüse | **Aspartam** und **Acesulfam** werden synthetisch hergestellt und vorwiegend Süßstofftabletten und „light“-Produkten zugesetzt. |
| **Eigenschaften** | • liefern eine Energie von ca. 1600 kJ (ca. 400 kcal) pro 100 g.<br>• fördern Karies.<br>• beeinflussen den Insulinspiegel stark. (Diabetiker müssen darauf achten und ggf. Insulin spritzen.) Ausnahme: Fructose hat geringen Einfluss auf den Insulinspiegel und spielt daher in der Ernährung von Diabetikern eine Rolle. | • liefern eine Energie von ca. 1000 kJ (ca. 240 kcal) pro 100 g.<br>• haben keinen negativen Einfluss auf die Zahngesundheit.<br>• haben einen geringen Einfluss auf den Insulinspiegel. | • liefern praktisch keine Energie.<br>• haben keinen negativen Einfluss auf die Zahngesundheit.<br>• haben keinen Einfluss auf den Insulinspiegel. |
| **Süßkraft** | Die **Süßkraft von Saccharose ist mit 1 festgelegt**. Sie dient für den Vergleich mit anderen Süßstoffen. | Relative Süßkraft im Vergleich zu Saccharose: 0,4 bis 1. | Relative Süßkraft im Vergleich zu Saccharose: 30 bis 3 000. |

**B2** *Zucker, Zuckeraustauschstoffe und Süßstoffe*

# M+ extra Informationen erfassen und beurteilen

Um sich für ein Produkt, z. B. ein bestimmtes Lebensmittel, zu entscheiden, sollte man es selbst beurteilen können. Dafür muss man Informationen zu diesem Produkt sammeln und diese bewerten. Die Beurteilung des Produkts bzw. der Inhaltsstoffe führt schließlich zu einer fundierten Entscheidung. Dabei kann es hilfreich sein, die Informationen übersichtlich, z. B. auf einem Plakat oder einer Tabelle, darzustellen. Für eine ansprechende Präsentation der Informationen aus B2 und der Beurteilung eines Produkts, z. B. Kaugummi, eignet sich ein Plakat mit Sprech- und Denkblasen ähnlich wie dieses:

*Sorbit ist ein Zuckeraustauschstoff. Er liefert weniger Energie als Haushaltszucker und schadet den Zähnen nicht. Er hat nur einen geringen Einfluss auf den Insulinspiegel, kann aber bei übermäßigem Verzehr einen Einfluss auf die Verdauung haben. Bewertung: Als Süßungsmittel im Kaugummi ist Sorbit – auch für Diabetiker – geeignet, weil man von Kaugummis nur wenig isst. Es ist gut, dass Sorbit den Zähnen nicht schadet, weil ein Kaugummi lange in Kontakt mit den Zähnen bleibt.*

*Xylit (Xylitol, ...) ist ein ...*

*Aspartam (...) ist ein ...*

Unser Kaugummi enthält Sorbit, Xylit und Aspartam. Er ist gut/schlecht, weil ...

**B3** *Plakatvorschlag. A: Fertige eine Kopie oder einen Ausdruck dieser Seite aus Chemie 2000+ Online an und ergänze die Denkblasen sowie die Vor- und Nachteile des Kaugummis. Beurteile den Kaugummi.*

### Informationen erfassen und beurteilen

Manchmal sind es die Informationen selbst, die man erfassen und beurteilen muss. Viele Menschen denken beispielsweise beim Wort Alkohol an Bier, Wein oder Schnaps. Dabei ist der Begriff Alkohol in der Chemie sehr viel weiter gefasst (vgl. S. 225). Bei Trinkalkohol handelt es sich um den einwertigen Alkohol Ethanol. Seine Wirkungen werden gerade von Jugendlichen oft unterschätzt. Nicht selten führt das sog. „Komasaufen" zu weitreichenden gesundheitlichen Schäden und manchmal sogar zum Tod. In dem Artikel in B4 ist aber eine Methanol-Vergiftung ursächlich für den Tod der Schüler. Der Alkohol Methanol ist mit Ethanol chemisch verwandt, aber für den menschlichen Körper so extrem giftig, dass er bereits in geringen Mengen zum Tod führt. Methanol gelangt z. B. durch unprofessionelle Destillation in hochprozentige Spirituosen. Hätten die Schüler die gleiche Menge Ethanol zu sich genommen, wären sie wahrscheinlich noch am Leben. Um solche Texte richtig beurteilen zu können, muss man sie nicht nur genau lesen, sondern auch die Stoffe und Fachbegriffe kennen.

6. April 2009
**Tödliches Ende einer Klassenfahrt**
Eigentlich sollten die Schüler auf der Klassenfahrt die fremde Kultur kennen lernen. Doch ein Trinkgelage endete für einen Schüler noch am gleichen Abend tödlich. Zwei weitere Schüler starben jetzt, nachdem sie zunächst einige Tage im Koma lagen. Die polizeilichen Untersuchungen und die Obduktion ergaben, dass eine Methanol-Vergiftung vorlag, die durch den Genuss von gepanschtem „Wodka" verursacht wurde ...

**B4** *Ausschnitt aus einem Zeitungsartikel*

***Aufgaben***

**A1** Untersuche und beurteile Lebensmittel hinsichtlich der in B2 genannten Stoffe, z. B. Cola-light im Vergleich zu Cola, und fertige ein Plakat mit Sprech- und Denkblasen wie in B3 an.

**A2** Sammle Informationen zu Glycol und zu Glycerin.

**A3** Finde heraus, welchen Sinn der Zusatz a) von Glycol zu Wein und b) von Glycerin zu Hautcreme haben könnte.

**A4** Beurteile die folgenden Schlagzeilen: a) *„Glycol im Wein entdeckt!"*; b) *„In fast jeder Hautcreme fanden die Experten Glycerin!"*

# Künstlich wie natürlich

**B1** *Das Aroma von Früchten ist verlockend. Es wird durch verschiedene organische Verbindungen hervorgerufen.* **A:** *Erkläre, warum ein reiner Aromastoff ziemlich künstlich riecht.*

**B2** *Eis mit Erdbeergeschmack durch Erdbeeren oder durch Aromastoffe?* **A:** *Erläutere, warum dem Eis für den Erdbeergeschmack meist nicht (nur) ein paar Früchte zugesetzt werden.*

### INFO

**Natürliche Aromastoffe** werden aus pflanzlichen oder tierischen Stoffen isoliert oder hergestellt.
**Naturidentische Aromastoffe** sind Stoffe, die synthetisiert werden und deren Moleküle mit denen der natürlichen Aromastoffe identisch sind.
**Künstliche Aromastoffe** kommen in der Natur nicht vor, sie verursachen ein bestimmtes Aroma und werden synthetisiert.
*Hinweis*: Ab dem Jahr 2011 wird nicht mehr zwischen naturidentischen und künstlichen Aromastoffen unterschieden.

Viele Lebensmittel, z.B. Früchte (B1), enthalten eine Vielzahl natürlicher Aromastoffe, die ihnen ein *Aroma*, den bestimmten Geschmack und Geruch, verleihen. Joghurt oder Eis (B2) versetzt man dagegen oft mit natürlichen, naturidentischen oder künstlichen Aromastoffen (*INFO*), um sie beispielsweise „nach Erdbeer" duften und schmecken zu lassen. Was sind Aromastoffe „chemisch" gesehen und wie kann man sie synthetisieren?

## Versuche

***V1*** Untersuche Verpackungen verschiedener Lebensmittel, z.B. von Eis, Joghurt oder Bonbons, und notiere in einer Tabelle, ob natürliche, naturidentische und/oder künstliche Aromastoffe enthalten sind.

***V2*** Stelle in Rggl. folgende Gemische her:
a) 2 mL Ethansäure* (Essigsäure) und 2 mL Pentanol*,
b) 2 mL Pentansäure* und 2 mL Pentanol*,
c) 2 mL Ethansäure* und 2 mL Butanol* und
d) 1 mL Butansäure* (Buttersäure) mit 10 mL Ethanol* (Abzug!).
Lass von der Lehrperson 2 Tropfen konz. Schwefelsäure* (Katalysator) in die Rggl. zufügen und gib einen Siedestein hinein. Erwärme vorsichtig auf kleiner Flamme bis zum schwachen Sieden. Gieße die Lösungen in je ein Becherglas mit kaltem Wasser und überprüfe den Geruch.

***V3*** Gib in ein Rggl. je 2 mL Wasser und Ethansäureethylester* (Essigsäureethylester) und schüttle. Verschließe das Reagenzglas und lass es eine Woche stehen. Prüfe den *p*H-Wert.

## Auswertung

a) Notiere die Beobachtungen (Geruch, Löslichkeit) der Produkte aus V2 und untersuche, ob du bei den Lebensmitteln aus V1 und bei den in V2 hergestellten Aromastoffen gleiche oder ähnliche Gerüche feststellen kannst.

b) Bei V2 a) läuft folgende Reaktion ab:

$$H_3C-C(=\bar{O})-\bar{O}-H + H-\bar{O}-CH_2-CH_2CH_2CH_2CH_3 \xrightarrow{(H_2SO_4)} H_3C-C(=\bar{O})-\bar{O}-CH_2-CH_2CH_2CH_2CH_3 + H_2O$$

Erkläre die unterschiedlichen Löslichkeiten von Ethansäure und des gebildeten Ethansäurepentylester mithilfe der Valenzstrichformeln.

c) Gib die Reaktionsgleichungen für die Synthese des in V2d) synthetisierten Butansäureethylesters an.

d) Das Produktgemisch aus V3 zeigt saure Reaktion (*p*H < 7). Deute und erkläre dieses Ergebnis.

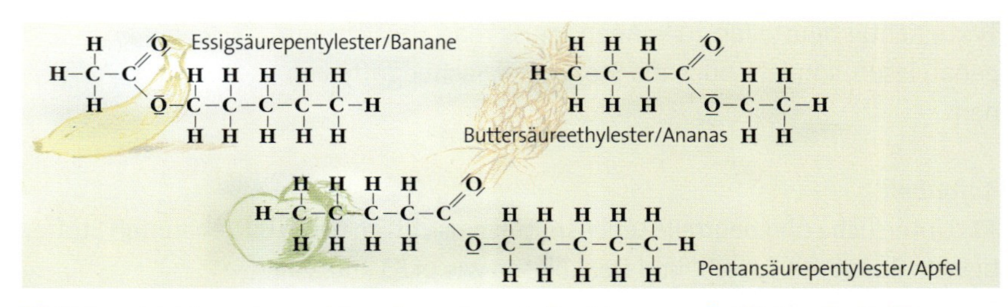


**B3** *Valenzstrichformeln von Alkansäureestern als Fruchtaromen.* **A:** *Gib jeweils die Säure- und die Alkoholkomponente dieser Ester an. Erläutere anhand dieser Beispiele, wie der Name eines Esters gebildet wird.*

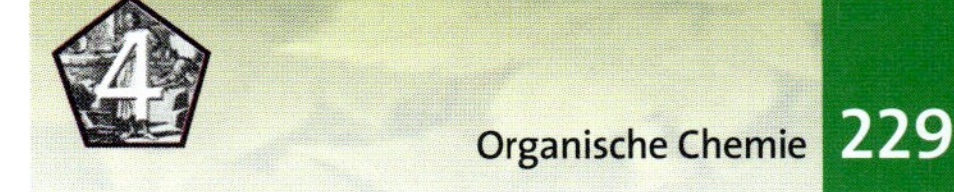



## Synthese von Estern

Natürliche Aromen bzw. **Aromastoffe** sind oft nicht sehr intensiv, weil sie auch nach der Isolierung aus Pflanzen nur selten als Reinstoffe, sondern in Gemischen vorliegen. Ihre Gewinnung lohnt sich beispielsweise bei Orangen (B4) oder Minze, ist aber in der Regel sehr aufwendig und teuer.

Viele der in der Natur vorkommenden Aromastoffe gehören zur Stoffklasse der **Ester** (B3). Ester sind an ihrem fruchtigen Geruch zu erkennen und lösen sich in Wasser nur ganz wenig. Sie lassen sich aus Alkansäuren und Alkanolen in Gegenwart von Schwefelsäure als Katalysator synthetisieren. Aus Ethansäure und Ethanol erhält man so Ethansäureethylester, der in Klebstoffen und Nagellackentfernern als Lösemittel eingesetzt wird:

Ester-Gruppe

$$H_3C-C(=\bar{O})-\bar{O}-H + H-\bar{O}-CH_2-CH_3 \xrightarrow{(H_2SO_4)} H_3C-C(=\bar{O})-\bar{O}-CH_2-CH_3 + H_2O$$

Bei einer **Veresterung** einer Säure mit einem Alkohol bildet sich neben dem Ester auch Wasser als Reaktionsprodukt. Eine solche Reaktion, bei der sich Moleküle unter Abspaltung von Wasser-Molekülen aneinanderlagern, bezeichnet man als **Kondensation**.

Ester-Moleküle haben keine Hydroxy-Gruppe, sodass keine Wasserstoffbrückenbindungen untereinander oder zu Wasser-Molekülen ausgebildet werden können. Dies erklärt die geringe Wasserlöslichkeit und auch die niedrige Siedetemperatur der Ester.

Die Veresterung von Alkansäuren mit Alkanolen ist umkehrbar. Durch **Hydrolyse** (vgl. Kleines Chemie-Lexikon, S. 250 f) können Ester mit Wasser wieder in Alkansäuren und Alkanole gespalten werden (V3):

$$\underset{\text{Alkansäure}}{R-C(=\bar{O})-\bar{O}-H} + \underset{\text{Alkanol}}{H-\bar{O}-R_1} \underset{\text{Esterspaltung (Hydrolyse)}}{\overset{\text{Veresterung}}{\rightleftharpoons}} \underset{\text{Ester}}{R-C(=\bar{O})-\bar{O}-R_1} + \underset{\text{Wasser}}{H_2O}$$

### *Aufgaben*

***A1*** Rumaroma enthält einen Ester, der aus Methansäure und Ethanol hergestellt wird. Formuliere die Reaktionsgleichung für die Veresterung.

***A2*** Gib die Valenzstrichformeln von Methansäurebutylester und Butansäuremethylester an. Beschreibe und erkläre den Unterschied.

**Fruchtester** sind Ester aus kurzkettigen Carbonsäuren und kurzkettigen Alkanolen. Sie kommen als Aromastoffe in Früchten und Pflanzen vor. Einige Ester werden auch synthetisch hergestellt und als Aromastoffe für Parfums und Lebensmittel verwendet.

**Wachse** wie Bienenwachs enthalten Ester langkettiger Carbonsäuren und langkettiger Alkohole. Durch Wachse schützen sich manche Pflanzen vor Austrocknung.

**Fette** und Öle sind die wichtigsten natürlichen Ester. Fette und Öle sind Ester aus Fettsäuren und Glycerin als Alkoholkomponente.

*Polyester* werden synthetisch hergestellt und als Textilfasern, Verpackungsmaterial u. a. verwendet.

**B7** *Ester in Natur und Technik.* ***A:*** *Erkläre, warum alle diese Ester brennbar, schlecht wasserlöslich und löslich in Benzin sind.*

**B4** *Orangenaroma (Orangenöl) wird aus Orangenschalen gewonnen.* ***A:*** *Stelle eine Hypothese auf, warum die Gewinnung von Orangenöl aus Orangen kostengünstig ist.*

**B5** *Ein Parfumeur „komponiert" aus Hunderten von Aromastoffen seine Kreationen.* ***A:*** *Gib an, welche vergleichbare Aufgabe ein Lebensmittelchemiker haben könnte.*

**B6** *Bienenwachs enthält hauptsächlich Palmitinsäuremyricylester.* ***A:*** *Formuliere die vereinfachte Strukturformel für diesen Ester (Hinweis: Palmitinsäure* $C_{15}H_{31}COOH$, *Myricylalkohol* $C_{30}H_{61}OH$*).*

### Fachbegriffe

natürliche, naturidentische und künstliche Aromastoffe, Ester, Kondensation, Hydrolyse, Veresterung, Esterspaltung

**Überhitztes Fett löst Brand in Küche aus**

**Karlsruhe.** Glück im Unglück hatte eine 45-jährige Karlsruherin, die am heutigen Samstag gegen 14.50 Uhr Pommes Frites in siedendem Fett auf dem Küchenherd frittieren wollte.

Das Fett erhitzte sich so stark, dass es sich entzündete und die über dem Herd verbauten Küchenschränke nebst Dunstabzugshaube in Brand steckte.

Eine schnell reagierende Nachbarin schickte die Betroffene mit ihrer 3-jährigen Tochter aus der Wohnung, schaltete die Stromsicherungen aus und verließ die Wohnung schließlich selbst. Diesem Umstand und dem beherzten Eingreifen der Berufsfeuerwehr ist es zuzuschreiben, dass keine Personenschäden und auch nur geringerer Sachschaden entstand.

**B1** *Fett- und Ölbrände dürfen nicht mit Wasser gelöscht werden.* ***A:*** *Erkläre, wie man brennendes Fett in der Bratpfanne löschen kann.*

**B2** *Nüsse sind Beispiele für pflanzliche Samen, aus denen (Speise-)Öl gewonnen wird.* ***A:*** *Nenne solche und weitere Samen, die besonders geeignet sind, um Öl daraus zu gewinnen (vgl. auch B3).*

## *extra* Fette und Öle – natürliche Ester

Heißes Fett ist brennbar. Entzündet sich heißes Fett beim Kochen und Braten, kann es zu gefährlichen Unfällen kommen (B1). Auch in unserem Körper findet eine Fettverbrennung statt. Sie liefert uns Energie, läuft aber im Gegensatz zum Fettbrand langsam ab.

### *Versuche*

***V1*** Zerdrücke im Mörser einige Nüsse, Sonnenblumen- oder Kürbiskerne. Gib ca. 15 mL Heptan* (oder Benzin*) hinzu und verrühre. Filtriere die Flüssigkeit und lass das Heptan im Abzug verdunsten.

***V2*** *Fettfleckprobe*
Löse ca. 1 mL Öl in ca. 3 mL Heptan* und tropfe etwas von dieser Lösung auf ein Filterpapier. Tropfe auf ein anderes Filterpapier etwas reines Heptan. Trockne beide Papiere durch Schwenken an der Luft und vergleiche sie.

***V3*** Überprüfe jeweils in einem Rggl. die Löslichkeit von Öl, Butter, Margarine und Schweineschmalz in a) Wasser, b) Alkohol (Ethanol*) und c) Heptan* (oder Benzin*). Tabelliere die Beobachtungen.

***V4*** Gib je eine kleine Portion Butter, Margarine und Kokosfett in je ein Rggl. und erwärme die drei Rggl. vorsichtig im Wasserbad. Beobachte den Schmelzvorgang.

***V5*** *Heimexperiment* Verrühre in einer Glasschale zwei Esslöffel Salatöl und einen Esslöffel Essig und beobachte die Mischung. Füge einen Teelöffel Eigelb hinzu, rühre weiter und beobachte erneut.

### *Auswertung*

a) Beschreibe das Löslichkeitsverhalten von Fetten und Ölen.

b) Fette haben keine exakte Schmelztemperatur, sondern schmelzen innerhalb eines größeren Temperaturbereichs: Fette haben einen Schmelzbereich. Ziehe daraus Schlussfolgerungen.

c) Deute die Beobachtungen bei V5. Erkläre, welche Funktion das Eigelb hat.

| Beschaffenheit/ Schmelzbereich | Tierische Fette | Pflanzliche Fette |
|---|---|---|
| Harte Fette $\vartheta_m > 40\,°C$ | Rindertalg<br>Hammeltalg | Palmenkernfett<br>Kokosfett |
| Weiche Fette $\vartheta_m < 40\,°C$ | Butter<br>Schweineschmalz | Kakaobutter<br>Margarine |
| Flüssige Fette (fette Öle) $\vartheta_m = 5\,°C$ | Lebertran | Olivenöl, Leinöl<br>Rapsöl, Sonnenblumenöl |

**B3** *Einteilung der Fette.* ***A:*** *Gib an, wozu die verschiedenen Fettarten verwendet werden können.*

# *extra* Fette und Öle – natürliche Ester

Wenn stark erhitztes Fett in Brand gerät (B1), darf nicht mit Wasser gelöscht werden. Wasser würde aufgrund seiner höheren Dichte unter das Fett absinken, sofort verdampfen und brennendes Fett explosionsartig nach allen Seiten schleudern.
**Fette** und **Öle** sind **hydrophob**[1] (wasserabweisend) und **lipophil**[2], d.h. sie lösen sich besonders gut in Kohlenwasserstoffen, z.B. in Heptan (V1 bis V3). Fette und Öle schmelzen nicht bei einer bestimmten Schmelztemperatur, sondern innerhalb eines **Schmelzbereichs** (V4). In Gegenwart bestimmter Stoffe, der **Emulgatoren**, lassen sich Fette und Öle mit wässrigen Lösungen zu Emulsionen verquirlen (V5).
Alle diese Eigenschaften sind darauf zurückzuführen, dass natürliche Fette und Öle keine Reinstoffe, sondern Stoffgemische sind und dass die Moleküle aus Fetten und Ölen bestimmte strukturelle Merkmale haben. Fette und Öle sind **Ester** des dreiwertigen Alkohols *Glycerin* (*Propantriol*) mit **Fettsäuren**. Fettsäuren sind Carbonsäuren, deren Moleküle aus einer Carboxy-Gruppe **–COOH** (vgl. S. 225) und einem langkettigen Kohlenwasserstoff-Rest mit i.d.R. 15 bis 17 Kohlenstoff-Atomen zusammengesetzt sind (B4).
Die Synthese eines Fettes verläuft formal nach folgender **Veresterungsreaktion**, bei der aus den drei Hydroxy-Gruppen eines Glycerin-Moleküls und den Carboxy-Gruppen drei verschiedener Fettsäure-Moleküle drei Moleküle Wasser abgespalten werden:

$$\begin{array}{lclclcl}
H_2C-O-H & & H-O-\overset{O}{\overset{\|}{C}}-C_{17}H_{35} & & H_2C-O-\overset{O}{\overset{\|}{C}}-C_{17}H_{35} & & \\
HC-O-H & + & H-O-\overset{O}{\overset{\|}{C}}-C_{17}H_{33} & \longrightarrow & HC-O-\overset{O}{\overset{\|}{C}}-C_{17}H_{33} & + & 3\,H_2O \\
H_2C-O-H & & H-O-\overset{O}{\overset{\|}{C}}-C_{15}H_{31} & & H_2C-O-\overset{O}{\overset{\|}{C}}-C_{15}H_{31} & & \\
\text{Glycerin} & & \text{Fettsäuren} & & \text{Fett} & & \text{Wasser}
\end{array}$$

Ein Ester-Molekül (Fett-Molekül) enthält also immer den Glycerin-Rest und drei Fettsäure-Reste, die gleich oder verschieden sein können. Fett-Moleküle können alle möglichen Kombinationen der drei Fettsäure-Reste aus B4 und anderer Fettsäure-Reste (vgl. S. 233, B3) enthalten. So erklärt sich die Vielfalt der Moleküle in ein und demselben Fett oder Öl.
Da aber alle Fettsäure-Reste unpolar sind und sie den größten Anteil in jedem Fett- und Öl-Molekül ausmachen, bestimmen sie die Löslichkeit der Fette und Öle. Zwischen den Molekülen eines Lösemittels und denen eines Fettes oder Öls treten nur **VAN-DER-WAALS-Kräfte** auf, keine Dipol-Dipol-Kräfte und keine Wasserstoffbrückenbindungen. Demzufolge sind Fette und Öle schlecht wasserlöslich und gut löslich in unpolaren Lösemitteln wie Heptan und Benzin.
Fette und Öle gehören zu einer ausgewogenen, gesunden Ernährung (vgl. S. 233). Allerdings sollte man nicht mehr als 50 g bis 90 g Fette und Öle pro Tag zu sich nehmen, weil zu viel davon zu Übergewicht führen kann.

### Aufgaben

**A1** Erkläre die Löslichkeit von Fetten in Ethanol. (*Hinweis*: Vgl. S. 169.)
**A2** Informiere dich über die Bedeutung von Fetten für den menschlichen Körper.
**A3** Erläutere die Bedeutung von Pflanzenölen als nachwachsende Rohstoffe (vgl. S. 214, 215).
**A4** Beschreibe und erkläre den Unterschied bei dem Öl in der Ölflasche mit grünem Deckel in B5.

[1] von *hydro* (griech. = Wasser) und von phobos (griech. = scheu); [2] von *lipos* (griech. = Fett) und von *philos* (griech. = freundlich)

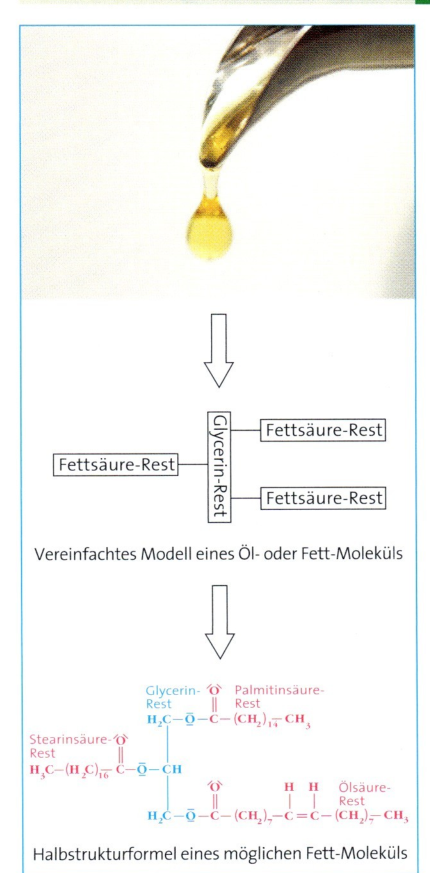


**B4** *Vom Stoff zur Formel.* ***A:*** *Nenne je eine Gemeinsamkeit und einen Unterschied bei jeweils zwei der drei Fettsäure-Reste.*

**B5** *Olivenöl und Sonnenblumenöl kurz nach der Entnahme aus dem Kühlschrank (links) und nach längerem Stehenlassen (rechts)*

### Fachbegriffe

Fett, Öl, hydrophob, lipophil, Schmelzbereich, Emulgator, Fettsäure, Ester, Veresterungsreaktion, VAN-DER-WAALS-Kräfte

**STECKBRIEF**

**Glycerin (Propan-1,2,3-triol)**

$$H{-}\overline{O}{-}CH_2{-}CH(OH){-}CH_2{-}\overline{O}{-}H$$

*Eigenschaften:*
- farb- und geruchlose, viskose, sehr gut wasserlösliche Flüssigkeit, unlöslich in Benzin
- $\vartheta_m = 18\,°C$, $\vartheta_b = 290\,°C$
- zersetzt sich bei Hitze unter Bildung von giftigem Acrolein (Propenal)

*Verwendung:*
- Feuchtigkeitsspender in Kosmetika
- Feuchthaltemittel für Früchte (z. B. Datteln) und Lebensmittel (z. B. Kaugummi)
- Bremsflüssigkeit und Frostschutzmittel
- Herstellung von Sprengstoffen und Medikamenten

*Herstellung:*
- durch Verseifung von Fetten und Ölen
- durch Umesterung von Rapsöl zu Biodiesel

**B1** *Steckbrief von Glycerin.* ***A:*** *Erläutere die Bezeichnung Propan-1,2,3-triol.*

$$\begin{array}{l} H_2C{-}ONO_2 \\ \;\;| \\ HC{-}ONO_2 \\ \;\;| \\ H_2C{-}ONO_2 \end{array}$$

**B2** *Halbstrukturformel von Nitroglycerin (Glycerintrinitrat).* ***A:*** *Informiere dich, warum und wie* ALFRED NOBEL *aus Nitroglycerin den Sprengstoff Dynamit entwickelte.*

**B3** *Auch Zahnpasta enthält oft Glycerin.*

## *extra* Glycerin im Fokus

Aus dem Steckbrief von Glycerin (B1) geht hervor, dass es sich bei diesem dreiwertigen Alkohol um einen Stoff mit interessanten Eigenschaften handelt, der aus Fetten und Ölen gewonnen und zur Herstellung vieler Produkte verwendet wird.

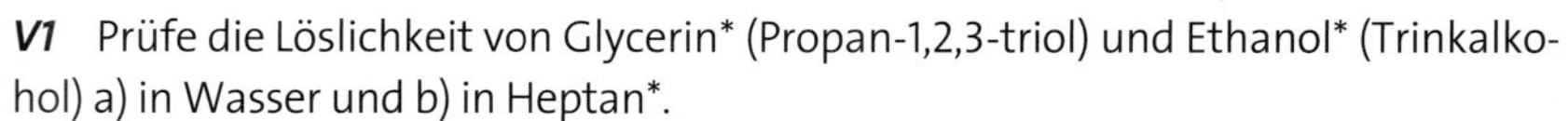

### *Versuche*

***V1*** Prüfe die Löslichkeit von Glycerin* (Propan-1,2,3-triol) und Ethanol* (Trinkalkohol) a) in Wasser und b) in Heptan*.

***V2*** Lasse aus je einer Pipette oder Bürette die gleiche Menge Glycerin*, Ethanol* und Wasser in je ein Becherglas ausfließen. Bestimme die Auslaufzeiten und vergleiche sie.

***V3*** Gib 5 mL Glycerin* in eine Porzellanschale und bestimme die Masse der Schale mit dem Glycerin. Lasse die Schale einen Tag stehen und bestimme die Masse erneut.

***V4*** Bereite in einem Becherglas eine Kältemischung aus Eis und Kochsalz vor. Vermische in einem Rggl. 5 mL Wasser und 5 mL Glycerin*. Gib in ein zweites Rggl. 10 mL Wasser und stelle beide in die Kältemischung.

### *Auswertung*

a) Erkläre die Beobachtungen von V1 mithilfe von Valenzstrichformeln.

b) Nenne die Verwendungsmöglichkeiten für Glycerin (B1), die sich aus den Beobachtungen bei den Versuchen V2 bis V4 ergeben, und begründe.

Die drei **funktionellen Hydroxy-Gruppen –OH** im Glycerin-Molekül bestimmen nicht nur die Eigenschaften wie Löslichkeit und Viskosität (V1 bis V4) des dreiwertigen Alkohols Glycerin (Propan-1,2,3-triol), sondern auch sein Reaktionsverhalten.
Da jede der drei Hydroxy-Gruppen im Glycerin-Molekül mit einem Säure-Molekül zu einer Ester-Gruppe (vgl. S. 229) reagieren kann, bildet Glycerin zahlreiche **Ester**. Die Fette und Öle sind **Triglyceride**, d. h. Ester, bei denen ein Glycerin-Molekül mit drei Fettsäure-Molekülen (vgl. S. 233) nach dem Muster von S. 231 Ester-Gruppen bildet.
Bei dem synthetisch aus Glycerin und der anorganischen Salpetersäure $HNO_3$ hergestellten Nitroglycerin (Trinitroglycerin, Glycerintrinitrat) handelt es sich ebenfalls um einen Ester des Glycerins. Nitroglycerin ist ein berührungsempfindlicher Sprengstoff und dient zur Herstellung von Dynamit (B2). In geringer Dosis ist Nitroglycerin ein bedeutendes Herzmedikament, das bei einem drohenden Herzinfarkt eingenommen wird.
**Polyester** aus Glycerin sind eine besondere Gruppe von Glycerin-Estern: Es sind Kunststoffe, die aus riesigen Molekülen aufgebaut sind (vgl. S. 239). Aus ihnen werden z. B. Einbrennlacke (Überzüge für Autos) oder Beschichtungen von Spanplatten hergestellt.

### *Aufgaben*

***A1*** Glycerin wird auch als wasseranziehender Zusatz für Farbbänder, Kopiertinten und Druckfarben eingesetzt. Erläutere, welchen Vorteil der Einsatz von Glycerin gegenüber der Verwendung von Wasser hat.

***A2*** Erkläre, welche Eigenschaften des Glycerins in Zahnpasta (B3) erwünscht sind.

***A3*** Erstelle eine Mindmap zu den Verwendungsmöglichkeiten von Glycerin.

## *extra* Fettsäuren im Fokus

„Reich an ungesättigten Fettsäuren" ... Im Alltag wird bei dieser Werbung für „gesündere" Fette nicht zwischen den Fettsäure-Resten in Fett-Molekülen und den freien Fettsäuren unterschieden. Welche Fettsäuren sind „ungesättigt" und welche Bedeutung haben sie für die Ernährung?

### Versuche

***V1*** Prüfe die Löslichkeit von Stearinsäure und die von Ölsäure a) in Wasser und b) in Heptan*.

***V2*** Löse Stearinsäure und Ölsäure in Heptan*, gib etwas Bromwasser hinzu, schüttle und beobachte die Farbe.

***V3*** Plane ein Experiment zur Bestimmung der Schmelztemperatur von Stearinsäure und führe es nach Abstimmung mit der Lehrkraft durch.

***V4*** Löse in je einem Rggl. ca. 0,5 g verschiedener Fettproben in jeweils ca. 10 mL Heptan*. Füge je 5 mL Bromwasser* hinzu und schüttle gut durch und beobachte die Farbe.

### Auswertung

a) Erkläre die Beobachtungen aus V1 und V2 mithilfe der beiden Valenzstrichformeln aus B1. (*Hinweis*: Bromwasser wird von Stoffen entfärbt, deren Moleküle Kohlenstoff-Kohlenstoff-Doppelbindungen enthalten.)

b) Erkläre die unterschiedlichen Schmelztemperaturen von Stearin- und Ölsäure mithilfe der Kalotten-Modelle aus B2.

c) Ziehe aus den Ergebnissen bei V4 Schlussfolgerungen auf den Gehalt der untersuchten Proben an verschiedenen Fettsäure-Resten.

**Fettsäure**-Moleküle weisen neben der **funktionellen Carboxy-Gruppe –COOH** einen langkettigen Kohlenwasserstoff-Rest auf. Bei den **gesättigten** Fettsäuren ist dies ein **Alkyl-Rest**, in dem die Kohlenstoff-Atome ausschließlich durch Einfachbindungen verbunden sind. In den Kohlenwasserstoff-Resten **ungesättigter** Fettsäuren sind dagegen auch Kohlenstoff-Kohlenstoff-Doppelbindungen enthalten (B1, B2).

Sowohl bei den gesättigten als auch bei den ungesättigten Fettsäure-Molekülen ist der langkettige unpolare Kohlenwasserstoff-Rest bestimmend für die zwischenmolekularen Kräfte zwischen den Fett-Molekülen und den Molekülen des Lösemittels. Daher lösen sich alle Fettsäuren in unpolaren Lösemitteln wie Heptan oder Benzin, nicht aber in Wasser (V1). Gesättigte Fettsäuren haben höhere Schmelztemperaturen als ungesättigte, weil ihre linearen Moleküle sich dichter packen können als die „geknickten" Moleküle ungesättigter Fettsäuren (V3, B2). Ungesättigte Fettsäuren und die Reste ungesättigter Fettsäure-Moleküle in Fetten und Ölen können schnell und einfach durch die Entfärbung von Bromwasser nachgewiesen werden (V2, V4).

Für unsere Ernährung sind besonders Fette und Öle mit Kohlenwasserstoff-Resten aus Molekülen ungesättigter Fettsäuren von Bedeutung. Diese **essentiellen Fettsäuren** werden im Körper durch Hydrolyse der entsprechenden Fette und Öle gebildet (vgl. S. 229). Sie liefern dem Körper molekulare Bausteine, die er selbst nicht herstellen kann, aber für die Synthese lebensnotwendiger Verbindungen benötigt.

Ein Gemisch der Fettsäuren Stearin- und Palmitinsäure ist als **Stearin** im Handel und wird als Kerzenwachs verwendet. **Seifen**, die man durch alkalische Verseifung von Fetten gewinnt (vgl. S. 234, 235) finden vielfache Anwendungen bei Reinigungs- und Schmierprozessen.

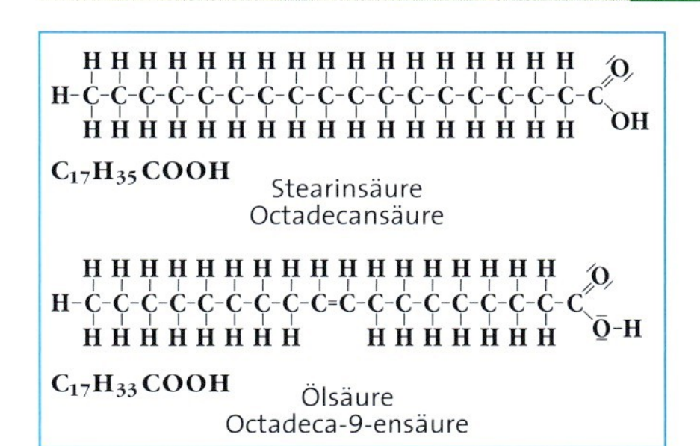


**B1** *Valenzstrichformeln von Stearin- und Ölsäure. **A:** Nenne Gemeinsamkeiten und Unterschiede.*

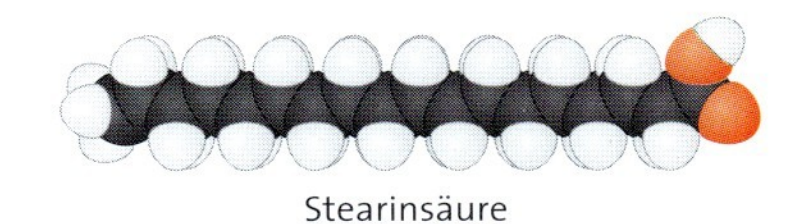


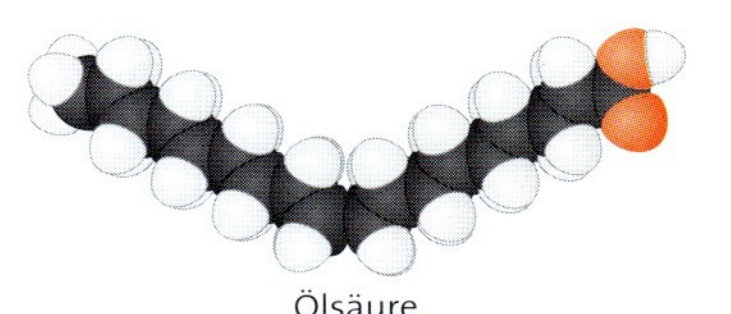


**B2** *Kalotten-Modelle. **A:** Erstelle mit dem 3D-Molekülviewer in Chemie 2000+ Online die Modelle von Linolsäure (Octadeca-9,12-diensäure) und Linolensäure (Octadeca-9,12,15-triensäure) und vergleiche sie mit diesen Modellen.*

| Fettsäure | Butterfett | Olivenöl | Sonnenblumenöl |
|---|---|---|---|
| $C_3H_7COOH$ Buttersäure | 3 | – | – |
| $C_{11}H_{23}COOH$ Laurinsäure | 3 | – | – |
| $C_{13}H_{27}COOH$ Myristinsäure | 9 | 2 | – |
| $C_{15}H_{31}COOH$ Palmitinsäure | 25 | 15 | 8 |
| $C_{17}H_{35}COOH$ Stearinsäure | 13 | 2 | 8 |
| $C_{17}H_{33}COOH$ Ölsäure | 29 | 7 | 27 |
| $C_{17}H_{31}COOH$ Linolsäure | 2 | 8 | 57 |
| $C_{17}H_{29}COOH$ Linolensäure | 1 | – | – |
| andere | 15 | 2 | – |

**B3** *Prozentualer Anteil einzelner Fettsäuren in verschiedenen Nahrungsfetten. **A:** Erkläre, warum ranzige Butter nach Buttersäure riecht.*

## *extra* Verseifung und Seifen

Die Herstellung von Seife (B1) war bereits um 2500 v. Chr. bekannt, als Ausgangsstoffe dienten Asche und Fett. Was ist Seife aus chemischer Sicht?

**B1** *Im 19. Jahrhundert verwendete man Holzasche und Rindertalg für die Seifenherstellung (historischer Kupferstich).*

### Versuche

***V1*** **Schutzbrille! Spritzgefahr!** Erhitze in einem 200-mL-Becherglas ca. 10 g Fett und 5 mL Wasser, bis das Fett geschmolzen ist. Füge unter Rühren zuerst 5 mL Ethanol* und anschließend 10 mL Natronlauge*, $c$ = 6 mol/L, hinzu. Halte das Gemisch ca. 30 min lang am Sieden und ergänze das verdampfende Wasser portionsweise unter Rühren. Gieße die zähflüssige Masse unter Rühren in 100 mL gesättigte Kochsalz-Lösung. Prüfe einen Teil der oben schwimmenden Seife im Rggl. auf Schaumbildung mit Wasser.

***V2*** Prüfe Seifenlösung auf elektrische Leitfähigkeit.

***V3*** Halte auf einer Magnesiarinne etwas Seife in die blaue Brennerflamme. Beobachte die Flammenfärbung.

***V4*** Bestreue die Oberfläche von Wasser in einer flachen Schale vorsichtig mit Pfefferpulver. Tauche dann ein Stück Seife in die Mitte ein und beobachte das Pulver.

***V5*** Schüttle im Rggl. 2 mL Wasser mit 0,5 mL Öl und 1 mL Seifenlösung gut durch. Beobachte dann die Entmischung und vergleiche mit einer Probe ohne Seifenlösung.

***V6*** Tauche mithilfe der Pinzette einen öl- und einen rußverschmutzten Wollfaden jeweils einige Male in Wasser und in Seifenlösung.

***V7*** *Seifenblasenflüssigkeit selbstgemacht*
200 mL Wasser (möglichst destilliert) werden in einem Topf erwärmt. Dann werden 100 g Zucker und 2–3 Esslöffel Salz zugegeben. Es wird solange gerührt, bis der Zucker vollständig aufgelöst ist. In einem zweiten Gefäß werden 150 mL Spülmittel mit 200 mL Wasser vermischt und mit dem Zuckerwasser vereinigt. Anschließend werden 1 L Wasser und 12 mL Glycerin hinzugeben.

5 Liter Regenwasser, 3/4 kg Kalk, 3/4 kg Soda, 2 Handvoll Holzasche eine Viertelstunde kochen lassen. Abkühlen lassen und abseihen. Das klare Wasser (die Lauge) mit 1 kg Fett solange kochen lassen, bis es fadenzieht. Zum Schluß noch eine Handvoll Salz beimengen. In eine Pfanne geben und erkalten lassen.

**B2** *Altes Seifenrezept.* **A:** *Vergleiche mit der Anleitung aus V1.*

### Auswertung

a) Bei der Verseifung bildet sich aus dem Fett neben der Seife auch der dreiwertige Alkohol Glycerin. Erkläre, aus welchen Bauteilen der Fett-Moleküle Seifen-Anionen (B4) gebildet werden.

b) Erläutere deine Schlussfolgerungen aus V3 und V4 für den Aufbau der Seifen-Anionen. Vergleiche mit den Angaben aus B4.

c) Erkläre die Beobachtungen von V5 bis V7 mithilfe der Modelle aus B4.

**B3** *Händewaschen mit Seife.* **A:** *Nenne Verschmutzungen, die sich nicht mit Wasser entfernen lassen.*

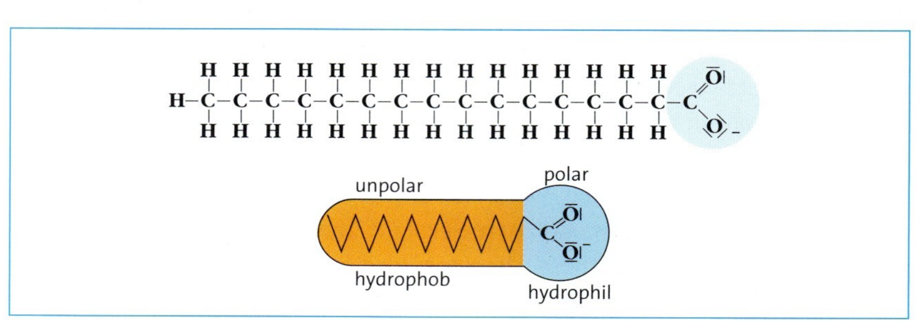


**B4** *Valenzstrichformel und Modell eines Seifen-Anions. Die vollständige Halbstrukturformel der entsprechenden Seife lautet* $H_3C(CH_2)_{14}COO^-Na^+$. **A:** *Benenne diese Verbindung mithilfe von B3, S. 233.*

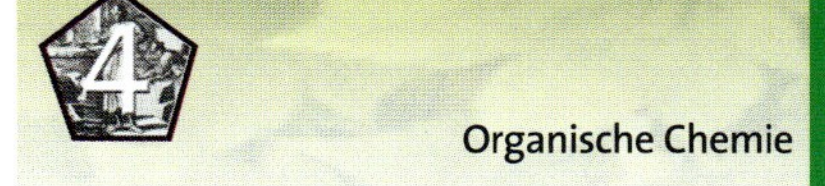



## *extra* Verseifung und Seifen

**Seifen** sind Natrium- und Kaliumsalze von Fettsäuren (vgl. S. 233). Sie fallen bei der Hydrolyse von Fetten mit stark alkalischen Lösungen wie Natron- bzw. Kalilauge an. Da diese Reaktion ganz allgemein zur Herstellung von Seifen dient (V1), bezeichnet man sie als **Verseifung** von Fetten:

$$\begin{array}{l} H-\overset{H}{\underset{|}{C}}-\overline{O}-\overset{\langle O \rangle}{\overset{\|}{C}}-C_{17}H_{35} \\ H-\underset{|}{C}-\overline{O}-\overset{\langle O \rangle}{\overset{\|}{C}}-C_{17}H_{35} \\ H-\underset{H}{C}-\overline{O}-\overset{\langle O \rangle}{\overset{\|}{C}}-C_{17}H_{35} \end{array} + Na^+ + OH^- \longrightarrow \begin{array}{l} H-\overset{H}{\underset{|}{C}}-\overline{O}-H \\ H-\underset{|}{C}-\overline{O}-H \\ H-\underset{H}{C}-\overline{O}-H \end{array} + \begin{array}{l} C_{17}H_{35}-\overset{\langle O \rangle}{\overset{\|}{C}}-\overline{O}|^- + Na^+ \\ C_{17}H_{35}-\overset{\langle O \rangle}{\overset{\|}{C}}-\overline{O}|^- + Na^+ \\ C_{17}H_{35}-\overset{\langle O \rangle}{\overset{\|}{C}}-\overline{O}|^- + Na^+ \end{array}$$

Fettsäuretriglycerid (Fett) | Natronlauge | Glycerin | Natriumsalz der Fettsäure

Bei dieser Reaktion wird die Ester-Gruppe der Fett-Moleküle gespalten. Es entstehen Glycerin-Moleküle und Fettsäure-Anionen, die Natrium-Ionen aus der Natronlauge bleiben unverändert. Da Seifen Natrium- oder Kaliumsalze sind, lösen sie sich in Wasser und bilden elektrisch leitfähige Lösungen (V2).

Das Besondere an den Seifen-Anionen ist ihr Aufbau aus einem unpolaren, hydrophoben und einem polaren, hydrophilen Teil (B4). Sie ordnen sich an der Wasseroberfläche an und richten sich dabei so aus, dass der polare Teil ins Wasser taucht, und der unpolare in die Luft ragt. Dadurch wird die Oberflächenspannung des Wassers verringert (V4, V5). Die im Wasser verbliebenen Anionen bilden kugelförmige Ansammlungen, die man **Micellen** nennt (B5, B6). Da die Micellen wesentlich größer sind als einzelne Moleküle und Ionen, erscheinen Seifenlösungen trüb. Eine weitere Eigenart der Seifen-Anionen sind ihre **Amphiphilie**[1] und die damit verbundene waschaktive Wirkung (V6): Wegen ihrer Struktur (B4) sind Seifen-Anionen sowohl wasser- als auch fettlöslich. Sie lagern sich an hydrophobe Verschmutzungen an der Haut oder an Textilfasern an und überführen sie in Form von Micellen in die Waschflotte (B6). Auch eine größere Menge wasserunlöslichen Öls kann bei Zusatz von Seifenlösung wegen der **emulgierenden Wirkung** der Seifen-Anionen zu einer Emulsion vermischt werden.

Wegen ihrer grenzflächenaktiven, waschaktiven und emulgierenden Eigenschaften zählen Seifen zusammen mit anderen Stoffen, die ähnliche Struktur und Eigenschaften haben, zur Klasse der **Tenside** (vgl. S. 236).

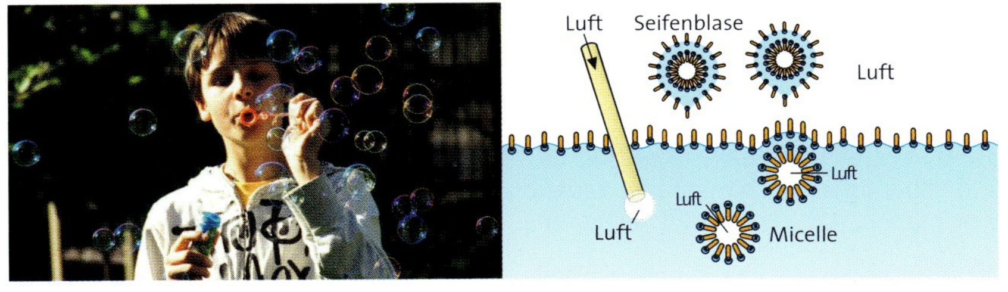


**B7** *Bildung von Seifenblasen mit einem käuflichen Produkt und im Modell. **A:** Beschreibe und erkläre das Modell für die Bildung von Seifenblasen mithilfe der Abbildung.*

### *Aufgaben*

***A1*** Erkläre anhand von B6, warum sich das von der Haut oder der Faser abgelöste Fett nicht wieder dort ablagern kann.

***A2*** Recherchiere, welche Stoffe im Laufe der Geschichte der Seifenherstellung für die Herstellung von Seifen eingesetzt wurden.

[1] von *amphi* (griech). = beides und *philos* (griech.) = Freund

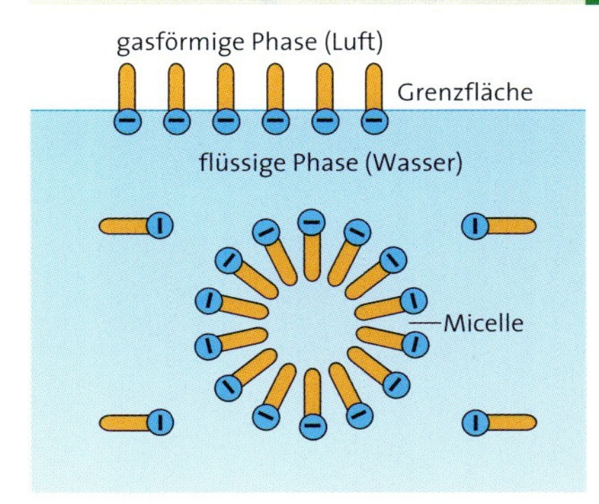


**B5** *Modell einer Seifenlösung. **A:** Erkläre, warum die Fettsäure-Anionen Micellen bilden.*

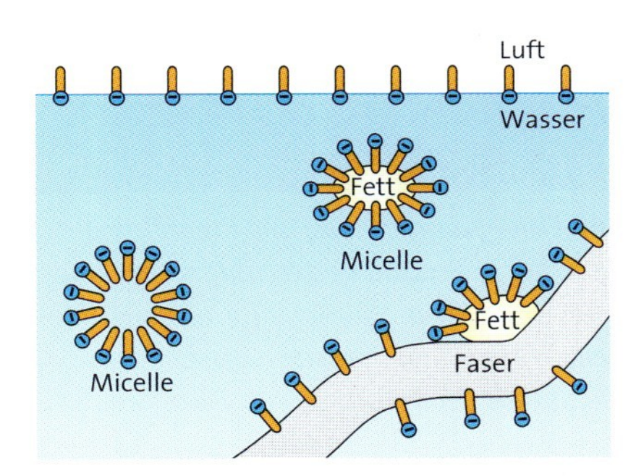


**B6** *Waschvorgang im Modell. **A:** Erkläre, warum Fettverschmutzungen durch Seife gut von der Faser getrennt werden.*

**Fachbegriffe**

Seife, Verseifung, Micelle, Amphiphilie, emulgierende Wirkung, Tensid

## *extra* Moleküle im Test

Das Molekülgerüst aus Kohlenstoff-Atomen und die funktionellen Gruppen im Molekül zusammen bestimmen die charakteristischen Eigenschaften einer ganzen Stoffklasse, z. B. der Alkane, der Alkohole und der Carbonsäuren (vgl. S. 225). Welche weiteren wichtigen Stoffklassen gibt es und wie können die Vertreter dieser Stoffklassen nachgewiesen werden?

**B1** *FEHLING-Probe (LV3)*

**B2** *Ethenflamme (links) und Ethanflamme (rechts).* ***A:*** *Beschreibe den Unterschied und stelle mithilfe der Summenformeln aus B3 eine Vermutung über seine Ursache auf. Begründe deine Vermutung.*

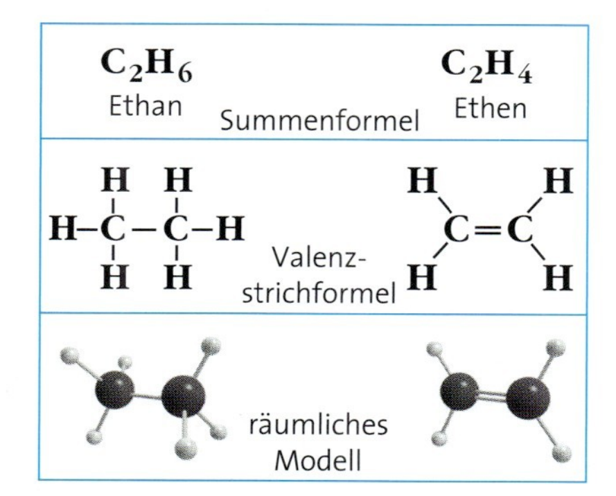


**B3** *Formeln und Modelle für Ethan und Ethen.* ***A:*** *Baue die räumlichen Modelle nach und erläutere die Unterschiede.*

### Versuche

***LV1*** Bromwassertest: In zwei Rggl. werden a) ca. 1 mL Heptan* und b) ca. 1 mL Hepten* mit je 3 mL Bromwasser versetzt und geschüttelt. Die Farben und die Phasen in den beiden Rggl. werden beobachtet und notiert. Der Bromwassertest wird anschließend mit weiteren verfügbaren Alkanen und Alkenen durchgeführt.

***LV2*** *Silberspiegel-Probe, TOLLENS-Reaktion*: Zu 5 mL Silbernitrat-Lösung*, $w = 5\,\%$, in einem neuen Rggl. wird tropfenweise Natronlauge*, $w = 10\%$, gegeben, bis sich ein schwarzbrauner Niederschlag bildet. Dann wird so viel Ammoniak-Lösung, $w = 3\,\%$, hinzugetropft, bis sich der Niederschlag wieder auflöst. Zu diesem so hergestellten TOLLENS-Reagenz werden unter dem Abzug einige Tropfen Ethanal-Lösung* hinzugefügt. Dann wird im Wasserbad ohne zu schütteln vorsichtig erwärmt.

***LV3*** *FEHLING-Probe*: In einem Becherglas werden 5 mL FEHLING-I-Lösung* (Kupfersulfat-Lösung) und 5 mL FEHLING-II-Lösung* (wässrige Lösung von Kaliumnatriumtartrat, einem Salz der Weinsäure, und Natriumhydroxid) gemischt. Diese Lösung wird auf vier Rggl. verteilt. Dann gibt man a) 2 Tropfen Ethanal-Lösung*, b) 2 Tropfen Propanal*, c) 2 Tropfen Propanon* (Aceton) und d) 1 mL Glucose-Lösung hinzu. Jedes Rggl. wird mit kleiner Flamme vorsichtig zum Sieden erhitzt. Die Farbänderungen werden jeweils beobachtet und notiert.

### Auswertung

a) Fasse die Versuchsergebnisse aus LV1 bis LV3 in einer Tabelle zusammen.

b) Bromwasser ist eine Lösung von elementarem Brom in Wasser und ist braun gefärbt. Deute und erkläre die Entfärbung des Bromwassers in LV1 mithilfe der folgenden Reaktionsgleichung. (*Hinweis*: Die vereinfachten Halbstrukturformeln von Heptan und Hepten sind $H_3C(CH_2)_5CH_3$ bzw. $H_2C{=}CH(CH_2)_4CH_3$.)

$$H_2C{=}CH_2(g) + Br_2(aq) \longrightarrow \underset{\displaystyle Br}{H_2C}-\underset{\displaystyle Br}{CH_2}(l)$$

c) Bei LV2 reagieren Stoffe, deren Moleküle eine Aldehyd-Gruppe (B6) enthalten, mit Silber-Ionen nach folgender Reaktionsgleichung:

$$\underset{\text{Aldehyd}}{R-C(=O)-H} + 2\,Ag^+ + 2\,OH^- \longrightarrow \underset{\text{Carbonsäure}}{R-C(=O)-O-H} + 2\,Ag + H_2O$$

Deute die Beobachtungen bei LV2, formuliere die Reaktionsgleichung für Ethanal als Edukt und benenne die Reaktionsprodukte.

d) Die blaue Farbe der FEHLING-Lösung in LV3 wird durch Kupfer(II)-Ionen verursacht, die vereinfacht als $Cu^{2+}(aq)$ formuliert werden können. In der Reaktion mit Aldehyden bildet sich nach einer Reaktionsgleichung, die analog zu der aus c) ist, ein rotbrauner Niederschlag aus Kupfer(I)-oxid $Cu_2O$. Formuliere diese Reaktionsgleichung.

# *extra* Alkene, Aldehyde und Ketone

In der organischen Chemie sind die Stoffklassen, deren Vertreter Moleküle mit *Doppelbindungen* enthalten, von besonderer Bedeutung. Dazu gehören die **Alkene** mit Kohlenstoff-Kohlenstoff-Doppelbindungen in den Molekülen sowie die **Aldehyde** (**Alkanale**) und die **Ketone** (**Alkanone**), deren Moleküle Kohlenstoff-Sauerstoff-Doppelbindungen enthalten (B6).

Alkene lassen sich in der Regel durch den **Bromwassertest** nachweisen (LV1). Dabei werden Brom-Moleküle an Alken-Moleküle addiert (Auswertung b). Das gebildete Dibromalkan ist farblos und löst sich in der organischen Phase, die wässrige Phase entfärbt sich.

Aldehyde können mithilfe der **Silberspiegel-Probe** (**Tollens-Reaktion**) oder der **Fehling-Probe** nachgewiesen werden (LV2, LV3). Im ersten Fall bildet sich ein glänzender Silberspiegel, im zweiten ein rotbrauner Niederschlag (B1). Obwohl Keton-Moleküle wie Aldehyd-Moleküle eine Carbonyl-Gruppe enthalten (B6), können sie nicht zu Carbonsäure-Molekülen oxidiert werden (Auswertung c). Deshalb fallen beide Tests, die Silberspiegel- und die Fehling-Probe, mit Ketonen negativ aus.

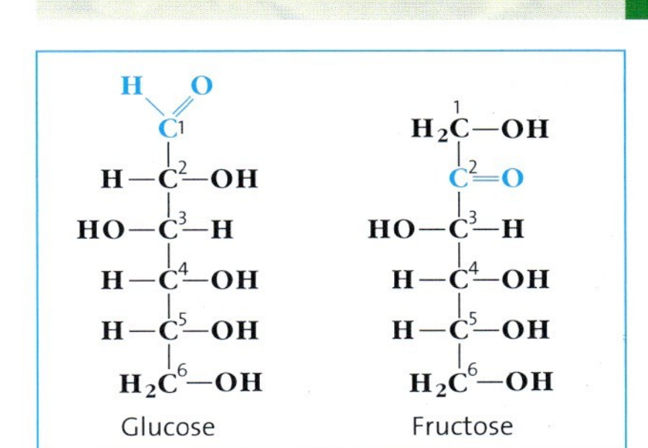


**B4** *Vereinfachte Valenzstrichformeln eines Glucose- und eines Fructose-Moleküls*

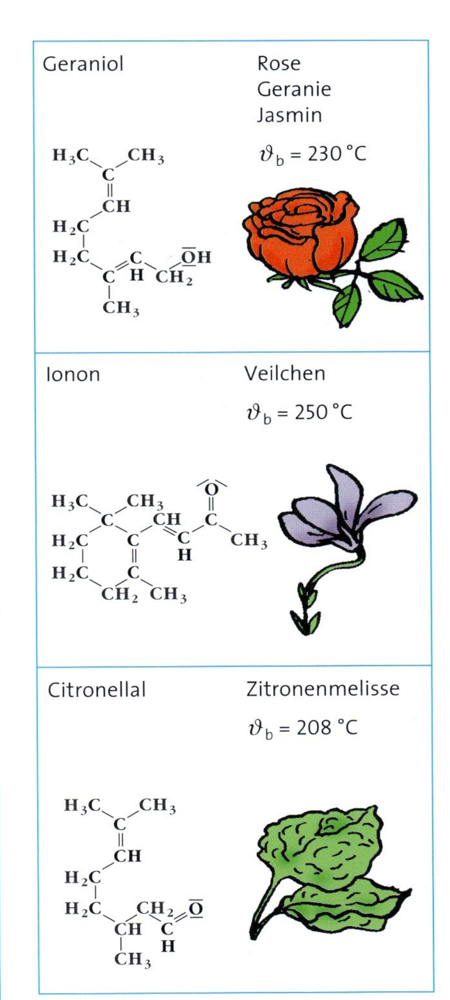


**B5** *Halbstrukturformeln von Molekülen in pflanzlichen Aromastoffen*

### Aufgaben

**A1** Nenne das gemeinsame strukturelle Merkmale in den Molekülen a) von Alkenen, Aldehyden und Ketonen und b) von Aldehyden und Ketonen.

**A2** Vergleiche die Formeln aus B4 mit den Formeln von Glucose und Fructose von S. 223 und begründe, warum Glucose sich in LV2 und LV3 ähnlich verhält wie Ethanal.

**A3** Mit jedem der drei pflanzlichen Aromastoffe aus B5 werden die drei Tests (Nachweisreaktionen) aus LV1 bis LV3 durchgeführt. Gib jeweils begründet an, welcher Test positiv bzw. negativ ausfällt.

**A4** Fasse *alle* auf den Seiten 225 bis 237 erwähnten Stoffklassen der organischen Chemie in einer Tabelle nach dem Muster aus B6 zusammen.

| | | |
|---|---|---|
| Alkene | Doppelbindung $>C=C<$ | Ethen $H_2C=CH_2$ |
| Aldehyde (Alkanale) | Carbonyl-Gruppe (Aldehyd-Gruppe) $-C(=\overline{O})-H$ | Ethanal $H_3C-C(=\overline{O})-H$ |
| Ketone (Alkanone) | Carbonyl-Gruppe (Keto-Gruppe) $>C=\overline{O}$ | Propanon $H_3C-C(=\|O\|)-CH_3$ |

**B6** *Stoffklassen, Strukturelemente oder funktionelle Gruppen in den Molekülen einiger Stoffklassen und Beispiele (Halbstrukturformeln).* **A:** *Gib die Halbstrukturformeln von Propen, Propenal und Butanon an. (Hinweis: Vgl. S. 225, B5.)*

### Fachbegriffe

Alkene, Aldehyde (Alkanale), Ketone (Alkanone), Bromwassertest, Silberspiegel-Probe (Tollens-Reaktion), Fehling-Probe

# Aus klein mach groß – von der Natur abgeschaut

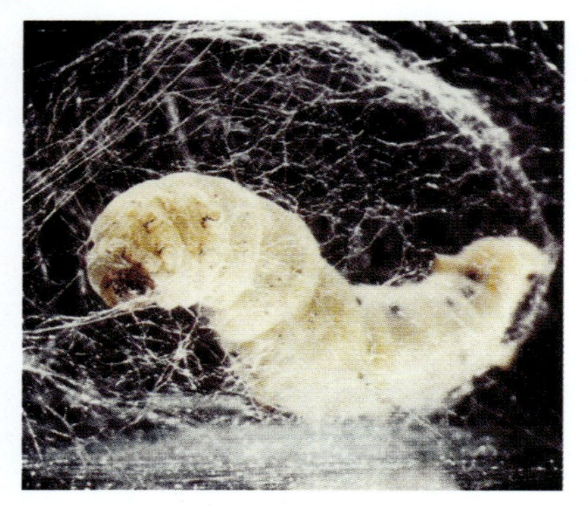

**B1** *Seidenraupe beim Spinnen der Seide.* ***A:*** *Recherchiere mithilfe von Chemie 2000+ Online, wie aus den Endlosfasern der Raupen Seide hergestellt wird.*

Naturstoffe wie Seide, Baumwolle, Wolle und Haare werden seit Jahrhunderten zu Kleidungsstücken verarbeitet. Lassen sich solche oder ähnliche Stoffe auch künstlich herstellen?

## *Versuche*

***LV1*** Man löst 2,17 g Hexandiamin* und 1,5 g Natriumhydroxid* in 100 mL Wasser, fügt 2 Tropfen Phenolphthalein*-Lösung in Ethanol*, $w < 1\%$, hinzu und überschichtet diese Lösung mit einer Lösung aus 4 mL Sebacinsäuredichlorid* in 100 mL Heptan*. Die an der Grenzfläche der Lösungen entstehende dünne Haut zieht man mit einer Pinzette zu einem Faden und wickelt sie über einen Glasstab auf.

***LV2*** In einem Rggl. mischt man 3 g Phthalsäureanhydrid*, 3 g Glycerin* und einige Tropfen konz. Schwefelsäure* und erwärmt, bis sich eine klare Lösung bildet. Dann erhitzt man stärker und prüft die Flüssigkeit im oberen Teil des Rggl. mit weißem Kupfersulfat*.

***LV3*** In einem Rggl. werden 5 mL Styrol* und 0,5 g Azoisobutyronitril* gemischt und anschließend vorsichtig im Wasserbad erwärmt.

**B2** *„Nylonseiltrick" (LV1).* ***A:*** *Erkläre, warum der Faden an der Grenzfläche entsteht.*

## *Auswertung*

a) Beschreibe die Beobachtungen und erläutere das Ungewöhnliche bei LV1.

b) Vergleiche jeweils die Eigenschaften der Ausgangsstoffe und die der Endprodukte.

c) Erkläre, welches Reaktionsprodukt in LV2 durch weißes Kupfersulfat nachgewiesen wird.

d) Erläutere, wie das Produkt bei LV1 aus den Edukten entsteht.

e) Das bei LV1 entstehende Produkt ähnelt stark dem Nylon 6,6 (B4). Gib die Strukturformel dieses Produkts an.

$HO-\overset{O}{\overset{\|}{C}}(CH_2)_4\overset{O}{\overset{\|}{C}}-OH$ Adipinsäure

$H-\underset{H}{\underset{|}{\overline{N}}}-(CH_2)_6\underset{H}{\underset{|}{\overline{N}}}-H$ Diaminohexan

$Cl-\overset{O}{\overset{\|}{C}}(CH_2)_8\overset{O}{\overset{\|}{C}}-Cl$ Sebacinsäuredichlorid

$HO-CH_2\underset{OH}{\underset{|}{C}H}CH_2OH$ Glycerin

$H-\overline{O}-\overset{|O|}{\overset{\|}{C}}-C_6H_4-\overset{|O|}{\overset{\|}{C}}-\overline{O}-H$ ; $HOOC-C_6H_4-COOH$ Phthalsäure

**B3** *Formeln der bei LV1 und LV2 verwendeten Ausgangsstoffe.* ***A:*** *Nenne bei jedem der angegebenen Moleküle die Anzahl und Art der funktionellen Gruppen.*

$$H-\underset{H}{\underset{|}{N}}(CH_2)_6\underset{H}{\underset{|}{N}}-H + H-O-\overset{O}{\overset{\|}{C}}(CH_2)_4\overset{O}{\overset{\|}{C}}-O-H + H-\underset{H}{\underset{|}{N}}(CH_2)_6\underset{H}{\underset{|}{N}}-H + H-O-\overset{O}{\overset{\|}{C}}(CH_2)_4\overset{O}{\overset{\|}{C}}-O-H$$

$$\downarrow$$

$$H-\underset{H}{\underset{|}{N}}(CH_2)_6\boxed{\underset{H}{\underset{|}{N}}-\overset{O}{\overset{\|}{C}}}(CH_2)_4\boxed{\overset{O}{\overset{\|}{C}}-\underset{H}{\underset{|}{N}}}(CH_2)_6\boxed{\underset{H}{\underset{|}{N}}-\overset{O}{\overset{\|}{C}}}(CH_2)_4C-OH$$

$$+ \quad H_2O \quad H_2O \quad H_2O$$

**B4** *Reaktionsgleichung einer Polykondensation am Beispiel der Bildung von Nylon 6,6. Die Molekülstruktur dieses Polyamids ist der des in LV1 gebildeten Produkts sehr ähnlich. Bei einer Kondensationsreaktion lagern sich Moleküle zu größeren Molekülen unter Abspaltung eines kleinen Moleküls, hier des Wasser-Moleküls, zusammen.* ***A:*** *Erläutere anhand dieser Reaktionsgleichung die Aussage „aus klein mach groß". Erkläre den Begriff Polykondensation.*

## Kunststoffe aus Erdöl und Erdgas

Die Produkte aus den Versuchen sind wie die Naturstoffe Seide oder Baumwolle aus **Makromolekülen** aufgebaut. Makromoleküle sind sehr große Moleküle aus mehreren Tausend Atomen. Sie lassen sich aus kleinen Molekülen herstellen, die funktionelle Gruppen, z.B. Hydroxy-Gruppen **–OH**, Carboxy-Gruppen **–COOH** (vgl. S. 225) oder Amino-Gruppen $\mathbf{-NH_2}$ besitzen. Ausgangsstoffe aus kleinen Molekülen, die zu Makromolekülen reagieren können, bezeichnet man als **Monomere** (B5), die Reaktionsprodukte aus Makromolekülen heißen allgemein **Polymere**. Ein Material, das aus vielen Millionen synthetisch hergestellter, ineinander verschlungener und teilweise miteinander verknüpfter Makromoleküle besteht, ist ein **Kunststoff**. Die Mehrzahl aller heute verwendeten Kunststoffe wird aus Monomeren hergestellt, die man aus Erdöl gewinnt (B6).

Kunststoffe lassen sich zum einen nach der funktionellen Gruppe benennen, die sich bei der Verknüpfung der Monomere im Makromolekül ausbildet, zum anderen nach den Monomeren, von denen bei der Synthese ausgegangen wurde. Bilden sich z.B. durch die Reaktion von Dicarbonsäuren mit Diolen Polymere, nennt man diese aufgrund der neu entstandenen Ester-Gruppen **Polyester** (B7). **Polyethen** (Polyethylen, kurz PE) ist dagegen nach dem Monomer Ethen bezeichnet. Der fadenförmige Kunststoff, der in LV1 hergestellt wurde, ist aufgrund der Amid-Gruppe im Makromolekül ein **Polyamid** (B7).

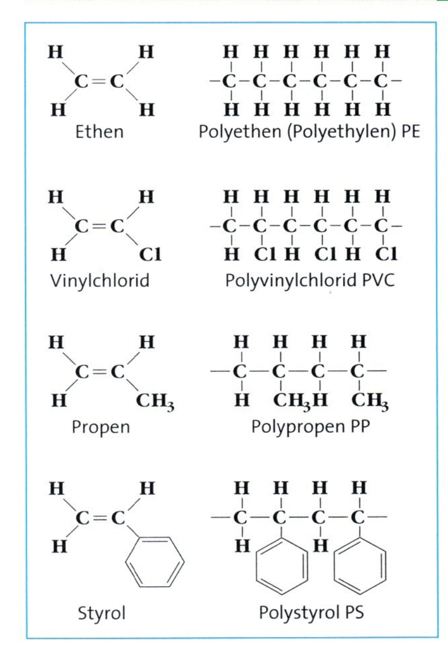


**B5** *Monomere und Strukturausschnitte einiger Makromoleküle*

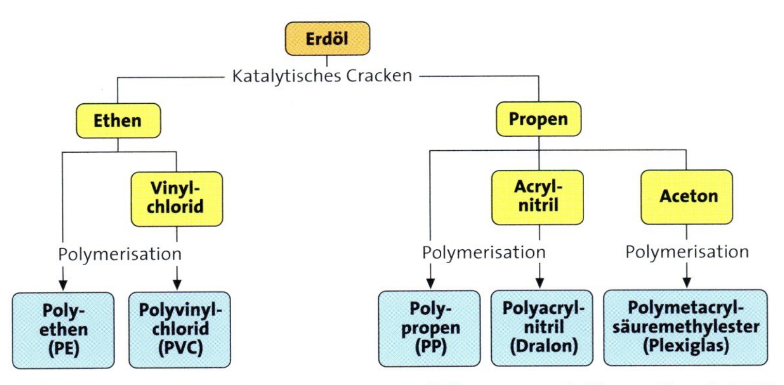


**B6** *Produktionsweg vom Erdöl zum Kunststoff.* ***A:*** *Nenne mithilfe von Chemie 2000+ Online Anwendungsbereiche von Polyvinylchlorid PVC.*

$$R-CO-OH + H-NH-R \longrightarrow R-CO-NH-R + H_2O$$

Carbonsäure + Amin → Amid

$$R-CO-OH + H-O-R \longrightarrow R-CO-O-R + H_2O$$

Carbonsäure + Alkohol → Ester

$$-O-CH_2-CH_2-O-CO-C_6H_4-CO-O-CH_2-CH_2-O-CO-C_6H_4-CO-$$

Polyester PET

**B7** *Herstellung von Amiden und Estern sowie Strukturausschnitt aus einem Polyester-Molekül.* ***A:*** *Gib Gemeinsamkeiten beider Synthesereaktionen an und erkläre, welche Ausgangsstoffe für die Herstellung eines Polyamids und welche für die eines Polyesters notwendig sind.*

**B8** *Kunststoffflasche aus Polyethen.*
***A:*** *Nenne weitere Gegenstände, die aus PE hergestellt werden. Tipp: Häufig findet sich auf Kunststoffen eine Prägung, die anzeigt, um welchen Kunststoff es sich handelt.*

### *Aufgabe*

***A1*** Gib an, zu welcher Gruppe der Kunststoff Nylon 6,6 (B4) gehört.

### Fachbegriffe

Makromolekül, Monomer, Polymer, Kunststoff, Polyester, Polyethen, Polyamid

# Moderne Kunststoffe – nicht nur aus Erdöl

Moderne Kunststoffe lassen sich nicht nur aus Erdöl herstellen. „Baut" man in die Makromoleküle, die den Kunststoffen zugrunde liegen, systematisch Silicium-Atome ein, erhält man neuartige Kunststoffe mit verblüffenden Eigenschaften. Wie stellt man solche Kunststoffe her? Und in welchen Bereichen lassen sie sich einsetzen?

## *Versuche*

**Vorsicht! Schutzbrille! Chlormethylsilane im Abzug umfüllen!**

***LV1*** Man pipettiert 2 mL Trichlormethylsilan* in ein Rggl. und stellt das Rggl. in den Ständer oder befestigt es an einem Stativ. Aus einem anderen Rggl. werden in einem Schuss 18 mL dest. Wasser dazugegeben, dann wird 2 min gewartet. Der entstehende Stoff wird mit Leitungswasser gewaschen.

***V2*** Bringe einen Teil des Feststoffs aus LV1 mit einem Glasstab auf ein Uhrglas und prüfe seine Beschaffenheit mit den Fingern. Nimm eine kleine Portion des Feststoffs auf eine Magnesiarinne auf und teste seine Brennbarkeit in der Brennerflamme.

***V3*** Ziehe mit einem einfachen, handelsüblichen Fugensilicon eine Fuge auf einem Blatt Papier. Halte ein feuchtes Universalindikatorpapier über die Naht. Mache vorsichtig eine Geruchsprobe. Lass die Siliconnaht über Nacht aushärten und überprüfe die Naht dann auf ihre Eigenschaften. Benetze dabei die Naht mit einem Tropfen Wasser und/oder mit einer Dispersionsfarbe.

***LV4*** Man siliconisiert einen Faltenfilter, indem man ihn vollständig mit einer Pasteurpipette mit Trichlormethylsilan* benetzt und ca. 10 min trocknen lässt.

***V5*** Setze in zwei Rggl. gleichartige Stoffgemische aus je 2 mL rot gefärbtem Wasser und Dichlormethan* an. Gib dann den Inhalt des einen Reagenzglases in einen unbehandelten Filter, den Inhalt des anderen in den siliconisierten Filter (LV4).

## *Auswertung*

a) Dokumentiere deine Beobachtungen tabellarisch.

b) Nenne einige physikalische Eigenschaften von Silicon, die sich aus V3 und V5 ergeben.

c) Vergleiche mithilfe der Videos unter *Chemie 2000+ Online* das Verhalten von Silicon und von Gummi in der Flamme. Nenne Einsatzgebiete, in denen du das Silicon dem Gummi vorziehen würdest.

d) Recherchiere unter *Chemie 2000+ Online* die Hydrophobierung von Gasbetonsteinen mit Siliconöl und präsentiere das Video und die Flash-Animation deinen Mitschülerinnen und Mitschülern.

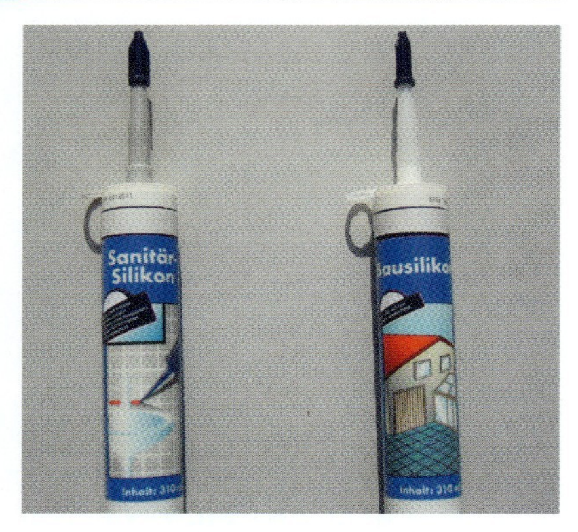


**B1** *Zwei Siliconkartuschen aus dem Baumarkt. A: Erkläre mithilfe von Chemie 2000+ Online, aufgrund welcher Eigenschaften sich Silicon zum Einsatz auf dem Bau und im Sanitärbereich eignet.*

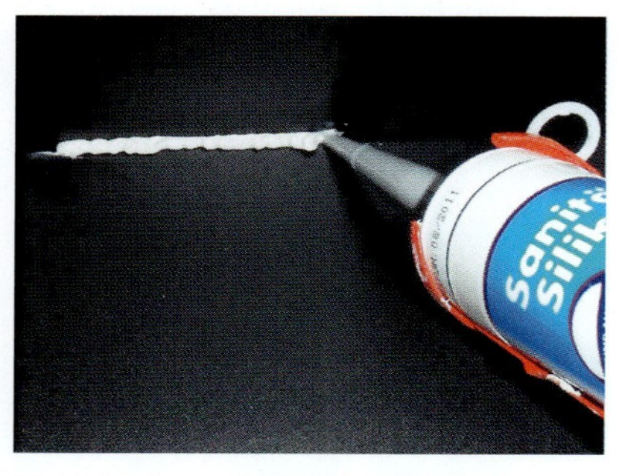

**B2** *Siliconfuge im Haushaltsbereich. A: Erkläre, woran man erkennt, dass die Kartusche noch nicht das fertige Silicon enthält.*

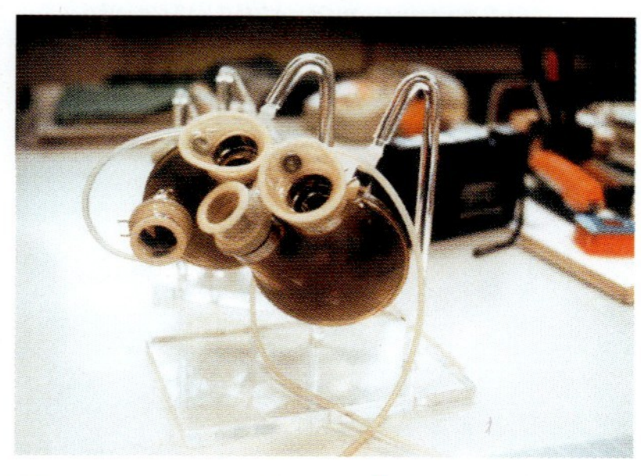

**B3** *Kunstherz aus Silicon. A: Nenne notwendige Eigenschaften eines Kunstherzes, insbesondere der künstlichen Herzklappe.*

# Silicone – moderne Kunststoffe aus Sand und Erdgas

**Silicone** sind Kunststoffe, deren Makromolekül-Ketten abwechselnd aus Silicium- und Sauerstoff-Atomen bestehen, wobei die Silicium-Atome zusätzlich Alkyl-Gruppen tragen (B4). Die Eigenschaften eines Silicons können über ihre Synthese „maßgeschneidert" eingestellt werden, sodass man z. B. ein elastisches, widerstandsfähiges und schwer entflammbares Produkt erhält.
Bei der Herstellung von Siliconen geht man von den Rohstoffen Sand (Siliciumdioxid) und Erdgas (Methan) aus (B5). In einem ersten Schritt reduziert man das Siliciumdioxid mit Kohlenstoff zu elementarem Silicium. Dann wird Silicium mit Chlormethan, das aus Chlor und Methan hergestellt wird, zu Chlormethylsilanen, z. B. Dichlordimethylsilan umgesetzt (B4, B5). Diese werden mit Wasser (LV1, V3) in instabile Zwischenprodukte, die Methylsilanole, überführt, die in einer spontan ablaufenden **Polykondensation** unter Wasserabspaltung zu makromolekularen Siliconen reagieren (B4).
Als **Polykondensationsreaktion** bezeichnet man allgemein Reaktionen, bei denen kleine Moleküle, die i. d. R. zwei funktionelle Gruppen besitzen, unter Abspaltung von kleinen Molekülen (z. B. Wasser-Molekülen) zu Makromolekülen reagieren (B4, vgl. auch S. 238, 239).
Silicone, die im Haushalt etwa zur Abdichtung von Fugen im Sanitärbereich eingesetzt werden, werden nicht aus Chlormethylsilanen hergestellt, damit bei der Aushärtung kein giftiges Chlorwasserstoffgas entsteht. Stattdessen wählt man Triacetoxymethylsilan (B6) als Ausgangsstoff, sodass beim Aushärten mit Luftfeuchtigkeit Essigsäure abgegeben wird (V3). Diese Silicone zeichnen sich durch hohe Witterungsbeständigkeit und Stabilität gegen UV-Strahlung aus und haften hervorragend auf vielen mineralischen Untergründen wie Glas, Ton, Porzellan und Gips.

$$Cl-\underset{CH_3}{\overset{CH_3}{Si}}-Cl + 2\,H_2O \longrightarrow HO-\underset{CH_3}{\overset{CH_3}{Si}}-OH + 2\,HCl$$

$$n\,HO-\underset{CH_3}{\overset{CH_3}{Si}}-OH \longrightarrow \sim\sim\underset{CH_3}{\overset{CH_3}{Si}}-O-\left[\underset{CH_3}{\overset{CH_3}{Si}}-O\right]_m\sim\sim + n\,H_2O$$

**B4** *Reaktionsgleichungen zur Herstellung eines Silicons.* **A:** *Benenne die Edukte der beiden Reaktionen.*

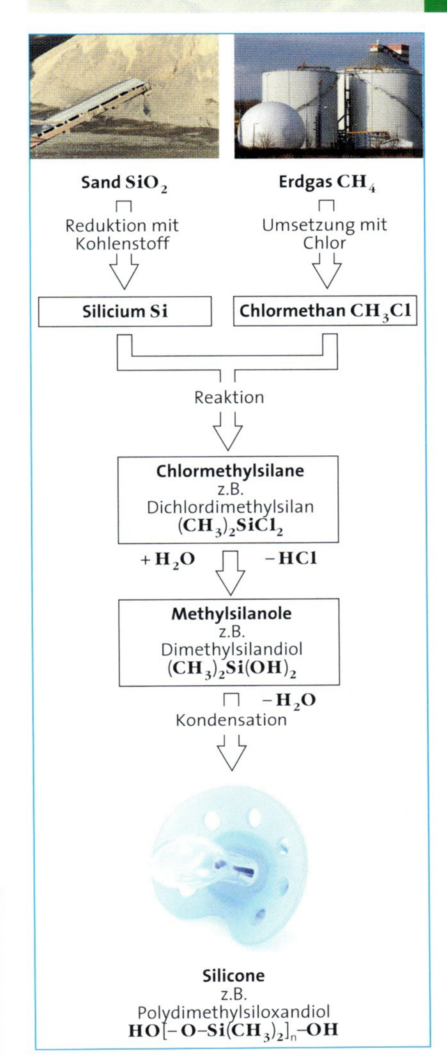


**B5** *Schema zur Herstellung von Siliconen aus den Rohstoffen Sand und Erdgas.* **A:** *Erkläre, warum Produkte wie Babyschnuller aus Silicon hergestellt werden.*

$$H_3C-\underset{\underset{\underset{\underset{CH_3}{|}}{C=O}}{O}}{\overset{\overset{\overset{\overset{CH_3}{|}}{O=C}}{O}}{Si}}-O-\overset{O}{\overset{\|}{C}}-CH_3$$

**B6** *Valenzstrichformel von Triacetoxymethylsilan*

## Aufgaben

**A1** Nenne makromolekulare Verbindungen von den vorangegangenen Seiten, die in einer Polykondensationsreaktion entstanden sind.

**A2** Recherchiere mithilfe von *Chemie 2000+ Online* a) weitere Eigenschaften von Siliconen und b) weitere Produkte, die man vorzugsweise aus Siliconen herstellt.

**A3** Bei der vollständigen Verbrennung von Polyethylen bleibt kein Rückstand übrig, bei der vollständigen Verbrennung von Silicon bleibt dagegen weiße „Asche" übrig. Erkläre den Sachverhalt.

**A4** Stelle die Reaktionsgleichung für die Reaktion von einem Molekül Triacetoxymethylsilan (B6) mit 3 Molekülen Wasser auf.

## Fachbegriffe

Silicon, Polykondensation

# Moderne Kunststoffe – ganz ohne Erdöl und Erdgas?

Die Rohstoffe für die Erzeugung der meisten Kunststoffe, Erdöl und Erdgas, werden immer knapper und teurer. Außerdem lässt der Kunststoffmüll unsere Müllhalden anwachsen, da seine Entsorgung aufwendig ist. Welche Alternativen gibt es zu den Rohstoffen Erdöl und Erdgas?

## Versuche

***V1a)*** **(Abzug!)** Fülle 2 mL Milchsäure (2-Hydroxypropansäure) (B3) in ein kleines Reagenzglas und gib eine Spatelspitze Zinnchlorid hinzu. Erhitze das Gemisch vorsichtig. Nimm dazu das Reagenzglas immer wieder aus der Flamme. Erhitze so lange, bis du eine ganz schwache Färbung erkennen kannst und sich feinporiger Schaum bildet. Lass das Reaktionsgemisch abkühlen. Mit dem hergestellten Kunststoff werden die Versuche V2 bis V4 durchgeführt.

***b)*** **(Abzug!)** Untersuche die aufsteigenden Dämpfe auf Kohlenstoffdioxid und Wasser.

***V2*** Untersuche das Reaktionsprodukt aus V1a nach dem Abkühlen mit dem Spatel und prüfe Geruch und Farbe. Vergleiche das Volumen des Produkts mit dem Ausgangsvolumen in V1a.

***V3*** Vergleiche dein Reaktionsprodukt (V1a) mit industriell hergestellter Polymilchsäure im Hinblick auf Farbe und Konsistenz.

***V4*** Lass das Reaktionsprodukt (V1a) im offenen Reagenzglas eine Woche stehen und wiederhole dann V2.

## Auswertung

a) Notiere die Beobachtungen zu V1a bis V4.

b) Erkläre den Volumenunterschied zwischen Edukt(en) und Produkt(en) auch anhand von B4.

c) Erkläre die Beobachtungen zu V4. Welche Vor- und Nachteile des entstandenen Produkts lassen sich daraus für dessen Einsatz und Entsorgung ableiten?

d) Beschaffe dir eine Plastiktüte aus Polymilchsäure und Tüten aus anderen Kunststoffen. Vergleiche deren Geruch mit dem des Produkts aus V1a. Erläutere, woran sich Gegenstände aus Polymilchsäure identifizieren lassen.

| Stoff | 1991 | 2002 | 2004 | 2006 |
|---|---|---|---|---|
| Glas | 4637 | 3266 | 3073 | 2895 |
| Aluminium | 108 | 94 | 86 | 88 |
| Weißblech | 818 | 713 | 544 | 521 |
| Kunststoffe | 1656 | 2073 | 2255 | 2591 |
| Papier | 5598 | 6380 | 6702 | 6869 |
| Holz, Kork | 2184 | 2382 | 2319 | 2633 |

**B1** *Verbrauch an unterschiedlichen Verpackungsmaterialien in der Bundesrepublik Deutschland (in 1000 t). **A:** Stelle die Werte in einem geeigneten Diagramm dar. Beschreibe und erläutere die Entwicklung bei den einzelnen Materialien.*

**B2** *Insgesamt fallen in Deutschland jährlich rund 331 876 000 t Abfall an. Darin enthalten sind Siedlungs-, Gewerbe- und Bauabfälle mit einem großen Anteil an Kunststoffen. **A:** Berechne, wie viel kg Müll in Deutschland pro Person produziert werden und recherchiere die aktuelle Zusammensetzung des deutschen Hausmülls.*

```
   H  |O̅—H  O̅|
   |   |   //
H—C—C—C
   |   |   \
   H  H     O̅—H
```

**B3** *Valenzstrichformel von Milchsäure, 2-Hydroxypropansäure. **A:** Nenne die funktionellen Gruppen im Milchsäure-Molekül.*

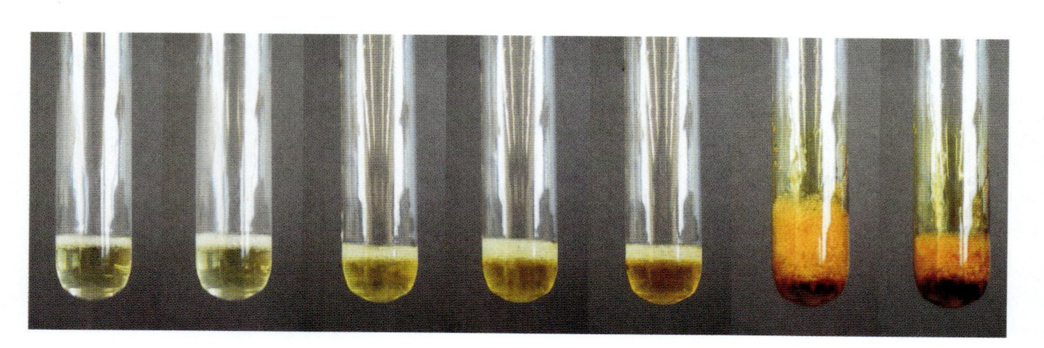

**B4** *Veränderung des Reaktionsgemisches nach V1a in Abständen von je 30 Sekunden. **A:** Erläutere, woran man erkennt, dass bei dieser Reaktion ein unerwünschtes Produkt entstanden ist.*

## Kunststoffe aus nachwachsenden Rohstoffen

Die meisten der derzeit gebräuchlichen Kunststoffe auf der Basis von Erdöl und Erdgas verrotten auf Mülldeponien erst nach sehr langer Zeit. Die Verbrennung von Kunststoffabfällen kann man zwar zur Wärmeerzeugung nutzen, aber das dabei entstehende Verbrennungsprodukt Kohlenstoffdioxid ist ein Treibhausgas. Zudem sind die Ressourcen an Erdgas und Erdöl begrenzt.

Daher wird nach Kunststoffen geforscht, die man aus pflanzlichen und damit **nachwachsenden Rohstoffen** herstellen kann. Ein Beispiel dafür ist die Polymilchsäure (kurz PLA[1]), die mittlerweile in größeren Mengen hergestellt und als Verpackungsmaterial genutzt wird (B7). Ein Vorteil des Kunststoffs PLA ist, dass er z. B. aus Stroh oder Getreide als Rohstoff hergestellt werden kann (B6), sodass die fossilen Rohstoffe Erdöl und Erdgas geschont werden.

Bei der Herstellung von Polymilchsäure (B6) wird die im Mais oder Getreide enthaltene Stärke mithilfe von Enzymen gespalten, das Produkt Glucose wird vergoren (fermentiert) und in mehreren Reaktionsschritten in Milchsäure (B3) überführt. Diese ist der eigentliche Ausgangsstoff für die Herstellung von PLA: Aus einzelnen Milchsäure-Molekülen werden in einer **Polykondensationsreaktion** (vgl. S. 241) unter Abspaltung von Wasser-Molekülen Makromoleküle gebildet, aus denen sich der neu entstandene Kunststoff zusammensetzt (B5).

PLA hat viele der bei herkömmlichen Thermoplasten, d. h. schmelzbaren Kunststoffen, bekannten und geschätzten Eigenschaften. Sie ist bei Wärme verformbar, leicht zu verarbeiten und kann aus kostengünstigen Rohstoffen hergestellt werden. Zudem zeigt sie eine weitere Eigenschaft, die ihre Entsorgung erleichtert (V4). Durch Wasser können die Makromoleküle leicht gespalten und unter Mithilfe bestimmter Enzyme „biologisch abgebaut" werden.

### *Aufgaben*

**A1** Erkundige dich, welche weiteren Kunststoffe aus nachwachsenden Rohstoffen es gibt.

**A2** Erkläre, warum Fäden aus PLA zum Beispiel beim Nähen von Wunden verwendet werden.

**A3** Recherchiere mithilfe von *Chemie 2000+ Online*, welche Recyclingverfahren es für Kunststoffe gibt.

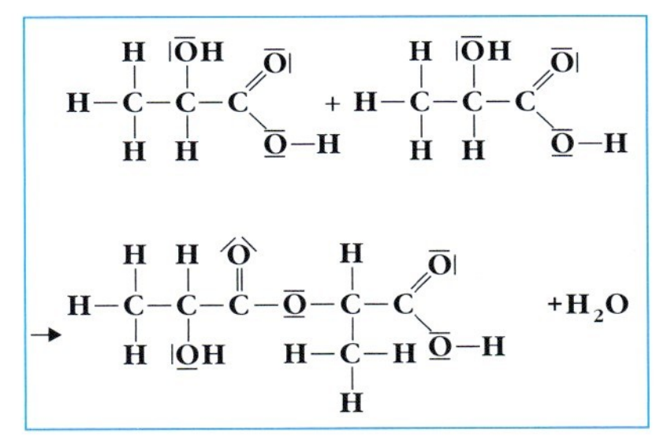

**B5** *Erster Reaktionsschritt der Polykondensationsreaktion von Milchsäure zu Polymilchsäure, einem Polyester.* **A:** *Erkläre, warum die Synthese von PLA auch als Auto- oder Selbstkondensation bezeichnet wird.*

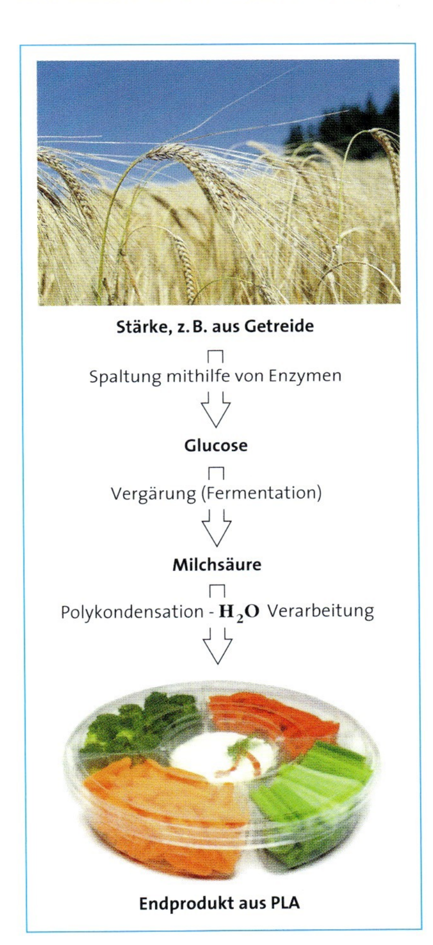


**B6** *Produktionsweg von der Pflanze zum Endprodukt.* **A:** *Erkläre, warum sich PLA als Kunststoff bezeichnen lässt, obwohl er aus pflanzlichen und damit natürlichen Rohstoffen hergestellt wird.*

**B7** *Auch Folien werden aus PLA hergestellt.* **A:** *Nenne Vor- und Nachteile von Verpackungsmaterial aus PLA. Beziehe die Ergebnisse von V4 mit ein.*

### Fachbegriffe

nachwachsende Rohstoffe, Polykondensationsreaktion

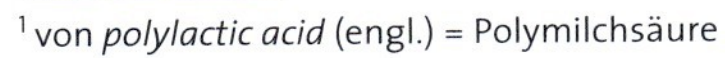

[1] von *polylactic acid* (engl.) = Polymilchsäure

# Chemische Reaktionen – geht es nicht etwas schneller?

Viele chemische Reaktionen laufen sehr langsam ab. Während diese langsamen Reaktionen beim Rosten eines Fahrrads und anderer eisenhaltiger Gegenstände von Vorteil sind, wünscht man sich bei anderen chemischen Reaktionen eine höhere Reaktionsgeschwindigkeit. Gibt es Möglichkeiten, Reaktionen zu beschleunigen?

## Versuche

***LV1*** In der Vorrichtung aus B2 erzeugt man Wasserstoff* und entzündet das austretende Gas mit einem brennenden Holzspan.

***LV2*** In der Vorrichtung aus B2 erzeugt man Wasserstoff*. Man hält mit einer Pinzette eine ausgeglühte Platin-Keramikperle in den Wasserstoffstrom.

***V3*** Fülle in vier 250-mL-Bechergläser (hohe Form) jeweils ca. 40 mL Wasserstoffperoxid*-Lösung, $w$ = 15 %, und führe im Gasraum des ersten Becherglases die Glimmspanprobe sofort durch. Lege dann ein Uhrglas auf die Öffnung des Becherglases und wiederhole nach 5 min die Glimmspanprobe. In das zweite Becherglas gibst du eine Spatelspitze Braunstein-Pulver (Mangandioxid*, $MnO_2$), in das dritte 5 mL einer konzentrierten Kaliumiodid-Lösung $KI(aq)$. Führe dann auch im zweiten und dritten Becherglas die Glimmspanprobe durch. Erhitze das vierte Becherglas kurz über der Brennerflamme und führe dann die Glimmspanprobe durch.

***V4*** Bringe 1 g Agarpulver und eine Spatelspitze Stärke in 50 mL Wasser vorsichtig zum Kochen. Gieße die Flüssigkeit in eine Petrischale und warte, bis sie erstarrt ist. Zerreibe einige frisch gekeimte Weizenkeimlinge mit ca. 3 mL Wasser. Streiche diesen Extrakt auf die Agaroberfläche in Form eines Kreuzes (B1). Spüle die Keimlinge nach 20 min vorsichtig von dem Agar, gieße verdünnte Iod-Kaliumiodid-Lösung (LUGOL'sche Lösung) über die gesamte Fläche. Lass ca. 2 min einwirken und halte dann die Agarplatte gegen das Licht.

## Auswertung

a) Nenne die Versuche, bei denen Energie in Form von Wärme eingesetzt wird, um die Reaktion in Gang zu bringen.

b) Stelle in einer Tabelle die Stoffe oder Stoffgemische, die chemische Reaktionen beschleunigen (LV2, V3, V4), den Stoffen gegenüber, deren Reaktionen beschleunigt werden. Plane Experimente, in denen du nachweisen kannst, ob sich auch der Reaktionsbeschleuniger chemisch verändert hat.

c) Stelle zu der Zersetzungsreaktion des Wasserstoffperoxids $H_2O_2$ in V3 die Reaktionsgleichung auf.

d) Nenne Gründe, warum bei LV2 nicht ein Draht oder eine Kugel aus Platin, sondern auf einem Keramik-Träger fein verteiltes Platin als Katalysator verwendet wird (vgl. auch B3).

e) Erläutere, wie die in Auswertung d) genannten Gründe sich beim Bau des Autokatalysators (B6) auswirken.

**B1** *Versuchsanordnung zu V4. Die milchige Trübung des Stärke-Agar wird von makromolekularer Stärke hervorgerufen, die mit Iod-Kaliumiodid-Lösung (LUGOL'scher Lösung) nachgewiesen werden kann.*
**A:** *Recherchiere, aus welchen molekularen Bausteinen Stärke aufgebaut ist.*

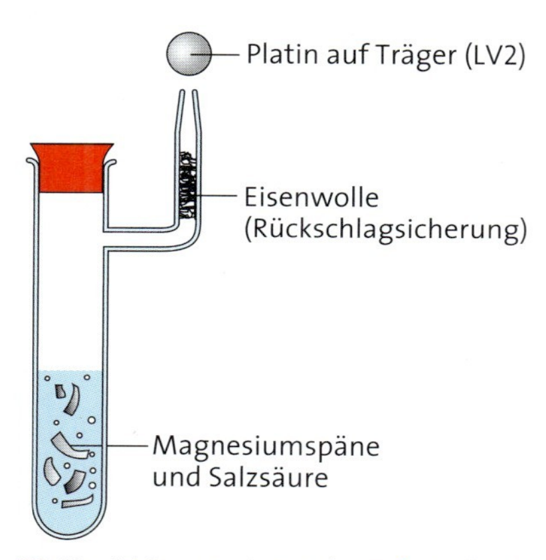


**B2** *Vorrichtung zu LV1 und LV2.* **A:** *Stelle die Reaktionsgleichung zu der im Rggl. ablaufenden Reaktion auf.*

**B3** *Wabengeflecht aus Stahl, auf das fein verteiltes Katalysator-Material aufgebracht ist (vgl. Auswertung d und e)*

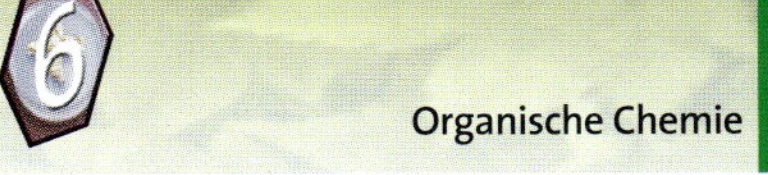


## Katalysatoren als Reaktionsbeschleuniger

Um die Verbrennung von Wasserstoff in Gang zu setzen, entzündet man ihn gewöhnlich (LV1): Man führt so die notwendige **Aktivierungsenergie** zu, z. B. mit einem brennenden Holzspan. Mit einer Perle aus Platin oder fein verteiltem Platin auf Keramik (B2) entzündet sich der Wasserstoff selbst schon bei Raumtemperatur und verbrennt. Platin wirkt hier als **Katalysator** für die Reaktion von Wasserstoff und Sauerstoff aus der Luft zu Wasser, die ohne Katalysator bei Raumtemperatur nicht oder nur unmessbar langsam abläuft.
Ein Katalysator beschleunigt eine chemische Reaktion, indem er ihre Aktivierungsenergie herabsetzt (B4). Der Katalysator liegt danach wieder unverändert vor.
Man unterscheidet zwei Arten der Katalyse, die **heterogene** und die **homogene Katalyse**. Bei der heterogenen Katalyse liegen der Ausgangsstoff und der Katalysator in unterschiedlichen Aggregatzuständen vor, wie z. B. bei LV2, bei V3 mit Braunstein und beim Autokatalysator (B6). Bei der homogenen Katalyse haben Katalysator und Ausgangsstoff denselben Aggregatzustand wie bei V3 mit Kaliumiodid-Lösung. Einen Sonderfall der Katalyse stellt die **Biokatalyse** dar. Chemische Reaktionen in lebenden Organismen werden durch Biokatalysatoren, **Enzyme**, beschleunigt. Viele der für Pflanzen und Tiere lebensnotwendigen Reaktionen würden ohne Katalyse durch Enzyme im charakteristischen Temperaturbereich zwischen 0 °C und 40 °C gar nicht oder nur sehr langsam ablaufen (V4).
Der bekannteste technische Katalysator ist der **Abgaskatalysator** im Auto (B6). Er besteht aus einem wabenförmigen Keramikgitter, das mit fein verteiltem Platin, Palladium und Rhodium überzogen ist. Bei der Verbrennung von Benzin im Motor entstehen neben Wasser und Kohlenstoffdioxid u. a. Kohlenstoffmonooxid und Stickstoffoxide, die zu den gefährlichen Umweltgiften gehören. Am Katalysator werden diese Gase und nicht verbrannte Kohlenwasserstoffe aus dem Benzin in ungiftige Gase wie Stickstoff, Kohlenstoffdioxid und Wasser umgewandelt.

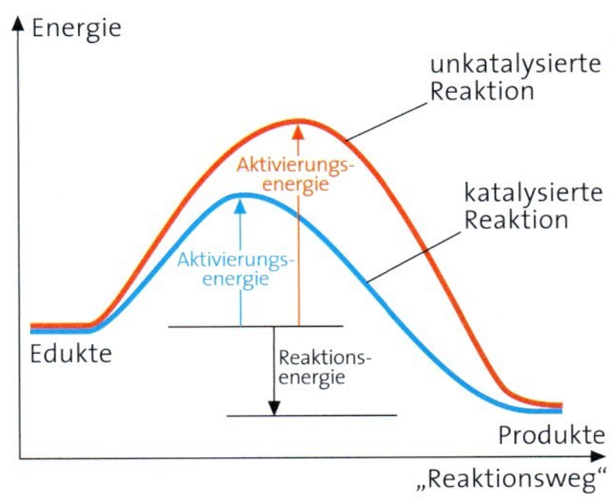


**B4** *Energiediagramm der Reaktion von Wasserstoff mit Sauerstoff.* **A:** *Erkläre die beiden Kurvenverläufe.*

| Experiment/ Verfahren | Katalysator | Buchseite |
|---|---|---|
| Polyethen-Herstellung | z. B. Titanhalogenide | S. 239 |
| (Poly)Ester-Herstellung | Schwefelsäure | S. 239 |
| Polymilchsäure-Herstellung | z. B. Zinn(II)-chlorid | S. 243 |
| Cracken von Erdölbestandteilen | z. B. Zeolith | |
| Alkoholische Gärung | Hefe | S. 222 |
| Fettspaltung | Natronlauge | S. 235 |
| Stärkespaltung | Enzyme | S. 223 |

**B5** *Beispiele für Einsatzgebiete von Katalysatoren.* **A:** *Recherchiere weitere großtechnische Verfahren oder Experimente im Chemielabor, in denen Katalysatoren zum Einsatz kommen.*

### Aufgabe

**A1** Nenne mithilfe von *Chemie 2000+ Online* drei großtechnische Verfahren, bei denen Katalysatoren zum Einsatz kommen.

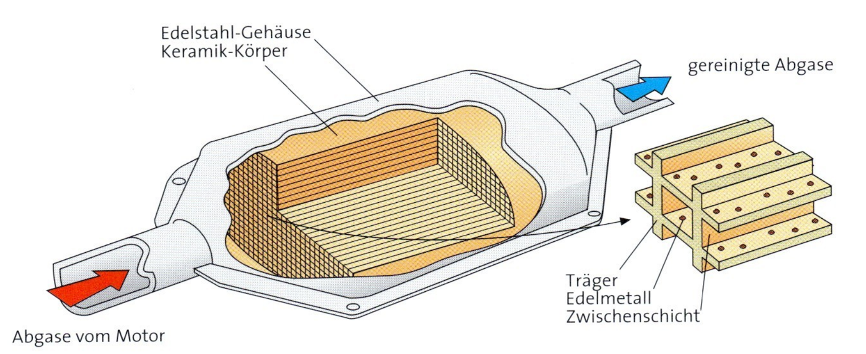


**B6** *Autokatalysator.* **A:** *Recherchiere und erläutere, warum auch Autokatalysatoren nach einer gewissen Betriebszeit ausgetauscht werden müssen, obwohl Katalysatoren bei chemischen Reaktionen nicht verbraucht oder chemisch verändert werden.*

### Fachbegriffe

Aktivierungsenergie, Katalysator, homogene Katalyse, heterogene Katalyse, Biokatalyse, Enzyme, Abgaskatalysator

*A1* Finde heraus, woher die folgenden Bezeichnungen stammen bzw. was sie bedeuten: Spiritus, Glucose, Maltose, *acidum formicum* und Ester.

*A2* Gib mithilfe von B4, S. 225, die Halbstrukturformeln des Alkans, des Alkanols und der Alkansäure mit jeweils sieben Kohlenstoff-Atomen im Molekül an. (*Hinweis*: Die drei Stoffe heißen Heptan, Heptanol und Heptansäure.)

*A3* Maltose bildet sich beim Bierbrauen. Finde heraus, woraus Maltose beim Bierbrauen entsteht, und wie daraus Alkohol entsteht. Stelle hierzu ein einfaches Reaktionsschema auf. Gib an, ob es sich bei Maltose um ein Mono-, Oligo- oder Polysaccharid handelt.

*A4* Die Wirkung von Ethanol („Alkohol") ist nicht nur von der konsumierten Menge abhängig. Stelle entsprechende Hypothesen auf, wovon die Wirkung noch abhängig sein könnte und überprüfe sie mithilfe des Internets.

*A5* Benenne und kennzeichne in der Valenzstrichformel der Citronensäure die funktionellen Gruppen und gib die Molekülformel an.

```
                  H
                  |
 |O̅       H      |O|   H        O̅|
   \\     |       |    |       //
     C — C — C — C — C
   /      |       |    |       \
H—O̅       H      C     H        O̅—H
                /  \\
             |O̅     O̅|
              |
              H
```

Citronensäure

*A6* Glycerin wird mit einem Gemisch aus Stearinsäure und Ölsäure verestert. Gib nach dem Muster aus B4 von S. 231 alle möglichen Reaktionsprodukte an. Ordne die Produkte nach steigender Schmelztemperatur und begründe deine Zuordnung.

*A7* Beim starken Erhitzen bildet sich aus Glycerin durch Abspaltung von Wasser giftiges Acrolein (Propenal) mit der Halbstrukturformel $\mathbf{H_2C{=}CH{-}CHO}$. Gib die Valenzstrichformel von Acrolein an.

*A8* Zwischen fetten Ölen (Ölen aus Pflanzen) und Erdöl kann unterschieden werden, indem man das Öl mit konzentrierter Natronlauge reagieren lässt. Gib an, welche Reaktion bei fetten Ölen, nicht aber Erdöl abläuft.

*A9* Bei der Margarineherstellung werden die Doppelbindungen der ungesättigten Fettsäuren teilweise in Einfachbindungen umgewandelt. Erkläre, warum dieser Vorgang als Fetthärtung bezeichnet wird. (*Hinweis*: Vgl. S. 233.)

*A10* Für eine gesunde Ernährung wird häufig die Verwendung von Ölen gegenüber festen Fetten empfohlen. Begründe diese Empfehlung mithilfe der Angaben von S. 233.

*A11* Die Calcium-Ionen aus hartem Wasser (vgl. S. 190) bilden mit den Anionen aus Fettsäuren (vgl. S. 230, B4) schwerlösliche Salze. Gib die Halbstrukturformel von Calciumstearat an und begründe, warum man in Gegenden mit hartem Wasser mehr Seife benötigt als in Gegenden mit weichem Wasser.

*A12* Zeichne einen Strukturausschnitt aus dem Makromolekül eines Polyesters, bei dessen Synthese ein dreiwertiger Alkohol und eine Dicarbonsäure, d. h. eine Carbonsäure mit zwei Carboxy-Gruppen im Molekül, eingesetzt wurden.

*A13* Recherchiere mithilfe von *Chemie 2000+ Online*, was man unter Elastomeren, Thermoplasten und Duroplasten versteht und nenne je zwei Einsatzgebiete.

*A14* Unter *thermischem Recyclen* versteht man die Verbrennung von Kunststoffen. Dadurch wird die in den Verbindungen gespeicherte Energie nutzbar gemacht und gleichzeitig das Volumen des Kunststoffmülls reduziert. Gib an, bei welchen der auf S. 239, 241 und 243 genannten Kunststoffe ausschließlich die gleichen Verbrennungsprodukte entstehen wie bei der Verbrennung von Benzin und Diesel.

| Reaktionsbedingung | Aktivierungsenergie in kJ/mol |
|---|---|
| kein Katalysator | 75,24 |
| Katalysator: fein verteiltes Platin | 50,15 |
| Katalysator: Katalase (ein Enzym) | 22,83 |

**B1** *Aktivierungsenergien für die Zersetzung von Wasserstoffperoxid (vgl. V3, S. 244)*

*A15* Vergleiche und bewerte die Methode des thermischen Recyclings (vgl. A14) bei Polyvinylchlorid PVC und Polypropen PP.

*A16* Erläutere, warum der Einsatz von Katalysatoren dazu beitragen kann, den Energieeinsatz in großtechnischen Verfahren zu reduzieren.

*A17* Erläutere, welcher der beiden in B1 angegebenen Katalysatoren der wirksamere ist.

# Organische Chemie

## *Organische Verbindungen und homologe Reihen*

Als organische Verbindungen bezeichnet man die Verbindungen des Elements Kohlenstoff.
Die Vielzahl der Kohlenstoffverbindungen lässt sich in **Klassen** ordnen. Verbindungen, deren Moleküle nur aus Kohlenstoff- und Wasserstoff-Atomen bestehen, bezeichnet man als **Kohlenwasserstoffe**. Zu ihnen gehören die **Alkane**. Die Alkane bilden eine **homologe Reihe**, d. h. die aufeinanderfolgenden Glieder unterscheiden sich durch eine Methylen-Gruppe $-CH_2$.

| | | | |
|---|---|---|---|
| Methan | $CH_4$ | Pentan | $CH_3(CH_2)_3CH_3$ |
| Ethan | $CH_3CH_3$ | Hexan | $CH_3(CH_2)_4CH_3$ |
| Propan | $CH_3CH_2CH_3$ | Heptan | $CH_3(CH_2)_5CH_3$ |
| Butan | $CH_3CH_2CH_2CH_3$ | Octan | $CH_3(CH_2)_6CH_3$ |

Valenzstrichformel von Propan

Bei den Alkanen nehmen die **VAN-DER-WAALS-Kräfte** zwischen den unpolaren Molekülen mit steigender Molekülmasse (Kettenlänge) zu. Entsprechend steigen die Siedetemperaturen der Alkane innerhalb der homologen Reihe.

## *Stoffklassen und funktionelle Gruppen*

**Alkanole** (Alkohole) und **Alkansäuren** (Carbonsäuren) sind weitere **Stoffklassen**. Alkohol-Moleküle besitzen eine **Hydroxy-Gruppe $-OH$** als **funktionelle Gruppe**, Carbonsäure-Moleküle eine **Carboxy-Gruppe $-COOH$**. Alkanole und Alkansäuren bilden weitere homologe Reihen.
*Beispiele*: Alkanole: Ethanol $CH_3CH_2OH$; Alkansäuren: Ethansäure $CH_3COOH$
Die funktionellen Gruppen im Molekül bestimmen maßgeblich die Eigenschaften und das Reaktionsverhalten einer Verbindung. So haben die Alkanole und die Alkansäuren deutlich höhere Siedetemperaturen als die Alkane mit gleicher Molekülmasse. Dies liegt an den im Vergleich zu VAN-DER-WAALS-Kräften relativ starken Wasserstoffbrückenbindungen, die sich zwischen den Hydroxy-Gruppen der Alkanol-Moleküle (bzw. den Carboxy-Gruppen der Alkansäure-Moleküle) ausbilden.

## *Kondensation und Hydrolyse*

Als **Kondensation** bezeichnet man auch eine Reaktion, bei der zwei Moleküle unter Abspaltung eines kleinen Moleküls (z.B. Wasser-Molekül) miteinander reagieren und sich zusammenlagern. Eine typische Kondensation ist die **Esterbildung** aus einem Alkohol und einer Carbonsäure unter Abspaltung von Wasser:

$$CH_3COOH + H-O-CH_2CH_3 \xrightarrow{(H_2SO_4)} CH_3COOCH_2CH_3 + H_2O$$

Die umgekehrte Reaktion, die Spaltung des Esters durch Reaktion mit Wasser in den Alkohol und die Säure, ist eine **Hydrolyse**.
Die Schwefelsäure dient in beiden Fällen als **Katalysator**. Ein Katalysator beschleunigt die Reaktion, indem er die Aktivierungsenergie der Reaktion herabsetzt. Er liegt am Ende der Reaktion unverändert vor.

## *Makromoleküle*

Kunststoffe (**Polymere**), aber auch Naturstoffe wie Seide oder Baumwolle, sind aus Makromolekülen aufgebaut. **Makromoleküle** sind sehr große Moleküle mit mehreren Tausend Atomen. In Makromolekülen sind gleiche Moleküleinheiten wiederholt aneinandergefügt. Makromoleküle können aus kleinen **Monomer**-Molekülen, die zwei funktionelle Gruppen besitzen, aufgebaut werden. So entstehen aus z. B. aus Diolen und Dicarbonsäuren Polyester.

Polyester PET

# Modelle im Überblick

## *Verschiedene Modelle*

In der Chemie nutzen wir **Modelle**, um den Aufbau der Stoffe sowie ihre beobachtbaren Eigenschaften und Reaktionen zu erklären. Wir haben das **Teilchenmodell**, das **Atommodell von DALTON**, das **Kern-Hülle-Modell**, das **Elektronenschalenmodell** und das **Elektronenpaar-Abstoßungs-Modell** kennen gelernt. Es hat sich bewährt, jeweils das Modell zu wählen, das möglichst einfach, aber für die geforderte Erklärung ausreichend ist.

## *Teilchenmodell*

Nach diesem Modell sind die kleinsten Teilchen eines Stoffes gleich, die Teilchen verschiedener Stoffe sind verschieden. Man nimmt vereinfachend eine kugelförmige Gestalt der Teilchen an, unabhängig von ihrer tatsächlichen Gestalt.

Das **Teilchenmodell** ist z. B. geeignet, um die Aggregatzustände und die Übergänge zwischen den Aggregatzuständen zu erklären: Beim Sieden eines Stoffes durch Erwärmen geraten die kleinsten Teilchen in stärkere Schwingungen, bis die Anziehungskräfte zwischen ihnen überwunden sind und den Teilchenverband verlassen. Die Teilchen bleiben dabei unverändert erhalten.

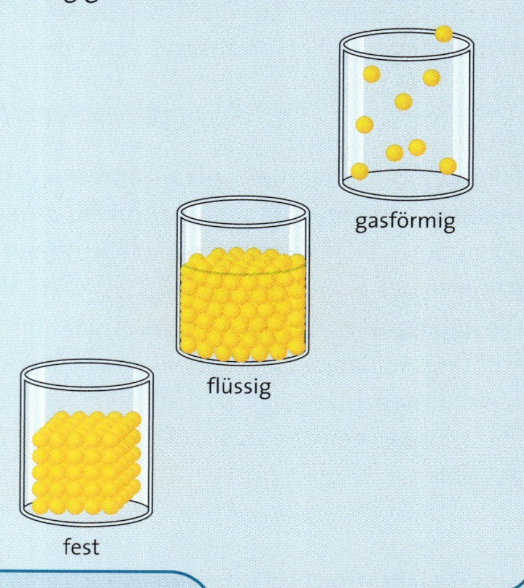


## *Atommodell von DALTON*

Um die Beobachtungen bei chemischen Reaktionen zu erklären, reicht das einfache Teilchenmodell nicht aus, hier hilft das von DALTON entwickelte Atommodell weiter:
Die chemischen Elemente sind aus Atomen aufgebaut, die bei chemischen Reaktionen ungeteilt bleiben.
Die Atome eines Elementes haben die gleiche Masse und die gleiche Größe.
Bei chemischen Reaktionen werden die miteinander verbundenen Atome eines Stoffes getrennt und in einer neuen Kombination wieder zusammengefügt.

Mit dem **Atommodell von DALTON** können wir das Gesetz der Erhaltung der Masse erklären. Wir wenden dieses Modell bei allen stöchiometrischen Berechnungen an.

| | | | | | |
|---|---|---|---|---|---|
| **Modell** | | → | | + | |
| **Bedeutung** | 2 z Formeleinheiten Silberoxid | | 4 z Silber-Atome | | z Sauerstoff-Molekule |
| **Teilchenanzahlverhältnis** | $N(\mathbf{Ag_2O})$ | : | $N(\mathbf{Ag})$ | : | $N(\mathbf{O_2})$ |
| | 2 | : | 4 | : | 1 |
| **Massenverhältnis** | $m(\mathbf{Ag_2O})$ | : | $m(\mathbf{Ag})$ | : | $m(\mathbf{O_2})$ |
| | $2\,(2 \cdot 107 + 16)\,\text{u}$ | : | $4 \cdot 107\,\text{u}$ | : | $32\,\text{u}$ |

# Modelle im Überblick

## *Kern-Hülle-Modell und Elektronenschalenmodell*

Das Atommodell von DALTON macht keine Aussage über den Aufbau eines Atoms. Dies leistet das **Kern-Hülle-Modell**: Atome bestehen aus einem winzigen Atomkern in einer vergleichsweise riesigen Atomhülle (Elektronenhülle). Der Atomkern ist elektrisch positiv geladen und enthält mehr als 99,9 % der Masse des Atoms. Er besteht aus den positiv geladenen Protonen (Masse 1 u) und den ungeladenen Neutronen (Masse 1 u). In der Hülle bewegen sich die nahezu masselosen Elektronen.
Das **Elektronenschalenmodell** beschreibt den Aufbau der Elektronenhülle:
Mit diesem Modell können wir die ähnlichen Eigenschaften der Elementgruppen des Periodensystems erklären. Diese beruhen auf der gleichen Anzahl von Elektronen in der äußersten Schale, den Valenzelektronen.
Das Elektronenschalenmodell ist beispielsweise geeignet, die Bildung von Ionenverbindungen zu erklären

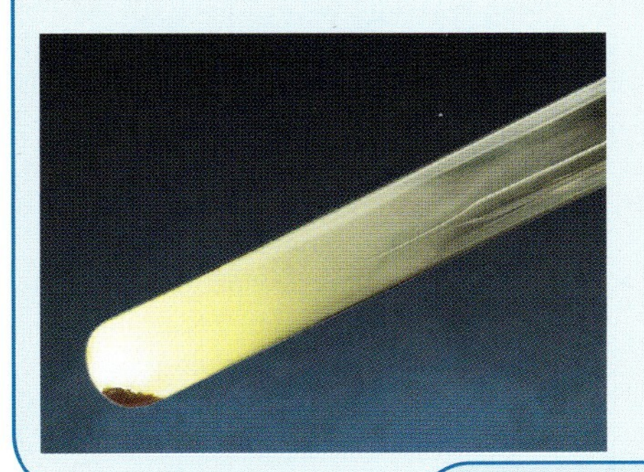

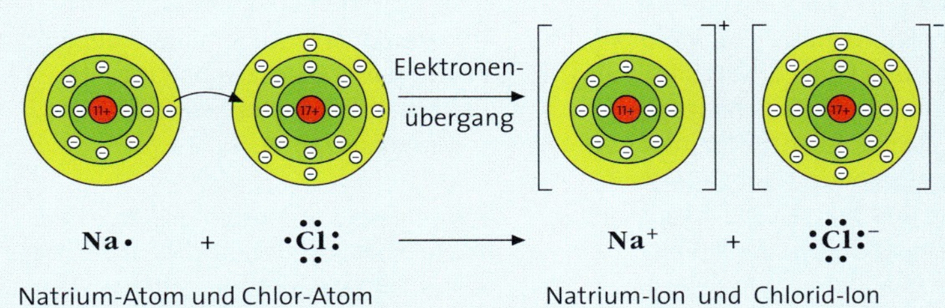


## *Elektronenpaar-Abstoßungs-Modell*

Das Elektronenschalenmodell reicht nicht aus, um den räumlichen Bau von Molekülen und die aus der Molekülstruktur resultierenden Stoffeigenschaften zu erklären. Dazu nutzt man das Elektronenpaar-Abstoßungs-Modell. Danach bilden die Valenzelektronen von in Molekülen aneinander gebundener Atome Elektronenpaare, die sich aufgrund ihrer negativen Ladung gegenseitig abstoßen. Die bindenden und nichtbindenden Elektronenpaare ordnen sich so um das zentrale Atom an, dass sie den größtmöglichen Abstand voneinander haben.

In Molekülen wie z.B. dem Methan-Molekül, in dem vier gleiche Atome an das zentrale Atom gebunden sind, ergibt sich eine tetraedrische Anordnung.

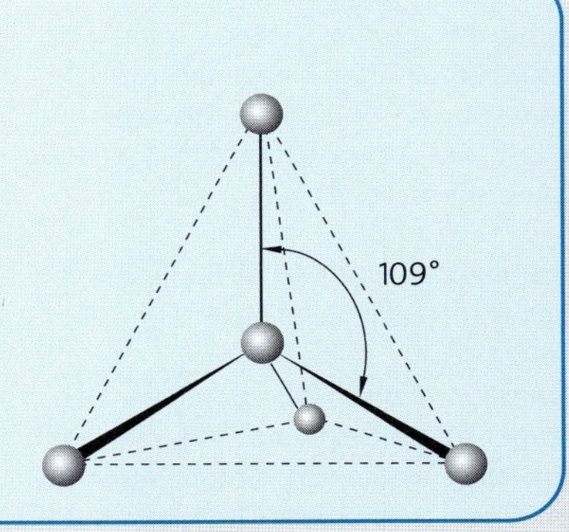


## *Bindungsmodelle*

| Metallgitter (Natrium) | Valenzstrichformeln (Strukturformeln) | Räumlicher Bau des Wasser-Moleküls | Natriumchlorid-Gitter |
|---|---|---|---|
| 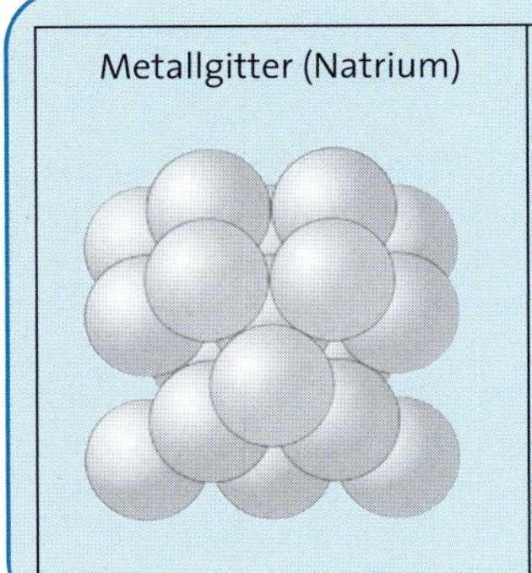 | 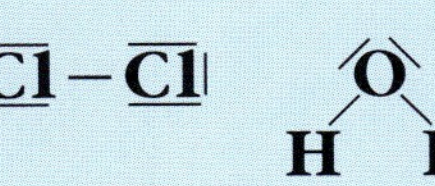 | 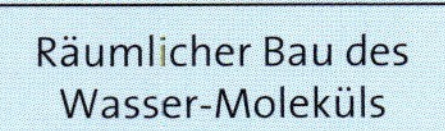 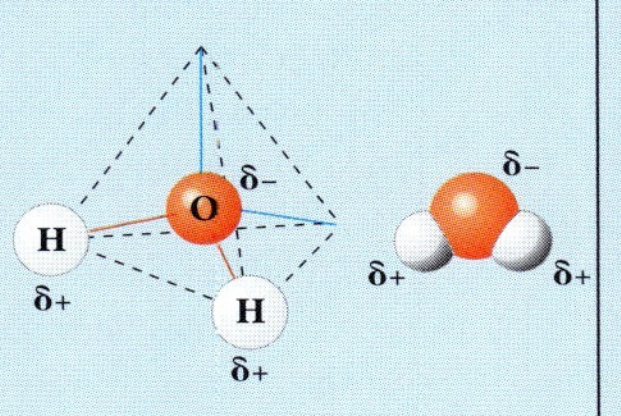 | 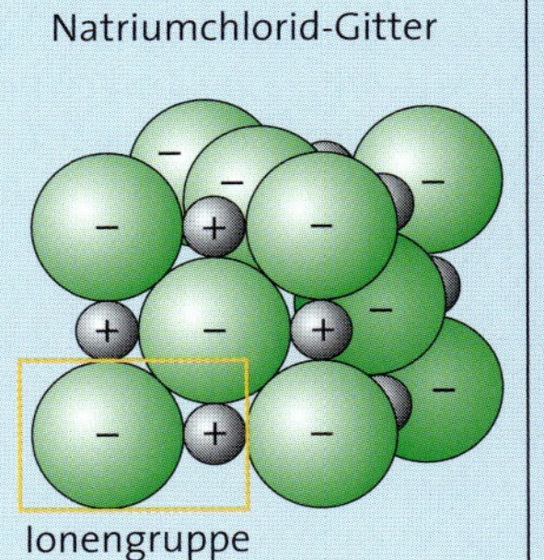 Ionengruppe |

**Aggregatzustand:** : Der Aggregatzustand gibt an, ob ein Stoff fest, flüssig oder gasförmig vorliegt. Symbole: s(fest), l(flüssig), g(gasförmig).

**Akkumulator**: Ein Akkumulator ist eine galvanische Zelle (Batterie), die wieder aufgeladen werden kann. Beim Aufladen wird die Umkehrung des Entladevorgangs durch elektrischen Strom hervorgerufen.

**Aktivierungsenergie:** Die Aktivierungsenergie ist die Energie, die notwendig ist, um eine chemische Reaktion in Gang zu bringen.

**Alkalimetalle**: Die Alkalimetalle (Lithium **Li**, Natrium **Na**, Kalium **K**, Rubidium **Rb**, Caesium **Cs** und Francium **Fr**) bilden eine Elementfamilie mit ähnlichen Eigenschaften. Sie reagieren heftig mit anderen Stoffen, besonders mit Sauerstoff, Halogenen und Wasser. Die Alkalimetalle bilden die erste Gruppe des Periodensystems.

**alkalische Lösung**: Eine alkalische Lösung ist eine Lösung, die Hydroxid-Ionen $OH^-$ enthält. Der *p*H-Wert einer alkalischen Lösung liegt zwischen 7 und 14.

**Alkane**: Alkane sind Kohlenwasserstoffe, in deren Molekülen die Kohlenstoff-Atome durch Einfachbindungen verknüpft sind. Alkane haben die allgemeine Molekülformel $C_nH_{2n+2}$.

**Alkanole**: Alkanole sind Alkohole, die von den Alkanen abgeleitet sind.

**Alkansäuren**: Alkansäuren sind von den Alkanen abgeleitete Carbonsäuren, deren Moleküle eine Carboxy-Gruppe **–COOH** aufweisen. Die Carboxy-Gruppe ist die funktionelle Gruppe der Alkansäuren.

**Alkohole**: Alkohole sind organische Verbindungen, deren Moleküle eine oder mehrere Hydroxy-Gruppen **–OH** enthalten, die an einen Kohlenwasserstoff-Rest gebunden sind. Der bekannteste Alkohol ist Ethanol $H_3CCH_2OH$.

**Analyse:** Die Analyse ist die Zerlegung einer chemischen Verbindung in die Elemente.
Im weiteren Sinne versteht man in der Chemie unter Analyse die Bestimmung der Art und der Menge der Bestandteile eines Stoffes oder Stoffgemisches.

**Anion**: Ein Anion ist ein negativ geladenes Ion (Beispiel: Chlorid-Ion $Cl^-$).

**Atombilanz**: Eine Atombilanz ist ausgeglichen, wenn in einer Reaktionsgleichung die Anzahl der Atome jeden Elements auf der Eduktseite gleich der auf der Produktseite ist. Dies ist erforderlich, weil bei einer chemischen Reaktion keine Atome verloren gehen und auch keine neu geschaffen werden.

**Atome:** Atome sind die kleinsten Bausteine der Materie, die bei chemischen Reaktionen erhalten bleiben.
Ein Atom ist das kleinste Teilchen eines Elements. Die Elektronen bilden die Atomhülle, die Protonen und Neutronen den Atomkern. Die Protonenanzahl definiert die Atomart. Die Nukleonenanzahl *A* ist die Summe der Protonenanzahl *Z* und Neutronenanzahl *N*: $A = Z + N$.

**Atommasse**: Die Atommasse $m_a$ ist die Masse eines Atoms und wird in der Masseneinheit 1 g oder 1 u angegeben. Man kann den Zahlenwert der Atommasse in u dem Periodensystem entnehmen.

**Brennstoffzelle**: Eine Brennstoffzelle ist eine Anordnung, in der die Reaktion zwischen Wasserstoff (Brennstoff) und Sauerstoff zur Stromerzeugung genutzt wird.

**BROWN'sche Bewegung:** BROWN'sche Bewegung nennt man regellose Bewegung mikroskopisch-kleiner Teilchen in einer Flüssigkeit oder einem Gas. Sie wird verursacht durch die Eigenbewegung der kleinsten Teilchen (Molekülen oder Ionen).

**Carbonsäuren**: vgl. Alkansäuren

**Carboxy-Gruppe**: funktionelle Gruppe **–COOH**

**chemische Reaktion:** Eine chemische Reaktion ist ein Vorgang, bei dem aus Stoffen neue Stoffe mit völlig anderen Eigenschaften entstehen. Die Ausgangsstoffe einer chemischen Reaktion nennt man Edukte, die Endstoffe Produkte. Jede chemische Reaktion ist von einer Energieumwandlung begleitet.

**Destillation:** Die Destillation ist ein Trennverfahren, bei dem Stoffe aufgrund ihrer unterschiedlichen Siedetemperatur getrennt werden können.

**Dichte:** Die Dichte ist der Quotient aus Masse und Volumen: $\varrho = \frac{m}{V}$. Sie ist eine charakteristische Stoffeigenschaft, die von der Temperatur und vor allem bei Gasen vom Druck abhängig ist.

**Diffusion:** Als Diffusion bezeichnet man die selbsttätige Vermischung von Flüssigkeiten oder Gasen. Sie beruht auf der Eigenbewegung der kleinsten Teilchen.

**Dipol-Molekül**: Ein Dipol-Molekül hat eine partiell positiv und eine partiell negativ geladene Seite, ist aber als Ganzes elektrisch neutral.

**Edelgase**: Die Edelgase (Helium **He**, Neon **Ne**, Argon **Ar**, Krypton **Kr**, Xenon **Xe** und Radon **Rn**) bilden eine Elementfamilie mit ähnlichen Eigenschaften. Sie sind die reaktionsträgesten Elemente des Periodensystems und stehen in der achten Gruppe. Ihre Atome haben Edelgaskonfiguration.

**Edelgaskonfiguration**: Als Edelgaskonfiguration wird die Elektronenkonfiguration der Edelgas-Atome bezeichnet. Diese Konfiguration erreichen Teilchen, wenn sie acht Elektronen in der Valenzschale haben. (Ausnahme: Wasserstoff-Atome erreichen Helium-Konfiguration mit zwei Elektronen in der Valenzschale.)

**Elektrode**: Elektroden sind elektrische Stromleiter, die in eine Lösung eintauchen und Elektronen in die Lösung hinein oder aus ihr heraus transportieren. Das Elektrodenmaterial ist in der Regel ein Metall oder Graphit (Kohlenstoff). Bei der Elektrolyse ist die positiv geladene Elektrode die Anode und die negativ geladene die Kathode.

**Elektrolyse**: Eine Elektrolyse ist eine Reaktion, die bei Zufuhr von elektrischer Energie abläuft. Die positiv geladenen Ionen (Kationen) werden am Minuspol (Kathode) durch Aufnahme von Elektronen entladen (reduziert). Am Pluspol werden die negativ geladenen Ionen (Anionen) entladen (oxidiert).

**Elektron**: Elektronen sind negativ geladene Elementarteilchen. Sie sind Bausteine der Atome und bilden die Atomhülle. Symbol: $e^-$

**Elektronegativität**: Die Elektronegativität ist die Eigenschaft eines Atoms, innerhalb eines Moleküls, in dem es gebunden ist, Elektronen zu sich heranzuziehen.

**Elektronen(punkt)formel**: Elektronenformeln haben als Zeichen Punkte für die in den Atomen bzw. Molekülen vorhandenen Valenzelektronen (Beispiele: **Na·**; **:Cl·**; **H:H**).

**Elektronenpaar-Abstoßungs-Modell**: Das Elektronenpaar-Abstoßungs-Modell dient zur Erklärung der räumlichen Struktur von Molekülen. Nach diesem Modell stoßen sich die Elektronenpaare eines Atoms in einem Molekül gegenseitig ab und ordnen sich im größtmöglichen Abstand zueinander an. So kommt es beispielsweise zur Tetraederstruktur im Methan-Molekül und zur gewinkelten Struktur im Wasser-Molekül.

**Elektronenpaarbindung**: Die Elektronenpaarbindung ist die Wirkung der elektrischen Anziehungskraft zwischen der positiven Ladung der Atomrümpfe und der Ladung der Bindungselektronen. Sie ist gleichbedeutend mit der Ausbildung eines gemeinsamen Elektronenpaares zwischen zwei Atomen. In einer Einfachbindung liegt ein Bindungselektronenpaar, in einer Doppelbindung liegen zwei und in einer Dreifachbindung drei Bindungselektronenpaare vor.

**Elektronenübertragung**: vgl. Redoxreaktion

**Element**: Chemische Elemente sind Reinstoffe, die nicht mehr in andere Reinstoffe zersetzt werden können. Ein Element besteht aus Atomen der gleichen Art, d.h. derselben Protonenanzahl.

**Elementarteilchen**: Teilchen, die kleiner als Atome sind, nennt man Elementarteilchen. Dazu gehören die Bausteine der Atome: Protonen, Neutronen und Elektronen.

**Elementfamilie**: Eine Elementfamilie besteht aus Elementen, die ähnliche Eigenschaften haben, ähnlich mit anderen Stoffen reagieren und ähnliche Verbindungen bilden. Elementfamilien stehen in der Regel in einer Gruppe des Periodensystems.

**Emission:** Emission nennt man die Abgabe von Stoffen (Gasen oder Stäuben) oder Energie (Strahlung, Wärme, Lärm) an die Umwelt, vorwiegend in die Atmosphäre.

**Emulsion**: Eine Emulsion ist ein heterogenes Gemisch aus zwei Flüssigkeiten, die nicht ineinander löslich sind, wie z.B. Öl und Wasser.

**endotherm:** Einen Vorgang, bei dem ständig Wärme aus der Umgebung zugeführt werden muss, bezeichnet man als endotherm.

**Erdalkalimetalle**: Die Elementfamilie der Erdalkalimetalle (Magnesium **Mg**, Calcium **Ca**, Strontium **Sr**, Barium **Ba** und Radium **Ra**) bildet die zweite Gruppe des Periodensystems. Ihre Verbindungen kommen in der Erdkruste vor (Beispiele: Calciumcarbonat $CaCO_3$, Magnesiumsulfat $MgSO_4$).

**exotherm:** Einen Vorgang, bei dem Wärme an die Umgebung abgegeben wird, bezeichnet man als exotherm.

**Extraktion:** Die Extraktion ist ein Trennverfahren, mit dem Stoffe aufgrund ihrer unterschiedlichen Löslichkeit getrennt werden können.

**Fette**: Fette und Öle sind Ester aus Fettsäuren (langkettigen Carbonsäuren) und Glycerin als Alkoholkomponente. Fette sind ein Gemisch aus Estern. Die drei Hydroxy-Gruppen des Glycerin-Moleküls sind häufig mit Molekülen unterschiedlicher Fettsäuren verestert.

**Formel**: Chemische Formeln sind Kurzschreibweisen für Stoffe bzw. für die kleinsten Teilchen oder Einheiten, aus denen diese Stoffe bestehen. Es gibt verschiedene Arten von Formeln, beispielsweise Verhältnisformeln, Molekülformeln, Valenzstrichformeln und Formeleinheiten (vgl. jeweils dort).

**Formeleinheit**: Die Formeleinheit kennzeichnet bei Feststoffen, die nicht aus Molekülen aufgebaut sind, die kleinste Baueinheit (Beispiele: **NaCl**, **FeS**, $SiO_2$).

**fossile Brennstoffe**: Fossile Brennstoffe ist die Sammelbezeichnung für die in der Erde im Laufe der Jahrmillionen entstandenen Energieträger: Erdgas, Erdöl, Kohle.

**funktionelle Gruppen**: Als funktionelle Gruppen bezeichnet man Atome oder Atomgruppen, die die Eigenschaften von organischen Verbindungsklassen maßgeblich bestimmen. So prägt die Hydroxy-Gruppe die Eigenschaften der Alkohole und die Carboxy-Gruppe die Eigenschaften der Alkansäuren.

**galvanische Zelle**: Eine Batterie oder galvanische Zelle ist eine Anordnung, die aus zwei Elektroden und einem Elektrolyten besteht. An dem Minuspol der galvanischen Zelle findet eine Elektronenabgabe (Oxidation), an dem Pluspol eine Elektronenaufnahme (Reduktion) statt. Dabei wird chemische Energie in elektrische Energie umgewandelt.

**Galvanisieren**: Unter Galvanisieren versteht man das elektrolytische Überziehen eines Gegenstands mit einer Metallschicht.

**Gitterenergie**: Die Gitterenergie ist die Energie, die bei der Bildung eines Gitters aus Atomen, Molekülen bzw. Ionen frei wird.

**Halogene**: Die Halogene (Fluor **F**, Chlor **Cl**, Brom **Br** und Iod **I**) bilden eine Elementfamilie mit ähnlichen Eigenschaften. Sie reagieren heftig mit anderen Stoffen, besonders mit Metallen. Dabei bilden sich Halogenide. Das bekannteste Halogenid ist das Natriumchlorid (Kochsalz).

**heterogenes Stoffgemisch**: Ein heterogenes Stoffgemisch ist ein Gemisch aus Stoffen, bei dem man die Bestandteile der einzelnen Stoffe mit dem Auge oder mit dem Mikroskop erkennen kann. (Beispiele: Rauch ist ein heterogenes Gemisch aus Teilchen von Feststoffen in Luft, Nebel ist ein heterogenes Gemisch aus kleinen Flüssigkeitströpfchen in Luft.)

**homogenes Stoffgemisch**: Ein homogenes Stoffgemisch ist ein Gemisch aus mehreren Stoffen, bei dem man die Bestandteile der einzelnen Stoffe auch mit dem Mikroskop nicht erkennen kann. (Beispiele: Die Luft ist ein homogenes Gasgemisch, Lösungen sind homogene Gemische aus Lösemitteln und gelösten Stoffen.)

**homologe Reihe**: Als homologe Reihe fasst man Gruppen von Verbindungen zusammen, deren Moleküle die gleiche funktionelle Gruppe besitzen. Die aufeinanderfolgenden Verbindungen einer homologen Reihe unterscheiden sich nur durch eine Methylen-Gruppe $-CH_2$.

**Hydratation**: Die Hydratation ist die Bildung einer Hülle aus Wasser-Molekülen (Hydrathülle) um ein Ion oder ein Molekül beim Lösen eines Stoffs in Wasser. Symbol: **aq**.

**Hydratationsenergie**: Die Hydratationsenergie ist die Energie, die bei der Hydratation der Ionen des gelösten Salzes frei wird.

**Hydrathülle**: Als Hydrathülle bezeichnet man die Wasser-Moleküle, die sich bei der Hydratation um ein Ion herum anlagern.

**hydratisierte Wasserstoff-Ionen $H^+(aq)$**: Hydratisierte Wasserstoff-Ionen entstehen, wenn Säuren mit Wasser reagieren. Sie sind die charakteristischen Ionen in sauren Lösungen.

**Hydrolyse**: Als Hydrolyse bezeichnet man die Spaltung einer Verbindung durch die Reaktion mit Wasser, wie beispielsweise die Spaltung eines Esters in Säure und Alkohol.

**hydrophil**: Hydrophile Stoffe sind in Wasser löslich (Beispiel: Ethanol).

**hydrophob**: Hydrophobe Stoffe sind in Wasser nicht löslich (Beispiel: Heptan).

**Hydroxid-Ion**: Hydroxid-Ionen $OH^-$ sind negativ geladene Ionen. Sie sind die charakteristischen Ionen in alkalischen Lösungen.

**Hydroxy-Gruppe**: Die Hydroxy-Gruppe $-OH$ ist die funktionelle Gruppe der Alkohole. Sie ist über eine Elektronenpaarbindung an ein Kohlenstoff-Atom gebunden. Die Hydroxy-Gruppe darf nicht mit dem negativ geladenen Hydroxid-Ion $OH^-$ verwechselt werden.

**Hypothese von Avogadro**: Gleiche Volumina verschiedener Gase enthalten bei gleicher Temperatur und gleichem Druck gleich viele Teilchen.

**Immissionen:** Immissionen nennt man Verunreinigungen der Luft und des Wassers, die auf Menschen, Tier, Pflanzen oder Gegenstände einwirken.

**Indikator:** Ein Indikator ist ein Stoff, der durch seine Farbe anzeigt, ob eine saure, neutrale oder alkalische Lösung vorliegt.

**Ionen**: Ionen sind elektrisch geladene Atome (Atom-Ionen) oder Moleküle (Molekül-Ionen).
(Beispiele: $Na^+$, $Cl^-$, $NH_4^+$, $NO_3^-$).

**Ionenbindung**: Die chemische Bindung, die im Ionengitter eines Salzes als Anziehungskraft zwischen Kationen und Anionen wirkt, nennt man Ionenbindung.

**Ionengitter**: In einem Ionengitter sind die Kationen und Anionen regelmäßig in allen drei Raumrichtungen angeordnet.

**Ionisierungsenergie**: Die Ionisierungsenergie ist die umgesetzte Energie, um ein Elektron aus einem Atom zu entfernen bzw. an ein Atom zu übertragen. Dabei entstehen Ionen.

**Isomere**: Isomere sind Verbindungen mit gleicher Molekülformel, aber unterschiedlicher Strukturformel (Valenzstrichformel).

**Isotope**: Isotope sind Atomarten ein- und desselben Elements mit gleicher Protonenanzahl, aber unterschiedlicher Neutronenanzahl und damit unterschiedlicher Masse. Sie stehen im Periodensystem an dem gleichen Platz.

**Katalysator**: Ein Katalysator ist ein Stoff, der die Aktivierungsenergie einer chemischen Reaktion herabsetzt und sie dadurch beschleunigt. Er wird dabei selbst nicht verbraucht.

**Katalyse:** Katalyse ist eine durch einen Katalysator beschleunigte Reaktion. Katalysatoren setzen die Aktivierungsenergie chemischer Reaktionen herab und beschleunigen damit die Reaktion ohne dabei verbraucht zu werden.

**Kation**: Ein Kation ist ein positiv geladenes Ion (Beispiel: Natrium-Ion $Na^+$).

**Kern-Hülle-Modell des Atoms**: Nach dem Kern-Hülle-Modell besteht das Atom aus einem sehr kleinen Atomkern, in dem die gesamte positive Ladung und nahezu die gesamte Masse des Atoms konzentriert (Protonen und Neutronen) sind und aus einer im Vergleich dazu viel (ca. 10 000-mal) größeren Elektronenhülle, in der sich die negative Ladung (Elektronen) befindet.

**Koeffizient**: Koeffizienten sind Zahlen, die in einer Reaktionsgleichung vor den Formeln der beteiligten Stoffe stehen.

**Kohlenhydrate**: Kohlenhydrate sind eine Stoffklasse mit der allgemeinen Atomzahlverhältnisformel $C_n(H_2O)_m$. Zu den Kohlenhydraten gehören Zucker, wie Glucose, Fructose, Saccharose sowie Stärke und Cellulose.

**Kohlenwasserstoffe**: Kohlenwasserstoffe sind organische Verbindungen, in deren Molekülen nur Kohlenstoff- und Wasserstoff-Atome gebunden sind (Beispiele: Methan $CH_4$, Butan $C_4H_{10}$).

**Kondensation**: a) Als Kondensation bezeichnet man den Übergang vom gasförmigen in den flüssigen Aggregatzustand. b) Als Kondensation bezeichnet man auch eine Reaktion, bei der zwei Moleküle unter Abspaltung eines kleinen Moleküls (z. B. Wasser-Molekül) miteinander reagieren und sich zusammenlagern, z. B. die Veresterung.

**Konzentration**: Die Konzentration *c* gibt die Stoffmenge eines gelösten Stoffes (X) in 1 Liter Lösemittel (i. d. R. Wasser) an:

$$c = \frac{n(X)}{V(Ls)} \, .$$

Sie wird in der Einheit mol/L angegeben.

**Korrosion**: Unter Korrosion versteht man allgemein den Verschleiß von Metallen durch Oxidation. Der häufigste Fall von Korrosion ist das Rosten von Gegenständen aus Eisen und Stahl.

**Kristall**: Ein Kristall ist Festkörper mit gleichmäßigen Grenzflächen. Die Teilchen in einem Kristall sind in einem regelmäßigen räumlichen Gitter angeordnet. Bei den Teilchen kann es sich um Ionen (z. B. in Natriumchlorid), Atome (z. B. in Diamant) oder Moleküle (z. B. in Zucker) handeln.

**Ladungszahl**: Die Ladungszahl *z* eines Ions wird als rechte Hochzahl an das Ion geschrieben, wobei das Vorzeichen der Ladung hinter der Zahl steht. Die 1 wird nicht geschrieben.
(Beispiele: $Na^+$, $Al^{3+}$, $Cl^-$, $O^{2-}$)

**Lauge:** Laugen sind Lösungen, die eine alkalische Reaktion anzeigen; vgl. auch alkalische Lösung.

**lipophil**: Lipophile Stoffe sind Stoffe, die sich in Fett lösen (Beispiel: Heptan).

**lipophob**: Lipophobe Stoffe sind fettabweisende Stoffe (Beispiel: Wasser).

**Makromolekül**: Makromoleküle sind sehr große Moleküle mit mehreren Tausend Atomen, die aus sich periodisch wiederholenden Moleküleinheiten aufgebaut sind.

**Metallabscheidung**: Bei der Metallabscheidung wird in der Regel ein Metall aus der Lösung seines Salzes an einem anderen Metall abgeschieden. (Beispiel: Aus einer Kupfersulfat-Lösung scheidet sich Kupfer an einem eingetauchten Eisennagel ab. Eisen geht dabei als Eisen-Ionen in Lösung.)

**Mineralien**: Als Mineralien (z. B. in Mineraliensammlungen) bezeichnet man Gesteine und andere Stoffe aus der Erdkruste, die sich durch bestimmte Formen und Farben auszeichnen. Es kann sich dabei um Ionenverbindungen (Chloride, Carbonate, Sulfate u.a.) handeln, aber auch um Feststoffe, in denen die Atome durch Elektronenpaarbindungen verbunden sind (Diamant, Quarz u.a.).

**Molare Masse**: Die molare Masse $M$ ist die Masse von einem Mol eines Stoffes $M = \frac{m}{n}$. Sie wird in der Einheit g/mol angegeben. Bei Elementen ist der Zahlenwert der molaren Masse gleich dem Zahlenwert der Atommasse, bei Verbindungen ergibt sich der Zahlenwert der molaren Masse durch Addition der einzelnen Atommassen der gebundenen Atome. (Beispiel: Die molare Masse von Wasser ist $M(\mathbf{H_2O})$ = (1 + 1 + 16) g/mol = 18 g/mol.)

**Molares Volumen**: Das molare Volumen $V_m$ ist das Volumen von einem Mol eines Stoffes $V_m = \frac{V}{m}$. Das molare Volumen ist für alle Gase bei Normbedingungen (Temperatur 0 °C und Druck 1 hPa) gleich und beträgt: $V_m$ = 22,4 L/mol.

**Molekül**: Ein Molekül ist ein aus zwei oder mehreren fest miteinander verbundenen Atomen zusammengesetzter Atomverband. Dieser besteht bei Elementen aus gleichartigen, bei Verbindungen aus verschiedenartigen Atomen (Beispiele: $\mathbf{H_2}$, $\mathbf{HCl}$).

**Molekülformel**: Die Molekülformel beschreibt die genaue atomare Zusammensetzung eines Moleküls (Beispiele: $\mathbf{H_2}, \mathbf{O_2}, \mathbf{H_2O}$).

**Molekülgitter**: Ein Molekülgitter ist ein Gitter, dessen Bausteine Moleküle sind (Beispiele: Molekülgitter des festen Wassers oder des festen Iods).

**Neutralisation**: Bei der Neutralisation reagieren die Wasserstoff-Ionen einer Säurelösung mit den Hydroxid-Ionen einer alkalischen Lösung unter Bildung von Wasser-Molekülen nach:
$\mathbf{H^+(aq) + OH^-(aq) \longrightarrow H_2O(l)}$.

**Oktettregel**: Die Oktettregel besagt, dass Atome der Elemente bestrebt sind, eine Konfiguration mit acht Elektronen auf der Valenzschale zu erreichen. Das entspricht der Elektronenkonfiguration der Edelgas-Atome (Ausnahme: Helium).

**Oxidation**: Nach dem Konzept der Elektronenübertragungen ist eine Oxidation eine Reaktion, bei der die Teilchen des reagierenden Stoffes Elektronen abgeben. (Nach der Sauerstofftheorie ist eine Oxidation eine Reaktion, bei der sich ein Stoff mit Sauerstoff verbindet.)

**Oxidationsmittel**: Ein Oxidationsmittel ist ein Stoff, der einen anderen oxidiert. Ein Oxidationsmittel ist ein Elektronenakzeptor.

**Periodensystem der Elemente**: Im Periodensystem der Elemente sind die Atomarten nach steigender Protonenzahl (Ordnungszahl) in Perioden und Gruppen angeordnet. Die Atomarten mit gleicher Anzahl von Valenzelektronen stehen untereinander und bilden die Gruppen. Die Gruppennummer gibt die Anzahl der Valenzelektronen an. Die Periodennummer gibt an, auf wie vielen Elektronenschalen die Elektronen der Atomarten aus der betreffenden Periode angeordnet sind.

***p*H-Wert**: Der *p*H-Wert gibt an, wie stark sauer oder alkalisch eine Lösung ist. Die *p*H-Werte der *p*H-Skala reichen von 0 bis 14. Saure Lösungen haben *p*H-Werte zwischen 0 und 7, alkalische Lösungen *p*H-Werte zwischen 7 und 14. Eine neutrale Lösung hat den *p*H-Wert 7.

**polare Elektronenpaarbindung**: Bindungselektronenpaare zwischen verschiedenen Atomarten sind ungleichmäßig verteilt. Sie gehören zu einem größeren Anteil dem Atom mit der höheren Elektronegativität. Daraus resultiert eine polare Elektronenpaarbindung.

**polares Molekül**: Ein polares Molekül ist ein Molekül, bei dem sich die Teilladungen nicht aufheben (Beispiel: Wasser-Molekül).

**Polymere**: Polymere sind Verbindungen, die aus Makromolekülen bestehen. Sie werden aus Monomeren hergestellt, z. B. aus Monomeren, deren Moleküle zwei funktionelle Gruppen besitzen oder aus Monomeren, deren Moleküle Kohlenstoff-Kohlenstoff-Doppelbindungen enthalten.

**Proton**: Das Proton ist ein positiv geladenes Elementarteilchen und Baustein des Atomkerns. Symbol: $p^+$. Protonen sind identisch mit den Wasserstoff-Ionen $\mathbf{H^+}$.

**Reaktionsgleichung**: Die Reaktionsgleichung gibt an, welche Teilchen in welchem kleinstmöglichen Teilchenanzahlverhältnis miteinander reagieren bzw. entstehen.
(Beispiel: $\mathbf{CH_4(g) + 2O_2(g) \longrightarrow CO_2(g) + 2H_2O(g)}$ bedeutet: Methan-Moleküle und Sauerstoff-Moleküle reagieren miteinander im Anzahlverhältnis 1 : 2 zu Kohlenstoffdioxid-Molekülen und Wasser-Molekülen im Anzahlverhältnis 1 : 2.) Hinter den chemischen Formeln können die Aggregatzustände der entsprechenden Stoffe angegeben werden.

**Reaktionsschema**: In einem Reaktionsschema (in der Wortgleichung) werden keine Formeln und Koeffizienten (vgl. Reaktionsgleichung), sondern nur die Namen der Edukte und der Produkte einer Reaktion, verbunden durch den Reaktionspfeil, angegeben.

**Redoxreaktion**: Eine Redoxreaktion ist eine Reaktion, bei der eine Reduktion und eine Oxidation gleichzeitig ablaufen. Redoxreaktionen sind Reaktionen, bei denen Elektronen zwischen reagierenden Teilchen oder zwischen Elektrodenmaterialien und reagierenden Teilchen übertragen werden.

**Reduktion**: Nach dem Konzept der Elektronenübertragungen ist eine Reduktion eine Reaktion, bei der die Teilchen des reagierenden Stoffes Elektronen aufnehmen. (Nach der Sauerstofftheorie ist eine Reduktion eine Reaktion, bei der einer Verbindung Sauerstoff entzogen wird.)

**Reduktionsmittel**: Ein Reduktionsmittel ist ein Stoff, der einen anderen reduziert. Ein Reduktionsmittel ist ein Elektronendonator.

**Reinelement**: Die Atome eines Reinelements (z. B. Fluor, Natrium, Aluminium) bestehen jeweils nur aus einem Isotop (vgl. dort). Die meisten Elemente sind keine Reinelemente.

**Reinstoff**: Ein Reinstoff ist ein Stoff, der durch Trennverfahren nicht weiter zerlegt werden kann. Die Reinheit eines Reinstoffes kann man an seiner gleichbleibenden Siede- oder Schmelztemperatur erkennen. Ändert sich die Siedetemperatur einer Flüssigkeit während des Siedens, so ist die Flüssigkeit ein Gemisch.
Reinstoffe haben bei gleichen Bedingungen bestimmte Kenneigenschaften (Schmelz- und Siedetemperatur, Dichte).

**Salz**: Salze bestehen aus Kationen und Anionen. Diese können einfach oder mehrfach elektrisch geladen sein. Das Anzahlverhältnis der Ionen in einem Salz ist durch die Verhältnisformel gegeben. Salze sind aufgrund dieses Anzahlverhältnisses nach außen stets elektrisch ungeladen.

**saure Lösung**: Saure Lösungen enthalten hydratisierte Wasserstoff-Ionen $\mathbf{H^+(aq)}$. Häufig werden saure Lösungen auch als verd. Säuren bezeichnet, z. B. verd. Schwefelsäure.

**Säure**: Säuren lösen sich in Wasser unter Bildung von Wasserstoff-Ionen. Säuren sind Protonendonatoren und geben Protonen ab, die an Wasser-Moleküle angelagert werden, wobei Hydronium-Ionen $\mathbf{H_3O^+(aq)}$ entstehen, die vereinfacht als hydratisierte Wasserstoff-Ionen $\mathbf{H^+(aq)}$ angesehen werden können.

**Säure-Lösung:** Lösung, die eine saure Reaktion zeigt, z. B. sauren Geschmack, Rotfärbung von Lackmus, Reaktion mit unedlen Metallen.

**Schalenmodell der Elektronenhülle**: Nach dem Schalenmodell der Elektronenhülle sind die Elektronen in verschiedenen, um den Atomkern konzentrischen Schalen verteilt. Die Elektronen in einer Schale haben die gleiche Energie, wobei diese umso größer ist, je weiter die Schale vom Kern entfernt ist.

**stöchiometrische Berechnung**: Bei stöchiometrischen Berechnungen können Massen der an einer vollständig verlaufenden Reaktion beteiligten Stoffe berechnet werden. Dies ist mithilfe der Reaktionsgleichung möglich, da die Symbole und Formeln quantitative Zusammenhänge zwischen den reagierenden Teilchen enthalten.

**Stoffebene**: Unter der Stoffebene versteht man Beobachtungen an Stoffen und Reaktionen.

**Stoffmenge**: Die Stoffmenge $n$ ist eine Grundgröße mit der Einheit mol. Eine Stoffportion der Stoffmenge $n = 1$ mol enthält $6{,}022 \cdot 10^{23}$ Teilchen.

**Stoffmengenkonzentration**: vgl. Konzentration

**Sublimation:** Als Sublimation bezeichnet man den direkten Übergang vom festen in den gasförmigen Aggregatzustand. Der umgekehrte Vorgang ist die Resublimation.

**Suspension**: Eine Suspension ist ein heterogenes Gemisch aus einem Feststoff in einer Flüssigkeit.

**Synthese:** Die Synthese ist der Aufbau einer Verbindung aus den Elementen.

**Teilchenebene**: Unter der Teilchenebene versteht man die Erklärung der Stoffe durch die Vorstellung von der Existenz von Teilchen und Teilchenverbänden. Stoffe werden bestimmt durch die Art, die Anordnung und den Zusammenhalt der Teilchen (chemische Bindung). Chemische Reaktionen werden durch die Vorstellung von der Umordnung und Veränderung von Teilchen und Teilchenverbänden erklärt.

**Titration**: Die Titration ist ein analytisches Verfahren, bei dem die Konzentration eines gelösten Stoffes quantitativ bestimmt werden kann. Eine Maßlösung mit bekannter Konzentration wird zu der Lösung, deren Gehalt bestimmt werden soll, bis zum Ende der Reaktion, zugetropft. Bei einer Neutralisationstitration reagiert die zu bestimmende Säure (oder Lauge) mit der Lauge (Säure) aus der Maßlösung. Das Ende der Reaktion wird durch einen Indikatorumschlag angezeigt.

**unpolare Elektronenpaarbindung**: In Molekülen aus gleichen Atomarten sind die Bindungselektronen symmetrisch verteilt. Daraus resultiert eine unpolare Elektronenpaarbindung.

**Valenzelektronen**: Die Elektronen in der äußeren Schale eines Atoms (Valenzschale) nennt man Valenzelektronen. Sie sind an der Ausbildung chemischer Bindungen beteiligt.

**Valenzschale**: Die Valenzschale ist die äußerste Schale der Elektronenhülle, in der sich Elektronen (die Valenzelektronen) befinden.

**Valenzstrichformel**: Die Valenzstrichformel eines Moleküls gibt darüber Auskunft, wie die Atome im Molekül durch Elektronenpaarbindungen miteinander verknüpft sind. Jede Elektronenpaarbindung wird durch einen Valenzstrich dargestellt. Die Valenzstrichformel enthält noch keine Information über den räumlichen Bau des Moleküls.

**VAN-DER-WAALS-Kräfte**: VAN-DER-WAALS-Kräfte sind zwischenmolekulare Kräfte, die zwischen unpolaren Molekülen auftreten.

**Verbindung:** Eine Verbindung ist ein Reinstoff, der sich durch chemische Reaktionen in Elemente zerlegen lässt.

**Veresterung**: Die Veresterung ist die Reaktion zwischen einer Carbonsäure und einem Alkohol unter Abspaltung von Wasser.

**Verhältnisformel**: Die Verhältnisformel drückt in den kleinstmöglichen ganzen Zahlen aus, in welchem Verhältnis die Atome der Elemente in einer Verbindung enthalten sind. Bei Feststoffen ist die Verhältnisformel gleich der Formeleinheit (vgl. dort)

**Wasserstoffbrückenbindung**: Wasserstoffbrückenbindungen bilden sich in Wasser zwischen den elektrisch partiell positiv geladenen Wasserstoff-Atomen und den partiell negativ geladenen Sauerstoff-Atomen verschiedener Wasser-Moleküle aus. Sie sind stärker als Dipol-Dipol Anziehungen zwischen Teilchen vergleichbarer Größe. Allgemein kommt es zwischen Teilchen, in denen Wasserstoff-Atome an Sauerstoff-, Stickstoff- oder Fluor-Atome gebunden sind, zu Wasserstoffbrückenbindungen.

**Die nachfolgende Liste enthält Gefahrenhinweise mit Symbolen, R- und S-Sätzen, die noch bis zum Jahr 2015 gültig sind,**

und **Ents**orgungsempfehlungen.
Die hier nicht angegebenen Stoffe sind entweder so harmlos, dass für sie keine Gefahrensymbole und R- und S-Sätze vorgesehen sind, oder werden in nur ganz winzigen Mengen benutzt, z.B. als Indikatoren.

**T+** Sehr giftig
**T** Giftig
(t = toxic)
Erhebliche Gesundheitsgefährdung, keine Schülerübungen zulässig!

**Xn** Gesundheitsschädlich
(n = noxious)
beim Einatmen, Verschlucken und bei Berührung mit der Haut.

**Xi** Reizend
(i = irritating)
auf Haut, Augen und Atmungsorgane.

**F+** Hochentzündlich
(f = flammable)
**F** Leicht entzündlich
Kann sich von selbst entzünden oder mit Wasser entzündliche Gase bilden.

**E** Explosionsgefährlich
(e = explosive)
Kann explodieren, keine Schülerübungen zulässig!

**C** Ätzend
(c = corrosive)
Zerstört lebendes Gewebe, wie z.B. Haut oder Auge.

**O** Brandfördernd
(o = oxidizing)
Kann Brände fördern oder verursachen, Feuer- und Explosionsgefahr bei Mischung mit brennbaren Stoffen.

**N** Umweltgefährlich
(n = nature)
Giftig für Pflanzen und Tiere in aquatischen und nicht aquatischen Lebensräumen, gefährlich für die Ozonschicht.

*Abflussreiniger, s. Natriumhydroxid und Aluminium*

*Aceton*, $C_3H_6O$, F, Xi, R: 11 – 36 – 66 – 67, S: 2 – 9 – 16 – 26, Ents. 1

*Alaun, s. Kaliumaluminiumsulfat*

*Alkohol, s. Ethanol*

*Aluminium (Pulver, Grieß)*, **N**, F, R: 10 – 15, S: 2 – 7/8 – 43

*Ammoniak-Lösung*, $NH_3(aq)$, C ($w$ = 25 %), Xi ($w$ < 10 %), R: 36/37/38, S: 1/2 – 36/37/39 – 45, Ents. 13

*Ammoniumcarbonat*, $(NH_4)_2CO_3$, Xn ($w$ > 25 %), R: 22, Ents. 14

*Azoisobutyronitril*, $NC(CH_3)_2CN{=}NC(CH_3)_2CN$, Xn, E, R: 2 – 22 – 36/38, S: 1/2 – 35 – 36, Ents. Aufarbeitung

*Bariumchlorid*, $BaCl_2$, Xn, R: 20/22, S 28, Ents. 15

*Benzin (Waschbenzin) auch Petroleumbenzin/Petrolether*, F, Xn, N, R: 11 – 51/53 – 65 – 66 – 67, S: 9 – 16 – 23 – 24 – 33 – 61 – 62, Ents. 1

*Benzoesäure*, $C_6H_5COOH$, Xn, R: 22 – 36, S: 24, Ents. 12

*Braunstein, s. Mangan (IV)-oxid*

*Brennspiritus, s. Ethanol*

*Brom*, $Br_2$, T+, C, N, (Xn: 0,1 % ≤ $w$ ≤ 1 %), R: 26 – 35 – 50, S: 1/2 – 7/9 – 26 – 45 – 61, Ents. 22

*Bromthymolblau*, $C_{27}H_{28}Br_2O_5S$

*Bromwasser*, $Br_2(aq)$, Xi ($w$ = 3,5 %), R: 36/37/38, S: 1/2 – 7/9 – 26 – 45, Ents. 22

*Butan*, $C_4H_{10}$, F+, R: 12, S: 2 – 9 – 16

*1-Butanol*, $C_4H_9OH$, Xn, R: 10 – 36/37 – 67, S: 2 – 7/9 – 13 – 26 – 37/39 – 46, Ents. 1

*Butansäure*, $C_3H_7COOH$, C, R: 34, S: 1/2 – 26 – 36 – 45, Ents. 1

*Calcium*, **Ca**, F, R: 15, S: 8 – 24/25, Ents. 26

*Calciumchlorid*, $CaCl_2$, Xi, R: 36, S: 2 – 22 – 24, Ents. 14

*Calciumchlorid-Hexahydrat*, $CaCl_2 \cdot 6H_2O$, Xi, R: 36, S: 2 – 22 – 24, Ents. 14

*Calciumhypochlorit*, $CaCl_2O_2$, C, O, N, R: 8 – 22 – 31 – 34 – 50, S: 1/2 – 26 – 36/37/39 – 45-61, Ents. 22

*Calciumnitrat*, $Ca(NO_3)_2 \cdot 4H_2O$, Xi, O, R: 8 – 36/38, S: 17 – 26 – 36, Ents. 14

*Calciumoxid*, **CaO**, Xi, R: 41, S: 22 – 24 – 26 – 39, Ents. 14

*Cetylalkohol*, $C_{16}H_{33}OH$, Ents. 1

*Chlor*, $Cl_2$, T, N, (Xn: 0,5 % ≤ $w$ ≤ 5 %), R: 23 – 36/37/38 – 50, S: 1/2 – 9 – 45 – 61, Ents. 22

*Chlorkalk, s. Calciumhypochlorit*

*Chlorwasser, wässrige Lösung von Chlor, s. Chlor*

*Chlorwasserstoff*, **HCl**, C, T, R: 35 – 37, S: 7/9 – 26 – 44, Ents. 12

*Citronensäure*, $C_6H_8O_7 \cdot H_2O$, Xi, R: 36, S: 24/25, Ents. 28

*Cyclohexan*, $C_6H_{12}$, F, Xn, N, R: 11 – 38 – 50/53 – 65 – 67, S: 9 – 16 – 33 – 60 – 61 – 62, Ents. 1

*Dichlormethan*, $CH_2Cl_2$, Xn, R: 40, S: 2 – 23 – 24/25 – 36/37, Ents. 2

*Dieselöl, Dieselkraftstoff* – Kohlenwasserstoffgemisch, F, vgl. Flammtemperatur auf S. 50, Ents. 1

*Dinatriumhydrogenphosphat*, $Na_2HPO_4 \cdot 12\ H_2O$, Ents. 14

*Eisen(III)-chlorid*, $FeCl_3$, Xn, R: 22 – 38 – 41, S: 1/2 – 26 – 39, Ents. 15

*Eisen(III)-chlorid-Hexahydrat*, $FeCl_3 \cdot 6\ H_2O$, Xn, R: 22 – 38 – 41, S: 2 – 26 – 39, Ents. 15

*Eisenpulver*, $Fe$, F, R: 11, Ents. 15

*Eisen(II)-sulfat-Heptahydrat*, $FeSO_4 \cdot 7\ H_2O$, Xn, R: 22 – 41, S: 26, Ents. 15

*Essigsäure, s. Ethansäure*

*Ethanal (Acetaldehyd)*, $CH_3CHO$, Xn, F+, R: 12 – 36/37 – 40, S: 9 – 16 – 29 – 33, Ents. 1 (vorher mit Natriumhydrogensulfat versetzen)

*Ethandiol (Glycol)*, $HOCH_2CH_2OH$, Xn, R: 22, S: 2, Ents. 1

*Ethanol*, $C_2H_5OH$, F, Xn, R: 11, S: 7 – 16

*Ethansäure (Essigsäure)*, $CH_3COOH$, C, R: 10 – 35, S: 1/2 – 23 – 26 – 45, Ents. 12

*Ethansäureethylester*, $CH_3COOC_2H_5$, F, Xi, R: 11 – 36 – 66 – 67, S: 2 – 16 – 26 – 33, Ents. 1

*Fehling I (Kupfersulfat-Lösung)* $CuSO_4(aq)$, Ents. 15

*Fehling II (Kaliumnatriumtartrat-Natriumhydroxid-Lösung)* $C_4H_4KNaO_6(aq) + NaOH(aq)$, C, R: 34, S: 1/2 – 26 – 36/37/39 – 45, Ents. 13

*Feuerzeuggas, s. Butan*

*Fluoreszein-Natriumsalz*, $C_{20}H_{10}Na_2O_5$, Ents. 14

*Fuchsin*, ohne Verunreinigungen mit Parafuchsin, $C_{20}H_{19}N_3 \cdot HCl$, Xn, R: 40, S: 36/37

*Glycerin, Propantriol*, $HOCH_2CHOHCH_2OH$, *Ents. 28*

*Heptan*, $C_7H_{16}$, F, Xn, N, R: 11 – 38 – 50/53 – 65 – 67, S: 2 – 9 – 16 – 29 – 33 – 60 – 61 – 62, Ents. 1

*Hepten*, $C_7H_{14}$, F, R: 11, S: 9 – 16 – 23 – 29 – 33, Ents. 1

*Hexandiamin, 1,6-Diaminohexan*, $C_6H_{16}N_2$, C, R: 21/22 – 34 – 37, S: 1/2 – 22 – 26 – 36/37/39 – 45, Ents. 1

*Hirschhornsalz, s. Ammoniumcarbonat*

*Iod*, $I_2$, Xn, N, R: 20/21 – 50, S: 23 – 25 – 61, Ents. 22

*Iod/Kaliumiodid-Lösung (Lugolsche Lösung)*, $KI/I_2$, Ents. 22

*Iodoxid (Diiodpentaoxid)*, $I_2O_5$, C, O, R: 8 – 34, S: 17 – 26 – 36/37/39 – 45, Ents. s. Iod

*Kalilauge, s. Kaliumhydroxid*

*Kaliumaluminiumsulfat*, $KAl(SO_4)_2 \cdot 12H_2O$, Ents. 14

*Kaliumbromid*, $KBr$, Ents.14

*Kaliumchlorid*, $KCl$, Ents. 14

*Kaliumchrom(III)-sulfat*, $KCr(SO_4)_2 \cdot 12\ H_2O$, Xi, R: 36/38, Ents. 15

*Kaliumhexacyanoferrat(II)*, $K_4[Fe(CN)_6]$, Ents. 14

*Kaliumhexacyanoferrat(III)*, $K_3[Fe(CN)_6]$, Ents. 14

*Kaliumhydroxid*, $KOH$, C, R: 22 – 35, S: 1/2 – 26 – 36/37/39 – 45, Ents. 13

*Kaliumiodid*, $KI$, Ents. 14

*Kaliumnitrat*, $KNO_3$, O, R: 8, S: 16 – 41, Ents. 14

*Kaliumpermanganat*, $KMnO_4$, O, Xn, N, R: 8 – 22 – 50/53, S: 2 – 60 – 61, Ents. 22

*Kalkwasser*, $Ca(OH)_2(aq)$, Xi, R: 36/38, Ents. 14

*Kohlenstoffmonooxid*, $CO$, F+, T, R: 61 – 23 – 12 – 48/23, S: 53/54

*Kupfer(II)-chlorid*, $CuCl_2$, Xn, N, R: 22 – 36/38 – 50/53, S: 2 – 22 – 62 – 61, Ents. 15

*Kupfer(II)-chlorid-Dihydrat*, $CuCl_2 \cdot 2\ H_2O$, Xn, N, R: 22 – 36/38 – 50/53, S: 2 – 22 – 62 – 61, Ents. 15

*Kupfer(II)-oxid*, $CuO$, Xn, N, R: 22 – 50/53, S: 2 – 22 – 61, Ents. 15

*Kupfer(II)-sulfat*, $CuSO_4$, Xn, N, R: 22 – 36/38 – 50, S: 2 – 22 – 60 – 61, Ents. 15

*Kupfer(II)-sulfat-Pentahydrat*, $CuSO_4 \cdot 5\ H_2O$, Xn, R: 22 – 36/38, S: 2 – 22, Ents. 15

*Kupfervitriol, s. Kupfer(II)-sulfat-Pentahydrat*

*Lithium*, $Li$, C, F, R: 14/15 – 34, S: 1/2 – 8 – 43.7 – 45, Ents. 26

*Lithiumchlorid*, $LiCl$, Xn, R: 22 – 36/37/38, S: 26 – 36, Ents. 14

*Luminol*, $C_8H_7N_3O_2$, Xi, R: 36/37/38, S: 26 – 36, Ents. 28

*Magnesium (Band, Pulver, Späne)*, $Mg$, F, R:11 – 15, S: 2 – 7/8 – 43, Ents. (Aufarbeitung)

*Mangan(IV)-oxid (Mangandioxid)*, $MnO_2$, Xn, R: 20/22, S: 25, Ents. 15

*Methanol*, $CH_3OH$, T, F, R: 11 – 23/24/25 – 39/23/24/25, S: 1/2 – 7 – 16 – 36/37 – 45, Ents. 1

*Methansäure (Ameisensäure)*, $HCOOH$, C, R: 35, S: 2 – 23 – 26 – 45, Ents. 12

*Milchsäure, 2-Hydroxypropansäure,* **$H_3CCH(OH)COOH$**, Xi, R: 36/37, S: 2 – 26 – 36, Ents. 28

*Natrium*, **Na**, F, C, R: 14/15 – 34, S: 1/2 – 5 – 8 – 43 – 45, Ents. 26

*Natriumbromid*, **NaBr**, C, Ents. 14

*Natriumcarbonat*, **$Na_2CO_3$**, Xi, R: 36, S: 2 – 22 – 26, Ents.14

*Natriumhydrogencarbonat*, **$NaHCO_3$**, Ents. 14

*Natriumhydroxid*, **NaOH**, C, R: 35, S: 1/2 – 26 – 37/39 – 45, Ents. 13

*Natriumiodid*, **NaI**, N, R: 50, S: 61, Ents. 14

*Natronlauge*, **NaOH(aq)**, C ($w > 10$ %), Xi ( 0,5 % < $w$ < 2 %), R: 35, S: 1/2 – 26 – 36/37/39 – 45, Ents. 13

*Natriumsulfit*, **$Na_2SO_3$**, Ents. 14

*Ozon*, **$O_3$**, O, T+, C

*Pentan*, **$C_5H_{12}$**, F+, Xn, N, R: 12 – 51/53 – 65 – 66 – 67, S: 2 – 9 – 16 – 29 – 33 – 61 – 62, Ents. 1

*n-Pentanol*, **$C_5H_{11}OH$**, Xn, R: 10 – 22 – 37 – 66, S: 46

*Pentansäure*, **$C_4H_9COOH$**, C, R: 34 – 52 – 53, S: 26 – 36 – 45 – 61

*Petrolether*, F, Xn, R: 11 – 52/53 – 65, S: 9 – 16 – 23 – 24 – 33 – 62, Ents. 1

*Phenolphthalein-Lösung in Ethanol* ($w$ = 1%), *s. Ethanol*

*Phosphor* (roter), **P**, F, R: 11 – 16 – 52/53, S: 7 – 43 – 61, Ents: Rückstände unter dem Abzug vollständig verbrennen, Oxid in Wasser aufnehmen, stark verdünnen und in den Abfluss gießen.

*Phthalsäureanhydrid*, **$C_6H_4C_2O_3$**, Xn, R: 22 – 37/38 – 41 – 42/43, S: 2 – 23 – 24/25 – 26 – 37/39 – 46, Ents. 1

*Propan-1,2,3-triol*, s. Glycerin

*Propanal*, **$C_2H_5CHO$**, F, Xi, R: 11 – 36/37/38, S: 2 – 9 – 16 – 29

*Propan-1-ol*, **$C_3H_7OH$**, F, Xi, R: 11 – 47 – 67, S: 2 – 7 – 16 – 24 – 26 – 39, Ents. 1

*rotes Blutlaugensalz, s. Kaliumhexacyanoferrat(III)*

*Saltzmann-Reagenz*, Xn, R: 20/21/22, S: 25 – 28, Ents. 1

*Salzsäure*, **HCl(aq)**, C ($w$ = 32 %), Xi (10 % < $w$ < 25 %), R: 34 –37, S: 26 – 36/37/39 – 45, Ents. 12

*Sauerstoff*, **$O_2$**, O, R: 8, S: 17

*Schwefel*, **S**, Xi, R: 38, S: 46 – ist brennbar, hat jedoch eine relativ hohe Entzündungstemperatur (225 °C), dabei bildet sich giftiges Schwefeldioxid (vgl. dort).

*Schwefeldioxid*, **$SO_2$**, T, N, R: 23 – 34, S: 1/2 – 9 – 26 – 36/37/ 39 – 45

*Schwefelsäure*, **$H_2SO_4$**, C, Xi (5% < $w$ <15 %), R: 35, S: 26 – 30 – 36/37/39 – 45, Ents. 12

*Sebacinsäuredichlorid, Decansäuredichlorid,* **$C_{10}H_{16}Cl_2O_2$**, C, R: 34, S: 1/2 – 26 – 28 – 36/37/39 – 45, Ents. 2 (vorher mit Methanol versetzen)

*Silbernitrat*, **$AgNO_3$**, C, Xi (5 % < $w$ < 10 %), R: 34 – 50/53, S: 1/2 – 26 – 45 – 60 – 61, Ents. 27

*Silberoxid*, **$Ag_2O$**, O, C, R: 8 – 34 – 44, S: 26 – 36/37/39 – 45, Ents. 27

*Stickstoffdioxid*, **$NO_2$**, T+, N, R: 26 – 34, S: 9 – 26 – 28 – 36/37/39 – 45

*Stickstoffmonooxid*, **NO**, T+, N, R: 26/27, S: 45

*Styrol*, **$C_6H_5CHCH_2$**, Xi, R: 10 – 36/37, Ents. 1

*Trichlormethylsilan*, **$CH_3Cl_3Si$**, Xi, F, R: 11 – 14 – 36/37/38, S: 26 – 39, Ents. fester Abfall (vorher mit Wasser versetzen und Phasen trennen)

*Wasserstoff*, **$H_2$**, $F^+$, R: 12, S: 2 – 9 – 16 – 33

*Wasserstoffperoxid-Lösung*, **$H_2O_2$(aq)**, Xn, Xi, ($w$ = 30 %), R: 22 – 41, S: 26 – 39

*Zink (Späne, Pulver – stabilisiert)*, **Zn**, N, R: 50/53, S: 60/61, Ents. 15

*Zinkiodid* **$ZnI_2$**, Xi, R: 36/38, Ents. 15

*Zinkoxid*, **ZnO**, N, R: 50/53, S: 60 – 61, Ents. 15

*Zinksulfat*, **$ZnSO_4 \cdot 7\,H_2O$**, Xi, N, R: 36/38 – 50/53, S: 2 – 22 – 25 – 60 – 61, Ents. 15

## R-Sätze[1]

[1] von *risque* (franz.) = Risiko



R 1 In trockenem Zustand explosionsfähig.
R 2 Durch Schlag, Reibung, Feuer oder andere Zündquellen explosionsfähig.
R 3 Durch Schlag, Reibung, Feuer oder andere Zündquellen leicht explosionsfähig.
R 4 Bildet hochempfindliche explosionsfähige Metallverbindungen.
R 5 Beim Erwärmen explosionsfähig.
R 6 Mit und ohne Luft explosionsfähig.
R 7 Kann Brand verursachen.
R 8 Feuergefahr bei Berührung mit brennbaren Stoffen.
R 9 Explosionsgefahr bei Mischung mit brennbaren Stoffen.
R 10 Entzündlich.
R 11 Leichtentzündlich.
R 12 Hochentzündlich.
R 13 Hochentzündliches Flüssiggas.
R 14 Reagiert heftig mit Wasser.
R 15 Reagiert mit Wasser unter Bildung leicht entzündlicher Gase.
R 16 Explosionsfähig in Mischung mit brandfördernden Stoffen.
R 17 Selbstentzündlich an der Luft.
R 18 Bei Gebrauch Bildung explosiver/leichtentzündlicher Dampf-Luftgemische möglich.
R 19 Kann explosionsfähige Peroxide bilden.
R 20 Gesundheitsschädlich beim Einatmen.
R 21 Gesundheitsschädlich bei Berührung mit der Haut.
R 22 Gesundheitsschädlich beim Verschlucken.
R 23 Giftig beim Einatmen.
R 24 Giftig bei Berührung mit der Haut.
R 25 Giftig beim Verschlucken.
R 26 Sehr giftig beim Einatmen.
R 27 Sehr giftig bei Berührung mit der Haut.
R 28 Sehr giftig beim Verschlucken.
R 29 Entwickelt bei Berührung mit Wasser giftge Gase.
R 30 Kann bei Gebrauch leicht entzündlich werden.
R 31 Entwickelt bei Berührung mit Säure giftige Gase.
R 32 Entwickelt bei Berührung mit Säure hochgiftige Gase.
R 33 Gefahr kumulativer Wirkungen.
R 34 Verursacht Verätzungen.
R 35 Verursacht schwere Verätzungen.
R 36 Reizt die Augen.
R 37 Reizt die Atmungsorgane.
R 38 Reizt die Haut.
R 39 Ernste Gefahr irreversiblen Schadens.
R 40 Verdacht auf krebserregende Wirkung.
R 41 Gefahr ernster Augenschäden.
R 42 Sensibilisierung durch Einatmen möglich.
R 43 Sensibilisierung durch Hautkontakt möglich.
R 44 Explosionsgefahr bei Erhitzen unter Einschluss.
R 45 Kann Krebs erzeugen.
R 46 Kann vererbbare Schäden verursachen.
R 47 Kann Missbildungen verursachen.
R 48 Gefahr ernster Gesundheitsschäden bei längerer Exposition.
R 49 Kann Krebs erzeugen beim Einatmen.
R 50 Sehr giftig für Wasserorganismen.
R 51 Giftig für Wasserorganismen.
R 52 Schädlich für Wasserorganismen.
R 53 Kann in Gewässern längerfristig schädliche Wirkungen haben.
R 54 Giftig für Pflanzen.
R 55 Giftig für Tiere.
R 56 Giftig für Bodenorganismen.
R 57 Giftig für Bienen.
R 58 Kann längerfristig schädliche Wirkungen auf die Umwelt haben.
R 59 Gefährlich für die Ozonschicht.
R 60 Kann die Fortpflanzungsfähigkeit beeinträchtigen.
R 61 Kann das Kind im Mutterleib schädigen.
R 62 Kann möglicherweise die Fortpflanzungsfähigkeit beeinträchtigen.
R 63 Kann möglicherweise das Kind im Mutterleib schädigen.
R 64 Kann Säuglinge über die Muttermilch schädigen.
R 65 Gesundheitsschädlich: Kann beim Verschlucken Lungenschäden verursachen.
R 66 Wiederholter Kontakt kann zu spröder oder rissiger Haut führen.
R 67 Dämpfe können Schläfrigkeit und Benommenheit verursachen.
R 68 Irreversibler Schaden möglich.
R 14/15 Reagiert heftig mit Wasser unter Bildung leicht entzündlicher Gase.
R 15/29 Reagiert mit Wasser unter Bildung giftiger und leicht entzündlicher Gase.
R 20/21 Gesundheitsschädlich beim Einatmen und bei Berührung mit der Haut.
R 20/22 Gesundheitsschädlich
R 20/21/22 Gesundheitsschädlich beim Einatmen, Verschlucken und Berührung mit der Haut.
beim Einatmen und Verschlucken.
R 21/22 Gesundheitsschädlich bei Berührung mit der Haut und beim Verschlucken.
R 23/24 Giftig beim Einatmen und bei Berührung mit der Haut.
R 23/25 Giftig beim Einatmen und Verschlucken.
R 23/24/25 Giftig beim Einatmen, Verschlucken und Berührung mit der Haut.
R 24/25 Giftig bei Berührung mit der Haut und beim Verschlucken.
R 26/27 Sehr giftig beim Einatmen und bei Berührung mit der Haut.
R 26/28 Sehr giftig beim Einatmen und Verschlucken.
R 26/27/28 Sehr giftig beim Einatmen, Verschlucken und Berührung mit der Haut.
R 27/28 Sehr giftig bei Berührung mit der Haut und beim Verschlucken.
R 36/37 Reizt die Augen und die Atmungsorgane.
R 36/38 Reizt die Augen und die Haut.
R 36/37/38 Reizt die Augen, Atmungsorgane und die Haut.
R 37/38 Reizt die Atmungsorgane und die Haut.
R 39/23 Giftig: ernste Gefahr irreversiblen Schadens durch Einatmen.
R 39/24 Giftig: ernste Gefahr irreversiblen Schadens bei Berührung mit der Haut.
R 39/25 Giftig: ernste Gefahr irreversiblen Schadens durch Verschlucken.
R 39/23/24 Giftig: ernste Gefahr irreversiblen Schadens durch Einatmen und bei Berührung mit der Haut.
R 39/23/25 Giftig: ernste Gefahr irreversiblen Schadens durch Einatmen und durch Verschlucken.
R 39/24/25 Giftig: ernste Gefahr irreversiblen Schadens bei Berührung mit der Haut und durch Verschlucken.
R 39/23/24/25 Giftig: ernste Gefahr irreversiblen Schadens durch Einatmen, bei Berührung mit der Haut und durch Verschlucken.
R 39/26 Sehr giftig: ernste Gefahr irreversiblen Schadens durch Einatmen.
R 39/27 Sehr giftig: ernste Gefahr irreversiblen Schadens bei Berührung mit der Haut.
R 39/28 Sehr giftig: ernste Gefahr irreversiblen Schadens durch Verschlucken.
R 39/26/27 Sehr giftig: ernste Gefahr irreversiblen Schadens durch Einatmen und bei Berührung mit der Haut.
R 39/26/28 Sehr giftig: ernste Gefahr irreversiblen Schadens durch Einatmen und durch Verschlucken.
R 39/27/28 Sehr giftig: ernste Gefahr irreverblen Schadens bei Berührung mit der Haut und durch Verschlucken.
R 39/26/27/28 Sehr giftig: ernste Gefahr irreversiblen Schadens durch Einatmen, bei Berührung mit der Haut und durch Verschlucken.
R 68/20 Gesundheitsschädlich: Möglichkeit irreversiblen Schadens durch Einatmen.
R 68/21 Gesundheitsschädlich: Möglichkeit irreversiblen Schadens bei Berührung mit der Haut.
R 68/22 Gesundheitsschädlich: Möglichkeit irreversiblen Schadens durch Verschlucken.
R 68/20/21 Gesundheitsschädlich: Möglichkeit irreversiblen Schadens durch Einatmen und bei Berührung mit der Haut.
R 68/20/22 Gesundheitsschädlich: Möglichkeit irreversiblen Schadens durch Einatmen und durch Verschlucken.
R 68/21/22 Gesundheitsschädlich: Möglichkeit irreversiblen Schadens bei Berührung mit der Haut und durch Verschlucken.
R 68/20/21/22 Gesundheitsschädlich: Möglichkeit irreversiblen Schadens durch Einatmen, bei Berührung mit der Haut und durch Verschlucken.
R 42/43 Sensibilisierung durch Einatmen und Hautkontakt möglich.
R 48/20 Gesundheitsschädlich: Gefahr ernster Gesundheitsschäden bei längerer Exposition durch Einatmen.
R 48/21 Gesundheitsschädlich: Gefahr ernster Gesundheitsschäden bei längerer Exposition durch Berührung mit der Haut.
R 48/22 Gesundheitsschädlich: Gefahr ernster Gesundheitsschäden bei längerer Exposition durch Verschlucken.
R 48/20/21 Gesundheitsschädlich: Gefahr ernster Gesundheitschäden bei längerer Exposition durch Einatmen und bei Berührung mit der Haut.
R 48/20/22 Gesundheitsschädlich: Gefahr ernster Gesundheitsschäden bei längerer Exposition durch Einatmen und durch Verschlucken.
R 48/21/22 Gesundheitsschädlich: Gefahr ernster Gesundheitsschäden bei längerer Exposition bei Berührung mit der Haut und durch Verschlucken.
R 48/20/21/22 Gesundheitsschädlich: Gefahr ernster Gesundheitsschäden bei längerer Exposition durch Einatmen, bei Berührung mit der Haut und durch Verschlucken.
R 48/23 Giftig: Gefahr ernster Gesundheitsschäden bei längerer Exposition durch Einatmen.
R 48/24 Giftig: Gefahr ernster Gesundheitsschäden bei längerer Exposition durch Berührung mit der Haut.
R 48/25 Giftig: Gefahr ernster Gesundheitsschäden bei längerer Exposition durch Verschlucken.
R 48/23/24 Giftig: Gefahr ernster Gesundheitsschäden bei längerer Exposition durch Einatmen und durch Berührung mit der Haut.
R 48/23/25 Giftig: Gefahr ernster Gesundheitsschäden bei längerer Exposition durch Einatmen und durch Verschlucken.

R 48/24/25 Giftig: Gefahr ernster Gesundheitsschäden bei längerer Exposition durch Berührung mit der Haut und durch Verschlucken.
R 48/23/24/25 Giftig: Gefahr ernster Gesundheitsschäden bei längerer Exposition durch Einatmen, Berührung mit der Haut und durch Verschlucken.
R 50/53 Sehr giftig für Wasserorganismen, kann in Gewässern längerfristig schädliche Wirkungen haben.
R 51/53 Giftig für Wasserorganismen, kann in Gewässern längerfristig schädliche Wirkungen haben.
R 52/53 Schädlich für Wasserorganismen, kann in Gewässern längerfristig schädliche Wirkungen haben.

## S-Sätze[2]

[2]von *sécurité* (franz.) = Sicherheit

S 1 Unter Verschluss aufbewahren.
S 2 Darf nicht in die Hände von Kindern gelangen.
S 3 Kühl aufbewahren.
S 4 Von Wohnplätzen fernhalten.
S 5 Unter ... aufbewahren (geeignete Flüssigkeit vom Hersteller anzugeben).
S 6 Unter ... aufbewahren (inertes Gas vom Hersteller anzugeben).
S 7 Behälter dicht geschlossen halten.
S 8 Behälter trocken halten.
S 9 Behälter an einem gut gelüfteten Raum aufbewahren.
S 10 Inhalt feucht halten.
S 11 Zutritt von Luft verhindern.
S 12 Behälter nicht gasdicht verschließen.
S 13 Von Nahrungsmitteln, Getränken und Futtermitteln fernhalten.
S 14 Von ... fernhalten (inkompatible Substanzen sind vom Hersteller anzugeben).
S 15 Vor Hitze schützen.
S 16 Von Zündquellen fernhalten – Nicht rauchen.
S 17 Von brennbaren Stoffen fernhalten.
S 18 Behälter mit Vorsicht öffnen und handhaben.
S 20 Bei der Arbeit nicht essen und trinken.
S 21 Bei der Arbeit nicht rauchen.
S 22 Staub nicht einatmen.
S 23 Gas/Rauch/Dampf/Aerosol nicht einatmen.
S 24 Berührung mit der Haut vermeiden.
S 25 Berührung mit den Augen vermeiden.
S 26 Bei Berührung mit den Augen gründlich mit Wasser spülen und Arzt konsultieren.
S 27 Beschmutzte getränkte Kleidung sofort ausziehen.
S 28 Bei Berührung mit der Haut sofort abwaschen mit viel ... (vom Hersteller anzugeben).
S 29 Nicht in die Kanalisation gelangen lassen.
S 30 Niemals Wasser hinzugießen.
S 31 Von explosionsfähigen Stoffen fernhalten.
S 33 Maßnahmen gegen elektrostatische Aufladungen treffen.
S 34 Schlag und Reibung vermeiden.
S 35 Abfälle und Behälter müssen in gesicherter Weise beseitigt werden.
S 36 Bei der Arbeit geeignete Schutzkleidung tragen.
S 37 Geeignete Schutzhandschuhe tragen.
S 38 Bei unzureichender Belüftung Atemschutzgerät anlegen.
S 39 Schutzbrille/Gesichtsschutz tragen.
S 40 Fußboden und verunreinigte Gegenstände mit ... reinigen (Material vom Hersteller anzugeben).
S 41 Explosions- und Brandgase nicht einatmen.
S 42 Bei Räuchern/Versprühen geeignetes Atemschutzgerät anlegen.
S 43 Zum Löschen ... (vom Hersteller anzugeben) verwenden (wenn Wasser die Gefahr erhöht, anfügen: „Kein Wasser verwenden").
S 44 Bei Unwohlsein ärztlichen Rat einholen (wenn möglich dieses Etikett vorzeigen).
S 45 Bei Unfall oder Unwohlsein sofort Arzt hinzuziehen (wenn möglich dieses Etikett vorzeigen).
S 46 Bei Verschlucken sofort ärztlichen Rat einholen und Verpackung oder Etikett vorzeigen.
S 47 Nicht bei Temperaturen über ... °C aufbewahren (vom Hersteller anzugeben).
S 48 Feucht halten mit ... (geeignetes Mittel vom Hersteller anzugeben).
S 49 Nur im Originalbehälter aufbewahren.
S 50 Nicht mischen mit ... (vom Hersteller anzugeben).
S 51 Nur in gut gelüfteten Bereichen verwenden.
S 52 Nicht großflächig in Wohn- und Aufenthaltsräumen zu verwenden.
S 53 Exposition vermeiden – vor Gebrauch besondere Anweisungen einholen.
S 56 Diesen Stoff und sein Behälter der Problemabfallentsorgung zuführen.
S 57 Zur Vermeidung einer Kontamination der Umwelt geeigneten Behälter verwenden.
S 59 Information zur Wiederverwendung/Wiederverwertung beim Hersteller/Lieferanten erfragen.
S 60 Dieser Stoff und sein Behälter sind als gefährlicher Abfall zu entsorgen.
S 61 Freisetzung in der Umwelt vermeiden. Besondere Anweisungen einholen/Sicherheitsdatenblatt zu Rate ziehen.
S 62 Bei Verschlucken kein Erbrechen herbeiführen. Sofort ärztlichen Rat einholen und Verpackung oder dieses Etikett vorzeigen.

S 1/2 Unter Verschluss und für Kinder unzugänglich aufbewahren.
S 3/7 Behälter dicht geschlossen halten und an einem kühlen Ort aufbewahren.
S 3/7/9 Behälter dicht geschlossen halten und an einem kühlen, gut gelüfteten Ort aufbewahren.
S 3/9 Behälter an einem kühlen, gut gelüfteten Ort aufbewahren.
S 3/9/14 An einem kühlen, gut gelüfteten Ort, entfernt von ... aufbewahren (die Stoffe, mit denen Kontakt vermieden werden muss, sind vom Hersteller anzugeben).
S 3/9/14/49 Nur im Originalbehälter an einem kühlen, gut gelüfteten Ort, entfernt von ... aufbewahren (die Stoffe, mit denen Kontakt vermieden werden muss, sind vom Hersteller anzugeben).
S 3/9/49 Nur im Originalbehälter an einem kühlen, gut gelüfteten Ort aufbewahren.
S 3/14 An einem kühlen, von ... entfernten Ort aufbewahren (die Stoffe, mit denen Kontakt vermieden werden muss, sind vom Hersteller anzugeben).
S 7/8 Behälter trocken und dicht geschlossen halten.
S 7/9 Behälter dicht geschlossen an einem gut gelüfteten Ort aufbewahren.
S 7/47 Behälter dicht geschlossen und nicht bei Temperaturen über ... °C aufbewahren (vom Hersteller anzugeben).
S 20/21 Bei der Arbeit nicht essen, trinken, rauchen.
S 24/25 Berührung mit den Augen und der Haut vermeiden.
S 29/56 Nicht in die Kanalisation gelangen lassen.
S 36/37 Bei der Arbeit geeignete Schutzhandschuhe und Schutzkleidung tragen.
S 36/37/39 Bei der Arbeit geeignete Schutzkleidung, Schutzhandschuhe und Schutzbrille/Gesichtsschutz tragen.
S 36/39 Bei der Arbeit geeignete Schutzkleidung und Schutzbrille/Gesichtsschutz tragen.
S 37/39 Bei der Arbeit geeignete Schutzhandschuhe und Schutzbrille/Gesichtsschutz tragen.
S 47/49 Nur im Originalbehälter bei einer Temperatur von nicht über ... °C aufbewahren (vom Hersteller anzugeben).

## Entsorgungsempfehlungen

1: Organische halogenfreie Lösemittel werden in einem Sammelgefäß A gesammelt.
2: Organische halogenhaltige Lösemittel werden in einem Sammelgefäß B gesammelt.
9: Krebserregende und giftige bzw. sehr giftige brennbare Verbindungen werden im Sammelgefäß C gesammelt.
12: Säuren und Säure-Lösungen werden mit viel Wasser verdünnt, mit Natronlauge neutralisiert und dann in den Abguss gegossen. Bei geringen Säure-Mengen wird nur stark verdünnt und in den Abguss gegossen.
13: Hydroxide werden in viel Wasser aufgelöst, Laugen werden mit viel Wasser verdünnt, gegebenenfalls mit verdünnter Schwefelsäure neutralisiert und in den Abguss gegossen.
14: Die Lösungen dieser Salze können stark verdünnt in den Abguss gegossen werden.
15: Schwermetallhaltige Lösungen und Feststoffe werden in einem Sammelgefäß D gesammelt. Ist das Gefäß voll, so kann man die Ionen mit Hydrogensulfid als Sulfide ausfällen, abfiltrieren und das Filtrat weggießen. Die festen Rückstände werden in einem Gefäß E gesammelt.
22: Peroxide, Brom und Iod werden mit Natriumthiosulfat-Lösung zu gefahrlosen Folgeprodukten reduziert, verdünnt und weggegossen.
26: Alkalimetall-Rückstände werden mit 2-Propanol zersetzt. Am nächsten Tag wird mit Wasser verdünnt. Die stark verdünnte Lösung wird weggegossen.
27: Wertvolle Metalle (in der Schule insbesondere Silber) sollten der Wiederverwertung zugeführt werden. Silberionenhaltige Lösungen werden also in einem Gefäß F gesammelt; wenn das Gefäß voll ist, kann Silberchlorid ausgefällt werden.

## Globally Harmonized System of Classification and Labeling of Chemicals

***GHS – Das neue international gültige System zur Bezeichnung von Gefahrstoffen***

### Einleitung

Es gibt viele verschiedene Länder auf der Welt, die alle mit Gefahrstoffen arbeiten und mit diesen untereinander Handel treiben. Um weltweit sichere Handhabung, Transport und Entsorgung zu gewährleisten, wurde dieses neue System ins Leben gerufen.
Die hier vorgestellten Piktogramme, Gefahrenhinweise und Sicherheitsratschläge beziehen sich auf die 2. Revision vom Juli 2007. Wenn auch in diesem Jahr die GHS offiziell zur Pflicht wird, finden sich hier aus zwei Gründen die alten Symbole und Bezeichnungen neben den neuen: Erstens sind die Gefahrstoffbezeichnungen für die Chemikalien noch nicht umgesetzt worden und zweitens existiert eine Übergangsfrist bis zum Jahr 2015, d.h. bis dahin sind beide Bezeichnungen gültig.

### Bezeichnungen

Die Gefahrstoffkennzeichnungen erfolgen über Piktogramme, ein Signalwort, sowie über H- und P-Sätze, welche über die Gefahren (**H**azards) und Sicherheitsmaßnahmen (**P**recautions) Auskunft geben, wobei letztere ebenfalls über Piktogramme erfolgen können. Wenn möglich sollte auch der Hersteller mit Name, Adresse und Telefonnummer angegeben sein. Der Name (die „Produkt-Identifikation") darf natürlich nicht fehlen.

### Piktogramme

Instabile explosive Stoffe und Gemische
Explosive Stoffe/Gemische und Erzeugnisse mit Explosivstoff
Selbstzersetzliche Stoffe und Gemische
Organische Peroxide

Entzündbare Gase/Aerosole/Flüssigkeiten/Feststoffe
Selbstzersetzliche Stoffe und Gemische
pyrophore Flüssigkeiten/Feststoffe
Selbsterhitzungsfähige Stoffe und Gemische
Stoffe und Gemische, die bei Berührung mit Wasser entzündbare Gase abgeben
Organische Peroxide

Oxidierende Gase/Flüssigkeiten/Feststoffe

Gase unter Druck:
verdichtete Gase/verflüssigte Gase/tiefgekühlt verflüssigte Gase/gelöste Gase

Auf Metalle korrosiv wirkend
Hautätzend
Schwere Augenschädigung

Akute Toxizität (oral, dermal, inhalativ)

Akute Toxizität (oral, dermal, inhalativ)
Reizung der Haut
Augenreizung
Sensibilisierung der Haut
Spezifische Zielorgan-Toxizität (einmalige Exposition)
Atemwegsreizung
narkotisierende Wirkungen

Sensibilisierung der Atemwege
Keimzellmutagenität
Karzinogenität
Reproduktionstoxizität
Spezifische Zielorgan-Toxizität (einmalige Exposition)
Spezifische Zielorgan-Toxizität (wiederholte Exposition)
Aspirationsgefahr

Gewässergefährdend
– akut gewässergefährdend
– chronisch gewässergefährdend

### Signalwörter

Die oben angegebenen Piktogramme werden mit Signalwörtern unterstützt, die eine relative Abstufung der von dem Stoff/der Mixtur ausgehenden Gefahr angeben soll. Diese Wörter können jedoch auch ohne Piktogramm auftauchen:

*Achtung* (Warning), warnt vor weniger starken Gefahren, z.B. eher mindergiftige Stoffe oder nur schwach ätzende.

*Gefahr* (Danger), warnt vor akuten Gefahren, wie bei Giften, ätzenden Stoffen etc.

### Hazard-Statements (Gefahrsätze)

Die Gefahrsätze besitzen einen Code, der bereits bei den R- und S-Sätzen Verwendung fand. So sind jegliche H-Sätze mit dem Buchstaben H und einer dreistelligen Nummer versehen, wobei die erste Nummer den Typ der Gefahr angibt. Sätze die mit H2 beginnen, beziehen sich somit auf physikalische Gefahren (Explosionen, Feuergefahr etc.), Sätze die mit H3 beginnen auf gesundheitliche Gefahren (giftig, krebserregend etc.) und Sätze, die mit H4 beginnen bezeichnen Umweltgefahren.

### Precautionary-Statements (Sicherheitssätze)

Ähnlich wie bei den Hazard-Statements findet sich auch hier ein dreistelliger Code. Die erste Zahl gibt dabei an, um was für einen Typ dieser Sicherheitssätze es sich handelt.
Beginnend mit P1(General) sind generelle Angaben, beginnend mit P2(Prevention) sind Sätze, die Vorbeugung und Vemeidung von Gefahren beschreiben. P3(Response)-Sätze beschreiben Vorgehensweisen, wie auf bestehende Gefahren zu reagieren ist (Metallbrände mit Sand zu löschen). P4(Storage)-Sätze bezeichnen Maßnahmen zur sicheren Lagerung und P5(Disposal)-Sätze beschreiben Maßnahmen zur Entsorgung.

### Abschließende Infos

Kombinationen der H- bzw. P-Sätze werden durch ein Plus-Zeichen angegeben (z.B. P402 + P404).
Für Sätze in Klammern war zum Zeitpunkt der Drucklegung keine offizielle Übersetzung verfügbar.

## Liste der Hazard-Statements (Gefahrsätze)

H200 Instabil, explosiv.
H201 Explosiv, Gefahr der Massenexplosion.
H202 Explosiv, große Gefahr durch Splitter, Spreng- und Wurfstücke.
H203 Explosiv; Gefahr durch Feuer, Luftdruck oder Splitter, Spreng- und Wurfstücke.
H204 Gefahr durch Splitter, Spreng- und Wurfstücke.
H205 Gefahr der Massenexplosion bei Feuer.
H220 Extrem entzündbares Gas.
H221 Entzündbares Gas.
H222 Extrem entzündbares Aerosol.
H223 Entzündbares Aerosol.
H224 Flüssigkeit und Dampf extrem entzündbar.
H225 Flüssigkeit und Dampf leicht entzündbar.
H226 Flüssigkeit und Dampf entzündbar.
H227 (Entzündbare Flüssigkeit.)
H228 Entzündbarer Feststoff.
H240 Erwärmung kann Explosion verursachen.
H241 Erwärmung kann Brand oder Explosion verursachen.
H242 Erwärmung kann Brand verursachen.
H250 Entzündet sich in Berührung mit Luft von selbst.
H251 Selbsterhitzungsfähig; kann in Brand geraten.
H252 In großen Mengen selbsterhitzungsfähig; kann in Brand geraten.
H260 In Berührung mit Wasser entstehen entzündbare Gase, die sich spontan entzünden können.
H261 In Berührung mit Wasser entstehen entzündbare Gase.
H270 Kann Brand verursachen oder verstärken; Oxidationsmittel.
H271 Kann Brand oder Explosion verursachen; starkes Oxidationsmittel.
H272 Kann Brand verstärken; Oxidationsmittel.
H280 Enthält Gas unter Druck; kann bei Erwärmung explodieren.
H281 Enthält tiefkaltes Gas; kann Kälteverbrennungen oder -Verletzungen verursachen.
H290 Kann gegenüber Metallen korrosiv sein.
H300 Lebensgefahr bei Verschlucken.
H301 Giftig bei Verschlucken.
H302 Gesundheitsschädlich bei Verschlucken.
H303 (Kann bei Verschlucken gesundheitsschädlich sein.)
H304 Kann bei Verschlucken und Eindringen in die Atemwege tödlich sein.
H305 (Kann bei Verschlucken und Eindringen in die Atemwege gesundheitsschädlich sein.)
H310 Lebensgefahr bei Hautkontakt.
H311 Giftig bei Hautkontakt.
H312 Gesundheitsschädlich bei Hautkontakt.
H313 (Kann gesundheitsschädlich bei Hautkontakt sein.)
H314 Verursacht schwere Verätzungen der Haut und schwere Augenschäden.
H315 Verursacht Hautreizungen.
H316 (Verursacht leichte Hautreizungen.)
H317 Kann allergische Hautreaktionen verursachen.
H318 Verursacht schwere Augenschäden.
H319 Verursacht schwere Augenreizung.
H320 (Verursacht Augenreizung.)
H330 Lebensgefahr bei Einatmen.
H331 Giftig bei Einatmen.
H332 Gesundheitsschädlich bei Einatmen.
H333
H334 Kann bei Einatmen Allergie, asthmaartige Symptome oder Atembeschwerden verursachen.
H335 Kann die Atemwege reizen.
H336 Kann Schläfrigkeit und Benommenheit verursachen.
H340 Kann genetische Defekte verursachen *<Expositionsweg angeben, sofern schlüssig belegt ist, dass diese Gefahr bei keinem anderen Expositionsweg besteht>*.
H341 Kann vermutlich genetische Defekte verursachen *<Expositionsweg angeben, sofern schlüssig belegt ist, dass diese Gefahr bei keinem anderen Expositionsweg besteht>*.
H350 Kann Krebs erzeugen *<Expositionsweg angeben, sofern schlüssig belegt ist, dass diese Gefahr bei keinem anderen Expositionsweg besteht>*.
H351 Kann vermutlich Krebs erzeugen *<Expositionsweg angeben, sofern schlüssig belegt ist, dass diese Gefahr bei keinem anderen Expositionsweg besteht>*.
H360 Kann die Fruchtbarkeit beeinträchtigen oder das Kind im Mutterleib schädigen *<konkrete Wirkung angeben, sofern bekannt> <Expositionsweg angeben, sofern schlüssig belegt ist, dass diese Gefahr bei keinem anderen Expositionsweg besteht>*.
H361 Kann vermutlich die Fruchtbarkeit beeinträchtigen oder das Kind im Mutterleib schädigen *<konkrete Wirkung angeben, sofern bekannt> <Expositionsweg angeben, sofern schlüssig belegt ist, dass diese Gefahr bei keinem anderen Expositionsweg besteht>*.
H362 Kann Säuglinge uber die Muttermilch schädigen.
H370 Schädigt die Organe *<oder alle betroffenen Organe nennen, sofern bekannt> <Expositionsweg angeben, sofern schlüssig belegt ist, dass diese Gefahr bei keinem anderen Expositionsweg besteht>*.
H371 Kann die Organe schädigen *<oder alle betroffenen Organe nennen, sofern bekannt> <Expositionsweg angeben, sofern schlüssig belegt ist, dass diese Gefahr bei keinem anderen Expositionsweg besteht>*.
H372 Schädigt die Organe *<alle betroffenen Organe nennen, sofern bekannt>* bei längerer oder wiederholter Exposition *<Expositionsweg angeben, sofern schlüssig belegt ist, dass diese Gefahr bei keinem anderen Expositionsweg besteht>*.
H373 Kann die Organe schädigen *<alle betroffenen Organe nennen, sofern bekannt>* bei längerer oder wiederholter Exposition *<Expositionsweg angeben, sofern schlüssig belegt ist, dass diese Gefahr bei keinem anderen Expositionsweg besteht>*.
H400 Sehr giftig für Wasserorganismen.
H401 (Giftig für Wasserorganismen.)
H402 (Schädlich für Wasserorganismen.)
H410 Sehr giftig für Wasserorganismen, mit langfristiger Wirkung.
H411 Giftig für Wasserorganismen, mit langfristiger Wirkung.
H412 Schädlich für Wasserorganismen, mit langfristiger Wirkung.
H413 Kann für Wasserorganismen schädlich sein, mit langfristiger Wirkung.

## Liste der Precautionary-Statements (Sicherheitssätze)

P101 Ist ärztlicher Rat erforderlich, Verpackung oder Kennzeichnungsettikett bereithalten.
P102 Darf nicht in die Hände von Kindern gelangen.
P103 Vor Gebrauch Kennzeichnungsetikett lesen.
P201 Vor Gebrauch besondere Anweisungen einholen.
P202 Vor Gebrauch alle Sicherheitshinweise lesen und verstehen.
P210 Von Hitze/Funken/offener Flamme/heißen Oberflächen fernhalten. Nicht rauchen.
P211 Nicht gegen offene Flamme oder andere Zündquelle sprühen.
P220 Von Kleidung/.../brennbaren Materialien fernhalten/entfernt aufbewahren.
P221 Mischen mit brennbaren Stoffen/... unbedingt vermeiden.
P222 Kontakt mit Luft nicht zulassen.
P223 Kontakt mit Wasser wegen heftiger Reaktion und möglichem Aufflammen unbedingt verhindern.
P230 Feucht halten mit ...
P231 Unter inertem Gas handhaben.
P232 Vor Feuchtigkeit schutzen.
P233 Behälter dicht verschlossen halten.
P234 Nur im Originalbehälter aufbewahren.
P235 Kuhl halten.
P240 Behälter und zu befüllende Anlage erden.
P241 Explosionsgeschützte elektrische Betriebsmittel/Lüftungsanlagen/Beleuchtung/... verwenden.
P242 Nur funkenfreies Werkzeug verwenden.
P243 Maßnahmen gegen elektrostatische Aufladung treffen.
P244 Druckminderer frei von Fett und Öl halten.
P250 Nicht schleifen/stoßen/.../reiben
P251 Behälter steht unter Druck: Nicht durchstechen oder verbrennen, auch nicht nach der Verwendung.
P260 Staub/Rauch/Gas/Dampf/Aerosol nicht einatmen.
P261 Einatmen von Staub/Rauch/Gas/Dampf/Aerosol vermeiden.
P262 Nicht in die Augen, auf die Haut oder auf die Kleidung gelangen lassen.
P263 Kontakt während der Schwangerschaft/und der Stillzeit vermeiden.
P264 Nach Gebrauch ... gründlich waschen.
P270 Bei Gebrauch nicht essen, trinken oder rauchen.
P271 Nur im Freien oder in gut belüfteten Räumen verwenden.
P272 Kontaminierte Arbeitskleidung nicht außerhalb des Arbeitsplatzes tragen.
P273 Freisetzung in die Umwelt vermeiden.
P280 Schutzhandschuhe/Schutzkleidung/Augenschutz/Gesichtsschutz tragen.
P281 Vorgeschriebene persönliche Schutzausrüstung verwenden.
P282 Schutzhandschuhe/Gesichtsschild/Augenschutz mit Kälteisolierung tragen.
P283 Schwer entflammbare/flammhemmende Kleidung tragen.
P284 Atemschutz tragen.
P285 Bei unzureichender Lüftung Atemschutz tragen.
P301 BEI VERSCHLUCKEN:
P302 BEI BERÜHRUNG MIT DER HAUT:
P303 BEI BERÜHRUNG MIT DER HAUT (oder dem Haar):
P304 BEI EINATMEN:
P305 BEI KONTAKT MIT DEN AUGEN:

P306 BEI KONTAMINIERTER KLEIDUNG:
P307 Bei Exposition:
P308 Bei Exposition oder falls betroffen:
P309 Bei Exposition oder Unwohlsein:
P310 Sofort GIFTINFORMATIONS-ZENTRUM oder Arzt anrufen.
P311 GIFTINFORMATIONS-ZENTRUM oder Arzt anrufen.
P312 Bei Unwohlsein GIFTINFORMATIONS-ZENTRUM oder Arzt anrufen.
P313 Ärztlichen Rat einholen/ärztliche Hilfe hinzuziehen.
P314 Bei Unwohlsein ärztlichen Rat einholen/ärztliche Hilfe hinzuziehen.
P315 Sofort ärztlichen Rat einholen/ärztliche Hilfe hinzuziehen.
P320 Besondere Behandlung dringend erforderlich (siehe ... auf diesem Kennzeichnungsetikett.)
P321 Besondere Behandlung (siehe ... auf diesem Kennzeichnungsetikett.)
P322 Gezielte Maßnahmen (siehe ... auf diesem Kennzeichnungsetikett.)
P330 Mund ausspülen.
P331 KEIN Erbrechen herbeiführen.
P332 Bei Hautreizung:
P333 Bei Hautreizung oder -ausschlag:
P334 In kaltes Wasser tauchen/nassen Verband anlegen.
P335 Lose Partikel von der Haut abbürsten.
P336 Vereiste Bereiche mit lauwarmem Wasser auftauen. Betroffenen Bereich nicht reiben.
P337 Bei anhaltender Augenreizung:
P338 Eventuell vorhandene Kontaktlinsen nach Möglichkeit entfernen. Weiter ausspülen.
P340 Die betroffene Person an die frische Luft bringen und in einer Position ruhigstellen, die das Atmen erleichtert.
P341 Bei Atembeschwerden an die frische Luft bringen und in einer Position ruhigstellen, die das Atmen erleichtert.
P342 Bei Symptomen der Atemwege:
P350 Behutsam mit viel Wasser und Seife waschen.
P351 Einige Minuten lang behutsam mit Wasser ausspülen.
P352 Mit viel Wasser und Seife waschen.
P353 Haut mit Wasser abwaschen/duschen.
P360 Kontaminierte Kleidung und Haut sofort mit viel Wasser waschen und danach Kleidung ausziehen.
P361 Alle kontaminierten Kleidungsstücke sofort ausziehen.
P362 Kontaminierte Kleidung ausziehen und vor erneutem Tragen waschen.
P363 Kontaminierte Kleidung vor erneutem Tragen waschen.
P370 Bei Brand:
P371 Bei Großbrand und großen Mengen:
P372 Explosionsgefahr bei Brand.
P373 KEINE Brandbekämpfung, wenn das Feuer explosive Stoffe/Gemische/Erzeugnisse erreicht.
P374 Brandbekämpfung mit üblichen Vorsichtsmaßnahmen aus angemessener Entfernung.
P375 Wegen Explosionsgefahr Brand aus der Entfernung bekämpfen.
P376 Undichtigkeit beseitigen, wenn gefahrlos möglich.
P377 Brand von ausströmendem Gas: Nicht öschen, bis Undichtigkeit gefahrlos beseitigt werden kann.
P378 ... zum Löschen verwenden.
P380 Umgebung räumen.
P381 Alle Zündquellen entfernen, wenn gefahrlos möglich.
P390 Verschüttete Mengen aufnehmen, um Materialschäden zu vermeiden.
P391 Verschüttete Mengen aufnehmen.
P401 ... aufbewahren.
P402 An einem trockenen Ort aufbewahren.
P403 An einem gut belufteten Ort aufbewahren.
P404 In einem geschlossenen Behälter aufbewahren.
P405 Unter Verschluss aufbewahren.
P406 In korrosionsbeständigem ... Behälter mit korrosionsbeständiger Auskleidung aufbewahren.
P407 Luftspalt zwischen Stapeln/Paletten lassen.
P410 Vor Sonnenbestrahlung schutzen.
P411 Bei Temperaturen von nicht mehr als ... °C/... aufbewahren.
P412 Nicht Temperaturen von mehr als 50 °C aussetzen.
P413 Schüttgut in Mengen von mehr als ... kg bei Temperaturen von nicht mehr als ... °C aufbewahren.
P420 Von anderen Materialien entfernt aufbewahren.
P422 Inhalt in/unter ... aufbewahren.
P 501 Inhalt/Behälter ... zufuhren.

## EUH-Sätze

(zusätzliche Hazard-Statements der Europäischen Union)

EUH001 In trockenem Zustand explosiv.
EUH006 Mit und ohne Luft explosionsfähig.
EUH014 Reagiert heftig mit Wasser.
EUH018 Kann bei Verwendung explosionsfähige/entzündbare Dampf-/Luft-Gemische bilden
EUH019 Kann explosionsfähige Peroxide bilden.
EUH044 Explosionsgefahr bei Erhitzen unter Einschluss.
EUH029 Entwickelt bei Berührung mit Wasser giftige Gase.
EUH031 Entwickelt bei Berührung mit Säure giftige Gase.
EUH032 Entwickelt bei Berührung mit Säure sehr giftige Gase.
EUH066 Wiederholter Kontakt kann zu spröder oder rissiger Haut führen.
EUH070 Giftig bei Berührung mit den Augen.
EUH071 Wirkt ätzend auf die Atemwege.
EUH059 Die Ozonschicht schädigend.
EUH201 Enthält Blei. Nicht für den Anstrich von Gegenständen verwenden, die von Kinder gekaut oder gelutscht werden könnten.
EUH201A Achtung! Enthält Blei.
EUH202 Cyanacrylat. Gefahr. Klebt innerhalb von Sekunden Haut und Augenlider zusammen. Darf nicht in die Hände von Kindern gelangen.
EUH203 Enthält Chrom(VI). Kann allergische Reaktionen hervorrufen.
EUH204 Enthält Isocyanate. Kann allergische Reaktionen hervorrufen.
EUH205 Enthält epoxidhaltige Verbindungen. Kann allergische Reaktionen hervorrufen.
EUH206 Achtung! Nicht zusammen mit anderen Produkten verwenden, da gefährliche Gase (Chlor) freigesetzt werden können.
EUH207 Achtung! Enthält Cadmium. Bei der Verwendung entstehen gefährlich Dämpfe. Hinweise des Herstellers beachten. Sicherheitsanweisungen einhalten.
EUH208 Enthält (Name des sensibilisierenden Stoffes). Kann allergische Reaktionen hervorrufen.
EUH209 Kann bei Verwendung leicht entzündbar werden.
EUH209A Kann bei Verwendung entzündbar werden.
EUH210 Sicherheitsdatenblatt auf Anfrage erhältlich.
EUH401 Zur Vermeidung von Risiken für Mensch und Umwelt die Gebrauchsanleitung einhalten.

*Abflussreiniger, s. Natriumhydroxid und Aluminium*
*Aceton,* $C_3H_6O$ — GEFAHR
H225, H319, H336, EUH066
P210, P233, P305+P351+P338
*Alaun, s. Kaliumaluminiumsulfat*
*Alkohol, s. Ethanol*
*Aluminium,* **Al**, *Pulver/Grieß; stabilisiert* — GEFAHR
H261, H228
P223, P370+P378, P402+P404
*Ammoniak-Lösung,* $NH_3(aq)$, *w* = 25 % — GEFAHR
H314, H335, H400
P280, P273, P301+P330+P331, P305+P351+P338, P309+P310
*Ammoniumcarbonat,* $(NH_4)_2CO_3$ — ACHTUNG
H302
P102, P301+P312
*Ammoniumeisen(III)-citrat* — (noch nicht eingestuft)
*Azoisobutyronitril,* $NC(CH_3)_2CN{=}NC(CH_3)_2CN$ — GEFAHR
H242, H332, H302, H412
P210, P280, P273
*Bariumchlorid,* $BaCl_2$ — GEFAHR
H332, H301
P301+P310
*Bariumnitrat,* $BaNO_3$ — GEFAHR
H272, H302, H332
P210, P302+P352
*Benzin; Petroleumbenzin (Sdp. 40–60 °C)* — GEFAHR
H314, H335, H290
P280, P301+P330+P331, P305+P351+P338
*Benzoesäure,* $C_6H_5COOH$ — ACHTUNG
H302, H319
P305+P351+P338
*Brom,* $Br_2$ — GEFAHR
H330, H314, H400
P210, P273, P304+P340, P305+P351+P338 P403+P233
*Bromthymolblau,* $C_{27}H_{28}Br_2O_5S$ — (noch nicht eingestuft)
*Bromwasser,* $Br_2(aq)$ — (noch nicht eingestuft)
*Butan,* $C_4H_{10}$ — GEFAHR
H220
P210, P280, P377, P381, P410+P403
*1-Butanol,* $C_4H_9OH$ — GEFAHR
H226, H302, H318, H315, H335, H336
P280, P302+P352, P305+P351+P338, P313
*Butansäure,* $C_3H_7COOH$ — GEFAHR
H314
*
*Calcium,* **Ca** — GEFAHR
H261
*
*Calciumchlorid(-Hexahydrat),* $CaCl_2(\cdot 6H_2O)$ — ACHTUNG
H319
P305+P351+P338
*Calciumhypochlorit,* $CaCl_2O_2$ — GEFAHR
H272, H302, H314, H400, EUH031
*
*Calciumnitrat-Tetrahydrat,* $Ca(NO_3)_2$ — ACHTUNG
H272
*Calciumoxid* — (noch nicht eingestuft)
*Cetylalkohol* — (noch nicht eingestuft)
*Chlor,* $Cl_2$ — GEFAHR
H331, H319, H335, H315, H400
*
*Chlorkalk, s. Calciumhypochlorit*
*Chlorwasser, wässrige Lösung von Chlor, s. Chlor*
*Chlorwasserstoff,* **HCl** — GEFAHR
H331, H314
*

*Citronensäure,* $C_6H_8O_7 \cdot H_2O$ — ACHTUNG
H319
P305+P351+P338
*Cyclohexan,* $C_6H_{12}$ — GEFAHR
H225, H304, H315, H336, H410
P210, P240, P273, P301+P310, P331, P403+P235
*Dichlormethan,* $CH_2Cl_2$ — ACHTUNG
H351
P281, P308+P313
*Dieselkraftstoff* — GEFAHR
H226, H304, H351, H411
P201, P273, P281, P301+P310, P331, P391
*Diiodpentoxid, Iod(V)-oxid,* $I_2O_5$ — GEFAHR
H272, H315, H319
P302+P352, P305+P351+P338
*Dinatriumhydrogenphosphat,* $Na_2HPO_4$ — (noch nicht eingestuft)
*Eisen,* **Fe**, *Pulver* — ACHTUNG
H228
*Eisen,* **Fe**, *Stücke* — (noch nicht eingestuft)
*Eisen(III)-chlorid,* $FeCl_3$ — GEFAHR
H302, H315, H318, H290
P280, P302+P352, P305+P351+P338, P313
*Eisen(III)-chlorid-Hexahydrat,* $FeCl_3 \cdot 6H_2O$ — GEFAHR
H302, H315, H318
P280, P302+P352, P305+P351+P338, P313
*Eisen-(II)-sulfat-Heptahydrat,* $FeSO_4 \cdot 7H_2O$ — ACHTUNG
H302, H315, H319
P302+P352, P305+P351+P338
*Essigsäure, s. Ethansäure*
*Ethanal,* $C_2H_4O$ — ACHTUNG
H224, H351, H319, H335
P210, P233, P281, P305+P351+P338, P308+P313
*Ethandiol (Glycol),* $HO(CH_2)_2OH$ — ACHTUNG
H302
*Ethanol,* $C_2H_5OH$ — GEFAHR
H225
P210
*Ethansäure,* $CH_3COOH$ — GEFAHR
H226, H314
P280, P301+P330+P331, P305+P351+P338
*Ethansäureethylester,* $CH_3COOC_2H_5$ — GEFAHR
H225, H319, H336, EUH066
P210, P240, P305+P351+P338
*Fehling I (Kupfersulfat-Lösung),* $CuSO_4(aq)$ — (noch nicht eingestuft)
*Fehling II (Kaliumnatriumtartrat-Natriumhydroxid-Lösung)*
$C_4H_4KNaO_6(aq) + NaOH(aq)$ — (noch nicht eingestuft)
*Feuerzeuggas, s. Butan*
*Fluorescein-Natrium,* $C_{20}H_{10}O_5Na_2$ — (noch nicht eingestuft)
*Fuchsin*[1], $C_{20}H_{20}ClN_3$ — (noch nicht eingestuft)
*Glycerin, Propantriol,* $(HOCH_2)_2CHOH$ — (noch nicht eingestuft)
*n-Heptan,* $C_7H_{16}$ — GEFAHR
H225, H304, H315, H336, H410
P210, P273, P301+P310, P331, P302+P352, P403+P235
*Hepten,* $C_7H_{14}$ — GEFAHR
H225, H304
P210, P243, P301+P310, P331
*Hexandiamin, 1,6-Diaminohexan* $C_6H_{16}N_2$ — GEFAHR
H312, H302, H335, H314
*
*Iod,* $I_2$ — ACHTUNG
H332, H312, H400
P273, P302+P352
*Iod/Kaliumiodid-Lösung,* $KI/I_2$ — (noch nicht eingestuft)

[1] Fuchsin kann je nach Herstellungsprozess mit karzinogenem Parafuchsin verunreinigt sein. Beachten Sie unbedingt das Sicherheitsdatenblatt des Herstellers.

*Kaliumaluminiumsulfat*, $KAl(SO_4)_2 \cdot 12H_2O$ *(noch nicht eingestuft)*

*Kaliumbromid*, $KBr$ *(noch nicht eingestuft)*

*Kaliumchlorid*, $KCl$ *(noch nicht eingestuft)*

*Kaliumchrom(III)-sulfat*, $KCr(SO_4)_2 \cdot 12H_2O$ *(noch nicht eingestuft)*

*Kaliumhexaxyanoferrat(III)*, $K_3[Fe(CN)_6]$ *(noch nicht eingestuft)*

*Kaliumhydroxid (Kalilauge)*, $KOH$
H314, H302
P280, P301+P330+P331, P305+P351+P338
GEFAHR

*Kaliumiodid*, $KI$ *(noch nicht eingestuft)*

*Kaliumnitrat*, $KNO_3$
H272
P210
ACHTUNG

*Kaliumpermanganat*, $KMnO_4$
H272, H302, H410
P210, P273
GEFAHR

*Kalkwasser*, $Ca(OH)_2(aq)$ *(noch nicht eingestuft)*

*Kohlenstoff*, $C$ *(noch nicht eingestuft)*

*Kupfer*, $Cu$, *Blech* *(noch nicht eingestuft)*

*Kupfer*, $Cu$, *Pulver*
H228
ACHTUNG

*Kupfer(II)-chlorid(-Dihydrat)*, $CuCl_2(\cdot 2H_2O)$ *(noch nicht eingestuft)*

*Kupfer(II)-oxid*, $CuO$
H302, H410
P260, P273
ACHTUNG

*Kupfer(II)-sulfat(-Pentahydrat)*, $CuSO_4(\cdot 5H_2O)$
H302, H315, H319, H410
P273, P305+P351+P338, P302+P352
ACHTUNG

*Kupfervitriol, s. Kupfer(II)-sulfat(-Pentaydrat)*

*Lackmus-Lösung* *(noch nicht eingestuft)*

*Lithium*, $Li$
H260, H314, EUH014
P280, P301+P330+P331, P305+P351+P338, P402+P404
GEFAHR

*Lithiumchlorid*, $LiCl$
H314, H335, H290
P280, P301+P330+P331, P305+P351+P338
GEFAHR

*Luminol*, $C_8H_7N_3O_2$ *(noch nicht eingestuft)*

*Magnesium*, $Mg$, *Band* *(noch nicht eingestuft)*

*Magnesium*, $Mg$, *Pulver*
H260, H250
P210, P402+P404
GEFAHR

*Magnesium*, $Mg$, *Späne*
H228, H261, H252
P210, P402+P404
GEFAHR

*Mangan(IV)-oxid (Mangandioxid)*, $MnO_2$
H272, H302, H332
ACHTUNG

*Methanol*, $CH_3OH$
H225, H331, H311, H301, H370
P210, P233, P280, P302+P352
GEFAHR

*Methansäure (Ameisensäure)*, $HCOOH$
H226, H314
P260, P280, P301+P330+P331, P305+P351+P338
GEFAHR

*Milchsäure, 2-Hydroxypropansäure*, $H_3CCH(OH))COOH$
H318, H315
P305+P351+P338, P302+P352, P313
GEFAHR

*Natrium*, $Na$
H260, H314, EUH014
P280, P301+P330+P331, P305+P351+P338
GEFAHR

*Natriumbromid*, $NaBr$ *(noch nicht eingestuft)*

*Natriumcarbonat*, $Na_2CO_3$
H319
P260, P305+P351+P338
ACHTUNG

*Natriumchlorid*, $NaCl$ *(noch nicht eingestuft)*

*Natriumhydrogencarbonat*, $NaHCO_3$ *(noch nicht eingestuft)*

*Natriumhydroxid*, $NaOH$
H314
P280, P301+P330+P331, P305+P351+P338
GEFAHR

*Natriumiodid*, $NaI$
H400
P262, P273
ACHTUNG

*Natronlauge*, $NaOH(aq)$, $c = 1$ mol/L
H314
P280, P301+P330+P331, P305+P351+P338
GEFAHR

*Natriumsulfit*, $Na_2SO_3$ *(noch nicht eingestuft)*

*Ozon*, $O_3$ *(noch nicht eingestuft)*

*n-Pentan*, $C_5H_{12}$
H225, H304, H336, H411, EUH066
P210, P241, P243, P280, P301+310, P403+P235
GEFAHR

*n-Pentanol*, $CH_3(CH_2)_4OH$ *(noch nicht eingestuft)*

*Pentansäure*, $CH_3(CH_2)_3COOH$
H314, H412
P273, P301+P330+P331, P305+P351+P338
GEFAHR

*Phenolphthalein*, $C_{20}H_{14}O_4$
H350, H341, H361f
P201, P281, P308+P313
GEFAHR

*Phenolphthalein-Lösung in Ethanol, $w < 1\%$, s. Ethanol*

*Phosphor*, $P$, *rot*
H228, H412
P210, P273
GEFAHR

*Phthalsäureanhydrid*, $C_6H_4C_2O_3$
H302, H335, H315, H318, H334, H317
·
GEFAHR

*Propanal*, $C_3H_6O$
H225, H315, H319, H335
P210, P233, P302+P352, P304+P340, P305+P351+P338
GEFAHR

*Propan-1-ol*, $C_3H_7OH$
H225, H318, H336
P210, P233, P305+P351+P338, P313
GEFAHR

*Propan-1,2,3-triol, s. Glycerin*

*Saltzmann-Lösung* *(noch nicht eingestuft)*

*Salzsäure*, $HCl(aq)$, $w = 32\%$
H314, H335, H290
P280, P301+P330+P331, P305+P351+P338
GEFAHR

*Sauerstoff*, $O_2$
H270
·
GEFAHR

*Schwefel*, $S$
H315
P302+P352
ACHTUNG

*Schwefeldioxid*, $SO_2$
H331, H314
·
GEFAHR

*Schwefelsäure*, $H_2SO_4$
H314, H290
P280, P301+P330+P331, P305+P351+P338, P309+P310
GEFAHR

*Sebacinsäuredichlorid, Decansäuredichlorid*,
$ClOC(CH_2)_8COCl$
H302, H314, H335
P280, P301+P330+P331, P305+P351+P338
GEFAHR

*Silbernitrat*, $AgNO_3$
H272, H314, H410
P273, P280, P301+P330+P331, P305+P351+P338
GEFAHR

*Silberoxid*, $Ag_2O$
H272, H314, EUH044
P210, P301+P330+P331, P305+P351+P338
GEFAHR

*Stärke* *(noch nicht eingestuft)*

*Stearinsäure*, $CH_3(CH_2)_{16}COOH$ *(noch nicht eingestuft)*

*Styrol*, $C_6H_5CHCH_2$
H226, H332, H319, H315
·
ACHTUNG

*Trichlormethylsilan*, $CH_3Cl_3Si$
H225, H315, H319, H335, EUH014
P302+P352, P304+P340, P305+P351+P338, P403+P235
GEFAHR

*Wasserstoff*, $\mathbf{H_2}$
H220
P210, P377, P381, P410+P403

GEFAHR

*Wasserstoffperoxid-Lösung*, $\mathbf{H_2O_2(aq)}$, *w* = 30%
H302, H318
P280, P305+P351+P338, P313

GEFAHR

*Zink*, **Zn**, *Pulver; stabilisiert*
H410
P273

ACHTUNG

*Zinkiodid*, $\mathbf{ZnI_2}$

*(noch nicht eingestuft)*

*Zinkoxid*, **ZnO**
H410
P273

ACHTUNG

*Zinksulfat-Heptahydrat*, $\mathbf{ZnSO_4 \cdot 7H_2O}$
H302, H318, H410
P280, P273, P301+P330+P331, P305+P351+P338

GEFAHR

Die Daten stammen aus folgenden Quellen:

- VERORDNUNG (EG) Nr. 1272/2008 DES EUROPÄISCHEN PARLAMENTS UND DES RATES vom 16. Dezember 2008 uber die Einstufung, Kennzeichnung und Verpackung von Stoffen und Gemischen, zur Änderung und Aufhebung der Richtlinien 67/548/EWG und 1999/45/EG und zur Änderung der Verordnung (EG) Nr. 1907/2006
- VERORDNUNG (EG) Nr. 790/2009 DER KOMMISSION vom 10. August 2009 zur Änderung der Verordnung (EG) Nr. 1272/2008 des Europäischen Parlaments und des Rates uber die Einstufung, Kennzeichnung und Verpackung von Stoffen und Gemischen zwecks Anpassung an den technischen und wissenschaftlichen Fortschritt
- MERCK (http://www.chemdat.de/)
- BG RCI – Berufsgenossenschaft Rohstoffe und chemische Industrie (http://www.gischem.de)

Bei Redaktionsschluss lagen nicht zu allen Stoffen und Gemischen vollständige GHS-Daten vor. Dass zur Zeit keine Daten vorhanden sind, erkennt man an der Angabe (noch nicht eingestuft). Daraus darf jedoch nicht geschlossen werden, dass vom jeweiligen Stoff oder Gemisch keine Gefahren ausgehen.
Bei einigen Stoffen waren keine P-Sätze verfugbar.

**Die Vorlagen für die Fotografien stellten zur Verfügung:**

A1PIX Deutschland/NTH, Taufkirchen – S. 124; Alimdi.net/Michael Jäger, Berlin – S. 96; Anthony Verlag, Eurasburg – S. 20, 36, 162, 229; Argus/Etchart, Hamburg – S. 64; Artur Architekturbilder Agentur/Sabrina Rothe, Essen – S. 113; Bavaria Verlag, München – S. 20, 166; Bayer AG, Leverkusen – S. 10, 11; Bildagentur Mauritius, Mittenwald – S. 49, 73, 193, 228, 243; Bildagentur-online, Burgkunstadt – S. 88, 112, 114; Bildarchiv Okapia, Frankfurt – S. 86; Bilder Pur, München – S. 37, 76, 166; BilderBox Bildagentur GmbH, Thening – S. 29; Karl Bögler, Nürnberg – S. 38; Claudia Bohrmann-Linde, Wülfrath – S. 13 (2), 16, 22, 26 (2), 28, 30 (2), 31, 34, 38 (3), 54, 71, 73, 82, 96, 140 (2), 141, 144 (2), 146, 148, 151, 183 (2), 195, 202, 203 (2), 205, 208 (2), 231; Thomas Callsen, Berlin – S. 86; Chemie rund um die Uhr, Wiley-VCH Verlag, Weinheim, 2004, S. 125 – S. 243; Daimler Benz Aerospace, Bremen – S. 36, 48; Wolfgang Deuter, Willich – S. 96; Deutsche Lufthansa, Köln – S. 121; Deutsches Museum, München – S. 51, 52, 80, 96, 118 (2), 122 (2), 177 (2); Anke Domrose, Moers – S. 16, 17, 18 (2), 19, 32 (3), 33 (4), 35; 104 (2), 108 (2), 109 (3), 110 (2), 111 (2); dpa Picture-Alliance, Frankfurt – S. 46, 204, 210, 230, 240; Eurelios, Agence de Presse, Montreuil – S. 52; European Bioplastics, Berlin – S. 243; F1 Online/Onoky, Frankfurt – S. 115; Fotoagentur Aura, Luzern – S. 89; Fotolia – S. 62, 63 (2), 92, 97 (4), 116, 117, 120, 128, 137, 142, 144, 146, 147, 150, 158, 187, 214; Fotolia/Monika Adamczyk – S. 229; Fotolia/Nicole B. – S. 198; Fotolia/Bilderbox – S. 234; Fotolia/Sorin Binder – S. 242; Fotolia/cede – S. 228; Fotolia/victoria p. – S. 241; Fotolia/focusfinder – S. 241; Fotolia/ Elvira Gerecht – S. 236; Fotolia/Tino Hemmann – S. 235; Fotolia/Thaut Images – S. 208; Fotolia/muzsy – S. 241; Fotolia/Bernhard Richter – S. 232; Fotolia/Sabrina Schaaf – S. 230; Fotolia/Henry Schmitt – S. 216; Fotolia/sp55uz – S. 222; Hardy Haenel, Hamburg – S. 137; Christian Hillaire, Pierlatte – S. 70; Images.de/Peter Arnold, Berlin – S. 53, 74, 88, 100; Interfoto, München – S. 19, 188; JOKER Photojournalismus/Peter Albaum, Bonn – S. 206; Manfred P. Kage, Institut für wissenschaftliche Fotografie, Lauterstein – S. 30; Keystone Pressedienst/Volkmar Schulz, Hamburg – S. 112, 207; Simone Krees, Wuppertal – S. 48, 132, 133, 136, 137, 143, 147, 207; Patrick Krollmann, Köln – S. 42 (2), 43 (2), 56 (2), 57, 157, 158 (3), 162 (3), 163, 172, 178, 180 (3), 182 (2); Mediacolor's/Hanak, Zürich – S. 125; Nico Meuter, Wuppertal – 182, 190; Alfred Moser, Wien – S. 81; Kirsten Neumann, Gelsenkirchen – S. 30; Okapia/Yoav Levy/Phototake – S. 119; Okapia/Peter Reynolds/FLPA – S. 124; Okapia/Horst Zanus, Frankfurt – S. 189; OSTKREUZ – Agentur der Fotografen GmbH/Espen Eichhöfer, Berlin – S. 157; Photoplexus/Daniel Koelsche, Bonn – S. 10; Photothek.net GbR/Thomas Koe, Radevormwald – S. 79, 158; Porsche-Museum, Stuttgart – S. 204; Brigitte Reinhardt Design, Hamburg – S. 62; Ludger Remus, Köln – S. 87 (3), 92, 93, 94 (2), 98, 99 (6), 120 (2), 184, 185, 239, 240 (2), 242, 244; Wolfgang Schwarz, Regensburg – S. 223; Shotshop Bildagentur, Berlin – S. 31; Siltronic AG, München – S. 208; Sinopictures/CNS, Berlin – S. 64; Spiegel TV Media GmbH/Karl Vandenhole, Hamburg – S. 124; Südtiroler Archäologiemuseum, Bozen – S. 90; Michael Tausch, Syke; teamwork – text und foto Gbr, Hamburg – S. 65, 112; Total Walther GmbH, Köln – S. 58 (4); True Pixel/Rudolf Wichert, Neuss – S. 96; Umweltbundesamt/Ökodesign, Umweltkennzeichnung, Umweltfreundliche Beschriftung, Dessau – S. 216 (4); Vario-images GmbH & Co KG, Bonn – S. 71, 74; Verlagsarchiv – S. 176 (2), 178 (2), 183, 186 (3), 189 (2), 192 (4), 193 (2), 196 (2), 197, 198, 202 (3), 205, 206, 212 (2), 218, 222, 224 (2), 227, 229, 234, 238 (2), 244; Verband Kunststofferzeugende Industrie, Frankfurt – S. 36; Magdalene und Silvia von Wachtendonk, Erkelenz – S. 11, 20, 36; Judith Wambach-Laicher, Düsseldorf – S. 164 (2), 168; Nicole Weiß, Bamberg – S. 226; Westend 61/Michael Reusse, Fürstenfeldbruck – S. 10/11; www.koelner-stadtanzeiger.de – S. 156; www.lebe-sicher.de – S. 120; www.watercone.com/Stefan Augustin Produktentwicklung, München – S. 29; Zentrale Farbbild Agentur ZEFA, Düsseldorf – S. Einband, 11, 44, 54, 62, 66, 108, 109, 146.

Trotz entsprechender Bemühungen ist es uns nicht in allen Fällen gelungen, den Rechtsinhaber ausfindig zu machen. Gegen Nachweis der Rechte zahlt der Verlag für die Abdruckerlaubnis die gesetzlich geschuldete Vergütung.

## A

Abflussreiniger 179
Abgaskatalysator 63, 80, 245
Abgießen 29
Ablenkungsversuch 164
Absetzen 29
Abwasser 74, 75
Abwasseraufbereitung 75
Abwasserreinigung 75
Acesulfam 226
Adipinsäure 238
Adsorption 31
Agar 132
Aggregatzustand 19, 21, 23, 25, 34, 37, 39, 53, 245
Aggregatzustand, des Wassers 164
Akkumulator 204, 205
Aktivierungsenergie 43, 59, 80, 83, 197, 245, 247
Aktivkohle 30, 31
Akzeptor 149
Aldehyd 237
Alaun 136, 137
Alkalimetall 107, 129, 141, 179
Alkalimetallchlorid 141
Alkalimetalle, Eigenschaften 107
Alkalimetalle, Elementfamilie 107
Alkalimetallhydroxid 107, 141
Alkalimetallverbindung 107, 129
alkalische Lösung 71, 83, 107, 171, 175, 179, 183, 187, 199
alkalische Reaktion 179
Alkan 211, 219, 225
Alkanol 225, 229, 247
Alkansäure 225, 229, 247
Alken 237
Alkohol 45, 168, 169, 222, 224, 225, 227, 229, 247
alkoholische Gärung 215
Alkyl-Gruppe 241
Alkyl-Rest 233
Alpha($\alpha$)-Strahlen 123
Alpha-Teilchen 122
Aluminium 89, 96, 151
Aluminiumoxid 71
Ameisensäure 198
Amino-Gruppe 239
Ammoniak 171, 178, 179, 193, 199
Ammoniak-Molekül 171, 179
Ammoniak-Springbrunnen 170
Ammoniumhydrogencarbonat 178
Ammonium-Ion 171, 179, 199
Amphiphilie 235
Analyse 51, 59, 77, 83
Animation, Chlorknallgasreaktion 160
Anion 133, 135, 153
Anode 133, 207
Anordnung, tetraedrische 165
anthropogene Quelle 62, 63, 83
anthropogener Schadstoff 63
Anziehungskraft, elektrostatische 135
Argon 47, 116
Aroma, natürliches 229
Aromastoff, künstlicher 228
Aromastoff, naturidentischer 228
Aromastoff, natürlicher 228
ARRHENIUS, SVANTE 177
Aspartam 226, 227
Atmosphäre 66, 67, 68, 83, 191, 193
Atmung 49
Atom 52, 53, 59, 77, 117, 121, 122, 123, 125, 126, 127, 129, 134, 158, 160, 173, 196
Atomanzahlverhältnis 138, 139
Atomanzahlverhältnisformel 138
atomare Masseneinheit 125
Atomaufbau 122
Atombau 103, 129
Atombilanz 139, 140
Atombindung 159
Atomhülle 123, 124, 127, 159
Atomkern 123, 124, 125, 127 129
Atommasse 53, 117, 118, 119, 123, 125, 141
Atommasseneinheit 53, 140
Atommodell 52, 123
Atommodell von DALTON 52, 53, 87, 248
Atomsymbol 52, 53
Atomverband 53, 77
Atomzahlverhältnis 223
Aufbau, Erdkruste 109
Aufstellen von Redoxgleichungen 148, 149
Ausgangsstoff 37, 59, 245
Auskristallisieren 137
Außenelektron 127, 173
Außenschale 127, 159
Auswertung, Titrationsergebnis 187
Autoabgaskatalysator 63, 245
Autobatterie 205
AVOGADRO, A., Hypothese von 117
AVOGADRO-Konstante 181

## B

Bagdad-Batterie 204
Barium 109, 129
Basiskonzepte in der Chemie 196, 197
Batterie 202, 203, 204, 205, 207, 219
Batterie, einfache 203
Batterie, moderne 204, 205
Baumwolle 238, 239
Bauxit-Tagebau 88
Begriff 194, 195
Benzin 210, 211, 212, 213, 214,215, 219
Benzindampf-Luft-Gemisch 48, 49, 213
Beta($\beta$)-Strahlen 123
Bewegungsenergie 81, 213
Bienenwachs 229
bindendes Elektronenpaar 161, 165, 167, 173
Bindung, chemische 196
Bindung, polare 161
Bindung, unpolare 161
Bindungsenergie 161, 167
Bindungswinkel 163, 165, 173
Biobrennstoff 214
Biodiesel 214, 215
Bioethanol 214, 215
Biokatalysator 223
Biokatalyse 245
Biokraftstoff 215
Biomasse 69
Bitumen 210
Blasverfahren 93
Blattfarbstoff 67
Blattgrün 26
Blauer Engel 216
Blaukraut 71
Bleiakkumulator 205
Bleioxid 71
Blitz 120
Blutalkoholgehalt, Berechnung 168
Bodenkörper 17
BOSCH, CARL 193
BOYLE, ROBERT 51
Brandbekämpfung 55
Branntkalk 190
Braunstein 51, 203
Brausepulver 35
Brennbarkeit 39
Brennerflamme 24
Brennspiritus 169
Brennstoff 54, 55, 59, 206, 207, 214, 219
Brennstoff, fossiler 68, 81, 83, 200, 212, 213, 219
Brennstoffzelle 206, 207, 219
Brennstoffzellenbus 207
Brom 22, 114, 129
Bromthymolblau 70, 71, 179, 181, 182, 183
Bromwassertest 236, 237
BROWN, ROBERT 23
BROWN'sche Bewegung 23
Butan 163, 211
Buttersäureethylester 228

## C

Caesium 107, 129
Calcium 108, 109, 129
Calciumcarbonat 108, 109, 189, 190, 191
Calciumchlorid 157
Calciumhydroxid 109, 179, 191
Calciumoxid 109, 190, 191
Calciumphosphat 108, 109
Calciumsulfat 109, 137
Calciumverbindung 108, 109
Carbonat 129
Carbonsäure 225, 231, 247
Carboxy-Gruppe 225, 231, 233, 239, 247
$\beta$-Carotin 26
Cern 125
charakteristische Stoffeigenschaft 17
Chemilumineszenz 48
chemische Bindung 196
chemische Energie 203, 219
chemische Reaktion 37, 42, 43, 45, 51, 52, 53, 59, 123, 196, 201, 203, 244, 245
chemische Reaktion, Basiskonzept 196
chemische Verbindung 51, 59, 196
chemisches Element 51, 52, 59, 101, 123, 125
chemisches Trennverfahren 101
Chilesalpeter 193
Chlor 112, 113, 114, 117, 119, 129, 134, 135, 159, 160, 161, 241
Chlor-Atom 134, 135
Chlorchemie 115
Chlorid-Ion 134, 135, 171
Chlorknallgasreaktion 160, 161
Chlormethylsilan 240, 241
Chlor-Molekül 161
Chlorophyll 26, 67
Chlorverbindung 113
Chlorwasser 112
Chlorwasserstoff 113, 160, 161, 170, 171, 181
Chlorwasserstoffgas 177
Chlorwasserstoff-Molekül 161, 171
Chlorwasserstoff-Springbrunnen 170
Chromatogramm 26, 27
Chromatographie 27, 39
Chromoxid 71
Citronensäure 176, 188, 246
$CO_2$-Bilanz 215
Cola 20, 21, 187
Concept Map 194, 195
Cracken 213
CROOKS, SIR WILLIAM 193

## D

DALTON, Atommodell von 196, 248
DALTON, JOHN 52, 119
Damaszener Stahl 93
Decan 211
Definitionen, Sauerstofftheorie 146
Definitionen, Elektronenübertragung 147
Dekantieren 28, 29
Demokrit 52
Destillat 29
Destillation 28, 29, 39
Destillation, Erdöl 210
Destillation, fraktionierte 210, 211, 219
Destillationsapparatur 28
destilliertes Wasser 73, 157
Diaminohexan 238
Dicarbonsäure 239
Dichte 21, 25, 28, 29, 39, 53, 79, 117, 157, 214
Dichteanomalie 166, 167
Dichtebestimmung 21
Diesel 210, 211, 212, 213, 214, 215, 219
Diesel-Luft-Gemisch 213
Dieselmotor 213
Dieselöl 210
Diffusion 22, 23, 39
Diole 239
Dipol 161, 165, 179
Disaccharid 223

Diskutieren 216, 217
Distickstoffmonooxid 68
DÖBEREINER 118
Donator 149
Donator-Akzeptor-Prinzip 149, 196
Donner 121
Doppelbindung 159, 173
Dotierung 209
Dreifachbindung 159, 173
Druck 23
Düngemittel 193

**E**

Edelgas 47, 116, 117, 127, 159
Edelgas-Atom 135
Edelgase, Eigenschaften 116
Edelgase, Elementfamilie 116
Edelgaskonfiguration 127, 134, 135, 159, 173
Edelgasregel 159
Edelstein 136, 137
edles Metall 101
Edukt 37, 43, 53, 59, 158
Eigenschaften, Stoffe 21, 36, 37, 79, 196
Eigenschaften, Alkalimetalle 107
Eigenschaften, Edelgase 116
Eigenschaften, Erdalkalimetalle 108
Eigenschaften, organische Verbindungen 223
Eigenschaften, Kohlenhydrate 222
Einfachbindung 159, 173
Einfachzucker 223
Eis 18, 167
Eisen 37, 43, 46, 47, 49, 50, 53, 87, 89, 92, 93, 101, 113, 139, 146, 147, 151
Eisen-Atom 147
Eisenchlorid 113, 141
Eisenherstellung 101
Eisen-Ion 147
Eisenlegierung 93
Eisenoxid 50, 71, 87, 89, 93, 147
Eisensulfid 37, 43, 53
Eisenwolle 44, 48
elastisch 25
Elastizität 93
Elastizitätsmodul 91
elektrische Energie 43, 59, 81, 197, 203, 207, 219
elektrische Ladung 121
elektrische Leitfähigkeit 25, 39, 101, 132, 133, 177
elektrische Spannung 145
elektrischer Strom 133, 179, 208
elektrisches Feld 165
Elektrizität 121
Elektroauto 79, 204
elektrochemische Zelle 203
elektrochemischer Vorgang 145, 203
Elektrode 132, 133, 153, 205, 207, 219
Elektrofilter 63
Elektrolyse 77, 81, 83, 132, 133, 145, 147, 153, 171, 177, 199, 203, 205, 207, 219
Elektrolyt 150, 202, 203, 205, 207, 219
Elektron 121, 123, 125, 126, 127, 129, 133, 134, 147, 148, 149, 151, 153, 159, 203, 207, 209, 219
Elektronegativität 161, 173
Elektronegativitätsdifferenz 167
Elektronenüberschuss 133
Elektronenabgabe 134, 145, 147, 148, 149, 153
Elektronenanordnung 127
Elektronenaufnahme 134, 145, 147, 148, 149, 153
Elektronenbilanz 149
Elektronenhülle 125
Elektronenhülle, Schalenmodell 127, 129, 134
Elektronenkonfiguration 135
Elektronenmangel 133
Elektronenoktett 127, 134
Elektronenpaar 159, 163, 165
Elektronenpaar, bindendes 161, 165, 167, 173
Elektronenpaar, gemeinsames 159
Elektronenpaar, nichtbindendes 159, 165, 167, 173
Elektronenpaarabstoßung 173
Elektronenpaar-Abstoßungs-Modell 163, 165, 196, 248, 249
Elektronenpaarbindung 155, 159, 161, 163, 165, 167, 173
Elektronenpunktformel 159
Elektronenpunkt-Schreibweise 127
Elektronenschale 127
Elektronenschalenmodell 196, 248, 249
Elektronenübertragung 131, 134, 135, 147, 153
Elektronenvolt 126
Elektronik-Schrott 95
Elektroofen 93
Elektroskop 120
Elektrostahlverfahren 93
elektrostatische Anziehungskraft 135
Element 51, 52, 53, 59, 76, 77, 79, 83, 87, 88, 105, 106, 107, 117, 118, 119, 123, 125, 134, 158, 159
Elementarladung 121, 123
Elementarteilchen 123, 124
Elementfamilie 103, 107, 109, 114, 116, 129
Elementsymbol 118, 139
Eloxal-Verfahren 151
Emission 63, 69, 191, 206, 207
Emulgator 231
emulgierende Wirkung 235
Emulsion 33, 34, 39, 231
endotherm 43, 51, 59, 83, 197
Energie 42, 43, 59, 81, 126, 196, 197, 201
Energie, chemische 203, 219
Energie, elektrische 43, 81, 197, 203, 207, 219
Energie, erneuerbare 209
Energie, freiwerdende 214
Energieaufwand, kumulierter 216
Energiebilanz 190, 212, 216, 217
Energiediagramm 245
Energielieferant 223
Energieniveau 127
Energiequelle 68, 208
Energiequelle, regenerative 69
Energiereserve 209
Energieschema 160, 165
Energieträger 79, 81
Energieumsatz 43, 59
Energieverlauf 43, 59
Entkohlung 93
Entschwefelung 63
Entstickung 63
E-Nummer 188
Enzym 223, 243, 245
Erdalkalimetall 108, 109, 129, 134, 135, 141
Erdalkalimetallchlorid 141
Erdalkalimetallhydroxid 141
Erdalkalimetallverbindung 109, 129
Erderwärmung 69, 83
Erdfarbe 70
Erdgas 68, 81, 239, 241, 242, 243
Erdkruste, Aufbau 109
Erdöl 68, 81, 210, 211, 219, 239, 242, 243
Erdöl, Destillation 210
Erdölreserve 214
Erdölvorkommen, Erde 211
Erdwärme 69
Erhaltung der Masse, Satz von der 45, 53
erneuerbare Energie 209
Erneuerbare Energien Gesetz 209
Erstarrungstemperatur 19, 39
Erz 87, 101
erzwungene Metallabscheidung 145
essentielle Fettsäure 233
Essig 16, 17
Essigessenz 186
Essigsäure 189, 225
Essigsäurepentylester 228
Ester 229, 230, 231
Esterbildung 247
Ester-Gruppe 229, 235
Ester-Molekül 229, 231
Esterspaltung 229
Ethan 163, 211
Ethandiol 224
Ethanol 168, 169, 214, 215, 223, 224, 225, 229
Ethanol, Siedekurve von 18
Ethanol-Molekül 169, 173
Ethansäure 225, 229
Ethansäureethylester 229
Ethen 239
Ethyl-Gruppe 169
exotherm 43, 45, 59, 77, 87, 89, 134, 135, 157, 161, 197, 207, 211
exothermer Lösevorgang, Energieschema zu 165
Extrakt 31
Extraktion 31, 39
Extraktionsmittel 31

**F**

Farbe 17, 25, 26, 27, 30, 53
Farbstoff 31
Farbstoffgemisch 27
Farbstofflösung 27
FEHLING-Probe 236, 237
Feinstaub 63, 83
fest 19, 23, 39
Festkörper 21
Feststoff 18, 19, 23, 28, 33, 37, 49, 71
Fett 31, 229, 230, 231, 235
Fettbrand 230
Fettfleckprobe 30, 230
Fett-Molekül 231, 233, 235
Fettsäure 231, 233, 235
Fettsäure, essentielle 233
Fettsäure, gesättigte 233
Fettsäure, Natriumsalz 235
Fettsäure, ungesättigte 233
Fettsäure-Anion 235
Fettsäuremethylester 214, 215
Fettsäure-Molekül 231, 233
Fettsäure-Rest 231, 233
Fettsäuretriglycerid 235
Feuer 44, 54, 55
Feuerlöscher 54
Feuerwerk 62, 63
Feuerzeuggas 117
Filtrat 29
Filtrieren 29, 39
Flamme 44, 45, 55
Flammenfärbung 107, 109, 129
Flammtemperatur 55, 210, 213
Fluor 114, 129
Fluorchlorkohlenwasserstoff FCKW 67, 83
Fluoreszenzschirm 66
Fluorid-Ion 135
Fluorit-Kristall 135
Fluorverbindung 115
flüssig 19, 23, 39
Flüssigkeit 18, 19, 21, 23, 28, 31, 33, 37
Formel 139, 140, 141, 153
Formel, Wasser 77
Formel, chemische 77
Formeleinheit 135, 139, 141, 149, 153, 181
fossiler Brennstoff 68, 81, 83, 200, 212, 213, 219
Fraktion 210, 211, 219
fraktionierte Destillation 210, 211, 219
Francium 129
FRANCK-HERTZ-Apparatur 126
freies Elektronenpaar 165, 167
freiwerdende Energie 214
Fremdatom 208
Fruchtaroma 228
Fruchtester 229
Fruchtzucker 226
Fructose 223, 226
Füllgas 79
funktionelle Gruppe 225, 239, 241, 247

**G**

Gallium 119
galvanische Zelle 202, 203, 219
galvanisches Verfahren 145
Galvanisieren 145
Gamma($\gamma$)-Strahlen 123

Gärung, alkoholische ... 215
Gas ... 19, 33, 35, 37, 47, 77, 78, 117, 210
Gasbrenner ... 45
gasförmig ... 19, 39
Gasgemisch ... 33, 34, 39, 47
Gebrannt Siena ... 71
gebrannter Kalk ... 190
Gefriertemperatur ... 156
Gefriertemperaturerniedrigung ... 157
gemeinsames Elektronenpaar ... 159
Gemenge ... 33, 34, 39
Gemisch ... 34, 51, 196
Gemisch, heterogenes ... 33, 51
Gemisch, homogenes ... 33, 51
Gemisch, Teilchenmodell ... 34
Geothermie ... 209
Gerste ... 222, 223
Geruch ... 17, 25, 39
gesättigte Fettsäure ... 233
gesättigte Lösung ... 17
Geschmack ... 17
Geschwindigkeit ... 23
Gesetz der konstanten Massenverhältnisse ... 87
Gestein ... 136, 137
Gestein, magnetisches ... 137
Gestein, sedimentäres ... 137
Gesteinsmetamorphose ... 137
Gewässergüte ... 75
Gewitterblitz ... 121
Gips ... 109, 110
Gitterenergie ... 135, 153
Glanz ... 53
Glanz, metallischer ... 101
Glimmspanprobe ... 48, 51, 77, 83
Glucose ... 215, 223, 226, 243
Glucose-Einheit ... 223
Glycerin ... 215, 224, 225, 231, 232, 235, 238
Glycerin-Molekül ... 231, 235
Glycerin-Rest ... 231
Glycol ... 224
Gold ... 88, 89, 122, 144, 145
Goldfolie ... 122
Grad deutscher Härte °d ... 190
Graphit-Elektrode ... 203
Graphitspray ... 144, 145
graue Energie ... 216
Größe ... 52
Größengleichung ... 21
Grundchemikalie ... 178, 192
Grundchemikalie, technische ... 192
Grundwasser ... 75
Gruppe, funktionelle ... 225, 239, 241, 247

**H**

Haar ... 238
Haber, Fritz ... 193
Haber-Bosch-Verfahren ... 193
Halbleiter ... 208, 209
Halbwertszeit ... 124
Halbzelle ... 203, 219
Halogen ... 114, 115, 129, 134, 135
Halogene, Elementfamilie ... 114
Halogen, Nachweis ... 114
Halogenlampe ... 114
Halogenverbindung ... 115
Härte ... 25, 39, 93, 137
Härte [Mohs] ... 91
Härtebereich ... 190
Härtegrad ... 190
Härteskala ... 25
Hauptgruppe, des Periodensystems ... 119, 129, 134
Haushaltszucker ... 226, 227
Hefe ... 223
Heizgas ... 81
Heizwert ... 214, 215, 223
Helium ... 79, 116, 117
heterogen ... 33, 34
heterogene Katalyse ... 245
heterogenes Gemisch ... 33, 39, 51
Hexan ... 224
Hexanhexol ... 224
Hindenburg, Zeppelin ... 78
Hirschhornsalz ... 36, 178
Hochofen ... 92, 93
Hochofenprozess ... 92
Hochspannungstransformator ... 62
Hofmannscher Zersetzungsapparat ... 76
Höhle von Lascaux ... 70
Höhlenmalerei ... 124
homogen ... 33, 34
homogene Katalyse ... 245
homogenes Gemisch ... 33, 39, 51
homologe Reihe ... 225, 247
Hydrathülle ... 157
Hydratation ... 165, 173
Hydratationsenergie ... 165, 173
hydratisiertes Natrium-Kation ... 179
hydratisiertes Ammonium-Ion ... 171
hydratisiertes Chlorid-Ion ... 171
hydratisiertes Hydroxid-Ion ... 171, 179, 199
hydratisiertes Ion ... 157
hydratisiertes Proton ... 177
hydratisiertes Wasserstoff-Ion ... 171, 177, 179, 199
Hydrokultur ... 111
Hydrolyse ... 229, 247
Hydronium-Ion ... 171, 177, 199
hydrophil ... 169, 234, 235
hydrophob ... 169, 231, 234, 235
Hydroxid ... 129, 179, 199
Hydroxid-Ion ... 171, 179, 181, 199, 203
Hydroxy-Gruppe ... 169, 225, 231, 232, 239, 247
2-Hydroxypropansäure ... 242
Hypothese von Avogadro ... 117

**I**

Immission ... 63, 83
Impfkristall ... 136, 137
INCI-Nomenklatur ... 237
Indikator ... 70, 71, 83, 177, 179, 181, 182, 183, 187, 198
Indikator Bromthymolblau ... 179, 181, 183
Indikatorpapier ... 182
Industrieanlage ... 192
Inversionswetterlage ... 64, 65, 83
Iod ... 51, 114, 129, 133, 205
Iodid-Ion ... 134, 205
Iod-Kaliumiodid-Lösung ... 222, 244
Iodoxid ... 51
Iod-Stärke-Reaktion ... 222, 223
Ion ... 126, 133, 134, 135, 137, 141, 153, 165, 177, 179, 189, 203, 219
Ion, hydratisiertes ... 157
Ionenbildung ... 135
Ionenbindung ... 135, 137, 153, 157
Ionengitter ... 135, 137, 153, 157, 165, 179
Ionengitter,Natriumchlorid ... 135
Ionenverbindung ... 131, 153
Ionenwanderung ... 132
Ionisierung ... 126, 127
Ionisierungsenergie ... 126, 127
irreversibel ... 205
Isolator ... 137
Isomer ... 211, 219
Isotop ... 124, 125, 129

**K**

Kalium ... 106, 107, 129
Kaliumhydroxid ... 179
Kaliumsalz ... 235
Kalk ... 190
Kalkalpen ... 108
Kalkkreislauf, technischer ... 190
Kalkmilch ... 109
Kalkstein ... 189, 190
Kalkwasser ... 109, 190
Kalotten-Modell ... 169, 224, 225, 233
Kanalisation ... 75
Karteikasten ... 25
Kartoffelstärke ... 222
Katalysator ... 80, 83, 207, 229, 244, 245, 246, 247
Katalyse, heterogene ... 245
Katalyse, homogene ... 245
Kathode ... 133, 177, 199, 207
Kation ... 133, 135, 141, 153
Kaugummi ... 226, 227
Keramikgitter ... 245
Kern-Hülle-Modell ... 123, 248, 249
Kernladungszahl ... 123, 125
Kerosin ... 211
Kerze ... 54, 56
Kerzenflamme ... 56, 57
Keton ... 237
Kläranlage ... 75
Klima ... 69
Klimawandel ... 69, 83
Knallgas ... 79
Knallgas-Gemisch ... 79, 83
Knallgasprobe ... 77, 78, 79, 83, 107
Knallgasreaktion ... 207, 219
Knetkugel, Modellexperiment ... 158
Knop, W. ... 111
Knop-Nährlösung ... 111
Kochsalz ... 25, 29, 112, 113, 133, 136
Kochsalz-Kristall ... 132
Koeffizient ... 139, 140
Kohle ... 68, 81
Kohle-Elektroden ... 93
Kohlenhydrat ... 222, 223
Kohlenhydrat, Eigenschaften ... 222
Kohlensäure ... 189, 191
Kohlenstoff ... 89, 93, 139, 223, 247
Kohlenstoff-Atom ... 53, 124, 125, 127, 247
Kohlenstoff-Atom, Kern-Hülle-Modell ... 123
Kohlenstoff-Atom, zentrales ... 163
Kohlenstoffdioxid ... 35, 47, 49, 55, 68, 69, 71, 80, 81, 89, 93, 109, 124, 139, 163, 190, 191, 211, 213, 214, 215, 223, 243, 245
Kohlenstoffdioxid, Nachweis ... 35, 109
Kohlenstoff-Isotop ... 124, 125
Kohlenstoff-Kreislauf ... 215
Kohlenstoffmonooxid ... 63, 80, 83, 93, 245
Kohlenstoffverbindung ... 247
Kohlenwasserstoff ... 163, 211, 219, 247
Kohlenwasserstoff-Rest ... 231
Komponente ... 28, 211
Kondensation ... 229, 247
Kondensationstemperatur ... 19, 39
kondensieren ... 19
konstante Massenverhältnisse, Gesetz der ... 87
Konzentration ... 183, 199
Korrosion ... 145
Kraftstoff ... 79, 212, 213, 214, 215, 219
Kreide ... 109
Kristall ... 16, 17, 136, 137, 153, 156, 167
Kristallgitter ... 167
kristallisieren ... 29
Kristallzüchtung ... 136
Krypton ... 116
K-Schale ... 127
Kugelpackung ... 135
Kugelstäbchen-Modell ... 163, 165, 169, 173, 211, 224
kumulierter Energieaufwand ... 216
künstlicher Aromastoff ... 228
Kunststoff ... 211, 239, 240, 241, 242, 243, 247
Kunststoffabfall ... 242, 243
Kupfer ... 45, 86, 87, 90, 91, 203
Kupfererz ... 86, 87, 90
Kupferherstellung ... 87
Kupfer-Ion ... 203
Kupfermünze ... 150
Kupferoxid ... 86, 87, 141
Kupfersulfat, weißes ... 77, 83
Kupfersulfat-Kristall ... 136
Kupfersulfid ... 52, 87
Kupfer-Zink-Zelle ... 219

**L**

Lackmus ... 70, 71

Ladung, elektrische ... 121
Ladung, negative ... 121, 135
Ladung, partielle ... 161, 173
Ladung, positive ... 121, 135
Ladungsschwerpunkt ... 173
Ladungsträger, negativer ... 121, 123
Ladungsträger, positiver ... 121, 123
Ladungszahl ... 134, 135
langsame Oxidation ... 49
Lauge ... 175, 178, 179, 180, 181, 188, 189, 190, 191, 192, 193, 199
Laugenbrezel ... 110
Laugengebäck ... 106, 107
LAVOISIER, ANTOINE LAURENT ... 45, 50, 80
Lebensmittelfarbe ... 26
Lebensmittelzusatzstoff ... 188
Legierung ... 33, 34, 101
Leichtmetall ... 101
Leitfähigkeit, Halbleiter ... 208
Leitfähigkeit, elektrische ... 25, 39, 101, 132, 133, 177
LENARD, PHILIPP ... 122
Leuchtröhre ... 116
LEVI, PRIMO ... 116
Licht ... 43, 59, 197, 208, 209
Licht, ultraviolettes ... 209
Lichtbogen ... 93
Lichtschutzfaktor ... 66, 67
LIEBIG, JUSTUS VON ... 177
LINDE, CARL VON ... 47
LINDE-Verfahren ... 47
LINDE-DONAWITZ-VERFAHREN ... 93
lipophil ... 169, 231
lipophob ... 169
Lithium ... 106, 107, 129
Lithiumhydroxid ... 179
Lithium-Ionen-Akku ... 205
Lithium-Kupfer-Zelle ... 204
Lithium-Polymer-Akku ... 205
LOHNER-PORSCHE ... 204
London-Smog ... 65
Löschkalk ... 190
Löschmittel ... 55
Lösemittel ... 18, 31, 73, 83, 156, 157, 169, 170, 173
Lösevorgang, Natriumchlorid ... 165
Löslichkeit ... 17, 25, 39, 73
Löslichkeitsdiagramm ... 17
Lösung ... 17, 33, 34, 39, 73, 165, 183
Lösung, alkalische ... 71, 107, 171, 175, 179, 183, 187, 199
Lösung, gesättigte ... 17
Lösung, neutrale ... 71, 183, 199
Lösung, saure ... 71, 83, 175, 177, 183, 187, 194, 195, 199
Lösungsvermittler ... 169
L-Schale ... 127
Luft ... 34, 46, 47, 51, 55, 59, 62, 63, 65, 66, 78, 79, 83, 146, 206, 219
Luftballon ... 78
Luftschadstoff ... 62, 63, 64, 65, 83
Luftverflüssigung ... 47
LUGOL'sche Lösung ... 244
Luminol ... 48

## M

Magensaft ... 182
Magensäure ... 176
Magnesium ... 50, 77, 89, 109, 129, 140
Magnesiumchlorid ... 141
Magnesiumfluorid-Kristall ... 135
Magnesium-Ion ... 134, 135
Magnesiumoxid ... 50, 77, 89
magnetisches Gestein ... 137
magnetisches Verhalten ... 25
Magnetisierbarkeit ... 39
Makromolekül ... 239, 240, 241, 243, 247
Malachit ... 86, 87, 90, 91
Mangandioxid ... 203
MANN, THOMAS ... 167
Mannit ... 226
Marmor ... 108, 109, 191
Masse ... 21, 52, 53, 141, 187, 214
Masse, Wasserstoff-Atom ... 53
Masse, molare ... 181, 187
Masseneinheit, atomare ... 125
Massenerhaltungsgesetz ... 59
Massenkonzentration ... 72, 73, 83
Maßlösung ... 186
Materie, Struktur der ... 196
Mayonnaise ... 33
Meerwasser ... 28, 29, 157, 165
Mehrfachzucker ... 223
Membran ... 207
MENDELEJEW, D. ... 118, 119
Messing ... 34, 97
Metall ... 51, 71, 83, 86, 88, 89, 95, 96, 101, 105, 113, 121, 129, 133, 146, 147, 151
Metall, edles ... 101
Metall, Recycling ... 95
Metall, unedles ... 101, 151, 177
Metallabfall ... 95
Metallabscheidung, erzwungene ... 145
Metallabscheidung, spontane ... 150
Metall-Atom ... 147
Metallchlorid ... 113, 141
Metalle, Reduktionsvermögen ... 89
Metallgewinnung ... 101
Metallhalogenid ... 115, 129
Metall-Ion ... 147
metallischer Glanz ... 101
Metalloxid ... 51, 71, 83, 89, 146
Metallüberzug ... 144, 145
Methan ... 68, 162, 163, 211, 241
Methan, Valenzstrichformel ... 162
Methan-Molekül ... 162, 163, 224
Methanol ... 227
Methylen-Gruppe ... 247
Methyl-Gruppe ... 225
Methylsilanole ... 241
MEYER, L. ... 118, 119
Micelle ... 235
Mikroskop ... 23, 33
Milch ... 33, 34
Milchsäure ... 242
Mindmap ... 68, 69, 128
Mineral ... 105, 136, 137
Mineralienkompass ... 143
Mineralstoff ... 143, 184
Mineralwasser ... 104, 105, 108, 143, 157, 189
Minuspol ... 133, 145, 150, 203, 205, 209
Modell ... 139, 142, 234, 248
Modell, Seifenlösung ... 235
Modell, Edelgas ... 117
Modell, RUTHERFORD-Versuch ... 123
Modelle im Überblick ... 248, 249
Modellexperiment, Knetkugeln ... 158
Modellversuch,Treibhauseffekt ... 68
Modellversuch, Brennstoffzelle ... 206
moderne Batterie ... 204, 205
MOHS-Härte ... 25
Mol ... 181
molare Masse ... 181, 187
molares Volumen ... 213
Molekül ... 77, 117, 121, 159, 160, 162, 173, 196
Molekül, räumlicher Bau ... 173
Molekülformel ... 117, 139, 153, 157, 163, 169, 211
Molekülgerüst ... 225
Molekül-Ion ... 134
Molekül-Modell ... 162
Molekülstruktur ... 162, 165
Monomer ... 239, 247
Monosaccharid ... 223
Mörtel ... 190
Motor ... 207

## N

Nachhaltigkeit ... 215
nachwachsender Rohstoff ... 215, 243
Nachweis, Halogen ... 114
Nachweis, Kohlenstoffdioxid ... 109
Nahrungsfett ... 233
Natrium ... 104, 105, 106, 107, 113, 129, 134, 135
Natriumbromid ... 115
Natriumchlorid ... 105, 112, 113, 115, 134, 135, 136, 137, 141, 142, 143, 149
Natriumchlorid, Ionengitter ... 135
Natriumchlorid, Synthese ... 142, 149
Natriumchlorid, Lösevorgang ... 165
Natriumchlorid-Kristall ... 134, 135
Natriumhydrogencarbonat ... 110
Natriumhydroxid ... 106, 107, 110, 178, 179, 181, 199
Natriumhydroxid-Lösung ... 178
Natriumhydroxid-Schmelze ... 178
Natriumiodid ... 115
Natrium-Ion ... 134, 135, 199, 235
Natrium-Kation, hydratisiertes ... 179
Natriumnitrat ... 193
Natriumsalz, Fettsäure ... 235
Natriumverbindung ... 104, 105, 106, 107
Natronlauge ... 106, 107, 110, 179, 181, 235
naturidentischer Aromastoff ... 228
natürliche Quelle ... 63, 83
natürlicher Aromastoff ... 228
natürlicher Treibhauseffekt ... 68
natürliches Aroma ... 229
Naturstoff ... 238, 239
Nebel ... 33, 34, 39
Nebengruppe ... 119, 129
negativ geladenes Ion ... 133
negative Ladung ... 121, 135
negativer Ladungsträger ... 123
Neon ... 116
neutrale Lösung ... 71, 183, 199
Neutralisation ... 181, 187, 199
Neutron ... 123, 124, 125, 129
Neutronenanzahl ... 124, 129
Nichtmetall ... 71, 89, 129, 133, 159
Nichtmetalloxid ... 71, 83, 191
Nitrat-Ion ... 134
Nitroglycerin ... 232
Normbedingung ... 213
Nukleon ... 124
Nukleonenanzahl ... 124, 125
Nylon 6,6 ... 238
Nylonseiltrick ... 238

## O

Oberfläche ... 49
Oberflächenbeschaffenheit ... 17
Oberflächenspannung ... 166, 167
Oberflächenwasser ... 75
Ocker ... 71
Ökobilanz ... 216, 217
Ökostrom ... 209
Oktaeder ... 137
Oktettregel ... 134, 135, 153
Öl ... 16, 17, 30, 31, 230, 231, 237
Oligosaccharid ... 223
Olivenöl ... 30, 233
Ölsäure ... 233
optimaler *p*H-Bereich ... 183
Ordnungszahl ... 119, 123, 125
organische Chemie ... 221, 247
organische Verbindungen ... 223, 224, 225, 247
organische Verbindungen, Eigenschaften ... 223
Ottomotor ... 213
Ötzi ... 90
Oxid ... 45, 59, 70, 83, 87, 101, 129
Oxidation ... 45, 46, 47, 48, 49, 55, 59, 87, 93, 146, 147, 148, 149, 151, 153, 207
Oxidation, langsame ... 49
Oxidation, schnelle ... 49, 50
Oxidationsmittel ... 87
Oxidschicht ... 105
Oxonium-Ion ... 177
Oxygenstahl ... 93
Ozon ... 63, 64, 65, 66, 67, 68, 83
Ozongehalt ... 67

Ozonloch 67
Ozonnachweis 64
Ozonschicht 67, 83
Ozonsmog 65
Ozonsphäre 66

## P

Palladium 245
partielle Ladung 161, 165, 173
Passivierung 151
PEM-Brennstoffzelle 207, 219
Pentan-Molekül 211
Pentansäurepentylester 228
Periode 119, 129
Periodensystem der Elemente 103, 118, 119, 125, 127, 129, 196
Periodensystem, Hauptgruppe 134
Petrischale 132, 202
Petroleum 210
Pflanze 215
Pflanzenextrakt 71
pflanzliches Fett 230
Phase 30
*p*H-Bereich, optimaler 183
Phenolphthalein 70, 71
*p*H-Meter 182
Phosphor 46, 47
Phosphorsäure 187
Photosmog 65
Photovoltaik 208, 209
Photovoltaikanlage 209, 216
Photovoltazelle 209
*p*H-Skala 182, 183, 199
Phthalsäure 238
*p*H-Wert 182, 183, 191, 199
physikalisches Trennverfahren 101
Pigment 71
plastisch 25
Platin 45, 245
Platin-Katalysator 80
Pluspol 133, 145, 150, 203, 205, 209
polar 169, 234, 235
polare Elektronenpaarbindung 161, 173
Polyamid 238, 239
Polyester 229, 239
Polyethen 239
Polykondensation 238, 241, 243
Polymer 239, 247
Polymilchsäure 243
Polypropen 239
Polysaccharid 223
Polystyrol 239
Polyvinylchlorid 113, 239
positiv geladenes Ion 133
positiv geladenes Teilchen 122
positive Ladung 121, 135
positiver Ladungsträger 123
Produkt 37, 43, 53, 59, 158
Propan 163, 211, 232
Propantriol 224, 231
Propen 239
Proton 123, 124, 125, 126, 129, 161, 171, 196, 207
Proton, hydratisiertes 177
Protonenakzeptor 177, 199
Protonenanzahl 124, 125
Protonen-Austausch-Membran 206, 207, 219
Protonendonator 177, 179, 199

## Q

Quecksilberoxid 50
Quelle, anthropogene 62, 63, 83
Quelle, natürliche 63, 83

## R

radioaktiver Zerfall 124, 125
Radioaktivität 123
Radiocarbonmethode 124
Radon 116
Raps 214, 215
Rapsöl 215
Rasierscherfolie 207
Rauch 33, 34, 39
Rauchgas 63
räumliche Strukturformel 224
räumlicher Bau der Moleküle 173
Reaktion, alkalische 179
Reaktion, chemische 37, 42, 43, 45, 51, 52, 53, 59, 123, 196, 201, 230, 244, 245
Reaktion, chemische, Basiskonzept 196
Reaktion, endotherme 43, 59, 197
Reaktion, exotherme 43, 59, 135, 197
Reaktionsgeschwindigkeit 244
Reaktionsgleichung 139, 140, 141, 149, 153, 161, 171, 187, 196
Reaktionspfeil 37
Reaktionsschema 37, 43, 45, 51, 59, 87, 89, 139, 140, 141, 153
Recycling 95, 101, 192
Redoxgleichung, Aufstellen 148, 149
Redoxreaktion 87, 101, 147, 148, 149, 153, 196, 203, 207, 219
Reduktion 87, 93, 146, 147, 148, 149, 153, 203, 207
Reduktionsmittel 87, 89, 101
Reduktionsvermögen 89, 101
Reduktionsvermögen, Metalle 89
reduziert 146, 147
Regen, saurer 191
Regenwasser 105, 189
Reihe, homologe 225, 247
reine Luft, Zusammensetzung 47
Reinelement 125
Reinstoff 27, 33, 39, 51, 59, 73, 196
Reinstsilicium 208
Relation 194, 195
Reservestoff 223
Ressource 69, 243
Resublimationstemperatur 19
resublimieren 19
reversibel 205
Rhodium 245
Roheisen 92, 93, 101
Rohöl 215
Rohrreiniger 104, 106, 107, 178
Rohsilicium 208
Rohstoff 73, 95, 210, 211, 214, 215, 219, 241, 242,
Rohstoff, nachwachsender 215, 243
Rohstoffrecycling 95
Rosinenkuchenmodell 122
Rost 145, 146, 147
Rosten 48, 147, 153
Rotkohl 71
Rubidium 107, 129
Rußpartikelfilter 63
RUTHERFORD, SIR ERNEST 122, 123

## S

Saccharose 223, 226
SAINT-EXUPÉRY, ANTOINE DE 169
Salz 23, 29, 133, 134, 136, 141, 143, 156, 157, 181
Salz (Kochsalz) 29
Salzbatterie 202
Salzbergwerk 136
Salzkristall 134, 135, 137, 157
Salzlösung 132, 133, 137
Salzlösungen, Elektrolyse 133
Salzsäure 113, 140, 141, 171, 176, 181, 183, 193, 199
Salzwasser 28, 113, 157
Sand 208, 241
Satz von der Erhaltung der Masse 45
sauer 71, 83, 183
Sauerstoff 45, 46, 47, 49, 51, 55, 59, 65, 66, 73, 77, 79, 81, 83, 93, 101, 117, 139, 146, 158, 159, 203, 206, 207, 245
Sauerstoffatmosphäre 66
Sauerstoff-Atom 77, 147, 159, 165, 167, 241
Sauerstoff-Ion 147
Sauerstoff-Molekül 147
Sauerstoff, Steckbrief 46
Sauerstofftheorie, Verbrennung 45
Sauerstofftheorie, Definitionen nach der 146
Sauerstoff-Wasser-Bindung 167
saure Lösung 71, 83, 175, 177, 183, 187, 194, 195, 199
Säure 175, 176, 177, 180, 181, 183, 186, 188, 189, 190, 191, 192, 193, 194, 195, 199, 229
saurer Regen 191
saurer Smog 65
Säurerest-Anion 177
Schadstoff 63, 65, 83
Schadstoff, anthropogener 63
Schalenmodell der Elektronenhülle 127, 129, 134
SCHEELE, CARL WILHELM 113
Schema, Kläranlage 75
Schichtung, Atmosphäre 66
Schmelzbereich 230, 231
Schmelztemperatur 19, 25, 39, 137
Schneekristall 167
schnelle Oxidation 49, 50
Schrott 94, 95, 101
Schwarzweiß-Fotografie 148
Schwefel 37, 43, 50, 53
Schwefeldioxid 63, 65, 71, 83, 191, 192
Schwefelsäure 176, 183, 191, 192, 193, 229
Schwefeltrioxid 192
Schweißbrenner 49
Schwermetall 101
Sebacinsäuredichlorid 238
Sediment 137
Sedimentieren 29
Seide 238, 239
Seife 182, 233, 234, 235, 236
Seifen-Anion 234, 235, 236
Seifenblase 235
Seifenherstellung 234
Seifenlauge 179
Seifenlösung, Modell 235
Sieben 39
Siedebereich 210, 211
Siedekurve, Ethanol 18
Siedetemperatur 19, 39, 53, 166, 167, 169, 211, 219, 247
Silber 50, 51, 53
Silberoxid 50, 51, 138
Silberspiegel-Probe 236, 237
Silbersulfid 50, 53
Silicium 208, 209, 241
Silicium, amorphes 209
Silicium, dotiertes 208, 209
Silicium, einkristallines 209
Silicium, n-dotiertes 209
Silicium, p-dotiertes 209
Silicium, polykristallines 209
Siliciumdioxid 208, 241
Silicon 240, 241
Silicon, Herstellung 241
Smog 65, 83
Solarstrom 216
Solar-Wafer 208, 209
Solar-Wasserstoff-Szenario 81
Solar-Wasserstoff-Technik 81
Solarzelle 81, 208, 209
Sommersmog 65, 83
Sonnenenergie 69, 208, 209
Sonnenlicht 67, 68, 69
Sorbit 224, 225, 226, 227
SOXHLET-Apparatur 31
Spannung, elektrische 145
Spannungsquelle 133, 150
Speiseessig 186
Speisesalz 28, 105, 113
spontane Metallabscheidung 150
Spurenelement 97
Stahl 92, 93, 101
Stahl, Damaszener 93
Stahlherstellung 101
Stalaktiten 137
Stärke 183, 215, 222, 223, 243

Stärke-Agar 244
Stärkenachweis 222
Stearin 233
Stearinsäure 233
Steinfraß 192
Steinsalz 28, 136
Stickstoff 46, 47, 80, 117, 158, 159, 193
Stickstoffdioxid 65
Stickstoffoxide 63, 80, 83, 191, 245
Stickstoffverbindung 193
Stoff 16, 17, 19, 21, 22, 23, 29, 31, 35, 36, 37, 39, 42, 44, 45, 51, 52, 59, 83, 117, 158, 196
Stoffebene 142
Stoffeigenschaft 17, 21, 25, 39, 101, 196
Stoffgemenge 101
Stoffgemisch 27, 29, 31, 33, 39, 51, 94, 211, 231
Stoffgemisch, heterogenes 33, 39
Stoffgemisch, homogenes 33, 39
Stoffklasse 229, 247
Stoffmenge 181, 187, 199, 213
Stoffmengenkonzentration 183, 187
Stofftrennungsverfahren 51
Strahlung 123
Strahlung, ultraviolette 66
Stratosphäre 67, 83
Streusalz 112, 113
Streuversuch 122, 123
Strom 132, 202, 208, 209, 216
Strom, elektrischer 133, 179, 208
Stromkreis 133
Strontium 109, 129
Strukturformel, räumliche 224
Styrol 239
Sublimationstemperatur 19
sublimieren 19
Sulfat-Ion 134
Sulfid 87
Summenformel 211, 219
Suspension 28, 33, 34, 39, 109
Süßkraft 226
Süßstoff 226
Süßwasser 29, 72, 157
Symbol 52, 53, 140
Symmetrie 167
Synthese 37, 43, 51, 59, 77, 83, 142
Synthese, Chlorwasserstoff 160
Synthese, Natriumchlorid 142
Synthese, Wasser 77

**T**

Tafelwasser 73
Taschenlampenbatterie 202, 203
Tauchen 76
technische Grundchemikalie 192
technischer Kalkkreislauf 190
Teilchen 23, 39, 49, 117, 123
$\alpha$-, $\beta$-, $\chi$-Teilchen 123
Teilchen, kleinstes 52
Teilchen, positiv geladenes 122
Teilchenebene 142, 158
Teilchenmasse 117, 181
Teilchenmodell 23, 34, 39, 49, 52, 196, 248
Tensid 235
Tetraederstruktur 163
Tetraederwinkel 163
tetraedrische Anordnung 165
THALES 164, 165
Thermitschweißen 89
Thermitversuch 88, 89
THOMSON, JOSEPH JOHN 122
Titan 97
Titandioxid 71, 209
Titration 186, 187
Titrationsergebnis, Auswertung 187
Titrationsvorrichtung 186
TOLLENS-Probe 236, 237
TORRICELLI, EVANGELISTA 66
Traubenzucker 222, 223, 226
Treibhauseffekt 68, 69, 83
Treibhauseffekt, Modellversuch 68
Treibhauseffekt, natürlicher 68
Treibhausgas 68, 69, 81, 243
Trennverfahren 27, 29, 39
Trennverfahren, chemisches 101
Trennverfahren, physikalisches 101
Trinkwasser 72, 73, 74, 75, 184, 185, 189
Trinkwasseraufbereitung 75
Trinkwasserfilter 184
Trinkwassergewinnung 29
Trinkwasserverbrauch 74
Trinkwasserverordnung 184
Troposphäre 66

**U**

Übergangstemperatur 39
Übertragung von Elektronen 135
ultraviolette Strahlung 66
ultraviolettes (UV) Licht 66, 67,209
Umbra 71
Umweltzone 63
unedles Metall 101, 151, 177
ungesättigte Fettsäure 233
Universalindikator 182, 183
unpolar 169, 211, 234, 235
unpolare Bindung 161
UV-A-Strahlung 67
UV-B-Strahlung 67
UV-Strahlung 67, 83

**V**

Valenzelektron 127, 129, 163, 209
Valenzschale 127, 129, 134
Valenzstrichformel 159, 161, 162, 165, 211, 214, 224, 234
VAN-DER-WAALS-Kräfte 211, 219, 231, 247
Veränderung, energetische 43
Veränderung, stoffliche 59
Verbindung 51, 53, 59, 77, 79, 83, 86, 87, 88, 106, 139, 158, 159, 196
Verbindung, organische 223, 224, 225, 247
Verbrennung 45, 49, 51, 77, 79, 80, 81, 146, 214, 215, 223, 243, 245
Verbrennung, Sauerstofftheorie 45
Verbrennungsmotor 207, 212, 213, 219
Verbundstoff 95
verdampfen 19
Veresterung 229, 231
Verfahren, galvanisches 145
Verformbarkeit 25, 101
Vergolden 145, 150
Verhältnisformel 135, 138, 139, 153
Verkupfern 144, 145
Verpackungsmaterial 243
Versauerung 191
Verseifung 234, 235
Versilbern 145, 150
Versuchsprotokoll 24
Vielfachzucker 223
Viertaktmotor 213
Vinylchlorid 239
vollständige Verbrennung 214
Volumen 21
Volumen, molares 213
Volumenanteil 73, 83
Vorgang, elektrochemischer 145, 203

**W**

Waage 20, 21
Wachs 229
Waldsterben 192
Wärme 43, 59, 81, 197, 213
Wärmeenergie 43
Wärmeleitfähigkeit 25, 39, 101
Wärmestrahlung 68
Waschlotion 236
Waschvorgang 235
Wasser 18, 19, 28, 37, 51, 55, 68, 72 f, 104 f, 156, 157, 158, 163 f, 173, 181, 207, 211, 213, 214, 215, 223, 229, 245
Wasser, Aggregatszustand 164
Wasser, Analyse 77
Wasser, destilliertes 157
Wasser, Formel 77
Wasser, Synthese 77
Wasserdampf 18, 19, 37, 68
Wasserfilter 185
Wassergehalt, Lebensmittel 72
Wasserhärte 190
Wasserkraft 69
Wasserlöslichkeit 169
Wasser-Molekül 77, 117, 157, 159, 164, 165, 166, 167, 169, 171, 173, 177, 199
Wasser-Molekül, Dipol 173
Wasserstoff 77, 78, 79, 80, 81, 83, 107, 109, 117, 141, 158, 161, 171, 177, 199, 206, 207, 219, 245
Wasserstoff, Herstellung von 78
Wasserstoff, Steckbrief 79
Wasserstoff-Atom 53, 77, 79, 159, 167, 177, 247
Wasserstoff-Brennstoffzelle 219
Wasserstoffbrückenbindung 167, 169, 173, 225, 247
Wasserstoff-Ion 177, 181, 199
Wasserstoff-Ion, hydratisiertes 171, 177, 179, 199
Wasserstoff-Molekül 159, 177
Wasserstoffoxid 77
Wasserstoffperoxid 51
Wasserstoff-Sauerstoff-Brennstoffzelle 79
Wasserstoff-Springbrunnen 82
Wasserstoff-Tankstelle 79
Wasserverbrauch 74
Wasserwerk 74, 75
Wasserzerlegung von LAVOISIER 80
Watercone® 29
Weichmacher 95
Wein 168, 223
weißes Kupfersulfat 77, 83
Weißpigment 71
Weltjahresenergiebedarf 209
Weltklimakonferenz, Kyoto 69
Wintersmog 65, 83
Wirkungsgrad 209
WÖHLER, FRIEDRICH 96
Wolle 238
Wunderkerze 96

**X**

Xantophyll 26
Xenon 116, 117
Xylit 226, 227

**Z**

Zahnpasta 115, 232
Zelle, elektrochemische 203
Zelle, galvanische 219, 202, 203
Zentralatom 165
zentrales Kohlenstoff-Atom 163
Zeppelin 78, 79
Zerfall, radioaktiver 124, 125
Zerlegung 77
Zersetzungsapparat, HOFMANNSCHER 76
Zerteilungsgrad 59
Zink 97, 133, 205
Zink-Atom 203
Zinkiodid 133, 141
Zinkiodid-Lösung 133
Zink-Iod-Zelle 204, 219
Zink-Ion 203, 205
Zink-Kation 133
Zink-Luft-Batterie 202, 203
Zinkoxid 71, 97
Zucker 16, 17, 23, 25, 36, 37, 132, 133, 193, 226
Zuckeraustauschstoff 226, 227
Zündkerze 213
Zündtemperatur 55
Zusammensetzung, reine Luft 47
Zustandsform 17, 19
zwischenmolekulare Kraft 167

## Angabe einer Größe

Zur genauen Angabe einer Größe schreibt man **das Produkt aus dem Zahlenwert und der Einheit** auf.

Beispiele:

*m* (**Fe**) = 5 · 1 kg = 5 kg
*n* (**NaOH**) = 2 mol
*c* (**HCl**) = 0,01 mol/L

## Dezimale Teile/Vielfache

| Potenz | Vorsilbe | Symbol |
|---|---|---|
| $10^{-1}$ | Dezi | d |
| $10^{-2}$ | Zenti | c |
| $10^{-3}$ | Milli | m |
| $10^{-6}$ | Mikro | µ |
| $10^{-9}$ | Nano | n |
| $10^{-12}$ | Piko | p |
| $10^{-15}$ | Femto | f |
| $10^{-18}$ | Atto | a |
| 10 | Deka | da |
| $10^{2}$ | Hekto | h |
| $10^{3}$ | Kilo | k |
| $10^{6}$ | Mega | M |
| $10^{9}$ | Giga | G |
| $10^{12}$ | Tera | T |
| $10^{15}$ | Peta | P |
| $10^{18}$ | Exa | E |

## Griechisches Alphabet (gekürzt)

| Buchstabe | | Name |
|---|---|---|
| klein | groß | |
| α | Α | alpha |
| β | Β | beta |
| γ | Γ | gamma |
| δ | Δ | delta |
| ε | Ε | epsilon |
| η | Η | eta |
| ϑ | Θ | theta |
| λ | Λ | lambda |
| µ | Μ | mü |
| υ | Ν | nü |
| π | Π | pi |
| ϱ | Ρ | rho |
| σ | Σ | sigma |
| τ | Τ | tau |
| φ | Φ | phi |
| κ | Κ | kappa |
| ψ | Ψ | psi |
| ω | Ω | omega |

## Auswahl einiger Größen und ihre SI-Einheiten

**a) Basisgrößen**

| Größe | Symbol | mögliche Einheiten (unvollständig; SI-Basiseinheiten hinten) |
|---|---|---|
| Länge | $l$ | mm, cm, dm, m |
| Masse | $m$ | mg, g, kg |
| Zeit | $t$ | h, min, s |
| Stromstärke | $I$ | A (Ampère) |
| Temperatur | $T$ | °C, K (Kelvin) |
| Stoffmenge | $n$ | mol |

**b) abgeleitete Größen und Einheiten**

| Größe | Symbol | Größengleichung | mögliche Einheiten (unvollständig) |
|---|---|---|---|
| Dichte | $\varrho$ | $\varrho = \frac{m}{V}$ | $\frac{kg}{dm^3}, \frac{g}{cm^3}, \frac{g}{mL}$ |
| Druck | $P$ | $p = \frac{F}{A}$ | 1 Pa (Pascal) = $1\frac{N}{m^2}$<br>1 bar = $10^5$ Pa |
| Energie | $E, W$ | | 1 J = 1 Nm = 1 Ws |
| Volumenanteil | $\varphi$ | $\varphi = \frac{V}{V_{Ls}}$ | 1, % |
| molare Masse | $M$ | $M = \frac{m}{n}$ | $\frac{kg}{mol}, \frac{g}{mol}$ |
| molares Volumen | $V_m$ | $V_m = \frac{V}{n}$ | $\frac{L}{mol}$ |
| Massenanteil | $w$ | $w = \frac{m}{m_{Ls}}$ | 1, %, ppm |
| Massenkonzentration | $\beta$ | $\beta = \frac{m}{V_{Ls}}$ | $\frac{g}{L}, \frac{kg}{dm^3}$ |
| Stoffmengenkonzentration | $c$ | $c = \frac{n}{V_{Ls}}$ | $\frac{mol}{L}$ |
| Teilchenanzahl | $N$ | | 1 |

## Grundkonstanten

| | |
|---|---|
| Atomare Masseneinheit u | $1{,}660 \cdot 10^{-27}$ kg |
| AVOGADRO-Konstante $N_A$ | $6{,}022 \cdot 10^{23}\ \frac{1}{mol}$ |
| Molares Volumen eines idealen Gases $V_m$ (bei 1013 hPa und 0 °C) | $22{,}414\ \frac{L}{mol}$ |
| Ladung eines Elektrons e | $1{,}602 \cdot 10^{-19}$ C |
| Masse eines Elektrons $m_e$ | $9{,}109 \cdot 10^{-31}$ kg |
| Masse eines Protons $m_p$ | $1{,}673 \cdot 10^{-27}$ kg |
| Masse eines Neutrons $m_n$ | $1{,}675 \cdot 10^{-27}$ kg |

## Abkürzungen in der Analytik

| | | |
|---|---|---|
| % (Prozent) | entspricht | $1:10^2$ |
| ‰ (Promille) | entspricht | $1:10^3$ |
| *ppm (parts per milllion)* | entspricht | $1:10^6$ |
| *ppb (parts per billion)* | entspricht | $1:10^9$ |
| *ppt (parts per trillion)* | entspricht | $1:10^{12}$ |

## Laborgeräte

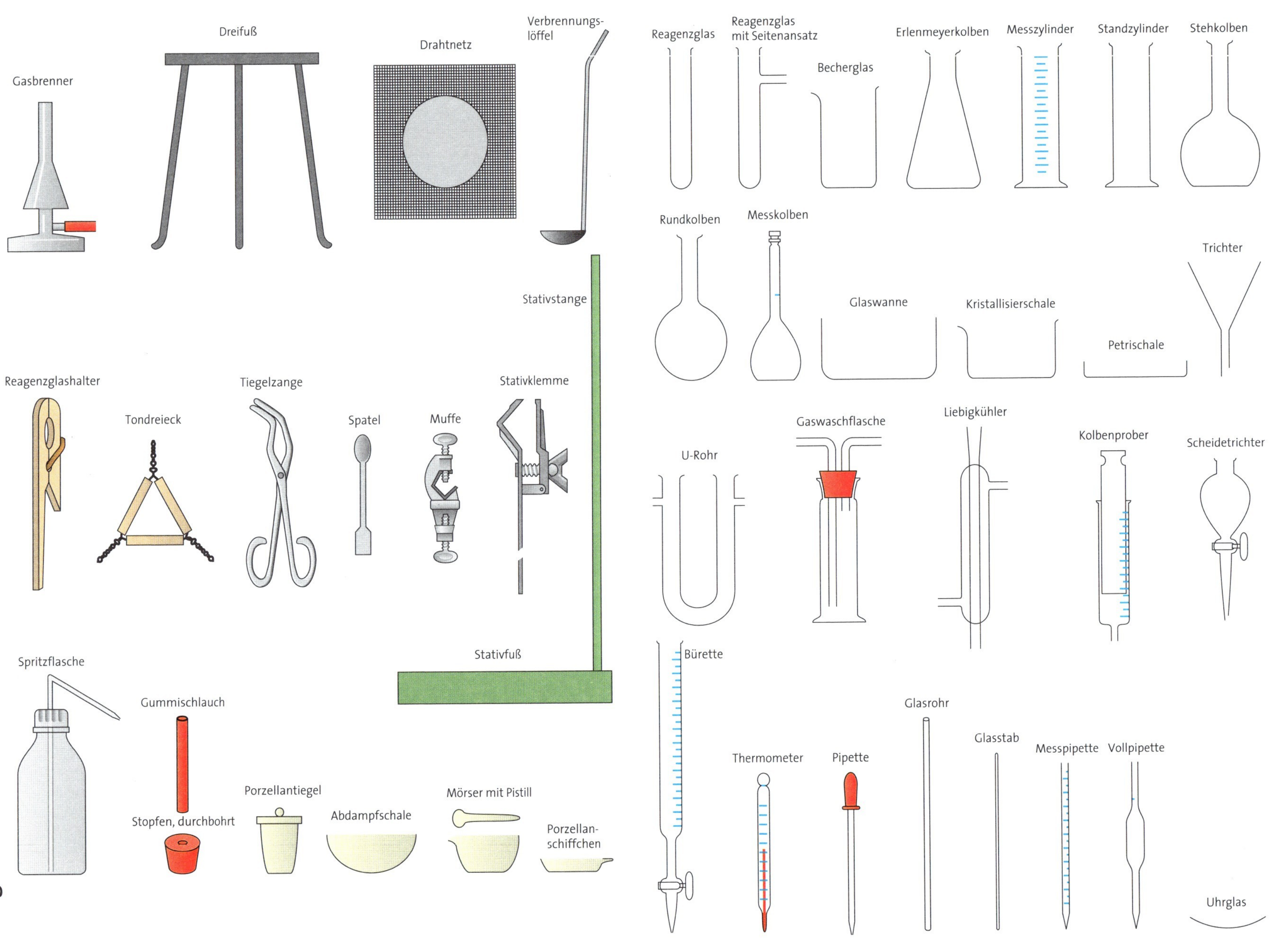

## Namen und Konstanten der chemischen Elemente

| Elementname | Symbol, Ordnungszahl | Dichte[1] in g/cm³ (Gase: g/L) | Schmelztemperatur in °C | Siedetemperatur in °C |
|---|---|---|---|---|
| Actinium | **Ac, 89** | 10,1 | 1050 | 3200 |
| Aluminium | **Al, 13** | 2,70 | 660 | 2467 |
| Antimon | **Sb, 51** | 6,68 | 630 | 1750 |
| Argon | **Ar, 18** | 1,66 | –189 | –186 |
| Arsen | **As, 33** | 5,72 | 613 s | 817 p |
| Astat | **At, 85** | – | 302 | 337 |
| Barium | **Ba, 56** | 3,51 | 725 | 1640 |
| Beryllium | **Be, 4** | 1,85 | 1278 | 2970 |
| Bismut | **Bi, 83** | 9,8 | 271 | 1560 |
| Blei | **Pb, 82** | 11,4 | 327 | 1740 |
| Bor | **B, 5** | 2,34 | 2300 | 2550 s |
| Brom | **Br, 35** | 3,12 | –7 | 59 |
| Cadmium | **Cd, 48** | 8,65 | 321 | 765 |
| Caesium | **Cs, 55** | 1,88 | 28 | 669 |
| Calcium | **Ca, 20** | 1,54 | 839 | 1484 |
| Cer | **Ce, 58** | 6,65 | 799 | 3426 |
| Chlor | **Cl, 17** | 2,95 | –101 | –35 |
| Chrom | **Cr, 24** | 7,20 | 1857 | 2672 |
| Cobalt | **Co, 27** | 8,9 | 1495 | 2870 |
| Eisen | **Fe, 26** | 7,86 | 1535 | 2750 |
| Fluor | **F, 9** | 1,58 | –219 | –188 |
| Francium | **Fr, 87** | – | 27 | 677 |
| Gallium | **Ga, 31** | 5,90 | 30 | 2403 |
| Germanium | **Ge, 32** | 5,35 | 937 | 2830 |
| Gold | **Au, 79** | 18,9 | 1064 | 3080 |
| Hafnium | **Hf, 72** | 13,3 | 2227 | 4602 |
| Helium | **He, 2** | 0,17 | –272 p | –269 |
| Indium | **In, 49** | 7,30 | 156 | 2080 |
| Iod | **I, 53** | 4,93 | 113 | 184 |
| Iridium | **Ir, 77** | 22,41 | 2410 | 4130 |
| Kalium | **K, 19** | 0,86 | 63 | 760 |
| Kohlenstoff | **C, 6** | 2,25[2]) | 3650 s[2]) | 4827 |
| Krypton | **Kr, 36** | 3,48 | –157 | –152 |
| Kupfer | **Cu, 29** | 8,92 | 1083 | 2567 |
| Lanthan | **La, 57** | 6,17 | 921 | 3457 |
| Lithium | **Li, 3** | 0,53 | 180 | 1342 |
| Magnesium | **Mg, 12** | 1,74 | 649 | 1107 |
| Mangan | **Mn, 25** | 7,20 | 1244 | 1962 |
| Molybdaen | **Mo, 42** | 10,2 | 2610 | 5560 |
| Natrium | **Na, 11** | 0,97 | 98 | 883 |

| Elementname | Symbol, Ordnungszahl | Dichte[1]) in g/cm³ (Gase: g/L) | Schmelztemperatur in °C | Siedetemperatur in °C |
|---|---|---|---|---|
| Neon | **Ne, 10** | 0,84 | –249 | –246 |
| Nickel | **Ni, 28** | 8,90 | 1455 | 2730 |
| Niob | **Nb, 41** | 8,57 | 2468 | 4742 |
| Osmium | **Os, 76** | 22,5 | 2700 | 5300 |
| Palladium | **Pd, 46** | 12,0 | 1554 | 2970 |
| Phosphor | **P, 15** | 1,82[3]) | 44[3]) | 280 |
| Platin | **Pt, 78** | 21,4 | 1772 | 3827 |
| Polonium | **Po, 84** | 9,4 | 254 | 962 |
| Praseodym | **Pr, 59** | 6,77 | 931 | 3512 |
| Protactinium | **Pa, 91** | 15,4 | – | – |
| Quecksilber | **Hg, 80** | 13,6 | –39 | 356 |
| Radium | **Ra, 88** | 5 | 700 | 1140 |
| Radon | **Rn, 86** | 9,23 | –71 | –62 |
| Rhenium | **Re, 75** | 20,5 | 3180 | 5627 |
| Rhodium | **Rh, 45** | 12,4 | 1966 | 3727 |
| Rubidium | **Rb, 37** | 1,53 | 39 | 686 |
| Ruthenium | **Ru, 44** | 12,3 | 2310 | 3900 |
| Sauerstoff | **O, 8** | 1,33 | –219 | –183 |
| Scandium | **Sc, 21** | 3,0 | 1541 | 2831 |
| Schwefel | **S, 16** | 2,07 | 119 | 444,6 |
| Selen | **Se, 34** | 4,81 | 217 | 685 |
| Silber | **Ag, 47** | 10,5 | 962 | 2212 |
| Silicium | **Si, 14** | 2,32 | 1410 | 2355 |
| Stickstoff | **N, 7** | 1,17 | –210 | –196 |
| Strontium | **Sr, 38** | 2,60 | 769 | 1384 |
| Tantal | **Ta, 73** | 16,6 | 2996 | 5425 |
| Technetium | **Tc, 43** | 11,5 | 2172 | 4877 |
| Tellur | **Te, 52** | 6,00 | 449 | 990 |
| Thallium | **Tl, 81** | 11,8 | 303 | 1457 |
| Thorium | **Th, 90** | 11,7 | 1750 | 4790 |
| Titan | **Ti, 22** | 4,51 | 1660 | 3287 |
| Uran | **U, 92** | 19,0 | 1132 | 3818 |
| Vanadium | **V, 23** | 5,96 | 1890 | 3380 |
| Wasserstoff | **H, 1** | 0,083 | –259 | –253 |
| Wolfram | **W, 74** | 19,3 | 3410 | 5660 |
| Xenon | **Xe, 54** | 5,49 | –112 | –107 |
| Yttrium | **Y, 39** | 4,47 | 1522 | 3338 |
| Zink | **Zn, 30** | 7,14 | 419 | 907 |
| Zinn | **Sn, 50** | 7,30 | 232 | 2270 |
| Zirconium | **Zr, 40** | 6,49 | 1852 | 4377 |

Für die Elemente mit den Ordnungszahlen 60 bis 71 und 93 bis 104 werden nur die Namen angegeben:

**60 Nd** = Neodym
**61 Pm** = Promethium
**62 Sm** = Samarium
**63 Eu** = Europium
**64 Gd** = Gadolinium
**65 Tb** = Terbium
**66 Dy** = Dysprosium
**67 Ho** = Holmium
**68 Er** = Erbium
**69 Tm** = Thulium
**70 Yb** = Ytterbium
**71 Lu** = Lutetium

**93 Np** = Neptunium
**94 Pu** = Plutonium
**95 Am** = Americium
**96 Cm** = Curium
**97 Bk** = Berkelium
**98 Cf** = Californium
**99 Es** = Einsteinium
**100 Fm** = Fermium
**101 Md** = Mendelevium
**102 No** = Nobelium
**103 Lr** = Lawrencium
**104 Du** = Dubnium

1) Dichteangaben für 20 °C und 1013 hPa

2) Angaben gelten für Graphit; Diamant: Schmelzt. 3550 °C, Dichte 3,51 g/cm³.

3) Angaben gelten für weißen Phosphor; Roter Phosphor: Schmelzt. 590 °C p, Dichte 2,34 g/cm³

s = sublimiert
p = unter Druck
– = Werte nicht bekannt